大学物理先修课教材

电磁学

黄诗登　鲁志祥　编著

中国科学技术大学出版社

内 容 简 介

本书系统地阐述了电磁现象的基本概念和基本规律，内容较为丰富. 选材既照顾到优秀的高中生，又照顾到大学生. 全书共分 6 章，内容涉及静电学的基本规律、静电场中的导体与电介质、稳恒磁场、电磁感应、电磁场与电磁波、直流电与交流电等.

本书可作为重点高中奥林匹克竞赛的培训教材，也可作为高等学校本科物理类专业电磁学课程的教材，还可供中学物理教师参考.

图书在版编目(CIP)数据

大学物理先修课教材. 电磁学/黄诗登，鲁志祥编著. —合肥：中国科学技术大学出版社，2018. 2

ISBN 978-7-312-04330-7

Ⅰ. 大… Ⅱ. ①黄… ②鲁… Ⅲ. 物理学—高等学校—教材 Ⅳ. O4

中国版本图书馆 CIP 数据核字(2017)第 240707 号

出版 中国科学技术大学出版社
安徽省合肥市金寨路 96 号，230026
http://press. ustc. edu. cn
https://zgkxjsdxcbs. tmall. com

印刷 安徽国文彩印有限公司

发行 中国科学技术大学出版社

经销 全国新华书店

开本 787 mm×1092 mm 1/16

印张 23. 5

字数 601 千

版次 2018 年 2 月第 1 版

印次 2018 年 2 月第 1 次印刷

定价 58. 00 元

前　言

在中学开设大学物理先修课程，是一次创新性的教学改革试验，旨在为有扎实的数理基础、学有余力且希望进一步探索物理世界的优秀高中生提供具有挑战性的物理课程.

电磁学是最重要的、近代最有用的经典物理学内容，它已形成了严格的、易于初学者接受的体系.本书在结构体系上采用对称的两条主线，由浅入深地叙述基本概念、基本规律和基本方法.本书以优美对称的体系结构讨论电磁学的基本概念和基本规律，以便学生在理解基本概念和基本规律的前提下掌握电磁学各部分内容的内在联系，逐步培养分析问题和解决问题的能力.同时，在阐述的过程中，力图引导学生学会使用数学.在普通物理学中，数学主要用于概括和表述物理内容，以数学为工具的逻辑思维应该占有一定分量.因此，本书在数学上既采用了积分形式，又采用了微分形式，同时还涉及一些矢量分析的内容.

本书是在大学先修课程教学和高中奥林匹克竞赛培训的基础上，为培养物理人才而编写，并经过多年教学实践，不断修改，最终完成的.

黄光颖老师和王翠老师参与了本书校对，华中师范大学第一附属中学2017级物理组使用过本书讲稿，为本书的完善提供了帮助.

由于作者水平有限，书中错误和不妥之处在所难免，恳请各位读者指正.

作　者

2017年10月

目　　录

第1章　真空中的静电场

电磁学(电磁场理论)向人们提供了关于电磁场的性质及运动的完整理论.其定量研究可以认为是从1785年前后库仑(Charles-Augustin de Coulomb，1736～1806)定律建立开始的.其后,通过高斯(C. F. Gauss,1777～1855)、安培(André-Marie Ampère,1775～1836)、奥斯特(Hans Christian Oersted,1777～1851)、法拉第(Michael Faraday,1791～1867)等许多物理学家的探索,逐步建立起以实验为基础的、有关电和磁的唯象理论.1865年,麦克斯韦(James Clerk Maxwell,1831～1879)在系统总结前人成果的基础之上,大胆提出了感生电场和位移电流两个假说(这可以认为是麦克斯韦电磁场理论的两个核心思想),并将电磁学定律归结为麦克斯韦方程组.以此为核心的电磁理论称为经典电磁学,是继牛顿力学之后物理学理论的又一重要进展.

电磁现象是非常普遍的自然现象,电磁运动是物质的一种基本运动形式.电磁相互作用是自然界已知的四种基本相互作用之一,其作用范围很广,从宏观对象到微观对象,都受到电磁力的影响.实验已经证明,物质间的相互作用不是"超距"发生的(机械论的观点),而是由"场"来传递的(场论的观点),电磁相互作用即是通过电磁场传递的."场"的概念最早由法拉第提出(他称之为"电致紧张状态").因此,可以这么说,电磁学是研究电磁场的产生、变化和运动规律的"场"物理学.

本章主要研究静止电荷在真空中所激发的静电场.静电场是矢量场,我们要介绍如何用"通量"和"环流"表示矢量场的规律与性质.我们将引入描述静电场的两个基本物理量——"电场强度"和"电势",并从基本实验定律即"库仑定律"出发,导出描述静电场性质的两条基本定理——"高斯定理"(通量定理)和"环路定理".本章处理问题所用的方法可以在一定条件下用于后面的一些章节(比如磁场部分等)中,它们是整个电磁学的重要基础.

1.1　库 仑 定 律

1.1.1　电荷

带电体所带的电量称为电荷.实验表明,自然界中的电荷只有两种.富兰克林(Benjamin Franklin,1706～1790)首先提出(命名),与丝绸摩擦过的玻璃棒所带的电荷为正电荷,与毛皮摩擦过的橡胶棒所带的电荷为负电荷.同种电荷相互排斥,异种电荷相互吸引.

物体带电的原因可以从以下两个方面加以考察:

其一是内因(物质的电结构).按照原子理论,在每个原子里,电子环绕由中子和质子组成的原子核运动.原子中的质子带正电,电子带负电,中子不带电,质子与电子所带电量的绝对值是相等的.物质结构理论认为,分子是由许多原子组成的,大量不同分子组成各种宏观物体.一般情况下原子中的电子数与质子数相等,故物体呈电中性.

其二是外因.当物体受到摩擦作用时,会造成物体的电子过多或不足,这时,我们说物体带电.当电子过多时物体带负电,当电子不足时物体带正电;当带电物体与另一个物体接触时,会使其带电;当带电物体靠近另一个物体时,由于感应同样会使其带电.因此,物体带电的外部原因有三个:摩擦、接触、感应.

电荷有三个重要的特性:电荷的量子性、电荷的守恒、电荷的相对论不变性.下面分别加以简要介绍说明.

1. 电荷的量子性

1897 年,英国物理学家汤姆孙(Joseph John Thomson,1856~1940)发现电子.根据 1993 年发布的国际标准,电子的电荷量为 $e = 1.60217733 \times 10^{-19}$ C,在国际单位制(SI)中,电荷量的单位为库仑(C).

1907 年,密立根(Robert Andrews Millikan,1868~1953)从实验中测出所有电子都具有相同的电荷,且带电体所带电荷量都是电子电荷量的整数倍,为 $q = ne, n = 1,2,3,\cdots$.电荷的这种只能取分立的、不连续的量值的性质称为电荷的量子性.量子性(化)是近代物理学中的一个基本概念.尽管现代理论已经预言,自然界中应存在具有 $\pm\frac{1}{3}e$ 和 $\pm\frac{2}{3}e$ 电荷量的被称为夸克的基本粒子,但至今尚未在实验中发现自由状态的夸克.

2. 电荷的守恒

实验表明,在一个与外界没有电荷交换的孤立系统中,不论系统内的电荷如何迁移,系统的电荷量的代数和始终保持不变,这就是电荷守恒定律.电荷守恒定律是自然界的基本守恒定律之一,无论是在宏观领域里,还是在原子、原子核及基本粒子等微观领域内,电荷守恒定律都是成立的,违反电荷守恒定律的过程是不可能实现的.

3. 电荷的相对论不变性

带电体所带电荷量与带电体的运动速度无关,即带电体相对于不同的参考系,其运动速度与质量可以不同,但其电荷量却不变.具体讨论请参见相对论有关书籍.

1.1.2 库仑定律

任意两个带电物体之间都有相互作用力.人们为了突出问题的主要制约因素,引入“点电荷”的概念(物理理想模型).当一个带电体本身的线度与问题所涉及的线度相比小很多时,此带电体就可以视为点电荷.“点电荷”是从实际带电体中抽象出来的,它与牛顿力学中的“质点”类似.当带电体可以看成点电荷时,它们的形状、大小对其相互作用力的影响就可以忽略.能否将带电体视为点电荷,要根据物理问题的具体情况分析决定.

1785 年,库仑首先通过扭秤实验发现了两点电荷之间相互作用的规律,即库仑定律.它是静电学中的基本实验定律.定律表述如下:在真空中,两个静止的点电荷之间相互作用力的大小与两点电荷的电荷量的乘积成正比,与两点电荷间距离的平方成反比,作用力的方向沿着两点电荷的连线,同号电荷相斥,异号电荷相吸.定律的数学表达式是

$$\boldsymbol{F}_{12} = -\boldsymbol{F}_{21} = k\frac{q_1 q_2}{r^2}\boldsymbol{r}_{12}^0 \tag{1.1}$$

如图1.1所示,两点电荷的电荷量分别为 q_1 和 q_2,$\boldsymbol{F}_{12}$ 表示 q_1 对 q_2 的静电作用力(库仑力),$\boldsymbol{F}_{21}$ 表示 q_2 对 q_1 的库仑力,$\boldsymbol{F}_{12}$ 与 $\boldsymbol{F}_{21}$ 大小相等,方向相反,$\boldsymbol{r}_{12}^0$ 表示 q_1 指向 q_2 的单位矢量,即 $\boldsymbol{r}_{12}^0=\dfrac{\boldsymbol{r}_{12}}{r_{12}}$,且有 $\boldsymbol{r}_{12}^0=-\boldsymbol{r}_{21}^0$.

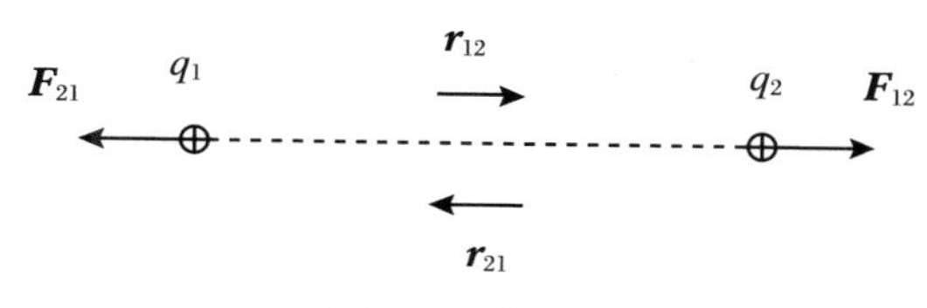

图1.1　静电力

对库仑定律,有以下几点值得注意:

1. 比例系数

公式中的 k 为比例系数,根据实验测得(在国际单位制中)

$$k=8.98755\times10^9\ \mathrm{N\cdot m^2/C^2}\approx9.0\times10^9\ \mathrm{N\cdot m^2/C^2}$$

通常,人们引入另一个常量 ε_0 来代替 k,ε_0 称为真空介电常量(或真空介电系数、真空电容率),两者满足

$$k=\frac{1}{4\pi\varepsilon_0}$$

式(1.1)可写为

$$\boldsymbol{F}=\frac{1}{4\pi\varepsilon_0}\frac{q_1q_2}{r^2}\boldsymbol{r}_{12}^0\tag{1.2}$$

这就是真空中库仑定律的数学表达式.(矢量式可简化为 $\boldsymbol{F}=\dfrac{q_1q_2}{4\pi\varepsilon_0r^2}\boldsymbol{r}^0$,相应的标量式可写为 $F=\dfrac{1}{4\pi\varepsilon_0}\dfrac{q_1q_2}{r^2}$.)

2. 力的符号

由式(1.1)可看出,当 q_1 与 q_2 同号时,$q_1q_2>0$,表明 q_1 与 q_2 之间是斥力;当 q_1 与 q_2 异号时,$q_1q_2<0$,表明 q_1 与 q_2 之间是引力.式中 ε_0 为真空介电常量(真空电容率),其大小(在国际单位制中)为

$$\varepsilon_0=\frac{1}{4\pi k}=8.854188\times10^{-12}\ \mathrm{C^2/(N\cdot m^2)}\approx8.85\times10^{-12}\ \mathrm{C^2/(N\cdot m^2)}$$

3. 库仑定律的适用条件与范围

(1) 条件:库仑定律只适用于“点电荷”.

(2) 适用范围:卢瑟福实验及其他有关实验表明,当电荷之间的距离小到 10^{-15} m(原子大小的数量级)时,库仑定律仍然成立;当电荷之间的距离大到 10^7 m 的时候,库仑定律同样成立.可以这样说,从微观、宏观一直到宇观的整个尺度范围内,没有特殊理由认为库仑定律会失效.

4. 库仑定律与万有引力定律的对比

(1) 相似点:都满足平方反比律,且都满足牛顿第三定律,两者是否有内在的统一性目前仍然是一个有待讨论的问题.

(2) 区别:电场力可以是吸引力,也可以是排斥力,而万有引力总是吸引力.

5. 电介质的影响(参见有关电介质的章节)

当带电体引入电介质时,电介质的每个分子中的正、负电荷会发生微小(微观)移动,结果除了使电介质极化,呈现极化电荷外,还会使电介质产生弹性形变,引起弹性力.

对于无限大均匀电介质中两个点电荷(最简单的例子),实验表明:$F=\frac{1}{4\pi\varepsilon_0\varepsilon_r}\frac{q_1q_2}{r^2}=\frac{1}{4\pi\varepsilon}\frac{q_1q_2}{r^2}$,公式中的 $\varepsilon=\varepsilon_0\varepsilon_r$ 是电介质的(绝对)介电常量,ε_r 是电介质的相对介电常量.

1.1.3 静电力的叠加原理

库仑定律只能用于研究点电荷之间的相互作用,在计算任意带电体(有一定形状与大小)之间的相互作用时,不能直接应用此定律来计算任意带电体的问题,这时就要用到静电力的叠加原理.

我们知道,两个点电荷之间的静电力(库仑力)并不会因第三个点电荷的存在而有所改变.因此,当空间存在多个点电荷时,每个点电荷所受的静电力等于各个点电荷单独存在时施于该点电荷的静电力的矢量和.这个实验上的结论称为静电力的叠加原理.静电力的叠加原理不能从更基本的原理推导出来,它来自实验,也得到了实验的证实.

静电力叠加原理的数学表达式如下:

$$\boldsymbol{F}=\sum_{i\neq j}\boldsymbol{F}_{ij} \tag{1.3}$$

式中,$\boldsymbol{F}_{ij}$ 为 i 与 j 两个点电荷间的库仑力.

由于静电力的叠加原理是从实验得到的基本原理,描述电场的一些重要的物理量也满足叠加原理(如电场强度的叠加原理等).将库仑定律和叠加原理结合起来,原则上可以解决静电学的各种问题.

1.2 静电场 电场强度

1.2.1 静电场

有一个自然而然的问题:电荷间的相互作用如何进行? 对这个问题,历史上有两种观点:超距作用说和近距作用说(即场的观点).

超距作用说认为,电荷之间的相互作用不需要物质来传递,同时力的传递也不需要时间;而近距作用说(即场的观点)认为不存在所谓的"超距作用",电荷间的相互作用是通过"场"这种特殊物质来传递的.场的观点认为,凡有电荷的地方,周围空间都伴随有电场,运动电荷还会激发磁场.电磁场包括电场和磁场,是一种特殊的物质形态(场是一种特殊的物质).现在我们知道,在自然界中除了有"实物物质"外,还有"场"这种特殊的物质.它们的共性主要是都具有能量和动量,或者说都具有力的属性以及能量的属性(物质的共性);同时两者又有所不同,"实物物质"具有"不可入性",而"场"这种特殊物质具有"可叠加性".

既然静电场是物质的一种，就必然具有力的属性(施力的本领)以及能量的属性(做功的本领).理论和实验都证明，传递静电力的中介物质是电场，即两个电荷间的静电力是通过各自在空间产生的电场作用于另一电荷的.因此，静电力也称静电场力.

通常称产生电场的电荷为源电荷，当源电荷静止且电荷量不随时间改变时，它产生的电场称为静电场.

1.2.2　电场强度矢量

实验已证明，处于静电场中的电荷要受到力的作用，且当电荷在电场中运动时电场力要对电荷做功.下面，我们从力与功两方面来研究静电场的性质，分别引出描述电场性质的两个基本物理量："电场强度"和"电势".

我们先介绍电场强度.电场(由源电荷产生)对处于其中的电荷施以作用力，这是电场的一个重要性质.为了描述电场的这个性质(施力本领)，可根据此电场对进入其中的电荷的静电力来定量描述.

为了讨论的需要，首先引入检验电荷 q_0 这一物理理想模型.检验电荷即试探电荷，是测量电场的工具.试探电荷(一般取正电荷)的必备条件是：

(1) 几何线度充分小(可以看成空间中的一个几何点)，能细致反映电场中各点的性质.

(2) 电荷量 q_0 足够小，以至其对外电场的影响可以忽略不计.

一般地，将电场空间中的某考察点叫场点.置于电场某场点上的检验电荷 q_0 将受到电场作用的静电力 $\boldsymbol{F}$.实验表明：$\boldsymbol{F}$ 的大小与电量 q_0 成正比，两者的比值 $\dfrac{\boldsymbol{F}}{q_0}$ 则与检验电荷 q_0 无关，是仅由源电荷产生的电场决定的物理量.我们用这个物理量作为描述电场的场量，称为电场强度(简称场强)，以 $\boldsymbol{E}$ 表示，其定义式为

$$\boldsymbol{E} = \frac{\boldsymbol{F}}{q_0} \tag{1.4}$$

上式表明，电场中某场点的电场强度等于单位正电荷在该点所受到的电场力.在国际单位制中，$\boldsymbol{E}$ 的单位为N/C.一般而言，空间中不同场点的电场强度的大小与方向都不同，即矢量 $\boldsymbol{E}$ 是空间坐标的一个矢量点函数.要注意，电场强度是场施力本领强弱的客观量度，与电场中检验电荷 q_0 存在与否无关.

1.2.3　电场线

电场强度是矢量，它分布在空间构成一个矢量场.对于矢量场，可以从场线、通量和环流三方面来描述它的分布特征.这里仅讨论静电场的电场线(也叫电力线).

对于一定的源电荷，由计算结果可定量知道电场中各点的场强 $\boldsymbol{E}$.同时，为了直观、形象地表示出电场的场强分布，方便问题的讨论，我们可以引入"电场线"这一辅助工具来形象地表示电场.电场线只是一种假想的线，其形状由电荷的分布情况决定，图1.2即是电场线的一个示意图.在电磁学中，电场线的画法是有规定的，不能随意绘制.

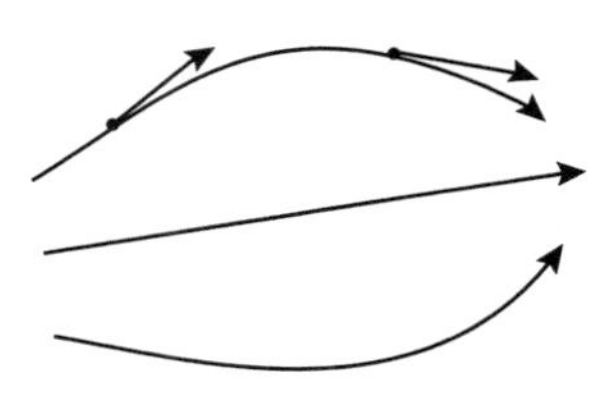

图1.2　电场力示意图

电场线的画法规定:首先在空间各点用一个个小箭头表示出场强的方向;然后将小箭头首尾相连,画成一系列有向曲线,使曲线上每点的切向与该点的场强方向一致;继而在该点垂直于切向取面积元 $\mathrm{d}S$,使得通过 $\mathrm{d}S$ 的电场线数目 $\mathrm{d}N$ 满足

$$E=\frac{\mathrm{d}N}{\mathrm{d}S} \tag{1.5}$$

$\frac{\mathrm{d}N}{\mathrm{d}S}$代表在该点的电场线(数)密度.因此,电场线在某点处的方向代表该点的电场场强方向,电场线在每点处的数密度则代表了该点的场强大小.

按上述规则画出的静电场的电场线具有以下重要(且有用的)特征:

(1) 电场线起始于正电荷,终止于负电荷,在无电荷处不中断,不形成闭合曲线;

(2) 任意两条电场线都不相交.

图 1.3 展示了几种不同源电荷所产生的电场的电场线平面图.

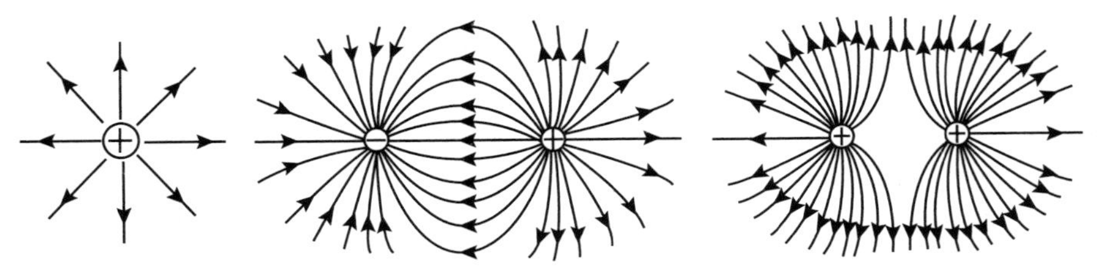

图 1.3　几种电荷分布的电场线

必须指出,电场线并不真实存在(是假想的线),只是为了形象地描述电场的场强分布所使用的一种几何工具.但引入电场线对于分析某些实际问题很有帮助,在研究某些复杂的电场(如电子管内部的电场,高压电器设备附近的电场等)时,就常常采用模拟方法将其电场线描绘出来,从而方便进一步分析场的性质.

1.2.4　电场强度的叠加原理

前面说过,静电力满足叠加原理,必然导致电场强度等物理量也有其相应的叠加原理.这里我们由简单到复杂,分几种常见的情况讨论电场强度的叠加原理.

1. 点电荷的电场场强

在点电荷 q 产生的电场中,若在距 q 为 r 的场点 P 处放置检验电荷 q_0,由库仑定律可得 q_0 受到的电场力为

$$\boldsymbol{F}=\frac{qq_0}{4\pi\varepsilon_0 r^2}\boldsymbol{r}^0$$

再根据场强的定义式,可得

$$\boldsymbol{E}=\frac{q}{4\pi\varepsilon_0 r^2}\boldsymbol{r}^0$$

上式即为点电荷的场强公式.上式表明,点电荷的场强大小随场点与源点距离的变化而变化(依平方反比律减小),方向则在场点与源点的连线方向上.当 $q>0$ 时,$\boldsymbol{E}$ 与 $\boldsymbol{r}^0$ 方向相同;当 $q<0$ 时,$\boldsymbol{E}$ 与 $\boldsymbol{r}^0$ 方向相反.场强在空间呈球对称分布.

2. 点电荷系的电场场强

若源电荷是由几个点电荷组成的,则由场强定义式及电场力叠加原理得到在场点 P 处的场强为

$$\boldsymbol{E}=\frac{\boldsymbol{F}}{q_0}=\frac{\sum \boldsymbol{F}_i}{q_0}=\sum \frac{\boldsymbol{F}_i}{q_0}=\sum \boldsymbol{E}_i \tag{1.6}$$

即点电荷系的电场在某场点的场强等于各个点电荷单独存在时在该点产生的电场强度的矢量和.这一结论称为场强的叠加原理.

3. 连续带电体的场的叠加

利用点电荷的场强公式及场强叠加原理,可以计算电荷连续分布的任意带电体所激发的电场的场强分布.这是计算场强的最基本、最普遍的方法,原则上讲,它可以解决任意带电体的电场场强的空间分布问题.

任何带电体的全部电荷分布都可以看作是许多电荷元 $\mathrm{d}q$($\mathrm{d}q$ 视为点电荷)的集合,在电场中任一场点 P 处,由点电荷的场强公式可得每一电荷元 $\mathrm{d}q$ 在 P 点产生的场强为

$$\mathrm{d}\boldsymbol{E}=\frac{\mathrm{d}q}{4\pi\varepsilon_0 r^2}\boldsymbol{r}^0$$

式中,r 是 $\mathrm{d}q$ 到场点 P 的距离.要计算整个带电体在 P 点的场强,就要对所有电荷元在 P 点产生的场强 $\mathrm{d}\boldsymbol{E}$ 求矢量和,即

$$\boldsymbol{E}=\int \mathrm{d}\boldsymbol{E}=\int \frac{\mathrm{d}q}{4\pi\varepsilon_0 r^2}\boldsymbol{r}^0 \tag{1.7}$$

实际带电体的电荷连续分布的具体形式主要有三种:

体分布:带电体的电荷连续分布在整个体积内,以 ρ 代表电荷密度,$\mathrm{d}V$ 为电荷元 $\mathrm{d}q$ 的体积(称为物理小体积),则 $\mathrm{d}q=\rho\mathrm{d}V$.

面分布:带电体的电荷连续分布在整个面上,以 σ 代表电荷面密度,$\mathrm{d}S$ 为电荷元 $\mathrm{d}q$ 的面积(称为物理小面积),则 $\mathrm{d}q=\sigma\mathrm{d}S$.

线分布:带电体的电荷连续分布在线上,以 λ 代表电荷线密度,$\mathrm{d}l$ 为电荷元 $\mathrm{d}q$ 的长度(称为物理小线段),则 $\mathrm{d}q=\lambda\mathrm{d}l$.

将上述三种分布的 $\mathrm{d}q$ 表达式代入式(1.7),可得

$$\boldsymbol{E}=\begin{cases}\displaystyle\iiint_V \frac{\rho\mathrm{d}V}{4\pi\varepsilon_0 r^2}\boldsymbol{r}^0 & \text{(体分布)}\\ \displaystyle\iint_S \frac{\sigma\mathrm{d}S}{4\pi\varepsilon_0 r^2}\boldsymbol{r}^0 & \text{(面分布)}\\ \displaystyle\int_l \frac{\lambda\mathrm{d}l}{4\pi\varepsilon_0 r^2}\boldsymbol{r}^0 & \text{(线分布)}\end{cases} \tag{1.8}$$

以上三式中的被积函数都是矢量函数,在具体运算时,通常把被积函数 $\mathrm{d}\boldsymbol{E}$ 在 x、y、z 三坐标轴方向上的分量式分别写出,分别进行积分运算,最后再求合矢量 $\boldsymbol{E}$.

1.2.5 电场强度的计算

下面举例说明计算电场强度的方法(根据电场强度的定义和场强的叠加原理计算场强).在不同情况下,电场强度的计算公式如下:

1．点电荷场强的计算公式

$$\mathrm{d}\boldsymbol{E}=\frac{\mathrm{d}q}{4\pi\varepsilon_0 r^2}\boldsymbol{r}^0$$

2．点电荷组场强的计算公式

$$\boldsymbol{E}=\frac{\boldsymbol{F}}{q_0}=\frac{\sum \boldsymbol{F}_i}{q_0}=\sum\frac{\boldsymbol{F}_i}{q_0}=\sum \boldsymbol{E}_i=\sum\frac{\mathrm{d}q_i}{4\pi\varepsilon_0 r_i^2}\boldsymbol{r}^0$$

3．连续分布电荷场强的计算公式

$$\boldsymbol{E}=\int \mathrm{d}\boldsymbol{E}=\int\frac{\mathrm{d}q}{4\pi\varepsilon_0 r^2}\boldsymbol{r}^0$$

其中，电荷元 $\mathrm{d}q$ 根据电荷分布的不同分别取不同的积分来计算：

$$\mathrm{d}q=\begin{cases}\rho\mathrm{d}V & \text{（电荷体分布）}\\ \sigma\mathrm{d}S & \text{（电荷面分布）}\\ \lambda\mathrm{d}l & \text{（电荷线分布）}\end{cases}$$

例 1　计算电偶极子的场强.

有两个电量相等、符号相反、相距为 l 的点电荷 $+q$ 和 $-q$，它们在其周围空间产生电场.若考察的场点 P 到这两个点电荷的距离比 l 大很多，则这两个点电荷构成的带电系统称为电偶极子.从 $-q$ 指向 $+q$ 的矢量 $\boldsymbol{l}$ 称为电偶极子的轴，$q\boldsymbol{l}$ 称为电偶极子的电偶极矩（简称电矩），用符号 $\boldsymbol{p}$ 表示，有 $\boldsymbol{p}=q\boldsymbol{l}$.求：

（1）电偶极子轴线的延长线上任意一点的电场强度；

（2）电偶极子轴线的中垂线上任意一点的电场强度.

解　（1）设电偶极子在真空中，可先计算电偶极子轴线的延长线上某点 P' 处的场强 $E_{P'}$.令电偶极子轴线的中点 O 到 P' 的距离为 $r(r\gg l)$，如图 1.4 所示，$+q$ 和 $-q$ 在 P' 点产生的场强 E_+ 和 E_- 同在轴线上，而方向相反，大小分别为

$$E_+=\frac{q}{4\pi\varepsilon_0\left(r-\dfrac{l}{2}\right)^2},\quad E_-=\frac{q}{4\pi\varepsilon_0\left(r+\dfrac{l}{2}\right)^2}$$

求 $\boldsymbol{E}_+$ 和 $\boldsymbol{E}_-$ 的矢量和就相当于求代数和，因而 P' 点的总场强 $\boldsymbol{E}_{P'}$ 的大小为

$$E_{P'}=E_+-E_-=\frac{1}{4\pi\varepsilon_0}\left[\frac{q}{\left(r-\dfrac{l}{2}\right)^2}-\frac{q}{\left(r+\dfrac{l}{2}\right)^2}\right]=\frac{q}{4\pi\varepsilon_0}\frac{2rl}{\left(r^2-\dfrac{l^2}{4}\right)^2}$$

因为 $r\gg l$，所以

$$E_{P'}=\frac{1}{4\pi\varepsilon_0}\frac{2ql}{r^3}=\frac{1}{4\pi\varepsilon_0}\frac{2p}{r^3}\tag{1.9}$$

$E_{P'}$ 的指向与电矩 $\boldsymbol{p}$ 的指向相同，如图 1.4 所示.

（2）计算电偶极子的中垂线上某点 P 的场强 $\boldsymbol{E}_P$.如图 1.4 所示，令中垂线上 P 点到电偶极子的中心 O 的距离为 $r(r\gg l)$.$+q$ 和 $-q$ 在 P 点产生的场强 $\boldsymbol{E}_+$ 和 $\boldsymbol{E}_-$ 的大小分别为

$$E_+=\frac{1}{4\pi\varepsilon_0}\frac{q}{r^2+\dfrac{l^2}{4}},\quad E_-=\frac{1}{4\pi\varepsilon_0}\frac{q}{r^2+\dfrac{l^2}{4}}$$

方向分别在 $+q$ 和 $-q$ 到 P 点的连线上，前者背向正电荷，后者指向负电荷.设连线与电偶极子轴线之间的夹角为 θ，可知 P 点的总场强 E_P 的大小为

$$E_P=E_+\cos\theta+E_-\cos\theta$$

因为

$$\cos\theta = \frac{l}{2\sqrt{r^2 + \frac{l^2}{4}}}$$

所以

$$E_P = \frac{1}{4\pi\varepsilon_0} \frac{ql}{\left(r^2 + \frac{l^2}{4}\right)^{3/2}}$$

由 $r \gg l$,得

$$E_P = \frac{ql}{4\pi\varepsilon_0 r^3} = \frac{1}{4\pi\varepsilon_0} \frac{p}{r^3} = \frac{E_{P'}}{2} \tag{1.10}$$

$\boldsymbol{E}_P$ 的指向与电矩 $\boldsymbol{p}$ 的指向相反,如图 1.4 所示.

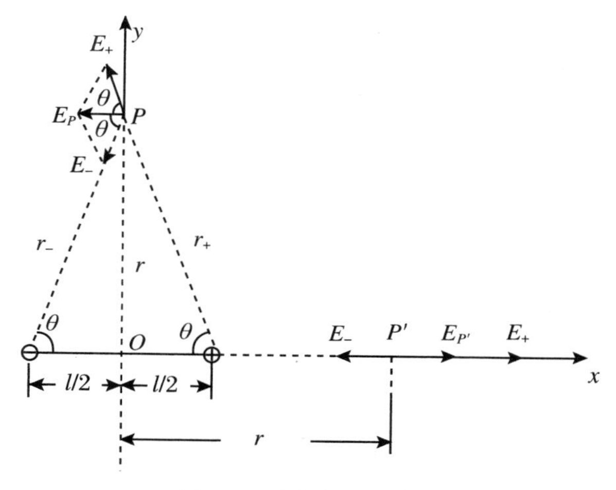

图 1.4　电偶极子的电场

电偶极子是一个重要的物理理想模型,在研究介质的极化、电磁波的发射问题中都要用到这个理想模型.

例 2　求均匀带电细棒中垂面上的 $\boldsymbol{E}$,设棒长为 L,电荷量为 q.

解　此题可以不考虑均匀带电细棒的粗细,而将细棒作为均匀带电直线处理.

由于细棒均匀带电,故 $\boldsymbol{E}$ 具有轴对称性,则只需求出图 1.5 所示的 xy 平面内细棒中垂线上的 $\boldsymbol{E}$.取棒的中点为原点 O,建立坐标系,线元 $\mathrm{d}y$ 上的电荷在 P 点的场强 $\mathrm{d}\boldsymbol{E}$ 的大小为

$$\mathrm{d}E = \frac{\mathrm{d}q}{4\pi\varepsilon_0 r^2} = \frac{\lambda \mathrm{d}y}{4\pi\varepsilon_0 (a^2 + y^2)}$$

注意到与 $\mathrm{d}y$ 关于原点 O 对称的线元 $\mathrm{d}y'$ 的电荷 $\mathrm{d}q' = \lambda \mathrm{d}y'$ 在 P 点产生的场强 $\mathrm{d}\boldsymbol{E}'$ 与 $\mathrm{d}\boldsymbol{E}$ 对称,它们在 y 轴上的分量相互抵消,故只需求出 x 轴的分量即可得合场强.

$$\mathrm{d}E_x = \frac{\lambda \mathrm{d}y}{4\pi\varepsilon_0 (a^2 + y^2)}\cos\theta, \quad \cos\theta = \frac{a}{r} = \frac{a}{\sqrt{a^2 + y^2}}$$

$$E = E_x = \int_L \frac{\lambda \mathrm{d}y}{4\pi\varepsilon_0 (a^2 + y^2)} \frac{a}{\sqrt{a^2 + y^2}}$$

$$= \int_{-\frac{L}{2}}^{\frac{L}{2}} \frac{\lambda a}{4\pi\varepsilon_0} \frac{\mathrm{d}y}{(a^2 + y^2)^{3/2}}$$

$$= \frac{\lambda L}{2\pi\varepsilon_0 a\ (4a^2 + L^2)^{1/2}} \quad \text{（方向与棒垂直）}$$

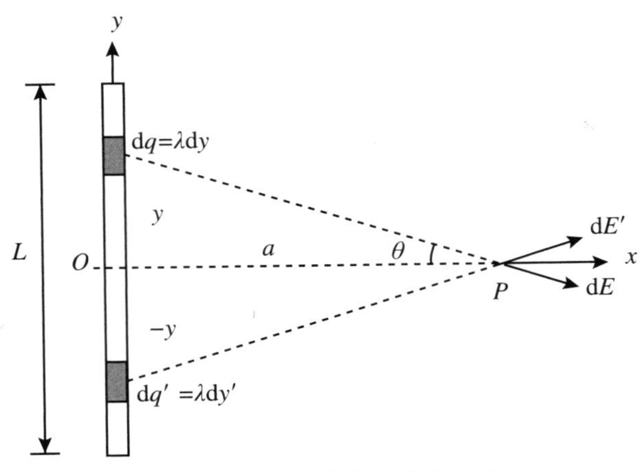

图 1.5　均匀带电细棒的电场

讨论：为了进一步认识场的分布情况，我们来简要讨论与分析场的渐近行为. 这是一种很有意义的训练，也是验证结果正确与否的重要手段.

（1）当 $L\to\infty$（棒为无限长）时，在空间任一点的场强均垂直于棒：

$$E = \lim_{L\to\infty}\frac{\lambda L}{2\pi\varepsilon_0 a\ (4a^2 + L^2)^{1/2}} = \frac{\lambda}{2\pi\varepsilon_0 a}$$

与 a 成反比；

（2）当 $a\gg L$（场点到棒的距离远大于带电棒的几何线度）时，有 $E=\dfrac{q}{4\pi\varepsilon_0 a^2}$，其中 $q=\lambda L$，此即点电荷的场强公式；

（3）当 $a\ll L$（场点十分靠近带电棒，在中间部位附近，即不太靠近棒的两端）时，有 $E=\dfrac{\lambda}{2\pi\varepsilon_0 a}$. 无限长带电棒的模型正是这样抽象出来的.

例 3　半径为 R 的均匀带电细圆环带的电荷量为 q. 求圆环轴线上任意一点的场强.

解　如图 1.6 所示，设场点 P 距原点（环心）为 x，在环上取电荷元

$$\mathrm{d}q = \lambda \mathrm{d}l = \frac{q}{2\pi R}\mathrm{d}l$$

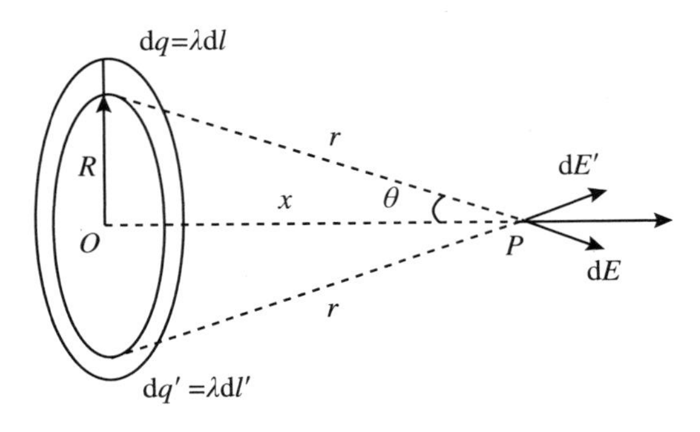

图 1.6　均匀带电圆环的电场

dq 在 P 点产生的场强 $d\boldsymbol{E}$ 的大小为

$$dE = \frac{dq}{4\pi\varepsilon_0 r^2}$$

由于圆环关于 P 点是轴对称的，可在直径的另一端（对称处）取另一电荷元 $dq' = \lambda dl'$，dq 与 dq'是对称的（圆环上所有电荷元都可以取为这样一对对的），它们在 P 点垂直于 x 轴的场强分量 dE_{yz} 是相互抵消的，只需考虑平行于 x 轴的分量，故 P 点的场强大小为

$$E = \int dE_x = \int \frac{\lambda dl}{4\pi\varepsilon_0 r^2}\cos\theta = \frac{\lambda\cos\theta}{4\pi\varepsilon_0 r^2}\int_0^{2\pi R} dl = \frac{q}{4\pi\varepsilon_0 r^2}\cos\theta$$

$$= \frac{qx}{4\pi\varepsilon_0 (x^2 + R^2)^{3/2}} \quad \text{（方向沿 } x \text{ 轴的方向）}$$

讨论：(1) 若 $x = 0$，则有 $E = 0$，即在环心上的场强为零；(2) 若 $x \gg R$，则有 $E \approx \frac{q}{4\pi\varepsilon_0 x^2}$. 可见在远离环心处的场强近似等于点电荷的场强.

例 4　有一均匀带电的薄圆盘，设半径为 R，电荷面密度为 σ. 求圆盘轴线上任一点的场强.

解　本题中圆盘面是二维的，若从点电荷场强出发，就要对电荷元进行双重积分计算. 如果利用前例（带电圆环）的结果，则可简化运算. 如图 1.7 所示，将带电圆盘面当作是由许多以 O 为圆心，不同半径的带电细圆环所组成的. 任一细圆环的面积（垂直于 x 轴的面）可取为 $2\pi r dr$，其电荷元为

$$dq = \sigma 2\pi r dr$$

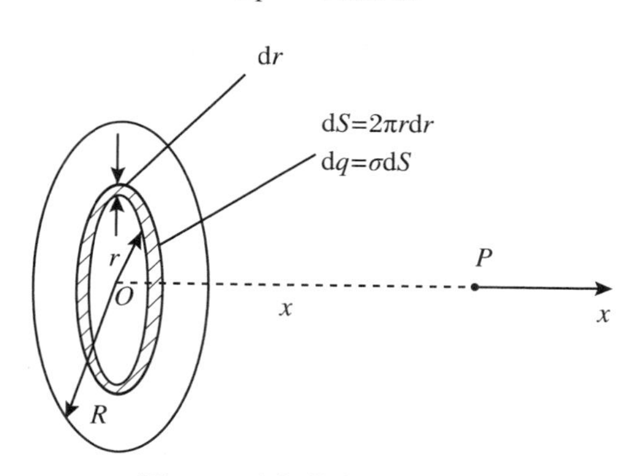

图 1.7　均匀带电圆盘的电场

再利用例 3 得到的带电细圆环的场强公式，得上述电荷元 dq 在 P 点所产生电场的场强大小为

$$dE = \frac{x\sigma 2\pi r dr}{4\pi\varepsilon_0 (x^2 + r^2)^{3/2}}$$

带电圆盘在 P 点的场强大小只需求和（积分）即可，为

$$E = \int dE = \frac{2\pi\sigma x}{4\pi\varepsilon_0}\int_0^R \frac{r}{(x^2 + r^2)^{3/2}} dr = \frac{\sigma}{2\varepsilon_0}\left(1 - \frac{x}{\sqrt{x^2 + R^2}}\right)$$

讨论：(1) 当 $x \ll R$ 时（P 点无限靠近带电圆盘），由上述计算结果可推得此时的场强为 $E = \frac{\sigma}{2\varepsilon_0}$（常量）.

在此条件下，有限的盘面对 P 点可视为无限大带电平面（无限大带电平面是一个有用的

理想模型). 其场强的分布特点是:在空间所产生的电场场强大小处处相等,与场点到平面的距离无关,方向垂直于平面. 故无限大均匀带电平面两侧的电场是均匀场. 若平面带正电,则 $\boldsymbol{E}$ 从带电平面指向两侧;若平面带负电,则 $\boldsymbol{E}$ 从两侧指向带电平面.

(2) 当 $x \gg R$ 时(P 点无限远离带电圆盘),由场强公式可得

$$E=\frac{\sigma}{2\varepsilon_0}\left(1-\frac{x}{\sqrt{x^2+R^2}}\right)=\frac{\sigma}{2\varepsilon_0}\left[1-\frac{1}{\sqrt{1+\frac{R^2}{x^2}}}\right]$$

将 $\left(1+\frac{R^2}{x^2}\right)^{-\frac{1}{2}}$ 用二项定理展开

$$\left(1+\frac{R^2}{x^2}\right)^{-\frac{1}{2}}=1-\frac{1}{2}\frac{R^2}{x^2}+\frac{3}{8}\left(\frac{R^2}{x^2}\right)^2-\cdots\approx 1-\frac{1}{2}\frac{R^2}{x^2}$$

即可得到

$$E\approx\frac{\sigma R^2}{4\varepsilon_0 x^2}=\frac{q}{4\pi\varepsilon_0 x^2}$$

不难看出,此时带电圆盘产生的电场近似等于点电荷的电场.

1.3 静电场的高斯定理

库仑定律给出的是力与电荷之间的关系,而我们更关心的是场强与场源电荷之间的关系. 本节讨论的静电场的高斯定理正是通过"电通量"间接地给出了这一关系,它反映了静电场的一个重要性质——有源性.

1.3.1 电场强度通量

为了避免矢量求和与积分,而又能定量描述场强与场源电荷之间的关系,这里引入电场强度通量(简称电通量)的概念.

通量是描述矢量场性质的重要物理量之一,它总是和某个曲面联系在一起的. 如图 1.8 所示,在任意的矢量场 $\boldsymbol{A}$ 中,取任意形状的曲面 S. 将它分成许多小面积元 $\mathrm{d}\boldsymbol{S}$,则 $\boldsymbol{A}$ 通过 $\mathrm{d}\boldsymbol{S}$ 的通量为

$$\mathrm{d}\Phi=\boldsymbol{A}\cdot\mathrm{d}\boldsymbol{S}=A\cos\theta\mathrm{d}S$$

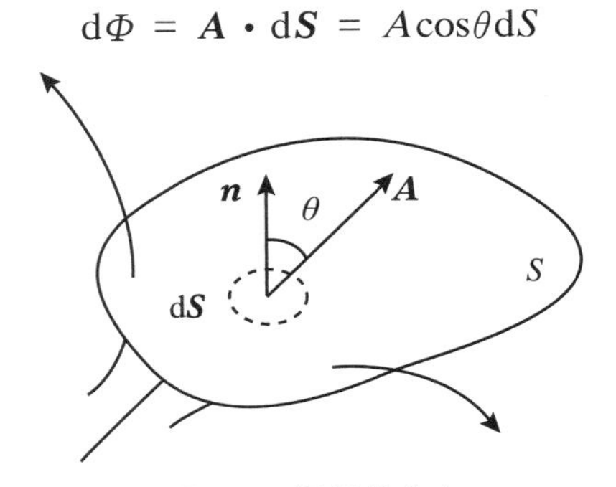

图 1.8 通量的定义

$\boldsymbol{A}$ 对整个曲面的通量为

$$\Phi_A = \iint_S \boldsymbol{A} \cdot \mathrm{d}\boldsymbol{S} = \iint_S A\cos\theta \mathrm{d}S$$

若曲面 S 是闭合曲面，则 $\boldsymbol{A}$ 对整个曲面的通量为

$$\Phi_A = \oint\!\!\!\oint_S \boldsymbol{A} \cdot \mathrm{d}\boldsymbol{S} = \oint\!\!\!\oint_S A\cos\theta \mathrm{d}S$$

在静电场中，描述场的矢量是电场强度矢量 $\boldsymbol{E}$. $\boldsymbol{E}$ 对某个曲面的通量即为电场强度通量，简称电通量. 设场中有任意形状的给定曲面 S，$\boldsymbol{E}$ 对其中任意一个面积元 $\mathrm{d}\boldsymbol{S}$ 的通量为(参见图1.8，可以设想图中的任意矢量 $\boldsymbol{A}$ 为静电场的场强 $\boldsymbol{E}$)

$$\mathrm{d}\Phi = \boldsymbol{E} \cdot \mathrm{d}\boldsymbol{S} = E\cos\theta \mathrm{d}S \tag{1.11}$$

$\boldsymbol{E}$ 对整个曲面 S 的通量为

$$\Phi_E = \iint_S \boldsymbol{E} \cdot \mathrm{d}\boldsymbol{S} = \iint_S E\cos\theta \mathrm{d}S$$

若曲面是闭合曲面，则电通量为

$$\Phi_E = \oint\!\!\!\oint_S \boldsymbol{E} \cdot \mathrm{d}\boldsymbol{S} = \oint\!\!\!\oint_S E\cos\theta \mathrm{d}S \tag{1.12}$$

利用前述“电场线”的概念与图像，可以从几何上加深我们对电通量的理解(形象化的理解). 一般而言，可以这样定义电通量：通过电场中某个曲面的电场线的总根数(条数)称为通过该曲面的电通量. 对于非闭合的曲面，面上各处的法线正方向可以任意选取指向曲面的这一侧或那一侧，而对闭合曲面来说，通常规定自内向外的方向为面积元法线的正方向. 所以，如果电场线从闭合曲面内向外穿出，电通量为正；如果电场线从外部穿入闭合曲面，电通量则为负. 注意，电通量是标量，且是指场强对于某个给定面积的通量.

例1　如图1.9(a)所示，在点电荷 q 的电场中，取半径为 R 的圆形平面，设 q 在垂直于平面并通过圆心 O 的轴线上的 A 点处，A 点与 O 点的距离为 d，试计算通过此平面(阴影部分)的电通量 Φ_E.

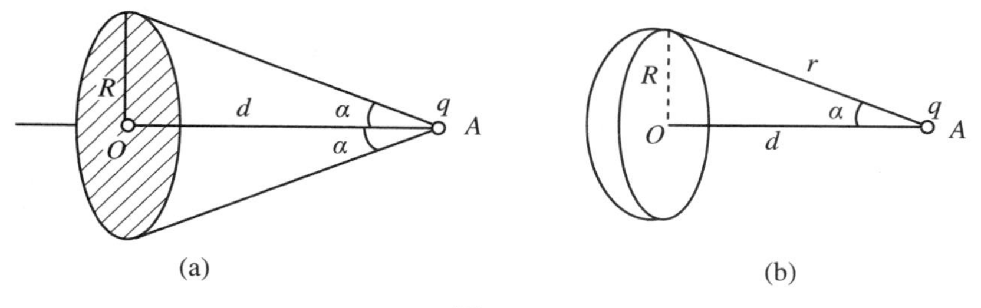

图1.9

解　如图1.9(b)所示，可以发现，通过圆平面的电场线的总数与通过以 A 为球心，r 为半径，以圆平面四周为周界的球冠曲面的电场线的总数相同，即通过圆平面的 $\boldsymbol{E}$ 通量与通过球冠曲面的 $\boldsymbol{E}$ 通量相同. 平面的电通量不容易求解，可直接求球冠曲面的电通量.

点电荷 q 在以它为球心的球面上产生的电通量是均匀分布的，以 Φ_E 表示通过球冠曲面的电通量，Φ_{E_0} 表示通过整个球面的电通量. 整个球面的面积 $S_0 = 4\pi r^2$，球冠面积 $S = 2\pi r(r-d)$，且不难得到 $\Phi_{E_0} = \dfrac{q}{\varepsilon_0}$，则

$$\Phi_E = \Phi_{E_0} \cdot \frac{S}{S_0} = \frac{\Phi_{E_0}}{4\pi r^2} \cdot 2\pi r(r-d) = \frac{q}{4\pi\varepsilon_0} \frac{2\pi(\sqrt{R^2+d^2}-d)}{\sqrt{R^2+d^2}}$$

1.3.2 静电场的高斯定理

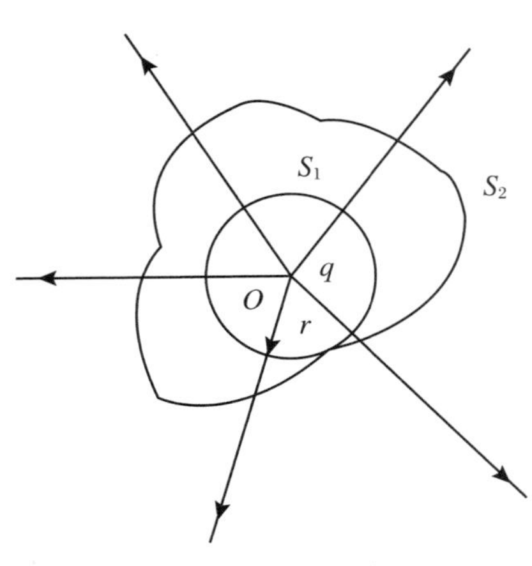

图 1.10 高斯定理的证明

1839 年,高斯从理论上证明了电通量和电荷之间的一个简单关系.这一反映电场与场源之间关系的基本规律可以利用库仑定律和场强的叠加原理导出.如图 1.10 所示,先看一种特殊的情况,包围点电荷的闭合曲面是以点电荷为球心的同心球面.若真空中有一正点电荷 q,以 q 所在的点为球心,取任意长 r 为半径,作一球面 S_1 包围这个点电荷.点电荷 q 的电场具有球对称性,我们知道,球面 S_1 上任一点的场强 E 的大小都是$\frac{q}{4\pi\varepsilon_0 r^2}$,$E$ 的方向都沿矢径方向,处处与球面正交.由式(1.12)可知,通过整个球面的电通量为

$$\Phi_E = \oint\!\!\!\oint_{S_1} \frac{q}{4\pi\varepsilon_0 r^2} \cdot \mathrm{d}S = \frac{q}{4\pi\varepsilon_0 r^2} \cdot 4\pi r^2 = \frac{q}{\varepsilon_0}$$

然后,设想有另一任意形状的闭合曲面 S_2,S_2 与球面 S_1 包围同一个点电荷 q,由电场线的连续性,可知通过闭合面 S_2 的电场线条数和 S_1 是一样的,电通量不变,上式仍能成立.由此即可得到结论:通过任一闭合曲面的电通量等于闭合曲面内的电荷 q 除以真空介电常数 ε_0,与闭合曲面的形状无关.

以上讨论了在闭合曲面内仅含有一个点电荷时,通过闭合曲面的电通量.下面进一步讨论在闭合曲面内含有任意电荷系时,通过闭合曲面的电通量.由于任意电荷系(包括电荷连续分布的任意带电体)均可看成是点电荷的集合体,每一点电荷的电场线条数为$\frac{q}{\varepsilon_0}$,所以通过包围任意电荷系的闭合曲面的电通量 Φ 应等于组成该电荷系的各点电荷发出(或终止)的通过该闭合曲面的电场线条数,即等于电通量 Φ_{E_1},Φ_{E_2},…,Φ_{E_n} 的代数和.由于 $\Phi_{E_1} = \frac{q_1}{\varepsilon_0}$,$\Phi_{E_2} = \frac{q_2}{\varepsilon_0}$,…,$\Phi_{E_n} = \frac{q_n}{\varepsilon_0}$,所以有

$$\Phi_E = \oint\!\!\!\oint_S \boldsymbol{E} \cdot \mathrm{d}\boldsymbol{S} = \frac{1}{\varepsilon_0}\sum_{i=1}^{n} q_i \tag{1.13}$$

最后,对于任意的闭合曲面而言,一些电荷在曲面的外面,即闭合曲面没有包围这些电荷,可以证明,这些电荷产生的电场对上述闭合曲面的电通量等于零.

综上所述,真空中静电场的高斯定理可以表述为:在真空中的任何静电场中,通过任一闭合曲面的电通量等于该曲面内所有电荷量的代数和除以 ε_0,而与该曲面外的电荷无关.

高斯定理中的任一闭合曲面一般称为"高斯面",高斯定理的数学表达式就是公式(1.13).若电荷是连续分布的带电体,则高斯定理的数学表述为

$$\Phi_E = \oint\!\!\!\oint_S \boldsymbol{E} \cdot \mathrm{d}\boldsymbol{S} = \frac{1}{\varepsilon_0}\iiint_V \rho \mathrm{d}V$$

式中，V 为 S 所包围的体积(高斯面内的体积)，ρ 为电荷体密度. 根据具体的电荷分布情况，上面的公式还可以是面积分或线积分的形式.

高斯定理并没有指明源电荷所产生的静电场的具体分布情况，而是以数学形式描述了电场与场源电荷间的普遍关系. 对于高斯定理的物理意义，可从以下几个方面来理解：

(1) 若闭合面内存在正(负)电荷，则通过闭合面的电通量为正(负)，表明有电场线从面内(面外)穿出(穿入). 若闭合面内没有电荷，则通过闭合面的电通量为零，意味着有多少电场线穿入就有多少电场线穿出，说明在没有电荷的区域内电场线不会中断. 此外，若闭合面内只是电荷的代数和为零，则有多少电场线进入面内终止于面内负电荷，就会有相同数目的电场线从面内正电荷发出并穿出面外.

(2) 在闭合面内，只要电荷的代数和保持不变，其空间分布的变化只会改变闭合面上各点场强的大小和方向，不会改变通过整个闭合面的电通量. 而在闭合面外，有无电荷及电荷在空间如何分布，虽然会影响闭合面上各处场强的大小和方向，但对通过整个闭合面的电通量没有贡献. 即高斯定理左边积分号内的场强 E 是面内、面上与面外空间中所有电荷总的贡献，而右边的电荷代数和只是闭合面内所包围的电荷.

可见，高斯定理说明了正电荷是发出电场线的“源”，负电荷是电场线终止并汇聚的“源”，明确地将电场与激发电场的源联系起来，从而表明静电场是有源场(有通量源)，这是静电场的最重要的两个基本性质之一.

高斯定理是以库仑定律为基础建立的，是电场力的平方反比规律和叠加原理的直接结果，因此它与库仑定律并不是互相独立的，而是用不同形式表示的电场与场源电荷关系的同一客观规律，但它的应用范围比库仑定律更加广泛. 库仑定律只适用于静电场，而高斯定理不仅适用于静电场，也适用于变化的电场，它是电磁场理论的基本定理之一.

1.3.3　高斯定理的应用

高斯定理不仅在理论上具有重要性，在解决静电场问题上也有其实用价值. 高斯定理的一个重要应用就是在场强分布具有某种对称性的条件下，提供一种求解场强分布的简便方法. 与运用库仑定律求解静电场问题相比，在具有某种对称性的电场中应用高斯定理，可以经过更简单的计算求出场强的分布.

应用高斯定理计算场强的步骤一般如下：

(1) 分析给定问题中的场强分布是否具有某种对称性，如球对称、面对称、轴对称等，从而判断能否用高斯定理简便地求出场强分布. 这是运用定理的前提.

(2) 根据问题的对称性，过场点作恰当的高斯面. 这是运用定理的关键. 要求高斯面形状尽量简单规则，面上的场强最好大小处处相等，面上场强的方向尽量处处与面平行或垂直，以便在一部分面积分中场强可以从积分号中提出来，而在另一部分面积分中为0.

(3) 计算出通过高斯面的电通量及高斯面内的总电荷.

(4) 应用高斯定理求出场强.

应当明确，在电场不具有对称性的情况下，高斯定理仍然是成立的，如有限长的带电直线、有限大的带电平面、不均匀带电体的电场等，但在这些情况下，由于计算太过复杂，无法用高斯定理直接求得场强的分布.

用高斯定理求场强分布，一般需要电场满足某些“高度”的对称性(比如球对称等).下面讨论几个应用高斯定理计算对称分布场强的典型例子.

例2 求均匀带电球面的场强分布.

解 设球面半径为 R，带电量为 q.如图1.11所示，分析问题的对称性.显然问题具有球对称性，因此不论场点 P 位于球面内还是球面外，带电球面在点 P 的场强都应沿径向方向(若 q 为正，则沿 OP 向外；若 q 为负，则沿 OP 向内)，并且在半径 $r=OP$ 的球面上各点场强的大小都相等.一般地，一个电荷呈球对称分布的带电体产生的电场也具有球对称性.

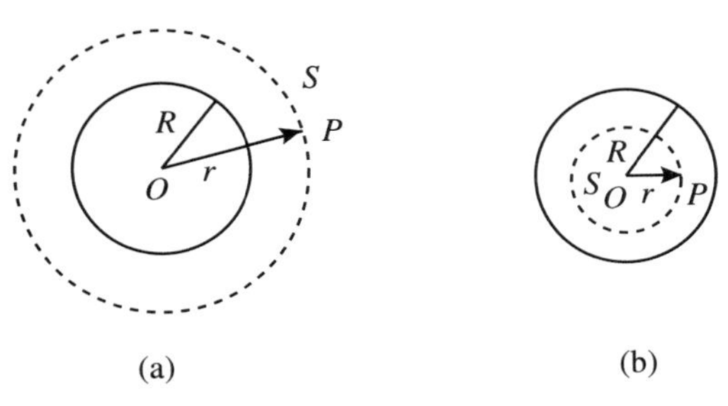

图1.11 均匀带电球面

先计算球面外任意一个场点 P 处的场强，如图1.11(a)所示.作半径 $r=OP$ 的球形高斯面，通过这个球面的电通量为

$$\oiint_S \boldsymbol{E}\cdot \mathrm{d}\boldsymbol{S}=\oiint_S E\cos\theta \mathrm{d}S=E\oiint_S \mathrm{d}S=4\pi r^2 E$$

由高斯定理有

$$\oiint_S \boldsymbol{E}\cdot \mathrm{d}\boldsymbol{S}=\frac{q}{\varepsilon_0}$$

所以

$$4\pi r^2 E=\frac{q}{\varepsilon_0}$$

$$E=\frac{q}{4\pi\varepsilon_0 r^2}$$

可见，均匀带电球面在球外产生的场强与位于球心、有相同电荷量的点电荷产生的场强相同.

对于球面内任一场点 P，如图1.11(b)所示，同样可过场点 P 作半径 $r=OP$ 的高斯面，但此时包围在高斯面内的电荷为零，故有

$$4\pi r^2 E=0$$

$$E=0$$

注意，计算结果显示，在带电球面的内外区域，场强发生了一个突变.这个结论对于任意的带电面而言都是成立的.

例3 求无限长均匀带电直线的场强分布.

解 设电荷线密度为 λ.如图1.12(a)所示，由于带电直线无限长，且电荷分布是均匀的，所以其产生的电场的场强沿垂直于该直线的矢径方向，而且在距直线等距离各点处的场

强 E 的大小相等,即电场是轴对称的,可以考虑用高斯定理解决此问题.

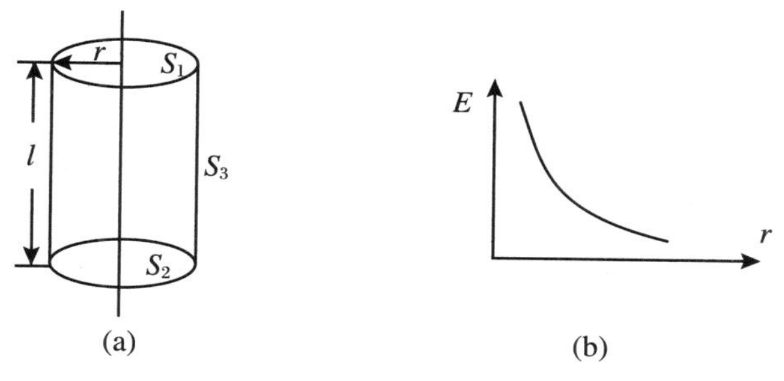

图 1.12　长直带电导线的电场

为了求解带电直线周围的场强分布,选距离带电直线为 r 的场点 P,且过 P 点作一个以带电直线为轴的圆柱状闭合面 S,作为高斯面,它由三个面组成:上底面 S_1,下底面 S_2,侧面 S_3,高度为 l.

由于场强 E 与圆柱上、下底面的法线垂直,所以通过两个底面的电通量为零,则有

$$\oiint_S \boldsymbol{E}\cdot \mathrm{d}\boldsymbol{S} = \iint_{S_3} E\cos\theta \mathrm{d}S = E\iint_{S_3}\mathrm{d}S = 2\pi rl\cdot E$$

由高斯定理,有

$$\oiint_S \boldsymbol{E}\cdot \mathrm{d}\boldsymbol{S} = \frac{\lambda l}{\varepsilon_0}$$

所以

$$E\cdot 2\pi rl = \frac{\lambda l}{\varepsilon_0}$$

得场强为

$$E = \frac{\lambda}{2\pi r\varepsilon_0}$$

可见,场强 E 与 r(场点到带电直线的垂直距离)成反比,场强的分布图参见图 1.12(b).

例 4　求无限大均匀带电平面的场强分布.

解　设平面上的电荷面密度为 σ. 由于均匀带电平面是无限大的,带电平面两侧附近的电场具有面对称性,所以平面两侧的场强垂直于该平面,而且在距平面等距离处场强的大小相等(证明略). 取如图 1.13 所示的高斯面,此高斯面是个圆柱面,它穿过带电平面,且对带电平面而言是左右两边对称的,其侧面 S_3 的法线与 $\boldsymbol{E}$ 垂直,所以,通过侧面的电通量为零. 而两个底面 S_1 和 S_2 的法线与 $\boldsymbol{E}$ 平行,且底面上 $\boldsymbol{E}$ 的大小是相等的,设底面的面积为 S,则通过高斯面的电通量为

$$\oiint_S \boldsymbol{E}\cdot \mathrm{d}\boldsymbol{S} = 2\iint_{\text{底面}} E\cos\theta \mathrm{d}S = 2ES$$

由高斯定理可得

$$\oiint_S \boldsymbol{E}\cdot \mathrm{d}\boldsymbol{S} = \frac{\sigma S}{\varepsilon_0}$$

故有

$$2ES = \frac{\sigma S}{\varepsilon_0}$$

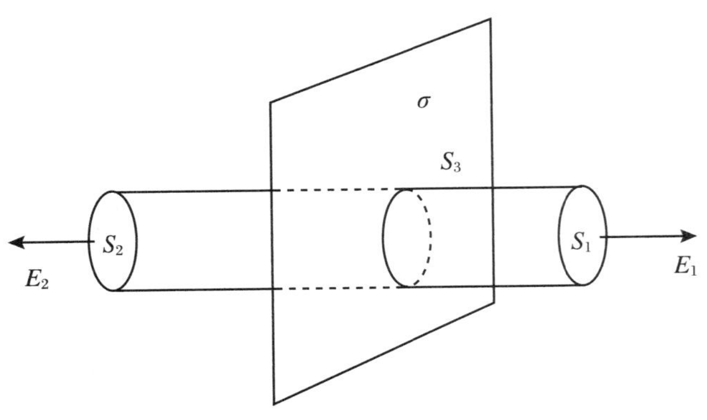

图 1.13　带电平面的电场

$$E = \frac{\sigma}{2\varepsilon_0}$$

结果表明,场强与场点到带电面的距离无关,是一个常量,即无限大均匀带电平面周围的电场是匀强电场.

1.4　静电场的环路定理

静电场的环路定理是反映静电场性质的另一个定理.它与高斯定理结合起来,才能完整地描述静电场.

1.4.1　静电场的环路定理

1. 静电场力做功

我们首先计算在点电荷的电场中静电场力所做的功.如图 1.14 所示,在静止的点电荷 q 产生的电场中,设有一检验电荷 q_0 由 a 点经某一路径 L 移到 b 点,在位移元上,电场力 $\boldsymbol{F}$ 对 q_0 做功

$$\begin{aligned} \mathrm{d}A &= \boldsymbol{F} \cdot \mathrm{d}\boldsymbol{l} = F\mathrm{d}l\cos\theta \\ &= F\mathrm{d}r = q_0 E\mathrm{d}r \\ &= \frac{q_0 q}{4\pi\varepsilon_0 r^2}\mathrm{d}r \end{aligned}$$

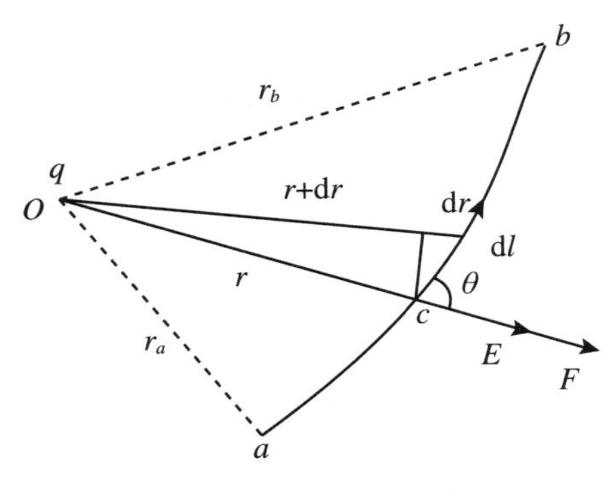

图 1.14　电场力做功

从 a 到 b,总功的大小为

$$A = \int_a^b \mathrm{d}A = \frac{q_0 q}{4\pi\varepsilon_0}\int_{r_a}^{r_b} \frac{1}{r^2}\mathrm{d}r = \frac{q_0 q}{4\pi\varepsilon_0}\left(\frac{1}{r_a} - \frac{1}{r_b}\right)$$

结果表明,检验电荷 q_0 在点电荷的场中由 a 点经任意一条路径 L 移到 b 点时,电场力做的功只与检验电荷 q_0 的起点与终点位置有关,而与其经过的路径无关.

下面,再计算在点电荷系的电场中电场力所做的功.设在由 $q_1, q_2, \cdots, q_n$ 等点电荷所

产生的静电场中，检验电荷 q_0 在场中由 a 点经任意一条路径 L 移到 b 点，此时电场力所做的功为

$$A = \int_a^b \mathrm{d}A = \int_a^b \boldsymbol{F} \cdot \mathrm{d}\boldsymbol{l} = \int_a^b q_0 \boldsymbol{E} \cdot \mathrm{d}\boldsymbol{l}$$

由叠加原理可知，n 个电荷产生的场强 $\boldsymbol{E}$ 为各个点电荷产生的场强的矢量和：

$$\boldsymbol{E} = \sum_{i=1}^{n} \boldsymbol{E}_i$$

则有

$$\begin{aligned} A &= q_0 \int_a^b \boldsymbol{E} \cdot \mathrm{d}\boldsymbol{l} = q_0 \int_a^b \boldsymbol{E}_1 \cdot \mathrm{d}\boldsymbol{l} + q_0 \int_a^b \boldsymbol{E}_2 \cdot \mathrm{d}\boldsymbol{l} + \cdots + q_0 \int_a^b \boldsymbol{E}_n \cdot \mathrm{d}\boldsymbol{l} \\ &= \sum_{i=1}^{n} \frac{q_0 q_i}{4\pi\varepsilon_0}\left(\frac{1}{r_{ia}} - \frac{1}{r_{ib}}\right) \end{aligned}$$

上述结果进一步表明，检验电荷 q_0 在点电荷系产生的电场中由 a 点经任意一条路径 L 移到 b 点时，电场力做的功同样只与检验电荷 q_0 的起点与终点位置有关，而与其走过的路径无关.

实际上，这一结论可以推广到任意连续与非连续的电荷产生的静电场. 电荷在静电场中移动时，电场力做的功与路径无关，说明静电场力是保守力.

2. 静电场的环路定理(环流定理)

由于静电场力是保守力，其做功与路径无关. 我们可以设想检验电荷 q_0 在静电场中先从 a 点经过任意一条路径 L_1 移到 b 点，再从 b 点通过任意的另一条路径 L_2 回到 a 点，如图 1.15 所示，则电场力做的总功为

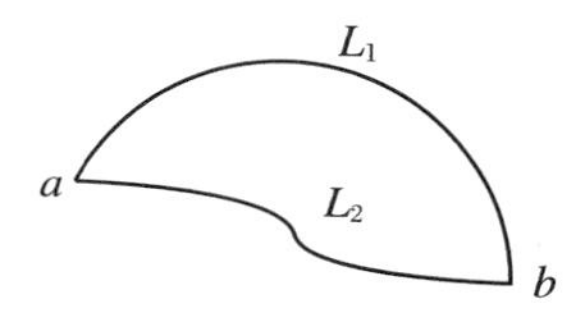

图 1.15　做功与路径无关的证明

$$\begin{aligned} A &= \int_{(L_1)a}^{b} q_0 \boldsymbol{E} \cdot \mathrm{d}\boldsymbol{l} + \int_{(L_2)b}^{a} q_0 \boldsymbol{E} \cdot \mathrm{d}\boldsymbol{l} \\ &= \int_{(L_1)a}^{b} q_0 \boldsymbol{E} \cdot \mathrm{d}\boldsymbol{l} - \int_{(L_2)a}^{b} q_0 \boldsymbol{E} \cdot \mathrm{d}\boldsymbol{l} = \oint_{L_1+L_2} q_0 \boldsymbol{E} \cdot \mathrm{d}\boldsymbol{l} \end{aligned}$$

由于静电场力做功与路径无关，则有

$$\int_{(L_1)a}^{b} q_0 \boldsymbol{E} \cdot \mathrm{d}\boldsymbol{l} = \int_{(L_2)a}^{b} q_0 \boldsymbol{E} \cdot \mathrm{d}\boldsymbol{l} = -\int_{(L_2)b}^{a} q_0 \boldsymbol{E} \cdot \mathrm{d}\boldsymbol{l}$$

于是得到

$$A = \oint_L q_0 \boldsymbol{E} \cdot \mathrm{d}\boldsymbol{l} = q_0 \oint_L \boldsymbol{E} \cdot \mathrm{d}\boldsymbol{l} = 0$$

注意，$L = L_1 + L_2$ 是一个闭合路径(回路)，故有结论：在任意静电场中，将检验电荷 q_0 沿着任意闭合路径移动一周，电场力所做的总功(代数和)为零. 由于 q_0 不能为零，故得到

$$\oint_L \boldsymbol{E} \cdot \mathrm{d}\boldsymbol{l} = 0$$

一般将场强沿任意闭合路径的线积分 $\oint_L \boldsymbol{E} \cdot \mathrm{d}\boldsymbol{l}$ 定义为 $\boldsymbol{E}$ 沿 L 的环流. 不难看出，静电场环流的物理意义是单位正电荷沿闭合路径移动一周静电场力所做的功. 因此，在静电场中，电场强度沿任意闭合路径的环流为零(静电场的场强沿任意闭合路径的线积分恒等于零)，这就是静电场的环路定理. 其数学表达式为

$$\oint_L \boldsymbol{E} \cdot \mathrm{d}\boldsymbol{l} = 0 \tag{1.14}$$

静电场的环路定理是反映静电场性质的两个基本定理之一.前面的高斯定理说明了静电场是有源场,而这里的环路定理说明了静电场是保守力场(即有势场,如同引力场一样,可以引进“势”的概念).保守力场中的场线是不闭合的,所以静电场属于无旋场.因此,通常说静电场是一种有源无旋场或有源保守力场.

1.4.2 电势

1. 电势能(功能关系)

在力学中,为了反映重力、弹性力等保守力做功与路径无关的特点,曾引进重力势能和弹性势能.从以上分析中我们知道,静电场力也是保守力,它对检验电荷所做的功也具有与路径无关的特点,因此也可以引进相应的“势能”概念.

与物体在重力场中具有重力势能一样,电荷处在静电场中一定的位置就应该具有一定的势能,一般称之为电荷在静电场中的电势能.静电场力对电荷所做的功就是电荷电势能改变的量度.

设 W_a 和 W_b 分别表示检验电荷 q_0 在起点 a 和终点 b 处的电势能,可知

$$W_a - W_b = A_{ab} = q_0 \int_a^b \boldsymbol{E} \cdot \mathrm{d}\boldsymbol{l}$$

静电势能与重力势能一样,是一个相对的量.为了说明电荷在电场中某一点处电势能的大小,必须首先选定电势能为零的参考点.参考点的选择是任意的,处理问题时怎样方便就怎样选取.在上式中,若选 q_0 在 b 点处的电势能为零,则有

$$W_a = q_0 \int_a^b \boldsymbol{E} \cdot \mathrm{d}\boldsymbol{l} \tag{1.15}$$

即检验电荷 q_0 在电场中某点 a 处的电势能,在数值上等于把它从 a 点移到参考点(零势能点)的过程中电场力所做的功.

电荷在有限分布的带电体的静电场中,通常规定 q_0 在无限远处电势能为零,则

$$W_a = q_0 \int_a^\infty \boldsymbol{E} \cdot \mathrm{d}\boldsymbol{l} \tag{1.16}$$

即电荷 q_0 在电场中某点 a 处的电势能,在数值上等于把它从点 a 移到无限远处的过程中电场力所做的功.

需要说明的是,电势能是属于 q_0 和电场整个系统的,是场源电荷与 q_0 之间的相互作用能.正因为如此,电势能这个量并不能反映静电场本身的客观做功本领,它还与 q_0 有关.因此,有必要引入新的物理量来度量静电场本身的客观做功本领.

2. 电势、电势差

由式(1.16)可知,电荷 q_0 在静电场中某点 a 处的电势能与 q_0 的大小成正比,但是,比值 $\frac{W_a}{q_0}$ 却与 q_0 无关,只决定于电场的性质以及场中给定点 a 的位置.因此,这一比值是一个反映静电场中给定点的静电场性质的物理量,称之为电势.如用 U 表示 a 点的电势,则其定义式为

$$U_a = \frac{W_a}{q_0} = \int_a^\infty \boldsymbol{E} \cdot \mathrm{d}\boldsymbol{l} \tag{1.17}$$

上式说明：静电场中某点 a 处的电势在数值上等于单位正电荷在该点时的电势能，即等于将单位正电荷从 a 点移到无限远处（参考点）时电场力所做的功.

由于电势能是相对量，因此，电势也是一个相对量，其值也与电势零点的选择有关.上面我们用式（1.17）来定义电场中某点的电势时，实际上已经约定把无限远处的电势选为零电势点.电势零点的选取可视具体情况而定.若带电体为有限大小，一般规定以无限远处为零电势点（参考点）.这一规定使正电荷产生的电场中各点的电势总为正，负电荷产生的电场中各点的电势总为负.

必须指出的是，若带电体的电荷是无限分布的，则只能在有限范围内选取某处为电势零点，不能将零电势点定在无限远处，否则就会导致任一场点的电势为无限大或无确定值（即无意义）.

在静电场中，任意两点 a 和 b 的电势之差称为电势差，也称为电压.其表达式为

$$U_a - U_b = \int_a^{\infty}\boldsymbol{E}\cdot \mathrm{d}\boldsymbol{l} - \int_b^{\infty}\boldsymbol{E}\cdot \mathrm{d}\boldsymbol{l} = \int_a^{b}\boldsymbol{E}\cdot \mathrm{d}\boldsymbol{l} \tag{1.18}$$

即在电场中 a、b 两点的电势差在数值上等于把单位正电荷从 a 点移到 b 点时电场力所做的功.因此，当任一电荷 q 在电场中从 a 点移动到 b 点时，电场力所做的功可用电势差表示（功能关系），为

$$A_{ab} = q(U_a - U_b)$$

从式（1.18）可知，电场中任意两点的电势差仅与它们的相对位置有关，而与电势零点的选取无关.

在国际单位制中，电势和电势差的单位为焦/库（J/C），称为伏（V）.

3．电势的几何描述——等势面

电势是描述静电场的标量点函数，电场的电势分布可以用等势面来描绘.

一般来说，电势是位置坐标的函数，其值逐点不同，但其中有一些点的电势值是相等的.静电场中电势相等的点所组成的曲面叫等势面.

一般规定，在画等势面图时，必须使两相邻等势面的电势差为常量，于是在电场空间中就能画出有一定疏密分布的等势面.

图1.16是几种常见的等势面与电场线（电力线）图.必须指出，实际的等势面都是一些三维的曲面，这里所描绘的仅是等势面与纸面的截线.

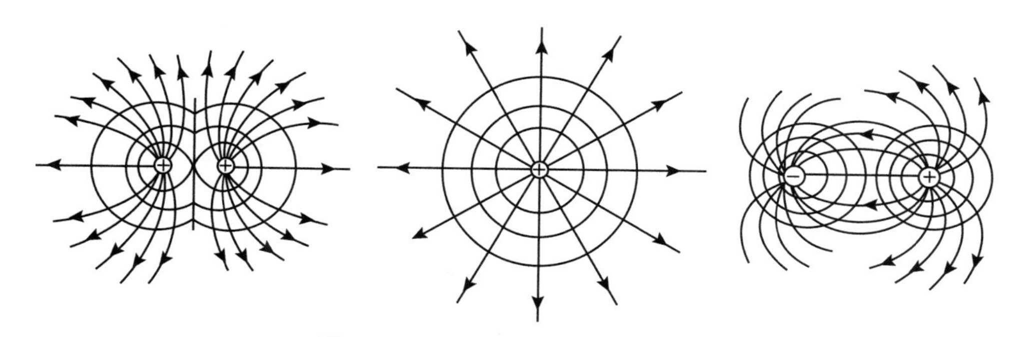

图1.16　几种常见的等势面与电场线

从各种等势面图中，不难发现等势面有下列特点：

（1）等势面与电场线处处正交.因为当电荷 q 在等势面上位移 $\mathrm{d}l$ 时，电场力做功为

$\mathrm{d}A=qE\cdot\mathrm{d}l=0$,在 $\mathrm{d}l$ 和 E 均不等于零的情况下,要满足 $\mathrm{d}A=0$,只能是电场线垂直于等势面.

(2) 等势面较密集的地方场强大,等势面较稀疏的地方场强小.

(3) 电场线的方向总是指向电势降低(降落)的方向.

1.4.3 电场强度与电势的关系

为了进一步研究电场强度与电势之间的关系,我们分析电场在某点处的电势的空间变化率.在不同的场点处,电势的空间变化率一般是不同的,而且在同一场点处,其电势沿不同方向的空间变化率也是不同的.设在任意静电场中,取两个邻近的等势面 1 和 2,电势分别为 U 与 $U+\mathrm{d}U$,设 $\mathrm{d}U>0$.从等势面 1 上任一点 P_1 沿电势增加的方向作等势面的法线 $\boldsymbol{n}$(见图 1.17).

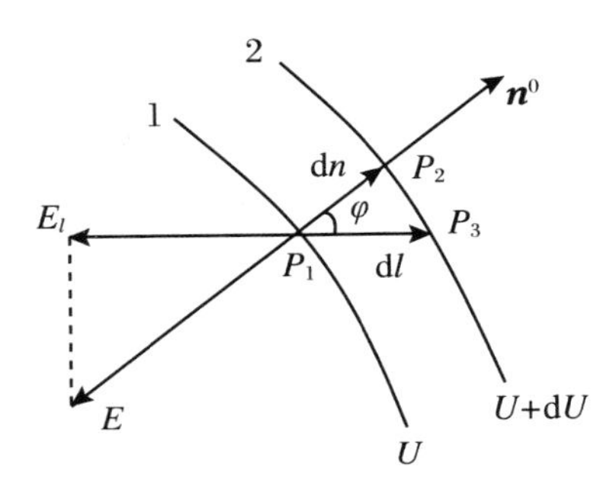

图 1.17 电势与电场的关系

因为电场线总是与等势面正交,且指向电势降低的方向,所以点 P_1 的电场强度 $\boldsymbol{E}$ 一定沿着 $\boldsymbol{n}$ 的反方向.在两等势面间取垂直距离 $P_1P_2=\mathrm{d}n$,$\mathrm{d}\boldsymbol{n}$ 指向电势增加的方向.P_3 是与 P_2 邻近的一点,$P_1P_3=\mathrm{d}l$,$\mathrm{d}\boldsymbol{l}$ 的方向由 P_1 指向 P_3,与 $\boldsymbol{n}$ 的夹角为 φ.由式(1.18)有

$$U-(U+\mathrm{d}U)=\boldsymbol{E}\cdot\mathrm{d}\boldsymbol{l}=-E\cos\varphi\cdot\mathrm{d}l=\boldsymbol{E}\cdot\mathrm{d}\boldsymbol{n}$$

即

$$\mathrm{d}U=\boldsymbol{E}\cdot\mathrm{d}\boldsymbol{n}$$

则

$$E=\frac{\mathrm{d}U}{\mathrm{d}n}$$

上述结果表明,电场中任一场点的场强大小为 $E=\dfrac{\mathrm{d}U}{\mathrm{d}n}$,所以

$$\boldsymbol{E}=-\frac{\mathrm{d}U}{\mathrm{d}n}\boldsymbol{n}^0 \tag{1.19}$$

通常称 $\dfrac{\mathrm{d}U}{\mathrm{d}n}\boldsymbol{n}^0$ 为电势梯度(式中 $\boldsymbol{n}^0$ 是法线 $\boldsymbol{n}$ 的单位矢量).负号说明 $\boldsymbol{E}$ 的方向与 $\boldsymbol{n}$ 的方向相反.结论:电场中各点的电场强度 $\boldsymbol{E}$ 等于该点电势梯度的负值.这就是场强与电势的微分关系.

将式(1.19)在图示的 $\mathrm{d}\boldsymbol{l}$ 方向上取分量,就有

$$E_l=-\frac{\mathrm{d}U}{\mathrm{d}n}\cos\varphi=-\frac{\mathrm{d}U}{\mathrm{d}l}$$

亦即场强 $\boldsymbol{E}$ 在 $\mathrm{d}\boldsymbol{l}$ 方向上的分量 E_l 应等于电势梯度矢量在 $\mathrm{d}\boldsymbol{l}$ 方向上分量的负值.若把直角坐标系中的 x 轴、y 轴和 z 轴的方向分别取作 $\mathrm{d}\boldsymbol{l}$ 的方向,就可得到场强 E 沿这三个方向的分量分别为

$$E_x = -\frac{\partial U}{\partial x},\quad E_y = -\frac{\partial U}{\partial y},\quad E_z = -\frac{\partial U}{\partial z} \tag{1.20}$$

电势梯度的单位是伏/米(V/m),这也是场强的常用单位之一.

场强和电势之间的微分关系实际上提供了一种计算场强的方法,即在计算场强时常可先计算电势,因为计算电势的标量积分比计算场强的矢量积分要简单一些,再利用式(1.19)来计算场强.也可以直接利用式(1.20)求偏导数的方法计算出场强的各个分量,再计算总场强,这样就可以避免复杂的矢量运算.

在电势的定义式中,我们给出了电势与场强的积分关系,提供了由场强求电势的公式,但只有获知在整个积分路径上所有各点的场强,才能计算出某场点的电势;本节得出的电势与场强的微分关系给出了由电势求场强的公式,同样地,也只有获知电势在某场点领域上的空间变化率,才能求得该点的场强.

需要注意的是,任一场点上的场强与该场点的电势之间并不存在直接的关系,也就是说,从一点的电势不足以确定该点的场强,从一点的场强也不足以确定该点的电势.

1.4.4 电势的计算

1. 利用点电荷的电势公式和电势叠加原理计算电势

在选取无限远处为零电势点时,点电荷 q 的电场中任一场点 P 的电势为

$$\begin{aligned} U &= \int_P^\infty \boldsymbol{E}\cdot \mathrm{d}\boldsymbol{l} = \int_P^\infty \frac{q}{4\pi\varepsilon_0 r^2}\boldsymbol{r}^0\cdot \mathrm{d}\boldsymbol{l} \\ &= \int_r^\infty \frac{q\mathrm{d}r}{4\pi\varepsilon_0 r^2} = \frac{q}{4\pi\varepsilon_0 r} \end{aligned} \tag{1.21}$$

对于点电荷系的电场,其场强满足叠加原理:

$$\boldsymbol{E} = \sum_i \boldsymbol{E}_i$$

故电势为

$$\begin{aligned} U &= \int_P^\infty \boldsymbol{E}\cdot \mathrm{d}\boldsymbol{l} = \int_P^\infty \sum_i \boldsymbol{E}_i\cdot \mathrm{d}\boldsymbol{l} = \sum_i \int_r^\infty \boldsymbol{E}_i\cdot \mathrm{d}r \\ &= \sum_i U_i = \sum_i \frac{q_i}{4\pi\varepsilon_0 r_i} \end{aligned}$$

即点电荷系的电场中某场点的电势等于各个点电荷的电场在同一场点电势的代数和,这一结论称为电势叠加原理.

对于电荷连续分布的带电体,只需将上式的求和改为积分:

$$U = \int \frac{\mathrm{d}q}{4\pi\varepsilon_0 r} \tag{1.22}$$

对于体分布、面分布及线分布的带电体,它们的电荷分布可用电荷体密度 ρ、电荷面密度 σ 及电荷线密度 λ 分别表示,式(1.22)可写为

$$U=\begin{cases}\iiint_V \dfrac{\rho \mathrm{d}V}{4\pi\varepsilon_0 r} & \text{（体分布）}\\ \iint_S \dfrac{\sigma \mathrm{d}S}{4\pi\varepsilon_0 r} & \text{（面分布）}\\ \int_l \dfrac{\lambda \mathrm{d}l}{4\pi\varepsilon_0 r} & \text{（线分布）}\end{cases}\tag{1.23}$$

这种方法是计算电场的电势空间分布的最基本方法.因为电势是标量,上式的积分是标量积分,所以电势的积分计算比场强的积分计算简便.

2. 利用电势的定义式计算电势

利用电势的定义式 $U_P=\int_P^{\infty}\boldsymbol{E}\cdot\mathrm{d}\boldsymbol{l}$ 求电势,也称场强积分法.若场强分布已知,或场强分布很容易用高斯定理求出,则应该用电势定义式求电势分布.此时求空间某场点的电势就是计算该点到电势参考点的场强 E 的线积分.如果积分路线上场强表达式是分段的(场强不连续),则须进行分段积分,在某一区域内积分时,就必须用该区域内的场强表达式.

例 1 求半径为 R、总电量为 q 的均匀带电细圆环轴线上任一点的电势.

解 本题可以利用点电荷的电势公式和电势叠加原理求解.由于是细圆环,其粗细可不考虑,看成圆环形的带电线.如图 1.18(a)所示,在圆环上取电荷元 $\mathrm{d}q=\lambda\mathrm{d}l$,其中 $\lambda=\dfrac{q}{2\pi R}$.电荷元 $\mathrm{d}q$ 在轴上任意一点 P 点的电势为

$$\mathrm{d}U=\frac{\lambda\mathrm{d}l}{4\pi\varepsilon_0 r}$$

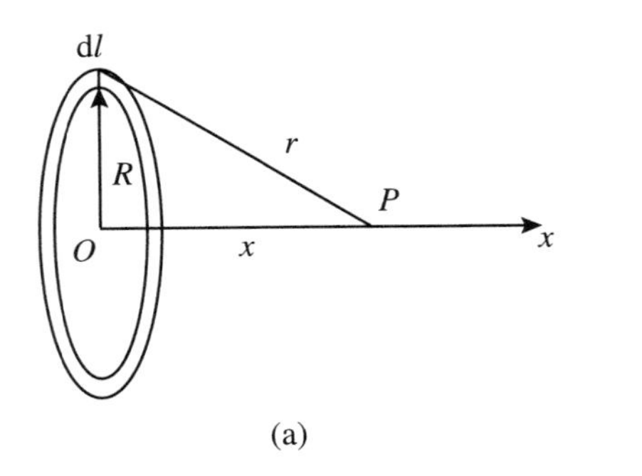

(a)

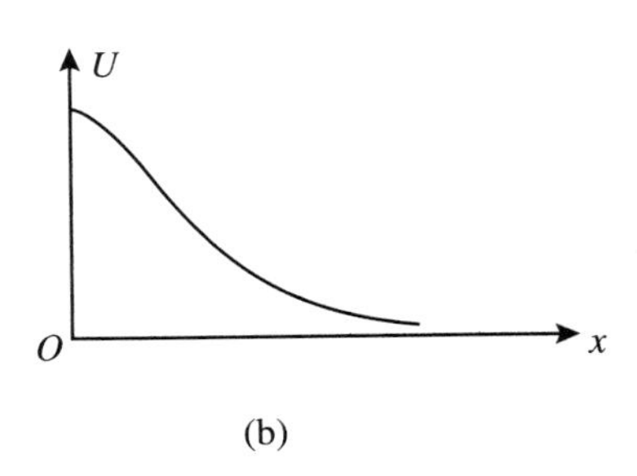

(b)

图 1.18

则整个带电圆环在轴上任意一点 P 的电势为

$$U=\int_0^{2\pi R}\frac{\lambda\mathrm{d}l}{4\pi\varepsilon_0 r}=\int_0^{2\pi R}\frac{\lambda\mathrm{d}l}{4\pi\varepsilon_0(R^2+x^2)^{\frac{1}{2}}}$$

$$=\frac{\lambda}{4\pi\varepsilon_0(R^2+x^2)^{\frac{1}{2}}}\int_0^{2\pi R}\mathrm{d}l=\frac{q}{4\pi\varepsilon_0(R^2+x^2)^{\frac{1}{2}}}$$

本题也可以利用电势的定义式,先求出场强(见图 1.18(b)),再求电势(略).

例 2 求半径为 R、总电量为 q 的均匀带电球面的电势分布.

解 由于电荷为球对称分布,很容易由高斯定理求出场强分布,在 1.3 节例 2 中已求得均匀带电球面的场强分布为

$$E = \begin{cases} \dfrac{q}{4\pi\varepsilon_0 r^2}\boldsymbol{r}^0 & (r > R) \\ 0 & (r < R) \end{cases}$$

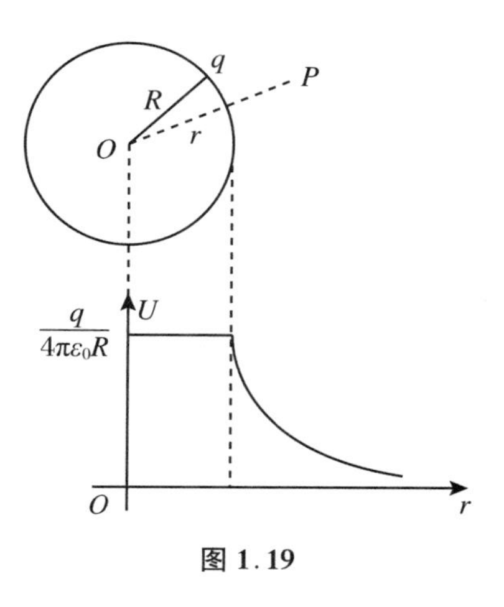

图 1.19

如图 1.19 所示，由于电荷为有限分布，可选取无限远处为电势零点，沿径向积分，即得球面外任一场点 P 的电势为

$$U_{外} = \int_P^\infty \boldsymbol{E}\cdot \mathrm{d}\boldsymbol{l} = \int_r^\infty \frac{q}{4\pi\varepsilon_0 r^2}\mathrm{d}r = \frac{q}{4\pi\varepsilon_0 r}$$

球面内任一场点的电势为

$$U_{内} = \int_P^\infty \boldsymbol{E}\cdot \mathrm{d}\boldsymbol{l} = \int_r^R \boldsymbol{E}_1 \cdot \mathrm{d}\boldsymbol{r} + \int_R^\infty \boldsymbol{E}_2 \cdot \mathrm{d}\boldsymbol{r}$$

式中 $E_1 = 0, E_2 = \dfrac{q}{4\pi\varepsilon_0 r^2}$，所以

$$U_{内} = 0 + \int_R^\infty \frac{q}{4\pi\varepsilon_0 r^2}\mathrm{d}r = \frac{q}{4\pi\varepsilon_0 R}$$

即球面外任一场点的电势与所有电荷集中在球心的点电荷产生的电势相同，而球面内任一点的电势都等于球面上的电势，球面内是等势区.

例 3　有一无限长均匀带电直线，电荷线密度为 λ. 求电场中的电势分布.

解　无限长均匀带电直线的电荷延伸到了无穷远处，故不能选取无穷远为电势零点. 我们可以选取距无限长直线的垂直距离为 r_0 的 P_0 点为电势零点，如图 1.20 所示.

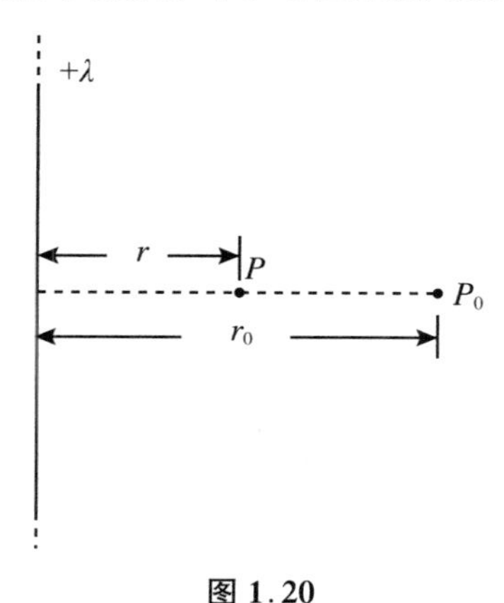

图 1.20

本题要计算任意点 P（距无限长直线的垂直距离为变量 r）的电势，可以考虑利用前面已经求得的无限长均匀带电直线的场强公式，运用电势的定义式求解.

已知无限长均匀带电直线的场强公式为

$$E = \frac{\lambda}{2\pi\varepsilon_0 r}$$

过场 P 点沿径向积分可得 P 点与参考点 P_0 的电势差为

$$\begin{aligned} U_P - U_{P_0} &= \int_P^{P_0} \boldsymbol{E}\cdot \mathrm{d}\boldsymbol{l} = \int_r^{r_0} \boldsymbol{E}\cdot \mathrm{d}\boldsymbol{r} \\ &= \int_r^{r_0} \frac{\lambda}{2\pi\varepsilon_0 r}\mathrm{d}r = \frac{\lambda}{2\pi\varepsilon_0}\ln r_0 - \frac{\lambda}{2\pi\varepsilon_0}\ln r \\ &= \frac{\lambda}{2\pi\varepsilon_0}\ln\frac{r_0}{r} \end{aligned}$$

注意，本题若仍取 $r_0 = \infty$ 为电势零点，则会得到 $U_P = \infty$ 的结果. 所以，对于无限扩展的源电荷，不能将电势零点选在无限远处，应选在有限区域内.

例 4　计算半径为 R 的均匀带电圆盘轴线上任一点 P 的电势和场强. 设圆盘上的电荷面密度为 σ.

解　先求电势. 如图 1.21 所示，设轴上点 P 距圆盘中心 O 的距离为 x，在圆盘上取半径为 r、宽为 $\mathrm{d}r$ 的细环，细环带电 $\mathrm{d}q = 2\pi r\mathrm{d}r$，由例 1 知带电细环在 P 点产生的电势为

$$dU = \frac{dq}{4\pi\varepsilon_0\sqrt{r^2+x^2}} = \frac{\sigma r dr}{2\varepsilon_0\sqrt{r^2+x^2}}$$

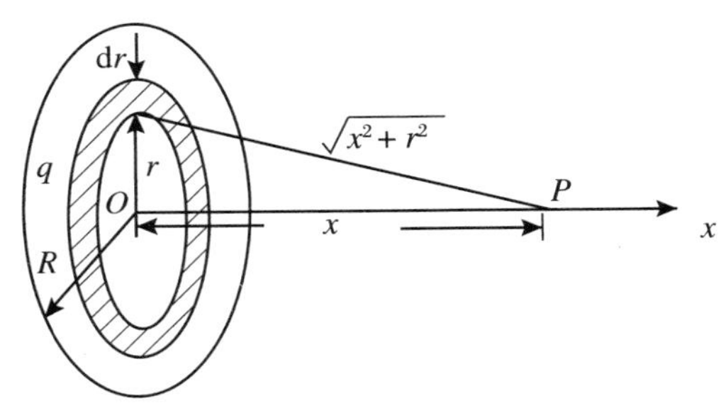

图 1.21

带电圆盘在 P 点产生的电势为

$$U = \int_0^R \frac{\sigma r dr}{2\varepsilon_0\sqrt{r^2+x^2}} = \frac{\sigma}{2\varepsilon_0}(\sqrt{R^2+x^2}-x)$$

结果说明,轴上各点的电势仅是 x 的函数,而

$$E_x = -\frac{dU}{dx} = -\frac{d}{dx}\left[\frac{\sigma}{2\varepsilon_0}(\sqrt{R^2+x^2}-x)\right]$$

$$= \frac{\sigma}{2\varepsilon_0}\left(1-\frac{x}{\sqrt{R^2+x^2}}\right)$$

再求场强.因为已经求出了电势,故可利用电场强度与电势的微分关系式求解.

根据圆盘电荷分布的对称性,显然有

$$E_y = 0, \quad E_z = 0$$

所以

$$\boldsymbol{E} = E_x\boldsymbol{i} = \frac{\sigma}{2\varepsilon_0}\left(1-\frac{x}{\sqrt{R^2+x^2}}\right)\boldsymbol{i}$$

本题还可以拓展讨论一个特殊的情形(极限情形),即当 P 点无限靠近圆盘时,圆盘可以近似看成一个无限大的均匀带电平面.此时,已知其场强为

$$\boldsymbol{E} = \frac{\sigma}{2\varepsilon_0}$$

场中任意两点的电势差为

$$U_P - U_{P_0} = \int_P^{P_0}\boldsymbol{E}\cdot d\boldsymbol{l} = \int_x^{x_0}\frac{\sigma}{2\varepsilon_0}dx = \frac{\sigma}{2\varepsilon_0}x_0 - \frac{\sigma}{2\varepsilon_0}x$$

电势参考点 P_0 为任意选定的距离圆盘(无限大带电平面)有限远的一个点.

若选取无限大带电平面本身(即 $x_0=0$ 处)为零电势点,则可得 P 点的电势为

$$U_P = -\frac{\sigma}{2\varepsilon_0}x$$

可见,电势是相对量,电势参考点的选取不同,会导致电势的表达式也不同,但电场强度的表达式是不变的(因为电场是同一个场).

1.5 综合例题

例1　本题讨论与场强叠加为零的两个佯谬相关的若干静电场问题.

(1) 如图1.22(a)所示,直线段AB的电荷线密度与圆弧段$A'B'$的电荷线密度为相同的常量λ,$\lambda>0$,O为圆弧圆心,R为半径,θ为圆心角,试证直线段电荷在O点的场强与圆弧段电荷在O点的场强相同,记为$\boldsymbol{E}_O$,进而导出$\boldsymbol{E}_O$.

(2) 如图1.22(b)所示,带电圆弧形薄板的内外半径分别为R_1,R_2,圆心角为θ,电荷面密度σ为常量,$\sigma>0$,试求圆心O处的场强$\boldsymbol{E}_O$.

(3) 如图1.22(c)所示,半径分别为R_1和R_2($R_2>R_1$)的同心带电双扇形薄板,电荷面密度$\sigma>0$,为常量.右侧取$r_1 \sim r_1+\mathrm{d}r_1$圆弧带,左侧取$r_2 \sim r_2+\mathrm{d}r_2$圆弧带,其关系为

$$\frac{\mathrm{d}r_1}{\mathrm{d}r_2}=\frac{r_1}{r_2}=\frac{R_1}{R_2}$$

利用第(2)问的解答,某学生首先证得这两个圆弧带的电荷在圆心O处的合场强为零,进而"导得"此双扇形薄板电荷在O处合场强为零.请你完成该学生的证明和"导得"的过程,进而判断其最后结论之对错.若错,试分析出错的原因.

(4) 图1.22(d)所示的三角框架ABC的三条边上均匀带电.除去无穷远外,请找出所有场强为零的点.

(5) 根据第(4)问的解答,另一学生"证得"图1.22(e)所示的均匀带电三角形薄板ABC除去无穷远外,场强为零的点与第(4)问所得的场强为零的点一致.请你完成该学生的"证得"过程,进而判断其结论之对错.若错,试分析出错的原因.

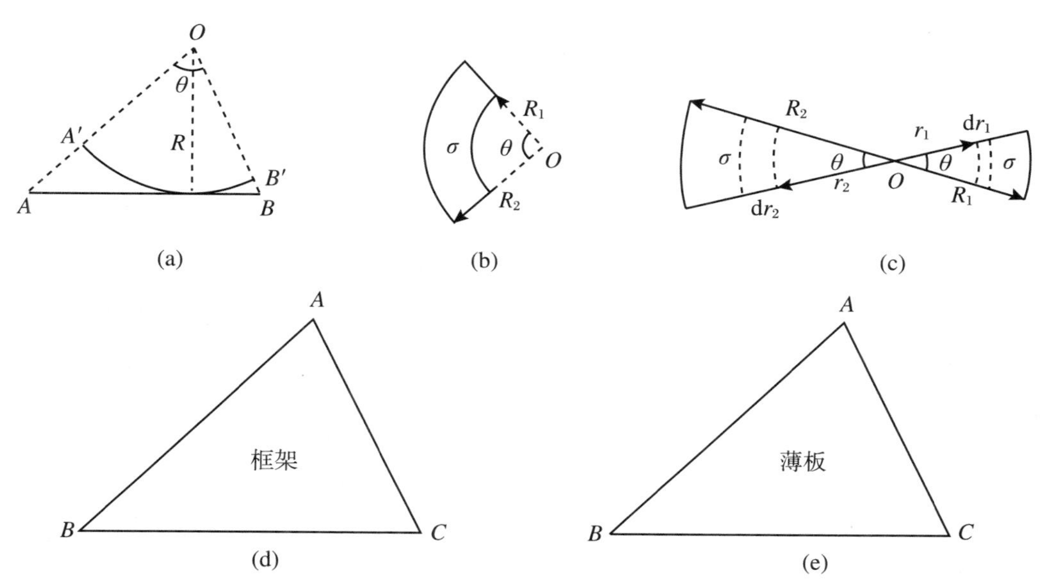

图1.22

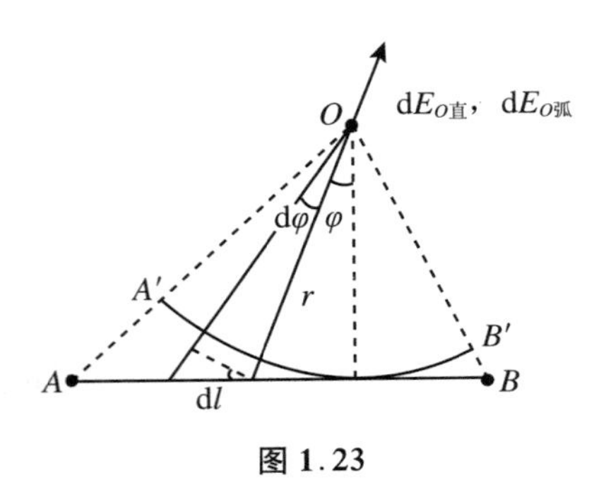

图 1.23

解 (1) 重新引入圆心角 φ，如图 1.23 所示，无穷小圆心角 $d\varphi$ 对应的无穷小圆弧段电荷和无穷小直线段电荷在 O 处的场强方向相同，大小分别记为 $dE_{O弧}$ 和 $dE_{O直}$. 有

$$dE_{O弧} = \frac{\lambda R d\varphi}{4\pi\varepsilon_0 R^2} = \frac{\lambda d\varphi}{4\pi\varepsilon_0 R}$$

$$dE_{O直} = \frac{\lambda dl}{4\pi\varepsilon_0 r^2} = \frac{\lambda r d\varphi}{4\pi\varepsilon_0 r^2 \cos\varphi} \quad (r d\varphi = dl \cdot \cos\varphi)$$

$$= \frac{\lambda d\varphi}{4\pi\varepsilon_0 r\cos\varphi} = \frac{\lambda d\varphi}{4\pi\varepsilon_0 R} \quad (r\cos\varphi = R)$$

即有

$$dE_{O直} = dE_{O弧}$$

积分便证得直线段 AB 的电荷在 O 点的场强与圆弧段 $A'B'$ 的电荷在 O 点的场强相同.

为求 $\boldsymbol{E}_O$，沿图 1.22(a) 中圆心角 θ 的角平分线朝外设置 x 轴，再设置 y 轴如图 1.24 所示. 由对称性，$\boldsymbol{E}_O$ 必沿 x 轴方向. 无穷小圆弧段的电荷 $\lambda dl_{弧}$ 对 $\boldsymbol{E}_O$ 的贡献为

$$dE_x = dE\cos\varphi = \frac{\lambda dl_{弧} \cos\varphi}{4\pi\varepsilon_0 R^2}$$

由图 1.24 中 $dl_{弧}$ 和 $dl_{弧}$ 在 y 轴上的投影线段 dy 的无穷小直角三角形的几何关系，可得

$$dl_{弧} \cos\varphi = dy$$

$$dE_x = \frac{\lambda}{4\pi\varepsilon_0 R^2} dy$$

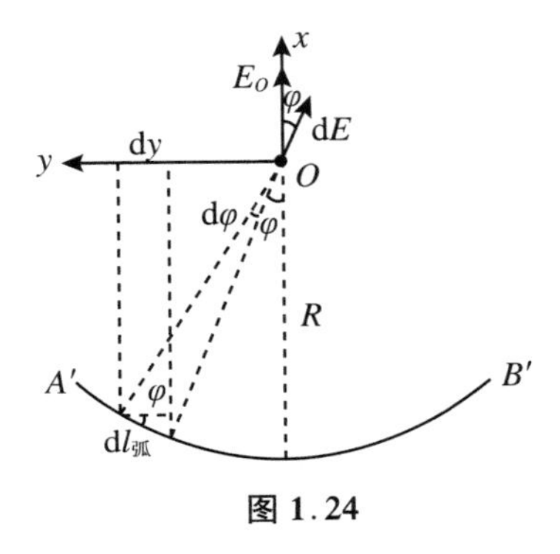

图 1.24

积分可得 $\boldsymbol{E}_O$ 的大小为

$$E_O = \int_{A'}^{B'} dE_x = \frac{\lambda}{4\pi\varepsilon_0 R^2} \int_{A'}^{B'} dy = \frac{\lambda}{4\pi\varepsilon_0 R^2} l_{A'B'}$$

而

$$l_{A'B'} = A' \text{ 到 } B' \text{ 的弦长} = 2R\sin\frac{\theta}{2}$$

即有 $\boldsymbol{E}_O$ 方向沿 x 轴，大小为

$$E_O = \frac{\lambda}{2\pi\varepsilon_0 R}\sin\frac{\theta}{2}$$

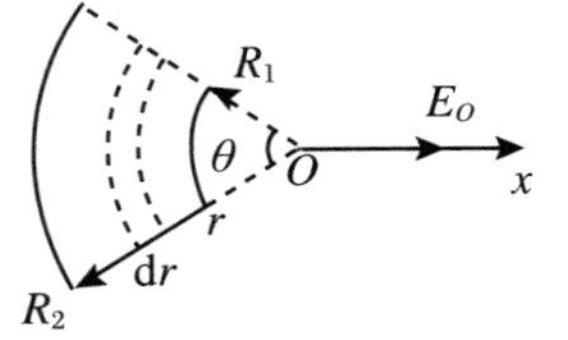

图 1.25

(2) 如图 1.25，取 $r \sim r + dr$ 段，它对 $\boldsymbol{E}_O$ 的贡献为

$$dE_O = \frac{\sigma dr}{2\pi\varepsilon_0 r}\sin\frac{\theta}{2}$$

积分，得

$$E_O = \int_{R_1}^{R_2} dE_O = \frac{\sigma}{2\pi\varepsilon_0}\sin\frac{\theta}{2}\ln\frac{R_2}{R_1}$$

(3) 该学生由第(2)问解答可知，右侧 $r_1 \sim r_1 + dr_1$ 段电荷对 O 点场强的贡献方向朝左，左侧 $r_2 \sim r_2 + dr_2$ 段电荷对 O 点场强的贡献方向朝右，大小分别为

$$\frac{\sigma \mathrm{d}r_1}{2\pi\varepsilon_0 r_1}\sin\frac{\theta}{2},\quad \frac{\sigma \mathrm{d}r_2}{2\pi\varepsilon_0 r_2}\sin\frac{\theta}{2}$$

因 $\mathrm{d}r_1/r_1=\mathrm{d}r_2/r_2$，得

$$\frac{\sigma \mathrm{d}r_1}{2\pi\varepsilon_0 r_1}\sin\frac{\theta}{2}=\frac{\sigma \mathrm{d}r_2}{2\pi\varepsilon_0 r_2}\sin\frac{\theta}{2}$$

可见两者贡献方向相反，大小相等. 左、右两扇形板的电荷对 O 点场强的贡献成对抵消，该学生便“证得”O 点处场强为零.

上述结论是错的. 如图 1.26，在左侧扇形板上截取画斜线的半径为 R_1 的小扇形区域，由对称性，该区域电荷对 O 点场强的贡献与右侧扇形板的电荷对 O 点场强的贡献抵消. O 点场强即为左侧余下未画斜线的区域的电荷对 O 点场强的贡献. 据第(2)问所得公式，可知 $\boldsymbol{E}_O$ 方向朝右，大小为

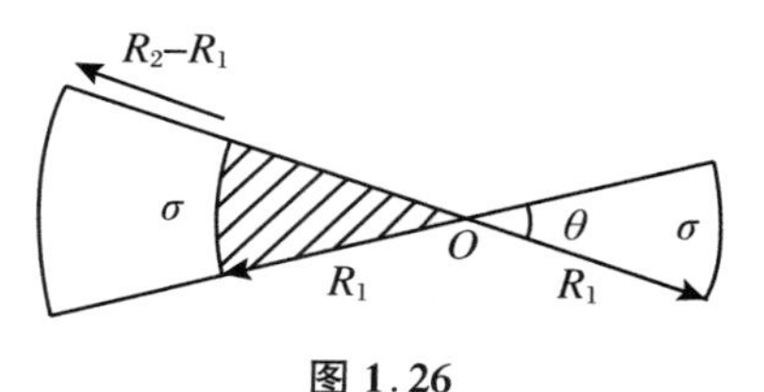

图 1.26

$$E_O=\frac{\lambda}{2\pi\varepsilon_0}\sin\frac{\theta}{2}\ln\frac{R_2}{R_1}$$

出错的原因如下：

根据第(2)问解答可知，右侧扇形板的电荷在 O 点的场强大小 $E_{O右}$ 和左侧扇形板的电荷在 O 点的场强大小 $E_{O左}$ 分别为

$$E_{O右}=\int_0^{R_1}\frac{\sigma \mathrm{d}r}{2\pi\varepsilon_0 r}\sin\frac{\theta}{2}=\frac{\sigma}{2\pi\varepsilon_0}\sin\frac{\theta}{2}\ln r\Big|_0^{R_1}\to\infty$$

$$E_{O左}=\int_0^{R_2}\frac{\sigma \mathrm{d}r}{2\pi\varepsilon_0 r}\sin\frac{\theta}{2}=\frac{\sigma}{2\pi\varepsilon_0}\sin\frac{\theta}{2}\ln r\Big|_0^{R_2}\to\infty$$

都是发散量，但它们的差量

$$\begin{aligned}E_{O左}-E_{O右}&=\int_0^{R_2}\frac{\sigma \mathrm{d}r}{2\pi\varepsilon_0 r}\sin\frac{\theta}{2}-\int_0^{R_1}\frac{\sigma \mathrm{d}r}{2\pi\varepsilon_0 r}\sin\frac{\theta}{2}\\&=\int_0^{R_1}\frac{\sigma \mathrm{d}r}{2\pi\varepsilon_0 r}\sin\frac{\theta}{2}+\int_{R_1}^{R_2}\frac{\sigma \mathrm{d}r}{2\pi\varepsilon_0 r}\sin\frac{\theta}{2}-\int_0^{R_1}\frac{\sigma \mathrm{d}r}{2\pi\varepsilon_0 r}\sin\frac{\theta}{2}\\&=\int_{R_1}^{R_2}\frac{\sigma \mathrm{d}r}{2\pi\varepsilon_0 r}\sin\frac{\theta}{2}=\frac{\sigma}{2\pi\varepsilon_0}\sin\frac{\theta}{2}\ln\frac{R_2}{R_1}\end{aligned}$$

却是有限量. 前述那位学生采用图 1.25 所示的分割方法，对有限量 r_1，r_2 确能在

$$\frac{\mathrm{d}r_1}{\mathrm{d}r_2}=\frac{r_1}{r_2}=\frac{R_1}{R_2}$$

的前提下，得到

$$\frac{\sigma \mathrm{d}r_1}{2\pi\varepsilon_0 r_1}\sin\frac{\theta}{2}=\frac{\sigma \mathrm{d}r_2}{2\pi\varepsilon_0 r_2}\sin\frac{\theta}{2}$$

其中 $\mathrm{d}r_1$，$\mathrm{d}r_2$ 分别是有限量 r_1，r_2 的无穷小变化量，当 r_1，r_2 都是无穷大量时，则未必能按常规方式引入各自的无穷小变化量 $\mathrm{d}r_1$，$\mathrm{d}r_2$，即上式未必成立. 如果把 $0\to R_1$ 区域和 $0\to R_2$ 区域分别分解为

$$0\to R_1:0\to\varepsilon_1 与 \varepsilon_1\to R_1;\quad 0\to R_2:0\to\varepsilon_2 与 \varepsilon_2\to R_2$$

且令

$$\frac{\varepsilon_1}{\varepsilon_2}=\frac{R_1}{R_2}\quad\Rightarrow\quad R_2\varepsilon_1=\varepsilon_2 R_1$$

再按图 1.25 所示的分割方法，可得

$$E_{O左}-E_{O右}=\int_0^{\varepsilon_2}\frac{\sigma\mathrm{d}r_2}{2\pi\varepsilon_0 r_2}\sin\frac{\theta}{2}-\int_0^{\varepsilon_1}\frac{\sigma\mathrm{d}r_1}{2\pi\varepsilon_0 r_1}\sin\frac{\theta}{2}+\int_{\varepsilon_2}^{R_2}\frac{\sigma\mathrm{d}r_2}{2\pi\varepsilon_0 r_2}\sin\frac{\theta}{2}-\int_{\varepsilon_1}^{R_1}\frac{\sigma\mathrm{d}r_1}{2\pi\varepsilon_0 r_1}\sin\frac{\theta}{2}$$

因

$$\int_{\varepsilon_2}^{R_2}\frac{\sigma\mathrm{d}r_2}{2\pi\varepsilon_0 r_2}\sin\frac{\theta}{2}-\int_{\varepsilon_1}^{R_1}\frac{\sigma\mathrm{d}r_1}{2\pi\varepsilon_0 r_1}\sin\frac{\theta}{2}=\frac{\sigma}{2\pi\varepsilon_0}\sin\frac{\theta}{2}\ln\frac{R_2\varepsilon_1}{R_1\varepsilon_2}=0$$

即得

$$E_{O左}-E_{O右}=\int_0^{\varepsilon_2}\frac{\sigma\mathrm{d}r_2}{2\pi\varepsilon_0 r_2}\sin\frac{\theta}{2}-\int_0^{\varepsilon_1}\frac{\sigma\mathrm{d}r_1}{2\pi\varepsilon_0 r_1}\sin\frac{\theta}{2}$$

可见无论 $0\to\varepsilon_1$ 与 $0\to\varepsilon_2$ 两个区间多小，甚至在 $\varepsilon_1,\varepsilon_2$ 均为无穷小量时(此时上式等号右边两个积分式不能这样导出)，各自电荷对 O 点场强的贡献仍是发散量，这两个发散量之间的差值恒为原始的有限量，即 O 点的真实场强大小：

$$E_O=\frac{\sigma}{2\pi\varepsilon_0}\sin\frac{\theta}{2}\ln\frac{R_2}{R_1}$$

归纳而言，该学生出错的原因在于不知不觉中，当 $\varepsilon_1,\varepsilon_2$ 均趋于无穷小时仍认为

$$\frac{\sigma\mathrm{d}r_1}{2\pi\varepsilon_0 r_1}\sin\frac{\theta}{2}=\frac{\sigma\mathrm{d}r_2}{2\pi\varepsilon_0 r_2}\sin\frac{\theta}{2}$$

成立，得

$$\int_0^{\varepsilon_2}\frac{\sigma\mathrm{d}r_2}{2\pi\varepsilon_0 r_2}\sin\frac{\theta}{2}-\int_0^{\varepsilon_1}\frac{\sigma\mathrm{d}r_1}{2\pi\varepsilon_0 r_1}\sin\frac{\theta}{2}=0$$

即把等号左边两个发散量之间的非零差值丢了.

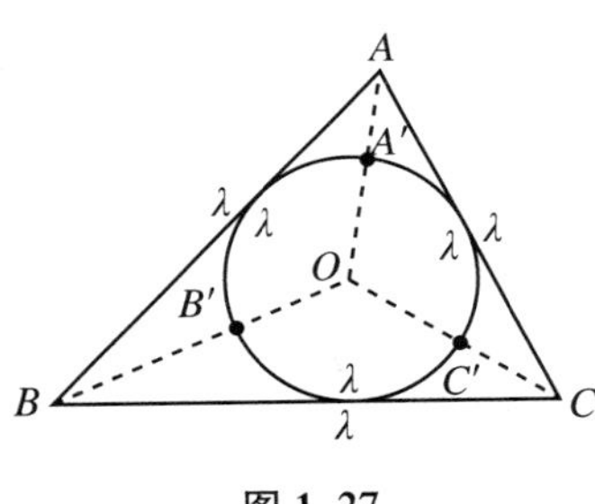

图 1.27

(4) 除去无穷远外，首先可确定，在三角形框架平面外任何一点场强 $\boldsymbol{E}\neq\boldsymbol{0}$. 继而可确定，在三角形框架平面上，三角形框架外及框架上任何一点场强 $\boldsymbol{E}\neq\boldsymbol{0}$. 于是 $\boldsymbol{E}=\boldsymbol{0}$的点只能在框架平面上框架内的区域中去寻找.

如图 1.27，三角形 ABC 内心 O 处场强 $\boldsymbol{E}_O=\boldsymbol{0}$，证明如下：

将三角形框架边上的电荷线密度记为 λ，令内切圆周上均匀带电，电荷线密度同为 λ. AB 边的电荷、BC 边的电荷、CA 边的电荷对 O 点场强的贡献分别可用 $A'B'$圆弧的电荷、$B'C'$圆弧的电荷、$C'A'$圆弧的电荷对 O 点场强的贡献代替. 均匀带电三角形框架的电荷在 O 点处的场强便等于均匀带电内切圆在圆心 O 处的场强，即为零.

场强为零的点是唯一的，即在三角形框架内除了内心之外，任何点的场强均不为零.

如图 1.28，P 为非内心的点，因此到三边的距离 R_1、R_2、R_3不会全相等，为方便设都不相同，按大小排列取为 $R_1<R_2<R_3$. 以 P 为圆心，R_1、R_2、R_3为半径，分别作 $A_1'B_1'$ 圆弧、$B_2'C_2'$ 圆弧、$C_3'A_3'$ 圆弧，各圆弧段的电荷线密度仍同为 λ. 三圆弧段的电荷在 P 点的场强分别记为$\boldsymbol{E}_{P1}$、$\boldsymbol{E}_{P2}$、$\boldsymbol{E}_{P3}$，它们的方向已在第(1)问的解答中给出，大小分别为

$$E_{P1}=\frac{\lambda}{2\pi\varepsilon_0 R_1}\sin\frac{\theta_1}{2}\quad(\theta_1\text{ 为 }A_1'B_1'\text{ 圆弧对应的圆心角})$$

$$E_{P2}=\frac{\lambda}{2\pi\varepsilon_0 R_2}\sin\frac{\theta_2}{2}\quad(\theta_2\text{ 为 }B_2'C_2'\text{ 圆弧对应的圆心角})$$

$$E_{P3}=\frac{\lambda}{2\pi\varepsilon_0 R_3}\sin\frac{\theta_3}{2}\quad(\theta_3\text{ 为 }C_3'A_3'\text{ 圆弧对应的圆心角})$$

再以 P 为圆心、R_1为半径，补作 $B_1'C_1'$ 圆弧和 $C_1'A_1'$ 圆弧，各自的电荷线密度仍取为 λ. 于是有：

$A_1'B_1'$ 的电荷在 P 处的场强$\boldsymbol{E}_{P1}$同前；

$B_1'C_1'$ 的电荷在 P 处的场强$\boldsymbol{E}_{P2}'$：方向同 $\boldsymbol{E}_{P2}$的方向，大小为$\frac{\lambda}{2\pi\varepsilon_0 R_1}\sin\frac{\theta_2}{2}>E_{P2}$；

$C_1'A_1'$ 的电荷在 P 处的场强$\boldsymbol{E}_{P3}'$：方向同 $\boldsymbol{E}_{P3}$的方向，大小为$\frac{\lambda}{2\pi\varepsilon_0 R_1}\sin\frac{\theta_3}{2}>E_{P3}$.

$A_1'B_1'$ 的电荷、$B_1'C_1'$ 的电荷、$C_1'A_1'$ 的电荷构成均匀带电圆环，圆心 P 处合场强必为零，故有

$$\boldsymbol{E}_{P1}+\boldsymbol{E}_{P2}'+\boldsymbol{E}_{P3}'=\boldsymbol{0}$$

则必有

$$\boldsymbol{E}_{P1}+\boldsymbol{E}_{P2}+\boldsymbol{E}_{P3}\neq\boldsymbol{0}$$

原均匀带电三角形框架在 P 点的场强$\boldsymbol{E}_P$ 等于$A_1'B_1'$ 的电荷、$B_2'C_2'$ 的电荷、$C_3'A_3'$ 的电荷在 P 点的场强的叠加，即得

$$\boldsymbol{E}_P=\boldsymbol{E}_{P1}+\boldsymbol{E}_{P2}+\boldsymbol{E}_{P3}\neq\boldsymbol{0}$$

即 P 点的场强必不为零. 从上述证明过程中不难看出，当 R_1、R_2、R_3有两个相同，第三个不同时，P 点场强也不为零. 这就证明了场强为零的点是唯一的.

(5) 借鉴第(3)问的解答，可以猜测到该学生的“证得”过程如下：

如图 1.29，在均匀带电三角形薄板 ABC 内画出均匀带电内切圆薄板. 将内切圆半径 R 分割为一系列的无穷小段 $\mathrm{d}R$，把三角形薄板从外到里分割成一系列宽度为 $\mathrm{d}R$ 的均匀带电三角形框架，把内切圆薄板从外到里分割成一系列宽度为 $\mathrm{d}R$ 的均匀带电圆环. 每一个三角形框架的电荷在内心处的场强等于对应的带电圆环的电荷在内心处的场强，后者为零，故前者也为零. 从外到里叠加，即“证得”均匀带电三角形薄板内心的场强也为零.

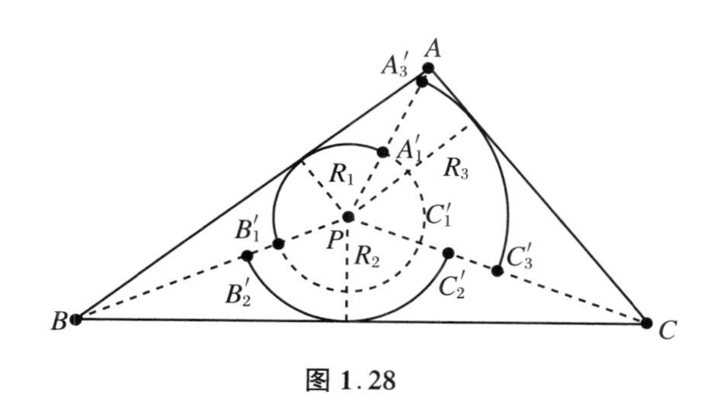

图 1.28

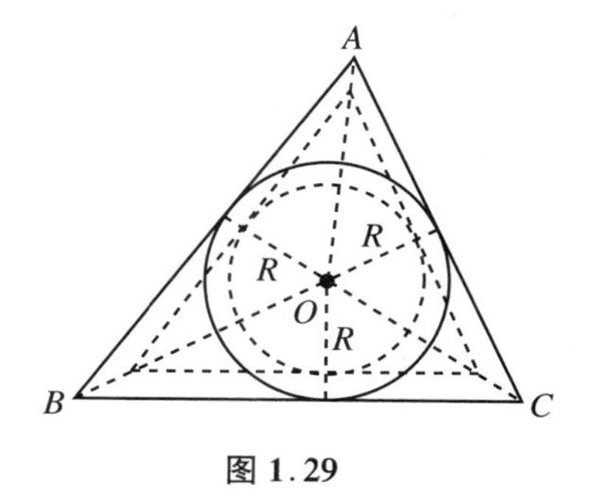

图 1.29

上述结论是错的. 其实在图 1.29 中，把均匀带电内切圆薄板挖去后，余下的近 A 端、近 B 端、近 C 端均匀带电薄板在 O 点的合场强即为原均匀带电三角形薄板 ABC 的电荷在 O 点的场强. 显然，除非原三角形 ABC 是等边三角形，否则 O 点的场强不能为零.

出错的原因是，在无限靠近 O 点分割出的直窄条电荷和对应的圆弧窄条电荷在 O 点的场强均为发散量，它们之间的差值都是有限量. 在上述处理中则丢掉了这个有限差值，误判为没有差值，相互抵消，使 O 点场强出现为零的结果.

例 2 均匀带电圆环的半径为 R，电量 $Q>0$. 在圆平面上与圆心 O 相距 $r(r\ll R)$ 的 P 点的场强记为 $\boldsymbol{E}_P$，试应用高斯定理确定 $\boldsymbol{E}_P$ 的方向并估算 E_P 的大小.

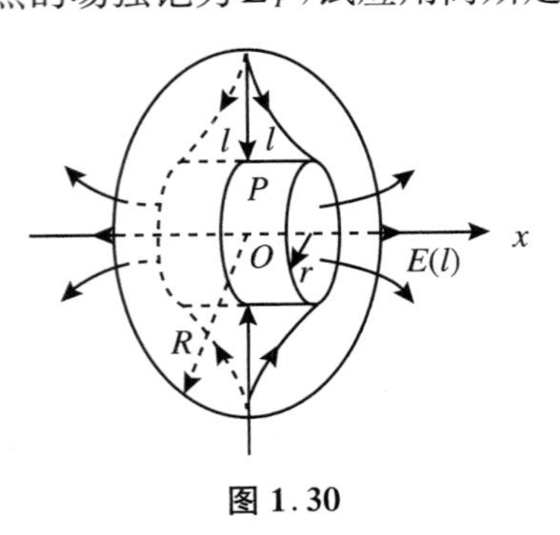

图 1.30

解 如图 1.30 所示，取通过 O 点并与圆平面垂直的轴为 x 轴. 在圆平面上以 O 为圆心，作半径为 r 的圆，将此圆沿 x 轴的正方向和负方向各延展距离 $l(l\ll R)$，形成一个圆柱面，再加上两个圆端面，便构成一个高斯面. 由高斯面内无电荷，有

$$\oiint_S \boldsymbol{E}\cdot \mathrm{d}\boldsymbol{S} = 0 \quad (S\text{ 为高斯面})$$

高斯面两个端面上的电场线从里到外，电通量为正；高斯面侧面(即柱面)上的电通量必定为负，电场线从外到里. 从图 1.30 画出的部分电场线可以看出，由对称性，P 点的电场线必定径向朝里指向 O 点，这便确定了 $\boldsymbol{E}_P$ 的方向指向圆环中心 O. 作为估算，考虑到 $r\ll R$，两个端面都取 $\boldsymbol{E}(l)$ 方向和大小来近似，得两个端面的电通量大小为

$$2\times E(l)\cdot \pi r^2 \quad (\text{大于真实量})$$

考虑到 $l\ll R$，侧面都取 $\boldsymbol{E}_P$ 方向和大小来近似，得侧面的电通量大小为

$$2l\times 2\pi r\cdot E_P \quad (\text{大于真实量})$$

由整个高斯面通量为零，得

$$2E(l)\pi r^2 = 4\pi l r E_P \quad \Rightarrow \quad E_P = \frac{r}{2l}E(l)$$

又

$$E(l) = \frac{Ql}{4\pi\varepsilon_0(R^2+l^2)^{3/2}}$$

因 $R^2+l^2\approx R^2$，得估算值为

$$E_P = \frac{Qr}{8\pi\varepsilon_0 R^3}$$

例 3 半径为 R 的圆环带有电量 Q，已知圆环的某条直径 AOB 上(除去两个端点外)所有位置的场强均为零，试求环上的电荷分布.

解 求解本题的一个方法是将圆环上待求的电荷分布与球面上均匀的电荷分布关联起来.

电量 Q 均匀分布在球面上时，球内场强处处为零. 从场强叠加原理来考察直径 AOB 上各点场强的建立，为此可用一系列与 AOB 垂直的平行平面将球面分割成一系列小球带. 如图 1.31 所示，在某个小球带上取对称的 P_1，P_2 两“边元”，它们在 AOB 上任意点 S 的场强的贡献因对称性而使垂直于 AOB 方向的场强分量互相抵消. 显然这种对称性使得整个小球带的电荷对 S 点的合场强相当于一半电荷折叠到 P_1、另一半电荷折叠到 P_2 的合场强. 由此可见，就 AOB 上的场强而言，电荷 Q 均匀分布在球面上的效果与球面电荷对半地折叠到以 AOB 为直径的圆环上效果相同，因而这样得到的圆环电荷分布必定能使 AOB 上各点的场强均为零.

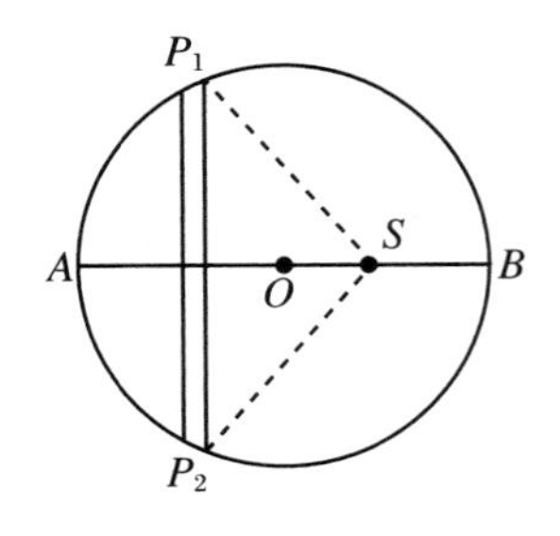

图 1.31

将电荷 Q 均匀分布在球面上，电荷面密度为

$$\sigma=\frac{Q}{4\pi R^2}$$

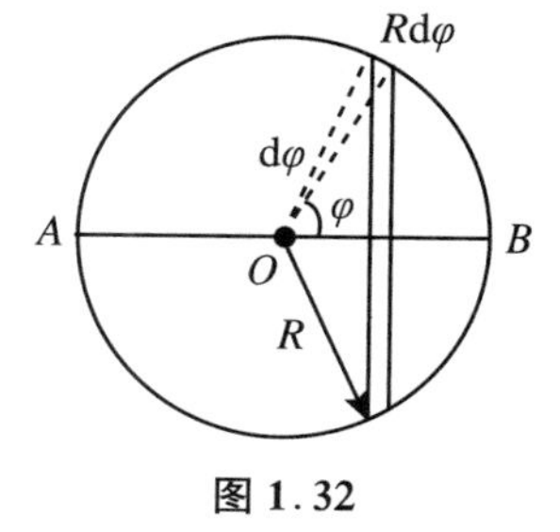

图 1.32

用一对垂直于 AOB 的无限邻近的平行平面截得的无限窄小球带可用如图 1.32 中的 φ 角来定位，小球带的面积和电荷量分别为

$$\mathrm{d}S=2\pi R^2\sin\varphi\mathrm{d}\varphi,\quad \mathrm{d}Q=\sigma\mathrm{d}S$$

电荷被两条边元均分，边元长 $R\mathrm{d}\varphi$，故圆环中电荷在 φ 角位置的线密度分布(即所求分布)为

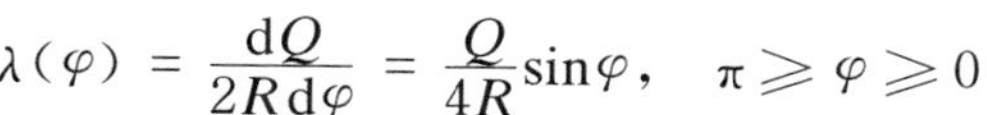
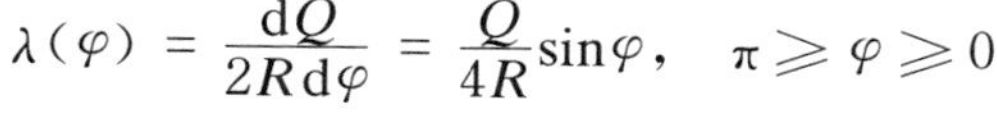

$$\lambda(\varphi)=\frac{\mathrm{d}Q}{2R\mathrm{d}\varphi}=\frac{Q}{4R}\sin\varphi,\quad \pi\geqslant\varphi\geqslant0$$

例 4　静电场的平均场强.

(1) 在静止的点电荷 Q 周围的静电场空间中，取一个球心为 P、半径为 R 的几何球面 S，已知 Q 到 P 的距离大于 R，试求 S 面上的平均场强 $\bar{\boldsymbol{E}}_S$.

(2) 在静止的点电荷系周围的静电场空间中，取一个球心为 P、半径为 R 的几何球面 S，S 面上无点电荷，S 面所包围的几何球体内有 n 个电量和相对空间某固定点 O 的位矢分别为 $\boldsymbol{Q}_i$ 和 $\boldsymbol{r}_i$ 的点电荷.已知 P 点的场强为 $\boldsymbol{E}(\boldsymbol{r}_P)$，其中 $\boldsymbol{r}_P$ 为点 P 相对点 O 的位矢.试求 S 面上的平均场强 $\bar{\boldsymbol{E}}_S$.

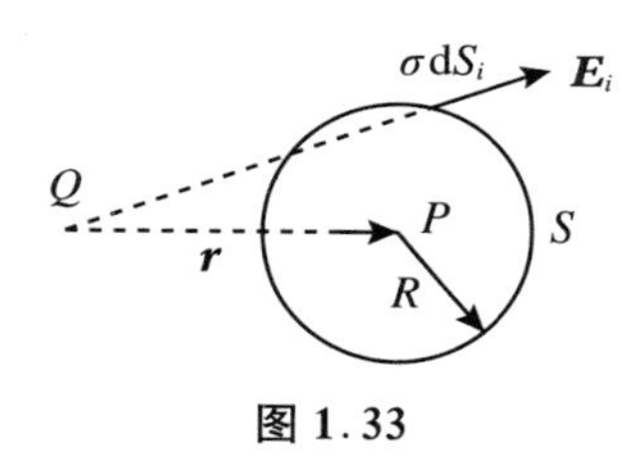

图 1.33

解　(1) 如图 1.33 所示，所求量为

$$\bar{\boldsymbol{E}}_S=\int_S\frac{\boldsymbol{E}_i\mathrm{d}S_i}{S}$$

假设 S 面上有面密度为常量 σ 的电荷分布，则有

$$\bar{\boldsymbol{E}}_S=\int_S\frac{\boldsymbol{E}_i\sigma\mathrm{d}S_i}{\sigma S}=\int_S\frac{\boldsymbol{E}_i\cdot\mathrm{d}Q_i}{Q_S}$$

其中 Q_S 为 S 面上假想的总电量；$\int_S\boldsymbol{E}_i\cdot\mathrm{d}Q_i$ 为 Q_S 受点电荷 Q 的库仑力，可记为 $\boldsymbol{F}_{Q_S}$.

由牛顿第三定律，得

$$\int_S\boldsymbol{E}_i\mathrm{d}Q_i=\boldsymbol{F}_{Q_S}=-\boldsymbol{F}_Q$$

其中 $\boldsymbol{F}_Q$ 为点电荷 Q 受假想的 Q_S 电荷的库仑力.故

$$\bar{\boldsymbol{E}}_S=-\frac{\boldsymbol{F}_Q}{Q_S},\quad \boldsymbol{F}_Q=-\frac{QQ_S\boldsymbol{r}}{4\pi\varepsilon_0r^3}\qquad(*)$$

$$\bar{\boldsymbol{E}}_S=\frac{Q\boldsymbol{r}}{4\pi\varepsilon_0r^3}$$

因 $\frac{Q\boldsymbol{r}}{4\pi\varepsilon_0r^3}$ 即为 Q 在球心 P 的场强，故也可表述为

$$\bar{\boldsymbol{E}}_S=\boldsymbol{E}_P$$

(2) 为下面讨论所需，在第(1)问解答之外再补充讨论一下：设图 1.33 中点电荷 Q 位于 S 所包围的球体内(即 $r<R$)，问 S 面上的平均场强 $\bar{\boldsymbol{E}}_S$ 取何值？

将第(1)问解答从开始直到式(*)为止均继承下来.下面的区别是因为 Q 在均匀带电球面 S 所包围的零场强区，故必有

$$\boldsymbol{F}_Q=\boldsymbol{0}$$

于是便得

$$\bar{\boldsymbol{E}}_S = \boldsymbol{E}_P$$

对于本小题讨论的系统，空间全部点电荷在 S 面上提供的合平均场强 $\bar{\boldsymbol{E}}_S$ 可分解为 S 面外全部点电荷在 S 面上提供的合平均场强 $\bar{\boldsymbol{E}}_{外S}$ 与 S 面内全部点电荷在 S 面上提供的合平均场强 $\bar{\boldsymbol{E}}_{内S}$，即有

$$\bar{\boldsymbol{E}}_S = \bar{\boldsymbol{E}}_{外S} + \bar{\boldsymbol{E}}_{内S}$$

根据上面所述，结合场强叠加原理，有

$$\begin{cases} \bar{\boldsymbol{E}}_{外S} = \bar{\boldsymbol{E}}_{外}(\boldsymbol{r}_P) \\ \bar{\boldsymbol{E}}_{内S} = \boldsymbol{0} \end{cases}$$

其中 $\bar{\boldsymbol{E}}_{外}(\boldsymbol{r}_P)$ 为 S 面外全部点电荷在球心 P 提供的合场强，所以

$$\bar{\boldsymbol{E}}_S = \boldsymbol{E}_{外}(\boldsymbol{r}_P)$$

空间全部点电荷在球心 P 处的合场强 $\boldsymbol{E}(\boldsymbol{r}_P)$ 也可分解为 S 面外全部点电荷在 P 处提供的合场强 $\boldsymbol{E}_{外}(\boldsymbol{r}_P)$ 与 S 面内全部点电荷在 P 处提供的合场强 $\boldsymbol{E}_{内}(\boldsymbol{r}_P)$，即有

$$\boldsymbol{E}(\boldsymbol{r}_P) = \boldsymbol{E}_{外}(\boldsymbol{r}_P) + \boldsymbol{E}_{内}(\boldsymbol{r}_P)$$

于是所求量为

$$\bar{\boldsymbol{E}}_S = \boldsymbol{E}_{外}(\boldsymbol{r}_P) = \boldsymbol{E}(\boldsymbol{r}_P) - \boldsymbol{E}_{内}(\boldsymbol{r}_P)$$

将

$$\boldsymbol{E}_{内}(\boldsymbol{r}_P) = \sum_{i=1}^{n} \frac{Q_i(\boldsymbol{r}_P - \boldsymbol{r}_i)}{4\pi\varepsilon_0 \mid \boldsymbol{r}_P - \boldsymbol{r}_i \mid^3}$$

代入，得

$$\bar{\boldsymbol{E}}_S = \bar{\boldsymbol{E}}(\boldsymbol{r}_P) - \sum_{i=1}^{n} \frac{Q_i(\boldsymbol{r}_P - \boldsymbol{r}_i)}{4\pi\varepsilon_0 \mid \boldsymbol{r}_P - \boldsymbol{r}_i \mid^3}$$

其中 $|\boldsymbol{r}_P - \boldsymbol{r}_i|$ 为矢量 $\boldsymbol{r}_P - \boldsymbol{r}_i$ 的模量.

例 5 如图 1.34 所示，质量同为 m、电量同为 $q>0$ 的一簇带电粒子从 P_1 点以相同速率 v_0 在 Oxy 平面内向右上方各方向射出，即 φ 角在 0 到 $\frac{\pi}{2}$ 范围内. 试在 Oxy 平面内设计一个电场区域，使这些带电粒子全部会聚于 P_2 点. P_1、P_2 点在 x 轴的两侧，与原点 O 的距离同为 R. 设带电粒子的相互作用可忽略.

解 为使粒子能会聚到 P_2，外加电场对粒子的作用力应能使不同粒子可经不同的弯曲轨道到达同一 P_2 点. 于是联想到重力场对斜抛物体的作用可以达到类似效果. 由此，首先想到设计的外电场是与重力场类似的匀强电场.

注意到以相同速率、不同抛射角抛出的物体，其水平(x 轴方向)射程是不同的，不能都落在同一点上，这是重力场无处不在的结果. 为使带电粒子都能通过 P_2 点，需要为不同的抛射角 φ 调整出不同的水平射程. 也就是说，先让以 φ 角入射的粒子在无电场区域内沿直线运动，使水平射程从 $2R$ 减小到与该 φ 角对应的水平射程大小相同，再让该粒子进入到匀强电场区，入射点便为匀强电场区的边界点. 总之，可以尝试着设计一个有边界的匀强静电场区，看是否能让带电粒子会聚到 P_2 点.

设计的场区如图 1.35 所示，场强方向与 y 轴反向，大小取为 E. 带电粒子在场区内得到与 y 轴反向的加速度，大小为

$$a = \frac{qE}{m}$$

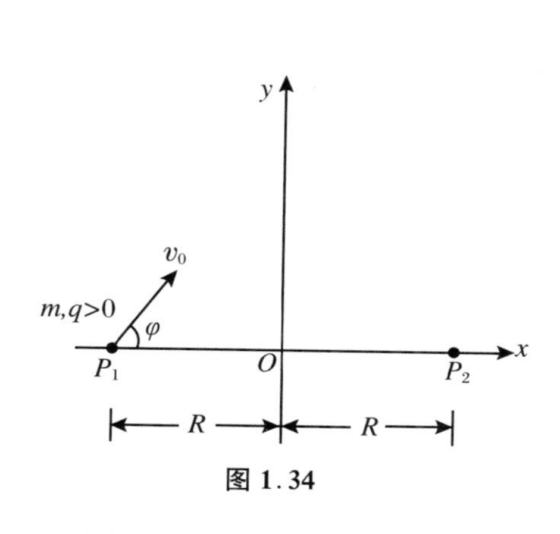

图 1.34

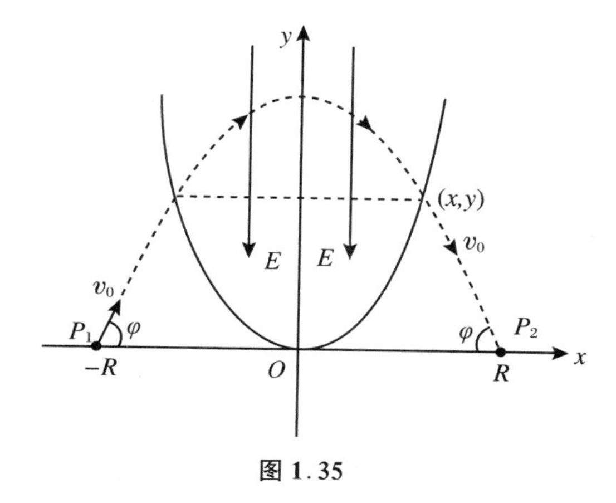

图 1.35

在场区内带电粒子沿抛物线轨道运动.取场区右侧边界点(x,y),其中x对应经过该边界点的带电粒子斜抛轨道的半水平射程.将此段路程所经时间记为t,则有

$$x = (v_0\cos\varphi)t,\quad v_0\sin\varphi = at$$

联立,消去t,得

$$\sin\varphi\cos\varphi = \frac{ax}{v_0^2}$$

与几何关系

$$\sin\varphi = \frac{y}{\sqrt{y^2+(R-x)^2}},\quad \cos\varphi = \frac{R-x}{\sqrt{y^2+(R-x)^2}}$$

联立,得

$$v_0^2 y(R-x) = ax[y^2+(R-x)^2],\quad x \geqslant 0$$

这就是场区的右边界.由对称性,以$-x$代替方程式中的x,即得场区的左半边界方程为

$$v_0^2 y(R+x) = -ax[y^2+(R+x)^2],\quad x \leqslant 0$$

应该说明的是,电场区域的设计并非唯一,上面给出的是一种较为简单的设计方案,它是模型化的场区,模型中存在的理论问题与平行板电容器匀强场区模型中存在的理论问题类似,此处不再讨论.

例6　如图1.36所示,自由长度L足够长、劲度系数为k的轻弹簧两端系两小球1和2,球1的质量为m_1,电量为$Q_1(Q_1>0)$,球2的质量为m_2,电量为$Q_2(Q_2>0)$.弹簧与小球都在匀强电场中,场强$\boldsymbol{E}$的方向与球1到球2连线的方向一致.开始时,弹簧为自由长度状态,两小球静止.设两小球之间的电相互作用可忽略,试求之后两小球之间的最大距离.

解　在系统质心参考系中讨论两小球的运动,进而确定它们之间的最大距离较为方便.

如图1.37所示,沿场强$\boldsymbol{E}$的方向为质心参考系设置x轴,原点O与质心C重合,球1和球2任意时刻的位置分别记为x_1和x_2.质心C相对图1.37所在惯性参考系朝右方向的加速度为

$$a_C = \frac{(Q_1+Q_2)E}{m_1+m_2}$$

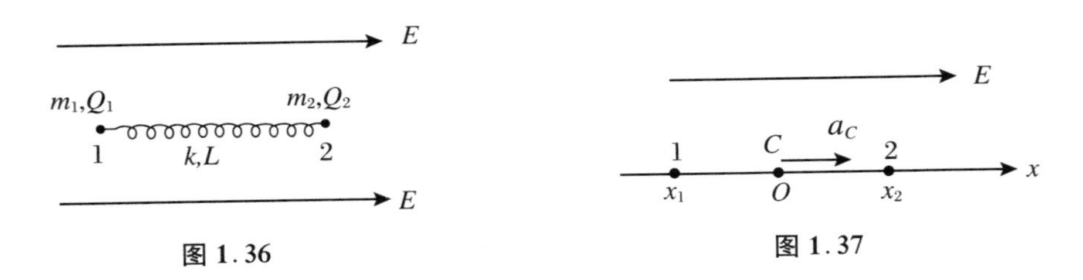

图 1.36　　图 1.37

球1和球2在原惯性参考系所受电场力 $F_1=Q_1E$ 和 $F_2=Q_2E$ 为真实力,质心参考系可将这两个真实力继承下来.于是在质心系中,球1、2所受真实力与惯性力沿 x 方向的合力分别为

$$F_1 = Q_1E + k[(x_2-x_1)-L] - m_1a_C$$
$$F_2 = Q_2E - k[(x_2-x_1)-L] - m_2a_C$$

即

$$F_1 = \frac{m_2Q_1-m_1Q_2}{m_1+m_2}E + k[(x_2-x_1)-L]$$
$$F_2 = -\frac{m_2Q_1-m_1Q_2}{m_1+m_2}E - k[(x_2-x_1)-L]$$

因 $m_1x_1+m_2x_2=0$,故有

$$F_1 = -k\frac{m_1+m_2}{m_2}x_1 + \left(\frac{m_2Q_1-m_1Q_2}{m_1+m_2}E - kL\right)$$
$$F_2 = -k\frac{m_1+m_2}{m_1}x_2 - \left(\frac{m_2Q_1-m_1Q_2}{m_1+m_2}E - kL\right)$$

设球1和球2各自受力平衡的位置分别为 x_1(平)和 x_2(平),则有

$$x_1(平) = -\frac{m_2}{m_1+m_2}\left[L - \frac{m_2Q_1-m_1Q_2}{k(m_1+m_2)}E\right]$$
$$x_2(平) = \frac{m_1}{m_1+m_2}\left[L - \frac{m_2Q_1-m_1Q_2}{k(m_1+m_2)}E\right]$$

于是可将 F_1 和 F_2 表述为

$$F_1 = -k\frac{m_1+m_2}{m_2}[x_1-x_1(平)],\quad F_2 = -k\frac{m_1+m_2}{m_1}[x_2-x_2(平)]$$

可见 F_1 和 F_2 都是线性回复力,因此球1、2将分别以 x_1(平)和 x_2(平)为平衡位置做简谐振动,振动角频率同为

$$\omega = \sqrt{\frac{k(m_1+m_2)}{m_1m_2}}$$

球1、2的初始位置分别为

$$x_1(0) = -\frac{m_2}{m_1+m_2}L,\quad x_2(0) = \frac{m_1}{m_1+m_2}L$$

球1、2的初始位置与平衡位置的间距分别为

$$x_1(0)-x_1(平) = -\frac{m_2(m_2Q_1-m_1Q_2)E}{k(m_1+m_2)^2},\quad x_2(0)-x_2(平) = \frac{m_1(m_2Q_1-m_1Q_2)E}{k(m_1+m_2)^2}$$

因两球初始时刻均静止,故上述两个间距就是球1、2各自做简谐振动的振幅,即

$$A_1 = |x_1(0)-x_1(平)| = \frac{m_2|m_2Q_1-m_1Q_2|E}{k(m_1+m_2)^2}$$

$$A_2 = |x_2(0) - x_2(平)| = \frac{m_1 |m_2 Q_1 - m_1 Q_2| E}{k(m_1 + m_2)^2}$$

下面分三种情况讨论.

(1) 若 $m_2 Q_1 = m_1 Q_2$,则

$$A_1 = A_2 = 0$$

即振幅为零,无振动.球1、2间距始终为 L,故两球间的最大距离

$$L_{\max} = L$$

(2) 若 $m_2 Q_1 > m_1 Q_2$,则

$$x_1(0) < x_1(平), \quad x_2(0) > x_2(平)$$

即两个平衡位置都在两个初始位置的内侧,如图1.38所示.于是,在质心系中两球先同时朝着质心 C 运动,再同时背离 C 运动,并且同时到达各自的最远点,即各自的初始位置.因此,两球的最大间距仍为

$$L_{\max} = L$$

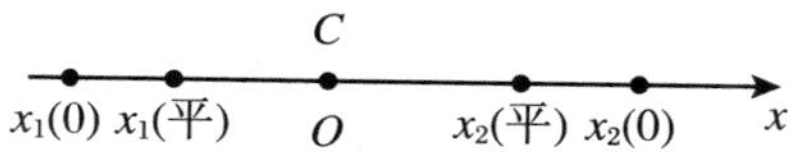

图1.38

(3) 若 $m_2 Q_1 < m_1 Q_2$,则

$$x_1(0) > x_1(平), \quad x_2(0) < x_2(平)$$

即两个平衡位置都在两个初始位置的外侧,如图1.39所示.于是,在质心系中两球先同时背离质心 C 运动,分别经过 $2A_1$ 和 $2A_2$ 的距离,同时到达各自的最远点.因此,两球的最大间距为

$$L_{\max} = L + 2(A_1 + A_2) = L + \frac{2(m_1 Q_2 - m_2 Q_1)E}{k(m_1 + m_2)}$$

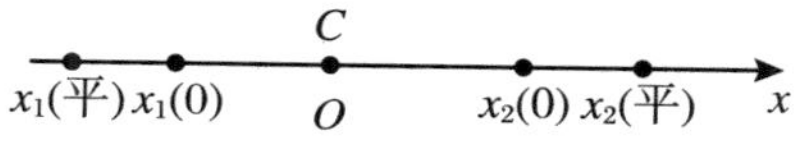

图1.39

例7　线电荷密度分别为常量 $\lambda(\lambda>0)$ 和 $-\lambda$ 的两根无限长平行带电直线相距 $2a$,试求等势面和电场线的空间分布.

解　如图1.40所示,建立 $Oxyz$ 坐标系,使两带电直线分别位于 $x=\pm a, y=0$,且与 z 轴平行.由对称性,只需讨论 Oxy 坐标面中的等势线和电场线分布即可.

取 $x=0, y=0$ 的点为电势零点,则 Oxy 坐标面上任一点 (x,y) 的电势为

$$U = \frac{\lambda}{2\pi\varepsilon_0}\ln\frac{a}{[(x-a)^2+y^2]^{\frac{1}{2}}} + \frac{-\lambda}{2\pi\varepsilon_0}\ln\frac{a}{[(x+a)^2+y^2]^{\frac{1}{2}}}$$

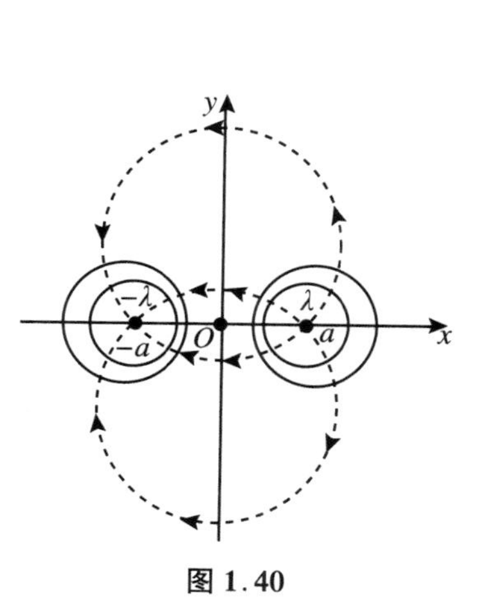

图1.40

$$= \frac{\lambda}{4\pi\varepsilon_0}\ln\frac{(x+a)^2+y^2}{(x-a)^2+y^2}$$

等势线要求

$$U = \text{常量} \quad (\text{不同等势线对应的 } U \text{ 不同})$$

引入不定常量性参量：

$$\alpha = \mathrm{e}^{\frac{4\pi\varepsilon_0 U}{\lambda}} > 0$$

则等势线方程为

$$(x+a)^2 + y^2 = \alpha[(x-a)^2+y^2] \quad \text{或} \quad x^2 - 2\frac{\alpha+1}{\alpha-1}ax + y^2 = -a^2 \qquad ①$$

也可表示为

$$\left(x - \frac{\alpha+1}{\alpha-1}a\right)^2 + y^2 = \left(\frac{2\sqrt{\alpha}}{\alpha-1}a\right)^2 \qquad ②$$

可见，等势线是一系列以$\left(\frac{\alpha+1}{\alpha-1}a,0\right)$为圆心、$\frac{2\sqrt{\alpha}}{|\alpha-1|}a$ 为半径的圆. U 取不同值时，α 为不同的常量. $U>0$ 时，$\infty>\alpha>1$，圆在右半平面；$U=0$ 时，$\alpha=1$，圆退化为 y 轴所在直线；$U<0$ 时，$1>\alpha>0$，圆在左半平面. Oxy 坐标平面上的等势线如图 1.40 中实线圆所示. 在全空间中，等势面是一系列的圆柱面，其母线与 z 轴平行，其截面为上述各个圆.

在任一点，等势线切线斜率为 $\mathrm{d}y/\mathrm{d}x$，等势线的法线斜率为 $-\mathrm{d}x/\mathrm{d}y$. 因电场线与等势线垂直，故在(x,y)点，电场线的切线斜率等于该点等势线的法线斜率，即

$$\left(\frac{\mathrm{d}y}{\mathrm{d}x}\right)_{\text{电场线}} = -\left(\frac{\mathrm{d}x}{\mathrm{d}y}\right)_{\text{等势线}}$$

由②式得

$$\left(\frac{\mathrm{d}x}{\mathrm{d}y}\right)_{\text{等势线}} = -\frac{y}{x - \frac{\alpha+1}{\alpha-1}a}$$

再由①式解出$\frac{\alpha+1}{\alpha-1}$，代入上式，得

$$\left(\frac{\mathrm{d}x}{\mathrm{d}y}\right)_{\text{等势线}} = \frac{-2xy}{x^2-y^2-a^2} \qquad ③$$

继而有

$$\left(\frac{\mathrm{d}y}{\mathrm{d}x}\right)_{\text{电场线}} = \frac{2xy}{x^2-y^2-a^2} \quad \text{或} \quad \left(\frac{\mathrm{d}y}{\mathrm{d}x}\right)_{\text{电场线}} = \frac{-2yx}{y^2-x^2-(-a^2)} \qquad ④$$

本来可为微分方程④式去寻找对应的原函数（即电场线方程），但将④式与③式作一比较后，发现两者数学结构相同，即只要将④式中 x 与 y 互换，再将 a^2 换成 $-a^2$，即成③式. ③式的原函数解是含有不定常量 α 的等势线方程①式，故只需将①式中的 x 与 y 互换，再将 a^2 换成 $-a^2$，就可以得到④式对应的原函数，即为也包含一个不定常量 α'的电场线方程. α 与 α' 并非微分方程③式与④式中包含的量，考虑到③式对应的是等势线，④式对应的是电场线，两者物理内容不同，α'与 α 未必相同也是自然的. 于是④式对应的电场线方程通解可表述为

$$y^2 - 2\frac{\alpha'+1}{\alpha'-1}ay + x^2 = a^2 \qquad ⑤$$

也可等效改述为

$$\left(y-\frac{\alpha'+1}{\alpha'-1}a\right)^2+x^2=\left[\frac{\sqrt{2(\alpha'^2+1)}}{\alpha'-1}a\right]^2 \tag{⑥}$$

对⑤式和⑥式求导即可验证它们与④式相符. 由⑥式可见,在 Oxy 平面内,电场线是以 $\left(0,\frac{\alpha'+1}{\alpha'-1}a\right)$为圆心,以$\frac{\sqrt{2(\alpha'^2+1)}}{|\alpha'-1|}a$ 为半径的一系列圆弧,这些圆弧都通过点$(a,0)$和点$(-a,0)$,如图 1.40 中虚线所示. 需要注意的是,图 1.40 中每条虚线所示的整圆并非代表一整条电场线,而是由两整条电场线连接而成的.

例 8　如图 1.41 所示,在半径为 R 的接地金属圆柱面的中央放有一根半径为r_0的同轴细长导线,导线处于正的高电势 U_0. 导线外侧附近介质原子被电离成自由电子与正离子,其中自由电子即被导线吸附,正离子背离导线径向运动. 设正离子的径向迁移率(径向速度与电场强度的比值)为常数 ω,且迁移过程中正离子始终围绕导线形成均匀的圆柱形薄层.

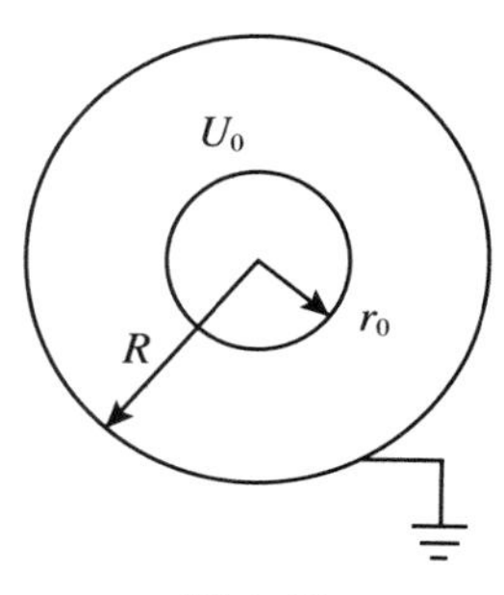

图 1.41

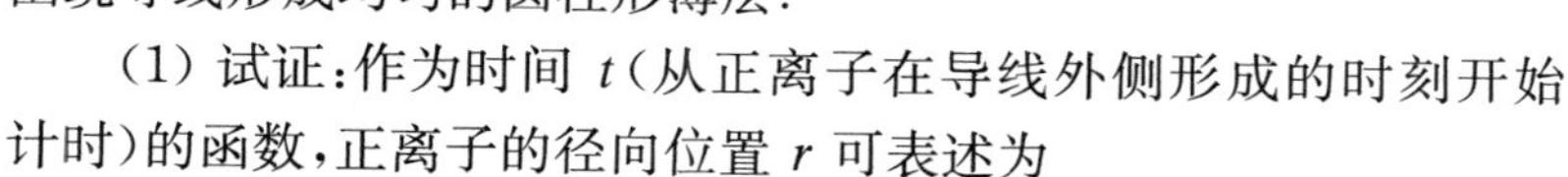

(1) 试证:作为时间 t(从正离子在导线外侧形成的时刻开始计时)的函数,正离子的径向位置 r 可表述为

$$r^2=k(t+t_0)$$

并求出常量 k 和 t_0,略去由于介质电离造成的电场变化.

(2) 设全部正离子的电量为 Q,为了使导线电势保持为原来的 U_0不变,需给导线补充电量 Q^*,试导出 Q^* 与时间 t 的关系.

解　(1) 正离子的径向迁移率

$$\omega=\frac{v_r}{E(r)}=\frac{\mathrm{d}r}{\mathrm{d}t}\cdot\frac{1}{E(r)}$$

设导线中的电荷线密度为 λ,则

$$E(r)=\frac{\lambda}{2\pi\varepsilon_0 r},\quad U_0=\int_{r_0}^{R}E(r)\mathrm{d}r=\frac{\lambda}{2\pi\varepsilon_0}\ln\frac{R}{r_0}$$

进而可得

$$E(r)=\frac{U_0}{r}\Big/\ln\frac{R}{r_0}$$

便有

$$\frac{\mathrm{d}r}{\mathrm{d}t}=\frac{\omega U_0}{r}\Big/\ln\frac{R}{r_0}\ \Rightarrow\ \int_{r_0}^{r}r\mathrm{d}r=\frac{\omega U_0}{\ln\frac{R}{r_0}}\int_0^t\mathrm{d}t$$

得

$$r^2=\frac{2\omega U_0}{\ln\frac{R}{r_0}}\left(t+\frac{\ln\frac{R}{r_0}}{2\omega U_0}r_0^2\right)=k(t+t_0)$$

式中

$$k=\frac{2\omega U_0}{\ln\frac{R}{r_0}},\quad t_0=\frac{r_0^2}{k}=\frac{r_0^2\ln\frac{R}{r_0}}{2\omega U_0}$$

(2) 介质电离后,导线表面因吸附电子而附加的电荷为$-Q$,在 $r(t)$处正离子的电量为

Q,它们产生的附加电场为

$$E'(\rho)=\begin{cases}-\dfrac{\lambda'}{2\pi\varepsilon_0\rho}, & r>\rho>r_0,\lambda'=Q/l\\ 0, & \rho>r\end{cases}$$

式中负号表示场强指向导线,l 是柱长,$E'(\rho)$在导线与接地圆柱面之间产生的附加电势差为

$$U'=\int_{r_0}^{r}E'(\rho)\mathrm{d}\rho=-\frac{\lambda'}{2\pi\varepsilon_0}\ln\frac{r}{r_0}$$

为了消除 U',保持导线与圆柱面之间的电势差仍为 U_0,需在导线上补充正电荷 Q^*,它的线密度和附加电势差分别为

$$\lambda^*=\frac{Q^*}{l},\quad -U'=\frac{\lambda^*}{2\pi\varepsilon_0}\ln\frac{R}{r_0}$$

与前面的 U'的表述式联立,可得

$$\frac{\lambda^*}{2\pi\varepsilon_0}\ln\frac{R}{r_0}=\frac{\lambda'}{2\pi\varepsilon_0}\ln\frac{r}{r_0}\Rightarrow\frac{Q^*}{l}\ln\frac{R}{r_0}=\frac{Q}{l}\ln\frac{r}{r_0}$$

$$\Rightarrow Q^*=Q\frac{\ln\dfrac{r}{r_0}}{\ln\dfrac{R}{r_0}}=Q\frac{\ln\dfrac{r^2}{r_0^2}}{2\ln\dfrac{R}{r_0}}$$

将前面所得的 r^2 的表述式代入,即得

$$Q^*=Q\frac{\ln\dfrac{t+t_0}{t_0}}{2\ln\dfrac{R}{r_0}},\quad t_0=\frac{r_0^2\ln\dfrac{R}{r_0}}{2\omega U_0}$$

例 9 正方形四个顶点静止交叉地放置两个正电子和两个质子.将它们自由释放,当彼此分开得非常远时,试求正电子速度 v_e 与质子速度 v_p 的比值.

解 本题并不要求学生作烦琐的严格计算,因题文未给出相应信息,学生多数按传统方式误以为要求找出严格解,花费的时间和精力之多可想而知.

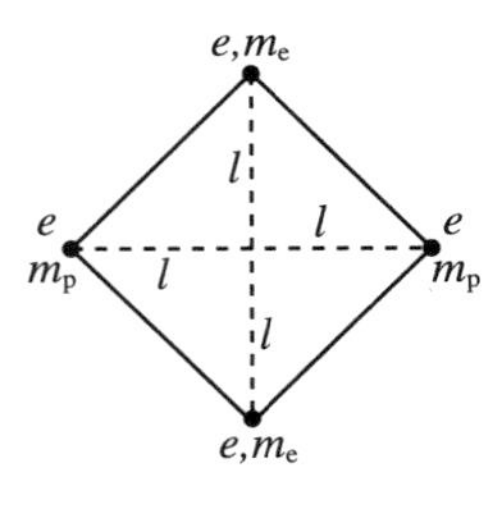

图 1.42

如图 1.42 所示,自由释放后,因 $m_e\ll m_p$,m_p 离开初始位置的距离与参量 l 相比很小而可略去时,m_e 离开初始位置的距离与参量 l 相比因为已经远大于 l,而可近似处理成趋于无穷.据此,可由

$$2\times\frac{1}{2}m_e v_e^2=\frac{e^2}{4\pi\varepsilon_0\cdot 2l}+4\times\frac{e^2}{4\pi\varepsilon_0\cdot\sqrt{2}l}$$

估算题文要求的 v_e.继而又可由

$$2\times\frac{1}{2}m_p v_p^2=\frac{e^2}{4\pi\varepsilon_0\cdot 2l}$$

估算题文要求的 v_p,待求量即可算得为

$$\frac{v_e}{v_p}=\sqrt{1+4\sqrt{2}}\sqrt{\frac{m_p}{m_e}}$$

例 10 如图 1.43 所示,两个均匀的带电球面 A 和 B 分别带电 $4Q$ 和 $Q(Q>0)$.两球心之间的距离 d 远大于两球半径,经过两球球心的直线 MN 与两球面相交处都开有足够小的孔,因小孔而损失的电量可忽略.一个带负电的质点静止地放在 A 球面左侧某处 P 点,且在直线 MN 上.设质点从点 P 静止释放后可以穿过三个孔,且刚好能到达或通过 B 的球心.试

求质点初始位置到 A 的球心的距离 x.

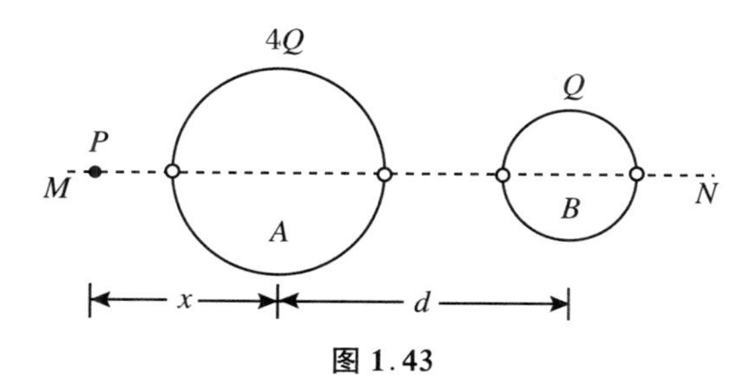

图 1.43

解　在电场力作用下,质点自静止释放后即朝右加速,通过 A 球面左侧小孔后加速度减小,但仍大于零.质点通过 A 球面右侧小孔后即开始减速,在到达 B 球面左侧小孔前,存在一个可记为 S 的场强为零点.质点倘能通过点 S,则而后又开始加速,直到通过 B 球面左侧小孔.倘若质点在 B 球心处的电势能小于或等于在点 S 的电势能,则质点必能通过或到达 B 的球心.

将点 S 到 A 的球心的距离记为 r_1,点 S 到 B 的球心的距离记为 r_2,力的平衡方程为

$$\frac{4Q}{4\pi\varepsilon_0 r_1^2} = \frac{Q}{4\pi\varepsilon_0 r_2^2},\quad r_1 + r_2 = d$$

解得

$$r_1 = \frac{2}{3}d,\quad r_2 = \frac{d}{3}$$

将带电质点的电量记为 $-q(q>0)$,质点从点 P 静止释放后刚好能通过点 S 的条件是它在点 P 的电势能刚好大于在点 S 的电势能,即

$$\frac{4Q(-q)}{4\pi\varepsilon_0 x} + \frac{Q(-q)}{4\pi\varepsilon_0 (x+d)} = \frac{4Q(-q)}{4\pi\varepsilon_0 r_1} + \frac{Q(-q)}{4\pi\varepsilon_0 r_2} + 0^-$$

$$\frac{4}{x} + \frac{1}{x+d} = \frac{4}{r_1} + \frac{1}{r_2} + 0^+ = \frac{9}{d} + 0^+$$

$$9x^2 + 4dx - 4d^2 = 0^-$$

得

$$x = \frac{2}{9}(\sqrt{10}-1)d + 0^-$$

即 x 稍小于 $\frac{2}{9}(\sqrt{10}-1)d$ 已可使质点在点 P 的电势能刚好大于在点 S 的电势能,那么取有限量的解

$$x = \frac{2}{9}(\sqrt{10}-1)d$$

可使质点在点 P 的电势能又稍大些,自然也能稍大于质点在点 S 的电势能.

为了判断质点刚通过点 S 后能否到达或通过 B 的球心,需比较质点在点 S 的电势能 W_S 和在 B 的球心处的电势能 W_B.因

$$W_S = \frac{4Q(-q)}{4\pi\varepsilon_0 r_1} + \frac{Q(-q)}{4\pi\varepsilon_0 r_2} = -\frac{9Qq}{4\pi\varepsilon_0 d}$$

$$W_B = \frac{4Q(-q)}{4\pi\varepsilon_0 d} + \frac{Q(-q)}{4\pi\varepsilon_0 R_B} = -\frac{Qq}{4\pi\varepsilon_0}\left(\frac{4}{d} + \frac{1}{R_B}\right)$$

$$R_B \ll d \quad \Rightarrow \quad \frac{4}{d}+\frac{1}{R_B}>\frac{9}{d}$$

即得

$$W_S > W_B$$

可见质点必能通过 B 的球心.

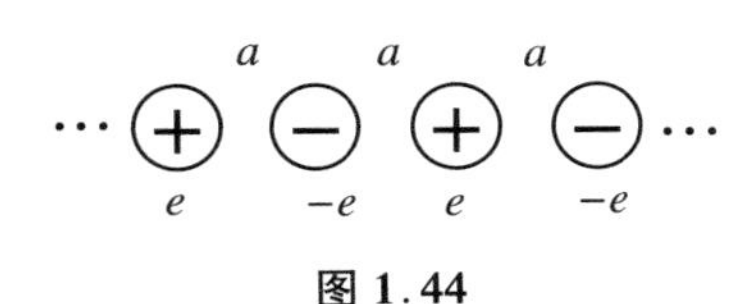

图 1.44

例 11 如图 1.44 所示，N 个一价正离子与 N 个一价负离子静止地在一直线上等间距交错排列，相邻离子间距为 a，图中字符 e 代表电子电量的绝对值.

(1) 设 $N\to\infty$，试求其中一个正离子因受所有其余离子的电作用而具有的电势能 W_+；

(2) 设 $N\to\infty$，试求其中一个负离子因受所有其余离子的电作用而具有的电势能 W_-；

(3) 当 N 足够大时，每一个离子所具有的电势能均可近似处理为(1)、(2)所得的 W_+ 或 W_-，试求全系统所具有的电势能 W；

(4) 当 N 足够大时，通过外力将中间的某对离子(一个正离子和一个负离子)一起缓慢地移动到无穷远，试求外力的做功量 A.

附：

$$\ln(1+x)=x-\frac{x^2}{2}+\frac{x^3}{3}-\frac{x^4}{4}+\cdots,\quad -1<x\leqslant 1$$

解 (1) 正离子因受所有其余离子的电作用而具有的电势能为

$$\begin{aligned}W_+&=\frac{-e^2}{4\pi\varepsilon_0 a}+\frac{e^2}{4\pi\varepsilon_0\cdot 2a}+\frac{-e^2}{4\pi\varepsilon_0\cdot 3a}+\frac{e^2}{4\pi\varepsilon_0\cdot 4a}+\cdots\\&=\frac{-e^2}{2\pi\varepsilon_0 a}\left(1-\frac{1}{2}+\frac{1}{3}-\frac{1}{4}+\cdots\right)=\frac{-e^2}{2\pi\varepsilon_0 a}\ln 2\end{aligned}$$

(2) 负离子因受所有其余离子的电作用而具有的电势能的计算式与 W_+ 相同，即有

$$W_-=W_+=\frac{-e^2}{2\pi\varepsilon_0 a}\ln 2$$

(3) 当 N 足够大时，每一个正离子受所有其余离子的电作用而具有的电势能均可近似处理为 W_+，每一个负离子受所有其余离子的电作用而具有的电势能也均可近似处理为 W_-，这就是所谓忽略边缘效应. 由于电作用是离子间的相互作用，计算电势能时应考虑到有重复性，因此系统的电势能应为

$$W=\frac{1}{2}(NW_++NW_-)=-\frac{Ne^2}{2\pi\varepsilon_0 a}\ln 2$$

(4) 将一个正离子移到无穷远处，余下的系统的电势能为 $W-W_+$，此时该正离子空位近旁的一个负离子所具有的电势能为

$$W'_-=W_--\frac{-e^2}{4\pi\varepsilon_0 a}$$

再将该离子也移到无穷远处，余下的系统的电势能为

$$W_1=(W-W_+)-W'_-=W-\left(W_++W_-+\frac{e^2}{4\pi\varepsilon_0 a}\right)$$

这一对正、负离子在无穷远仍相距 a，故其电势能为

$$W_2=\frac{-e^2}{4\pi\varepsilon_0 a}$$

由功能关系可得

$$A=(W_1+W_2)-W=-\left(W_++W_-+\frac{e^2}{4\pi\varepsilon_0 a}+\frac{e^2}{4\pi\varepsilon_0 a}\right)$$
$$=\frac{2e^2}{2\pi\varepsilon_0 a}\ln 2-\frac{e^2}{2\pi\varepsilon_0 a}=\frac{e^2}{2\pi\varepsilon_0 a}(2\ln 2-1)$$

思　考　题

1. 根据电场强度的定义式 $E=\dfrac{F}{q}$,能否得出场强与电荷成反比的结论?

2. 点电荷的场强公式为 $E=\dfrac{q}{4\pi\varepsilon_0 r^2}$,从数学上看,$r$ 趋于 0 时,E 趋于 ∞,应如何解释?

3. 库仑定律是否对任意形状的一对带电体都适用?试说明之.

4. 在正方形的四个顶点上,放置四个带相同电荷量的同号点电荷,试定性画出其电场线的示意图.

5. 静电场强度沿一闭合回路积分 $\oint \boldsymbol{E}\cdot \mathrm{d}\boldsymbol{l}=0$,表明了电场线的什么性质?

6. 电场线是否会相交?为什么?

7. 静电场中,电场线是否一定与等势面正交?

8. 静电场中,电场强度为零的地方,电势是否一定为零?电势为零的地方,电场强度是否一定为零?请举例说明.

9. 静电场中,电场强度相等的地方,电势是否一定相等?电势相等的地方,电场强度是否一定相等?请举例说明.

10. 静电场中,电场强度大的地方,电势是否一定高?电势高的地方,电场强度是否一定大?请举例说明.

11. 静电场和万有引力场都属于保守场,能否写出万有引力场中的高斯定理?

12. 一个金属球带上正电荷后,该球的质量是增大、减小还是不变?

13. 什么是电荷的量子化?试列举出一些其他具有量子化性质的物理量.

14. 两个点电荷相距一定距离,若其连线中点处场强为零,则这两个点电荷的电荷量与符号有何关系?

15. 电势零点的选择有何原则?

16. 高斯面上的电场强度是否仅由高斯面内的电荷所激发?

习　　题

1. 将一块面积为 S 的金属平板放到一个场强为 E 的匀强电场中,板平面与场强方向垂直,试求在此金属平板的每个面上感应出多少电荷.

2．一导体球壳内是球形空腔，空腔的中心有一电荷量为 q_2 的点电荷，球壳外离球心为 r 处有一电荷量为 q_1 的点电荷，如图1.45所示．已知导体球壳上所有电荷量的代数和为零，试求：(1) q_1 作用在 q_2 上的力；(2) q_2 所受的力．

3．同轴传输线由很长的圆柱形长直导线和套在外面的同轴导体圆管构成，导线的半径为 R_1，电势为 U_1，圆管的内半径为 R_2 电势为 U_2，如图1.46所示．试求它们之间离轴线为 r 处（$R_1<r<R_2$）的电势．

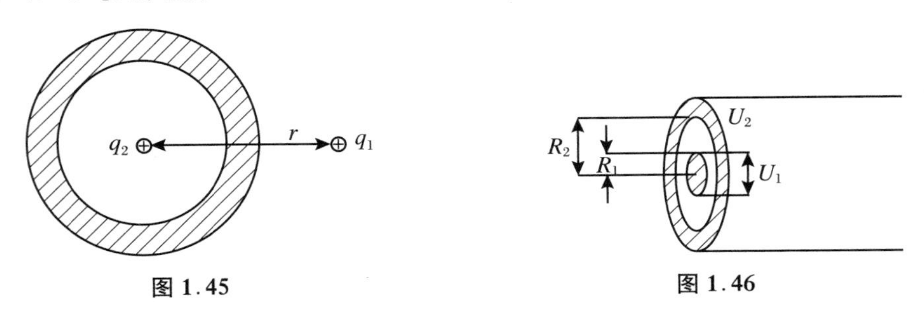

图 1.45 **图 1.46**

4．空气的电介质强度 $E_m=3000$ kV/m，试问空气中半径分别为1.0 cm、1.0 mm和0.10 mm的长直导线上单位长度最多各能带多少电荷量？

5．如图1.47所示，半径为 R 的导体球带有电荷 Q．先将其分为两部分，切口距球心为 h．求其相互作用力．

6．如图1.48所示，在相对介电系数为 ε_r 的无限大均匀电介质中，有均匀外电场 $\boldsymbol{E}_0$，在介质中挖出一个球形空腔，求在空腔中心（球心）处的电场强度 $\boldsymbol{E}$ 的大小．

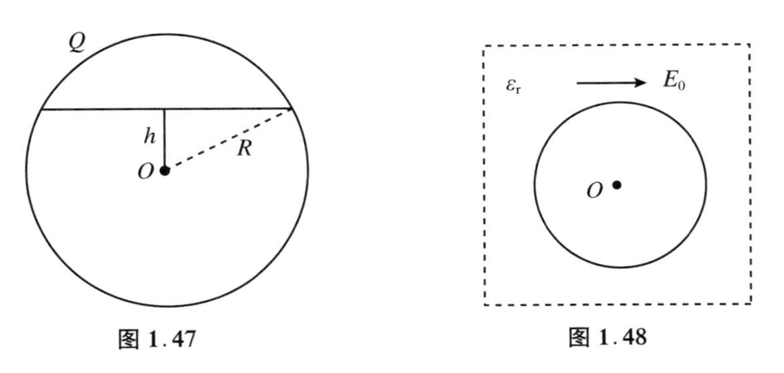

图 1.47 **图 1.48**

7．求氢原子中原子核与电子云的相互作用能．原子核的带电量为 $+q$，电子云的电荷密度分布为 $\rho(r)=-\dfrac{q}{\pi a_0^3}e^{-\frac{2r}{a_0}}$（$a_0$是玻尔半径，$q$ 是电子电量）．

8．有两个同心导体球壳，半径分别为 R_1 和 R_2．外球壳厚度可略．今使内球壳带电量 Q，求空间的能量密度 w 及整个电场的能量．又若用导线连接内外球壳，上述答案有何变化？

习 题 解 答

1. 依题意，设金属平板在与外电场垂直的两个面上感应出的电荷的面密度为$\pm\sigma'$，它们在金属板内部产生的场强为

$$E' = \frac{\sigma'}{2\varepsilon_0} + \frac{\sigma'}{2\varepsilon_0} = \frac{\sigma'}{\varepsilon_0}$$

由静电平衡条件可知，在金属板内部的合场强为零，即有

$$E_{合} = E - E' = E - \frac{\sigma'}{\varepsilon_0} = 0$$

可得

$$\sigma' = \varepsilon_0 E$$

故金属板每个面上感应出的电荷量为

$$q' = \sigma' S = \varepsilon_0 ES$$

2. (1) 因为电荷之间的相互作用力(库仑力)与其他物质或电荷是否存在无关，所以q_1作用在q_2上的力为

$$\boldsymbol{F}_{21} = \frac{1}{4\pi\varepsilon_0}\frac{q_1 q_2}{r^2}\boldsymbol{e}_{12}$$

式中，$\boldsymbol{e}_{12}$是从q_1到q_2方向上的单位矢量.

(2) q_2所受的力包括三个部分：q_1作用在q_2上的力$\boldsymbol{F}_{21}$；球壳内表面上的电荷量q_3作用在q_2上的力$\boldsymbol{F}_{23}$；球壳外表面上的电荷量q_4作用在q_2上的力$\boldsymbol{F}_{24}$. 根据对称性和高斯定理可知，$q_3 = -q_2$，它均匀分布在空腔的内表面上. 由于均匀分布的球面电荷在球内产生的电场强度为零，故q_3作用在q_2上的力为

$$\boldsymbol{F}_{23} = \boldsymbol{0}$$

q_4有两部分，$q_4 = q_4' + q_4''$，其中q_4'是由于空腔内表面上有$-q_2$，而球壳上所有电荷量的代数和为零，故在外表面上出现电荷$q_4' = q_2$均匀分布在外表面上，且q_4'作用在q_2上的力为零. q_4''是壳外的q_1在外表面上引起的感应电荷，虽然$q_4''=0$，但由于它不是均匀分布在外表面上的，故它对q_2的作用力不为零. 这个力可以从如下的考虑得出：导体外表面上的感应电荷在导体内产生的电场强度正好与引起它的电荷(此处即为q_1)在导体内产生的电场强度互相抵消，使得导体内的电场强度处处为零. 因此，q_4''作用在q_2上的力等于q_1作用在q_2上的力的负值，即

$$\boldsymbol{F}_{24} = -\boldsymbol{F}_{21}$$

最后得到q_2所受的力为$\boldsymbol{F} = \boldsymbol{F}_{21} + \boldsymbol{F}_{23} + \boldsymbol{F}_{24} = \boldsymbol{F}_{21} - \boldsymbol{F}_{21} = \boldsymbol{0}$.

3. 以同轴传输线的轴线为轴线，r为半径，作长为l的圆柱形高斯面S，由对称性和高斯定理得

$$\oint\!\!\!\oint_S \boldsymbol{E}\cdot d\boldsymbol{S} = E\cdot 2\pi rl = \frac{1}{\varepsilon_0}\lambda l$$

式中λ是导线上单位长度的电荷量. 于是得导线与圆管间的电场强度为

$$\boldsymbol{E} = \frac{\lambda}{2\pi\varepsilon_0 r}\boldsymbol{e}_r$$

式中 $\boldsymbol{e}_r$ 是导线表面外法线方向上的单位矢量.

设 r 处的电势为 U,则

$$U_1 - U = \int_{R_1}^{r} \boldsymbol{E}\cdot \mathrm{d}\boldsymbol{r} = \frac{\lambda}{2\pi\varepsilon_0}\int_{R_1}^{r}\frac{\boldsymbol{e}_r\cdot \mathrm{d}\boldsymbol{r}}{r} = \frac{\lambda}{2\pi\varepsilon_0}\int_{R_1}^{r}\frac{\mathrm{d}r}{r} = \frac{\lambda}{2\pi\varepsilon_0}\ln\frac{r}{R_1} \qquad ①$$

又

$$U_1 - U_2 = \int_{R_1}^{R_2} \boldsymbol{E}\cdot \mathrm{d}\boldsymbol{r} = \frac{\lambda}{2\pi\varepsilon_0}\int_{R_1}^{R_2}\frac{\boldsymbol{e}_r\cdot \mathrm{d}\boldsymbol{r}}{r} = \frac{\lambda}{2\pi\varepsilon_0}\int_{R_1}^{R_2}\frac{\mathrm{d}r}{r} = \frac{\lambda}{2\pi\varepsilon_0}\ln\frac{R_2}{R_1} \qquad ②$$

由式②解出 λ,代入式①,便得所求的电势为

$$U = U_1 - \frac{\lambda}{2\pi\varepsilon_0}\ln\frac{r}{R_1} = U_1 - (U_1 - U_2)\frac{\ln\dfrac{r}{R_1}}{\ln\dfrac{R_2}{R_1}}$$

4. 分析可知,问题有轴对称性,可设单位长度电荷量为 λ,由高斯定理可得,在离导线轴线为 r 处,电场强度大小为

$$E = \frac{\lambda}{2\pi\varepsilon_0 r}$$

于是得到

$$\lambda_{\max} = 2\pi\varepsilon_0 E_m r = \frac{3000\times 10^3}{2\times 9.0\times 10^9}r = 1.7\times 10^{-4}r$$

进而得

$$r = 1.0\ \mathrm{cm},\quad \lambda_{\max} = 1.7\times 10^{-4}\times 1.0\times 10^{-2} = 1.7\times 10^{-6}(\mathrm{C/m})$$

$$r = 1.0\ \mathrm{mm},\quad \lambda_{\max} = 1.7\times 10^{-4}\times 1.0\times 10^{-3} = 1.7\times 10^{-7}(\mathrm{C/m})$$

$$r = 0.10\ \mathrm{mm},\quad \lambda_{\max} = 1.7\times 10^{-4}\times 1.0\times 10^{-4} = 1.7\times 10^{-8}(\mathrm{C/m})$$

5. 如图 1.49,在球冠上任取一面元 $\mathrm{d}S = R^2\sin\theta\mathrm{d}\theta\mathrm{d}\varphi$,它所受的力为

$$\mathrm{d}F = \frac{\sigma^2}{2\varepsilon_0}\mathrm{d}S = \frac{\sigma^2}{2\varepsilon_0}R^2\sin\theta\mathrm{d}\theta\mathrm{d}\varphi$$

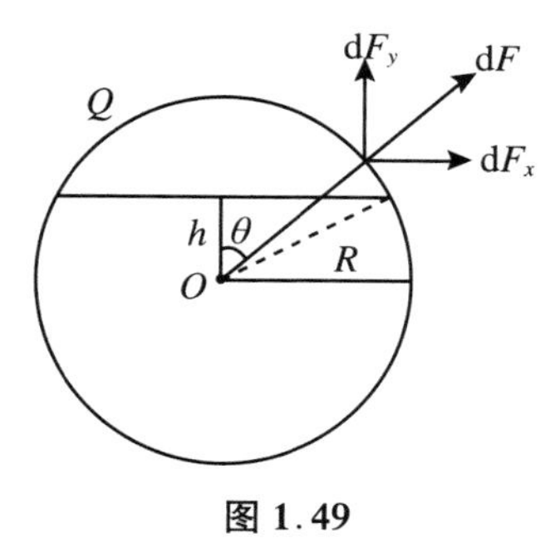

图 1.49

由于对称性,有

$$\boldsymbol{F}_x = \int \mathrm{d}\boldsymbol{F}_x = 0$$

$$F = F_y = \int_S \frac{\sigma^2}{2\varepsilon_0} R^2 \sin\theta \mathrm{d}\theta \mathrm{d}\varphi = \frac{\sigma^2 R^2}{2\varepsilon_0} \int_0^{2\pi} \mathrm{d}\varphi \int_{\arccos\frac{h}{R}}^{0} \cos\theta \mathrm{d}(\cos\theta)$$

$$= \frac{\sigma^2}{2\varepsilon_0} \pi R^2 \left(1 - \frac{h^2}{R^2}\right) = \frac{Q^2}{32\pi\varepsilon_0 R^2}\left(1 - \frac{h^2}{R^2}\right)$$

6. 如图 1.50，由题意知，球形空腔表面上将出现极化电荷，设极化强度为 P，通过积分计算，可以求得极化电荷在空腔中心产生的极化电场强度为

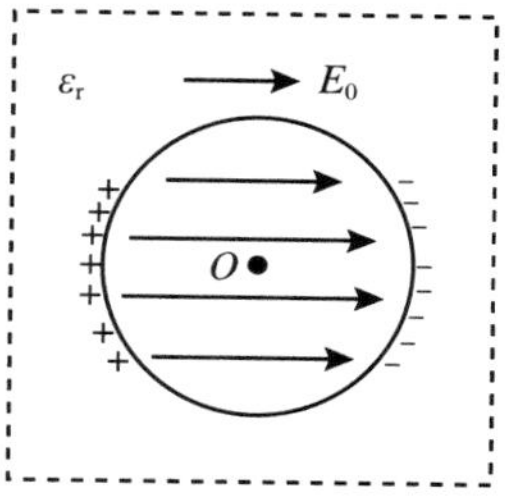

$$E' = \frac{P}{3\varepsilon_0}$$

由极化规律可得

$$P = \chi_e \varepsilon_0 E_0 = (\varepsilon_r - 1)\varepsilon_0 E_0$$

因此

$$E' = \frac{\varepsilon_r - 1}{3} E_0$$

图 1.50

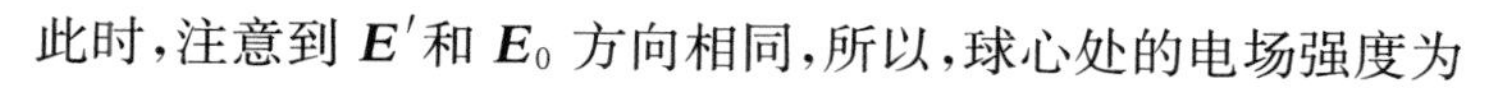

此时，注意到 $\boldsymbol{E}'$和 $\boldsymbol{E}_0$ 方向相同，所以，球心处的电场强度为

$$E = E_0 + E' = E_0 + \frac{\varepsilon_r - 1}{3} E_0 = \frac{\varepsilon_r + 2}{3} E_0$$

7. 如图 1.51 所示，在电子云内取小体元(用球坐标表示)$\mathrm{d}V$，则

$$\mathrm{d}V = \overset{\frown}{AB} \cdot \overset{\frown}{AC} \cdot \overline{AD}$$

$$\overset{\frown}{AB} = r\mathrm{d}\theta, \quad \overset{\frown}{AC} = r\sin\theta \mathrm{d}\varphi, \quad \overline{AD} = \mathrm{d}r$$

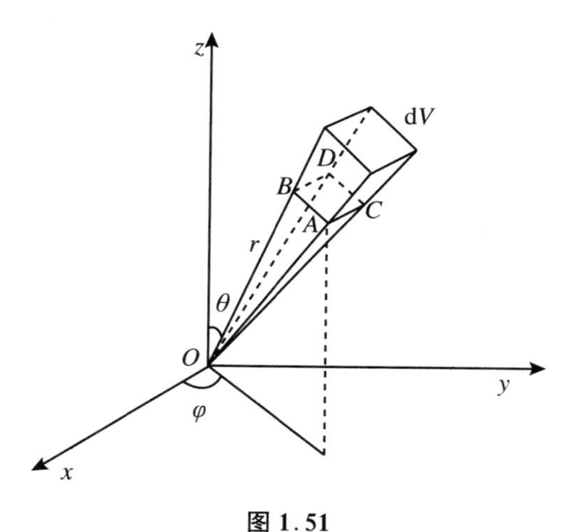

图 1.51

所以

$$\mathrm{d}V = r^2 \sin\theta \mathrm{d}r \mathrm{d}\theta \mathrm{d}\varphi$$

小体元所带电量为

$$\mathrm{d}q = \rho(r)\mathrm{d}V$$

$\mathrm{d}q$ 在原子核产生的电场中，该点电势为

$$U(r) = \frac{1}{4\pi\varepsilon_0} \frac{q}{r}$$

$\mathrm{d}q$ 与原子核的相互作用能为

$$\mathrm{d}W_{互} = \rho(r)U(r)\mathrm{d}V$$

电子云与原子核的相互作用能为

$$W_{互} = \int \mathrm{d}W_{互} = \int_V \rho(r)U(r)\mathrm{d}V$$

$$= \int -\frac{q}{\pi a_0^3}\mathrm{e}^{-\frac{2r}{a_0}} \cdot \frac{q}{4\pi\varepsilon_0 r} \cdot r^2\sin\theta\mathrm{d}\varphi\mathrm{d}\theta\mathrm{d}r = -\frac{1}{4\pi\varepsilon_0}\frac{q^2}{a_0}$$

8. 问题具有球对称性，利用高斯定理可求得空间的电场分布为

$$E = \begin{cases} \dfrac{Q}{4\pi\varepsilon_0 r^2}, & r > R_1 \\ 0, & r < R_1 \end{cases}$$

故电场能量密度为

$$W = \begin{cases} \dfrac{1}{2}\varepsilon_0 E^2 = \dfrac{Q^2}{32\pi^2\varepsilon_0 r^4}, & r > R_1 \\ 0, & r < R_1 \end{cases}$$

总电场能量为

$$W = \iiint w\mathrm{d}V = \int_{R_1}^{\infty} \frac{Q^2}{32\pi^2\varepsilon_0 r^4} 4\pi r^2\mathrm{d}r = \frac{Q^2}{8\pi\varepsilon_0 R_1}$$

用导线将两球壳连接后，有

$$E' = \begin{cases} \dfrac{1}{4\pi\varepsilon_0}\dfrac{Q}{r^2}, & r > R_2 \\ 0, & r < R_2 \end{cases}$$

$$w' = \begin{cases} \dfrac{Q^2}{32\pi^2\varepsilon_0 r^4}, & r > R_2 \\ 0, & r < R_2 \end{cases}$$

$$W' = \int_{R_2}^{\infty} \frac{Q^2}{32\pi^2\varepsilon_0 r^4} 4\pi r^2\mathrm{d}r = \frac{Q^2}{8\pi\varepsilon_0 R_2}$$

$$\Delta W = W' - W = -\frac{R_2 - R_1}{8\pi\varepsilon_0 R_1 R_2}Q^2$$

损失的这部分能量有一部分在导线上转化为焦耳热，另一部分则辐射到了空间中.

第2章 静电场中的导体与电介质

本章研究静电场与导体、静电场与电介质之间的相互作用.主要介绍静电场中导体、电介质的电学性质以及电容器的相关内容,并从静电场的能量角度阐明电场的物质性.

2.1 静电场中的导体

前面我们讨论了真空中的静电场.实际上,在静电场中一般都会有物质(导体或电介质)存在,而且静电场的很多应用都涉及静电场中导体和电介质的行为,以及它们对静电场的影响.本节主要讨导体的静电平衡条件及静电场中导体的静电性质.

2.1.1 静电场中的导体

不同种类的物质,其导电性能是不同的.根据物质导电能力的强弱,可将物质分为三类:导体、绝缘体(电介质)和半导体.导体是导电能力极强的物体,如铜、铁、铝等.绝缘体(电介质)是导电能力极弱的物体,如石英、玻璃、橡胶等.半导体是导电能力介于导体与绝缘体之间的物体,如硅、锗、硒.

某些物质的导电能力不是固定的,会随外界条件变化而变化,如温度改变、电压改变等,都会导致物质导电能力的改变.导体有不同种类,最常见的导体是金属,其基本特点是内部存在大量可以运动的自由电子.

1. 导体的静电平衡状态

金属导体是由带负电的自由电子和带正电的晶格点阵组成的.当导体不带电,也不受外电场作用时,自由电子的负电荷和晶格点阵的正电荷是等量分布的,因此在宏观上,导体的各部分都呈电中性,这时,除了自由电子的微观热运动外,没有宏观的电荷运动.然而,当导体处在外电场时,导体中的自由电子将在静电场力作用下,相对于晶格点阵做宏观定向运动,从而引起导体内的可自由移动的电荷重新分布,这就是静电感应现象.在静电感应现象中,出现的正、负电荷称为感应电荷.静电感应现象是在极短的时间内完成的,直到外静电场和导体上重新分布的电荷所产生的电场对自由电子的作用相互抵消,导体中电荷的宏观运动才会停止,电荷又重新达到稳定的平衡分布.

电荷的宏观定向运动完全停止,导体感应电荷分布和内外电场分布达到稳定的状态,称为静电场平衡状态.我们下面将要讨论的内容是在达到静电平衡之后导体的静电性质,而对达到静电平衡的那个极短的暂态过程不予考虑.

2．导体静电平衡的条件

一般而言，导体上的电荷分布和空间的电场分布是相互影响、相互制约的．显然，要使导体表面和内部的任一部分都没有宏观的电荷运动，导体内部自由电子所受的合力必须为零，即导体处于静电平衡状态所必须满足的条件是导体内部任一点的场强为零：

$$\boldsymbol{E}_{内} = \boldsymbol{E}_0 + \boldsymbol{E}' = \boldsymbol{0} \tag{2.1}$$

式中 $\boldsymbol{E}_0$ 是外电场，$\boldsymbol{E}'$是感应电荷产生的附加场，也称为退极化场．

要注意，此条件中的 $\boldsymbol{E}_{内}$ 指的是导体内外所有电荷共同产生的合场强，且式(2.1)是不存在非静电力时的结果．

2.1.2　导体的静电性质

下面讨论在达到静电平衡状态时导体的静电性质，即电势 U、电荷 q、电场 $\boldsymbol{E}$ 的分布．

1．导体上的电荷分布

当导体处于静电平衡状态时，导体所带电荷的分布特点(普遍结论)是：导体内部处处无净电荷，电荷只分布在导体表面上．

这个结论可以用高斯定理证明．设在导体的内部任取一闭合曲面(见图 2.1)．这一闭合曲面上任一点的场强都是零，根据高斯定理可知，通过这一闭合曲面的电通量为零，这一闭合曲面内的净电荷也是零．

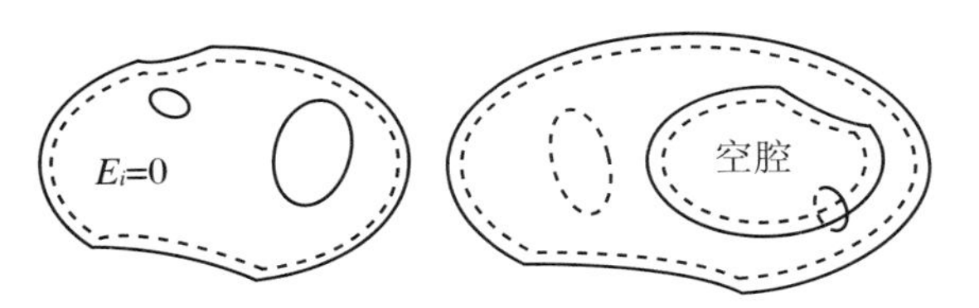

图 2.1　高斯定理的证明

如果带电体内部有空腔存在，而在空腔内没有其他带电体，应用高斯定理同样可以证明，在静电平衡时，导体内部没有净电荷，空腔的内表面也没有净电荷，电荷只能分布在导体外表面．

实验表明(大致的定性规律)，对于一般的形状不规则的孤立导体，其表面电荷面密度与曲率半径有关．表面曲率半径愈小处(曲率愈大处，即导体上凸出与尖锐的部分)，电荷面密度愈大．反之，表面曲率半径愈大处(曲率愈小处，即导体上平坦的部分)，电荷面密度愈小．另外，表面曲率半径为负处(即导体表面凹进去的地方)，电荷面密度更小．只有对于像孤立的球形导体这样的规则导体，由于其表面各部分的曲率相同，球面上的电荷分布才是均匀的．

例 1　有两个相距很远的球形带电导体，半径分别为 R_a 和 R_b，用一根细导线连接起来，求两球电荷的面密度之比$\dfrac{\sigma_a}{\sigma_b}$．

解　如图 2.2 所示，有两个相距很远的球形带电导体，设两球所带电荷量分别为 q_a、q_b，则两球的电势分别为

$$U_a = \frac{q_a}{4\pi\varepsilon_0 R_a},\quad U_b = \frac{q_b}{4\pi\varepsilon_0 R_b}$$

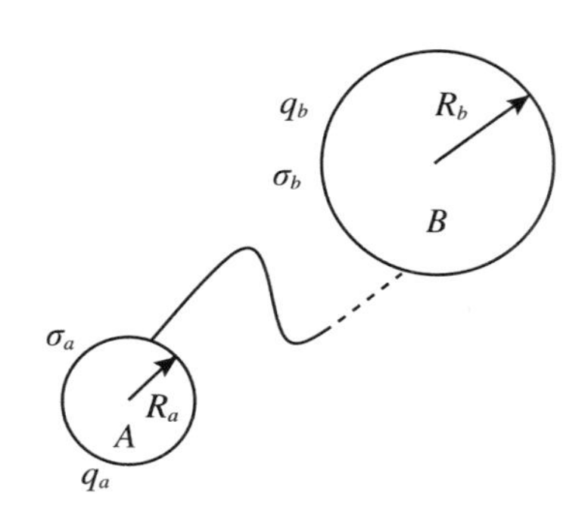

图 2.2

两球用细导线相连(细导线不影响场的分布),故两球电位相等,有

$$\frac{q_a}{4\pi\varepsilon_0 R_a} = \frac{q_b}{4\pi\varepsilon_0 R_b}$$

由此得

$$\frac{q_a}{R_a} = \frac{q_b}{R_b}$$

已知半径,不难求得两球的电荷面密度分别为

$$\sigma_a = \frac{q_a}{4\pi R_a^2}, \quad \sigma_b = \frac{q_b}{4\pi R_b^2}$$

所以

$$\frac{\sigma_a}{\sigma_b} = \frac{q_a R_b^2}{q_b R_a^2} = \frac{R_b}{R_a}$$

可见,在这个特殊的例子中 ,电荷面密度与曲率半径成反比(即与曲率成正比).

2. 导体上的电势分布

当导体达到静电平衡状态时,导体上电势分布的特点是:导体内部电势处处相等,导体是等势体,导体表面是等势面.

这一结论可以简单论证如下:在导体内任意取两点 a、b,如图 2.3,有

$$U_a - U_b = \int_a^b \boldsymbol{E} \cdot \mathrm{d}\boldsymbol{l} = 0 \quad (因为\ \boldsymbol{E} = \boldsymbol{0})$$

则

$$U_a - U_b = 0$$
$$U_a = U_b$$

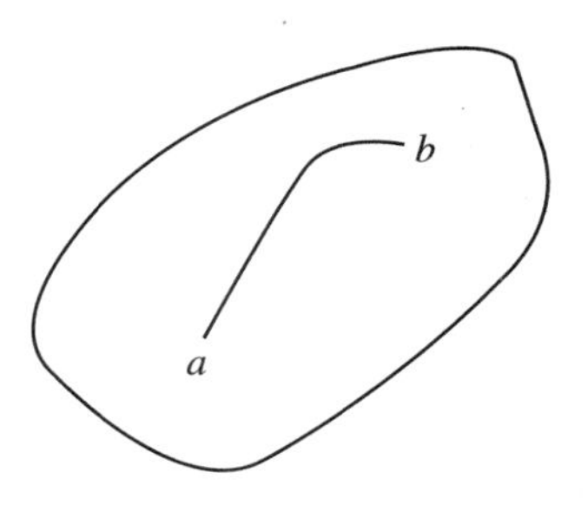

图 2.3　导体的电势

显然,由于 a、b 是在导体内部任意取的两点,可知导体是等势体.

3. 导体上的场强分布

由静电平衡条件知道,在达到静电平衡时,导体内部场强处处为零.此时,导体周围电场分布的特点是:导体表面之外邻近表面处的场强 $\boldsymbol{E}$ 与该处的电荷密度有关.具体而言,就是导体表面附近处场强的方向处处与导体表面垂直,大小与该处电荷面密度成正比.

对以上结论可作简要论证.如图 2.4 所示,在导体上电荷密度为 σ 的某一点处取面积元 ΔS,则在该面积元上的电量是

$$q = \sigma \Delta S$$

以 ΔS 为横截面，作一柱形封闭面 S，柱的轴线与导体表面正交，它的上、下两个底面紧靠导体表面且与 ΔS 平行，上底面在导体表面之外，下底面在导体表面之内，由于导体内部场强为零，所以通过下底面的电通量为零. 在侧面上，场强与侧面的法线垂直，所以通过侧面的电通量也为零. 于是只有在上底面上，场强与 ΔS 垂直（即与法线方向相同），所以通过上底面的电通量为 $E\Delta S$，这也就是通过柱形高斯面的总电通量. 应用高斯定理，有

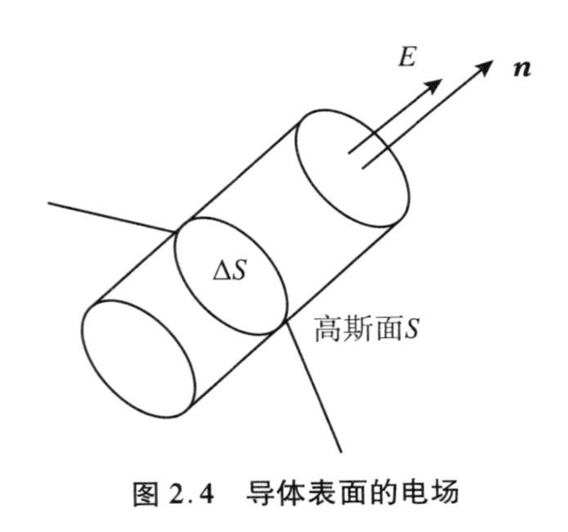

图 2.4　导体表面的电场

$$\oiint_S \boldsymbol{E} \cdot \mathrm{d}\boldsymbol{S} = E\Delta S = \frac{\sigma\Delta S}{\varepsilon_0}$$

由此得

$$E = \frac{\sigma}{\varepsilon_0}, \quad \boldsymbol{E} = \frac{\sigma}{\varepsilon_0}\boldsymbol{n} \tag{2.2}$$

式(2.2)表明，带电导体处于静电平衡时，导体表面附近处场强的方向与导体表面垂直，大小与该处电荷面密度成正比.

2.1.3　尖端放电

前面我们讲过，一个形状不规则的导体带电后，在表面曲率愈大处，电荷的面密度也愈大，而带电导体表面附近的场强又与电荷面密度成正比. 因此，在导体表面曲率较大处，场强也较大. 对于具有尖端的带电导体，在尖端处的场强就特别强. 通常空气中存在着少量的离子，但还不足以导电. 可是在带电体尖端附近的强电场作用下，空气中的少量离子会发生激烈的运动，而它们在激烈运动的过程中与空气分子相碰，会使空气分子电离，从而产生大量的新离子. 与尖端所带电荷符号相反的离子会被吸引过来，与尖端上的电荷中和；与尖端所带电荷符号相同的离子则会被排斥，从尖端跑开，形成“电风”，这种现象称为尖端放电（又称尖端效应）.

在实际生产与日常生活中，尖端效应有利也有弊. 应用尖端效应的一个典型例子是安装在高大建筑物上的避雷针，它就是应用尖端放电的原理来防止雷击对建筑物造成破坏的. 由于静电感应，地面上出现异号电荷，而这些电荷又集中地分布在一些较高的物体上，当电荷积累到一定程度时，就会发生火花放电，形成雷击现象. 避雷针可以逐步把感应电荷放到空中去，防止感应电荷积累过多而形成雷电，有效地保护了高大建筑物.

相反，有时尖端效应是需要避免的. 例如在高压设备中，由于尖端放电，在高压电线的周围会出现所谓“电晕”现象，即由于离子与空气分子碰撞使空气分子处于激发状态产生的光辐射，此现象会浪费电能. 人们为了防止因尖端放电而引起的危险和电能的浪费，并保证设备能在高电势下正常工作，往往将电极等元件做成光滑的球形，导线表面则极光滑且较粗.

2.1.4　空腔导体的静电性质

空腔导体是指内部有空腔的导体. 前面讨论得到的所有一般导体静电性质的结论，对于

空腔导体都适用.但它还有一些特殊的性质，在理论与实际上都很有意义.下面简要介绍空腔导体的静电性质及静电屏蔽现象.

1. 空腔导体的静电性质

在静电平衡时，空腔导体上电荷分布的特点是(无论空腔外是否有带电体以及外表面上原来是否带有电荷)：当空腔导体内无带电体时，空腔内表面上处处无净电荷，电荷只分布在外表面；当空腔导体内有带电体时，空腔内表面上带电，且电荷量与腔内电荷等量异号.

而在静电平衡时，空腔导体内外电势分布的特点是：当空腔导体不接地时，腔内电荷的位置与大小对腔外电势有影响，腔外电荷的位置与大小对腔内电势也有影响；当空腔导体接地时，腔内外电荷的上述影响全部消除.

最后，在静电平衡时，空腔导体内外电场分布的特点是：腔外电荷(包括外表面上的电荷以及腔外带电体的电荷)在空腔内产生的合场强处处为零；腔内电荷(包括内表面上的电荷以及腔内带电体的电荷)在空腔外产生的合场强处处为零.

以上空腔导体静电性质的结论都可以用高斯定理和环路定理等加以论证，此处从略.

2. 静电屏蔽

空腔导体的静电性质在实际中有着重要的应用，即静电屏蔽.静电屏蔽现象是法拉第在1836年通过“法拉第笼”实验首先发现的.

空腔导体如果腔内没有净电荷，则在外电场中达到静电平衡状态时，剩余的电荷只能分布在外表面，导体内和空腔内任何一点处的场强都为零.因此，空腔内部的物体将不会受到任何外部电场的影响，即在静电平衡时，导体空腔内的电场不受腔外电荷与电场的影响.导体空腔的这种“屏蔽”外界电场的作用称为静电屏蔽现象.

根据前面讨论的空腔导体的静电性质，我们不难发现，当空腔导体不接地时，静电屏蔽是不完全的、单向的，即此时腔内的电场不受腔外电荷与电场的影响，但腔外的电场要受到腔内电荷与电场的影响.只有当空腔导体接地时，静电屏蔽才是完全的、双向的，此时腔内、外两个区域完全“隔离”，互不影响.

因此，得到结论：导体空腔可以保护腔内区域，而接地导体空腔可以保护腔外区域(当然也可保护腔内区域).静电屏蔽现象在实际中有着重要的应用.例如，在等电势高压带电作业中，工作人员穿的“均压服”就是利用了静电屏蔽的原理；又如，为了避免外界电场对设备(例如某些精密的电磁测量仪器)的干扰，或者为了避免电器设备的电场(例如一些高压设备)对外界的影响，一般都在这些设备的外围安装接地的金属外壳(网、罩).传送弱信号的连接导线为了避免外界的干扰，也往往在导线外面包一层用金属丝编织的屏蔽线.

例2　在内外半径分别为 R_2 和 R_3 的导体球壳内，有一个半径为 R_1 的导体小球，小球与球壳同心，让小球与球壳分别带上电荷量 q 和 Q，试求：

(1) 小球的电势，球壳内、外表面的电势；

(2) 小球与球壳的电势差.

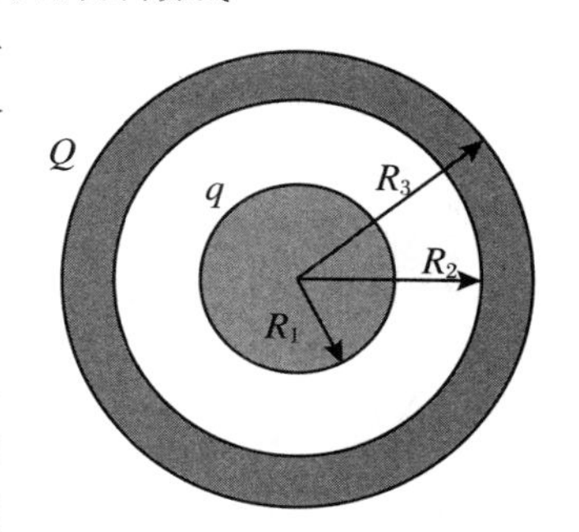

图2.5　带电导体球壳

解　(1) 由问题的球对称性可知，小球表面上和球壳内、外表面上的电荷分布是均匀的，小球上的电荷 q 将在球壳的内外表面上感应出 $-q$ 和 $+q$ 的电荷，而 Q 只能分布在球壳的外表面上，故球壳的外表面上的总电荷量为 $q+Q$.根据1.3节例2的结果，由高斯定理得

$$\oiint_S \boldsymbol{E} \cdot \mathrm{d}\boldsymbol{S} = \frac{q}{\varepsilon_0}$$

可知半径为 r、带电荷量为 q 的球面外的场强大小为

$$E = \frac{q}{4\pi\varepsilon_0 r^2}$$

再利用电势的定义式 $U_a = \dfrac{W_a}{q_0} = \int_a^{\infty} \boldsymbol{E} \cdot \mathrm{d}\boldsymbol{l}$ 不难得到小球和球壳内、外表面的电势分别为

$$U_{R_1} = \frac{1}{4\pi\varepsilon_0}\left(\frac{q}{R_1} - \frac{q}{R_2} + \frac{q+Q}{R_3}\right)$$

$$U_{R_2} = \frac{1}{4\pi\varepsilon_0}\left(\frac{q}{R_2} - \frac{q}{R_2} + \frac{q+Q}{R_3}\right) = \frac{q+Q}{4\pi\varepsilon_0 R_3}$$

$$U_{R_3} = \frac{1}{4\pi\varepsilon_0}\left(\frac{q}{R_3} - \frac{q}{R_3} + \frac{q+Q}{R_3}\right) = \frac{q+Q}{4\pi\varepsilon_0 R_3}$$

结果显示，球壳内、外表面的电势相等，这个结论是显然的.

(2) 由电势差的定义式，可得小球和球壳之间的电势差为

$$U_{R_1} = U_{R_2} = \int_a^{\infty} \boldsymbol{E} \cdot \mathrm{d}\boldsymbol{l} = \frac{q}{4\pi\varepsilon_0}\left(\frac{1}{R_1} - \frac{1}{R_2}\right)$$

注意，本题中若外球壳接地，则球壳外表面上的电荷消失，不难计算出两球的电势差仍为

$$U_{R_1} = U_{R_2} = \frac{q}{4\pi\varepsilon_0}\left(\frac{1}{R_1} - \frac{1}{R_2}\right)$$

即不管外球壳接地与否，两球的电势差保持不变. 而且，当 q 为正值时，小球的电势高于球壳的电势；当 q 为负值时，小球的电势低于球壳的电势.

例 3 本题简要讨论两个利用电场线证明静电问题的例子. 以静电平衡条件为基础，电场线为工具，定性讨论静电平衡问题，是一种有用的解题方法.

(1) 有一中性孤立导体，证明其电势等于零，表面电荷密度处处等于零.

(2) 有两个导体组成一个系统，证明两个导体中(不论电荷量如何)至少有一个导体表面上各点的面电荷密度不会异号.

证明 (1) 用反证法证明.

先假设中性导体的电势 $U>0$，则导体表面某处必有电场线发出，而止于无限远，因此该处表面必定有正电荷. 因为此时导体是电中性的，所以导体表面另外某处必有等量的负电荷. 而负电荷上必有电场线终止，分析知这些电场线只能起于无限远，因此得到 $U<0$. 这一结论与假设 $U>0$ 相矛盾.

若设 $U<0$，同样导致矛盾的结果.

由此证明，中性孤立导体的电势只能等于零，表面各点也不可能有非零的面电荷密度分布出现.

(2) 同样用反证法证明.

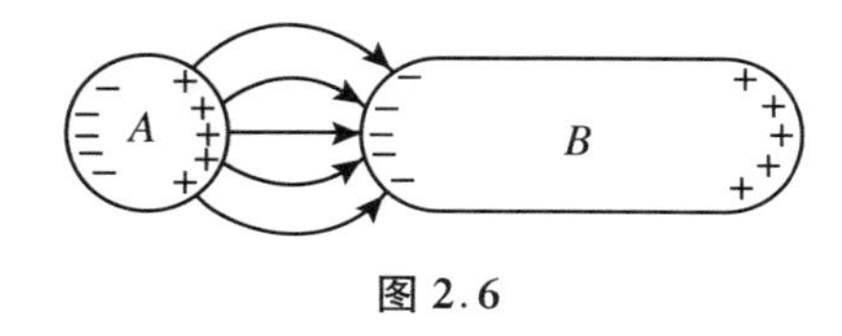

图 2.6

先假设 A、B 两个导体上都出现异号电荷，如图 2.6 所示. 又设 $U_A>U_B$，则起于导体 A 上正电荷的电场线必有部分止于导体 B 上的负电荷，而止于导体 A 上负电荷的电场线则不可能起于导体 A 上的正电荷(否则会导致导体 A 不等电势的矛盾结果)，也不可能

起于导体 B 上的正电荷(否则会导致 $U_B>U_A$ 的结果,即产生与假设相矛盾的结果),因此,导体 A 上负电荷的电场线只可能起于无限远,于是就有结论 $U_A<U_\infty$.另一方面,同样道理,我们注意到起于导体 B 上正电荷的电场线既不能止于 B 上的负电荷又不能止于导体 A 上的负电荷,而只可能止于无限远,于是就会得到结论 $U_A>U_B>U_\infty$,这显然与前面的结论 $U_A<U_B$ 相矛盾.由此证明,原先假设 A、B 两导体同时带异号电荷是不可能的.

2.1.5　超导与超导体

1. 超导体

在极低的温度下(接近绝对零度),某些金属或合金的电阻率会突然变为零,这种现象称为超导现象,这种状态称为超导态,这些金属称为超导体.

超导现象是荷兰物理学家昂尼斯(H. K. Onnes,1853～1926)于1911年发现的.昂尼斯在1908年首次把最后一个"永久气体"氦气液化,并得到低于4 K的低温.1911年他在测量一个固态汞样品的电阻与温度的关系时发现,当温度下降到4.2 K附近时,样品的电阻突然变为零.以后科学家们又陆续发现有许多金属及合金在低温下也能转变成超导体.

2. 超导体的电磁性质

一般将电阻突变为零时的温度称为超导临界温度或超导转变温度,用 T_C 表示.当温度高于临界温度 T_C 时,超导态被破坏而变成正常态,即有电阻的状态.通过实验发现,超导电性也可以被外加磁场所破坏,当磁场大于某个值(临界磁场)时,超导电性也会消失.

超导电性是通过观察到电阻的突然消失而发现的.为了证明超导态的零电阻现象,有人曾把一个超导线圈放在磁场中,然后降温到 T_C 以下,再把磁场去掉,超导线圈产生的感应电流经过了一年以上时间也未见衰减的迹象.有科学家分析,超导电流的衰减时间不低于10万年.

3. 超导现象的实际应用

超导态是物质的一种独特状态,它的新奇特性立刻使人想到要将它应用到技术上.超导体与普通导体相比有其显著的优点:超导体没有电阻,也就没有能量损耗,在电子仪器、仪表中用超导体代替普通导体可以大大节约能源;由于没有电阻,通电后超导体不会发热,因此用超导体制造的大功率器件和设备不必考虑散热问题;用小的超导磁体可以产生很强的磁场.由于以上优点,超导体的应用十分广泛,主要有以下几个方面:

(1) 电子学中的应用

超导体由于没有热损耗,是半导体集成电路中理想的内引线材料.它能减少晶体管和集成管中的热量,还能消除电路中的磁干扰;用超导体做成内引线,引线可以靠得更紧,因而可以缩短运作时间并提高集成电路的集成度.

(2) 强电力系统中的应用

电力系统包括发电机、变压器等设备以及电力储存和输配系统.用高温超导材料做成的变压器质量和体积小,是传统变压器无法达到的.配电系统的作用主要是把发电厂的电能按需求输送到各处,由于输运中传输线内的电阻发热损耗达到10%～20%,因此用超导缆线来代替传统的传输线是最理想的.现已研制出的超导线最小直径可小于0.3 mm.

(3) 交通运输方面的应用

目前主要体现在磁悬浮列车的研制等方面.超导磁悬浮列车是利用铁轨和列车底部的超导磁体间的斥力作用,使列车悬浮在铁轨上行驶.这样就可减少列车和铁轨间的摩擦,提高列车行驶的速度.

(4) 医学上的应用

主要是在一些医疗仪器中装备超导磁体.超导磁体具有体积小、磁场强、损耗小等优点.超导体在医学上的广泛应用,使核磁共振仪及心电图、脑电图等高级医用测绘设备的分辨率大大提高,这样就能更迅速、准确地查明病因,提高医疗水平.

4.高温超导

自超导现象发现以来,科学家们一直寻求在较高温度下具有超导电性的材料.从1911年到1986年,科学家们发现了一系列临界温度不断提高的超导材料,其中有金属、合金、非晶超导、超晶格超导、磁性超导等.1986年,高温氧化物超导体出现,突破了温度壁垒,把超导应用的温度从液氦温区提高到了液氮温区.同液氦相比,液氮是一种非常经济的冷媒,并且具有较高的热容量,给工程应用带来了极大的方便.另外,高温超导体都具有相当高的上临界场,能够用来产生20 T以上的强磁场,这正好克服了常规低温超导材料的不足.正因为这些优点,高温超导体吸引了大量的科学工作者采用最先进的技术装备,对高临界温度超导机制、材料的物理特性、化学性质、合成工艺及显微组织进行广泛、深入的研究.

目前高温超导材料有钇系(92 K)、铋系(110 K)、铊系(125 K)和汞系(135 K)以及2001年1月发现的新型超导体二硼化镁(39 K).其中最有实用前途的是铋系、钇系(YBCO)和二硼化镁(MgB_2).氧化物高温超导材料是以铜氧化物为组分的具有钙钛矿层状结构的复杂物质,在正常态它们都是不良导体.同低温超导体相比,高温超导材料具有明显的各向异性,在垂直和平行于铜氧结构层方向上的物理性质差别很大.高温超导体属于非理想的第Ⅱ类超导体,且具有比低温超导体更高的临界磁场和临界电流,因此是更接近于实用的超导材料,特别是在低温下的性能比传统超导体高得多.

高温氧化物超导体的出现,无疑给超导电子学带来了更为广阔的应用前景.常规超导电子器件早已显示出巨大的优越性,超导量子干涉器件用于测量微弱磁场,灵敏度可比常规仪器高1~2个数量级,这使得它在生物磁性测量、寻找矿藏等领域发挥了巨大的作用.超导隧道效应使微波接收机的灵敏度大大提高,超导薄膜数字电路可用来制造高速、超小体积的大型计算机.

从超导技术发展的历程来看,具有更高转变温度的新材料的发现和制造工艺技术的突破都有可能.目前高温超导材料正从研究阶段向应用发展阶段转变.超导技术作为一项有重大发展潜力的应用技术,已经进入实际应用开发与基础性研究相互推动,逐步发展为高技术产业的阶段.主要国家的政府与企业都投入了较大力量,竞争十分激烈.根据国际超导科技界和相关产业部门的统计与预测,2010年全球超导产业产值达到了260亿美元,预计到2020年,将可达到2400亿美元.因此,超导技术被认为是21世纪最具战略意义的高新技术之一.

2.2 电容和电容器

电容是导体和导体组的一个重要性质.下面我们先讨论孤立导体的电容,再讨论电容器的电容.

2.2.1　电容　孤立导体电容

1. 电容

处于带电状态的导体就像一个“储存”电荷的容器，具有“容纳”电荷的本领. 电容就是反映导体这种性质的重要物理量，表示导体的储电本领(储蓄电荷的能力).

2. 孤立导体电容

当一个孤立导体带电荷 q 时，导体本身具有一确定的电势 U. 要使大小、形状不同的导体带同等的电荷 q，它们的电势将各不相同；要使大小、形状不同的导体具有相同的电势，必须给它们带上不同的电量. 这说明在电荷量与电势的关系上，不同的导体有不同的性质，有必要找到一个物理量来描述它.

理论和实验都表明，同一孤立导体所带电荷量 q 与相应电势 U 之间成正比，其比值 $\dfrac{q}{U}$ 是仅与导体的几何形状和大小有关的物理量，用符号 C 表示，称为孤立导体的电容，即

$$C = \frac{q}{U} \tag{2.3}$$

真空中孤立导体的电容是一恒量，仅决定于导体的形状和大小，而与导体是否带电无关，它在量值上等于使孤立导体的电势升高单位电势时所需的电荷量. 它是反映孤立导体储蓄电荷能力的物理量.

在国际单位制中，电容的单位为库/伏，称为法拉(F)，简称法. 法拉这个单位太大，常用的是微法(μF)或皮法(pF). 它们之间换算关系为

$$1\ \mu\text{F} = 10^{-6}\ \text{F}$$

$$1\ \text{pF} = 10^{-12}\ \text{F}$$

对于一个置于真空、半径为 R 的孤立球形导体，其电容为

$$C = \frac{q}{U} = \frac{q}{\dfrac{q}{4\pi\varepsilon_0 R}} = 4\pi\varepsilon_0 R \tag{2.4}$$

即真空中孤立导体球的电容正比于球的半径. 请大家由此自己计算地球的电容量.

2.2.2　电容器

孤立导体作为提供电容的元器件是没有实际意义的. 因为孤立导体的电容受周围导体的影响，同时，即使是巨大的孤立导体，其电容也非常小，无法满足实际需要. 因此，在实际中，一般都是用导体组(即电容器)来实现电荷的“储存”.

电容器是一种其电容不受周围导体影响的导体组，是电工与无线电技术中的重要元器件之一. 电容器作为一个储存电荷和电能的元件，被广泛应用于各种电路之中. 在实际应用中，电容器的设计原理一般有两条：

(1) 其电容要求基本不受周围其他导体影响；

(2) 应该有不大的体积而具有较大的电容.

当导体的周围有其他导体存在时，这个导体的电势不仅与它自己所带的电量有关，还取决于其他导体的位置和形状. 要消除其他导体的影响，可应用静电屏蔽的原理，设计制作一

个由两个导体(称为极板)构成的导体组.当电容器的两极板分别带有等量异号电荷 $\pm q$ 时,定义电荷量 q 与两极板间电势差 $U_A - U_B$ 的比值为电容器的电容,即

$$C = \frac{q}{U_A - U_B} \tag{2.5}$$

不难看出,孤立导体实际上仍可认为是电容器的一种特殊情形,即可视为有一个导体(极板)在无限远处,且电势为零.

电容器的电容大小取决于两极板的形状、大小、相对位置以及后面将要介绍的极板间电介质的介电常数.增大电容的方法主要是依靠减小两极板之间的距离.

2.2.3 几种常用电容器及其电容的计算

电容器的电容一般通过实验测定得到,对于特殊形状的电容器,可由理论计算得到.下面我们就根据电容的定义,计算几种常用电容器的电容.

1. 平板电容器的电容

平板电容器由大小相同的两平行极板组成,它是最常见的电容器.如图 2.7 所示,设每个极板的面积都为 S,两板内表面之间的距离为 d,并设板面的线度远大于两板内表面之间的距离(即边缘效应不计,电场视为均匀场).设 A 板带正电,B 板带等电量的负电.由于板面很大,两板之间的距离又很小,所以除板的边缘部分外,A、B 两板的内表面可以认为是均匀带电的,则电荷面密度 σ 和 $-\sigma$ 都是常量.两极板间匀强电场的场强大小为

$$E = \frac{\sigma}{\varepsilon_0} = \frac{q}{\varepsilon_0 S}$$

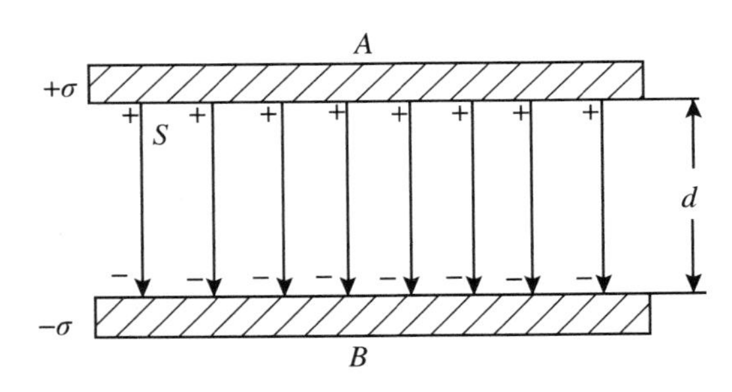

图 2.7 平行板电容器

式中 $q = \sigma S$ 为任一极板内表面所带电荷量的绝对值.两极板间的电势差大小为

$$U_A - U_B = Ed = \frac{\sigma}{\varepsilon_0} d = \frac{qd}{\varepsilon_0 S}$$

根据电容的定义,即可得平板电容器的电容为

$$C = \frac{q}{U_A - U_B} = \frac{\varepsilon_0 S}{d}$$

上式表明,平板电容器的电容与极板面积 S 成正比,与两极板间的距离 d 成反比.匀强电场的条件决定于板面线度与两板之间距离之比.当板面线度远大于两极板之间的距离时,平板电容器的电容基本不受外界影响;而且,当两极板之间的距离足够小时,使用较小的板面就可获得较大的电容.

2. 圆柱形电容器的电容

圆柱形电容器由两个同轴的圆柱面导体(极板)构成.如图 2.8 所示,设圆柱面极板的半径分别为 R_A 和 R_B,长度为 L,又设极板的长度比起两个极板间的距离 $R_B - R_A$ 要大得多,则两端的边缘效应可以略去不计.当内、外两极板带电时,电荷都是均匀分布的.这时,两个圆柱面之间的电场具有轴对称性,而且在很大程度上不受外界的影响.我们设内、外极板分别带有电荷量 $+q$、$-q$.因为电荷是均匀分布的,所以 $q=\lambda l$(λ 为每单位长度上的电荷,即电荷线密度).

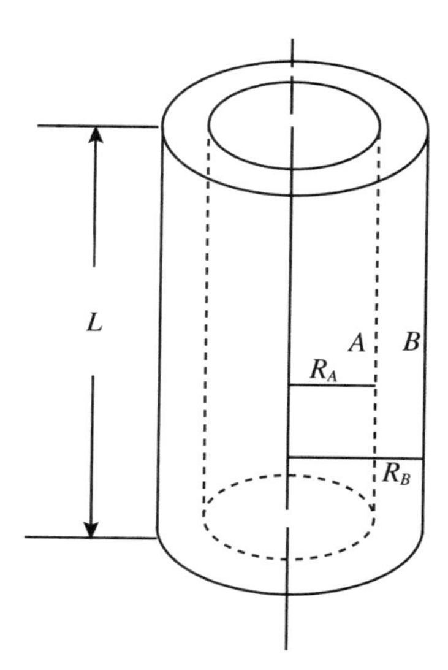

图 2.8　圆柱形电容器

在两个圆柱面极板之间,离圆柱轴线的距离为 r 处的场强为

$$E = \frac{\lambda}{2\pi\varepsilon_0 r}$$

由电势差的定义式有

$$U_A - U_B = \int_A^B \boldsymbol{E} \cdot \mathrm{d}\boldsymbol{r} = \int_A^B E\mathrm{d}r = \int_{R_A}^{R_B} \frac{\lambda}{2\pi\varepsilon_0 r}\mathrm{d}r = \frac{\lambda}{2\pi\varepsilon_0}\ln\frac{R_B}{R_A}$$

由此求得电容为

$$C = \frac{q}{U_A - U_B} = \frac{\lambda l}{U_A - U_B} = \frac{2\pi\varepsilon_0 l}{\ln\dfrac{R_B}{R_A}}$$

注意,这一结果与外圆柱面导体是否接地并无关系.

3. 球形电容器的电容

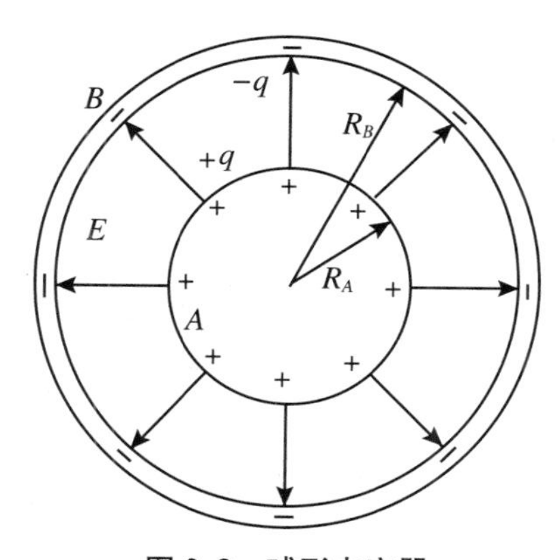

图 2.9　球形电容器

球形电容器是由两个同心导体球壳组成的.如图 2.9 所示,设球壳的半径分别为 R_A 和 R_B.又设内球带电荷 $+q$,均匀地分布在内球壳的外表面上.同时,在外球壳的内、外两个表面上的感应电荷 $-q$ 和 $+q$ 也都是均匀分布的.外球壳的外表面上的正电荷 q 可用接地法移去(实际上,外球壳是否接地与以下所推出的电容公式并无关系).两球壳之间的电场具有球对称性,与单独带电荷 q 的内球壳产生的电场强度完全相同,即有

$$E = \frac{q}{4\pi\varepsilon_0 r^2}$$

式中 r 是从球心到场强为 E 的某一场点的距离,E 的方向沿径向由 A 指向 B.再由电势差的定义求得两极板间的电势差为

$$U_A - U_B = \int_A^B \boldsymbol{E} \cdot \mathrm{d}\boldsymbol{r} = \int_A^B E\mathrm{d}r$$
$$= \int_{R_A}^{R_B} \frac{q}{4\pi\varepsilon_0 r^2}\mathrm{d}r = \frac{q}{4\pi\varepsilon_0 r}\left(\frac{1}{R_A} - \frac{1}{R_B}\right)$$

根据电容的定义式可得

$$C = \frac{q}{U_A - U_B} = \frac{q}{\frac{q}{4\pi\varepsilon_0}\left(\frac{1}{R_A} - \frac{1}{R_B}\right)} = \frac{4\pi\varepsilon_0 R_A R_B}{R_B - R_A}$$

若两球壳之间的距离 d 很小,而 R_A 和 R_B 相对来说都很大,这时 $d = R_B - R_A \ll R_A$,设 $R_A \approx R_B = R$,可得到电容为 $C = \frac{4\pi\varepsilon_0 R^2}{d}$,将球壳的面积 $S = 4\pi R^2$ 代入,得

$$C = \frac{\varepsilon_0 S}{d}$$

即得到平板电容器电容的公式.

若 $R_B \gg R_A$,这时前面的结论表达式中的分母中可略去 R_A,得

$$C = \frac{4\pi\varepsilon_0 R_A R_B}{R_B} = 4\pi\varepsilon_0 R_A$$

即得到半径为 R_A 的孤立球形导体的电容.

通过上面几个常见电容器电容的具体分析,我们可以将计算电容器电容的一般步骤归纳如下:

(1) 先假设电容器两极板分别带电荷 $\pm q$;

(2) 计算两极板间的电场强度分布;

(3) 由电场强度分布求出两极板间的电势差;

(4) 由电容的定义式计算并得到电容 C.

在生产和科研中实际使用的电容器种类繁多,外形也各不相同,但它们的基本结构是一样的.每个电容器的成品除了标明型号外,还标有两个重要的性能指标:电容和耐压.例如,100 μF－250 V,其中 100 μF 表示电容量的大小,250 V 则表示电容器的耐压.在使用时,要特别注意电容器两极板上所加的电压不能超过所标明的耐压值,否则会使得电容两极间的电介质被击穿,电容器遭到损坏.

2.2.4 电容器的连接

在实际应用中,由于电容器的容量不合适,或电容器的耐压不够高,常常需要将若干个电容器适当地连接起来,以适应实际的需要.连接电容器的基本方法有串联和并联两种.

1. 串联

电容器串联的特点是:每个电容器都带有相等的电荷量,电压与电容成反比地分配到各个电容器上.几个电容器串联后的等效电容为

$$C = \frac{1}{\frac{1}{C_1} + \frac{1}{C_2} + \cdots + \frac{1}{C_n}} \tag{2.6}$$

电容器串联使得总电容量减小,但耐压能力提高.

2. 并联

电容器并联的特点是:加在每个电容器上的电压相等,电量与电容成正比地分配到各个电容器上.几个电容器并联后的等效电容为

$$C = C_1 + C_2 + \cdots + C_n \tag{2.7}$$

电容器并联可以加大总电容量.

要注意的是,多个电容器串联或并联后使用时,每个电容器两端的电势差不能超过该电容所标明的耐压值.在实际中,往往根据不同情况,采取多个电容的串并混合连接来满足各种需求.

2.3　静电场中的电介质

本节主要讨论静电场与各向同性电介质相互作用的规律(即电介质极化的规律)."各向同性"在这里特指电介质朝各个方向"极化"的难易程度一样.

2.3.1　电介质的极化

1. 电介质　电偶极子

电介质与导体的根本差异在于,导体内部存在大量可以自由移动的电荷(在金属导体中即是电子),而电介质中几乎没有自由电子.电介质分子中的电子被原子核紧紧束缚在周围,即使在外电场作用下,电子也只能相对原子核做微小的移动,而不能像导体中的自由电子那样脱离所属原子做宏观运动.因而电介质在宏观上几乎没有自由电荷,不能导电.就此意义而言,也可认为除导体外,凡处在电场之中能与电场发生相互作用的物质都可称为电介质(又称绝缘体).一切气体、油类、纯水、玻璃、云母、塑料、陶瓷、橡胶等都是常见的电介质.

实验表明,电介质在外电场中会产生极化,即在电场作用下,介质内部或表面上出现正负电荷的现象.在极化中出现的电荷称为极化电荷(束缚电荷),它同样可以激发电场.由于极化电荷的数量不大,它激发的电场在电介质内部不能完全抵消外电场,于是电介质内部的合场强不为零,这导致电介质的问题比导体的问题复杂.(大家应该记得,在静电感应现象中,导体内部的场强是处处为零的.)

分析电介质置于外电场中产生极化(电介质与外电场的相互作用)的原因和机制时,需要我们考察电介质的电结构.电介质的每个分子都是由带负电的电子和带正电的原子核组成的.一般而言,正负电荷在分子中都不集中在一点.在远比分子线度大的距离处,分子中全部负电荷的影响将与一个单独的负电荷等效,这个等效负电荷的位置称为这个分子的负电荷中心.同理,每个分子的全部正电荷也有一个相应的正电荷中心.如果分子的正负电荷中心不互相重合,这样一对距离极近的等量异号的正负点电荷称为分子的等效电偶极子.

我们知道,反映电偶极子性质的特征量是电偶极矩(电矩).因此,在研究电介质的极化问题时,一般是将电介质的分子看成等效电偶极子,等效电偶极子的电矩则是研究电介质电性质的出发点(即基本单元).

电介质分子一般分成两类:

(1) 无极分子.在这类电介质中,当外电场不存在时,分子的正负电荷中心是重合的,其固有电矩为零,这类电介质称为无极分子电介质.

(2) 有极分子.在这类电介质中,当外电场不存在时,分子的正负电荷中心不相重合,其固有电矩不为零，这种电介质称为有极分子电介质.

这两类电介质在外场中都会发生极化，但它们极化的微观机制与过程是不相同的.

2. 电介质的极化(位移极化和取向极化)

(1) 位移极化(无极分子电介质)

由无极分子组成的电介质，例如 H_2、N_2、CH_4 等气体，在外电场作用下，分子的正负电荷中心将发生微小的相对位移，形成电偶极子. 这些电偶极子的方向都沿着外电场的方向，因此在和外电场垂直的电介质两个表面上分别出现正电荷和负电荷(见图 2.10). 这些电荷是和介质分子连在一起的，不能在电介质中自由移动，也不能脱离电介质而独立存在，故称为束缚电荷(极化电荷). 由无极分子中正负电荷中心相对位移而引起的极化称为位移极化.

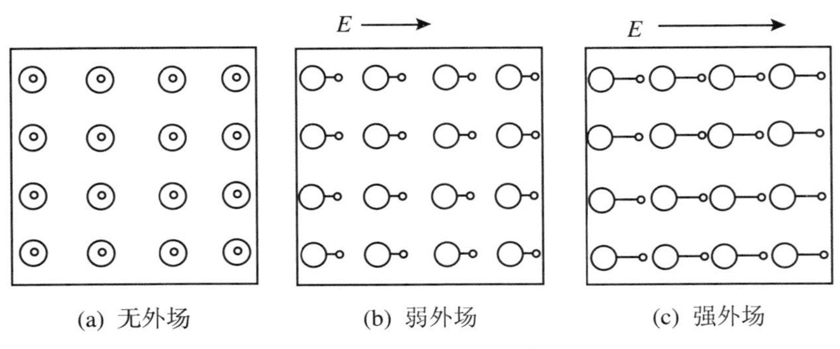

图 2.10 无极分子介质的极化

(2) 取向极化(有极分子电介质)

由有极分子组成的电介质，例如 SO_2、H_2S、NH_3、有机酸等，虽然每个分子都有一个不为零的等效电矩，但在没有外电场时，由于热运动，分子电矩的排列是杂乱无章的，因而对整个电介质而言，所有分子的电矩的矢量和为零，对外不产生电场. 当这种有极分子电介质处在外电场中时，每个分子都将受到力矩的作用，使分子电矩有转向外电场方向的趋势. 外电场越强，分子偶极子的排列也越整齐，在宏观上，电介质表面出现的束缚电荷就越多，电极化的程度也越高(见图 2.11). 当然，由于分子的无规则热运动，这种"转向"是部分的，不可能使所有分子全都整整齐齐地按外电场的方向排列. 由有极分子电介质的等效电偶极子转向外电场而引起的极化称为取向极化(转向极化).

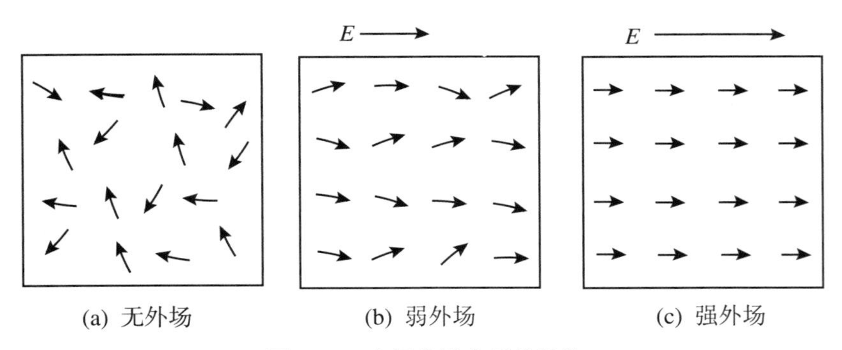

图 2.11 有极分子介质的极化

一般来说，在电介质的极化过程中，这两种极化是可以同时存在的.虽然产生这两类电介质极化的微观机制不同，但其宏观结果（即在电介质中出现束缚电荷）却是一样的.因此，在对电介质的极化作用进行宏观描述时，就没有区别两种极化的必要.

3．极化强度矢量

为了从宏观上定量描述电介质的极化状态（程度与方向），我们引入一个宏观的矢量——极化强度矢量 $\boldsymbol{P}$.

在电介质内，取任一小体积元 ΔV.当无外电场时，此小体积元内所有分子电矩的矢量和 $\sum \boldsymbol{p}_i$ 等于零.但当加有外电场时，由于电介质的极化，$\sum \boldsymbol{p}_i$ 将不等于零.我们将单位体积内分子电矩的矢量和，即

$$\boldsymbol{P} = \frac{\sum \boldsymbol{p}_i}{\Delta V} \tag{2.8}$$

定义为电极化强度矢量（简称极化强度）.式中，$\boldsymbol{p}_i = q_i \boldsymbol{l}$ 是 ΔV 中每个分子的电矩.

电极化强度矢量 $\boldsymbol{P}$ 是描述极化状态（程度和方向）的宏观矢量，是点函数.当 $\boldsymbol{P}$ 为常矢量时，电介质被均匀极化；当 $\boldsymbol{P}$ 不为常矢量时，电介质被非均匀极化.在电介质被均匀极化时，极化电荷只出现在介质的表面，介质内不出现极化电荷（即极化电荷只有面分布，而没有体分布）.

在导体和真空中无极化电荷，故有 $\boldsymbol{P}_{真空} = \boldsymbol{0}$，$\boldsymbol{P}_{导体} = \boldsymbol{0}$.

在国际单位制中，电极化强度矢量 $\boldsymbol{P}$ 的单位是库/米^2（$\mathrm{C/m^2}$）.

4．极化电荷

这里我们仅讨论电介质被均匀极化的情况.电介质极化时，描述电介质极化状态的电极化强度矢量 $\boldsymbol{P}$ 越大（极化程度越高），则电介质表面上的束缚电荷面密度 σ' 也会越大.因此，$\boldsymbol{P}$ 与 σ' 之间应该是有联系的，为了进一步讨论电介质中场的问题，找出 $\boldsymbol{P}$ 与 σ' 之间的定量关系是有必要的.

我们首先从一个简单的特例来分析两者之间的关系，并不加证明地推广到一般情况.设有一小块圆柱状的、均匀各向同性的电介质（圆柱长为 l，端面的面积为 S）在外电场中被向右均匀极化，如图2.12所示，其每个分子的等效电矩都按外电场方向排列，且首尾相接.可见，在电介质内部，相邻分子的正负电荷相互抵消，极化体电荷为零，而在介质的两个端面上，由于最外层分子（即电偶极子）的正负电荷无法抵消，就出现了极化面电荷.

由于是均匀极化，介质内各点的电极化强度矢量 $\boldsymbol{P}$ 是相同的.圆柱体的体积 ΔV 等于圆柱端面的面积 S 和柱长 l 的乘积，总的电矩等于面电荷（端面上的面电荷）乘以柱长 l，而面电荷等于面电荷密度 σ' 乘以端面的面积 S.于是，根据 $\boldsymbol{P}$ 的定义可得

$$\boldsymbol{P} = \frac{\sum \boldsymbol{p}_i}{\Delta V} = \frac{(\sigma' S)l}{Sl}\boldsymbol{n}$$

于是得到 $\boldsymbol{P}$ 和 σ' 之间的关系为

$$\boldsymbol{P} = \sigma' \boldsymbol{n} \tag{2.9}$$

式中 $\boldsymbol{n}$ 是圆柱端面 S 上由电介质向外的法线方向上的单位矢量.上式表明，电极化强度的大小等于极化产生的束缚电荷面密度.式(2.9)也可变形并改写为

$$\sigma' = \boldsymbol{P} \cdot \boldsymbol{n} = P_n \tag{2.10}$$

如图2.12(a)所示，对于圆柱的左端面 S'，由于面上的 $\boldsymbol{P}$ 和法线 $\boldsymbol{n}'$ 反向，有 $\sigma' = \boldsymbol{P} \cdot \boldsymbol{n}'$

$=-P<0$；对于圆柱的侧面，由于面上的 $\boldsymbol{P}$ 和法线 $\boldsymbol{n}''$ 垂直，有 $\sigma=\boldsymbol{P}\cdot\boldsymbol{n}''=0$（侧面无极化电荷分布）.

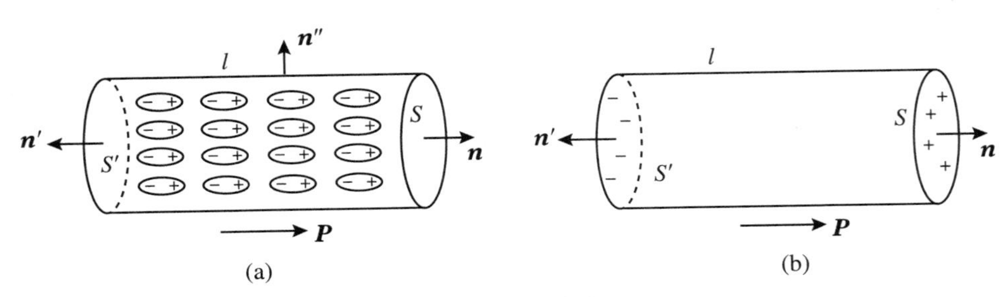

图 2.12　静电力

上面的式(2.9)和式(2.10)虽然是从一个特例推导出来的，但可以证明是普遍成立的.

在一般情况下，有

$$\sigma'=\boldsymbol{P}\cdot\boldsymbol{n}=P\cos\theta=P_n$$

2.3.2　电介质中的场方程（高斯定理与环路定理）

在真空中，我们已经讨论过静电场满足的两个场方程（高斯定理和环路定理），而在电介质中场的情况比较复杂，下面就简要讨论电介质中场的性质.

1．电介质中的电场

当电介质置于外电场时，其产生极化，在介质表面会出现极化电荷，这些极化电荷同样会激发电场.因此，在电介质的内部，总电场为

$$\boldsymbol{E}=\boldsymbol{E}_0+\boldsymbol{E}'$$

式中 $\boldsymbol{E}_0$ 是自由电荷激发的电场，$\boldsymbol{E}'$是极化电荷激发的电场，它们是相互作用与相互制约的.

2．极化规律

实验证明：对于各向同性的电介质（极化的难易程度在各个方向上都一样的介质），电极化强度 $\boldsymbol{P}$ 与电介质内的合场强 $\boldsymbol{E}$ 成正比，即

$$\boldsymbol{P}=\chi_e\varepsilon_0\boldsymbol{E}\tag{2.11}$$

此式称为各向同性电介质的极化规律，它反映了 $\boldsymbol{P}$ 与 $\boldsymbol{E}$ 之间的定量关系.注意，式中 χ_e 是与电介质性质有关的比例系数，称电极化率.χ_e 是一个无量纲的大于零的纯数.不同的电介质有不同的 χ_e 值，它由介质材料本身的性质决定，与外界电场无关.介质中各点的 χ_e 值为常数（均相同）的电介质称为均匀电介质.

3．电介质中的场方程

(1) 电介质中的环路定理

无论是自由电荷还是极化电荷，它们都按照相同的规律激发电场，因此，在电介质中的电场 $\boldsymbol{E}=\boldsymbol{E}_0+\boldsymbol{E}'$仍然是保守力场，做功与路径无关.电介质中的环路定理则写为

$$\oint_L\boldsymbol{E}\cdot\mathrm{d}\boldsymbol{l}=0\tag{2.12}$$

此式与真空中的环路定理形式上是一样的，但注意式中的 $\boldsymbol{E}=\boldsymbol{E}_0+\boldsymbol{E}'$，是由自由电荷和极

化电荷激发的电场叠加得到的合场强. 此式说明,在电介质中的静电场仍然是保守力场(无旋场).

(2) 电介质中的高斯定理

电介质中的高斯定理与真空中的高斯定理的形式是否也一样呢? 我们仍以均匀电场(平板电容器)中充满各向同性的均匀电介质为例来分析讨论. 在如图 2.13 所示的电场中,取一闭合的柱面作为高斯面,高斯面的两端面与极板平行,其中一端面在电介质内,端面的面积为 ΔS. 设极板上自由电荷面密度为 σ_0,电介质表面上束缚电荷面密度为 σ'. 对此高斯面来说,由高斯定理,有

$$\oiint_S \boldsymbol{E} \cdot \mathrm{d}\boldsymbol{S} = \frac{1}{\varepsilon_0}(q_0 + q') \tag{2.13}$$

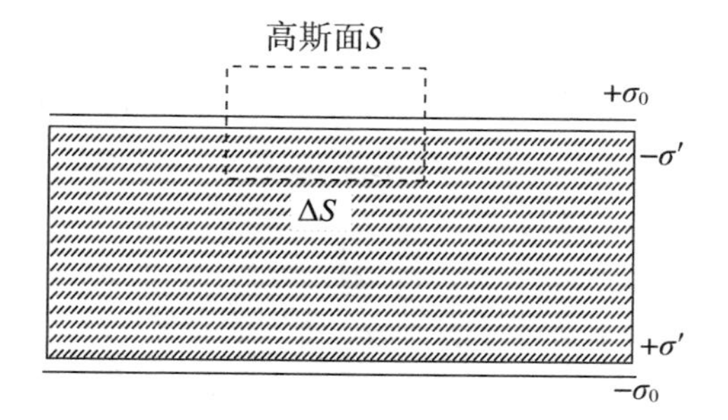

图 2.13　电介质中的高斯定理

式中 $q_0 = \sigma_0 \Delta S$ 为高斯面内所包围的自由电荷,$q' = \sigma' \Delta S$ 为高斯面内所包围的极化电荷.

从上式可看出,介质中总的场强分布与束缚电荷的分布有关. 而束缚电荷的分布是很复杂的,要计算束缚电荷 q' 很困难. 为克服这一困难,需要引入新的物理量,变形与简化方程,使得方程中不含束缚电荷 q',从而简化计算.

我们现在来考虑电极化强度 $\boldsymbol{P}$ 对整个高斯面的面积分,即 $\oiint_S \boldsymbol{P} \cdot \mathrm{d}\boldsymbol{S}$. 由于只有在电介质内 $\boldsymbol{P}$ 才不为零,且在此情形中,电介质端面上的 $\boldsymbol{P}$ 与端面垂直,故有

$$\oiint_S \boldsymbol{P} \cdot \mathrm{d}\boldsymbol{S} = \int \boldsymbol{P} \cdot \mathrm{d}\boldsymbol{S} = \int \sigma' \mathrm{d}S = \sigma' \Delta S = q'$$

所以

$$\oiint_S \boldsymbol{E} \cdot \mathrm{d}\boldsymbol{S} = \frac{1}{\varepsilon_0} q_0 - \oiint_S \frac{1}{\varepsilon_0} \boldsymbol{P} \cdot \mathrm{d}\boldsymbol{S}$$

整理可得

$$\oiint_S \left(\boldsymbol{E} + \frac{1}{\varepsilon_0}\boldsymbol{P}\right) \cdot \mathrm{d}\boldsymbol{S} = \frac{1}{\varepsilon_0} q_0$$

即

$$\oiint_S (\varepsilon_0 \boldsymbol{E} + \boldsymbol{P}) \cdot \mathrm{d}\boldsymbol{S} = q_0$$

于是,引入一个新的辅助物理量——电位移矢量 $\boldsymbol{D}$:

$$\boldsymbol{D} = \varepsilon_0 \boldsymbol{E} + \boldsymbol{P} \tag{2.14}$$

则可得到

$$\oiint_S \boldsymbol{D} \cdot \mathrm{d}\boldsymbol{S} = q_0$$

上式中$\oiint_S \boldsymbol{D} \cdot \mathrm{d}\boldsymbol{S}$称为通过高斯面$\boldsymbol{P}$的电位移通量.这个结论虽然是从平行板电容器中得出的,但是可以证明,在一般情况下它也是正确的.故在一般情况下,电介质中的高斯定理可叙述如下:

在任何电场中,通过任意一个闭合曲面的电位移通量等于该曲面所包围的所有自由电荷的代数和.其数学表达式可以写为

$$\oiint_S \boldsymbol{D} \cdot \mathrm{d}\boldsymbol{S} = \sum_{S内} q \tag{2.15}$$

对于各向同性的电介质,由极化规律$\boldsymbol{P} = \chi_e \varepsilon_0 \boldsymbol{E}$,代入式(2.14)可得

$$\boldsymbol{D} = \varepsilon_0 \boldsymbol{E} + \boldsymbol{P} = \varepsilon_0 \boldsymbol{E} + \chi_e \varepsilon_0 \boldsymbol{E} = \varepsilon_0 (1 + \chi_e) \boldsymbol{E}$$

令$\varepsilon_r = 1 + \chi_e$,$\varepsilon = \varepsilon_r \varepsilon_0$.$\varepsilon_r$称为电介质的相对介电常数,$\varepsilon$称为介质的绝对介电常数(简称介电常数),$\varepsilon_0$则是真空的介电常数.$\varepsilon$和$\varepsilon_r$都是表征电介质性质的,由电介质本身决定.$\varepsilon_r$无量纲,是一个大于1的纯数.由此可得

$$\boldsymbol{D} = \varepsilon \boldsymbol{E} \tag{2.16}$$

式(2.16)称为各向同性电介质的电磁性能方程(又称电介质的物质方程).

利用介质中的高斯定理,可以方便地求解充满均匀电介质的电场问题.当已知自由电荷的分布时,可先由高斯定理求得介质中的电位移$\boldsymbol{D}$,再由物质方程求出电介质中的场强$\boldsymbol{E}$.但要注意,$\boldsymbol{D}$只是一个辅助物理量,利用它来描述电介质中的电场时,可以使问题简化,但描写电场性质的物理量仍是电场强度$\boldsymbol{E}$和电势U.若将一个检验电荷q_0放到电场中去,决定它受力的是场强$\boldsymbol{E}$,而不是电位移$\boldsymbol{D}$.在国际单位制中,$\boldsymbol{D}$的单位是库/米^2($\mathrm{C/m^2}$),与电极化强度$\boldsymbol{P}$的单位相同.

由以上讨论可知,当真空中场强大小为E_0,电势为U_0,充满相对介电常数为ε_r的电介质时,电介质中的场强和电势的大小削弱为真空中的ε_r分之一,即

$$E = \frac{E_0}{\varepsilon_r}, \quad U = \frac{U_0}{\varepsilon_r}$$

由电容的定义式可知,充满电介质的电容为真空中的ε_r倍,即

$$C = \varepsilon_r C_0$$

相应地,电介质中库仑定律的数学形式(标量式)为

$$F = \frac{1}{4\pi\varepsilon} \frac{q_1 q_2}{r^2}$$

由式(2.12)和式(2.15)可知,电介质中的静电场仍然是有源保守力(无旋)场.

例1 平板电容器充电后去掉电源,此时上板的电荷密度为σ_0,现插入一介质板,占两极间的一部分空间,其余空间则为空气,试分别求空气和电介质中的$\boldsymbol{D}$、$\boldsymbol{E}$和$\boldsymbol{P}$.

解 本题中极板上的电荷分布均匀,电场是匀场,场的方向垂直向下.可以考虑用高斯定理求解本题.相关参数如图2.14所示.

(1) 先求空气中的$\boldsymbol{D}$、$\boldsymbol{E}$和$\boldsymbol{P}$.作一圆扁盒形高斯面,则由高斯定理有

$$\oiint_S \boldsymbol{D} \cdot \mathrm{d}\boldsymbol{S} = \sigma_0 S_0$$

得

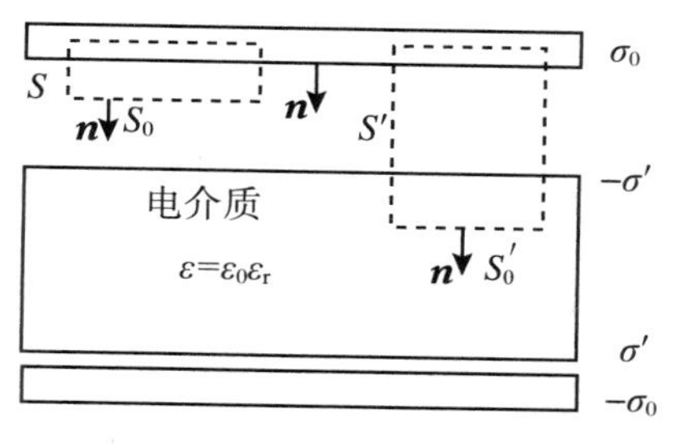

图 2.14

$$D \cdot S_0 = \sigma_0 \cdot S_0$$

于是得到

$$D = \sigma_0$$

或写成矢量式：

$$\boldsymbol{D}_{空} = \sigma_0 \cdot \boldsymbol{n}$$

则有

$$\boldsymbol{E}_{空} = \frac{\boldsymbol{D}}{\varepsilon_0} = \frac{\sigma_0}{\varepsilon_0}\boldsymbol{n}$$

$$\boldsymbol{P}_{空} = \chi_e \varepsilon_0 \boldsymbol{E}_{空} = \boldsymbol{0} \quad (因为在空气中\ \chi_e = \varepsilon_r - 1 = 0)$$

(2) 求介质中的 $\boldsymbol{D}$、$\boldsymbol{E}$ 和 $\boldsymbol{P}$. 同理，作一扁盒形高斯面 S'，则由高斯定理有

$$\oint\!\!\!\oint_{S'} \boldsymbol{D} \cdot \mathrm{d}\boldsymbol{S} = \sigma_0 S_0'$$

得

$$D \cdot S_0' = \sigma_0 \cdot S_0'$$

于是得

$$D = \sigma_0 \quad 或 \quad \boldsymbol{D}_{介} = \sigma_0 \cdot \boldsymbol{n}$$

则有

$$\boldsymbol{E}_{介} = \frac{\boldsymbol{D}_{介}}{\varepsilon} = \frac{\sigma_0}{\varepsilon}\boldsymbol{n} = \frac{\sigma_0}{\varepsilon_0 \varepsilon_r}\boldsymbol{n} = \frac{1}{\varepsilon_r}\left(\frac{\sigma_0}{\varepsilon_0}\boldsymbol{n}\right) = \frac{1}{\varepsilon_r}\boldsymbol{E}_{空}$$

$$\boldsymbol{P}_{介} = \chi_e \varepsilon_0 \boldsymbol{E}_{介} = (\varepsilon_r - 1)\varepsilon_0 \boldsymbol{E}_{介} = \left(1 - \frac{1}{\varepsilon_r}\right)\sigma_0 \boldsymbol{n} = \sigma \cdot \boldsymbol{n}$$

注意，在空气和介质中的 $\boldsymbol{D}$ 是相同的(值是连续的)，但介质与空气中的 $\boldsymbol{E}$ 则不同：

$$\boldsymbol{E}_{介} = \frac{1}{\varepsilon_r} \cdot \boldsymbol{E}_{空}$$

例 2　如图 2.15 所示，设有一电介质球体，半径为 R，均匀带电 q，球体的介电常数为 ε_1，球外电介质的介电常数为 ε_2. 试计算：(1) 球内任意点 P_1 处的场强；(2) 球外任意点 P_2 处的场强.

解　(1) 先研究球内 P_1 处的情况.

通过 P_1 点作半径为 $r_1(r_1<R)$ 的同心球面 S_1，作为高斯面. 由于球对称关系，S_1 上各点的电位移矢量应与球面垂直且大小相同，设为 D_1. 相应地通过球面 S_1 的电位移通量为 $4\pi r_1^2 D_1$. 高斯面 S_1 内所包围的自由电荷为 $\frac{4}{3}\pi r_1^3 \rho$.

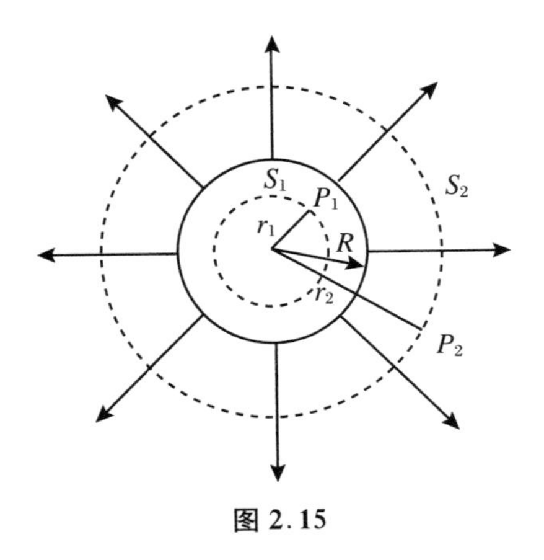

图 2.15

由介质中的高斯定理,可得

$$4\pi r_1^2 D_1 = \frac{4}{3}\pi r_1^3 \frac{q}{\frac{4}{3}\pi R^3}$$

得

$$D_1 = \frac{q r_1}{4\pi R^3}$$

由物质方程 $D_1 = \varepsilon_1 E_1$,可得

$$E_1 = \frac{q r_1}{4\pi\varepsilon_1 R^3}$$

(2) 再研究球外 P_2 处的情况.

过 P_2 点作半径为 $r_2(r_2>R)$的同心球面 S_2.设球面 S_2 上电位移量值为 D_2.同理,由高斯定理可得

$$D_2 = \frac{q}{4\pi r_2^2}$$

由物质方程 $D_2 = \varepsilon_2 E_2$,可得

$$E_2 = \frac{q}{4\pi\varepsilon_2 r_2^2}$$

E_1、E_2 的方向与 D_1、D_2 的方向一致,沿球体的径向.

我们要明确,由电位移 D 表述的高斯定理是存在介质情况下的普遍关系式,但从上例可看出,如利用它求出电位移 D,则是有条件的,即要求自由电荷的分布和电介质的分布具有相同的对称性.

2.4　静电场的能量

2.4.1　点电荷系统的静电能(相互作用能)

设有两个点电荷 q_1 和 q_2 相距无穷远,然后使它们相互靠近,它们相距为 r_{12} 时外力所做的功就应是此时它们的相互作用能;或使两个点电荷从相距为 r_{12} 到相距无穷远,电场力所做的功就等于它们的相互作用能.静电场是保守力场,做功与路径无关.令 q_1 不动,q_2 处于 q_1 的电场中,使 q_2 从图 2.16 中点 2 移至无限远(此时设不存在 q_3),电场力所做的功为

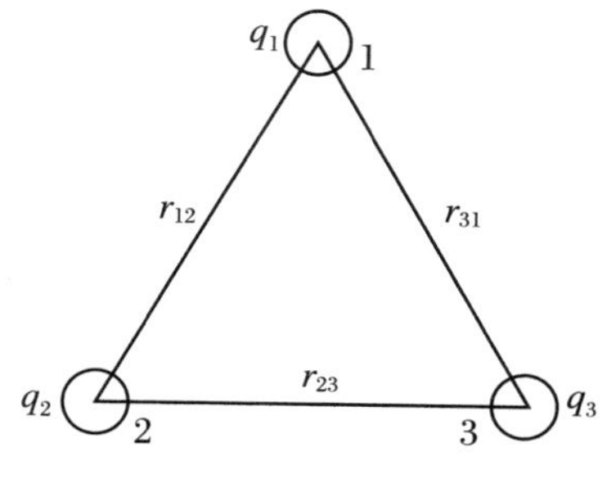

图 2.16　电荷体势能

$$W_{12} = q_2 U_{12}$$

式中,U_{12}是电荷 q_1 产生的电场在点 2(即 q_2 处)的电势.同理,若令 q_2 不动,q_1 处于 q_2 的电场中,q_1 从点 1 移至无限远时,电场力所做的功为

$$W_{21} = q_1 U_{21}$$

式中,U_{21}为 q_2 产生的电场在点 1(即 q_1 处)的电势.显然有

$$W_{12} = W_{21}$$

所以两点电荷 q_1、q_2 组成的体系的相互作用能为

$$W = \frac{1}{2}(q_1 U_{21} + q_2 U_{12})$$

同理,若有三个静止点电荷 q_1、q_2、q_3 组成的体系,如图 2.16 所示,它们的相互作用能应为

$$W = W_{12} + W_{23} + W_{31}$$

式中,

$$W_{12} = \frac{1}{2}(q_1 U_{21} + q_2 U_{12})$$

$$W_{23} = \frac{1}{2}(q_2 U_{32} + q_3 U_{23})$$

$$W_{13} = \frac{1}{2}(q_1 U_{31} + q_3 U_{13})$$

式中,U_{23}表示 q_3 产生的电场在 q_2 处的电势,其余以此类推,不再赘述.

这里,我们不加证明地将上述结论推广到由 n 个点电荷组成的一般带电系统,其相互作用能为

$$W = \frac{1}{2}\sum q_i U_i \tag{2.17}$$

注意,式中 U_i 是除第 i 个电荷 q_i 之外的其他所有电荷在 q_i 处的电势.

2.4.2 电容器中的储能

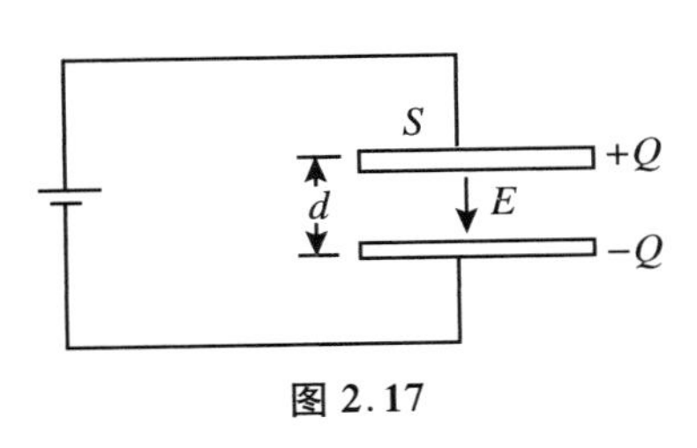

图 2.17

电容器是积蓄电荷的元器件，实际上就是储存电能的装置.下面以平板电容器为例，简要分析电容器的储能问题.设想电容器的带电过程（从不带电到最终带电为 $+Q$ 和 $-Q$）是不断地从原来电中性的 B 板上取正电荷移到 A 板上.如图 2.17 所示，设电容器的电容为 C，当两极板上已分别带有电荷 $+q$ 和 $-q$ 时，两极板间电势差为 U_{AB}，若再将 $+\mathrm{d}q$ 的电荷从 B 板移到 A 板上，外力克服电场力所做的功为

$$\mathrm{d}A = U_{AB}\mathrm{d}q = \frac{q}{C}\mathrm{d}q$$

则在全部过程中，外力所做的总功为

$$A = \int \mathrm{d}A = \int U_{AB}\mathrm{d}q = \int_0^Q \frac{q}{C}\mathrm{d}q = \frac{1}{2}\frac{Q^2}{C}$$

这个功应等于带电电容器的能量，即

$$W = A = \frac{1}{2}\frac{Q^2}{C}$$

注意到 $Q = CU_{AB}$，得电容器的储能公式为

$$W = \frac{1}{2}\frac{Q^2}{C} = \frac{1}{2}CU_{AB}^2 = \frac{1}{2}U_{AB}Q \tag{2.19}$$

需要说明的是，上述式(2.19)虽然是以平板电容器为例推出的，但对任意形状的电容器都成立，即电容器的储能公式是普遍成立的.

2.4.3 静电场的能量

一个带电体或一个带电系统的带电过程实际上也是带电体或带电系统电场的建立过程.从电场的观点来看，带电体或带电系统的能量也就是电场的能量.我们仍然以上述平行板电容器为例，将带电电容器的电势差 $U_{AB} = Ed$ 及电容 $C = \frac{\varepsilon S}{d}$ 代入电容器的能量公式 $W = \frac{1}{2}CU_{AB}^2$ 之中，即可得

$$W_\mathrm{e} = \frac{1}{2}CU_{AB}^2 = \frac{1}{2}\frac{\varepsilon S}{d}(Ed)^2 = \frac{1}{2}\varepsilon E^2 Sd = \frac{1}{2}\varepsilon E^2 V$$

式中，V 表示电容器内电场空间所占的体积.

结果表明，平行板电容器所储存的电能与电容器内的电场强度、电介质的介电系数以及电场空间体积有关.由于电容器中的电场是均匀分布的，所以其储存的电场能量也应该是均匀分布的.所以单位体积内所储存的电场能量（即电场的能量密度）为

$$w_\mathrm{e} = \frac{W_\mathrm{e}}{V} = \frac{1}{2}\varepsilon E^2$$

注意到 $\boldsymbol{D} = \varepsilon \boldsymbol{E}$，有

$$w_e = \frac{W_e}{V} = \frac{1}{2}\varepsilon E^2 = \frac{1}{2}\boldsymbol{E}\cdot\boldsymbol{D} \tag{2.20}$$

上述结果虽然是从匀强电场的特例中导出的，但可以证明，这是一个普遍适用的公式.

知道了单位体积电场中的能量，则任一带电系统的整个电场中所储存的总能量为

$$W_e = \iiint_V w_e \mathrm{d}V = \iiint_V \left(\frac{1}{2}\boldsymbol{E}\cdot\boldsymbol{D}\right)\mathrm{d}V = \iiint_V \frac{1}{2}\varepsilon E^2 \cdot \mathrm{d}V \tag{2.21}$$

式中的积分区域遍及电场整个空间 V.

在物理学的发展过程中，人们曾经争论过电场和电荷谁是能量负载(携带)者，一种观点认为电荷是能量的负载者，另一种观点则认为电场是能量的负载者.

在静电场中，电荷和电场都不发生变化，而场总是随着电荷而存在的，因此无法用实验来证明电能究竟是以哪种方式储存的.但是在交变电磁场的实验中，已经证实了能量是能够以电磁波的形式脱离电荷而传播的，这一事实支持了能量储存在场中的观点.因此，现在已经知道：场是能量的携带者，电能定域在电场中.前面我们曾经提到过，电场是一种特殊的物质，而电场具有能量正是电场物质性的表现之一.

例1　如图2.18所示，设有一个球形电容器(内外半径分别为 R_1 和 R_2)，两极板充电至带电荷 $\pm Q$，两极板间充满介电常数为 ε 的电介质.试计算此球形电容器的电场中所储存的能量.

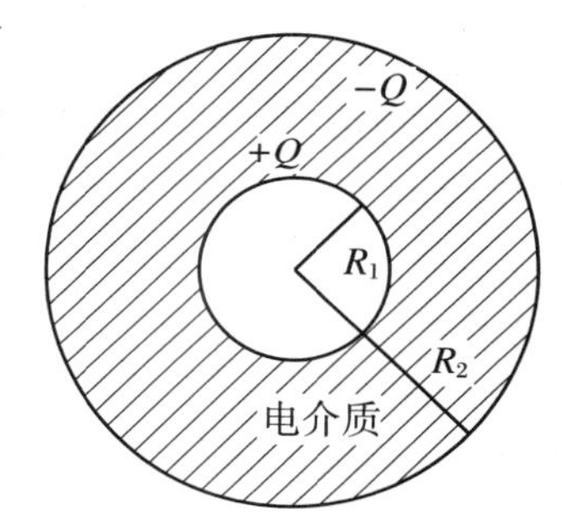

图2.18

解　两极板之间的电场具有球对称性，由高斯定理不难求得极板间电场强度的大小为

$$E = \frac{Q}{4\pi\varepsilon r^2}$$

由于在半径为 r 的球面上，场强是等值的，故可以取球壳形的体积元 $\mathrm{d}V = 4\pi r^2 \mathrm{d}r$，其中电场能量为

$$\mathrm{d}W_e = w_e \mathrm{d}V = \frac{1}{2}\varepsilon E^2 \mathrm{d}V = \frac{1}{2}\varepsilon E^2 4\pi r^2 \mathrm{d}r = 2\pi\varepsilon E^2 r^2 \mathrm{d}r$$

则全部电场中储有的能量为

$$\begin{aligned} W_e &= \iiint_V \mathrm{d}W_e = \int_{R_A}^{R_B} 2\pi\varepsilon \frac{Q^2}{(4\pi\varepsilon)^2 r^4} r^2 \mathrm{d}r \\ &= \frac{Q^2}{8\pi\varepsilon}\int_{R_A}^{R_B} \frac{\mathrm{d}r}{r^2} = \frac{Q^2}{8\pi\varepsilon}\left(\frac{1}{R_A} - \frac{1}{R_B}\right) \\ &= \frac{1}{2}\frac{Q^2}{4\pi\varepsilon \dfrac{R_A R_B}{R_B - R_A}} = \frac{1}{2}\frac{Q^2}{C} \end{aligned}$$

注意，此结论为前面我们所说的“电容器的储能公式是普遍成立的”提供了一个例证.同时也提示我们，在求电容时，若问题条件允许，可以先求出电容器电场的能量，再求电容.

2.5 综合例题

例1 有2013个静止导体球，互相分离，均带正电荷，静电平衡后，试证至少有一个导体球的表面处处没有负电荷.

证明 静电平衡后各球有确定的电势，将其中电势最小者或最小者之一记为 L 球，将其中电势最大者或最大者之一记为 H 球.

L 球表面的正电荷发出的电场线不能到达 L 球表面上可能有的负电荷，否则 L 球将不是等势体；这些电场线也不能到达其他某个球表面上可能有的负电荷，否则 L 球的电势将高于那个球的电势.那么，这些电场线便只能伸向无穷远，故 L 球的电势必高于无穷远电势，即有

$$U_L > U_\infty \tag{①}$$

假设 H 球表面某处有负电荷，这些负电荷必定要吸收电场线.首先，这些电场线不能来自 H 球表面的正电荷，否则 H 球将不是等势体；其次，这些电场线也不能来自其他某个球面上的正电荷，否则 H 球的电势将低于那个球的电势，因此，这些电场线只能来自无穷远，故 H 球的电势必低于无穷远的电势，即有

$$U_\infty > U_H \tag{②}$$

与①式联立，得

$$U_L > U_H \tag{③}$$

然而由 L 球、H 球的命名依据，可知应有

$$U_L \leqslant U_H \tag{④}$$

与③式矛盾，④式一定不能成立，即 H 球的表面不可能有负电荷.

由此可见，2013个导体球中至少有个 H 球，它的表面处处没有负电荷.

例2 如图2.19所示，$N(N\geqslant 2)$ 块相同的导体平板相互空一定间隔地平行放置，各自的带电量分别为 $Q_1, Q_2, \cdots, Q_N$.静电平衡后，试求：

(1) 第1块平板左侧面的电荷 $Q_{1左}$ 和第 N 块平板右侧面的电荷 $Q_{N右}$；

(2) 各块平板两侧面的电荷 $Q_{1左}, Q_{1右}, Q_{2左}, Q_{2右}, \cdots, Q_{N左}, Q_{N右}$.

解 (1) 静电平衡后，各板内部场强均为零.取图2.20中用虚线所示的高斯面，可证得(过程略)第1块板的右侧面电量 $Q_{1右}$ 与第2块板的左侧面电量 $Q_{2左}$ 等量异号，即有

$$Q_{1右} + Q_{2左} = 0$$

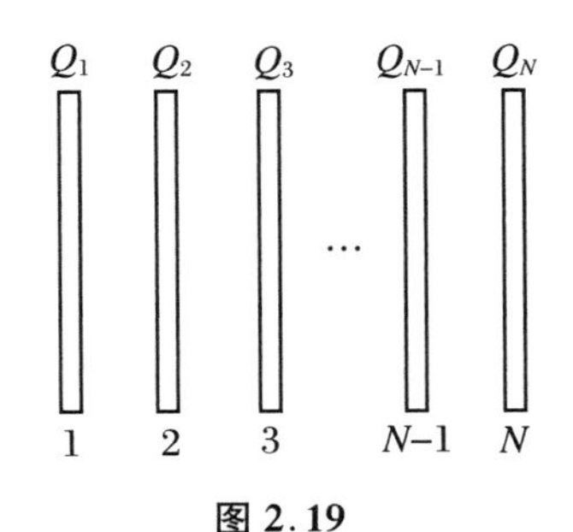

图2.19

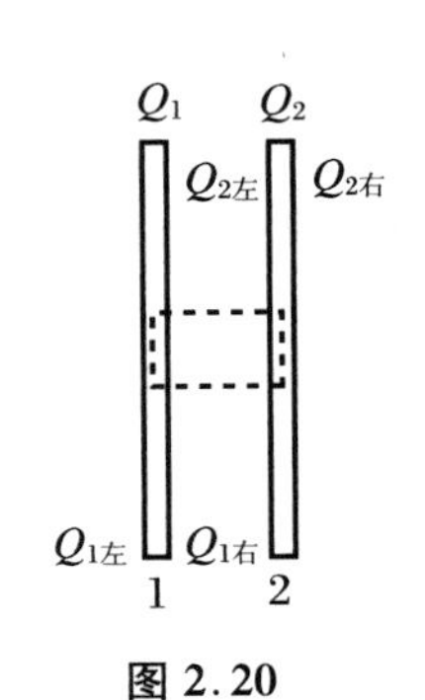

图2.20

同理可得

$$Q_{2右}+Q_{3左}=0,\quad \cdots,\quad Q_{N-1右}+Q_{N左}=0$$

又因

$$Q_{1左}+[(Q_{1右}+Q_{2左})+(Q_{2右}+Q_{3左})+\cdots+(Q_{N-1右}+Q_{N左})]+Q_{N右}=Q_1+Q_2+\cdots+Q_N$$

即得

$$Q_{1左}+Q_{N右}=\sum_{i=1}^{N}Q_i$$

考虑到$(Q_{1右},Q_{2左})$,$(Q_{2右},Q_{3左})$,…,$(Q_{N-1右},Q_{N左})$中每一组面电荷对各块平板内部场强的贡献均为零,便要求面电荷组$(Q_{1左},Q_{N右})$对各块平板内部场强的贡献也为零,即要求

$$Q_{1左}=Q_{N右}$$

即得

$$Q_{1左}=Q_{N右}=\frac{1}{2}\sum_{i=1}^{N}Q_i$$

(2)

$$Q_{1左}=\frac{1}{2}\sum_{i=1}^{N}Q_i$$

$$Q_{1右}=Q_1-Q_{1左}=\frac{1}{2}\left(Q_1-\sum_{i=2}^{N}Q_i\right)$$

$$Q_{2左}=-Q_{1右}=\frac{1}{2}\left(-Q_1+\sum_{i=2}^{N}Q_i\right)$$

$$Q_{2右}=Q_2-Q_{2左}=\frac{1}{2}\left[(Q_1+Q_2)-\sum_{i=3}^{N}Q_i\right]$$

…

$$Q_{N-1左}=-Q_{N-2右}=\frac{1}{2}[-(Q_1+Q_2+\cdots+Q_{N-2})+(Q_{N-1}+Q_N)]$$

$$Q_{N-1右}=Q_{N-1}-Q_{N-1左}=\frac{1}{2}[(Q_1+Q_2+\cdots+Q_{N-1})-Q_N]$$

$$Q_{N左}=-Q_{N-1右}=\frac{1}{2}[-(Q_1+Q_2+\cdots+Q_{N-1})+Q_N]$$

$$Q_{N右}=Q_N-Q_{N左}=\frac{1}{2}\sum_{i=1}^{N}Q_i$$

例3 平行板电容器两极板的电量分别为Q,$-Q$,电子从Q板左侧无穷远处以初速v_0射来,通过Q板中央小孔到达两板中间位置时,速度为多大?

解 在教学和习题中,对于未给出附加信息即可处理的平行板电容器,按公认的约定,均将两块带电导体平板形成的静电场模型化为仅两板间有匀强电场(即为两个带等量异号电荷的无穷大均匀带电平面间的匀强电场),其外无电场.按此模型,电子或者不能到达题文所述“中间位置”,或者到达时速度减小.

在真实情况中,Q,$-Q$板并非无穷大均匀带电平面,电容器内、外均有非零的场强.根据电势叠加原理,电容器的“中间位置”与无穷远同为零电势.因此,电子到中间位置时,速度仍为v_0.

本题希望学生讨论的应是“真实的平行板电容器”,题文中未给出相应的信息,学生免不

了会误解.

例 4 绕长轴旋转而成的椭球导体的电容.

(1) 平面上有一段长为 $2C$ 的均匀带电直线段 F_1F_2，取其长度方向为 x 轴方向，其中点 O 为原点，建立 Oxy 坐标面.

(1.1) 试证 Oxy 面上任意一点 P 的电场强度方向即为 $\angle F_1PF_2$ 的角平分线方向.

(1.2) 导出 Oxy 坐标面上的电场线方程.

(1.3) 导出 Oxy 坐标面上的等势线方程.

(2) 试求半长轴为 A，半短轴为 B，绕长轴旋转而成的椭球导体的电容 C_E.

解 (1.1) 如图 2.21 所示，用小量分析方法可以证明(此处从略)，F_1F_2 上的电荷在 P 点的场强与一段半径等于 P 到 F_1F_2 的距离，以 P 为圆心，张角与 F_1F_2 对点 P 的张角相同，电荷线密度与 F_1F_2 中电荷线密度相同的带电圆弧在 P 点的场强. 由对称性可知，后者场强方向必沿角平分线方向，故本小题获证. 图中设 F_1F_2 带正电，画出 E_P 方向.

(1.2) 由双曲线的光学性质可知：

取以 F_1，F_2 为两焦点的双曲线上的任一点 P，过点 P 作双曲线的法线 MPN，则由 F_1 到 P 的入射光线经 MPN 镜面反射后的反射光线必经过点 F_2，作过点 P 的切线 sPt，则 $\angle F_1Ps$ 即为入射角，$\angle F_2Ps$ 即为反射角，这两个角必相等，sPt 即为 $\angle F_1PF_2$ 的角平分线，如图 2.22 所示.

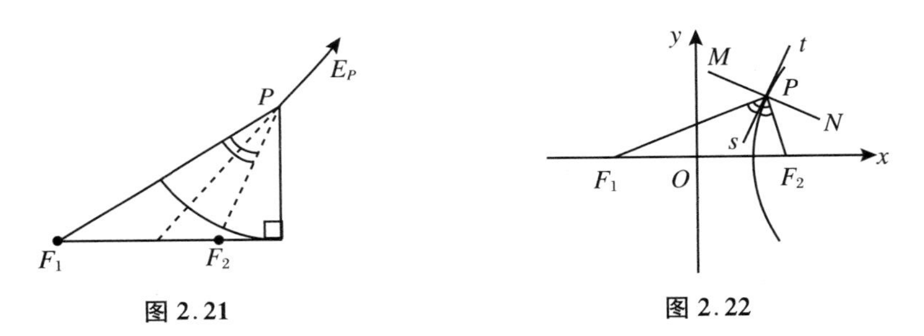

图 2.21　　图 2.22

若 F_1F_2 均匀带电，则点 P 的场强方向必沿 sPt 方向，即为该双曲线在点 P 的切线方向，因此这一曲线即为电场线.

根据上述讨论可知，Oxy 坐标面上的电场线即为以 F_1，F_2 为两焦点的双曲线(簇)，其方程为

$$\frac{x^2}{A^2}-\frac{y^2}{B^2}=1$$

A 为一参量，取值范围为 $C>A>0$，$B=\sqrt{C^2-A^2}$. A 也是点 O 到双曲线顶点的距离.

(1.3) 由椭圆的光学性质可知：

以 F_1，F_2 为两焦点的椭圆，由点 F_1 射向椭圆上任一点 P 的光线经椭圆反射后的反射光线必经过点 F_2. 过点 P 作椭圆法线 sPt，则有 $\angle F_1Ps=\angle F_2Ps$，如图 2.23 所示.

若 F_1F_2 均匀带电，则点 P 的场强必沿 sPt 方向，过点 P 的等势线方向必为过点 P 的椭圆切线方向，故椭圆即为等势线.

由上述讨论可知，Oxy 坐标面上的等势线即为以 F_1，F_2 为两焦点的椭圆(簇)，其方程为

$$\frac{x^2}{A^2}+\frac{y^2}{B^2}=1$$

A 为一定参量，取值范围为 $A>C>0$，$B=\sqrt{A^2-C^2}$. A 称为半长轴，B 称为半短轴.

(2) 由(1.3)的解答可得下述推论：

以 A 为半长轴、B 为半短轴，绕长轴旋转而成的椭球面内，若令两焦点连线上均匀带电，则此旋转椭球面必为该线电荷电场的一个等势面.

设要讨论的椭球导体由图 2.24 所示的 Oxy 平面上半长轴为 A，半短轴为 B，焦点为 F_1，F_2的椭圆绕 x 轴旋转而成. 为计算电容 C_E，设椭球的电荷总量为 Q(未知)，但静电平衡后椭球面的电势 U_S为已知量. 采用静电镜像法，设镜像电荷总量为 Q'，均匀地分布在两焦点 F_1，F_2的连线上. 根据前面给出的“推论”可知，旋转椭球面确为此镜像电荷电场的等势面，其电势 U'_S 可用图 2.24 中 P_1点的电势 U_1或 P_2点的电势 U_2代替.

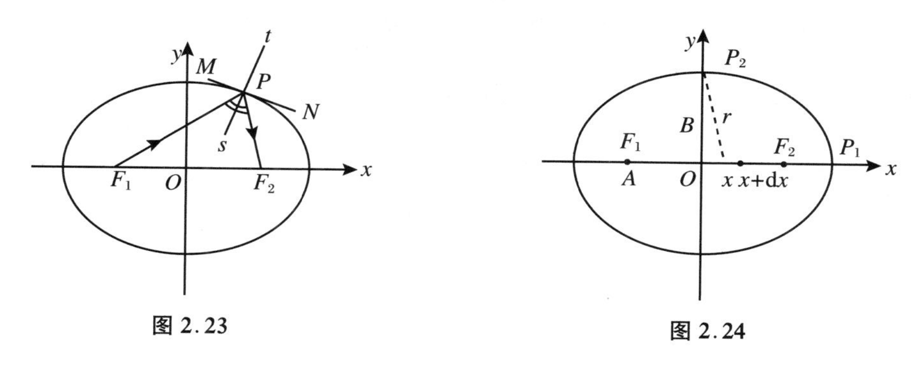

图 2.23　　图 2.24

U_1的计算：

$$\mathrm{d}U_1=\frac{\lambda\mathrm{d}x}{4\pi\varepsilon_0(A-x)},\quad \lambda=\frac{Q'}{2C}$$

$$U_1=\int_{-C}^{C}\mathrm{d}U_1=\frac{\lambda}{4\pi\varepsilon_0}\ln\frac{A+C}{A-C}$$

U_2的计算可得相同的结果. Q'产生的 U'_S 便为

$$U'_S=\frac{Q'}{8\pi\varepsilon_0 C}\ln\frac{A+C}{A-C}$$

要求 $U'_S=U_S$，得

$$Q'=\frac{8\pi\varepsilon_0 CU_S}{\ln\dfrac{A+C}{A-C}}$$

根据高斯定理要求 $Q'=Q$，即得

$$Q=\frac{8\pi\varepsilon_0 CU_S}{\ln\dfrac{A+C}{A-C}}$$

于是椭球导体的电容便为

$$C_E=\frac{Q}{U_S}=\frac{8\pi\varepsilon_0 C}{\ln\dfrac{A+C}{A-C}},\quad C=\sqrt{A^2-B^2}$$

例 5　介质平行板电容器的结构和相关参量如图 2.25 所示，且有 $\varepsilon_{r1}>\varepsilon_{r2}>\varepsilon_{r3}$.

(1) 试求该电容器介质内各处场强中的最小值 E_{min}和最大值 E_{max}.

(2) 计算该电容器的电容 C.

(3) 对于图中 ε_{r1}，ε_{r2} 界面附近所取的闭合回路 $ABCDA$，计算 $\oint_{ABCDA} \boldsymbol{E}\cdot \mathrm{d}\boldsymbol{l}$，并对所得结果进行解释.

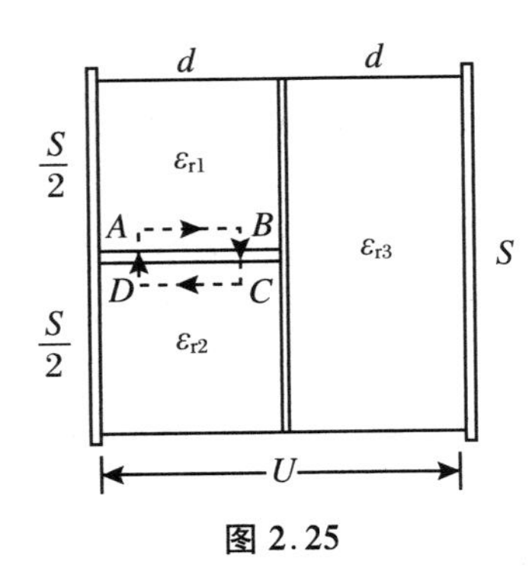

图 2.25

解 (1) 将 ε_{r3}介质块等分成上、下两块，有

$$E_1 d + E_{3上} d = U,\quad E_1 = \frac{\sigma_{0上}}{\varepsilon_{r1}\varepsilon_0},\quad E_{3上} = \frac{\sigma_{0上}}{\varepsilon_{r3}\varepsilon_0}$$

$$\Rightarrow\quad E_1 = \frac{\varepsilon_{r3}}{\varepsilon_{r1}+\varepsilon_{r3}}\frac{U}{d},\quad E_{3上} = \frac{\varepsilon_{r1}}{\varepsilon_{r1}+\varepsilon_{r3}}\frac{U}{d}$$

$$\Rightarrow\quad E_{3上} > E_1$$

$$E_2 d + E_{3下} d = U,\quad E_2 = \frac{\sigma_{0下}}{\varepsilon_{r2}\varepsilon_0},\quad E_{3下} = \frac{\sigma_{0下}}{\varepsilon_{r3}\varepsilon_0}$$

$$\Rightarrow\quad E_2 = \frac{\varepsilon_{r3}}{\varepsilon_{r2}+\varepsilon_{r3}}\frac{U}{d},\quad E_{3下} = \frac{\varepsilon_{r2}}{\varepsilon_{r2}+\varepsilon_{r3}}\frac{U}{d}$$

$$\Rightarrow\quad E_{3下} > E_2$$

$E_{3上}$，$E_{3下}$的大小比较：

$$E_{3上} = \frac{1}{1+\frac{\varepsilon_{r3}}{\varepsilon_{r1}}}\frac{U}{d},\quad E_{3下} = \frac{1}{1+\frac{\varepsilon_{r3}}{\varepsilon_{r2}}}\frac{U}{d}\quad\Rightarrow\quad E_{3上} > E_{3下}$$

E_1，E_2的大小比较：

$$E_1 = \frac{1}{\frac{\varepsilon_{r1}}{\varepsilon_{r3}}+1}\frac{U}{d},\quad E_2 = \frac{1}{\frac{\varepsilon_{r2}}{\varepsilon_{r3}}+1}\frac{U}{d}\quad\Rightarrow\quad E_1 < E_2$$

故

$$E_{\min} = E_1 = \frac{\varepsilon_{r3}}{\varepsilon_{r1}+\varepsilon_{r3}}\frac{U}{d},\quad E_{\max} = E_{3上} = \frac{\varepsilon_{r1}}{\varepsilon_{r1}+\varepsilon_{r3}}\frac{U}{d}$$

(2) 解法 1

$$Q_{上} = \sigma_{0上}\cdot\frac{S}{2} = \varepsilon_{r1}\varepsilon_0 E_1\cdot\frac{S}{2} = \varepsilon_{r1}\varepsilon_0\frac{\varepsilon_{r3}}{\varepsilon_{r1}+\varepsilon_{r3}}\frac{U}{d}\frac{S}{2} = \frac{\varepsilon_0 S}{2d}U\frac{\varepsilon_{r1}\varepsilon_{r3}}{\varepsilon_{r1}+\varepsilon_{r3}}$$

$$Q_{下} = \sigma_{0下}\cdot\frac{S}{2} = \varepsilon_{r2}\varepsilon_0 E_2\cdot\frac{S}{2} = \varepsilon_{r2}\varepsilon_0\frac{\varepsilon_{r3}}{\varepsilon_{r2}+\varepsilon_{r3}}\frac{U}{d}\frac{S}{2} = \frac{\varepsilon_0 S}{2d}U\frac{\varepsilon_{r2}\varepsilon_{r3}}{\varepsilon_{r2}+\varepsilon_{r3}}$$

$$Q = Q_{上} + Q_{下} = \frac{\varepsilon_0 S}{2d}U\left(\frac{\varepsilon_{r1}\varepsilon_{r3}}{\varepsilon_{r1}+\varepsilon_{r3}} + \frac{\varepsilon_{r2}\varepsilon_{r3}}{\varepsilon_{r2}+\varepsilon_{r3}}\right)$$

$$C=\frac{Q}{U}=\frac{\varepsilon_0 S}{2d}\left(\frac{\varepsilon_{r1}\varepsilon_{r3}}{\varepsilon_{r1}+\varepsilon_{r3}}+\frac{\varepsilon_{r2}\varepsilon_{r3}}{\varepsilon_{r2}+\varepsilon_{r3}}\right)$$

解法 2

$$C:(\varepsilon_{r1},\varepsilon_{r3上}\text{ 串联})\text{与}(\varepsilon_{r2},\varepsilon_{r3}\text{ 串联})\text{之并联}$$

$$\downarrow\qquad\qquad\qquad\downarrow$$

$$C_上\qquad\qquad\qquad C_下$$

即 C 为 $C_上$ 与 $C_下$ 之并联.

$$C_上^{-1}=\left(\frac{\varepsilon_{r1}\varepsilon_0\dfrac{S}{2}}{d}\right)^{-1}+\left(\frac{\varepsilon_{r3}\varepsilon_0\dfrac{S}{2}}{d}\right)^{-1}=\frac{\varepsilon_{r1}+\varepsilon_{r3}}{\varepsilon_{r1}\cdot\varepsilon_{r3}}\frac{2d}{\varepsilon_0 S}\Rightarrow C_上=\frac{\varepsilon_0 S}{2d}\frac{\varepsilon_{r1}\varepsilon_{r3}}{\varepsilon_{r1}+\varepsilon_{r3}}$$

$$C_下^{-1}=\left(\frac{\varepsilon_{r2}\varepsilon_0\dfrac{S}{2}}{d}\right)^{-1}+\left(\frac{\varepsilon_{r3}\varepsilon_0\dfrac{S}{2}}{d}\right)^{-1}=\frac{\varepsilon_{r2}+\varepsilon_{r3}}{\varepsilon_{r2}\cdot\varepsilon_{r3}}\frac{2d}{\varepsilon_0 S}\Rightarrow C_下=\frac{\varepsilon_0 S}{2d}\frac{\varepsilon_{r2}\varepsilon_{r3}}{\varepsilon_{r2}+\varepsilon_{r3}}$$

$$C=C_上+C_下=\frac{\varepsilon_0 S}{2d}\left(\frac{\varepsilon_{r1}\varepsilon_{r3}}{\varepsilon_{r1}+\varepsilon_{r3}}+\frac{\varepsilon_{r2}\varepsilon_{r3}}{\varepsilon_{r2}+\varepsilon_{r3}}\right)$$

(3) 将 AB, CD 的长同记为 l,则有

$$\oint_{ABCDA}\boldsymbol{E}\cdot\mathrm{d}\boldsymbol{l}=(E_1-E_2)l=\frac{\varepsilon_{r3}(\varepsilon_{r2}-\varepsilon_{r1})}{(\varepsilon_{r1}+\varepsilon_{r3})(\varepsilon_{r2}+\varepsilon_{r3})}\frac{U}{d}l<0$$

此结果与静电场中的安培环路定理 $\oint_L\boldsymbol{E}\cdot\mathrm{d}\boldsymbol{l}=0$ 不符,原因是忽略了两种介质界面附近的边缘效应.

例 6　一平行板电容器两极板间的距离 $d=1.0$ mm,将它水平放入水中,让水充满极板的间隙.然后将电容器接上直流电压 $U=500$ V.已知水的相对介电常数 $\varepsilon_r=81$,试求极板间隙中水的压强的增量.

解　如图 2.26 所示,有

$$E=\frac{U}{d},\quad P=(\varepsilon_r-1)\varepsilon_0 E,\quad \sigma'=P=(\varepsilon_r-1)\varepsilon_0 E$$

$$E=\frac{\sigma}{\varepsilon_0}-\frac{\sigma'}{\varepsilon_0}\Rightarrow\frac{\sigma}{\varepsilon_0}=E+\frac{\sigma'}{\varepsilon_0}=E+(\varepsilon_r-1)E=\varepsilon_r E$$

$$\Rightarrow\sigma=\varepsilon_r\varepsilon_0 E\quad\left(\text{或由 }E=\frac{\sigma}{\varepsilon_r\varepsilon_0}\text{ 得 }\sigma=\varepsilon_r\varepsilon_0 E\right)$$

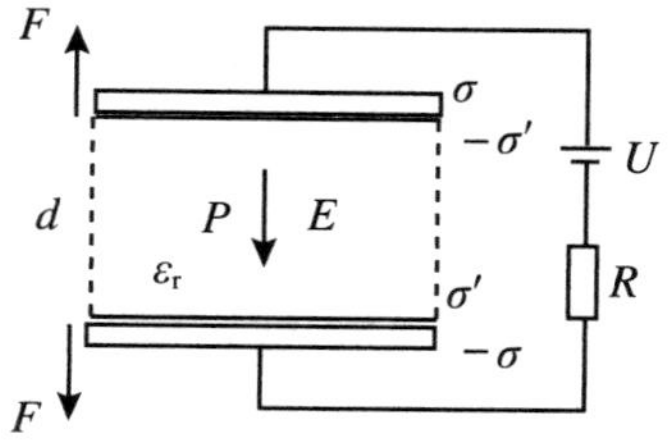

图 2.26

上、下水面极化电荷所在处的场强大小为

$$E_S=\frac{\sigma}{\varepsilon_0}-\frac{\sigma'}{2\varepsilon_0}=\varepsilon_r E-\frac{1}{2}(\varepsilon_r-1)E=\frac{1}{2}\varepsilon_r E+\frac{1}{2}E=\frac{1}{2}(\varepsilon_r+1)E$$

水面极化电荷受的电场力方向如图 2.26 示,大小为

$$F=E_S\sigma' S=\frac{1}{2}(\varepsilon_r+1)E(\varepsilon_r-1)\varepsilon_0 ES$$

压强增量为

$$\Delta p=\frac{-F}{S}=-\frac{1}{2}(\varepsilon_r^2-1)\varepsilon_0 E^2=-\frac{1}{2}(\varepsilon_r^2-1)\varepsilon_0\frac{U^2}{d^2}$$

$$=-(81^2-1)\times 8.85\times 10^{-12}\times\frac{(500)^2}{2\times(10^{-3})^2}\ \text{Pa}=-7257\ \text{Pa}$$

$\Delta p<0$,说明压强减小.

例 7 水平放置的平行板电容器,一块极板在液面上方,另一块极板浸没在液面下,如图 2.27 所示.液体的相对介电常数为 ε_r,密度为 ρ.传给电容器极板的电荷面密度为 σ,电容器中的液面可能升高多少?

解 如图 2.28 所示,空气中的场强为

$$E_0=\frac{\sigma}{\varepsilon_0}$$

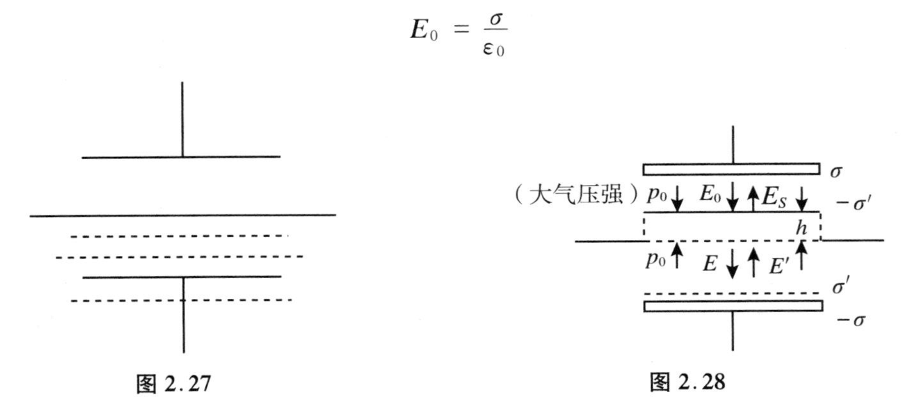

图 2.27　　图 2.28

水中的总场强为

$$E=\frac{E_0}{\varepsilon_r}=\frac{\sigma}{\varepsilon_r\varepsilon_0}$$

极化电荷场强为

$$E'=E_0-E=\frac{\sigma}{\varepsilon_0}\left(1-\frac{1}{\varepsilon_r}\right)=\frac{\varepsilon_r-1}{\varepsilon_r\varepsilon_0}\sigma$$

极化电荷面密度为

$$\sigma'=\varepsilon_0 E'=\frac{\varepsilon_r-1}{\varepsilon_r}\sigma$$

水面场强为

$$E_S=\frac{\sigma}{\varepsilon_0}-\frac{\sigma'}{2\varepsilon_0}=\frac{\sigma}{\varepsilon_0}-\frac{(\varepsilon_r-1)\sigma}{2\varepsilon_0\varepsilon_r}=\frac{\varepsilon_r+1}{2\varepsilon_0\varepsilon_r}\sigma$$

由高度为 h 的水块受力平衡有

$$\rho Shg=E_S\sigma' S$$

故

$$\rho gh=E_S\sigma'=\frac{\varepsilon_r+1}{2\varepsilon_0\varepsilon_r}\sigma\cdot\frac{\varepsilon_r-1}{\varepsilon_r}\sigma=\frac{\varepsilon_r^2-1}{2\varepsilon_0\varepsilon_r^2}\sigma^2$$

$$h = \frac{(\varepsilon_r^2 - 1)\sigma^2}{2\varepsilon_0 \varepsilon_r^2 \rho g}$$

例 8　介质块缓慢进入空气平行板电容器的过程中外力和电源做功的问题.

图 2.29 所示电路中空气平行板电容器可处理为真空平行板电容器，电键 K 合上后，充电过程已完成. 图中外力 $\boldsymbol{F}$ 以朝右为正方向画出，$\boldsymbol{F}$ 的真实方向也可能朝左.

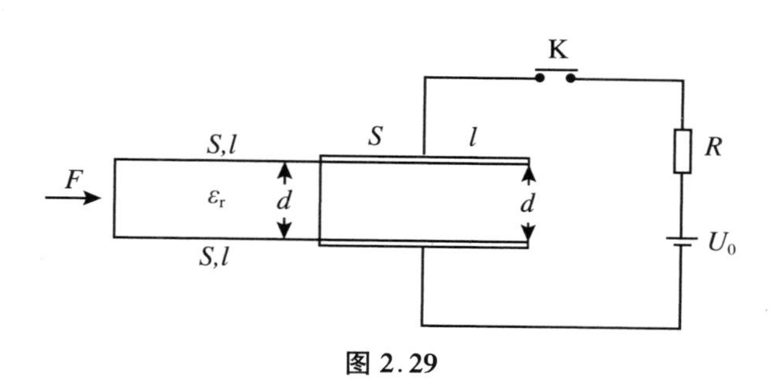

图 2.29

(1) 若将电键 K 断开，利用图示外力 $\boldsymbol{F}$ 让介质块缓慢地全部进入电容器两极板之间.

(1.1) 试求全过程 $\boldsymbol{F}$ 做的功 A_1；

(1.2) 再求该过程中，介质块进入的长度为 $x(l>x>0)$ 时，$\boldsymbol{F}$ 的方向和大小.

(2) 改设电键 K 未被断开，利用图示外力 $\boldsymbol{F}$ 让介质块缓慢地全部进入电容器两极板之间.

(2.1) 试求全过程中 $\boldsymbol{F}$ 做的功 A_2；

(2.2) 再求该过程中，介质块进入的长度为 $x(l>x>0)$ 时，$\boldsymbol{F}$ 的方向和大小.

解　对充电过程已完成，电键 K 未断开的初态，引入下述物理量，其含义不言自明.

$$C_0 = \frac{\varepsilon_0 S}{d},\quad Q_0 = C_0 U_0,\quad W_0 = \frac{1}{2}Q_0 U_0 = \frac{Q_0^2}{2C_0} = \frac{1}{2}C_0 U_0^2$$

(1) K 断开后，在介质块进入的过程中，电容器极板的电量始终为 Q_0，极板间的电压将从 U_0 开始变化.

(1.1) 介质块全部进入后，相应地导出下述物理量：

$$C = \varepsilon_r C_0,\quad Q = Q_0,\quad U = \frac{U_0}{\varepsilon_r},\quad W = \frac{W_0}{\varepsilon_r}$$

由功能关系，得

$$A_1 = W - W_0 = \left(\frac{1}{\varepsilon_r} - 1\right)W_0 < 0\quad (W_0 \text{ 表达式见前})$$

即进入过程中 $\boldsymbol{F}$ 做负功，$\boldsymbol{F}$ 为方向朝左的拉力，避免介质块被电场力快速吸入.

(1.2) 如图 2.30 所示，有

$$C_{左} = \frac{\varepsilon_r \varepsilon_0 \frac{x}{l} S}{d} = \frac{\varepsilon_0 S}{d}\frac{\varepsilon_r x}{l} = \frac{\varepsilon_r x}{l}C_0$$

$$C_{右} = \frac{\varepsilon_0 \frac{l-x}{l} S}{d} = \frac{l-x}{l}C_0$$

$$C_x = C_{左} + C_{右} = \frac{(\varepsilon_r - 1)x + l}{l}C_0$$

$$W_x = \frac{Q_0^2}{2C_x} = \frac{Q_0^2}{2C_0}\cdot\frac{l}{(\varepsilon_r - 1)x + l} = \frac{l}{(\varepsilon_r - 1)x + l}W_0$$

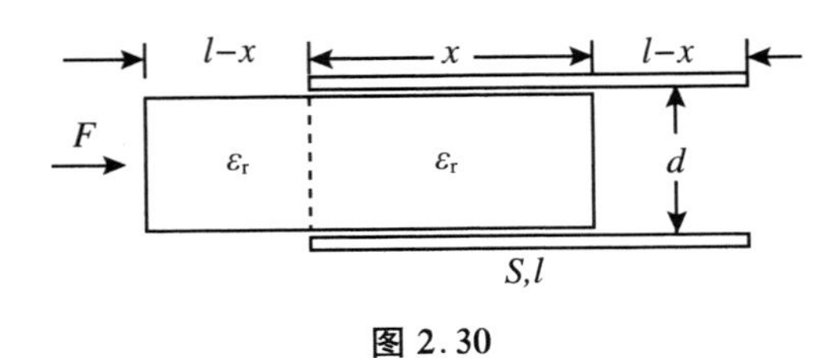

图 2.30

在 $x \to x + dx$ 的过程中静电能增量为

$$dW = \frac{-(\varepsilon_r - 1)l}{[(\varepsilon_r - 1)x + l]^2} W_0 \cdot dx$$

由功能关系,得

$$F_x dx = dW \quad \Rightarrow \quad F_x = \frac{-(\varepsilon_r - 1)lW_0}{[(\varepsilon_r - 1)x + l]^2}$$

即此时 $\boldsymbol{F}$ 方向朝左(实为拉力),大小为

$$F = \frac{(\varepsilon_r - 1)lW_0}{[(\varepsilon_r - 1)x + l]^2}$$

(2) K 未断开时,在介质块缓慢进入的过程中,极板电量缓慢变化(类似于热学中的准静态过程),电路中的电流强度 I 及电流密度 j 均可忽略,电阻 R 内的电场强度 $E = \rho j$(ρ 为电阻率)也可忽略.无论从宏观上或微观上考察,电阻两端电势差都为零,电阻不消耗能量.在全过程中,电源电压 U_0 全部加在电容上,电源通过流出电量做功输出的能量不会被电阻消耗一部分,而是全部输向电容.

(2.1) 介质块全部进入后,相应地导出下述物理量:

$$C = \varepsilon_r C_0, \quad Q = \varepsilon_r Q_0, \quad U = U_0, \quad W = \varepsilon_r W_0$$

由功能关系,得

$$A_2 + A_{电源} = W - W_0 = (\varepsilon_r - 1)W_0$$

$$A_{电源} = (Q - Q_0)U_0 = (\varepsilon_r - 1)Q_0 U_0 = 2(\varepsilon_r - 1)W_0$$

所以

$$A_2 = -(\varepsilon_r - 1)W_0 < 0 \quad (W_0 \text{ 的表达式见前})$$

$\boldsymbol{F}$ 做负功,$\boldsymbol{F}$ 的方向朝左,实为拉力,避免介质块被电场力快速吸入.

(2.2) 根据图 2.30,有

$$C_x = \frac{(\varepsilon_r - 1)x + l}{l} C_0, \quad W_x = \frac{1}{2} C_x U_0^2 = \frac{1}{2} \frac{(\varepsilon_r - 1)x + l}{l} C_0 U_0^2 = \frac{(\varepsilon_r - 1)x + l}{l} W_0$$

在 $x \to x + dx$ 的过程中静电能增量为

$$dW = \frac{\varepsilon_r - 1}{l} W_0 dx$$

在 $x \to x + dx$ 的过程中电源做功量为

$$dA_{电源} = U_0 dQ_x$$

而

$$Q_x = C_x U_0 = \frac{(\varepsilon_r - 1)x + l}{l} C_0 U_0$$

$$dQ_x = \frac{(\varepsilon_r - 1)dx}{l} C_0 U_0$$

故

$$\mathrm{d}A_{电源} = \frac{(\varepsilon_r - 1)\mathrm{d}x}{l}C_0U_0^2 = 2\frac{\varepsilon_r - 1}{l}W_0\mathrm{d}x$$

由功能关系，得

$$F_x\mathrm{d}x = \mathrm{d}W - \mathrm{d}A_{电源} = -\frac{\varepsilon_r - 1}{l}W_0\mathrm{d}x \quad \Rightarrow \quad F_x = -\frac{\varepsilon_r - 1}{l}W_0$$

即此时 $\boldsymbol{F}$ 方向朝左，大小为

$$F = |F_x| = \frac{\varepsilon_r - 1}{l}W_0 \quad (F \text{ 为恒力})$$

例 9　如图 2.31 所示，面积为 S 的平行板电容器，正、负极板上电荷面密度分别为 σ，$-\sigma$，板间场强大小为 $E=\frac{\sigma}{\varepsilon_0}$，负极板外侧电场强度大小为 $E_S=\frac{\sigma}{2\varepsilon_0}$.

(1) 固定正极板，用图示方向外力 $F=\sigma S \cdot E_S$ 作用于负极板，使其缓慢外移距离 Δl，试求该力做的功 A.

(2) A 为外界通过力 $\boldsymbol{F}$ 做功的方式输入的能量，可以理解为这一能量全部转化为平行板电容器内的新建场区$\left(\text{体积为 } S \cdot \Delta l\text{，场强大小也为 } E=\frac{\sigma}{\varepsilon_0} \text{ 的匀强场区}\right)$的电场能量. 假设匀强场区中场能密度（单位体积内的电场能量）w_e 为常量，试导出 w_e 与 E 的关系式，并且式中不出现 $S,\sigma,E_S,F,\Delta l$ 等量.

(3) 假设(2)问所得的 w_e 与 E 的关系式适用于任何真空电场，试求电量为 Q、半径为 R 的均匀带电球面在球面上的电场强度 E_R 的大小.

解　(1) 由

$$A = F\Delta l = \sigma E_S S\Delta l = \varepsilon_0 E \cdot \frac{E}{2}S\Delta l$$

得

$$A = \frac{1}{2}\varepsilon_0 E^2 \cdot S\Delta l$$

(2)

$$w_e = \frac{A}{S\Delta l} = \frac{1}{2}\varepsilon_0 E^2$$

(3) 用外力缓慢朝里推移球面电荷，如图 2.32 所示，有

$$\mathrm{d}F = (\sigma\mathrm{d}S)E_R, \quad \sigma = \frac{Q}{S}, \quad S = 4\pi R^2$$

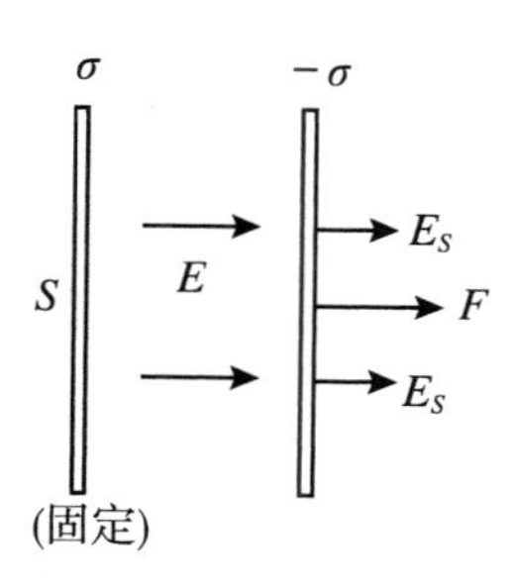

图 2.31

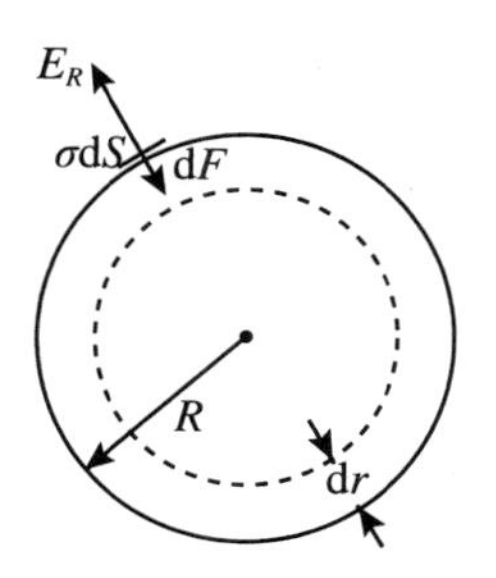

图 2.32

设位移量为 $\mathrm{d}r$，则做功

$$\mathrm{d}A=\iint_S \mathrm{d}F\mathrm{d}r=\iint_S \sigma E_R\mathrm{d}S\cdot\mathrm{d}r=\sigma E_R S\mathrm{d}r=QE_R\mathrm{d}r$$

外界输入能量即为 $\mathrm{d}A$，全部转化为新建场区 $\left(\mathrm{d}V=4\pi R^2\mathrm{d}r, E=\dfrac{Q}{4\pi\varepsilon_0 R^2}\right)$ 的场能，即有

$$QE_R\mathrm{d}r=\mathrm{d}A=w_e\mathrm{d}V=\frac{1}{2}\varepsilon_0E^2\cdot 4\pi R^2\mathrm{d}r=\frac{Q^2\mathrm{d}r}{8\pi\varepsilon_0R^2}$$

得

$$E_R=\frac{Q}{8\pi\varepsilon_0R^2}$$

注 介质中的静电场能量.

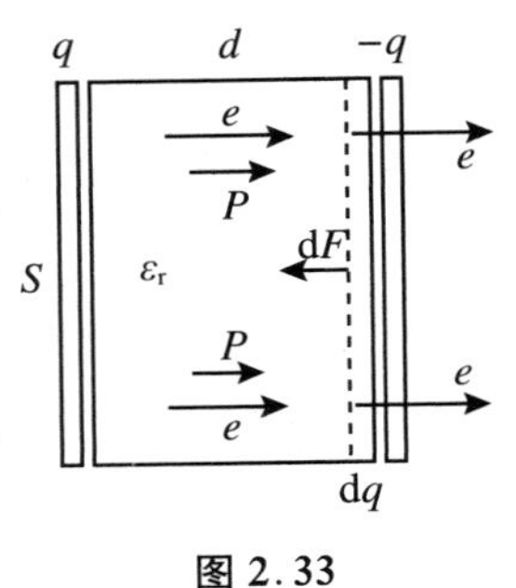

图 2.33

平行板介质电容器如图 2.33 所示，初态时两块导体极板的电量分别为 $q=0$，$-q=0$，介质块两个侧面无极化面电荷.设想用外力 $\mathrm{d}F$ 将导体负极板上的无穷小面电荷量 $\mathrm{d}q(>0)$ 通过介质层缓慢平移到导体正极板，使得正、负极板分别逐渐累积有电量 q，$-q$，同时，介质两个侧面也出现极化面电荷.此时，可导得介质块内静电场场强的方向为从左到右，大小为

$$e=\frac{q}{S}\cdot\frac{1}{\varepsilon_r\varepsilon_0}$$

此状态下被移动的面电荷 $\mathrm{d}q$ 受到朝右的电场力 $\mathrm{d}F_e$，其大小为

$$\mathrm{d}F_e=\mathrm{d}q\cdot e$$

所加外力朝左，大小为

$$\mathrm{d}F=\mathrm{d}F_e=\mathrm{d}q\cdot e=\frac{1}{\varepsilon_r\varepsilon_0S}q\mathrm{d}q$$

$\mathrm{d}q$ 缓慢平移到导体正极板，$\mathrm{d}F$ 做功

$$\mathrm{d}A=d\cdot\mathrm{d}F=\frac{d}{\varepsilon_r\varepsilon_0S}q\mathrm{d}q$$

最终，导体正、负极板的电量分别达到 Q，$-Q$，外力做的总功为

$$A=\int_0^Q\mathrm{d}A=\frac{d}{\varepsilon_r\varepsilon_0S}\int_0^Q q\mathrm{d}q=\frac{d}{2\varepsilon_r\varepsilon_0S}Q^2$$

此时介质中静电场场强和极板间电势差分别为

$$E=\frac{Q}{\varepsilon_r\varepsilon_0S},\quad \Delta U=E\cdot d$$

代入后，得

$$A=\frac{1}{2}\varepsilon_r\varepsilon_0E^2(Sd)\quad 或\quad A=\frac{1}{2}Q\Delta U$$

平行板电容器中总的静电场能量即为

$$W_e=\frac{1}{2}\varepsilon_r\varepsilon_0E^2(Sd)\quad 或\quad W_e=\frac{1}{2}Q\Delta U$$

介质中的静电场能量密度为

$$w_e=\frac{1}{2}\varepsilon_r\varepsilon_0E^2$$

其中

$$\varepsilon_r = 1 + \chi_e,\quad \chi_e\varepsilon_0 E = P\quad (\text{极化强度})$$

w_e 可分解为

$$w_e = \frac{1}{2}\varepsilon_0 E^2 + \frac{1}{2}PE$$

其中$\frac{1}{2}\varepsilon_0 E^2$ 为静电场 E 对应的宏观“真空”场能，$\frac{1}{2}PE$ 为因介质极化形成的可与宏观电作用能发生变换的一部分微观电场能及微观粒子动能.

例 10　试求均匀带电球面(参量:Q,R)的上半球面电荷受下半球面电荷的作用力 $\boldsymbol{F}_{上}$.

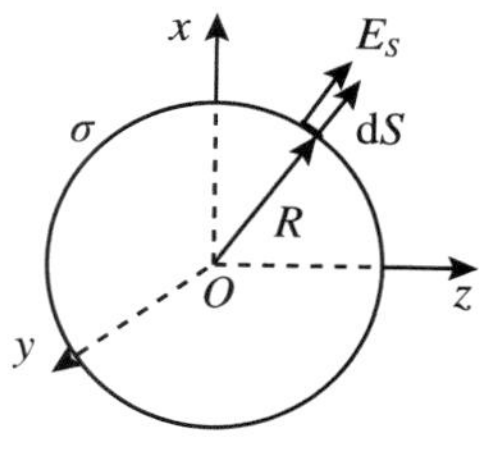

解　如图 2.34 所示,球面上的电荷面密度为

$$\sigma = \frac{Q}{4\pi R^2}$$

图 2.34

上半球面小面元的面元矢量记为 $\mathrm{d}\boldsymbol{S}$,该面元处场强为 $\boldsymbol{E}_S$,则有

$$\mathrm{d}\boldsymbol{S} = \mathrm{d}S\,\frac{\boldsymbol{R}}{R}$$

$$\boldsymbol{E}_S = E_S \cdot \frac{\boldsymbol{R}}{R},\quad E_S = \frac{Q}{8\pi\varepsilon_0 R^2}$$

该面元电荷 $\sigma\mathrm{d}S$ 所受总的电场力为

$$\mathrm{d}\boldsymbol{F}_{上总} = (\sigma\mathrm{d}S)\cdot\boldsymbol{E}_S$$

它包含上半球面电荷间的相互作用力和下半球面电荷的作用力. 上半球面电荷所受总的电场力为

$$\boldsymbol{F}_{上总} = \int_{S_上} \sigma\mathrm{d}S\cdot\boldsymbol{E}_S$$

其中所包含的上半球面电荷间的相互作用力之和必为零. 于是上半球面电荷所受的总电场力便等于上半球面电荷受下半球面电荷的作用力,即有

$$\boldsymbol{F}_{上} = \boldsymbol{F}_{上总} = \int_{S_上} \sigma\mathrm{d}S\cdot\boldsymbol{E}_S$$

由对称性,$\boldsymbol{F}_{上}$ 方向沿 x 轴,可表述为

$$\boldsymbol{F}_{上} = F_x\boldsymbol{i},\quad F_x = \boldsymbol{F}_{上}\cdot\boldsymbol{i}$$

所以

$$F_x = \int_{S_上} \sigma\mathrm{d}S\boldsymbol{E}_S\cdot\boldsymbol{i} = \int_{S_上} \sigma\mathrm{d}S\cdot E_S\frac{\boldsymbol{R}}{R}\cdot\boldsymbol{i} = \int_{S_上} \sigma E_S\mathrm{d}\boldsymbol{S}\cdot\boldsymbol{i},\quad \mathrm{d}\boldsymbol{S}\cdot\boldsymbol{i} = \mathrm{d}S_x$$

其中 $\mathrm{d}S_x$ 为 $\mathrm{d}\boldsymbol{S}$ 在 Oyz 平面上的投影,则

$$F_x = \int_{S_上} \sigma E_S\mathrm{d}S_x = \sigma E_S\int_{S_上}\mathrm{d}S_x,\quad \int_{S_上}\mathrm{d}S_x = \pi R^2$$

其中 πR^2 即为上半球面在 Oyz 平面上的投影圆面积,本题所求量便为

$$\boldsymbol{F}_{上} = F_x\boldsymbol{i},\quad F_x = \sigma E_S\pi R^2 = \frac{Q^2}{32\pi\varepsilon_0 R^2}$$

例 11　导体球 A 的半径是导体细圆环 B 的半径的二分之一. A 带有一定量的电荷,单独存在时,它的电势为 U_0. 令 B 也带有与 A 等量的电荷后与 A 靠近,使 A 的球心在 B 的中央轴线上,且与 B 的环心距离恰好等于环的半径,试求 A 的电势 U_1 和 B 的环心电势 U_2.

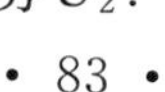

解　A 的半径记为 R，电量记为 Q，则有

$$U_0 = \frac{Q}{4\pi\varepsilon_0 R}$$

B 的半径为 $2R$，电量也为 Q，系统如图 2.35 所示. A 的电量 Q 分布在球面上，但并非均匀分布，B 的电荷因对称，均匀分布在细环上.

U_1 的计算：

A 为等势体，U_1 即为其球心的电势，由电势叠加原理可得

$$U_1 = \frac{Q}{4\pi\varepsilon_0 R} + \frac{Q}{4\pi\varepsilon_0 2\sqrt{2}R} = \left(1 + \frac{1}{2\sqrt{2}}\right)U_0$$

U_2 的计算：

B 在球 A 内的镜像电荷为图 2.36 中用虚线段表示的小圆环，环边与球心 O_1 相距

$$a' = \frac{R^2}{2\sqrt{2}R}$$

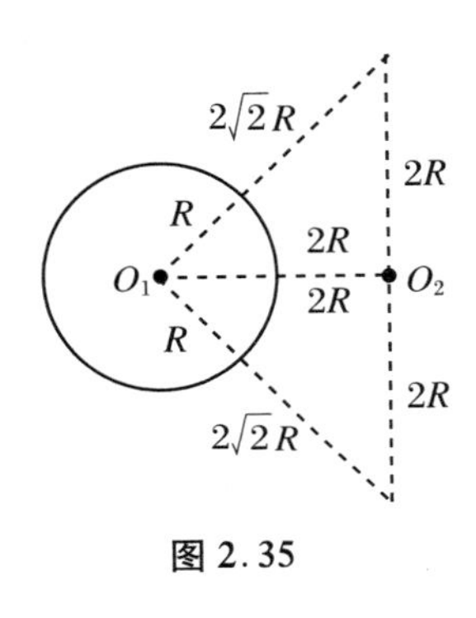

图 2.35

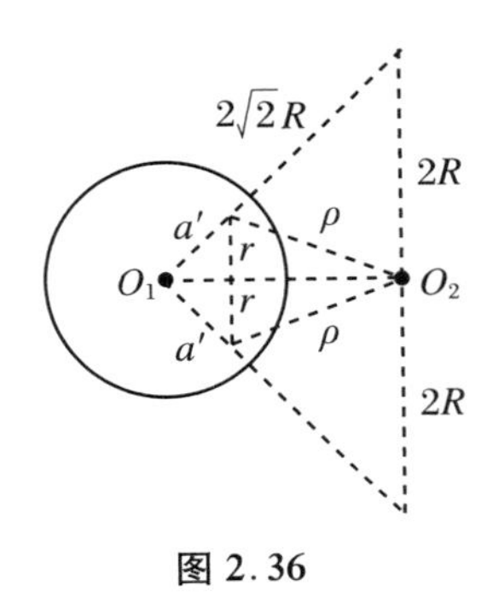

图 2.36

小圆环的半径为

$$r = \frac{a'}{\sqrt{2}} = \frac{R}{4}$$

小圆环的电量为

$$q = -\frac{R}{2\sqrt{2}R}Q = -\frac{Q}{2\sqrt{2}}$$

镜像电荷与环心 O_2 相距

$$\rho = [r^2 + (2R - r)^2]^{\frac{1}{2}} = \frac{5\sqrt{2}}{4}R$$

镜像电荷 q 与圆环电荷 Q 联合，使球面电势为零. 然而真实的球面电势为 U_1，为此，可在球心 O_1 处再设置镜像电荷，有

$$Q_0 = 4\pi\varepsilon_0 RU_1 = 4\pi\varepsilon_0 R\left(1 + \frac{1}{2\sqrt{2}}\right)U_0,\quad U_0 = \frac{Q}{4\pi\varepsilon_0 R}$$

故

$$Q_0 = \left(1 + \frac{1}{2\sqrt{2}}\right)Q$$

于是，环心处电势可由 Q_0，q 和圆环电荷 Q 联合而成，即有

$$U_2 = \frac{Q_0}{4\pi\varepsilon_0 2R} + \frac{q}{4\pi\varepsilon_0 \rho} + \frac{Q}{4\pi\varepsilon_0 2R}$$

得环心电势为

$$U_2 = \left(\frac{4}{5} + \frac{1}{4\sqrt{2}}\right)U_0$$

例12　半径为 R 的导体球外有一个电量为 $q(q>0)$、与球心相距 $a(a>R)$ 的点电荷.

(1) 设导体球原不带电，将其接地，试求静电平衡后球面上感应电荷总量 q^*.

(2) 设导体球原带电 $Q(Q>0)$，导体球不接地，为使导体球静电平衡后受外电荷 q 的库仑力为吸引力，试确定 q 的取值范围.

解　(1) 尝试用一个镜像点电荷 q' 代替球面上总量为 q^* 的分布电荷对外场的影响，从对称性考虑，q' 的位置如图2.37所示，它与球心相距 a'. 因导体电势为零，球面电势也为零，由静电镜像法可知，只要 q', q 联合可使球面电势仍为零，则尝试便成功. 这要求下述方程成立：

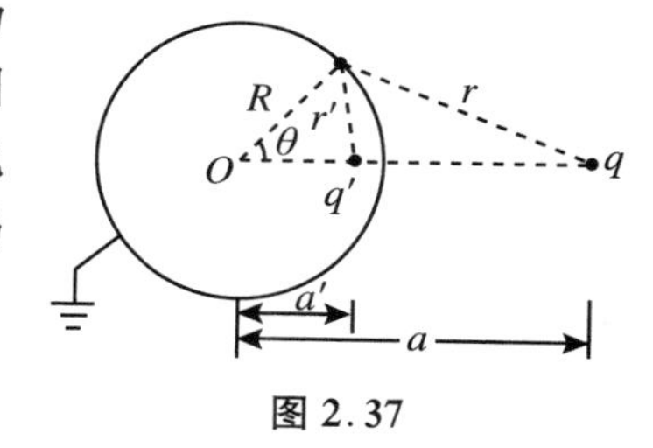

图2.37

$$\frac{q}{4\pi\varepsilon_0 r} + \frac{q'}{4\pi\varepsilon_0 r'} = 0$$

其中 r 为球面上任意一点与 q 的间距，r' 为球面上同一点与 q' 的间距. 由此即得

$$r'q = -rq' \quad (q, q' \text{ 异号})$$

结合图示几何关系，得

$$q\sqrt{R^2 + a'^2 - 2Ra'\cos\theta} = -q'\sqrt{R^2 + a^2 - 2Ra\cos\theta}$$

$$q^2(R^2 + a'^2 - 2Ra'\cos\theta) = q'^2(R^2 + a^2 - 2Ra\cos\theta)$$

对任意 $\cos\theta$ 都成立，要求

$$-2q^2Ra'\cos\theta = -2q'^2Ra\cos\theta$$

$$q^2(R^2 + a'^2) = q'^2(R^2 + a^2)$$

由前一式可解得 $q^2a' = q'^2a$，再代入后一式，可得 $a' = \dfrac{R^2}{a}$，再将其代入前面的 $q^2a' = q'^2a$ 又可解得 $q' = \pm\dfrac{R}{a}q$，因 q 与 q' 异号，故可取 $q' = -\dfrac{R}{a}q$. 最后得到镜像点电荷的位置与电量分别为

$$a' = \frac{R^2}{a}, \quad q' = -\frac{Rq}{a}$$

为求球面感应电荷总量，在球面外紧接着球面取一高斯球面，其半径记为 R^+（意即 $R^+ = R + 0^+$），球面记为 $S(R^+)$，其上的场强分布记为 $\boldsymbol{E}(\boldsymbol{R}^+)$. 因由原 q^* 与 q 联合贡献的 $\boldsymbol{E}(\boldsymbol{R}^+)$ 与后面 q' 与 q 联合贡献的 $\boldsymbol{E}(\boldsymbol{R}^+)$ 相同，故由高斯定理得连等式

$$\frac{1}{\varepsilon_0}q^* = \oiint_{S(R^+)} \boldsymbol{E}(\boldsymbol{R}^+)\cdot \mathrm{d}\boldsymbol{S} = \frac{1}{\varepsilon_0}q'$$

$$q^* = q' = -\frac{Rq}{a}$$

顺便一提，q, q' 间的几何位置关系也恰好可以对应几何光学中的某种物像关系，详见题解后的注.

(2) 导体球带电 $Q>0$ 且不接地，静电平衡后，导体为等势体，电势可用球心电势公式算得为

$$U = \frac{q}{4\pi\varepsilon_0 a} + \frac{Q}{4\pi\varepsilon_0 R}$$

现尝试在导体球内先取一个镜像点电荷，与图 2.37 相同，其位置和电量分别为

$$a' = \frac{R^2}{a}, \quad q' = -\frac{Rq}{a}$$

q'与 q 联合先使球面电势为零. 再在球心 O 放第二个镜像点电荷 q''，使球面电势从零升到上面给出的导体球心电势，即要求

$$\frac{q''}{4\pi\varepsilon_0 R} = \frac{q}{4\pi\varepsilon_0 a} + \frac{Q}{4\pi\varepsilon_0 R}$$

即得

$$q'' = \frac{R}{a}q + Q$$

（仍有 $q' + q'' = Q$，与高斯定理所得可以吻合.）

导体受球外电荷 q 的库仑力若为吸引力，则 q 受q'，q''的库仑力也应为吸引力，此力可表述为

$$F = \frac{qq'}{4\pi\varepsilon_0 (a - a')^2} + \frac{qq''}{4\pi\varepsilon_0 a^2}$$

将已得的 a'，q'，q''代入后，得

$$F = \frac{-q}{4\pi\varepsilon_0 a^2}\left[\frac{(2a^2 - R^2)R^3 q}{a(a^2 - R^2)^2} - Q\right]$$

$F>0$ 时为斥力，$F<0$ 时为吸引力. 为使 $F<0$，要求上式右边方括号中的量为正值，即要求

$$q > \frac{a(a^2 - R^2)^2}{(2a^2 - R^2)R^3}Q$$

这就是本小问所要确定的 q 的取值范围.

注 球形导体接地静电镜像与球体介质折射成像.

球形导体接地静电镜像如图 2.38(a)所示，有

$$a' = R^2/a \quad \Rightarrow \quad a'a = R^2$$

玻璃球折射成像如图 2.38(b)所示，取 $a' = R/n$，n 为玻璃折射率，由折射公式有

$$n\sin\varphi_i = \sin\varphi_t$$

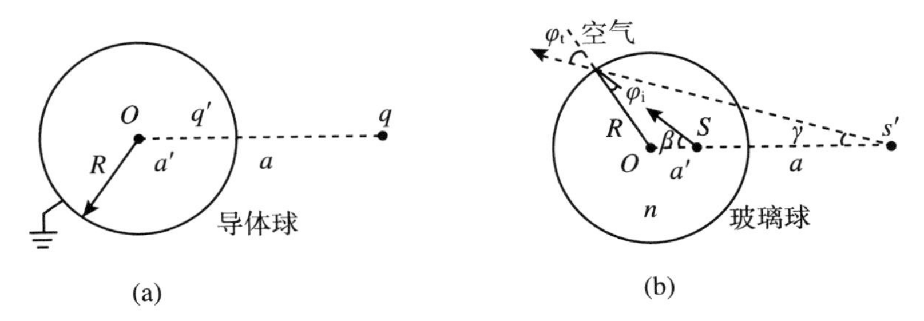

图 2.38

由几何关系有

$$\frac{R}{\sin\beta} = \frac{a'}{\sin\varphi_i} = \frac{R}{n\sin\varphi_i} = \frac{R}{\sin\varphi_t} \quad \Rightarrow \quad \beta = \varphi_t$$

$$\beta = \gamma + (\varphi_t - \varphi_i) \Rightarrow \gamma = \varphi_i$$

$$\frac{a}{\sin\varphi_t} = \frac{R}{\sin\gamma} = \frac{R}{\frac{1}{n}\sin\varphi_t} \Rightarrow a = nR$$

即有

$$a' = R/n, a = nR \Rightarrow a' = R^2/a \Rightarrow a'a = R^2$$

例 13　系统如图 2.39 所示，试求球形孔中心 O' 处点电荷 q 所具有的电势能 W.

解　静止点电荷 Q_1，Q_2 间的关系如图 2.40 所示，点电荷 Q_2 具有的电势能为

$$W_2 = Q_2 U(Q_2)$$

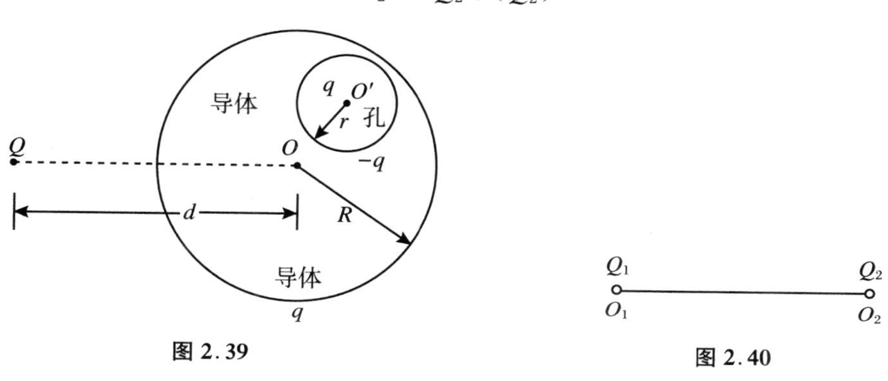

图 2.39　　图 2.40

$U(Q_2)$ 是点电荷 Q_1 单独存在时，其电场在 Q_2 处的电势，而不是 Q_1，Q_2 共同存在时合电场在无限靠近 Q_2 处的电势.

图 2.39 中 O' 处点电荷 q 所具有的电势能为

$$W = qU(O'),\quad U(O') = U_{-q}(O') + U_q(O') + U_Q(O')$$

其中 $U_{-q}(O')$ 为图 2.39 中分布电荷 $-q$ 单独存在时的电场在 O' 处的电势，$U_q(O')$ 为图 2.39 中分布电荷 q 单独存在时的电场在 O' 处的电势，$U_Q(O')$ 为图 2.39 中点电荷 Q 单独存在时的电场在 O' 处的电势.

$U_{-q}(O')$ 的计算：

$-q$ 电荷在半径为 r 的球面上均匀分布，其电场在 O' 处的电势为

$$U_{-q}(O') = -\frac{q}{4\pi\varepsilon_0 r}$$

（注意，$-q$ 电荷与 O' 处点电荷 q 的复合电场在半径为 r 的球面外场强处处为零，但 $-q$ 电荷在半径为 r 的球面外的电场为均匀带电球面外的非零电场.）

$U_q(O') + U_Q(O')$ 的计算：

半径为 R 的球面上分布电荷 q 的电场在 O' 处的电势 $U_q(O')$ 与点电荷 Q 的电场在 O' 处的电势 $U_Q(O')$ 之和等于分布电荷 q 与点电荷 Q 的复合电场在 O' 处的电势. 图 2.39 中半径为 R 的球面上 q 电荷的分布与图 2.41 中半径为 R 的球面上 q 电荷的分布相同，因此前者复合电场的分布以及复合电场在 O' 处的电势与后者的相同，后者在 O' 处的电势为 $\frac{q}{4\pi\varepsilon_0 R} + \frac{Q}{4\pi\varepsilon_0 d}$，即得

$$U_q(O') + U_Q(O') = \frac{q}{4\pi\varepsilon_0 R} + \frac{Q}{4\pi\varepsilon_0 d}$$

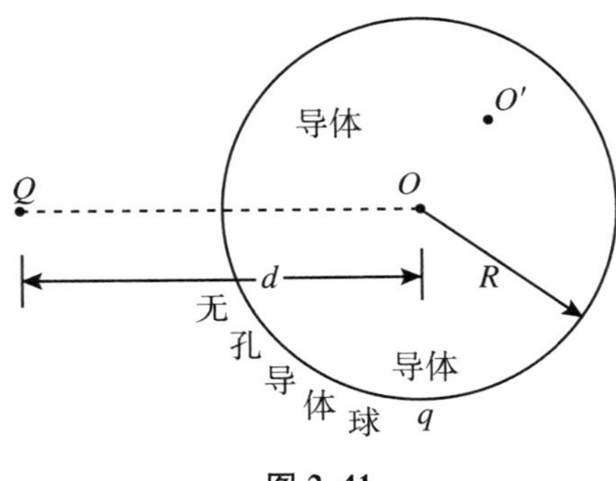

图 2.41

最终结论为

$$U(O') = \frac{-q}{4\pi\varepsilon_0 r} + \frac{q}{4\pi\varepsilon_0 R} + \frac{Q}{4\pi\varepsilon_0 d}$$

$$W = qU(O') = \frac{q}{4\pi\varepsilon_0}\left(\frac{-q}{r} + \frac{q}{R} + \frac{Q}{d}\right)$$

例 14 由导体球壳和两个点电荷构成的静电系统如图 2.42 所示，球壳内表面的感应电荷 $-Q_1$ 和外表面的感应电荷 Q_1 也已在图中示出. 试求：

(1) 点电荷 Q_2，Q_1 各自的受力 $\boldsymbol{F}_2$，$\boldsymbol{F}_1$；

(2) 系统电势能 W.

解 先对两个场区的场强分布和电势分布进行讨论.

（ⅰ）导体球壳外的电场.

空腔内的点电荷 Q_1 和球壳内表面的感应电荷 $-Q_1$ 对外场场强的合贡献为零，故球壳外电场的场强分布仅由球壳外表面的感应电荷 Q_1 和球壳外的点电荷 Q_2 贡献. 此场强分布可等效处理成图 2.43 所示的点电荷 Q_2 和半径为 R_2 的实导体球电荷 Q_1 系统在球外区域的场强分布. 此导体球的电势为

$$U_{球} = \frac{Q_1}{4\pi\varepsilon_0 R_2} + \frac{Q_2}{4\pi\varepsilon_0 r_2}$$

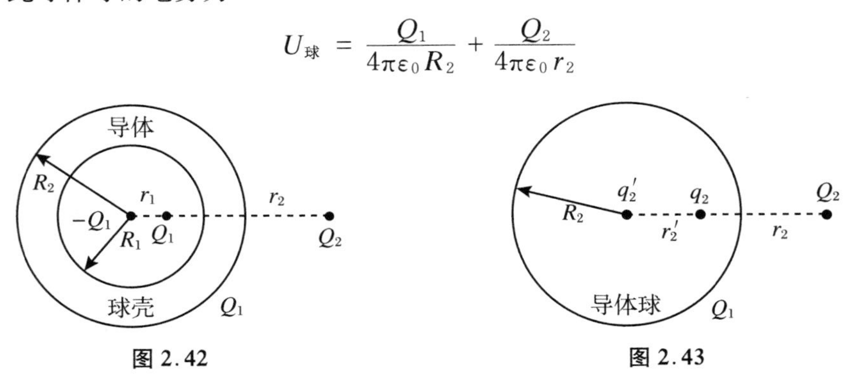

图 2.42 图 2.43

此系统两个镜像电荷的电量和位置分别为

$$q_2 = -\frac{R_2}{r_2}Q_2, \quad r_2' = \frac{R_2^2}{r_2}$$

$$q_2' = Q_1 + \frac{R_2}{r_2}Q_2 \quad （位于球心）$$

继而可得下述结论：

原导体球壳外电场的场强分布即为点电荷 Q_2, q_2, q_2' 的场强叠加．但 Q_2所在位置的场强以径向朝外为正方向，大小为

$$E_2 = \frac{q_2'}{4\pi\varepsilon_0 r_2^2} + \frac{q_2}{4\pi\varepsilon_0 (r_2 - r_2')^2} \quad （注意，q_2', q_2 \text{ 均带正负号}）$$

原导体球壳外电场的电势分布即为点电荷 Q_2, q_2, q_2' 的电势叠加．但 Q_2所在位置的电势为

$$U_2 = \frac{q_2'}{4\pi\varepsilon_0 r_2} + \frac{q_2}{4\pi\varepsilon_0 (r_2 - r_2')}$$

（ⅱ）导体球壳空腔内的电场．

Q_1, Q_2电荷对空腔内的场强合贡献为零，故空腔内的场强分布仅由空腔表面感应电荷 $-Q_1$和腔内点电荷 Q_1贡献叠加而成．此场强分布与导体球壳常量电势取值无关，故可等效为图 2.44 所示系统中空腔内的场强分布，图中已令导体球壳接地，使电势为零．此系统镜像电荷的电量和位置分别为

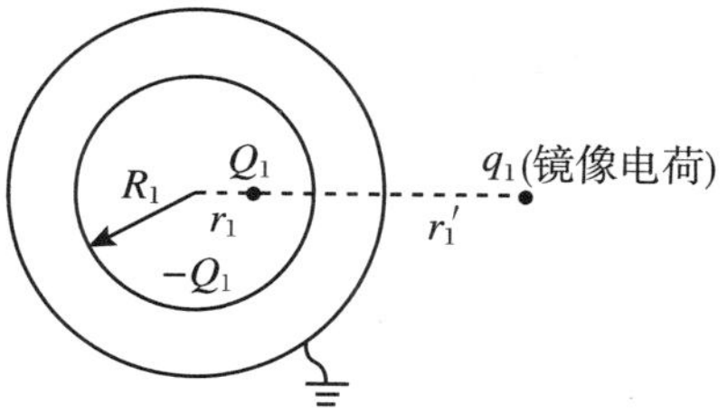

$$q_1 = -\frac{R_1}{r_1} Q_1, \quad r_1' = \frac{R_1^2}{r_1} > R_1$$

图 2.44

继而可得下述结论：

原导体球壳空腔内的场强分布即为点电荷 Q_1, q_1的场强叠加．但 Q_1所在位置的场强以径向朝里为正方向，大小为

$$E_1 = \frac{q_1}{4\pi\varepsilon_0 (r_1' - r_1)^2} \quad （带正负号）$$

原导体球壳空腔内电场的电势分布即为点电荷 Q_1, q_1的电势贡献与原导体球壳电势的叠加．但 Q_1所在位置的电势为

$$U_1 = \frac{q_1}{4\pi\varepsilon_0 (r_1' - r_1)} + U_{球壳}$$

$$U_{球壳} = U_{球} = \frac{Q_1}{4\pi\varepsilon_0 R_2} + \frac{Q_2}{4\pi\varepsilon_0 r_2}$$

由上述分析，可知：

(1) Q_2, Q_1的受力分别为

$$\boldsymbol{F}_2 = Q_2 \boldsymbol{E}_2$$

$\boldsymbol{E}_2$ 以径向朝外为正方向，大小为

$$E_2 = \frac{q_2'}{4\pi\varepsilon_0 r_2^2} + \frac{q_2}{4\pi\varepsilon_0 (r_2 - r_2')^2}$$

其中

$$q_2 = -\frac{R_2}{r^2} Q_2, \quad r_2' = \frac{R_2^2}{r_2}, \quad q_2' = Q_1 + \frac{R_2}{r_2} Q_2$$

其中

$$\boldsymbol{F}_1 = Q_1 \boldsymbol{E}_1$$

$\boldsymbol{E}_1$ 以径向朝里为正方向，大小为

$$E_1 = \frac{q_1}{4\pi\varepsilon_0 (r_1' - r_1)^2}$$

其中

$$q_1 = -\frac{R_1}{r_1}Q_1,\quad r_1' = \frac{R_1^2}{r_1}$$

(2) 系统电势能为

$$W = \frac{1}{2}[Q_1U_1 + (-Q_1)U_{球壳} + Q_1U_{球壳} + Q_2U_2] = \frac{1}{2}(Q_1U_1 + Q_2U_2)$$

其中

$$U_1 = \frac{q_1}{4\pi\varepsilon_0(r_1' - r_1)} + \frac{Q_1}{4\pi\varepsilon_0 R_2} + \frac{Q_2}{4\pi\varepsilon_0 r_2},\quad U_2 = \frac{q_2'}{4\pi\varepsilon_0 r_2} + \frac{q_2}{4\pi\varepsilon_0(r_2 - r_2')}$$

例 15 对下述三个与静电镜像相关的系统,试用两种方法计算外力 $\boldsymbol{F}$ 沿无穷远路线无限缓慢地作用时做的功 A. 方法 1: A 等于系统电势能增量;方法 2: A 等于无边 $\boldsymbol{F}\cdot \mathrm{d}\boldsymbol{r}$ 积分量.

(1) 系统如图 2.45(a)所示,其中 $Q' = -Q$ 为镜像电荷.

(2) 系统如图 2.45(b)所示,其中 $q' = -\dfrac{R}{r_0}q$ 和 $q'' = Q - q' = Q + \dfrac{R}{r}q$ 为两个镜像电荷.

(3) 系统如图 2.45(c)所示,其中 Q 为均匀带电球面的电量, $Q' = -Q$ 为球面均匀分布的镜像电荷.

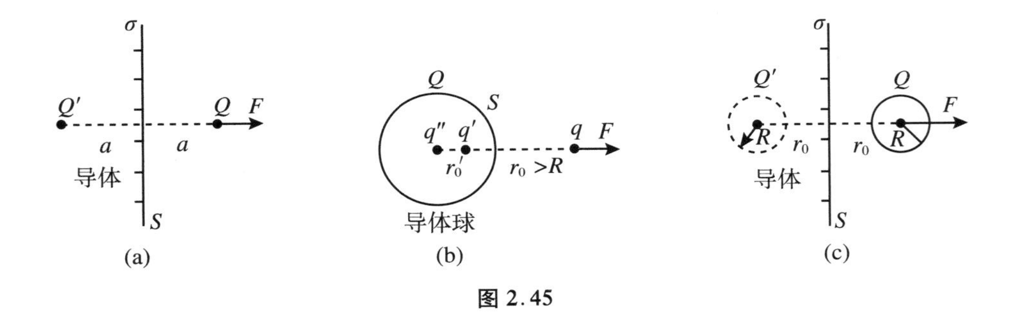

图 2.45

解 (1) 方法 1

$$A = 系统电势能增量 = W_e - W_i$$

$$W_e = 0$$

$$W_i = \frac{1}{2}\left[QU_Q + \left(\iint_S \sigma \mathrm{d}S\right)U_S\right]$$

其中

$$U_Q = \frac{Q}{4\pi\varepsilon_0\cdot 2a},\quad \iint_S \sigma\mathrm{d}S = Q' = -Q,\quad U_S = 0$$

所以

$$A = \frac{Q^2}{16\pi\varepsilon_0 a}$$

方法 2

$$F = \frac{Q^2}{4\pi\varepsilon_0\cdot(2x)^2},\quad \mathrm{d}A = F\mathrm{d}x$$

其中 x 为 Q 右行中的过程量．所以

$$A = \int_a^{\infty} \mathrm{d}A = \frac{Q^2}{16\pi\varepsilon_0}\int_a^{\infty}\frac{\mathrm{d}x}{x^2} = \frac{Q^2}{16\pi\varepsilon_0 a}$$

（2）方法1

$$A = W_e - W_i$$

$$W_e = \frac{1}{2}QU_{Se} = \frac{1}{2}Q\frac{Q}{4\pi\varepsilon_0 R} = \frac{Q^2}{8\pi\varepsilon_0 R}$$

$$W_i = \frac{1}{2}(qU_q + QU_{Si})$$

其中

$$U_q = \frac{q'}{4\pi\varepsilon_0(r_0 - r_0')} + \frac{q''}{4\pi\varepsilon_0 r_0},\quad U_{Si} = \frac{Q}{4\pi\varepsilon_0 R} + \frac{q}{4\pi\varepsilon_0 r_0},\quad r_0' = \frac{R^2}{r_0}$$

所以

$$W_i = \frac{1}{8\pi\varepsilon_0}\left(-\frac{R}{r_0^2 - R^2}q^2 + \frac{R}{r_0^2}q^2 + \frac{2qQ}{r_0} + \frac{Q^2}{R}\right)$$

$$A = \frac{R^3q^2}{8\pi\varepsilon_0(r_0^2 - R^2)r_0^2} - \frac{qQ}{4\pi\varepsilon_0 r_0}$$

方法2

$$F = -\left[\frac{qq'}{4\pi\varepsilon_0(r - r')^2} + \frac{qq''}{4\pi\varepsilon_0 r^2}\right]\quad(r,r' \text{ 均为 } q \text{ 右行中的过程量})$$

$$= \frac{q^2Rr}{4\pi\varepsilon_0(r^2 - R^2)^2} - \frac{qQ}{4\pi\varepsilon_0 r^2} - \frac{q^2R}{4\pi\varepsilon_0 r^3}$$

$$A = \int_{r_0}^{\infty} F\mathrm{d}r = \frac{q^2R}{4\pi\varepsilon_0}\int_{r_0}^{\infty}\frac{r\mathrm{d}r}{(r^2 - R^2)^2} - \frac{qQ}{4\pi\varepsilon_0}\int_{r_0}^{\infty}\frac{\mathrm{d}r}{r^2} - \frac{q^2R}{4\pi\varepsilon_0}\int_{r_0}^{\infty}\frac{\mathrm{d}r}{r^3}$$

$$= \frac{R^3q^2}{8\pi\varepsilon_0(r_0^2 - R^2)r_0^2} - \frac{qQ}{4\pi\varepsilon_0 r_0}$$

（3）方法1

$$A = W_e - W_i$$

$$W_e = \frac{1}{2}QU_Q = \frac{Q^2}{8\pi\varepsilon_0 R}$$

W_i的计算：

导体表面电势为 $U_{导S} = 0$，表面感应电荷总量为 $Q_S = Q' = -Q$，所以 $Q_S \cdot U_{导S} = 0$.

导体外半径为 R 的球面的电荷面密度 $\sigma_Q = \dfrac{Q}{4\pi\varepsilon_0 R^2}$，球面面元 $\mathrm{d}S_i$ 所在位置的电势 U_i 为自身电荷 Q 的电势 $U_Q = \dfrac{Q}{4\pi\varepsilon_0 R}$ 与镜像电荷 $Q' = -Q$ 的电势的叠加，有

$$\oiint_{S_R}\sigma_Q\mathrm{d}S_iU_i = \oiint_{S_R}\sigma_Q\mathrm{d}S_iU_Q + \oiint_{S_R}\sigma_Q\mathrm{d}S_iU_{Q_i'}$$

$$\oiint_{S_R}\sigma_Q\mathrm{d}S_iU_Q = \frac{Q^2}{4\pi\varepsilon_0 R}$$

$$\oiint_{S_R}\sigma_Q\mathrm{d}S_iU_{Q_i'}=\sigma_Q\frac{\oiint U_{Q_i'}\mathrm{d}S_i}{4\pi R^2}4\pi R^2=\sigma_Q\bar{U}_{Q'S_R}\cdot 4\pi R^2=Q\bar{U}_{Q'S_R}$$

$\bar{U}_{Q'S_R}$ 为 Q' 电荷在导体外半径为 R 的球面上的平均电势，为

$$\bar{U}_{Q'S_R}=\frac{Q'}{4\pi\varepsilon_0\cdot 2r_0}=\frac{-Q}{4\pi\varepsilon_0\cdot 2r_0}\quad（球心电势）$$

所以

$$\begin{aligned}W_{\mathrm{i}}&=\frac{1}{2}\left(\oiint_{S_R}\sigma_Q\mathrm{d}S_i\cdot U_i+Q_S\cdot U_{导S}\right)\quad(Q_SU_{导S}=0)\\&=\frac{1}{2}\left(\oiint_{S_R}\sigma_Q\mathrm{d}S_iU_Q+\oiint_{S_R}\sigma_Q\mathrm{d}S_iU_{Q_i'}\right)\\&=\frac{1}{2}\left(\frac{Q^2}{4\pi\varepsilon_0R}+Q\bar{U}_{Q'S_R}\right)=\frac{1}{2}\left(\frac{Q^2}{4\pi\varepsilon_0R}-\frac{Q^2}{8\pi\varepsilon_0r_0}\right)\end{aligned}$$

故

$$A=\frac{Q^2}{16\pi\varepsilon_0r_0}$$

方法2

$$F=\frac{Q^2}{4\pi\varepsilon_0\cdot(2r)^2}$$

$$A=\int_{r_0}^{\infty}F\mathrm{d}r=\frac{Q^2}{16\pi\varepsilon_0}\int_{r_0}^{\infty}\frac{\mathrm{d}r}{r^2}=\frac{Q^2}{16\pi\varepsilon_0r_0}$$

例16 如图2.46所示，内半径为 R_1、外半径为 R_2 的导体球壳外，两个电量同为 Q 的点电荷与球心相距同为 $2R_2$，且三者共线. 球壳内，两个电量同为 q 的点电荷与球心相距同为 $R_1/2$，且三者共线. Q - 球心 - Q 连线与 q - 球心 - q 连线的夹角为45°.

(1) 试求点电荷 Q 所受的径向朝外的力 F.

(2) 再求点电荷 q 所受的径向朝外的力 f.

(3) 用外力将图中一个点电荷 Q 缓慢移动到无穷远，保持导体球壳和其他三个点电荷仍在原来的位置，试求外力做的功 A.

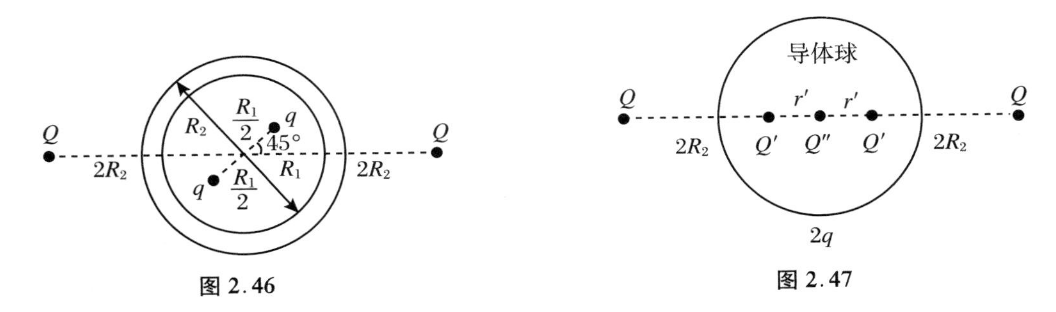

图2.46　　图2.47

解 将球壳外的空间电场称为外场，球壳内空腔区域的电场称为内场，按常规取无穷远为电势零点.

(1) 球壳电势 $U_{壳}$ 由外场场强分布确定，外场场强分布由点电荷 Q、Q 和球壳外表面感应电荷 $2q$ 确定. 因此，为求解与外场场强和电势分布有关联的量，可用半径为 R_2、外表面带有 $2q$ 电荷的实心导体球取代原导体球壳，如图2.47所示. 原系统的 $U_{壳}$ 与图2.47系统的

$U_{球}$ 相同,即有

$$U_{壳}=U_{球}=U_{心}=\frac{2Q}{4\pi\varepsilon_0\cdot 2R_2}+\frac{2q}{4\pi\varepsilon_0 R_2}=\frac{Q+2q}{4\pi\varepsilon_0 R_2}$$

系统的三个像电荷 Q',Q'和 Q''已在图 2.47 中示出,有

$$Q'=-\frac{R_2}{2R_2}Q=-\frac{Q}{2},\quad r'=\frac{R_2^2}{2R_2}=\frac{R_2}{2}$$

$$Q''=Q+2q\quad\left(来自\frac{Q''}{4\pi\varepsilon_0 R_2}=U_{壳}=\frac{Q+2q}{4\pi\varepsilon_0 R_2}\right)$$

Q 所受的径向朝外的力为

$$F=\frac{Q^2}{4\pi\varepsilon_0(4R_2)^2}+\frac{QQ'}{4\pi\varepsilon_0\left(\frac{5}{2}R_2\right)^2}+\frac{QQ''}{4\pi\varepsilon_0(2R_2)^2}+\frac{QQ'}{4\pi\varepsilon_0\left(\frac{3}{2}R_2\right)^2}$$

$$=\frac{Q}{4\pi\varepsilon_0 R_2^2}\left[\frac{1}{16}Q+\frac{4}{25}\left(-\frac{Q}{2}\right)+\frac{1}{4}(Q+2q)+\frac{4}{9}\left(-\frac{Q}{2}\right)\right]$$

$$=\frac{Q}{4\pi\varepsilon_0 R_2^2}\left[\left(\frac{1}{16}-\frac{2}{25}+\frac{1}{4}-\frac{2}{9}\right)Q+\frac{1}{2}q\right]=\frac{Q}{4\pi\varepsilon_0 R_2^2}\left(\frac{37}{3600}Q+\frac{1}{2}q\right)$$

为(3)问解答需要,给出 Q 所在处的电势:

$$U_Q=\frac{Q}{4\pi\varepsilon_0\cdot 4R_2}+\frac{Q'}{4\pi\varepsilon_0\cdot\frac{5}{2}R_2}+\frac{Q''}{4\pi\varepsilon_0\cdot 2R_2}+\frac{Q'}{4\pi\varepsilon_0\cdot\frac{3}{2}R_2}$$

$$=\frac{1}{4\pi\varepsilon_0 R_2}\left[\frac{1}{4}Q+\frac{2}{5}\left(-\frac{Q}{2}\right)+\frac{1}{2}(Q+2q)+\frac{2}{3}\left(-\frac{Q}{2}\right)\right]$$

$$=\frac{1}{4\pi\varepsilon_0 R_2}\left[\left(\frac{1}{4}-\frac{1}{5}+\frac{1}{2}-\frac{1}{3}\right)Q+q\right]$$

$$=\frac{1}{4\pi\varepsilon_0 R_2}\left(\frac{13}{60}Q+q\right)$$

(2) 内场场强和电势差分布仅由点电荷 q、q 和球壳内表面感应电荷 $-2q$ 确定,与球壳电势取值无关.因此,为求解与内场场强和电势差分布相关的量,可用图 2.48 所示系统取代,其中球壳内表面电势为

$$U_{R_1}(0)=0$$

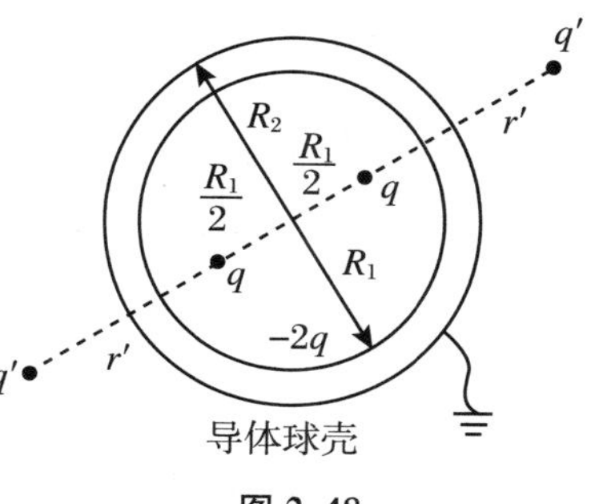

图 2.48

半径为 R_1的球面外的两个像电荷 q',q'已在图 2.48 中示出,有

$$q'=-\frac{R_1}{R_1/2}q=-2q,\quad r'=\frac{R_1^2}{R_1/2}=2R_1$$

q 所受的径向朝外的力为

$$f=\frac{qq'}{4\pi\varepsilon_0\left(\frac{5}{2}R_1\right)^2}+\frac{q^2}{4\pi\varepsilon_0 R_1^2}-\frac{qq'}{4\pi\varepsilon_0\left(\frac{3}{2}R_1\right)^2}$$

$$=\frac{q}{4\pi\varepsilon_0 R_1^2}\left[\frac{4}{25}(-2q)+q-\frac{4}{9}(-2q)\right]=\frac{q^2}{4\pi\varepsilon_0 R_1^2}\cdot\frac{353}{225}$$

为(3)问解答需要,给出 q 所在处的电势:

$$U_q=\frac{q'}{4\pi\varepsilon_0\left(\frac{5}{2}R_1\right)}+\frac{q}{4\pi\varepsilon_0R_1}+\frac{q'}{4\pi\varepsilon_0\left(\frac{3}{2}R_1\right)}+U_{R_1}(0)+U_{壳}$$

$$=\frac{1}{4\pi\varepsilon_0R_1}\left[\frac{2}{5}(-2q)+q+\frac{2}{3}(-2q)\right]+0+\frac{Q+2q}{4\pi\varepsilon_0R_2}$$

$$=-\frac{q}{4\pi\varepsilon_0R_1}\frac{17}{15}+\frac{Q+2q}{4\pi\varepsilon_0R_2}$$

(3) 将一个点电荷 Q 移动到无穷远后,(1)、(2)问中的相关量改变为

$$U_{壳末}=U_{壳}-\frac{Q}{4\pi\varepsilon_0\cdot2R_2},\quad Q''_{末}=\frac{Q}{2}+2q$$

$$U_{Q末}=\frac{Q'}{4\pi\varepsilon_0\frac{3}{2}R_2}+\frac{Q''_{末}}{4\pi\varepsilon_0\cdot2R_2}=\frac{1}{4\pi\varepsilon_0R_2}\left(-\frac{Q}{12}+q\right)$$

$$U_{q末}=U_q-\frac{Q}{4\pi\varepsilon_0\cdot2R_2}$$

两个点电荷 Q 均在原位时,系统初态的电势能为

$$W_{初}=\frac{1}{2}[2QU_Q+2qU_{壳}+(-2q)U_{壳}+2qU_q]=QU_Q+qU_q$$

一个点电荷 Q 移到无穷远后,系统末态的电势能为

$$W_{末}=\frac{1}{2}[QU_{Q末}+2qU_{壳末}+(-2q)U_{壳末}+2qU_{q末}]=\frac{1}{2}QU_{Q末}+qU_{q末}$$

从初态到末态,外力做功为

$$A=W_{末}-W_{初}=Q\left(\frac{1}{2}U_{Q末}-U_Q\right)+q(U_{q末}-U_q)$$

其中

$$\frac{1}{2}U_{Q末}-U_Q=\frac{1}{2}\cdot\frac{1}{4\pi\varepsilon_0R_2}\left(-\frac{Q}{12}+q\right)-\frac{1}{4\pi\varepsilon_0R_2}\left(\frac{13}{60}Q+q\right)$$

$$=\frac{1}{4\pi\varepsilon_0R_2}\left(-\frac{31}{120}Q-\frac{1}{2}q\right)$$

$$U_{q末}-U_q=-\frac{Q}{4\pi\varepsilon_0\cdot2R_2}$$

所以

$$A=-\frac{Q}{4\pi\varepsilon_0R_2}\frac{1}{2}\left(\frac{31}{60}Q+q\right)-\frac{qQ}{4\pi\varepsilon_0R_2}\cdot\frac{1}{2}=-\frac{Q}{4\pi\varepsilon_0R_2}\left(\frac{31}{120}Q+q\right)$$

例 17 两个半径同为 R 的导体球相互接触形成一个孤立导体,试求其电容 C.

解 令系统带有为未知量的电荷 Q,静电平衡后每个球面分得 $Q/2$ 电荷,但都不是均匀分布.假设系统表面电势 U_S 为已知量.注意,尽管 U_S 为已知量,现在也很难直接导出 Q;反之,如果设 Q 为已知量,现在也很难直接导出 U_S.下面用静电镜像法来处理问题,考虑到镜像电荷量应直接与导体表面真空电势 U_S 相关,故设 U_S 为已知量更合乎逻辑.

左侧球面电势 U_S 由左侧球面 $Q/2$ 电荷与右侧球面 $Q/2$ 电荷联合贡献;右侧球面电势 U_S 也是由这两个球面各自 $Q/2$ 电荷联合贡献.这两个 $Q/2$ 球面电荷对这两个球面电势 U_S 的合贡献很难直接处理.于是,将这两个 $Q/2$ 球面电荷整体用待构建的镜像电荷系统代替,要求:

（ⅰ）镜像电荷系统对称地分布在左、右两个导体球内；

（ⅱ）它们联合起来分别为左侧球面和右侧球面提供电势 U_S；

（ⅲ）在已知 U_S 的前提下，若算得镜像系统总电量为 Q'，则根据高斯定理可知，原导体系统带有的电量 Q 必定等于 Q'，于是可得本题待求电容为

$$C = \frac{Q}{U_S} = \frac{Q'}{U_S}$$

如图2.49所示，首先在两球心处虚设一对镜像电荷 q_1，其电量为

$$q_1 = 4\pi\varepsilon_0 R U_S$$

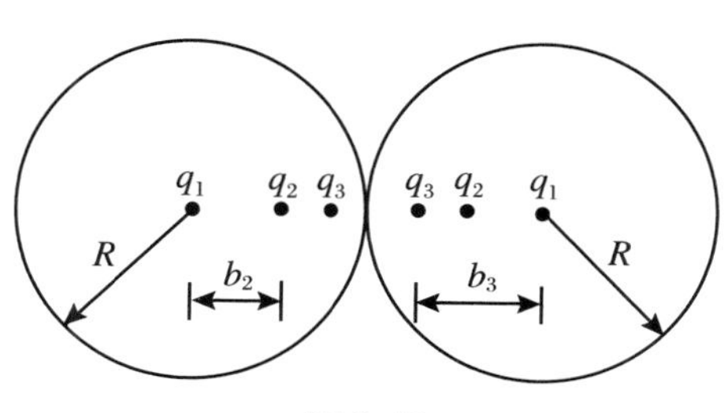

图2.49

于是每个 q_1 在自己的球面上产生的电势为 U_S. 但 q_1 还在对方球面上产生附加电势，为了消除此附加电势，需在对方球体内距球心 b_2 处虚设第二对点电荷 q_2，应有

$$q_2 = -\frac{R}{2R}q_1 = -\frac{q_1}{2},\quad b_2 = \frac{R^2}{2R} = \frac{R}{2}$$

这样，左球心的 q_1 与右球内的 q_2 在右球面上的电势联合贡献为零. 但这一对 q_2 又会在对方球面上引起附加电势，为了消除这一附加电势，又需在两球内引入第三对虚设的点电荷，有

$$q_3 = -\frac{R}{2R - b_2}q_2 = \frac{q_1}{3},\quad b_3 = \frac{R^2}{2R - b_2} = \frac{2}{3}R$$

如此继续下去，则第 n 对虚设点电荷的电量 q_n 及其位置参量 b_n 应满足下述递推关系：

$$q_n = -\frac{R}{2R - b_{n-1}}q_{n-1},\quad b_n = \frac{R^2}{2R - b_{n-1}}$$

两式相除，得

$$b_n = -\frac{Rq_n}{q_{n-1}} \Rightarrow b_{n-1} = -\frac{Rq_{n-1}}{q_{n-2}}$$

将此两式代入前面的 b_n 表述式，得

$$-\frac{Rq_n}{q_{n-1}} = \frac{R^2}{2R + \dfrac{Rq_{n-1}}{q_{n-2}}} \Rightarrow \frac{q_{n-1}}{q_n} + \frac{2q_{n-2} + q_{n-1}}{q_{n-2}} = 0$$

即

$$\frac{1}{q_n} + \frac{2}{q_{n-1}} + \frac{1}{q_{n-2}} = 0$$

已知

$$q_1 = 4\pi\varepsilon_0 R U_S,\quad q_2 = -\frac{q_1}{2}$$

则有

$$q_3 = \frac{q_1}{3}, \quad q_4 = -\frac{q_1}{4}, \quad \cdots$$

猜测通解为

$$q_n = (-1)^{n+1}\frac{q_1}{n}$$

通过验证,此通解满足上述 q_n, q_{n-1}, q_{n-2}之间的递推关系.

当两个球面电势极限值达 U_S时,由 $q_1, q_2, \cdots$镜像电荷对构成的镜像电荷系统的总电量为

$$Q' = \sum_{n=1}^{\infty} 2q_n = 2q_1\left(1 - \frac{1}{2} + \frac{1}{3} - \frac{1}{4} + \cdots\right)$$

利用展开式

$$\ln 2 = 1 - \frac{1}{2} + \frac{1}{3} - \frac{1}{4} + \cdots$$

得

$$Q' = 2q_1 \ln 2 = (8\pi\varepsilon_0 R \ln 2) U_S$$

继而得

$$Q = Q' = (8\pi\varepsilon_0 R \ln 2) U_S$$

所求孤立导体电容便为

$$C = \frac{Q}{U_S} = 8\pi\varepsilon_0 R \ln 2$$

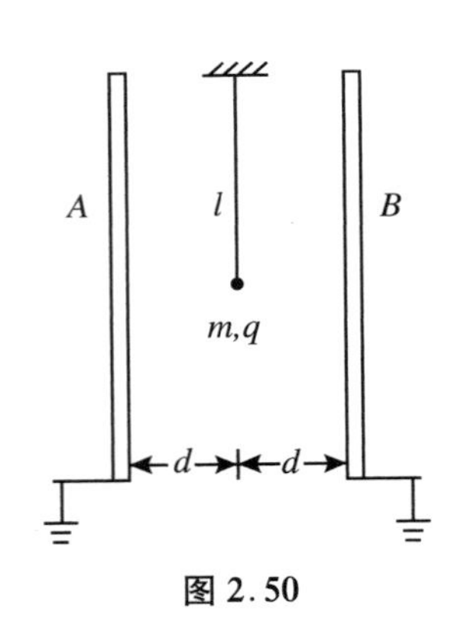

图 2.50

例 18 如图 2.50 所示,两块足够大的接地导体平板 A 和 B 平行竖直放置,相距 $2d$, $d = 10$ cm. 在两板之间的中央位置,用长 $l = 1$ m 的绝缘细线悬挂一个质量 $m = 0.1$ g、电量 $q = 5 \times 10^{-9}$ C 的小摆球. 让小摆球稍稍偏离平衡位置后释放,使之做小角度摆动. 忽略各种电磁阻尼和空气阻尼,试求小球的摆动周期 T.

解 当摆球的运动轨迹是圆弧,摆角很小时,可近似处理成水平面的直线. 当摆球在板间运动时,因摆球带电,两接地导体板上会产生非均匀分布的感应电荷,感应电荷对带电小球的作用可等效为一系列镜像点电荷的水平作用力. 摆线张力的水平分量与水平方向电作用力的合力为摆球水平方向运动提供线性回复力.

当摆球在板间中间位置时,为使接地导体板 A 的电势为零,需在 A 左侧 d 处对称地有一电量为 $-q$ 的镜像点电荷,记为 $-q_{A1}$;为使 B 的电势为零,需在 B 右侧 d 处对称地有一电量为 $-q$ 的镜像点电荷,记为 $-q_{B1}$. 由于 $-q_{B1}$对 A 的非零电势贡献,为使 A 的电势仍为零,需在 A 左侧 $3d$ 处再对称地有电量为 q 的镜像点电荷,记为 q_{A2}. 同样,由于 $-q_{A1}$对 B 的非零电势贡献,为使 B 的电势仍为零,需在 B 右侧 $3d$ 处再对称地有电量为 q 的镜像点电荷,记为 q_{B2}. 同样,为了消除 q_{B2}对 A 和 q_{A2}对 B 的非零电势贡献,又需再有一对镜像点电荷 $-q_{A3}$, $-q_{B3}$. 如此继续下去,形成左、右对称的镜像点电荷的无限系列.

当摆球偏离中央位置时,也有相应的左、右无限系列的镜像点电荷. 为讨论方便,取摆球的中央位置为原点,建立水平向右的 x 轴,则当摆球在 x 位置时,各镜像点电荷的位置如图 2.51 所示.

各镜像点电荷(简称电荷)的位置及其与带电摆球之间的距离(简称距离)如下:

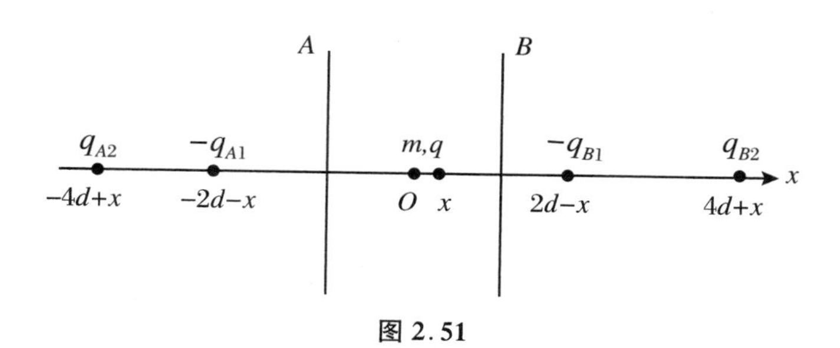

图 2.51

电荷	$-q_{A1}$	$-q_{B1}$	q_{A2}	q_{B2}	$-q_{A3}$	$-q_{B3}$	q_{A4}	q_{B4}	…
位置	$-2d-x$	$2d-x$	$-4d+x$	$4d+x$	$-6d-x$	$6d-x$	$-8d+x$	$8d+x$	…
距离	$2d+2x$	$2d-2x$	$4d$	$4d$	$6d+2x$	$6d-2x$	$8d$	$8d$	…

这些镜像点电荷对摆球静电作用的合力为

$$\begin{aligned}F_{x1} &= \frac{q^2}{4\pi\varepsilon_0}\left\{\left[\frac{1}{(2d-2x)^2}+\frac{1}{(4d)^2}+\frac{1}{(6d-2x)^2}+\frac{1}{(8d)^2}+\cdots\right]\right.\\&\quad\left.-\left[\frac{1}{(2d+2x)^2}+\frac{1}{(4d)^2}+\frac{1}{(6d+2x)^2}+\frac{1}{(8d)^2}+\cdots\right]\right\}\\&=\frac{q^2}{4\pi\varepsilon_0}\left\{\left[\frac{1}{(2d-2x)^2}-\frac{1}{(2d+2x)^2}\right]+\left[\frac{1}{(6d-2x)^2}-\frac{1}{(6d+2x)^2}\right]+\cdots\right\}\end{aligned}$$

因 $|x|\ll d$，近似有

$$F_{x1}=\frac{q^2}{4\pi\varepsilon_0}\left[\frac{x}{d^3}+\frac{x}{(3d)^3}+\frac{x}{(5d)^3}+\cdots\right]=\frac{q^2}{4\pi\varepsilon_0 d^3}\left(1+\frac{1}{3^3}+\frac{1}{5^3}+\cdots\right)x$$

式中

$$1+\frac{1}{3^3}+\frac{1}{5^3}+\cdots\approx 1.052$$

得

$$F_{x1}=2.367\times10^{-4}x\ \mathrm{N/m}$$

当摆球在 x 位置时，所受摆线张力的水平分量为

$$F_{x2}=-mg\frac{x}{l}=-9.8\times10^{-4}x\ \mathrm{N/m}$$

摆球所受合力为

$$F_x=F_{x1}+F_{x2}=-7.433\times10^{-4}x\ \mathrm{N/m}$$

这是一个线性回复力，摆球做简谐振动，振动周期为

$$T=2\pi\sqrt{\frac{m}{k}},m=0.1\ \mathrm{g},k=7.433\times10^{-4}\ \mathrm{N/m}\quad\Rightarrow\quad T=2.3\ \mathrm{s}$$

例 19　如图 2.52 所示的两块大金属平板 A，B 均接地，在两板之间放入点电荷 q，与 A 板相距 r，与 B 板相距 R，试求 A，B 两板各自的感应电荷总量 q_A，q_B.

解　采用静电镜像法，得无穷系列镜像电荷分布. 继而可得 A，B 两板各自内侧面外无限靠近内侧面、呈中心对称分布的场强 $E_{SA}\propto q$，$E_{SB}\propto q$，可引入呈中心对称分布的感应电荷面密度：

$$\sigma_A=\varepsilon_0E_{SA}\propto q,\quad \sigma_B=\varepsilon_0E_{SB}\propto q$$

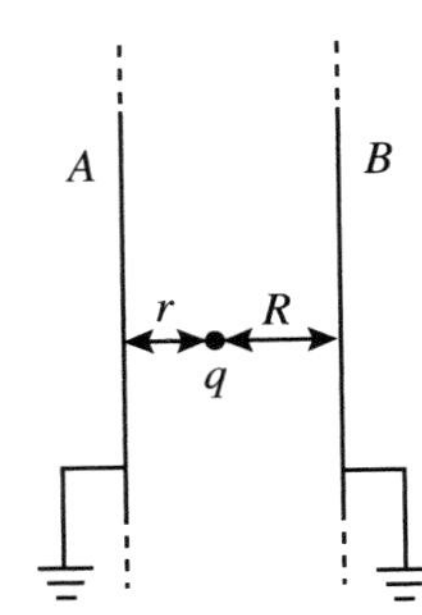

图 2.52

对称中心为点电荷 q 对应的点.

σ_A,σ_B 分别在 A,B 内侧面上积分,即可得

$$q_A=\iint_{SA}\sigma_A\mathrm{d}S=\iint_{SA}\varepsilon_0\boldsymbol{E}_{SA}\cdot\mathrm{d}\boldsymbol{S}\overset{\text{记为}}{=\!=}K_Aq$$

$$q_B=\iint_{SB}\sigma_B\mathrm{d}S=\iint_{SB}\varepsilon_0\boldsymbol{E}_{SB}\cdot\mathrm{d}\boldsymbol{S}\overset{\text{记为}}{=\!=}K_Bq$$

但 $\boldsymbol{E}_{SA},\boldsymbol{E}_{SB}$ 不易求解,故改取下面的方法求解.

过 q 所在位置作一个与 A,B 板平行的平面,记为 S_q.

将 q 从原点位移动到 S_q 上任一其他位置,随着 A,B 板上对称中心的移动,$\boldsymbol{E}_{SA},\boldsymbol{E}_{SB}$ 乃至 σ_A,σ_B 的分布发生变化,但因积分面模型化为"无穷大"平面,故不会改变

$$\iint_{SA}\varepsilon_0\boldsymbol{E}_{SA}\cdot\mathrm{d}\boldsymbol{S}\quad\text{和}\quad\iint_{SB}\varepsilon_0\boldsymbol{E}_{SB}\cdot\mathrm{d}\boldsymbol{S}$$

的积分值,即 A,B 两板各自的感应电荷总量 q_A,q_B 不会改变.

将 q 分解为两个点电荷:

$$q=q_1+q_2$$

把点电荷 q_1,q_2 分别放在 S_q 上任意两个位置,各自产生分布场强:

$$\boldsymbol{E}_{SA}(1)\propto q_1,\quad \boldsymbol{E}_{SB}(1)\propto q_1\quad(\text{分布中心由 } q_1 \text{ 位置确定})$$

$$\boldsymbol{E}_{SA}(2)\propto q_2,\quad \boldsymbol{E}_{SB}(2)\propto q_2\quad(\text{分布中心由 } q_2 \text{ 位置确定})$$

合场强分布为

$$\boldsymbol{E}_{SA}=\boldsymbol{E}_{SA}(1)+\boldsymbol{E}_{SA}(2),\quad \boldsymbol{E}_{SB}=\boldsymbol{E}_{SB}(1)+\boldsymbol{E}_{SB}(2)$$

此时 $\boldsymbol{E}_{SA},\boldsymbol{E}_{SB}$ 不再是中心对称分布. A,B 两板各自的感应电荷总量分别为

$$q_A(1,2)=\iint_{SA}\varepsilon_0\boldsymbol{E}_{SA}\cdot\mathrm{d}\boldsymbol{S}=\iint_{SA}\varepsilon_0\boldsymbol{E}_{SA}(1)\cdot\mathrm{d}\boldsymbol{S}+\iint_{SA}\varepsilon_0\boldsymbol{E}_{SA}(2)\cdot\mathrm{d}\boldsymbol{S}=K_A(q_1+q_2)$$

$$q_B(1,2)=\iint_{SB}\varepsilon_0\boldsymbol{E}_{SB}\cdot\mathrm{d}\boldsymbol{S}=\iint_{SB}\varepsilon_0\boldsymbol{E}_{SB}(1)\cdot\mathrm{d}\boldsymbol{S}+\iint_{SB}\varepsilon_0\boldsymbol{E}_{SB}(2)\cdot\mathrm{d}\boldsymbol{S}=K_B(q_1+q_2)$$

即仍有

$$q_A(1,2)=q_A,\quad q_B(1,2)=q_B$$

将 q 分解为点电荷系$\{q_i\}$,使

$$q=\sum q_i$$

将各个 q_i 分别放在 S_q 上不同位置,各自产生分布场强:

$$E_{SA}(i)\propto q_i,\quad E_{SB}(i)\propto q_i$$

合场强分布为

$$\boldsymbol{E}_{SA}=\sum\boldsymbol{E}_{SA}(i),\quad \boldsymbol{E}_{SB}=\sum\boldsymbol{E}_{SB}(i)$$

A,B 两板各自的感应电荷总量分别为

$$q_A^*=\iint_{SA}\varepsilon_0\boldsymbol{E}_{SA}\cdot\mathrm{d}\boldsymbol{S}=\sum\iint_{SA}\varepsilon_0\boldsymbol{E}_{SA}(i)\cdot\mathrm{d}\boldsymbol{S}=\sum K_Aq_i=K_A\sum q_i=K_Aq$$

$$q_B^*=\iint_{SB}\varepsilon_0\boldsymbol{E}_{SB}\cdot\mathrm{d}\boldsymbol{S}=\sum\iint_{SB}\varepsilon_0\boldsymbol{E}_{SB}(i)\cdot\mathrm{d}\boldsymbol{S}=\sum K_Bq_i=K_B\sum q_i=K_Bq$$

即仍有

$$q_A^*=q_A,\quad q_B^*=q_B$$

将 q 均匀地分布在 S_q 面上，使 A，B 两板各自的感应电荷分布改变为均匀分布，但各自的感应电荷总量 q_A，q_B 不变. 如图 2.53 所示，将 $S_A = S_B = S_q$ 同记为 S，电荷面密度分别记为

$$\sigma_A = \frac{q_A}{S}, \quad \sigma_B = \frac{q_B}{S}, \quad \sigma = \frac{q}{S}$$

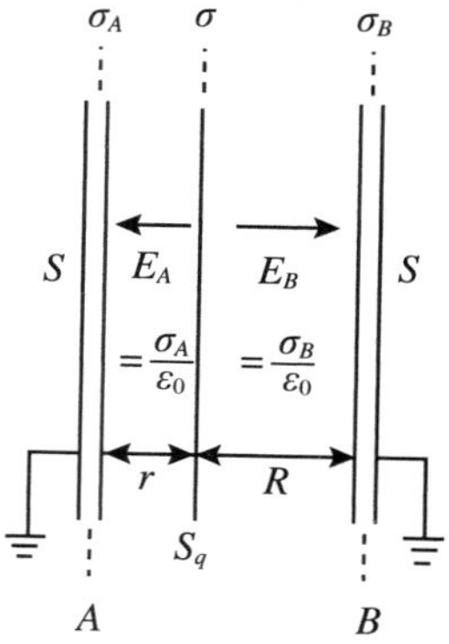

图 2.53

S_q 为等势面，得

$$\frac{\sigma_A}{\varepsilon_0} r = \frac{\sigma_B}{\varepsilon_0} R$$

根据高斯定理，又有

$$\sigma_A + \sigma_B + \sigma = 0$$

解得

$$\sigma_A = -\frac{R}{R+r}\sigma, \quad \sigma_B = -\frac{r}{R+r}\sigma$$

即得

$$q_A = -\frac{R}{R+r}q, \quad q_B = -\frac{r}{R+r}q$$

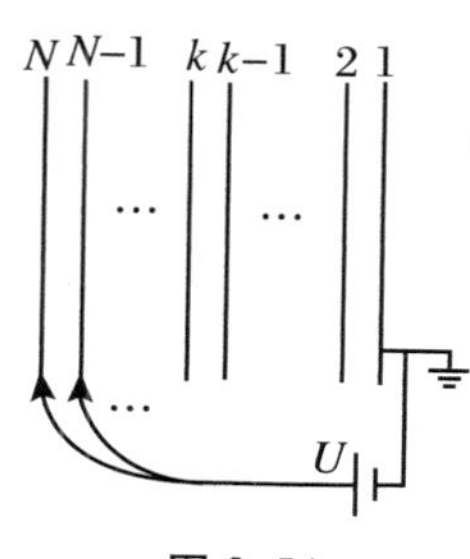

图 2.54

例 20　N 块不带电导体圆板共轴等距平行放置，并依次编号，如图 2.54 所示，彼此间距比板的直径小得多. 电动势为 U 的电源的负极与第 1 块板相连并接地，正极依次与第 N 块板，第 $N-1$ 块板，…，第 k 块板，…，第 3 块板，第 2 块板相连. 求：

(1) 第 k 块板与第 1 块板所带电量绝对值之比 $|q_k| : |q_1|$；

(2) 第 k 块板的电势 U_k.

解　(1) 设相邻两导体板间的电容为 C，则当电源正极与第 N 块板相连时，电源犹如接在串联的 $N-1$ 个电容的两端，因而在第 N 块板上将带电量

$$q_N = U \cdot \frac{C}{N-1}$$

与此同时，第 $N-1$ 块板的左表面带 $-q_N$ 电量，右表面带 $+q_N$ 电量，其余各块导体板的带电情况与第 $N-1$ 块相仿. 当电池正极接着与第 $N-1$ 块板相连时，板左表面的电荷因被第 N 块板的正电荷吸引，不再发生变化，而右表面则成为 $N-2$ 个串联电容的正极而带电量

$$q'_{N-1} = U \cdot \frac{C}{N-2}$$

因而，第 $N-1$ 块板的总带电量为

$$q_{N-1} = -U\frac{C}{N-1} + U\frac{C}{N-2} = UC\left(\frac{1}{N-2} - \frac{1}{N-1}\right)$$

依次类推，第 k 块板的带电量为

$$q_k = UC\left(\frac{1}{k-1} - \frac{1}{k}\right)$$

而显然

$$q_1 = -UC$$

所以

$$|q_k| : |q_1| = \left(\frac{1}{k-1} - \frac{1}{k}\right) : 1$$

(2) 由以上分析可知,第 N 块板与第 $N-1$ 块板间的电势差为 $U/(N-1)$,第 $N-1$ 块板与第 $N-2$ 块板间的电势差为 $U/(N-2)$,依次类推,故第 k 块板的电势为

$$U_k = U\left(\frac{1}{k-1} + \frac{1}{k-2} + \cdots + \frac{1}{2} + 1\right)$$

思 考 题

1. 无限大均匀带电平面两侧的场强为 $E=\frac{\sigma}{2\varepsilon_0}$,而在静电平衡时,导体表面的场强为 $E=\frac{\sigma}{\varepsilon_0}$,后者比前者大一倍,为什么?

2. 一孤立带电导体球,其表面附近的场强沿什么方向?当把另一个带电体移近这个导体球时,球表面附近的场强将沿什么方向?

3. 一大一小两个彼此远离的金属球,所带电荷等量同号,则两个球的电势是否相等?电容是否相等?若用一细导线把两球连接起来,是否会有电荷流动?

4. 将一带正电荷的导体先后靠近接地导体和绝缘导体,则接地导体和绝缘导体的电势将如何变化?

5. 如何描述导体表面曲率与表面电荷密度的关系?能否说表面曲率与表面电荷面密度成正比?

6. 一带电导体放在封闭的金属壳内部,若将另一带电导体从外面移近金属壳,壳内的电场是否会改变?金属壳及壳内带电体的电势是否会改变?金属壳和壳内带电体间的电势差是否会改变?

7. 金属壳内部有两个带异号等值电荷的带电体,则壳外的电场如何?

8. 一个封闭的导体壳能够屏蔽静电场,那么一个封闭的物质壳能够屏蔽万有引力场吗?说明两者的不同.

9. 判断下面说法是否正确:两个带电导体球之间的库仑力等于将每个球的电量集中于球心所得到的两个点电荷之间的库仑力.

10. 一对相同的电容器,先后串联、并联后连接到相同的电源上,试问哪种情况下用手触及极板较为危险?说明原因.

11. 为什么点电荷系统相互作用能的公式 $W=\frac{1}{2}\sum q_iU_i$ 中有因子$\frac{1}{2}$,而点电荷在外电场中的电势能公式 $W=qU$ 中没有这个因子?请简要分析.

12. 为什么高压电气设备周围通常会围上一接地金属栅栏网?试简述其原理.

13. 电介质的极化现象和导体静电感应现象有什么区别?

14. 自由电荷与极化电荷的主要区别是什么?

15. 试指出下列公式的成立条件:

$$\boldsymbol{D}=\varepsilon_0\boldsymbol{E}+\boldsymbol{P}$$
$$\boldsymbol{D}=\varepsilon\boldsymbol{E}$$
$$\boldsymbol{P}=\chi_e\varepsilon_0\boldsymbol{E}$$

习　　题

1. 两块大小相同的平行金属板所带的电量 Q_1 和 Q_2 不相等，$Q_1>Q_2$，略去边缘效应．证明：(1) 相向两面上电荷的面密度大小相等而符号相反，相背两面上电荷的面密度大小相等且符号相同；(2) 相向两面上的电量分别为 $(Q_1-Q_2)/2$ 和 $(Q_2-Q_1)/2$，相背两面上的电量均为 $(Q_1+Q_2)/2$．

2. 一金属球有电量 Q，其半径为 a，球外有一内半径为 b 的同心金属球壳，球壳接地，球与壳间充满介质，其相对介电常数 ε_r 与到球心的距离 r 的关系是 $\varepsilon_r=\dfrac{k+r}{r}$，式中 k 是常数．证明：在介质中，离球心为 r 处的电势 $U=\dfrac{Q}{4\pi\varepsilon_0 k}\ln\dfrac{b(r+k)}{r(k+b)}$．

3. 有一个带电小球，外有一同心的接地导体球壳（球壳的外半径为 R），在球壳外距离球心为 d 处有一电荷量为 q 的点电荷．试求导体球壳外表面上的总电荷量．

4. 金属球 A 的半径为 R_1，外面套有一个同心的金属球壳 B，B 的内外半径分别为 R_2 和 $R_3(R_3>R_2>R_1)$．现在给 A 带上电量．

(1) 求离球心为 r 处的电场强度 $\boldsymbol{E}$ 和电势 U；

(2) 求球与壳的电势差．

5. 三个不带电的同心导体薄球壳，壳厚度都可忽略不计，半径分别为 $2r$、$4r$、$6r$．现在球心放一点电荷 Q，如图 2.55 所示，A、B、C 三点到球心的距离分别为 r、$3r$、$5r$．试问在三个导体球壳上分别放上多少电荷量，才能使 A、B、C 三点的电场强度大小都相等？

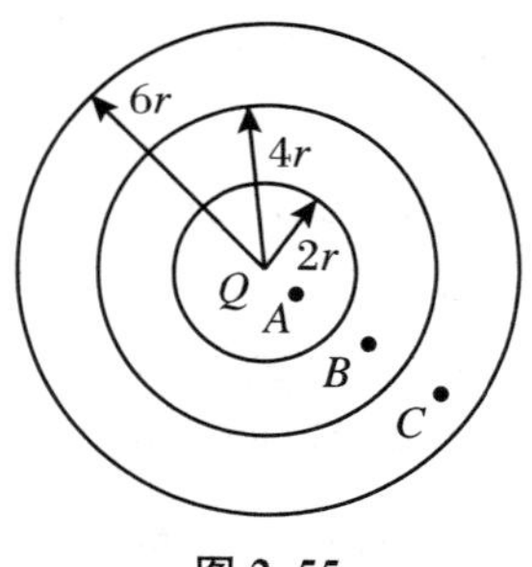

图 2.55

6. 若球形电容器的两个球壳的半径近似相等（$R_2>R_1$ 且 $R_2\approx R_1$），试证明：在此条件下，球形电容器可以看成一个平板电容器，其电容 C 可以近似使用平板电容器的公式计算（可令 $R_2-R_1=d$）．

7. 一平行板电容器两极板的面积都是 S，相距为 d，分别维持电势 $U_A=U$ 和 $U_B=0$ 不变．现将一块带有电荷量 q 的导体薄片（其厚度可略去不计）放在两极板的正中间，薄片的面积也是 S，如图 2.56 所示．略去边缘效应，试求薄片的电势．

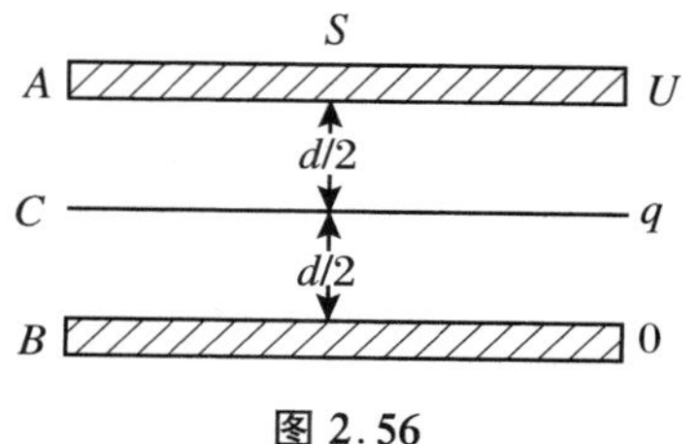

图 2.56

8．一电容器由三片面积都是 6.0 cm^2 的锡箔构成，相邻两箔间的距离都是 0.10 mm，外边两箔片连在一起构成一极，中间箔片作为另一极，如图 2.57 所示.(1) 求电容 C；(2) 若在这个电容器上加 220 V 的电压，问三片锡箔上电荷的面密度各是多少？

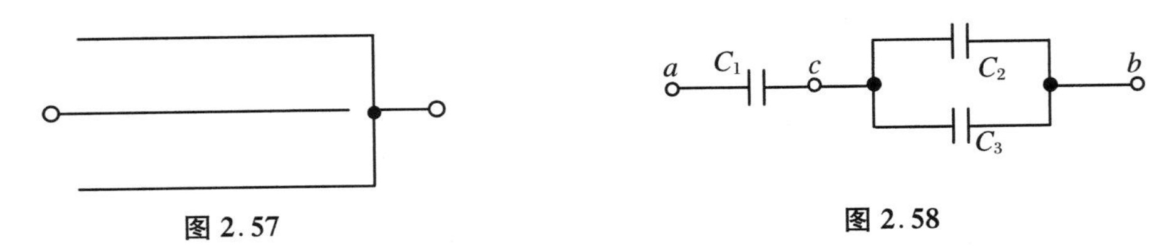

图 2.57　　图 2.58

9．如图 2.58 所示，$C_1=3.0\ \mu\mathrm{F}$，$C_2=4.0\ \mu\mathrm{F}$，$C_3=2.0\ \mu\mathrm{F}$，$U_a=120$ V，b 点接地(电势为零).求各电容器上的电量和 c 点的电势 U_c.

10．两个电容器 C_1 和 C_2，分别标明 C_1:200 pF－500 V，C_2:300 μF－900 V.把它们串联后，加上 1000 V 电压，问是否会被击穿？

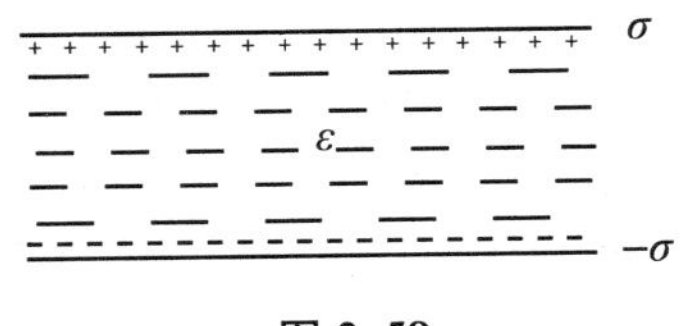

图 2.59

11．一平行板电容器两极板间充满了介电常数为 ε 的均匀介质，已知两极板上电荷量的面密度分别为 σ 和 $-\sigma$，如图 2.59 所示.略去边缘效应，试求介质中的电场强度 $\boldsymbol{E}$、极化强度 $\boldsymbol{P}$、电位移 $\boldsymbol{D}$ 和极化电荷面密度 σ'.

12．有一个平行板电容器，两极板间距为 d，面积均为 S，极板间充满电介质，电介质的相对介电常数是线性变化的，在一个极板处为 ε_1，在另一极板处为 ε_2，且满足 $\varepsilon_r=\varepsilon_1+\dfrac{\varepsilon_2-\varepsilon_1}{d}x$，若略去边缘效应，试计算此电容器的电容 C.

13．电势差为 U 的电源与一个平行板电容器相连接，电容器两极板间的距离为 d.将一电介质放入电容器内，充满两极板间的全部空间，此电介质的相对介电常数为 ε_r.试问两极板上电荷面密度变化是多少？

14．球形电容器是由两个同心的导体球壳构成的，内壳的外半径为 a，外壳的内半径为 b，两壳间是空气.(1) 试求这个电容器的电容 C；(2) 试证明：当两球壳相距很近(即 $b-a\ll a$)时，C 的表达式趋于平行板电容器的电容公式.

15．如图 2.60 所示为一平行板电容器，两极板的面积都是 S，相距为 d，今在其间平行地插入厚度为 t、相对介电常数为 ε_r 的均匀电介质，其面积为 $\dfrac{S}{2}$.设两板分别带电荷 $+q$ 和 $-q$，略去边缘效应，求：(1) 两极板间的电势差；(2) 电容 C；(3) 介质的极化电荷面密度 σ'.

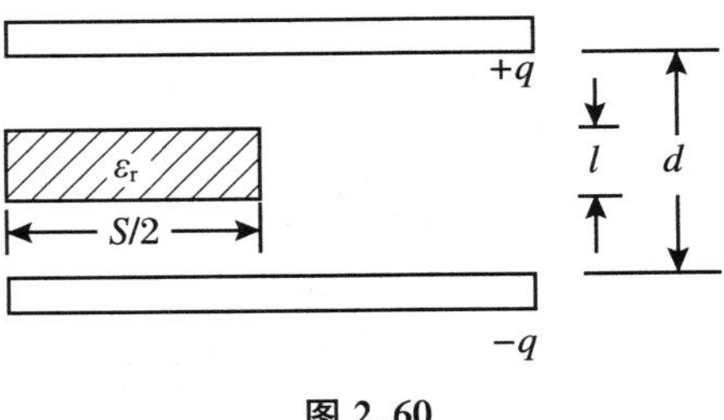

图 2.60

16. 有两根平行长直导线(半径都为 a)相距为 d,且满足条件 $d \gg a$,求单位长度的电容.

17. 半径为 R 的金属球带有电荷量 Q,处在介电常数为 ε 的无限大均匀介质中.试求介质内离球心为 r 处的电场强度 $\boldsymbol{E}$、电位移 $\boldsymbol{D}$、极化强度 $\boldsymbol{P}$ 和极化电荷面密度 σ'.

18. 一个圆柱形电容器是由一长直导线(半径为 R_1)和套在其外面且与之共轴的导体圆筒(内半径为 R_2)构成的.试证:电容器所储存的能量有一半是在半径为 $r=\sqrt{R_1R_2}$ 的圆柱体内.

19. 平行板电容器的极板面积为 S,间距为 d,其中夹了一厚度为 d 的玻璃介质板,相对介电系数为 ε_r.现在下述情况下将玻璃板移开,问:电容器的能量如何变化?移开玻璃板所需做的机械功是多少?(1) 电容器始终与电动势为 U 的电源相接;(2) 将电容器充电至电势差为 U 后,断开电源,再抽出玻璃板.

习 题 解 答

1. (1) 设两块导体板各面如图2.61所示,则

$$\sigma_1 S+\sigma_2 S=Q_1 \quad ①$$

$$\sigma_3 S+\sigma_4 S=Q_2 \quad ②$$

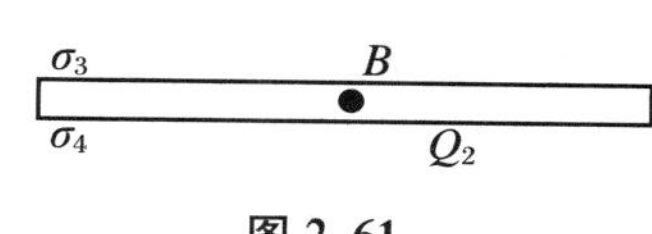

图2.61

对于带电量为 Q_1 的板内任一点 A,$E_A=0$,则有

$$-\frac{\sigma_1}{2\varepsilon_0}+\frac{\sigma_2}{2\varepsilon_0}+\frac{\sigma_3}{2\varepsilon_0}+\frac{\sigma_4}{2\varepsilon_0}=0$$

$$-\sigma_1+\sigma_2+\sigma_3+\sigma_4=0 \quad ③$$

同理,对于带电量为 Q_2 的板内任一点 B,$E_B=0$,则有

$$+\sigma_4-\sigma_1-\sigma_2-\sigma_3=0 \quad ④$$

由③+④得

$$\sigma_4-\sigma_1=0 \quad ⑤$$

$$\sigma_4=\sigma_1 \quad ⑥$$

代入式④得

$$\sigma_2=-\sigma_3 \quad ⑦$$

(2) 由①+②得

$$\sigma_1 S+\sigma_2 S+\sigma_3 S+\sigma_4 S=Q_1+Q_2 \quad ⑧$$

将式⑥、式⑦代入式⑧,得

$$\sigma_1=\sigma_4=\frac{Q_1+Q_2}{2S},\quad \sigma_2=-\sigma_3=\frac{Q_1-Q_2}{2S}$$

即相向两面上的带电量分别为 $\frac{Q_1-Q_2}{2}$ 和 $\frac{Q_2-Q_1}{2}$,相背两面上的带电量均为 $\frac{Q_1+Q_2}{2}$.

2. 在介质中作一与球共心的高斯面,如图2.62所示($a<r<b$),根据介质中的高斯定理 $\oiint_S \boldsymbol{D}\cdot \mathrm{d}\boldsymbol{S}=Q$,解得

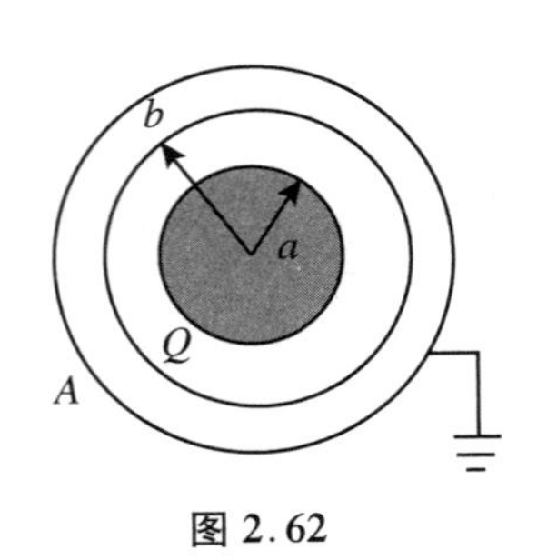

图 2.62

$$\boldsymbol{D} = \frac{Q}{4\pi r^2}\boldsymbol{r}^0 \quad (a < r < b)$$

在介质中，有

$$\boldsymbol{E} = \frac{\boldsymbol{D}}{\varepsilon_0 \varepsilon_r} = \frac{Q}{4\pi r^2 \varepsilon_0 \varepsilon_r}\boldsymbol{r}^0 = \frac{Q}{4\pi\varepsilon_0 r(k+r)}\boldsymbol{r}^0$$

则 A 点的电势为

$$\begin{aligned} U_A &= \int_r^b \boldsymbol{E} \cdot \mathrm{d}\boldsymbol{r} = \int_r^b \frac{Q}{4\pi\varepsilon_0 r(k+r)}\mathrm{d}r \\ &= \frac{Q}{4\pi\varepsilon_0}\int_r^b \frac{1}{r(k+r)}\mathrm{d}r \\ &= \frac{Q}{4\pi\varepsilon_0 k}\int_r^b \left(\frac{1}{r} - \frac{1}{k+r}\right)\mathrm{d}r \\ &= \frac{Q}{4\pi\varepsilon_0 k}\left(\ln\frac{b}{r} - \ln\frac{k+b}{k+r}\right) \\ &= \frac{Q}{4\pi\varepsilon_0 k}\ln\frac{b(k+r)}{r(k+b)} \end{aligned}$$

3. 依题意，设带电小球的半径为 R_1，带电为 $+Q$，则球壳内表面带电为 $-Q$，设球壳内表面的半径为 R_2，球壳外表面带电为 q_x(待求).

由于导体球壳接地，$U_{球壳}=0$，球心的电势为

$$U_{球心} = \int_{R_1}^{R_2} \boldsymbol{E} \cdot \mathrm{d}\boldsymbol{l} = \int_{R_1}^{R_2} \frac{Q}{4\pi\varepsilon_0}\frac{\mathrm{d}r}{r^2} = \frac{Q}{4\pi\varepsilon_0}\left(\frac{1}{R_1} - \frac{1}{R_2}\right) \quad ①$$

注意到球心的电势也可以用三个带电球面和点电荷 q 分别在球心处产生的电势的代数和来计算，即

$$U_{球心} = \frac{1}{4\pi\varepsilon_0}\left(\frac{Q}{R_1} - \frac{Q}{R_2} + \frac{q_x}{R} + \frac{q}{d}\right) \quad ②$$

比较①②两式，可得

$$q_x = -\frac{R}{d}q$$

4. (1) 如图 2.63 所示，由于同心金属球和球壳周围的电场具有球对称性，由高斯定理，可求得电场强度分布为

$$\boldsymbol{E}_1 = \boldsymbol{0}, \quad r < R_1$$

$$\boldsymbol{E}_2 = \frac{q}{4\pi\varepsilon_0 r^2}\boldsymbol{r}^0, \quad R_1 < r < R_2$$

$$\boldsymbol{E}_3 = \boldsymbol{0}, \quad R_2 < r < R_3$$

$$\boldsymbol{E}_4 = \frac{q}{4\pi\varepsilon_0 r^2}\boldsymbol{r}^0, \quad R_3 < r < \infty$$

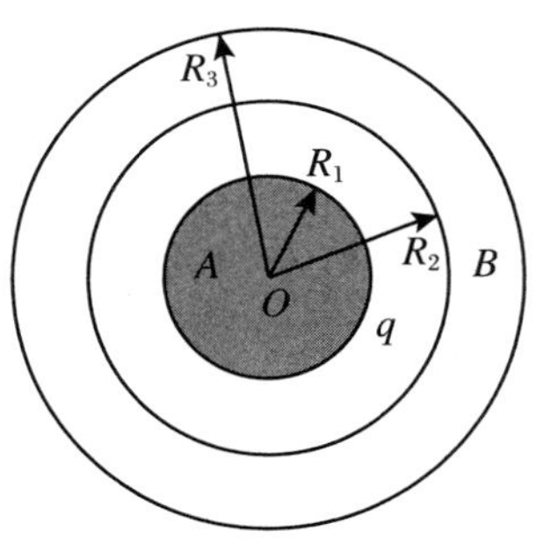

图 2.63

若 $r > R_3$，则该点的电势为

$$U_1 = \int_r^\infty \boldsymbol{E}_4 \cdot \mathrm{d}\boldsymbol{r} = \int_r^\infty \frac{q}{4\pi\varepsilon_0 r^2}\mathrm{d}r = \frac{q}{4\pi\varepsilon_0 r}$$

若 $R_2 < r < R_3$，则

$$U_2 = \int_r^\infty \boldsymbol{E} \cdot \mathrm{d}\boldsymbol{r} = \int_r^{R_3} \boldsymbol{E}_3 \cdot \mathrm{d}\boldsymbol{r} + \int_{R_3}^\infty \boldsymbol{E}_4 \cdot \mathrm{d}\boldsymbol{r} = \frac{q}{4\pi\varepsilon_0 R_3}$$

若 $R_1<r<R_2$,则

$$U_3=\int_r^{\infty}\boldsymbol{E}\cdot\mathrm{d}\boldsymbol{r}=\int_r^{R_2}\boldsymbol{E}_2\cdot\mathrm{d}\boldsymbol{r}+\int_{R_2}^{R_3}\boldsymbol{E}_3\cdot\mathrm{d}\boldsymbol{r}+\int_{R_3}^{\infty}\boldsymbol{E}_4\cdot\mathrm{d}\boldsymbol{r}$$

$$=\int_r^{R_2}\frac{q}{4\pi\varepsilon_0 r^2}\mathrm{d}r+0+\int_{R_3}^{\infty}\frac{q}{4\pi\varepsilon_0 r^2}\mathrm{d}r$$

$$=\frac{q}{4\pi\varepsilon_0}\left(\frac{1}{r}-\frac{1}{R_2}\right)+\frac{q}{4\pi\varepsilon_0 R_3}$$

若 $r<R_1$,则

$$U_4=\int_r^{\infty}\boldsymbol{E}\cdot\mathrm{d}\boldsymbol{r}=\int_r^{R_1}\boldsymbol{E}_1\cdot\mathrm{d}\boldsymbol{r}+\int_{R_1}^{R_2}\boldsymbol{E}_2\cdot\mathrm{d}\boldsymbol{r}+\int_{R_2}^{R_3}\boldsymbol{E}_3\cdot\mathrm{d}\boldsymbol{r}+\int_{R_3}^{\infty}\boldsymbol{E}_4\cdot\mathrm{d}\boldsymbol{r}$$

$$=0+\int_{R_1}^{R_2}\frac{q}{4\pi\varepsilon_0 r^2}\mathrm{d}r+0+\int_{R_3}^{\infty}\frac{q}{4\pi\varepsilon_0 r^2}\mathrm{d}r$$

$$=\frac{q}{4\pi\varepsilon_0}\left(\frac{1}{R_1}-\frac{1}{R_2}\right)+\frac{q}{4\pi\varepsilon_0 R_3}$$

(2) 球面与球壳间的电势差为

$$\Delta U=\int_{R_1}^{R_2}\boldsymbol{E}\cdot\mathrm{d}\boldsymbol{r}=\int_{R_1}^{R_2}\frac{q}{4\pi\varepsilon_0 r^2}\mathrm{d}r=\frac{q(R_2-R_1)}{4\pi\varepsilon_0 R_1 R_2}$$

5. 设在半径为 $2r$ 的导体球壳上放电荷量 Q_2,在半径为 $4r$ 的导体球壳上放电荷量 Q_4. 在静电平衡时,根据对称性,它们都均匀分布在各自球壳上. 由高斯定理可得,均匀球面电荷在球面内产生的电场强度为零,在球面外产生的电场强度等于电荷都集中在球心时所产生的电场强度. 则 A、B、C 三点电场强度的大小分别为

$$E_A=\frac{Q}{4\pi\varepsilon_0}\frac{1}{r^2}$$

$$E_B=\frac{Q+Q_2}{4\pi\varepsilon_0}\frac{1}{(3r)^2}=\frac{Q+Q_2}{4\pi\varepsilon_0}\frac{1}{9r^2}$$

$$E_C=\frac{Q+Q_2+Q_4}{4\pi\varepsilon_0}\frac{1}{(5r)^2}=\frac{Q+Q_2+Q_4}{4\pi\varepsilon_0}\frac{1}{25r^2}$$

由 $E_A=E_B$ 得

$$Q_2=8Q$$

由 $E_A=E_C$ 得

$$Q=\frac{Q+Q_2+Q_4}{25}$$

于是可得

$$Q_4=16Q$$

至于半径为 $6r$ 的球壳上放多少电荷量,由于它在球壳内产生的电场强度为零,故对以上结果没有影响.

6. 设内球壳带有电荷 Q,由高斯定理可以求得两球壳(极板)间的场强为

$$E=\frac{1}{4\pi\varepsilon_0}\frac{Q}{r^2}$$

则两球壳间的电势差为

$$U=\frac{Q}{4\pi\varepsilon_0}\int_{R_1}^{R_2}\frac{1}{r^2}\mathrm{d}r=\frac{Q}{4\pi\varepsilon_0}\frac{R_2-R_1}{R_1 R_2}$$

故球形电容器的电容为

$$C = \frac{4\pi\varepsilon_0 R_1 R_2}{R_2 - R_1}$$

而当 $R_2 > R_1$ 且 $R_2 \approx R_1$，即 $R_2 - R_1 = d$ 趋于0时，其平均极板面积 $S = 4\pi R_1 R_2$，则有 $C = \frac{\varepsilon_0 S}{d}$，这就是平板电容器的电容.

7. 为了求薄片的电势，需要知道 A、C 间的电场强度 E_{AC} 和 C、B 间的电场强度 E_{CB}. 而为了求电场强度，需要知道电荷量的面密度. 设 A、C、B 三个板相向面上的电荷量的面密度分别为 σ_A、σ_{CA}、σ_{CB} 和 σ_B，则由高斯定理得

$$\sigma_A + \sigma_{CA} = 0, \quad \sigma_B + \sigma_{CB} = 0$$

所以

$$\sigma_A + \sigma_B = -(\sigma_{CA} + \sigma_{CB}) = -\frac{q}{S} \qquad ①$$

由无穷大平面均匀电荷产生的电场强度的公式得

$$\boldsymbol{E}_{AC} = \frac{\sigma_A}{\varepsilon_0}\boldsymbol{e}, \quad \boldsymbol{E}_{CB} = -\frac{\sigma_B}{\varepsilon_0}\boldsymbol{e}$$

式中，$\boldsymbol{e}$ 为垂直于板面的单位矢量，由 A 指向 B. 于是得

$$U_A - U_B = U = \int_A^B \boldsymbol{E} \cdot \mathrm{d}\boldsymbol{l} = \int_A^C \boldsymbol{E}_{AC} \cdot \mathrm{d}\boldsymbol{l} + \int_C^B \boldsymbol{E}_{CB} \cdot \mathrm{d}\boldsymbol{l}$$

$$= \frac{\sigma_A}{\varepsilon_0}\frac{d}{2} - \frac{\sigma_B}{\varepsilon_0}\frac{d}{2} = (\sigma_A - \sigma_B)\frac{d}{2\varepsilon_0}$$

所以

$$\sigma_A - \sigma_B = \frac{2\varepsilon_0 U}{d} \qquad ②$$

由①②两式，解得

$$\sigma_B = -\frac{q}{2S} - \frac{\varepsilon_0 U}{d} \qquad ③$$

所以

$$U_C - U_B = U_C = \int_C^B \boldsymbol{E}_{CB} \cdot \mathrm{d}\boldsymbol{l} = -\frac{\sigma_B}{\varepsilon_0}\frac{d}{2} \qquad ④$$

将式③代入式④，便得所求的电势为

$$U_C = \frac{d}{2\varepsilon_0}\left(\frac{q}{2S} + \frac{\varepsilon_0 U}{d}\right) = \frac{1}{2}\left(U + \frac{qd}{2\varepsilon_0 S}\right)$$

8.（1）依题意相当于两个平行板电容器并联，设每个电容器的电容为 C_1，则

$$C_1 = \frac{\varepsilon_0 S}{d}$$

总电容为

$$C = 2C_1 = \frac{2\varepsilon_0 S}{d} = 1.06 \times 10^{-10}\ \mathrm{F}$$

（2）由 $Q = CU$，每一个电容器的带电量为 $Q' = Q/2$，锡箔上电荷的面密度为

$$\sigma = \frac{Q}{2S} = \frac{\varepsilon_0 U}{d} = 2.0 \times 10^{-5}\ \mathrm{C/m^2}$$

9. 依题意有

$$C_{23} = C_2 + C_3 = 6\ \mu\text{F}$$

$$C_{总} = \frac{C_1 C_{23}}{C_1 + C_{23}} = 2\ \mu\text{F}$$

总电量为

$$Q_{总} = C_{总}U = 2 \times 10^{-6} \times 120\ \text{C} = 2.4 \times 10^{-4}\ \text{C}$$

因为 C_1 与 C_{23} 串联，$Q_1 = Q_{23} = Q_{总}$，则 C_1 的带电量为

$$Q_1 = Q_{总} = 2.4 \times 10^{-4}\ \text{C}$$

c 点电势为

$$U_c = \frac{Q_{23}}{C_{23}} = \frac{2.4 \times 10^{-4}}{6 \times 10^{-6}}\ \text{V} = 40\ \text{V}$$

C_2 的带电量为

$$Q_2 = C_2 U_c = 1.6 \times 10^{-4}\ \text{C}$$

C_3 的带电量为

$$Q_3 = C_3 U_c = 0.8 \times 10^{-4}\ \text{C}$$

10. 依题意，C_1、C_2 所能容纳的额定电量分别为

$$Q_{10} = C_1 U_1 = 200 \times 10^{-12} \times 500\ \text{C} = 1 \times 10^{-7}\ \text{C}$$

$$Q_{20} = C_2 U_2 = 300 \times 10^{-6} \times 900\ \text{C} = 2.7 \times 10^{-1}\ \text{C}$$

当 C_1、C_2 串联加上 1000 V 电压后，C_1、C_2 总电容为

$$C_{总} = \frac{C_1 C_2}{C_1 + C_2} = 2 \times 10^{-10}\ \text{F}$$

由此可得 C_1、C_2 上的带电量为

$$Q_1 = Q_2 = Q = C_{总}U = 2 \times 10^{-10} \times 1000\ \text{C} = 2 \times 10^{-7}\ \text{C}$$

因 $Q > Q_{10}$，故 C_1 被击穿，这样整个电压就加在 C_2 上，使得加在 C_2 上的电压大于它的额定电压，则 C_2 也会被击穿，故 C_1、C_2 均会被击穿.

11. 本题有对称性，可用高斯定理解题.

作一扁鼓形高斯面 S，两底面面积均为 A，一面在极板内，一面在介质内，两面都与极板表面平行，如图 2.64 所示.

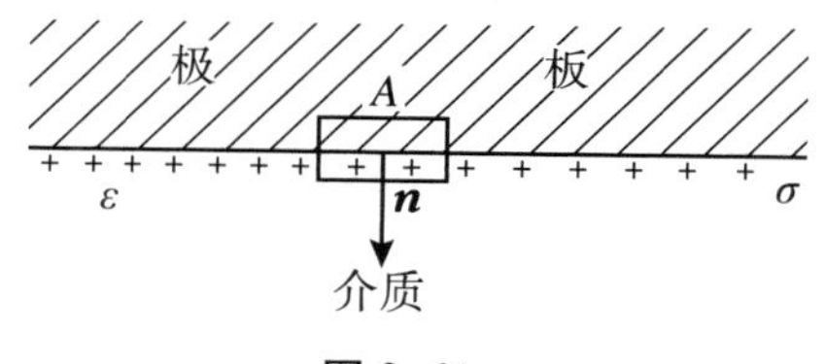

图 2.64

极板是导体，导体内的电场强度和电位移均为零，而在导体表面外靠近导体处，电场强度和电位移都与导体表面垂直. 于是，由电位移的高斯定理得

$$\oint\!\!\!\oint_S \boldsymbol{D} \cdot \mathrm{d}\boldsymbol{S} = DA = \sigma A$$

所以

$$\boldsymbol{D} = \sigma \boldsymbol{n}$$

式中，$\boldsymbol{n}$ 为正极板外法线方向上的单位矢量，其方向指向负极板.

因为

$$D = \varepsilon E$$

所以

$$E = \frac{\sigma}{\varepsilon}n$$

依定义得

$$P = D - \varepsilon_0 E = \sigma\left(1 - \frac{\varepsilon_0}{\varepsilon}\right)n$$

又由电场强度的高斯定理得

$$\oint\!\!\!\oint_S E \cdot dS = EA = \frac{1}{\varepsilon_0}(\sigma + \sigma')A$$

不难得到

$$\sigma' = \left(\frac{\varepsilon_0}{\varepsilon} - 1\right)\sigma$$

12. 已知

$$\varepsilon_r = \varepsilon_1 + \frac{\varepsilon_2 - \varepsilon_1}{d}x$$

所以

$$E = \frac{E_0}{\varepsilon_r} = \frac{\sigma_0}{\varepsilon_r \varepsilon_0} = \frac{\sigma_0}{\left(\varepsilon_1 + \frac{\varepsilon_2 - \varepsilon_1}{d}x\right)\varepsilon_0}$$

则

$$U = \int_0^d E \cdot dl = \int_0^d E dx = \int_0^d \frac{\sigma_0}{\left(\varepsilon_1 + \frac{\varepsilon_2 - \varepsilon_1}{d}x\right)\varepsilon_0}dx$$

$$= \frac{\sigma_0 d}{\varepsilon_0(\varepsilon_2 - \varepsilon_1)}\ln\frac{\varepsilon_2}{\varepsilon_1}$$

所以

$$C = \frac{q_0}{U} = \frac{\sigma_0 S}{U} = \frac{\varepsilon_0(\varepsilon_2 - \varepsilon_1)S}{d\ln\frac{\varepsilon_2}{\varepsilon_1}}$$

13. 放入电介质前后，两极板上的电荷面密度分别为

$$\sigma_0 = \varepsilon_0 E_0 = \varepsilon_0 \frac{U}{d}$$

$$\sigma_1 = \frac{Q}{S} = \frac{CU}{S} = \frac{\varepsilon_r \varepsilon_0 S}{d} \cdot \frac{U}{S} = \frac{\varepsilon_r \varepsilon_0 U}{d}$$

所以

$$\Delta\sigma = \sigma_1 - \sigma_0 = \frac{\varepsilon_0 U}{d}(\varepsilon_r - 1)$$

14. (1) 设内球壳带有电荷量 Q，以球壳的球心为球心、r 为半径，在两壳间作同心球面（高斯面）S，则由对称性和高斯定理得

$$\oint\!\!\!\oint_S E \cdot dS = E \cdot 4\pi r^2 = \frac{1}{\varepsilon_0}Q \quad ①$$

所以

$$E = \frac{Q}{4\pi\varepsilon_0 r^2} \tag{②}$$

两壳的电势差为

$$U = \int_a^b \boldsymbol{E} \cdot \mathrm{d}\boldsymbol{l} = \int_a^b E \cdot \mathrm{d}r = \frac{Q}{4\pi\varepsilon_0}\int_a^b \frac{\mathrm{d}r}{r^2} = \frac{Q}{4\pi\varepsilon_0}\left(\frac{1}{a} - \frac{1}{b}\right)$$

所以

$$C = \frac{Q}{U} = \frac{4\pi\varepsilon_0}{\frac{1}{a} - \frac{1}{b}} = \frac{4\pi\varepsilon_0 ab}{b - a}$$

(2) 当 $b-a \ll a$ 时,令 $b-a=d$,则

$$\frac{ab}{b-a} = \frac{a(a+d)}{d} = \frac{a^2}{d} + a \approx \frac{a^2}{d}$$

得

$$C = \frac{4\pi\varepsilon_0 ab}{b-a} \approx \frac{4\pi\varepsilon_0 a^2}{d} = \frac{\varepsilon_0 S}{d}$$

这就是平行板电容器的电容公式.

15. (1) 由极板为等势面可得

$$\frac{\sigma_1}{\varepsilon_0}(d-t) + \frac{\sigma_1}{\varepsilon_r\varepsilon_0}t = \frac{\sigma_2}{\varepsilon_0}d \tag{①}$$

$$\sigma_1\frac{S}{2} + \sigma_2\frac{S}{2} = q \tag{②}$$

由①②两式可得

$$\sigma_1 = \frac{2\varepsilon_r qd}{(2\varepsilon_r d + t - \varepsilon_r t)S}$$

将 σ_1 代入式①,得两极之间的电势差为

$$U = \frac{2qd(\varepsilon_r d - \varepsilon_r t + t)}{\varepsilon_0(2\varepsilon_r d + t - \varepsilon_r t)S}$$

(2) $C = \dfrac{\varepsilon_0(2\varepsilon_r d - \varepsilon_r t + t)}{2d(\varepsilon_r d + t - \varepsilon_r t)}$.

(3) $\sigma' = \dfrac{\varepsilon_r - 1}{\varepsilon_r}\sigma_1 = \dfrac{2(\varepsilon_r - 1)qd}{(2\varepsilon_r d + t - \varepsilon_r t)S}$.

16. 已知有 $d \gg a$,则可认为两导线表面的电荷分布不受影响,仍保持轴对称关系,可用高斯定理求解.

设导线 1 和导线 2 单位长度上分别带有电荷 $+\lambda$ 和 $-\lambda$,可求得导线 1 在 P 点产生的场强为

$$E_1 = \frac{\lambda}{2\pi\varepsilon_0 x}$$

导线 2 在 P 点产生的场强为

$$E_2 = \frac{\lambda}{2\pi\varepsilon_0(d-x)}$$

P 点的合场强为

$$E = E_1 + E_2 = \frac{\lambda}{2\pi\varepsilon_0 x} + \frac{\lambda}{2\pi\varepsilon_0(d-x)}$$

两导线间的电势差为

$$U_{12}=\int_0^d \boldsymbol{E}\cdot \mathrm{d}\boldsymbol{x}=\int_0^a \boldsymbol{E}\cdot \mathrm{d}\boldsymbol{x}+\int_a^{d-a} \boldsymbol{E}\cdot \mathrm{d}\boldsymbol{x}+\int_{d-a}^{d} \boldsymbol{E}\cdot \mathrm{d}\boldsymbol{x}$$

$$=\int_a^{d-a} E\mathrm{d}x=\frac{\lambda}{\pi\varepsilon_0}\ln\frac{d-a}{a}$$

单位长度的电容为

$$C'=\frac{\lambda}{U_{12}}=\frac{\pi\varepsilon_0}{\ln\dfrac{d-a}{a}}\approx\frac{\pi\varepsilon_0}{\ln\dfrac{d}{a}}$$

17. 本题具有球对称性,以金属球的球心为球心、r 为半径作球形高斯面 S,由介质中的高斯定理可得

$$\oiint_S \boldsymbol{D}\cdot \mathrm{d}\boldsymbol{S}=D\cdot 4\pi r^2=Q$$

所以

$$\boldsymbol{D}=\frac{Q}{4\pi}\frac{\boldsymbol{r}}{r^3},\quad r>R$$

$$\boldsymbol{E}=\frac{\boldsymbol{D}}{\varepsilon}=\frac{Q}{4\pi\varepsilon}\frac{\boldsymbol{r}}{r^3},\quad r>R$$

$$\boldsymbol{P}=(\varepsilon-\varepsilon_0)\boldsymbol{E}=\frac{(\varepsilon-\varepsilon_0)Q}{4\pi\varepsilon}\frac{\boldsymbol{r}}{r^3},\quad r>R$$

$$\sigma'=\boldsymbol{n}\cdot\boldsymbol{P}_R=-\frac{\boldsymbol{r}}{r}\cdot\left[\frac{(\varepsilon-\varepsilon_0)Q}{4\pi\varepsilon}\frac{\boldsymbol{r}}{r^3}\right]_{r=R}=-\frac{(\varepsilon-\varepsilon_0)Q}{4\pi\varepsilon R^2}$$

18. 依题意,可设圆柱形电容器极板长为 l,带电量为 $+q$ 和 $-q$,则不难计算出电容器中的储能为

$$W_e=\frac{q^2}{4\pi\varepsilon_r\varepsilon_0 l}\ln\frac{R_2}{R_1}$$

在半径为 $r=\sqrt{R_1R_2}$ 的圆柱体内的储能为

$$W_e'=\iiint\frac{1}{2}\varepsilon_r\varepsilon_0E^2\mathrm{d}V=\frac{1}{2}\varepsilon_r\varepsilon_0\int_{R_1}^{r}\left(\frac{q}{2\pi\varepsilon_r\varepsilon_0 rl}\right)^2\cdot 2\pi rl\cdot\mathrm{d}r$$

$$=\frac{q^2}{4\pi\varepsilon_r\varepsilon_0 l}\ln\frac{r}{R_1}$$

注意 $r=\sqrt{R_1R_2}$,代入即得

$$W_e'=\frac{q^2}{4\pi\varepsilon_r\varepsilon_0 l}\ln\frac{\sqrt{R_1R_2}}{R_1}=\frac{q^2}{4\pi\varepsilon_r\varepsilon_0 l}\ln\sqrt{\frac{R_2}{R_1}}$$

$$=\frac{1}{2}\left(\frac{q^2}{4\pi\varepsilon_r\varepsilon_0 l}\ln\frac{R_2}{R_1}\right)=\frac{1}{2}W_e$$

19. (1) 电容器始终与电源相连(电压不变),则有

$$\Delta W=\frac{1}{2}C_0U^2-\frac{1}{2}CU^2=\frac{U^2}{2}(C_0-C)$$

$$=\frac{U^2}{2}\frac{\varepsilon_0S}{d}(1-\varepsilon_r)=-\frac{\varepsilon_r-1}{2}C_0U^2$$

ΔW 为负值,说明电容器内储存的能量减少,电场力对外做正功.而移去玻璃板时,外力还对电容器做机械功.外力对电场做了正功,为什么电容器的能量还减少呢?这部分能量到哪儿

去了？原因就是这时电容器与电源相连，这两功之和等于抵抗电源的电动势所做的功(即电源能量的增值)．将极板上部分电量 $Q = CU - C_0U$ 移走而“送回”电源，抵抗电源电动势所做的功为

$$A = -\int_q^{q_0} U \cdot \mathrm{d}q = -Uq\Big|_{CU}^{C_0U} = CU^2 - C_0U^2 = (\varepsilon_r - 1)C_0U^2$$

移开玻璃板时外力所做的机械功为

$$A' = A + \Delta W = (\varepsilon_r - 1)C_0U^2 - \frac{\varepsilon_r - 1}{2}C_0U^2 = \frac{\varepsilon_r - 1}{2}C_0U^2$$

(2) 断开电源后再抽玻璃板(电量不变)，则有

$$\Delta W = \frac{1}{2}\frac{q^2}{C_0} - \frac{1}{2}\frac{q^2}{C} = \frac{q^2}{2}\left(\frac{1}{C_0} - \frac{1}{C}\right) = \frac{C^2U^2}{2}\left(\frac{1}{C_0} - \frac{1}{C}\right) = \frac{CU^2}{2}(\varepsilon_r - 1)$$

在这种情况下，外力所做的机械功等于电容器能量的增值，即

$$A = \Delta W = \frac{CU^2}{2}(\varepsilon_r - 1)$$

第3章　稳 恒 磁 场

在第1章与第2章中,我们分别讨论了真空中的静电场和物质中的静电场,其共同点是激发电场的场源电荷静止不动.本章以及后面几章将进一步讨论电荷运动时的有关电磁现象.静止电荷在其周围可以激发电场,而运动电荷在其周围不仅可以激发电场,同时还可以激发磁场.只要存在运动电荷(或者说存在电流,因为电荷的运动形成电流),就必然会有磁效应存在.本章主要研究稳恒电流以及稳恒磁场(稳恒电流产生的磁场)的规律与性质.

3.1　稳 恒 电 流

3.1.1　稳恒电流

1. 电流　电流强度

带电粒子做定向运动形成电流,宏观电流是大量带电粒子做规则运动的结果.

电流可分为两类:传导电流和运流电流.带电粒子在导体内定向移动形成的电流叫传导电流;由宏观带电体在空间做机械运动形成的电流称为运流电流.这里我们只讨论传导电流.

电流产生的条件有两个:

(1) 物体内要存在可以自由运动的带电粒子——载流子(即物体必须是导体);

(2) 导体内存在电场.

以上两点也可以用一句话来表述,即导体两端存在电势差(电压)是电流产生的条件.

电流的强弱用电流强度来加以量度.如果在 $\mathrm{d}t$ 时间内,通过某一截面的电荷量为 $\mathrm{d}q$,则定义通过该截面的电流强度为

$$I = \frac{\mathrm{d}q}{\mathrm{d}t} = \lim_{\Delta t \to 0} \frac{\Delta q}{\Delta t} \tag{3.1}$$

也就是说,通过某个截面的电流强度 I 是用单位时间内通过该截面的电量来量度的一个物理量.如果流过导体的电流强度不随时间变化,这种电流就称为稳恒电流(即恒定电流或直流电).

在国际单位制中,规定电流强度为基本量,其单位为安培(A).

由式(3.1)可知:1 A=1 C/s.常用的电流单位还有毫安(mA)和微安(μA):

$$1\ \mathrm{mA} = 10^{-3}\ \mathrm{A}$$

$$1\ \mu\mathrm{A} = 10^{-6}\ \mathrm{A}$$

应当指出，电流强度是标量（代数量），一般规定“正电荷移动的方向”为电流的方向．电流的方向只是表明电流的一个整体流向，与矢量的方向有本质的区别．

2．电流密度矢量

电流强度虽然能够描写电流的强弱，但它只反映了导体某一截面的电流整体特征，而无法描述导体内每一点的电流分布情况．当稳恒电流通过一段粗细不均匀的导体时，各截面的电流强度相等，但截面上不同点的电流分布一般不是均匀的．因此，为了细致地描述导体内各点的电流分布情况，有必要引入一个新的物理量，称为电流密度矢量，一般用 $\boldsymbol{j}$ 表示．

电流密度 $\boldsymbol{j}$ 是一个矢量，导体中某一点的电流密度的矢量方向为该点正电荷的运动方向（即与该点场强 $\boldsymbol{E}$ 的方向一致），其大小等于通过该点且与该点电流方向垂直的单位面积的电流强度．

如图 3.1 所示，设在导体中某点处取一个与电流方向垂直的小面积元 $\mathrm{d}S_{\perp}$，通过此面积元的电流强度为 $\mathrm{d}I$，则该点的电流密度的大小为

$$j = \frac{\mathrm{d}I}{\mathrm{d}S_{\perp}} \tag{3.2}$$

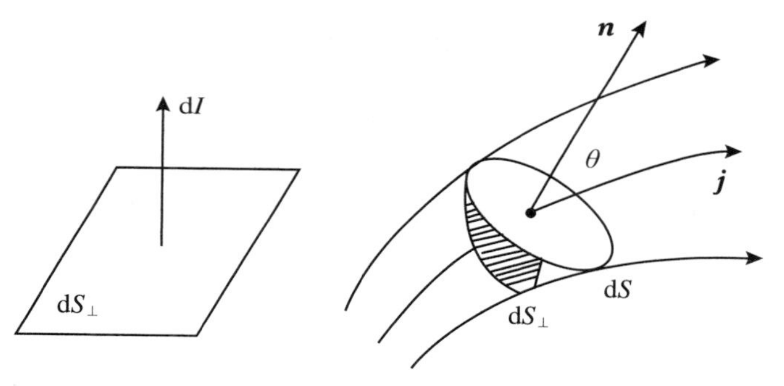

图 3.1　电流密度

一般地，若小面积元 $\mathrm{d}S$ 的法线方向 $\boldsymbol{n}$ 与电流方向的夹角为 θ，如图 3.1 所示，设 $\mathrm{d}\boldsymbol{S}$ 在与电流垂直方向上的投影为 $\mathrm{d}S_{\perp}$（此时，通过 $\mathrm{d}\boldsymbol{S}$ 和 $\mathrm{d}S_{\perp}$ 的电流强度都是 $\mathrm{d}I$），可得

$$\mathrm{d}I = j\mathrm{d}S_{\perp} = j\cos\theta\mathrm{d}S = \boldsymbol{j}\cdot\mathrm{d}\boldsymbol{S}$$

则通过导体任一截面 S 的电流强度为

$$I = \iint_S \boldsymbol{j}\cdot\mathrm{d}\boldsymbol{S} = \iint_S j\cos\theta\mathrm{d}S \tag{3.3}$$

根据金属导电的分子运动论，可以推出电流密度的表达式为

$$\boldsymbol{j} = qn\boldsymbol{v}$$

式中，q 为载流子的电荷量，n 为载流子的体密度，v 为载流子宏观定向移动的速度．在国际单位制中，j 的单位为安/米^2（$\mathrm{A/m^2}$）．

3.1.2　电流稳恒的条件

1．电流的连续性方程

电流密度矢量 $\boldsymbol{j}$ 形成一个矢量场，称为电流场（$\boldsymbol{j}$ 场）．其类似于电场，可以用电流线（$\boldsymbol{j}$ 线）来形象描绘电流场．如图 3.2 所示，为了讨论电流场的性质，研究 $\boldsymbol{j}$ 对任意闭合面的

通量.

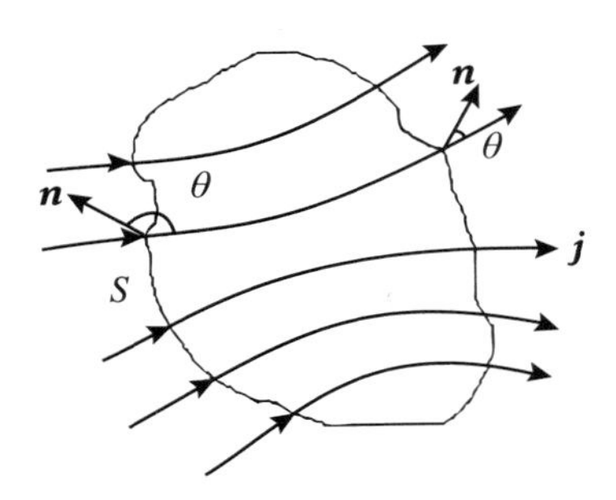

图 3.2　电流场的性质

在 $\boldsymbol{j}$ 场中,对任意闭合曲面 S(外法线 $\boldsymbol{n}$ 为正方向)有

$$I = \oint\!\!\!\oint_S \boldsymbol{j} \cdot \mathrm{d}\boldsymbol{S}$$

由电荷守恒定律,上式应等于单位时间里 S 面内所减少的(或增加的)电荷量.则有

$$\oint\!\!\!\oint_S \boldsymbol{j} \cdot \mathrm{d}\boldsymbol{S} = -\frac{\mathrm{d}q}{\mathrm{d}t} \tag{3.4}$$

上式称为电流的连续性方程,它实质上是电荷守恒定律的数学表达式.

2. 电流稳恒的条件

一般而言,$\boldsymbol{j}$ 是随时间变化的,若导体内各点的 $\boldsymbol{j}$ 都不随时间变化,I 也不随时间变化,则这种电流称为稳恒电流.其条件是导体内各处的电荷分布不随时间变化,即$\frac{\mathrm{d}q}{\mathrm{d}t}=0$.则式(3.4)变为

$$\oint\!\!\!\oint_S \boldsymbol{j} \cdot \mathrm{d}\boldsymbol{S} = 0 \tag{3.5}$$

式(3.5)表明:在稳恒电路中,任意封闭面 S 内无电荷积累,单位时间内流入多少电荷,就同时流出多少电荷.通量为零也表明了稳恒电路中的闭合性,即 $\boldsymbol{j}$ 线是闭合线,稳恒电路必须为闭合电路.

3.1.3　电动势

1. 电源

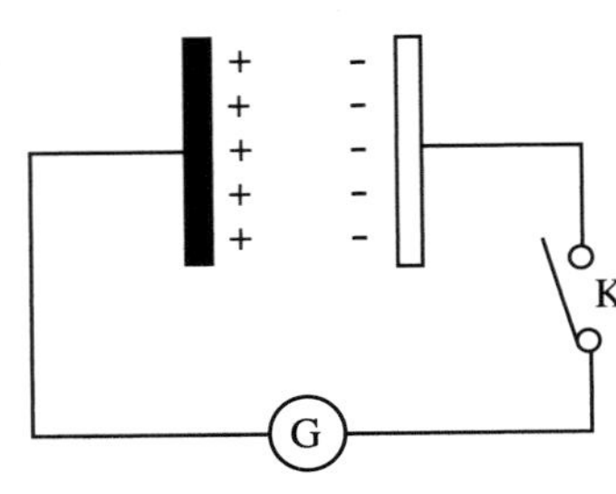

图 3.3　电容器充放电

如何才能在导体中维持稳恒电流呢?根据已学过的内容,我们知道,要在导体内产生电流,就必须在导体内维持电场的存在,或者说在导体的两端维持电势差(电压).而要在导体内产生稳恒电流,就必须在导体两端维持恒定的电势差.

我们先以电容器充放电实验为例进行分析.

如图 3.3 所示,电容器已经充满电,当用导线把充过电的电容器的正负极连接后(接通开关 K),正电荷就在静电力的作用下从正极板通过导线向负极板流动而形成电流.可以发现检流计的指针发生偏转,

但马上又回到零点.显然这种电流是一种瞬时电流,因为两极板上的正负电荷逐渐中和而减少,两板间的电势差逐渐减小而趋于零,导线中的电流也逐渐减弱直到停止.

由此可见,仅有静电力的作用是不能形成稳恒电流的.为了形成稳恒电流,必须存在一种本质上与静电力不同的力(即非静电性质的力),它能够不断地分离正负电荷来补充两极板上减少的正负电荷,这样才能使两极板间保持恒定的电势差,从而维持恒定的电流.

能提供这种非静电力的装置称为电源.我们常用的干电池就是一种电源.电池中的非静电力起源于化学作用.显然,电源维持恒定电流时,电源中的非静电力将不断做功,从而把已经流到低电势处的正电荷不断地送回高电势处,所以电源是一种能够不断地将其他形式的能量转变为电能的装置,电源并不创造电荷,也不创造能量.

如图 3.4 所示,每一个电源都有正负两个极.正电荷由正极流出,经过外电路流入负极,然后,在电源内非静电力的作用下,从负极经过电源内部流回到正极.电源内部的电路称为内电路,内电路与外电路连接形成闭合电路.在电源的作用下,电荷在闭合电路中持续不断地流动,从而形成稳恒电流.

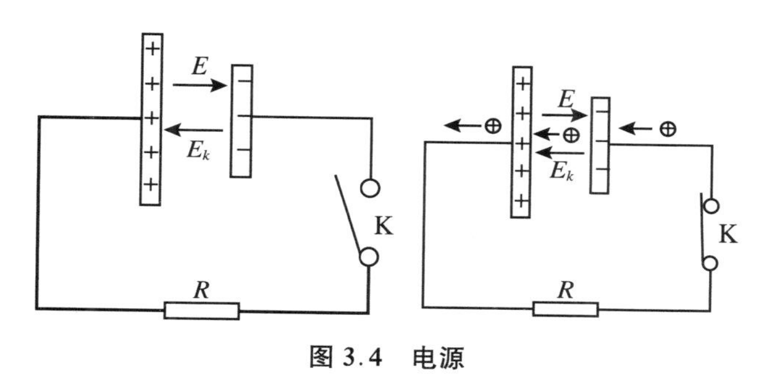

图 3.4 电源

若用 $\boldsymbol{F}_k$ 表示电荷 q 在电源中所受到的非静电力,并仿照静电场强的定义方式,用 $\boldsymbol{E}_k$ 表示单位正电荷在电源中所受到的非静电力(即非静电场强),则有

$$\boldsymbol{E}_k = \frac{\boldsymbol{F}_k}{q}$$

注意,在电源的外部,$\boldsymbol{F}_k$ 为零,$\boldsymbol{E}_k$ 也为零.

2. 电动势

非静电力在电源内驱动电荷是需要做功的,不同电源在搬运相同电荷时,非静电力做的功可能不同,因此需要引进一个物理量(电动势)来描述电源内非静电力做功的本领.

当电荷 q 在含有电源的闭合电路内环绕一周时,电源所做的功(即电源中的非静电力所做的功)为

$$A = \oint q\boldsymbol{E}_k \cdot \mathrm{d}\boldsymbol{l}$$

单位正电荷绕闭合回路一周时,电源所做的功(即电源中的非静电力所做的功)称为电源的电动势,用符号 ε 表示,所以,由上式可知

$$\varepsilon = \frac{A}{q} = \oint_L \boldsymbol{E}_k \cdot \mathrm{d}\boldsymbol{l} \tag{3.6}$$

在很多情况下,非静电力仅在电源内部存在,其作用并不存在于整个电流回路中,例如干电池,非静电力作用只存在于正负极之间的电源内部,故电动势的表达式也可写成

$$\varepsilon=\int_{-}^{+}\boldsymbol{E}_k\cdot \mathrm{d}\boldsymbol{l} \tag{3.7}$$

即电源电动势是将单位正电荷从电源负极经由电源内部移到正极的过程中非静电力所做的功.

在实际应用中,不同电源中非静电力的本质不同.例如在干电池中非静电力起源于化学作用;在发电机中非静电力起源于电磁感应.

要注意,电动势和电流强度一样,是标量.通常规定非静电力做正功时电流的流向(即$\boldsymbol{E}_k$的方向,也即由负极经电源内部指向正极的方向)作为电动势的方向.在国际单位制中,电动势的单位和电势相同,为伏特.

3.2 毕奥-萨伐尔定律

3.2.1 磁感应强度

1. 基本磁现象

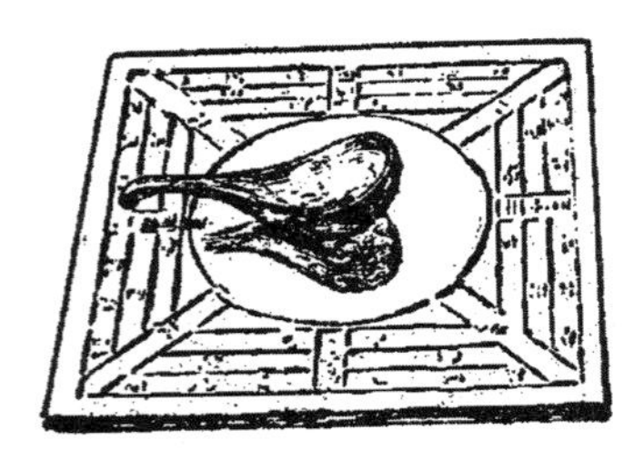

图 3.5 司南勺

在物理史上,磁现象的发现比电现象要早得多.我国是最早发现和应用磁现象的国家之一.早在春秋战国时期(公元前770年~公元前221年)就发现了天然磁石,并有了"司南勺"(见图3.5)的记载;西汉时期(公元前206年~公元8年)发现磁力,即磁石能够吸引铁;东汉时期(公元25年~公元220年)发现了磁极,王充在《论衡》中有相关描述.到了11世纪的北宋初期,我国科学家创制了航海用的指南针,并发现了地磁偏角,沈括在《梦溪笔谈》中对此有详细的总结.直到13世纪,西方对磁现象的研究才逐步开始,并有了指南针的记载.

最初,人们是从天然磁铁矿(Fe_3O_4)上观察到磁现象的.天然或人造磁铁吸引铁、钴、镍等物质的性质称为磁性.具有磁性的物体称为磁体.一块磁铁两端磁性最强的区域称为磁极.将一个条形磁铁悬挂起来,磁铁将自动地转向南北方向,指北的磁极称北极(N极),指南的磁极称南极(S极).两块磁铁的磁极之间存在相互作用力,称为磁力.同号磁极相斥,异号磁极相吸.磁铁不可能分割成独立存在的N极或S极.目前为止,在自然界中没有发现独立存在的N极或S极.

在很长的时期内,磁学与电学是各自独立发展的.直到1820年,奥斯特通过实验(见图3.6)发现了电流的磁效应(电流对小磁针的作用)之后,才揭开了磁现象与电现象的内在联系,人们才逐渐认识到磁性起源于电荷的运动.

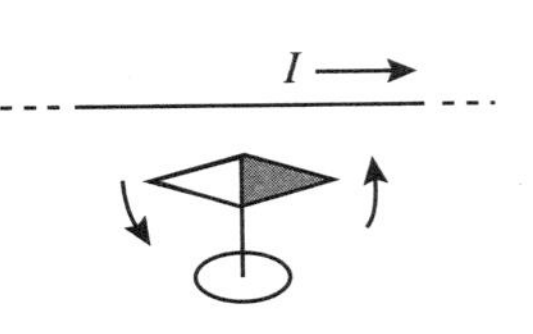

图 3.6 奥斯特实验

1822年,安培提出了分子电流假说(有关物质磁性起源与本质的假说),认为一切磁现象的根源是电流.磁性物质的分子中存在着小环形等效电流,称为分子电流.分子电流相当于小的基元磁铁,物质的磁性决定于物质中的分子电流.近代物理已经证实,分子电流相当于分子中电子绕原子核的轨道运动和电子本身"自旋"运动的合成结果,可以说,磁现象来源于电荷的运动.

2. 磁场

磁的相互作用是如何传递的?这个问题在历史上有过很长时间的讨论与研究.现在实验已经证实,磁力是通过磁场来传递的.运动电荷(包括传导电流和永久磁铁)在其周围空间激发磁场,磁场再作用于运动电荷(或传导电流和永久磁铁).这实际上可归结为电流之间通过磁场来传递相互作用.

磁场可以脱离产生它的"源"而独立存在于空间中,所以磁场是一种场物质.

磁场对外的重要表现是:

(1) 磁场对运动电荷或载流导体有磁力的作用;

(2) 载流导体在磁场内移动时,磁场的作用力对它做功.

注意,电荷无论是运动的还是静止的,它们之间都有库仑相互作用,但只有运动电荷才有磁场相互作用.

3. 磁感应强度矢量

实验表明,和电场力一样,磁场力既有强弱,也有方向.在电场中我们引入电场强度来描述场的客观施力本领等性质,这里我们引入"磁感应强度"这一矢量(用字母 $\boldsymbol{B}$ 表示)来描述磁场的客观施力本领等性质.

常用的引入 $\boldsymbol{B}$ 定义的等价方法有三种,它们分别是:

(1) 根据运动电荷在磁场中的受力;

(2) 根据电流元在磁场中的受力;

(3) 根据载流元线圈在磁场中所受力矩.

此处我们采用上述第一种方法引入磁感应强度矢量 $\boldsymbol{B}$.

前面讨论静电场时,我们用电场强度矢量来描述电场,它是通过电场对静止的"检验电荷"的作用而引入的.与此相似,我们引入"磁感应强度矢量"这一物理量来定量描述磁场,它可以通过磁场对"运动检验电荷"的作用引入.所谓"运动检验电荷",是指一个在研究的问题中电荷量可以忽略不计的、相对于磁场运动的正点电荷.

实验表明,磁场作用在运动电荷上的力不仅与运动电荷所带的电荷量有关,而且还与运动电荷的速度(包括大小和方向)以及磁场的强弱和方向有关.显然,磁场力的情况比电场力要复杂一些,因此定义磁感应强度同样比定义电场强度要复杂一些.

通过实验考察,发现磁场对运动检验电荷的磁力与运动电荷的电荷量及速率成正比,并随电荷的运动方向与磁场方向之间夹角的改变而变化.具体存在以下规律:

(1) 运动电荷在磁场中以同一速率沿不同方向通过磁场中任意点 P 时,所受磁场力的大小不同;

(2) 运动电荷在磁场中任意点 P 所受的磁场力的方向总是与运动电荷的速度方向垂直;

(3) 磁场中每一点 P 都存在一个特殊的方向,当运动电荷沿此方向通过点 P 时,无论速率为多大,都不受磁场力的作用(此方向可以称为"零力线"方向);

(4) 当运动电荷沿与"零力线"垂直的方向通过点 P 时,受到的磁场力最大.

显然,“零力线”可以反映磁场中各场点的某种固有性质,且与运动检验电荷无关.

由此,我们定义磁感应强度 $\boldsymbol{B}$ 满足关系式

$$\boldsymbol{F} = q(\boldsymbol{v} \times \boldsymbol{B}) \tag{3.8}$$

写成标量式则是

$$F = qvB\sin\theta$$

即

$$B = \frac{F}{qv\sin\theta}$$

若 $\theta = \frac{\pi}{2}$,则 $\sin\theta = 1$,此时运动电荷所受的磁场力最大(用 F_{max}表示),有

$$B = \frac{F_{max}}{qv} \tag{3.9}$$

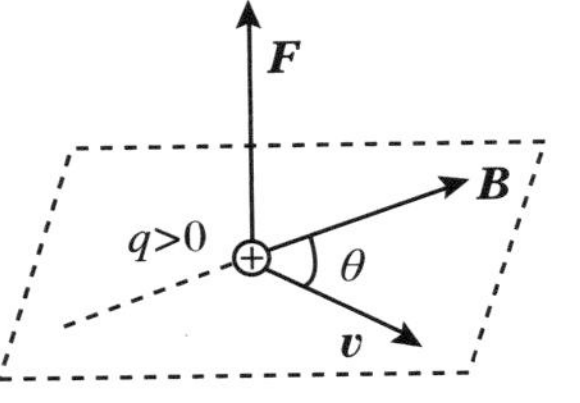

图 3.7　磁感应强度的定义

由上述表达式(3.8)和(3.9),并参见图 3.7 可知,磁感应强度 $\boldsymbol{B}$ 的方向沿着“零力线”.

通过以上讨论,可以归纳并定义磁感应强度 $\boldsymbol{B}$ 的方向和大小:

(1) 在磁场中某点,若运动电荷沿着“零力线”方向(其方向与放在该点的小磁针 N 极的指向相同)运动,其所受磁力为零,这个方向规定为该点的磁感应强度 $\boldsymbol{B}$ 的方向.

(2) 运动电荷沿着与磁场方向垂直的方向运动时,所受的最大磁力 F_{max}与其电荷量 q 和速率 v 的乘积成正比.对磁场中某一确定点而言,比值$\frac{F_{max}}{qv}$是一定的;对磁场中不同的点而言,这个比值则有不同的确定值.显然,比值$\frac{F_{max}}{qv}$的大小反映了各点处磁场的强弱.我们把这个比值定义为磁场中某点处磁感应强度 $\boldsymbol{B}$ 的大小.(在静电场中,我们是用 $E = \frac{F}{q_0}$来定义电场强度 $\boldsymbol{E}$ 的大小的.)

磁感应强度 $\boldsymbol{B}$ 是描述磁场中各点磁场的强弱和方向的物理量,它与电场中的电场强度 $\boldsymbol{E}$ 地位相当,同样是矢量点函数.若磁场中各点的 $\boldsymbol{B}$ 均相同,则称为匀强磁场.

在国际单位制中,磁感应强度 $\boldsymbol{B}$ 的单位是特斯拉(T),1 T = 1 N/(A・m)(注意,1 A = 1 C/s).特斯拉这个单位非常大,因此 $\boldsymbol{B}$ 的常用单位还有高斯(G),它与特斯拉的关系为1 T $= 10^4$ G.

4．磁感应线

在讨论静电场时,我们曾用电场线($\boldsymbol{E}$ 线)来形象地描绘静电场,这里,同样也可以引入磁感应线($\boldsymbol{B}$ 线)来形象地描绘磁场.它同样是为了研究问题的方便,为了形象化地考察磁场而引入的假想的曲线.

磁感应线的画法一般有如下规定:

(1) 在磁场中画出一些有向曲线,使这些曲线上任一点的切线方向和该点的磁感应强度的方向一致;

(2) 在磁场中任意一点处磁感应线的数密度等于该点的磁感应强度 $\boldsymbol{B}$ 的大小.

如图 3.8 所示是几种不同形状的电流所产生的磁场的磁感应线.

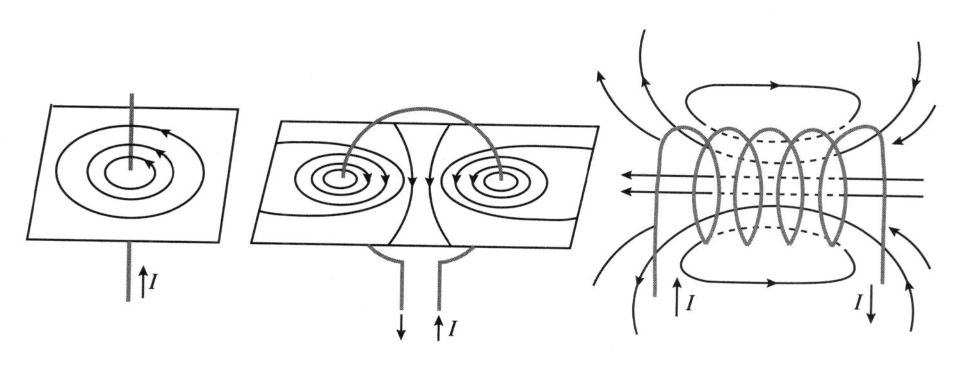

图 3.8 几种不同形状的磁感应线

若磁感应线是按照上述规定画出的，则一般具有如下特征：

(1) 由于磁场中某点的磁感应强度的方向是确定的，磁场中任意两条磁感应线不会相交，磁感应线的这一特性与电场线是一样的.

(2) 每一条磁感应线都是环绕电流的无头无尾的闭合曲线，与闭合电路互相套合.磁感线的这一特性与电场线完全不同，这表明磁场是一种涡旋场.

(3) 磁感应线与电流互相连环(相互套链)，且它们的方向满足右手螺旋定则.

(4) 磁感应线的疏密表示了磁感应强度的大小(强弱分布).磁感应线稠密的地方表示磁感应强度大，磁感应线稀疏的地方表示磁感应强度小.

3.2.2 毕奥-萨伐尔定律

磁场是由电流激发的，稳恒磁场则由稳恒电流激发.稳恒电流产生磁场的规律可以由毕奥-萨伐尔定律这一实验定律来定量描述，它给出了稳恒电流周围磁感应强度 $\boldsymbol{B}$ 的分布.

1. 毕奥-萨伐尔定律

回顾前面有关静电场的部分，我们在计算任意连续带电体在空间某点的电场强度 $\boldsymbol{E}$ 时，是将带电体分成无限多个小电荷元 $\mathrm{d}q$，每个电荷元在该点的电场强度 $\mathrm{d}\boldsymbol{E}$ 可以用点电荷的场强公式计算，整个带电体在该点的 $\boldsymbol{E}$ 则是所有电荷元在该点的 $\mathrm{d}\boldsymbol{E}$ 的叠加(积分)，由此得到任意带电体在空间中电场强度的分布.

同理，为了得到稳恒磁场分布，在计算任意载流导线(线状稳恒电流)在空间某点产生的磁感应强度时，我们可以采用类似的方法.

我们先引入电流元的概念.如图 3.9(a)所示，若在载流导线上取长度为 $\mathrm{d}\boldsymbol{l}$(视为无限短)的有向小线段，将它规定为矢量，方向与电流方向相同，则称载有电流的矢量线元 $I\mathrm{d}\boldsymbol{l}$ 为电流元.

与静电场中的处理方法类似，可以将任意一载流导线无限细分为许多个电流元 $I\mathrm{d}\boldsymbol{l}$，若先找到了电流元产生磁场的规律，即计算出了 $I\mathrm{d}\boldsymbol{l}$ 在场中某点产生的磁感应强度 $\mathrm{d}\boldsymbol{B}$ 的定量关系，则根据磁场的叠加原理，就可以求出整个载流导线在场中任意点产生的磁感应强度 $\boldsymbol{B}$ 的分布情况.以上方法是计算稳恒磁场磁感应强度 $\boldsymbol{B}$ 基本的、普遍的方法.

毕奥-萨伐尔定律是法国科学家毕奥和萨伐尔对前人大量的实验进行了研究和推理，并经拉普拉斯进一步从数学上归纳，得到的关于电流元 $I\mathrm{d}\boldsymbol{l}$ 产生磁场的规律，此实验定律可以表述如下：

载流导线上任一电流元 $I\mathrm{d}\boldsymbol{l}$（见图 3.9(b)）在真空中任意一个给定场点 P 所产生的磁感应强度 $\mathrm{d}\boldsymbol{B}$ 的大小与电流元$I\mathrm{d}l$ 的大小成正比，与电流元和电流元到 P 点的矢径$\boldsymbol{r}$ 之间夹角的正弦成正比，并与电流元到 P 点距离的平方成反比. $\mathrm{d}\boldsymbol{B}$ 的方向垂直于 $\mathrm{d}\boldsymbol{l}$ 和$\boldsymbol{r}$ 所组成的平面，并沿矢量积 $\mathrm{d}\boldsymbol{l}\times\boldsymbol{r}$ 的方向（用右手螺旋定则判定），即 $\mathrm{d}\boldsymbol{B}$ 的大小为

$$\mathrm{d}B = k\,\frac{I\mathrm{d}l\sin\theta}{r^2}$$

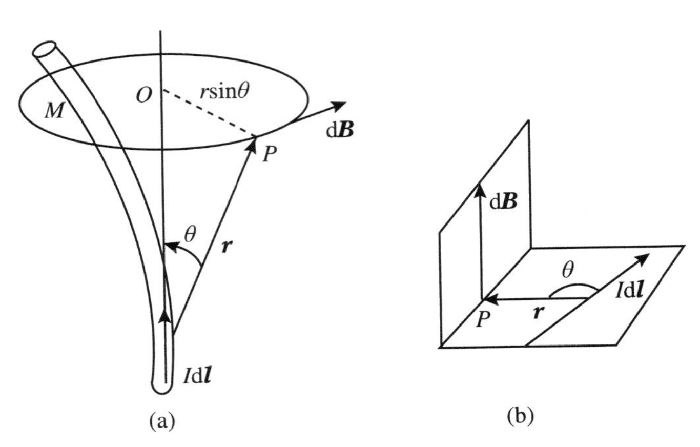

图 3.9　毕奥-萨代尔定律

在国际单位制中，比例系数 k 规定为 $k=\frac{\mu_0}{4\pi}$，μ_0 称为真空磁导率，且有 $\mu_0=4\pi\times10^{-7}\ \mathrm{T\cdot m/A}$.

于是，上述表达式可写成

$$\mathrm{d}B = \frac{\mu_0}{4\pi}\,\frac{I\mathrm{d}l\sin\theta}{r^2}$$

写成矢量式，得到毕奥-萨伐尔定律的表达式为

$$\mathrm{d}\boldsymbol{B} = \frac{\mu_0}{4\pi}\,\frac{I\mathrm{d}\boldsymbol{l}\times\boldsymbol{r}^0}{r^2} \tag{3.10}$$

式中 $\boldsymbol{r}^0$ 是矢径 $\boldsymbol{r}$ 方向上的单位矢量.

2. 磁感应强度的叠加原理

磁场与电场一样是矢量场，都具有可叠加的性质，因此磁感应强度矢量 $\boldsymbol{B}$ 同样遵循叠加原理.

毕奥-萨伐尔定律给出了电流元 $I\mathrm{d}\boldsymbol{l}$ 在场中任意场点P 产生磁场的规律. 进一步利用磁场的叠加原理，不难求得任意载流导线在 P 点的磁感应强度为

$$\boldsymbol{B} = \int_L \mathrm{d}\boldsymbol{B} = \int_L \frac{\mu_0}{4\pi}\,\frac{I\mathrm{d}\boldsymbol{l}\times\boldsymbol{r}^0}{r^2} \tag{3.11}$$

应当指出，由于稳恒电流的孤立电流元原则上无法单独获得，因此毕奥-萨伐尔定律无法由实验直接验证. 由于通过定律计算出的磁感应强度和通过实际测量得到的磁感应强度结果总是相符合的，所以毕奥-萨伐尔定律的正确性才得到了间接的证明.

3.2.3 毕奥-萨伐尔定律的应用

毕奥-萨伐尔定律提供了计算稳恒磁场的最普遍方法.下面通过几种典型的电流分布，讨论如何用毕奥-萨伐尔定律计算其磁场分布.

1. 载流直导线的磁场分布

设在真空中有一条长为 L 的载流直导线，导线中通有稳恒电流 I，求此直导线旁任意一点 P 的磁感应强度 $\boldsymbol{B}$.

在直导线上任取一电流元 $I\mathrm{d}\boldsymbol{l}$，根据右手螺旋定则可以判断出，直导线上所有电流元在场点 P 产生的 $\mathrm{d}\boldsymbol{B}$ 的方向相同，都垂直于电流元 $I\mathrm{d}\boldsymbol{l}$ 与矢径 $\boldsymbol{r}$ 所决定的平面，即垂直纸面向里，如图 3.10 所示.

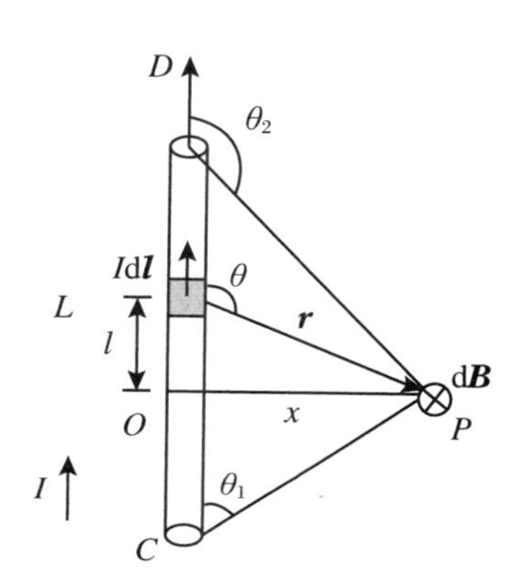

图 3.10 载流直导线

由毕奥-萨伐尔定律可得，电流元 $I\mathrm{d}\boldsymbol{l}$ 在任意给定场点 P 所产生的磁感应强度的大小为

$$\mathrm{d}B = \frac{\mu_0}{4\pi}\frac{I\mathrm{d}l\sin\theta}{r^2}$$

对所有电流元求和，可得整段载流直导线在 P 点产生的磁感应强度大小为

$$B = \int_C^D \mathrm{d}B = \frac{\mu_0}{4\pi}\int_C^D \frac{I\mathrm{d}l\sin\theta}{r^2}$$

进行积分运算时，首先统一变量.将变量 l、r 用 θ 表示，有

$$l = x\cot(\pi - \theta) = -x\cot\theta$$

$$\mathrm{d}l = \frac{x\mathrm{d}\theta}{\sin^2\theta}$$

$$r = \frac{x}{\sin(\pi - \theta)} = \frac{x}{\sin\theta}$$

代入得磁感应强度大小为

$$B = \frac{\mu_0}{4\pi}\int_{\theta_1}^{\theta_2}\frac{I\sin\theta\mathrm{d}\theta}{x} = \frac{\mu_0}{4\pi x}(\cos\theta_1 - \cos\theta_2) \tag{3.12}$$

式中 x 是场点到载流直导线的垂直距离，而 θ 是 $I\mathrm{d}\boldsymbol{l}$ 的方向与矢径 $\boldsymbol{r}$(电流元指向场点)之间的夹角.

最后简要讨论一下极限情形：

(1) 当载流直导线无限长($L\to\infty$)时，有

$$\theta_1 = 0, \quad \theta_2 = \pi$$

则

$$B = \frac{\mu_0 I}{4\pi x}(\cos 0 - \cos\pi) = \frac{\mu_0 I}{2\pi x}$$

无限长载流直导线周围各点的磁感应强度的大小与各点到导线的垂直距离 x 成反比，以长直导线上的点为圆心，作垂直长直导线的同心圆系，则长直导线在各点的 $\boldsymbol{B}$ 的方向沿圆的切线方向，其指向与电流方向满足右手螺旋定则.

(2) 当场点非常靠近有限长载流直导线附近(即 $x\ll L$)时，有 $\theta_1\approx 0$，$\theta_2\approx\pi$，则得

$$B = \frac{\mu_0 I}{4\pi x}(\cos 0 - \cos\pi) = \frac{\mu_0 I}{2\pi x} \tag{3.13}$$

上式说明,当场点十分靠近有限长直导线(除两端头外)时,导线可以视为无限长直导线.实际上,“无限长载流直导线”模型正是这样抽象出来的.

2. 圆形电流轴线上的磁场分布

设在真空中有一半径为 R 的载流圆线圈,通有稳恒电流 I.求载流圆线圈轴线上任意 P 点的磁感应强度 B.

如图 3.11 所示,取线圈的轴线为 Ox 轴,原点 O 在载流圆线圈的圆心,在圆线圈上任取一电流元 $I\mathrm{d}\boldsymbol{l}$,在其直径的另一端取对称的另一个电流元 $I\mathrm{d}\boldsymbol{l}'$,$\mathrm{d}l=\mathrm{d}l'$,则它们在轴上的任意场点 P 产生的磁感应强度 B 大小相等:

$$\mathrm{d}B = \frac{\mu_0}{4\pi}\frac{I\mathrm{d}l\sin 90^\circ}{r^2} = \frac{\mu_0}{4\pi}\frac{I\mathrm{d}l}{r^2}$$

$$\mathrm{d}B' = \frac{\mu_0}{4\pi}\frac{I\mathrm{d}l'\sin 90^\circ}{r^2} = \frac{\mu_0}{4\pi}\frac{I\mathrm{d}l}{r^2}$$

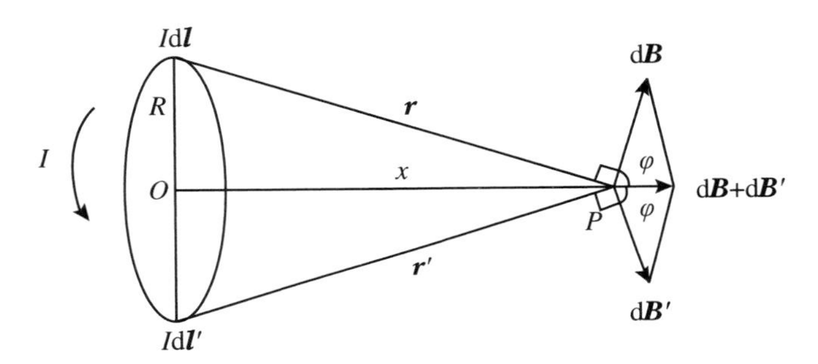

图 3.11 载流圆线圈

$\mathrm{d}\boldsymbol{B}$ 与 $\mathrm{d}\boldsymbol{B}'$ 大小相等,它们对轴线而言是对称的,合成以后,其垂直轴线的分量相互抵消,而平行轴线的分量则相互叠加,故整个载流圆线圈在 P 点产生的总磁感应强度的大小为

$$B = \oint_L \mathrm{d}\boldsymbol{B}_{/\!/} = \oint_L \mathrm{d}B\cos\varphi = \oint_L \frac{\mu_0}{4\pi}\frac{I\mathrm{d}l}{r^2}\cos\varphi$$

由于有几何关系

$$\cos\varphi = \frac{R}{r},\quad r = \sqrt{R^2 + x^2}$$

故可得

$$B = \frac{\mu_0 IR}{4\pi r^3}\int_0^{2\pi R}\mathrm{d}l = \frac{\mu_0}{2}\frac{R^2 I}{(x^2+R^2)^{3/2}} = \frac{\mu_0 SI}{2\pi(x^2+R^2)^{3/2}} \tag{3.14}$$

下面讨论两种特殊情况:

(1) 在载流圆线圈的圆心处,由于 $x=0$,则有

$$B = \frac{\mu_0 I}{2R} \tag{3.15}$$

由于载流圆线圈上每一电流元在圆心处所产生的磁感应强度方向均相同,所以求长为 l 的一段圆弧在圆心处所产生的磁感应强度可通过下式计算:

$$B = \frac{\mu_0 I}{2R}\cdot\frac{l}{2\pi R}$$

(2) 在载流圆线圈的轴线上离圆心很远处,由于 $x \gg R$,则有

$$B = \frac{\mu_0 \pi}{2\pi} \frac{R^2 I}{x^3} = \frac{\mu_0 SI}{2\pi x^3}$$

即有

$$\boldsymbol{B} = \frac{\mu_0}{2\pi} \frac{\boldsymbol{p}_{\mathrm{m}}}{x^3}$$

式中 $\boldsymbol{p}_{\mathrm{m}} = IS\boldsymbol{n}$,称为载流线圈的磁矩.

3. 载流直螺线管内部轴线上的磁场分布

设在真空中有一半径为 R 的载流密绕螺线管,管中载有稳恒电流 I,其单位长度上的匝数为 n,求管内轴线上任意一点的磁感应强度.

因为螺线管上的载流线圈是密绕的,所以每匝线圈可近似当作是闭合的圆形电流,载流直螺线管在其内部轴线上某点 P 处所产生的磁感应强度应等于各匝圆线圈在该点所产生的磁感应强度的总和.

如图 3.12 所示,在螺线管上取长为 $\mathrm{d}l$ 的一小段,$\mathrm{d}l$ 上有 $n\mathrm{d}l$ 匝线圈,利用式(3.14),这一小段 $\mathrm{d}l$ 上的线圈(圆环电流)在轴线上某点 P 处所产生的磁感应强度大小为

$$\mathrm{d}B = \frac{\mu_0 IR^2 n\mathrm{d}l}{2(R^2 + l^2)^{3/2}}$$

由右手螺旋定则可以判断其方向沿轴线向右.

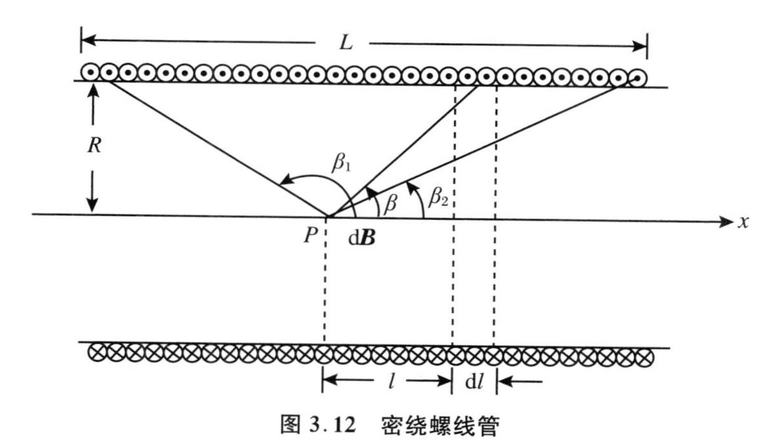

图 3.12 密绕螺线管

因为螺线管的各小段 $\mathrm{d}l$ 在 P 点所产生的磁感应强度的方向都相同,所以由叠加原理可得,整个螺线管在 P 点的磁感应强度大小为

$$B = \int \mathrm{d}B = \int \frac{\mu_0 IR^2 n\mathrm{d}l}{2(R^2 + l^2)^{3/2}}$$

进行运算时,为了方便积分,将变量 l 用角变量 β 表示(β 为螺线管的轴线与从 P 点到 $\mathrm{d}l$ 处小段线圈上任一点矢径之间的夹角). 根据几何关系,有

$$l = R\cot\beta, \quad \mathrm{d}l = -R\csc^2\beta\mathrm{d}\beta$$

$$R^2 + l^2 = R^2\csc^2\beta$$

所以

$$B = \int \mathrm{d}B = \int_{\beta_1}^{\beta_2} \frac{\mu_0}{2} nI(-\sin\beta)\mathrm{d}\beta = \frac{1}{2}\mu_0 nI(\cos\beta_2 - \cos\beta_1) \tag{3.16}$$

式中 β_2 和 β_1 分别表示场点 P 到螺线管两端的连线和轴线之间的夹角.

下面讨论两种特殊的极限情况：

如果螺线管为无限长(即 $L \gg R$)，有 $\beta_1 = \pi, \beta_2 = 0$，则管内轴线上的磁感应强度为

$$B = \mu_0 nI \tag{3.17}$$

可见，无限长密绕螺线管轴线上的磁场为匀强磁场.

如果 P 点处于半无限长载流螺线管的一端(比如左端)，有 $\beta_1 = \frac{\pi}{2}, \beta_2 = 0$，则管内轴线上有限端 P 点的磁感应强度为

$$B = \frac{1}{2}\mu_0 nI$$

可见，该处磁感应强度是其内部磁感应强度的一半.

图 3.13 显示出了均匀密绕载流螺线管轴线上的磁场分布情况，从图中可看出，密绕长直载流螺线管内中部轴线附近的磁场可近似当作匀强磁场.

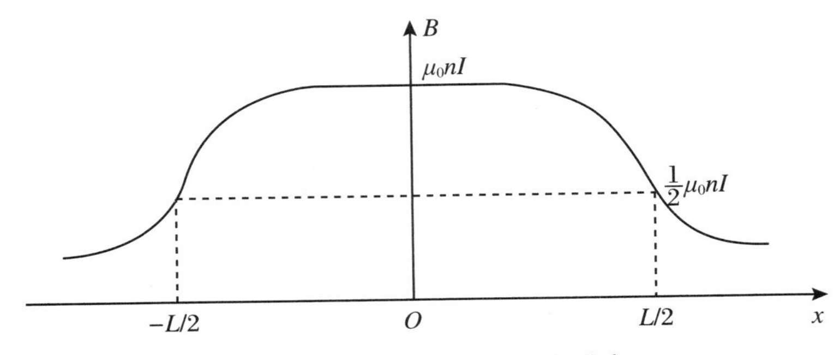

图 3.13　螺线管轴线上的磁场分布

3.2.4　运动电荷的磁场

通电导线中的电流是导线中大量自由电子做定向运动形成的. 因此，电流所产生的磁场可以看作是大量运动电荷所产生的磁场的总和. 实验与理论都表明，运动电荷所产生的磁场与电流所产生的磁场是等效的. 电流产生磁场的本质就是带电粒子的运动.

运动电荷所产生的磁感应强度可以很方便地利用毕奥-萨伐尔定律导出(这实际上是在理论上研究毕奥-萨伐尔定律的微观意义).

设有一个横截面积为 S 的电流元 $I\mathrm{d}\boldsymbol{l}$，若设导体内单位体积内的带电粒子(载流子)数为 n，每个带电粒子的电荷量为 q，且速度都为 $\boldsymbol{v}$. 根据前面已有的讨论，电流密度的表达式为

$$\boldsymbol{j} = qn\boldsymbol{v}$$

通过电流元 $I\mathrm{d}\boldsymbol{l}$ 截面 S 的电流强度由(3.3)式给出：

$$I = \iint_S \boldsymbol{j} \cdot \mathrm{d}\boldsymbol{S} = j \cdot S$$

即可以得到

$$I = qnvS$$

由毕奥-萨伐尔定律，可得

$$\mathrm{d}\boldsymbol{B} = \frac{\mu_0}{4\pi}\frac{I\mathrm{d}\boldsymbol{l}\times\boldsymbol{r}^0}{r^2} = \frac{\mu_0}{4\pi}\frac{qnvS\mathrm{d}\boldsymbol{l}\times\boldsymbol{r}^0}{r^2}$$

注意到在电流元 $I\mathrm{d}\boldsymbol{l}$ 中,做定向运动的带电粒子数目为

$$\mathrm{d}N = nS\mathrm{d}l$$

从微观意义上讲,电流元 $I\mathrm{d}\boldsymbol{l}$ 所产生的磁感应强度就是这 $\mathrm{d}N$ 个运动电荷产生的.于是,可得每一个以速度 v 运动的电荷 q 所产生的磁感应强度大小为

$$B = \frac{\mathrm{d}B}{\mathrm{d}N} = \frac{\mu_0}{4\pi}\frac{qv\sin(\boldsymbol{v},\boldsymbol{r}^0)}{r^2}$$

用矢量式表示即是

$$\boldsymbol{B} = \frac{\mu_0}{4\pi}\frac{q\boldsymbol{v}\times\boldsymbol{r}^0}{r^2} \tag{3.18}$$

如图3.14所示,$\boldsymbol{B}$ 的方向垂直于 $\boldsymbol{v}$ 和 $\boldsymbol{r}$ 所构成的平面.当 q 为正电荷时,$\boldsymbol{B}$ 的方向为矢量积 $\boldsymbol{v}\times\boldsymbol{r}^0$ 的方向;当 q 为负电荷时,$\boldsymbol{B}$ 的方向则与矢量积 $\boldsymbol{v}\times\boldsymbol{r}^0$ 的方向相反.

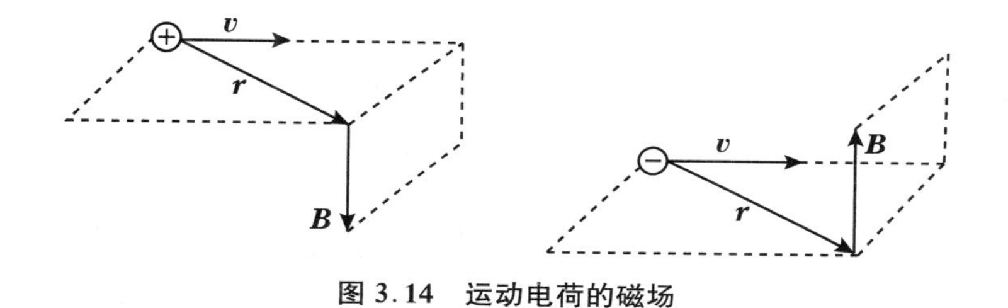

图3.14 运动电荷的磁场

例1 有一长直导线 aa' 与一半径为 R 的导体圆环相切于 a 点,另一长直导线 bb' 沿半径方向与圆环相交接于 b 点,如图3.15所示,有稳恒电流 I 从 a 端流入,而从 b 端流出,求圆环中心 O 点的磁感应强度 $\boldsymbol{B}_O$.

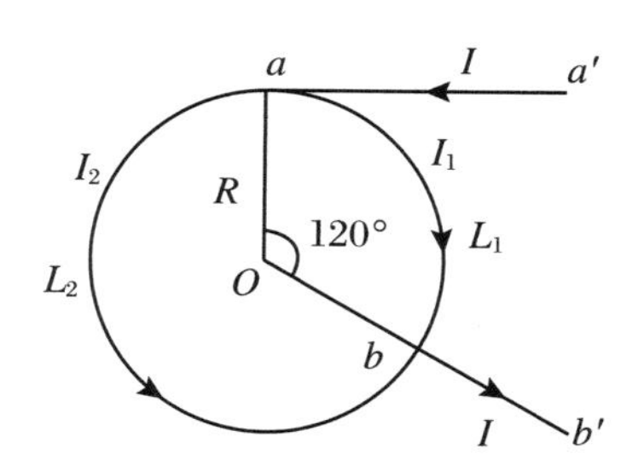

图3.15 圆环中心点的磁场

解 此题可用毕奥-萨伐尔定律求解.分析知 O 点的 $\boldsymbol{B}_O$ 由四部分组成:

$$\boldsymbol{B}_O = \boldsymbol{B}_{aa'} + \boldsymbol{B}_{bb'} + \boldsymbol{B}_{L_1} + \boldsymbol{B}_{L_2}$$

半无限长直载流导线 aa' 与 bb' 在 O 点产生的场分别为

$$B_{aa'} = \frac{\mu_0 I}{4\pi R}\left(\cos 0 - \cos\frac{\pi}{2}\right) = \frac{\mu_0 I}{4\pi R} \quad (\text{方向垂直纸面向外})$$

$$B_{bb'} = 0 \quad (\text{因为场点在 } bb' \text{ 的延长线上})$$

另外,电流流入 a 点,分成两路 L_1、L_2,再从 b 点流出,设圆环周长为 L,有

$$L_1 = \frac{1}{3}L, \quad L_2 = \frac{2}{3}L$$

因载流导线是均匀的，由欧姆定律 $U = IR$，可得 L_1、L_2 两分路的电流分别为$\frac{2}{3}I$ 和$\frac{1}{3}I$，得在 O 点产生的场分别为

$$B_{L_1} = \frac{\mu_0 \times \frac{2}{3}I}{2R} \times \frac{1}{3} = \frac{\mu_0 I}{9R} \quad \text{（方向垂直纸面向内）}$$

$$B_{L_2} = \frac{\mu_0 \times \frac{1}{3}I}{2R} \times \frac{2}{3} = \frac{\mu_0 I}{9R} \quad \text{（方向垂直纸面向外）}$$

以矢量式表达即有

$$\boldsymbol{B}_{L_1} = -\boldsymbol{B}_{L_2}$$

所以

$$\boldsymbol{B}_O = \boldsymbol{B}_{aa'} + \boldsymbol{B}_{bb'} + \boldsymbol{B}_{L_1} + \boldsymbol{B}_{L_2} = \boldsymbol{B}_{aa'}$$

$$B_O = \frac{\mu_0 I}{4\pi R} \quad \text{（方向垂直纸面向外）}$$

3.3 磁场的高斯定理和安培环路定理

在研究静电场时，根据库仑定律和场的叠加原理，导出了高斯定理和环路定理. 在稳恒磁场中，我们根据毕奥-萨伐尔定律和场的叠加原理也可以导出磁场的高斯定理和安培环路定理，从而了解场的性质.

3.3.1 稳恒磁场的高斯定理

1. 磁通量

在静电场中我们引入了电通量的概念，其直观解释是穿过某一面积的电场线的条数. 这里，与电通量类似，我们引入磁通量（即磁感应强度通量）的概念. 其直观意义是通过某曲面的磁通量等于穿过该曲面的磁感应线的条数. 磁通量用符号 Φ_B 表示.

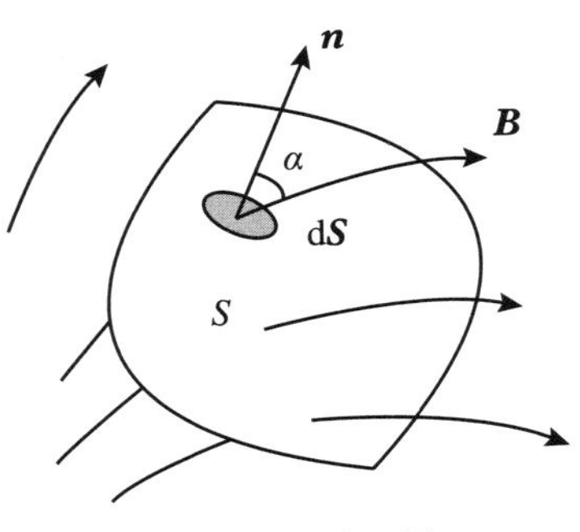

图 3.16 磁通量

下面计算任意一磁场中通过任一曲面 S 的 Φ_B（方法类似电通量的计算）.

一般地，磁场是非均匀磁场，曲面 S 也是任意的. 因此，我们在 S 面上取小面积元 $\mathrm{d}\boldsymbol{S}$，在 $\mathrm{d}\boldsymbol{S}$ 上 $\boldsymbol{B}$ 可以视为均匀的，$\mathrm{d}\boldsymbol{S}$ 的法线方向与该点磁场 $\boldsymbol{B}$ 方向之间的夹角设为 α，如图 3.16 所示.

于是，通过面积元 $\mathrm{d}\boldsymbol{S}$ 的磁通量为

$$\mathrm{d}\Phi_B = \boldsymbol{B} \cdot \mathrm{d}\boldsymbol{S} = B\cos\alpha \mathrm{d}S$$

所以，通过任意曲面 S 的磁通量为

$$\Phi_B = \iint_S \boldsymbol{B} \cdot \mathrm{d}\boldsymbol{S} = \iint_S B\cos\alpha \mathrm{d}S \tag{3.19}$$

在国际单位制中，磁通量的单位为韦伯(Wb)，1 Wb = 1 T · m^2.

如果 S 是闭合曲面，此时一般规定外法线方向为正法线方向.当磁感应线从闭合曲面内穿出时，磁通量为正；而当磁感应线从闭合曲面外穿入时，磁通量为负.闭合曲面上的磁通量是下面我们研究磁场的高斯定理时需要考虑与计算的.

例 1　相距为 $d = 40$ cm 的两根平行长直导线 1、2 放在真空中，每根导线载有电流 $I_1 = I_2 = 20$ A，方向如图 3.17(a)所示，试求：

(1) 两导线所在平面内与两导线等距的一点 A 处的磁感应强度；

(2) 通过图中斜线所示面积 S 的磁通量(设 $r_1 = r_3 = 10$ cm，$r_2 = 20$ cm，$l = 25$ cm).

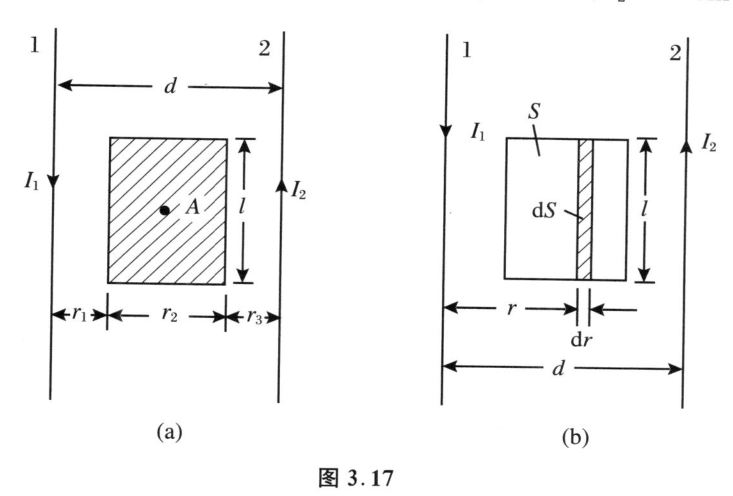

图 3.17

解　(1) 计算点 A 处的磁感应强度.

根据右手螺旋定则，载流导线 1、2 在 A 点处磁感应强度 $\boldsymbol{B}_1$、$\boldsymbol{B}_2$ 的方向都是垂直纸面向外的. $\boldsymbol{B}_1$、$\boldsymbol{B}_2$ 的大小可由公式(3.13)计算.

由于 $I_1 = I_2$，且 A 点与两导线等距，即得

$$B_1 = B_2 = \frac{\mu_0}{2\pi} \frac{I_1}{r_1 + \frac{r_2}{2}} = \frac{4\pi \times 10^{-7} \times 20}{2\pi \times 0.20}\ \mathrm{T} = 2.0 \times 10^{-5}\ \mathrm{T}$$

所以，A 点的总磁感应强度大小为

$$B = B_1 + B_2 = 2B_1 = 4.0 \times 10^{-5}\ \mathrm{T}$$

方向垂直纸面向外.

(2) 计算通过图中阴影部分面积的磁通量.

可将该面积 S 分割为许多小矩形面积元 $\mathrm{d}S = l\mathrm{d}r$，如图 3.17(b)所示，小面积元 $\mathrm{d}S$ 与导线 1 相距 r，与导线 2 相距 $d - r$，该处(即小面积元上)的磁感应强度 $\boldsymbol{B}$ 垂直纸面向外，大小为

$$B = \frac{\mu_0}{2\pi} \frac{I_1}{r} + \frac{\mu_0}{2\pi} \frac{I_2}{d - r}$$

所以，通过面积元 $\mathrm{d}S$ 的磁通量为

$$\mathrm{d}\Phi_B = \boldsymbol{B}\cdot\mathrm{d}\boldsymbol{S} = \frac{\mu_0 l}{2\pi}\left(\frac{I_1}{r}+\frac{I_2}{d-r}\right)\mathrm{d}r$$

则通过 S 的总磁通量为

$$\Phi_B = \int \mathrm{d}\Phi_B = \frac{\mu_0 l}{2\pi}\int_{r_1}^{r_1+r_2}\left(\frac{I_1}{r}+\frac{I_2}{d-r}\right)\mathrm{d}r = \frac{\mu_0 l I_1}{2\pi}\ln\frac{r_1+r_2}{r_1}+\frac{\mu_0 l I_2}{2\pi}\ln\frac{d-r_1}{d-r_1-r_2}$$

注意到 $I_1 = I_2$，且有 $d = r_1+r_2+r_3$，$r_1 = r_3$，所以

$$\Phi_B = \frac{\mu_0 l I_1}{2\pi}\left(\ln\frac{r_1+r_2}{r_1}+\ln\frac{r_2+r_3}{r_3}\right) = \frac{\mu_0 l I_1}{\pi}\ln\frac{r_1+r_2}{r_1}$$

代入数据后求得

$$\Phi_B = \frac{4\pi\times10^{-7}\times0.25\times20}{\pi}\ln\frac{0.30}{0.10}\ \mathrm{Wb} = 20\times10^{-7}\times\ln3\ \mathrm{Wb} = 2.2\times10^{-6}\ \mathrm{Wb}$$

2. 稳恒磁场的高斯(通量)定理

为了得到稳恒磁场的性质，我们考察磁场在闭合曲面上的磁通量.

前面已经讲过，磁感应线总是闭合的线，表明磁场中不存在磁感应线的首和尾，磁场是无源场. 若在磁场中作一个任意形状的闭合曲面，则根据磁感应线的闭合特性，穿入闭合曲面的磁感应线的条数必然等于穿出闭合曲面的磁感应线的条数. 上述结论的数学表达式为

$$\oiint_S \boldsymbol{B}\cdot\mathrm{d}\boldsymbol{S} = 0 \tag{3.20}$$

即通过任一闭合曲面的总磁通量必为零，这就是磁场的高斯定理(磁场的通量定理).

回顾一下静电场中的高斯定理：

$$\oiint_S \boldsymbol{E}\cdot\mathrm{d}\boldsymbol{S} = \frac{1}{\varepsilon_0}\sum q$$

在电磁学中，两者的地位相当，但它们描述的场却有着本质上的区别. 通过任意闭合曲面的电通量一般不为零，说明静电场是有源场；而通过闭合曲面的磁通量恒等于零，说明磁场是无源场.

电场的高斯定理和磁场的高斯定理形式上并不对称，其原因是自然界中存在独立的电荷，却不存在独立的磁荷(磁单极子). 磁场不是由磁荷激发的，而是由运动电荷激发的.

“磁单极子”概念是狄拉克于1931年提出来的，其是否存在，目前物理学家仍在研究. 如果找到磁单极子(独立磁荷)，将会对物理学产生重大影响，例如磁场的高斯定理就要作出修改.

3.3.2 稳恒磁场的安培环路定理

考察任何矢量场的性质，都要从“通量”和“环流”两个方面入手. 在静电场中，我们已知电场强度沿任意闭合路径的环流为零，即 $\oint_L \boldsymbol{E}\cdot\mathrm{d}\boldsymbol{l} = 0$，说明了静电场是保守力场(即无旋性). 这里我们讨论磁感应强度 $\boldsymbol{B}$ 的环流，即安培环路定理.

1. 安培环路定理

电场强度沿任意闭合路径的环流为零，那么磁感应强度沿任意闭合路径的环流是否也为零？磁场是否为保守力场？下面通过一个特例来导出安培环路定理.

设在无限长的直导线内通有稳恒电流 I,在垂直于导线的平面内,任取一围绕该电流的闭合曲线 L 作为进行积分的路线,称为"安培环路".如图 3.18 所示,沿 L 积分时的绕行方向与电流 I 的流向符合右手螺旋定则.

今在 L 上 G 点处取线元 $\mathrm{d}\boldsymbol{l}$,而导线与平面的交点 O 至 G 点的矢径为 $\boldsymbol{r}$,由式(3.13)可知,G 点处的磁感应强度 $\boldsymbol{B}$ 的大小为$\dfrac{\mu_0 I}{2\pi r}$,方向与 $\boldsymbol{r}$ 垂直.

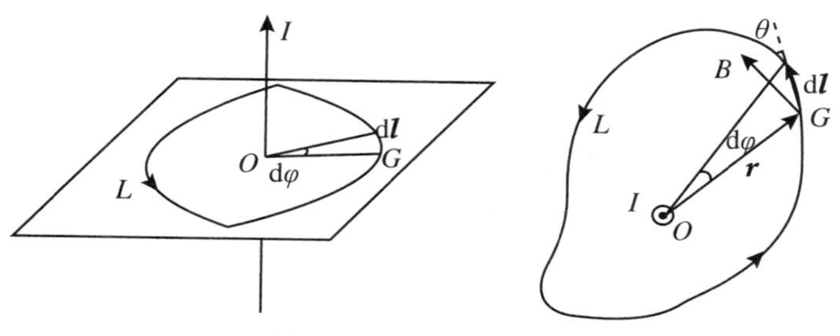

图 3.18 安培环路定理

$\mathrm{d}\boldsymbol{l}$ 与 $\boldsymbol{B}$ 之间的夹角为 θ,由几何关系有

$$\cos\theta \mathrm{d}l = r\mathrm{d}\varphi$$

此处 $\mathrm{d}\varphi$ 是 $\mathrm{d}\boldsymbol{l}$ 对 O 点的张角,于是得到

$$\boldsymbol{B}\cdot\mathrm{d}\boldsymbol{l} = Br\mathrm{d}\varphi = \frac{\mu_0 I}{2\pi}\mathrm{d}\varphi$$

这一结果对安培环路 L 上任意一个小线元 $\mathrm{d}\boldsymbol{l}$ 都成立,因此 $\boldsymbol{B}$ 对 L 的线积分(即环流)为

$$\oint_L \boldsymbol{B}\cdot\mathrm{d}\boldsymbol{l} = \int_0^{2\pi}\frac{\mu_0 I}{2\pi}\mathrm{d}\varphi = \mu_0 I$$

如果电流的流向与上述假定方向相反,不难得到

$$\oint_L \boldsymbol{B}\cdot\mathrm{d}\boldsymbol{l} = \mu_0 I$$

当有多根载流长直导线穿过 L 所包围的区域时,若每个电流单独存在时所激发的磁感应强度分别为 $B_1, B_2, \cdots, B_n$,则根据叠加原理,总的磁感应强度为

$$\boldsymbol{B} = \boldsymbol{B}_1 + \boldsymbol{B}_2 + \cdots + \boldsymbol{B}_n$$

因而

$$\oint_L \boldsymbol{B}\cdot\mathrm{d}\boldsymbol{l} = \oint_L \boldsymbol{B}_1\cdot\mathrm{d}\boldsymbol{l} + \oint_L \boldsymbol{B}_2\cdot\mathrm{d}\boldsymbol{l} + \cdots + \oint_L \boldsymbol{B}_n\cdot\mathrm{d}\boldsymbol{l} = \mu_0 I_1 + \mu_0 I_2 + \cdots + \mu_0 I_n$$

即

$$\oint_L \boldsymbol{B}\cdot\mathrm{d}\boldsymbol{l} = \mu_0 \sum_{i=1}^{n} I_i \tag{3.21}$$

上式就是磁场的安培环路定理的数学表达式.它表明,在真空中,磁感应强度 $\boldsymbol{B}$ 沿任意闭合环路 L 的线积分(环流)等于此环路所包围的所有电流强度的代数和的 μ_0 倍.

以上安培环路定理虽然是在特殊情况下导出的,但是可以根据毕奥-萨伐尔定律和场的叠加原理严格证明,定理对任意稳恒电流的磁场中任意闭合曲线都是普遍成立的.

安培环路定理是反映稳恒磁场性质的两个基本定理之一.前面磁场的高斯定理(磁感应强度 $\boldsymbol{B}$ 通过任一闭合曲面的总磁通量必为零)说明了稳恒磁场是无源场,而这里的环路定理(磁感应强度 $\boldsymbol{B}$ 沿任意闭合环路 L 的环流不为零)则说明了磁场是有旋场,即非保守场,这是磁场的又一个重要性质.所以,通常说稳恒磁场是一种无源有旋场或无源非保守力场.

对于如何理解安培环路定理,需要进一步说明以下几点:

(1) 式中 $\sum_{i=1}^{n} I_i$ 只是 L 所包围的所有传导电流的代数和;

(2) 式中 I 的正负按前述规则决定,即当电流方向与 L 的环绕方向满足右手螺旋定则时,I 为正,反之为负;

(3) 如果某一电流 I 不被环路 L 所包围,则此电流对环路积分的值没有贡献,但该电流对磁场中各点的磁感应强度仍是有贡献的.

安培环路定理反映了磁场与电流之间的定量关系,是描述稳恒磁场特性的重要规律之一,无论磁场有无对称性,都是普遍成立的.在磁场分布具有对称性的情况下,它提供了一种求解磁场空间分布的简便方法.在磁场分布不具有对称性的情况下,安培环路定理仍然是成立的,但很难或无法求出磁场的分布.

2. 安培环路定理的应用

已知电流求磁场的一般方法,前面已经介绍过根据毕奥-萨伐尔定律和场的叠加原理来求解.而对于一些具有对称性的稳恒磁场(电流分布有对称性,导致磁场有对称性),则可以考虑运用安培环路定理求解.这就和在静电场中,当电荷具有某种对称性时,可以用高斯定理来求解电场一样.

应用安培环路定理求磁场分布的关键在于,根据磁场分布的对称性选择合适的安培环路,即要求闭合环路要通过待求的场点.在该闭合环路上磁感应强度 $\boldsymbol{B}$ 的大小最好恒定,且 $\boldsymbol{B}$ 与 $\mathrm{d}\boldsymbol{l}$ 的方向关系较简单(最好平行或者垂直),这样可以简化积分运算.

下面以两个典型的电流分布为例,讨论如何用安培环路定理求解问题.

(1) 无限长载流螺线管内外的磁场分布

设在真空中有一个载有电流 I 的无限长密绕螺线管,其单位长度上的线圈匝数为 n,试计算管内和管外的磁感应强度分布.

分析对称性可知,由于螺线管无限长,管内各场点的磁感应强度的方向应平行于螺线管的轴线,且在距离轴线等距离处的磁感应强度的大小应相等.

先求管内的磁场.

如图 3.19 所示,通过管内任意点 P 作一矩形闭合线 $abcda$(安培环路),沿此闭合线求磁感应强度矢量的线积分.

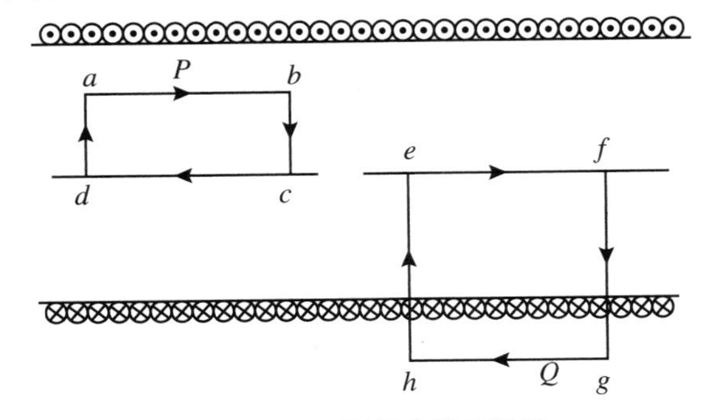

图 3.19 无限长密绕螺线管

由安培环路定理,有

$$\oint_L \boldsymbol{B} \cdot \mathrm{d}\boldsymbol{l} = \oint_a^b \boldsymbol{B} \cdot \mathrm{d}\boldsymbol{l} + \oint_b^c \boldsymbol{B} \cdot \mathrm{d}\boldsymbol{l} + \oint_c^d \boldsymbol{B} \cdot \mathrm{d}\boldsymbol{l} + \oint_d^a \boldsymbol{B} \cdot \mathrm{d}\boldsymbol{l} = 0$$

在 bc 和 da 段,由于 $\boldsymbol{B} \perp \mathrm{d}\boldsymbol{l}$,则

$$\oint_b^c \boldsymbol{B} \cdot \mathrm{d}\boldsymbol{l} + \oint_d^a \boldsymbol{B} \cdot \mathrm{d}\boldsymbol{l} = 0$$

且利用式(3.17),得

$$\begin{aligned}\oint_L \boldsymbol{B} \cdot \mathrm{d}\boldsymbol{l} &= \oint_a^b \boldsymbol{B} \cdot \mathrm{d}\boldsymbol{l} + \oint_c^d \boldsymbol{B} \cdot \mathrm{d}\boldsymbol{l} \\ &= B \cdot ab + (-\mu_0 nI) \cdot cd = 0\end{aligned}$$

注意到 $ab = cd$,于是得任意场点 P 的磁感应强度为

$$B = \mu_0 nI$$

场点 P 是螺线管内的任意一个场点,其磁感应强度与轴线上的结果相同,由此可知,载流长直螺线管内的磁场是匀强磁场.

再求管外的磁场.

同理,通过管外任意点 Q 作一矩形闭合线 $efghe$(安培环路),沿此闭合线求磁感应强度的线积分.

由安培环路定理,有

$$\oint_L \boldsymbol{B} \cdot \mathrm{d}\boldsymbol{l} = \oint_e^f \boldsymbol{B} \cdot \mathrm{d}\boldsymbol{l} + \oint_f^g \boldsymbol{B} \cdot \mathrm{d}\boldsymbol{l} + \oint_g^h \boldsymbol{B} \cdot \mathrm{d}\boldsymbol{l} + \oint_h^e \boldsymbol{B} \cdot \mathrm{d}\boldsymbol{l} = 0$$

在 fg 和 he 段,由于 $\boldsymbol{B} \perp \mathrm{d}\boldsymbol{l}$,则

$$\oint_f^g \boldsymbol{B} \cdot \mathrm{d}\boldsymbol{l} + \oint_h^e \boldsymbol{B} \cdot \mathrm{d}\boldsymbol{l} = 0$$

同样利用式(3.17),得

$$\oint_L \boldsymbol{B} \cdot \mathrm{d}\boldsymbol{l} = \int_e^f \boldsymbol{B} \cdot \mathrm{d}\boldsymbol{l} + \int_g^h \boldsymbol{B} \cdot \mathrm{d}\boldsymbol{l} = (\mu_0 nI) \cdot ef + B \cdot gh = \mu_0 nIef$$

注意到 $ef = gh$,于是得管外任意场点 Q 的磁感应强度为

$$B = 0$$

由此可知,载流长直螺线管外无磁场,磁场集中在管内.

(2) 无限长直载流圆柱导体内外的磁场分布

设在真空中有一无限长直载流圆柱导体,半径为 R,电流 I 沿轴线方向,且在圆柱导体的横截面上电流是均匀分布的,试计算空间磁场的分布.

先求圆柱导体外任一点 P 的磁感应强度.

设 P 点与轴线的垂直距离为 $r(r>R)$,通过 P 点作半径为 r 的圆,圆所在的平面与圆柱体的轴线垂直,如图 3.20 所示.取此圆作为积分的闭合路径(安培环路),积分时绕行方向为顺时针,由于对称性,闭合路径上任一点的 B 量值均相等,方向处处与环路相切,闭合路径所包围的电流强度为 I.由安培环路定理,可得

$$\oint_L \boldsymbol{B} \cdot \mathrm{d}\boldsymbol{l} = \oint_L B\mathrm{d}l = B\oint_L \mathrm{d}l = B \cdot 2\pi r = \mu_0 I$$

于是圆柱导体外任一点 P 的磁感应强度为

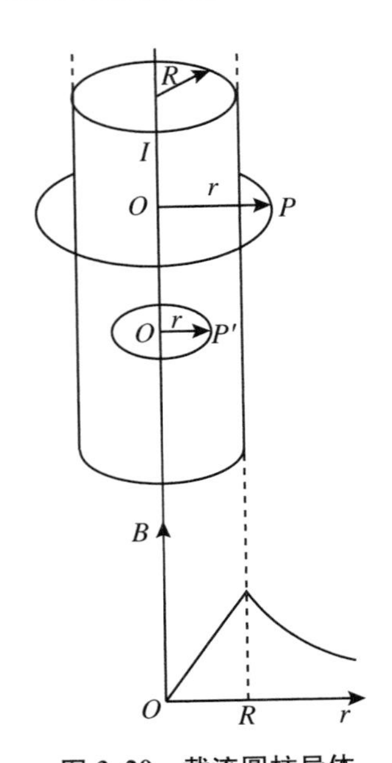

图 3.20　载流圆柱导体

$$B=\frac{\mu_0 I}{2\pi r}$$

这个结果与前面无限长载流直导线的磁场相同.

再求圆柱体内任一点 P' 的磁感应强度.

设 P' 点在圆柱体内($r<R$),计算方法与上述相同,即

$$\oint_L \boldsymbol{B}\cdot \mathrm{d}\boldsymbol{l}=B\cdot 2\pi r=\mu_0 I'$$

此时闭合路径所包围的电流强度为

$$I'=\frac{I}{\pi R^2}\cdot \pi r^2=\frac{Ir^2}{R^2}$$

所以有

$$B\cdot 2\pi r=\mu_0\frac{Ir^2}{R^2}$$

得

$$B=\frac{\mu_0 Ir}{2\pi R^2}$$

可见在圆柱体内部,磁感应强度的大小与 r 成正比.场的分布曲线参见图 3.20.

由以上两个问题的分析可知,当电流有某种对称性时,应用安培环路定理求解磁场要比应用毕奥-萨伐尔定律求解磁场简便.

例 2　如图 3.21,有一个载流螺绕环(螺绕环是绕在圆环上的螺绕形线圈),设其总匝数为 N,通有稳恒电流 I,电流圆环的直径为 R_2-R_1,试求载流螺绕环内外的磁场 $\boldsymbol{B}$ 的分布.

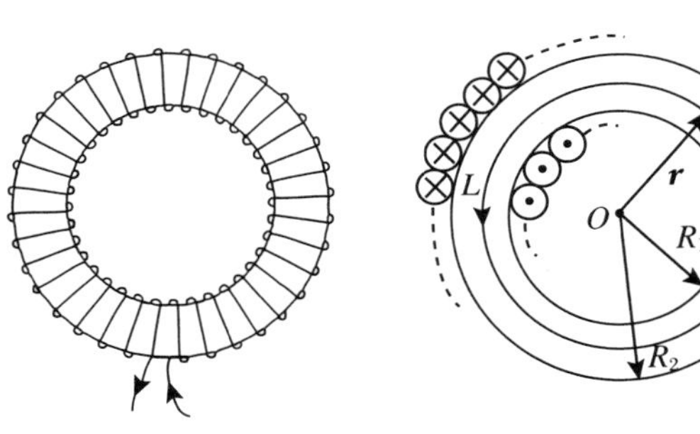

图 3.21

解　由对称性分析可知,磁场 $\boldsymbol{B}$ 沿着以 O 为圆心的圆的切线方向,且与电流 I 成右手螺旋关系,r 相等处 $\boldsymbol{B}$ 的大小相等.可以考虑用安培环路定理求解.

(1) 先求环内($R_1<r<R_2$)的 $\boldsymbol{B}$.在环内作圆环状的安培环路 L,由安培环路定理有

$$\oint_L \boldsymbol{B}\cdot \mathrm{d}\boldsymbol{l}=B\cdot 2\pi r=\mu_0 NI$$

故得

$$B=\frac{\mu_0 NI}{2\pi r}\quad (R_1<r<R_2)$$

(2) 再求环外($r<R_1$ 或 $r>R_2$)的 $\boldsymbol{B}$.同理,在环外作圆环状的安培环路(有两种情况,

图3.21中没有画出),由安培环路定理:

对于 $r<R_1$ 的情况,有

$$\oint_L \boldsymbol{B}\cdot \mathrm{d}\boldsymbol{l} = B\cdot 2\pi r = 0$$

解得 $B=0$.

对于 $r>R_2$ 的情况,有

$$\oint_L \boldsymbol{B}\cdot \mathrm{d}\boldsymbol{l} = B\cdot 2\pi r = \mu_0(NI - NI) = 0$$

解得 $B=0$.

可见,载流螺绕环的环外无磁场,磁场都集中在环内.

此例中,有一种极限情形需要简要讨论一下:若螺绕环很细,有 $R_1\approx R_2\approx R$(设内、外半径均为 R),则有 $R_2-R_1\ll R$,可得

$$B = \frac{\mu_0 NI}{2\pi R} = \mu_0 \frac{N}{2\pi R}I = \mu_0 nI$$

上式表明细螺绕环内各处的 $\boldsymbol{B}$ 大小近似相等,此时,螺绕环近似于一无限长直螺线管.

3.4 洛伦兹力和安培力

前面几节讨论了稳恒电流激发磁场的规律以及稳恒磁场的性质.本节则进一步介绍处于外磁场中的运动电荷和电流所受到的磁场作用力.

3.4.1 洛伦兹力

1. 洛伦兹力公式

运动电荷在磁场中所受到的作用力称为洛伦兹力.由前面磁感应强度的定义可知,电荷量为 q 的正电荷在均匀磁场中以速度 $\boldsymbol{v}$ 垂直于磁感应强度 $\boldsymbol{B}$ 运动时,它所受到的磁场力为

$$\boldsymbol{F} = q\boldsymbol{v}\times\boldsymbol{B} \tag{3.22}$$

此式即洛伦兹力公式.

一般情况下,运动电荷 q 的速度 $\boldsymbol{v}$ 与磁感应强度 $\boldsymbol{B}$ 可以成任意角度 θ,如图3.22所示.由于运动电荷的运动方向与 $\boldsymbol{B}$ 的方向一致时电荷所受的磁力为零,所以,此时运动电荷所受的洛伦兹力大小为

$$F = Bqv_x = Bqv\sin\theta$$

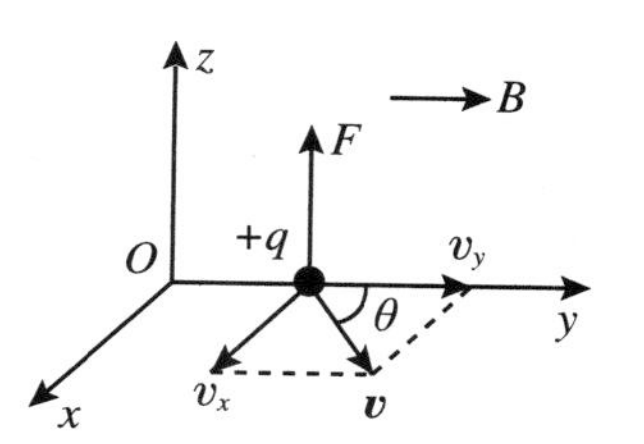

图3.22 洛伦兹力

由右手螺旋定则可以确定,洛伦兹力的方向总是垂直于 $\boldsymbol{v}$ 和 $\boldsymbol{B}$ 所构成的平面.当 q 为正时,$\boldsymbol{F}$ 的方向为 $\boldsymbol{v}\times\boldsymbol{B}$ 的方向;当 q 为负时,$\boldsymbol{F}$ 的方向为 $\boldsymbol{v}\times\boldsymbol{B}$ 的反方向.

注意,由于 $\boldsymbol{F}$ 总是垂直于运动电荷的速度 $\boldsymbol{v}$,所以洛伦兹力永远不对运动电荷做功.

若空间中既有电场又有磁场,则运动电荷受力的更一般的表达式为

$$F = q(\boldsymbol{v} \times \boldsymbol{B} + \boldsymbol{E})$$

2. 带电粒子在均匀磁场中的运动

一个电量为 q、质量为 m 的带电粒子以初速度 $\boldsymbol{v}_0$ 进入磁感应强度为 $\boldsymbol{B}$ 的均匀磁场中，将受到洛伦兹力的作用.若略去重力作用，粒子的运动情况将因 $\boldsymbol{v}_0$ 和 $\boldsymbol{B}$ 的夹角不同而有所不同.可分为三种情况：

(1) 当 $\boldsymbol{v}_0$ 和 $\boldsymbol{B}$ 同方向时(带电粒子平行入射)，则有 $\boldsymbol{v}_0 \times \boldsymbol{B} = \boldsymbol{0}$，所以 $F = 0$，即带电粒子做匀速直线运动.

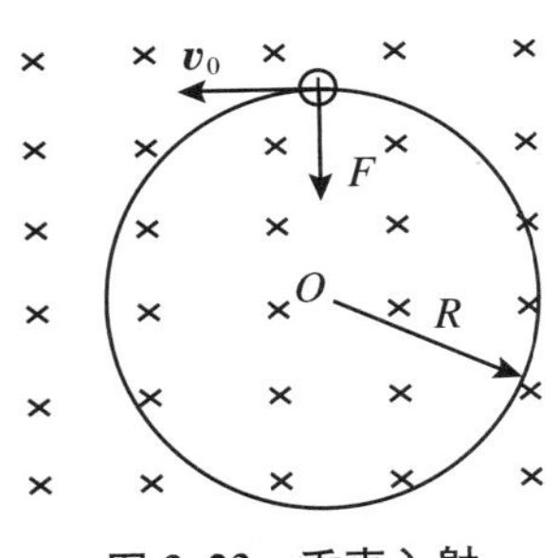

图 3.23　垂直入射

(2) 当 $\boldsymbol{v}_0$ 和 $\boldsymbol{B}$ 垂直时(带电粒子垂直入射)，则有 $F = F_{max} = qv_0B$，其方向垂直于 $\boldsymbol{v}_0$ 与 $\boldsymbol{B}$ 所组成的平面，如图 3.23 所示.

由于 $\boldsymbol{F}$ 与 $\boldsymbol{v}_0$ 垂直，所以 $\boldsymbol{F}$ 只改变带电粒子的速度方向，而不改变速度的大小，带电粒子在磁场中做匀速圆周运动，洛伦兹力就是粒子做匀速圆周运动时所需的向心力.根据牛顿第二定律可得

$$qv_0B = m\frac{v_0^2}{R}$$

由此求得轨道半径为

$$R = \frac{mv_0}{qB} \tag{3.23}$$

上式表明 R 与 v_0 成正比，与 B 成反比.

带电粒子绕圆形轨道运动一周所需的时间称为回旋周期，用 T 表示，有

$$T = \frac{2\pi R}{v_0} = \frac{2\pi m}{qB} \tag{3.24}$$

于是得出一个重要的结论：回旋周期 $T\left(以及回旋频率\frac{1}{T}\right)$只由 m、q 及 B 决定，而与 v_0 及 R 无关.

(3) 当 $\boldsymbol{v}_0$ 与 $\boldsymbol{B}$ 间有一任意夹角 θ 时(普遍情况)，如图 3.24 所示，可将 $\boldsymbol{v}_0$ 分解成平行 $\boldsymbol{B}$ 的分量 $v_{/\!/}$ 和垂直于 $\boldsymbol{B}$ 的分量 $v_{\perp}$，即

$$v_{\perp} = v_0\sin\theta$$
$$v_{/\!/} = v_0\cos\theta$$

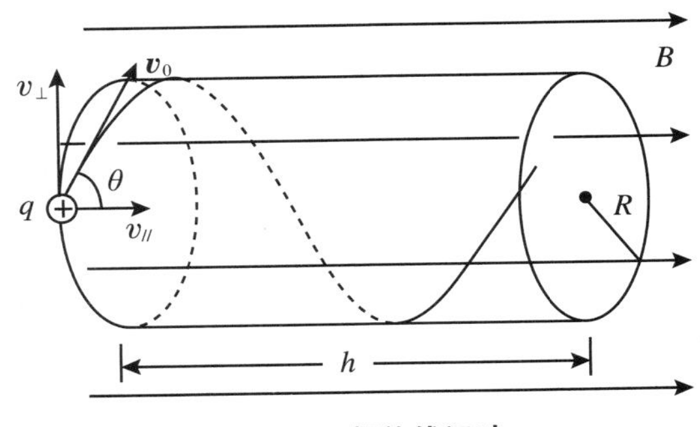

图 3.24　螺旋线运动

利用前面讨论的结论，在磁场的作用下，速度的垂直分量将使带电粒子在垂直于 $\boldsymbol{B}$ 的

平面内做匀速圆周运动,而速度的平行分量将使带电粒子沿 $\boldsymbol{B}$ 的方向做匀速直线运动.根据运动叠加原理可知,粒子将做螺旋线运动.螺旋线的螺旋半径为

$$R=\frac{mv_{\perp}}{qB}=\frac{mv_0\sin\theta}{qB} \tag{3.25}$$

旋转(螺旋)周期为

$$T=\frac{2\pi R}{v_{\perp}}=\frac{2\pi m}{qB} \tag{3.26}$$

粒子旋转一周所前进的距离叫螺距,以 h 表示,其值为

$$h=v_{/\!/}T=\frac{2\pi m}{qB}v_0\cos\theta \tag{3.27}$$

上式表明,螺距 h 与 $v_{\perp}$ 无关,只与 $v_{/\!/}$ 成正比.利用上述结果可以实现磁聚焦.如在一均匀磁场中某点发射一束发散角不大的带电粒子束,尽管这些粒子的 $v_{\perp}$ 各不相同,但它们的 $v_{/\!/}$ 却是基本相同的.因此尽管这些带电粒子的螺旋线半径各不相同,但其螺距却是相同的,即各自旋转一个周期后,都会重新相交于一点,这个现象称为磁聚焦,与光束通过光学透镜聚焦的现象很相似,在实际中有着广泛的应用.

3.4.2 洛伦兹力应用实例

除磁聚焦之外,下面再简要介绍几个应用洛伦兹力的典型实例.

1. 回旋加速器

回旋加速器是利用磁场使带电粒子做回旋运动,在运动中经高频电场反复加速的装置,是高能物理研究的重要工具.其构造庞大,而且控制系统很复杂,但基本原理却很简单.如图3.25,加速器的核心部分为两个半圆形的扁平金属盒(D形盒).它们作为电极,与高频振荡电源相接,放在高真空容器里,置于巨大的电磁铁两极之间,并使磁场 $\boldsymbol{B}$ 和盒面垂直.在两D形盒间的缝隙中产生交变电场.

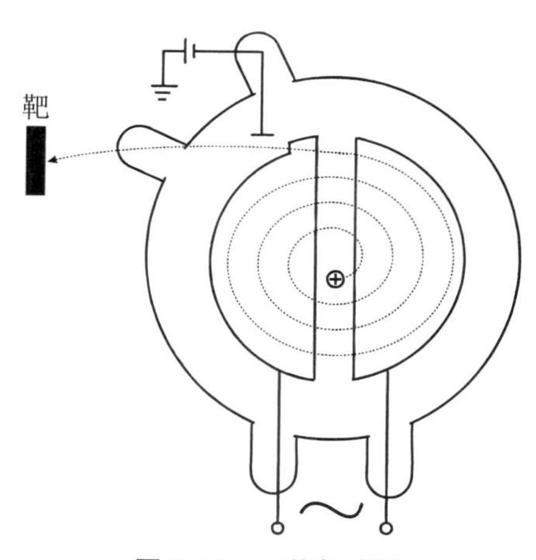

图3.25 回旋加速器

回旋加速器的工作原理就是利用了带电粒子垂直磁场入射,其圆周运动的回旋周期 T $\left(\text{以及回旋频率}\frac{1}{T}\right)$ 只由 m、q 及 B 决定,而与 v_0 及 R 无关这一性质.

粒子源发出的带电粒子在两D形盒缝隙中的交变电场作用下不断被加速,而在两D形盒内部因垂直磁场的洛伦兹力作用而做圆周运动,其回旋半径一次次增大,但粒子回旋半周所用的时间 t 始终不变,都等于回旋周期 T 的一半,即

$$t=\frac{T}{2}\frac{\pi m}{qB}$$

粒子被加速到最后,通过偏转装置引出打在“靶”上.设最后一圈的半径为 R,可得粒子的最大动能为

$$E_{km}=\frac{1}{2}mv^2=\frac{q^2B^2R^2}{2m}$$

由于相对论效应的限制，回旋加速器只适合加速质量大的粒子，例如质子.

2. 质谱仪

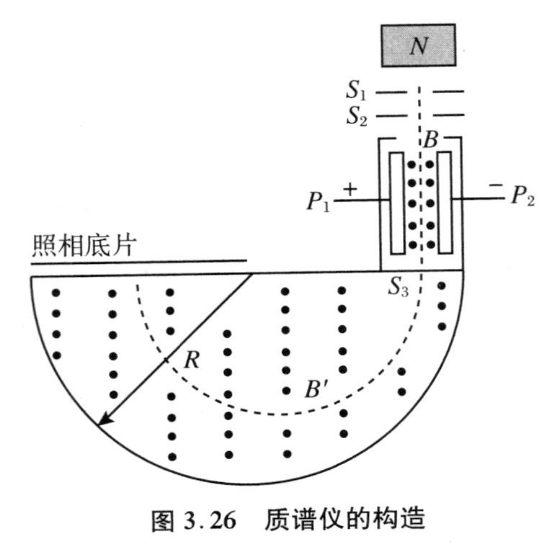

图 3.26　质谱仪的构造

质谱仪是用于测定带电粒子的电量与质量之比（简称荷质比）的仪器. 质谱仪的构造与原理如图 3.26 所示.

离子源 N 产生质量为 m、电量为 q 的离子，离子产生时速度很小，可以看作是静止的. 离子飞出 N 后经过 S_1S_2 狭缝时被电极间的加速电场（电压 V）加速，然后经过速度选择器 P_1P_2（P_1P_2 两极间有磁场 B 与电场 E），在 P_1P_2 中，只有速度满足 $qE=qvB\left(即\ v=\frac{E}{B}\right)$的离子可以通过 P_1P_2 进入匀强磁场 B'. 离子进入匀强磁场 B'后，在洛伦兹力的作用下将沿着半圆周运动，最终到达记录它的底片上.

由于回旋半径 R 与离子质量 m 成正比，因此质量不同的离子其回旋半径不同，从而到达底片的位置不同，按质量大小形成了所谓的一系列谱线，即"质谱". 这也就是质谱仪中"谱"的含义.

设离子经电场加速后，在入口 S_3 处达到的速度大小为 v，由

$$R=\frac{mv}{qB'},\quad v=\frac{E}{B}$$

可得回旋半径为

$$R=\frac{mv}{qB'}=\frac{m}{qB'}\frac{E}{B}$$

于是得离子的质量为

$$m=\frac{qB'B}{E}\cdot R$$

离子的荷质比为

$$\frac{q}{m}=\frac{E}{B'B}\cdot\frac{1}{R}$$

只要各电场与磁场已知，测出 R 即可得到荷质比.

作为同位素和物质的分析仪器，质谱仪已被广泛应用于科学技术的许多领域，如核物理、原子能技术、半导体物理、地质科学、化学、石油、医学、农业等.

3. 汤姆孙实验

汤姆孙实验是汤姆孙（J. Thomson，1856～1940）在 1897 年做的著名实验. 他研究了运动电子在均匀电场和磁场中的受力规律，测出了电子的荷质比 e/m（电子的电荷与质量之比）. 其基本原理很简单，同样是利用运动电荷在电场与磁场中受力来分析问题.

如图 3.27 所示，电子被加速后进入电场与磁场所在的"偏转区域". 当 $\boldsymbol{E}$ 和 $\boldsymbol{B}$ 都等于零时，电子将直接打在荧光屏的中心 O 处；当"偏转区域"中只有均匀的 $\boldsymbol{B}$ 时，电子受到洛伦兹力而向下偏转，其圆弧半径为 $R=mv/eB$，则电子将打在荧光屏上的 O'点；当再加上 $\boldsymbol{E}$，且

调节 $\boldsymbol{E}$ 与 $\boldsymbol{B}$,使得作用在电子上的电场力和洛伦兹力平衡时,有

$$eE = evB$$

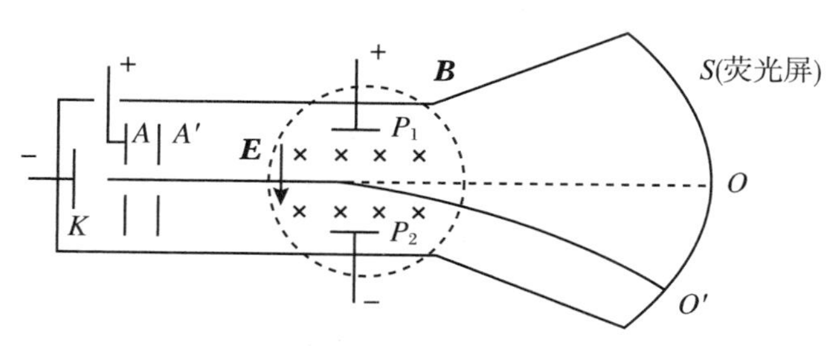

图 3.27 汤姆孙实验

即

$$v = \frac{E}{B}$$

此时,电子将重新打在中心 O 处.测出此时的 $\boldsymbol{E}$ 与 $\boldsymbol{B}$,就可知道电子的速度 v.于是可得

$$\frac{e}{m} = \frac{v}{RB} = \frac{E}{RB^2}$$

1973 年,国际科联(ICSU)下属的科学与技术数据委员会(Committee on Data for Science and Technology)公布的电子荷质比数值为

$$\frac{e}{m} = 1.7588047(49) \times 10^{11}\ \mathrm{C/kg}$$

4. 霍尔效应

霍尔效应是磁电效应的一种,这一现象是霍尔(A. H. Hall,1855~1938)于 1879 年在研究金属的导电问题时发现的.当电流垂直于外磁场通过导体时,在导体的垂直于磁场和电流方向的两个端面之间会出现横向电势差,这一现象便是霍尔效应(又称经典霍尔效应).这个电势差 U_{H} 称为霍尔电势差(霍尔电压).

实验表明,霍尔电势差 U_{H} 的大小与磁感应强度的大小 B 以及电流强度的大小 I 都成正比,而与金属板的厚度 d 成反比,即有

$$U_{\mathrm{H}} = R_{\mathrm{H}} \frac{IB}{d}$$

比例系数 R_{H} 是仅与导体材料有关的常数,称为霍尔系数.

霍尔效应可以用带电粒子在磁场中运动时受到洛伦兹力作简要解释.参见图 3.28,设有通有电流 I 的导体板,放入磁场 $\boldsymbol{B}$ 中,定向流动的自由电子(形成电流的载流子)要受到洛伦兹力 $\boldsymbol{F} = -e\boldsymbol{v} \times \boldsymbol{B}$ 的作用,并在此力的作用下,沿 $\boldsymbol{F}$ 所指的方向漂移,结果使得导体的上表面积累过多的电子(负电荷),下表面出现电子不足(即带正电荷),从而在导体内产生方向向上的电场.当电子所受的电场力正好与磁场的洛伦兹力相平衡时,达到稳恒状态. 此时有

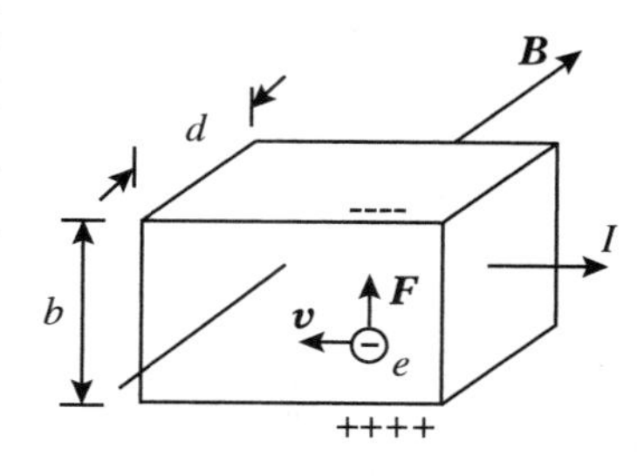

图 3.28 霍尔效应

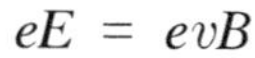

$$eE = evB$$

即得

$$E = vB$$

注意到导体上下两表面之间的电势差为

$$U_{\mathrm{H}} = Eb$$

则有

$$U_{\mathrm{H}} = vBb$$

设导体内电子的数密度为 n，且注意到垂直电流的界面积 $S = bd$，于是

$$I = nqvS = nqvbd$$

即可得

$$U_{\mathrm{H}} = vBb = \left(-\frac{1}{ne}\right)\frac{IB}{d}$$

可见霍尔系数为

$$R_{\mathrm{H}} = -\frac{1}{ne}$$

霍尔效应不只是在金属导体中产生，在半导体中也会产生.不同的是，金属导体中形成电流的运动电荷(即载流子)只有带负电的电子，而在半导体中的载流子有的是以带负电的电子为主(N 型半导体)，有的是以带正电的空穴为主(P 型半导体).

通过对霍尔系数的测定(是正值还是负值)，就可判定半导体的类型；根据霍尔系数的大小，可以测定载流子的浓度，还可测磁感应强度.霍尔效应在实际中的运用十分广泛，如测量磁场、测量电流、判断半导体的类型等.

3.4.3 安培力 安培定律

1. 安培定律

载流导线在磁场中要受到磁场力的作用.磁场中这种力的属性是其最基本的特征之一，磁场对载流导线的作用力称为安培力.安培力所遵循的定量规律即为安培定律，它是由安培通过实验首先总结出来的基本规律.

安培定律表述如下：实验表明，磁场 $\boldsymbol{B}$ 对场中任意一个电流元 $I\mathrm{d}\boldsymbol{l}$ 的作用力，在数值(即大小)上等于电流元的大小、电流元所在处的磁感应强度的大小以及电流元与场强间夹角 θ 的正弦的乘积，即

$$\mathrm{d}F = I\mathrm{d}l \cdot B \cdot \sin\theta \tag{3.28}$$

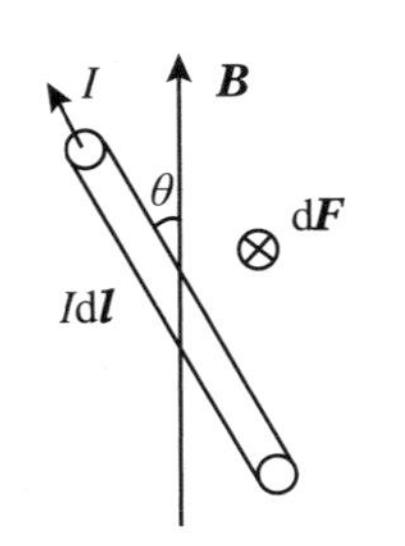

图 3.29 磁场对电流元的作用

如图 3.29 所示，其矢量式为

$$\mathrm{d}\boldsymbol{F} = I\mathrm{d}\boldsymbol{l} \times \boldsymbol{B} \tag{3.29}$$

式(3.28)和式(3.29)即是安培定律的数学表达式，也称为安培力公式.安培力的方向一般用右手螺旋定则确定(当然也可用左手定则确定).

根据力的叠加原理，磁场对场中任意一段载流导线 L 的安培力是对载流导线上各电流元的安培力求矢量和，即

$$\boldsymbol{F} = \int_L \mathrm{d}\boldsymbol{F} = \int_L I\mathrm{d}\boldsymbol{l} \times \boldsymbol{B} \tag{3.30}$$

2. 洛伦兹力与安培力的关系

我们知道,载流导线中的电流是由大量自由电子的定向运动而形成的.由于运动电荷在磁场中要受到洛伦兹力的作用,所以载流导线在磁场中所受到的磁力的本质是:在洛伦兹力的作用下,导体中做定向运动的电子和导体中晶格上的正离子不断地碰撞,把动量传给了导体,从而使整个载流导体在磁场中受到磁力作用.因此可以这样说,载流导线所受到的安培力是导体中做定向运动的带电粒子所受到的洛伦兹力的宏观效果,而洛伦兹力则是安培力的微观本质.

下面我们通过洛伦兹力公式推导安培力公式,从而加深对此问题的理解.

如图3.30所示,设在载流导线上取一电流元 $I\mathrm{d}\boldsymbol{l}$,将其置于外磁场 $\boldsymbol{B}$ 中,导线的横截面积为 S,导线中每一个载流子(电子)的电荷量均为 $-e$,平均定向运动速度为 $\boldsymbol{v}$,单位体积中载流子数目为 n.每一个电子所受的洛伦兹力为

$$\boldsymbol{f}_B = -e\boldsymbol{v}\times\boldsymbol{B}$$

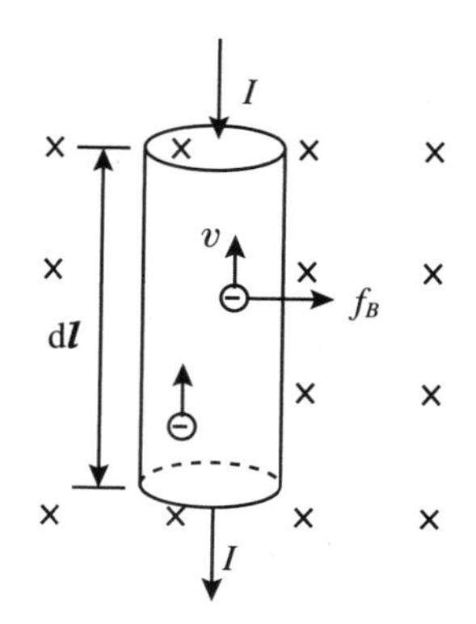

图3.30 安培力的微观本质

电流元中所有定向运动的自由电子所受的洛伦兹力的合力即是电流元(载流导线)所受到的磁力——安培力.而电流元中的载流子总数为 $nS\mathrm{d}l$ 个,因此,电流元所受到的洛伦兹力的合力为

$$\mathrm{d}\boldsymbol{F} = nS\mathrm{d}l(-e)\boldsymbol{v}\times\boldsymbol{B}$$

注意到 $\boldsymbol{v}$ 与 $I\mathrm{d}\boldsymbol{l}$ 方向相反,所以上式可改写为

$$\mathrm{d}\boldsymbol{F} = (nevS)\mathrm{d}\boldsymbol{l}\times\boldsymbol{B}$$

已知 $I = nevS$,故得到

$$\mathrm{d}\boldsymbol{F} = I\mathrm{d}\boldsymbol{l}\times\boldsymbol{B}$$

上式正是安培力公式.

例1 设有一垂直放置的无限长载流直导线,其中通有稳恒电流 I_1,另有一水平放置的直导线,长度为 L,通有稳恒电流 I_2,两导线在同一平面内.试求水平放置的载流直导线所受的安培力.

解 如图3.31所示,在 L 上任取一段电流元 $I_2\mathrm{d}\boldsymbol{l}$,它与无限长载流直导线距离为 l,电流元所在处的磁感应强度大小为

$$B = \frac{\mu_0 I_1}{2\pi l}$$

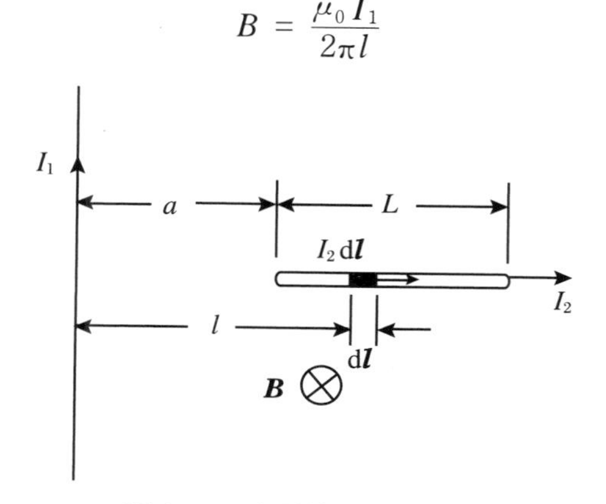

图3.31 直导线所受的磁力

其方向垂直指向纸里.

由安培力公式,电流元所受安培力的大小为

$$dF = I_2 dl \cdot B \cdot \sin\frac{\pi}{2} = I_2 \frac{\mu_0 I_1}{2\pi l} dl$$

由右手螺旋定则可知,安培力方向垂直 $I_2 dl$ 向上.

由于 L 上各电流元所受磁力的方向都是相同的,因此,整个 L 上所受的力可用积分法求出:

$$F = \int_L dF = \int_a^{a+L} \frac{\mu_0 I_1 I_2}{2\pi l} dl = \frac{\mu_0 I_1 I_2}{2\pi} \ln\frac{a+L}{a}$$

其方向垂直导线 L 向上.

3. 电流强度的单位"安培"的定义

电流强度的单位"安培"是国际单位制中除长度的单位"米"、质量的单位"千克"及时间的单位"秒"之外的第四个基本单位.在 1960 年第十一届国际计量大会上,"安培"被正式规定为国际单位制的基本单位之一.

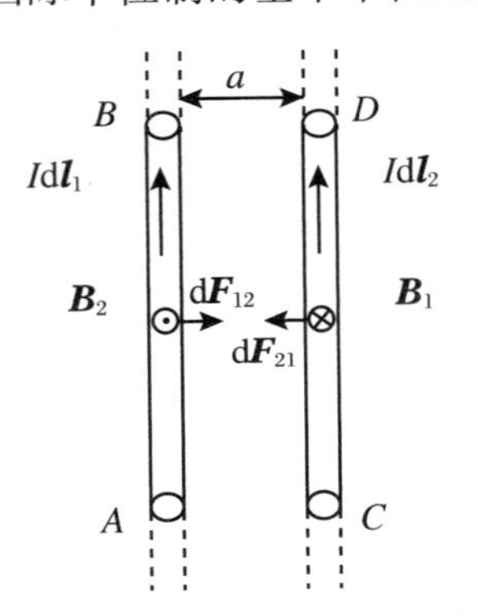

图 3.32　载流导线间的相互作用

下面我们通过考察平行载流直导线间的相互作用力来介绍"安培"的定义.如图 3.32 所示,设两根无限长平行载流直导线相距为 a,分别通有电流 I_1 和 I_2,由毕-萨定律可知,导线 1(即 AB)中的电流 I_1 在导线 2(即 CD)处各点产生的 $\boldsymbol{B}_1$ 的大小为

$$B_1 = \frac{\mu_0 I_1}{2\pi a}$$

其方向垂直纸面向里(即⊗).则电流元 $I_2 d\boldsymbol{l}_2$ 受到的安培力的大小为

$$dF_{21} = I_2 dl_2 B_1 \sin\frac{\pi}{2} = \frac{\mu_0 I_1 I_2}{2\pi a} dl_2$$

其方向在两平行导线所在的平面内,并垂直导线 CD 指向导线 AB(方向向左).则导线 CD 单位长度上所受到的安培力的大小为

$$F_{21} = \frac{dF_{21}}{dl_2} = \frac{\mu_0 I_1 I_2}{2\pi a}$$

同理,导线 CD 产生的 $\boldsymbol{B}_2$ 在导线 AB 单位长度上所产生的安培力的大小为

$$F_{12} = \frac{dF_{12}}{dl_1} = \frac{\mu_0 I_1 I_2}{2\pi a} = F_{21}$$

可见两者大小相等,方向相反,故同向平行电流间相互吸引(反向平行电流间则相互排斥).

电流强度的单位"安培"即是依据平行长直载流导线之间的相互作用力来定义的.设上述两平行导线中,有 $I_1 = I_2 = I$(即两导线中通有相等的电流),则两者间单位长度上的相互作用力为

$$F = \frac{dF}{dl} = \frac{dF_{21}}{dl_2} = \frac{dF_{12}}{dl_1} = \frac{\mu_0 I^2}{2\pi a}$$

所以电流强度为

$$I = \sqrt{\frac{2\pi a F}{\mu_0}}$$

注意到 $\mu_0=4\pi\times10^{-7}$ T·m/A,若使平行导线间相距 $a=1$ m,则有

$$I=\sqrt{\frac{F}{2\times10^{-7}}}$$

调节两平行导线中的电流强度 I,使得两者间单位长度上的相互作用力 $F=2\times10^{-7}$ N,则

$$I=\sqrt{\frac{2\pi\times1\times2\times10^{-7}}{4\pi\times10^{-7}}}\ \text{A}=1\ \text{A}$$

即"安培"的定义是:放在真空中的两无限长平行直导线通有相等的稳恒电流,当两导线相距1 m,每一导线每米长度上受力为 2×10^{-7} N时,每根导线上的电流强度为1 A.

4. 载流线圈所受力矩

下面应用安培定律来研究磁场对载流线圈的作用.如图3.33(a)所示,设在磁感应强度为 B 的匀强磁场中有一刚性矩形平面载流线圈,边长分别为 l_1 和 l_2,通有稳恒电流 I,并设线圈平面与磁场的方向成任意角 θ,对边 AB、CD 和磁场垂直.这时,导线 BC 和 DA 所受安培力分别为 $\boldsymbol{F}_1$ 和 $\boldsymbol{F}_1'$,有

$$F_1=BIl_1\sin\theta$$

$$F_1'=BIl_1\sin(\pi-\theta)=BIl_1\sin\theta$$

如图3.33(a)所示,这两个力在同一直线上,大小相等,方向相反,所以互相抵消,合力为零.

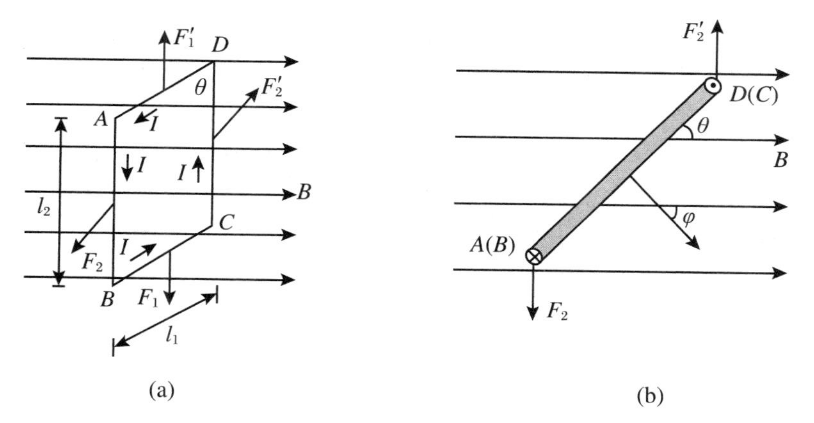

图3.33 载流线圈所受力矩

设导线 AB 和 CD 边所受的安培力分别为 $\boldsymbol{F}_2$ 和 $\boldsymbol{F}_2'$,有 $F_2=F_2'=BIl_2$,这两个力大小相等,方向相反,但不作用在同一直线上,因此形成一对力偶,力臂为 $l_1\cos\theta$,如图3.33(b)所示.所以磁场作用在线圈上的力矩的大小为

$$M=F_2l_1\cos\theta=BIl_1l_2\sin\theta=BIS\sin\theta$$

式中 $S=l_1l_2$ 表示线圈的面积.

我们引入线圈的面积矢量 $\boldsymbol{S}$,其大小为 $S=l_1l_2$,方向为面积(线圈平面)的正法线方向 $\boldsymbol{n}$.正法线的指向可用右手螺旋定则来规定,即右手伸出拇指,如果其余四指弯曲方向表示线圈内的电流流向,则大拇指指向就是线圈平面的正法线方向.令

$$\boldsymbol{p}_{\mathrm{m}}=I\boldsymbol{S}=IS\boldsymbol{n}$$

$\boldsymbol{p}_{\mathrm{m}}$ 称为载流线圈的磁矩,是反映载流线圈特性的物理量.线圈磁矩的大小等于线圈面积与线圈中电流强度的乘积,磁矩的方向为线圈平面的正法线方向.

若用线圈平面的正法线方向与磁场的夹角 φ 来代替 θ,由于 $\varphi+\theta=\frac{\pi}{2}$,则磁场作用在线圈上的力矩的大小又可写为

$$M = BIS\sin\varphi = p_m B\sin\varphi$$

如果线圈有 N 匝,那么线圈所受的力矩大小则为

$$M = NBIS\sin\varphi = p_m B\sin\varphi \tag{3.31}$$

式中 $p_m=NIS$,就是 N 匝线圈的磁矩大小,平面线圈所受磁力矩 $\boldsymbol{M}$ 的方向和 $\boldsymbol{p}_m\times\boldsymbol{B}$ 的方向是一致的.所以上式可写成矢量式:

$$\boldsymbol{M} = \boldsymbol{p}_m \times \boldsymbol{B} \tag{3.32}$$

一般地,对于匀强磁场中任意形状的平面载流线圈,式(3.32)都是成立的.

在国际单位制中,磁矩 $\boldsymbol{p}_m$ 的单位为 $A\cdot m^2$,力矩 $\boldsymbol{M}$ 的单位为 m·N.

当平面线圈和均匀磁场(即 $\boldsymbol{p}_m$ 和 $\boldsymbol{B}$)给定时,力矩 $\boldsymbol{M}$ 只与 φ 角(即方位)有关.

下面分析几种特殊情形:

(1) 当 $\varphi=\frac{\pi}{2}$ 时,$\boldsymbol{n}$ 与 $\boldsymbol{B}$ 垂直,即线圈平面和 $\boldsymbol{B}$ 平行,通过线圈平面的磁通量为零,线圈所受的力矩为最大值,即 $M_{max}=p_m B$;

(2) 当 $\varphi=0$ 时,线圈平面与 $\boldsymbol{B}$ 垂直,通过线圈平面的磁通量最大,线圈所受力矩为零,线圈处于稳定平衡;

(3) 当 $\varphi=\pi$ 时,线圈平面与 $\boldsymbol{B}$ 垂直,通过线圈平面的磁通量是负的最大值,线圈所受力矩为零,线圈处于不稳定平衡.

可见,载流线圈处于匀强磁场中,在磁力矩的作用下会发生转动(力矩的作用总是使线圈的磁矩 $\boldsymbol{p}_m$ 转向外场的方向),但不会发生整个线圈的平动(因合力为零).当然,如果载流线圈处于非匀强磁场中,由于合力与合力矩一般都不为零,则线圈的运动较为复杂,既有平动也有转动.

3.4.4 磁力的功

载流导线或载流线圈在磁场内受到磁力或磁力矩的作用,发生平移和转动时,安培力就要做功.

1. 磁力对运动载流导线所做的功

设有一匀强磁场 $\boldsymbol{B}$,方向垂直纸面向外.如图 3.34 所示,磁场中有一载流的闭合电路 $abcd$,通有稳恒电流 I,导线 ab 长为 l,可沿着 da 和 cb 滑动.

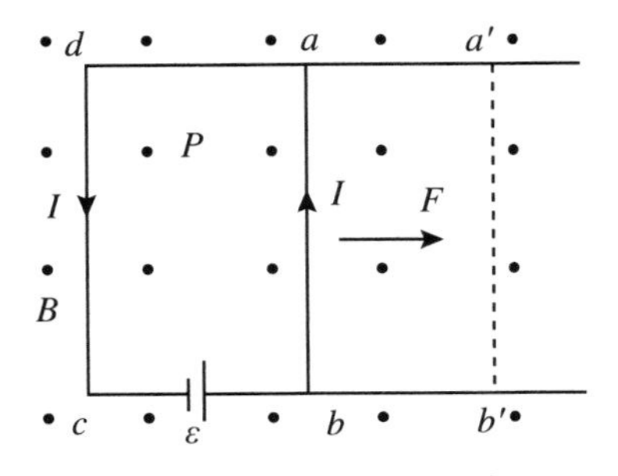

图 3.34 磁力所做的功

根据安培定律，导线 ab 在磁场中所受的力 F 的方向水平向右，大小为 $F=BIl$.

在 F 作用下，ab 将从初始位置水平向右移动. 当移动到终了位置 $a'b'$时，磁力 F 所做的功为

$$A = F \cdot aa' = BIl \cdot aa'$$

注意到磁通量的增量为

$$\Delta\Phi_{\mathrm{m}} = B \cdot \Delta S = B \cdot l \cdot aa'$$

则磁力 F 所做的功可改写为

$$A = BIl \cdot aa' = I\Delta\Phi_{\mathrm{m}}$$

上式说明，当载流导线在磁场中运动时，若电流保持不变，磁力的功等于电流强度乘以通过回路所环绕的面积的磁通量增量.

2. 磁力矩对转动载流线圈所做的功

设有一载流线圈在匀强磁场中转动，线圈初始位置如图 3.35 所示（法线与外场夹角为 φ），且其中电流不变. 若线圈转过极小的角度 $\mathrm{d}\varphi$，磁力矩 $M=BIS\sin\varphi$ 所做的功为

$$\begin{aligned}\mathrm{d}A &= -M\mathrm{d}\varphi = -BIS\sin\varphi\mathrm{d}\varphi \\ &= BIS\mathrm{d}(\cos\varphi) = I\mathrm{d}(BS\cos\varphi) = I\mathrm{d}\Phi_{\mathrm{m}}\end{aligned}$$

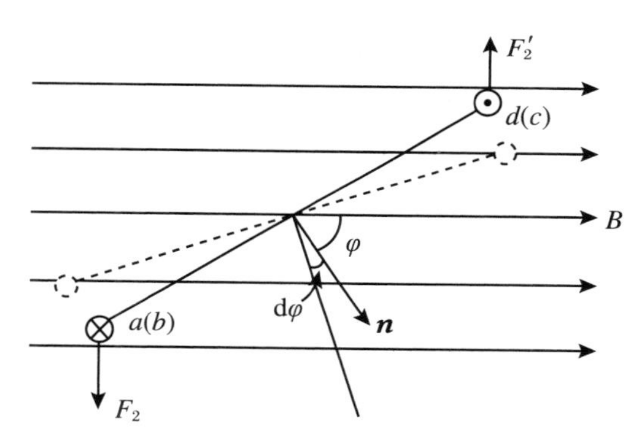

图 3.35　磁力矩所做的功

式中负号表示磁力矩做正功时将使 φ 减小. 当载流线圈从磁通量为 $\Phi_{1\mathrm{m}}$转到磁通量为 $\Phi_{2\mathrm{m}}$时，磁力矩所做的总功为

$$A = \int_{\Phi_{1\mathrm{m}}}^{\Phi_{2\mathrm{m}}} I\mathrm{d}\Phi_{\mathrm{m}} = I(\Phi_{2\mathrm{m}} - \Phi_{1\mathrm{m}}) = I\Delta\Phi_{\mathrm{m}} \tag{3.33}$$

可以证明，一个任意的闭合电流回路在磁场中改变位置或形状时，如果保持回路中电流不变，磁力或磁力矩所做的功都可按 $A=I\Delta\Phi_{\mathrm{m}}$计算.

3.5 磁介质

3.5.1 磁介质

前面几节讨论了真空中磁场的性质和基本规律.但是在实际的磁场中,一般都存在着各种物质,这些物质既受磁场影响,同时又会对磁场产生影响.本节简单介绍物质对磁场的影响,即磁介质的磁化理论.研究磁化的理论有两种,一是分子电流观点,二是磁荷观点.这里我们仅简要介绍分子电流观点.

1. 磁介质的磁化

在磁场作用下能发生变化并能反过来影响磁场的实物物质叫做磁介质.磁介质在磁场作用下的变化叫做磁化.我们知道,电介质放入电场中会产生电极化现象,并产生一个附加电场,从而使介质中的总电场发生改变.与此类似,磁介质放入磁场中,也会受到磁场的作用,也会产生一个附加磁场,使总的磁场发生改变.因此,可以说磁化就是磁介质在磁场中产生附加磁场的现象.设原磁场为 $\boldsymbol{B}_0$,附加磁场为 $\boldsymbol{B}'$,则总的磁场为两者的矢量之和:

$$\boldsymbol{B} = \boldsymbol{B}_0 + \boldsymbol{B}' \tag{3.34}$$

磁化具有普遍性,即一切实物物质都具有磁性,都是磁介质.

实验表明,若均匀的各向同性磁介质充满有磁场存在的空间,则附加磁场 $\boldsymbol{B}'$的方向或与原磁场 $\boldsymbol{B}_0$ 相同,或与原磁场 $\boldsymbol{B}_0$ 相反;$\boldsymbol{B}'$的大小或远小于 $\boldsymbol{B}_0$,或远大于 $\boldsymbol{B}_0$.于是人们根据 $\boldsymbol{B}'$与 $\boldsymbol{B}_0$ 之间相对大小与方向的关系,将磁介质(按磁特性)分为三类:

(1) 顺磁质

这类磁介质磁化后,其内部任一点 $\boldsymbol{B}'$的方向与 $\boldsymbol{B}_0$ 方向相同,且有 $\boldsymbol{B}' \ll \boldsymbol{B}_0$,即有 $\boldsymbol{B} \approx \boldsymbol{B}_0$.例如,铝、氧、锰等物质为顺磁质.

(2) 抗磁质

这类磁介质磁化后,其内部任一点 $\boldsymbol{B}'$的方向与 $\boldsymbol{B}_0$ 方向相反,且有 $\boldsymbol{B}' \ll \boldsymbol{B}_0$,即有 $\boldsymbol{B} \approx \boldsymbol{B}_0$.例如,铜、铋、氢等为抗磁质.

无论是顺磁质还是抗磁质,附加磁场 $\boldsymbol{B}'$都要比原磁场 $\boldsymbol{B}_0$ 小得多(约为十万分之几),即对原磁场 $\boldsymbol{B}_0$ 的影响比较微弱.所以,顺磁质和抗磁质又统称为弱磁(性)介质.

(3) 铁磁质

这类磁介质磁化后,其内部任一点 $\boldsymbol{B}'$的方向与 $\boldsymbol{B}_0$ 方向相同,但有 $\boldsymbol{B}' \gg \boldsymbol{B}_0$,即有 $\boldsymbol{B} \gg \boldsymbol{B}_0$.例如,铁、钴、镍等物质以及它们的合金为铁磁质.由于铁磁质磁化后,其内部磁场显著增强(远远大于原磁场),这类介质又称为强磁(性)介质.

2. 弱磁介质磁化机制的定性说明

磁介质的磁化(磁性的起源、磁性的本质)可以用安培的“分子电流假说”来解释.安培认为,由于电子的运动,每个磁介质的分子(或原子)都相当于一个等效的小环形电流,称为“分子电流”.分子电流是一个统称,可以理解为分子或原子中各个电子对外界所产生的磁效应总和,又称为“磁偶极子”.而分子电流(即磁偶极子)正是我们研究物质磁性的基本单元.按照安培的观点，分子电流的存在是物质磁性的根源，是物质显示磁性的内在因素.

分子电流的磁矩统称为分子磁矩，用符号 $\boldsymbol{p}_{\mathrm{m}}$ 表示.按玻尔理论，原子中的电子绕原子核做圆轨道运动，从而形成等效电流，于是产生轨道运动磁矩，同时电子还有自旋，相应地有自旋磁矩(由量子理论说明，经典理论对其无法解释).原子中所有电子的轨道运动磁矩和自旋磁矩的总和构成了原子磁矩，而分子中所有原子磁矩的总和又构成了分子磁矩 $\boldsymbol{p}_{\mathrm{m}}$(又称为分子的固有磁矩).分子磁矩 $\boldsymbol{p}_{\mathrm{m}}$ 是我们研究物质磁性的出发点.

前面说过，弱磁(性)介质分为顺磁质和抗磁质，这里简要讨论弱磁介质的磁化机制，强磁质的磁化特性将在后面单独介绍.

(1) 顺磁质的磁化

顺磁质物质分子的特点是固有磁矩不为零，即 $\boldsymbol{p}_{\mathrm{m}}\neq\boldsymbol{0}$，如图3.36所示.

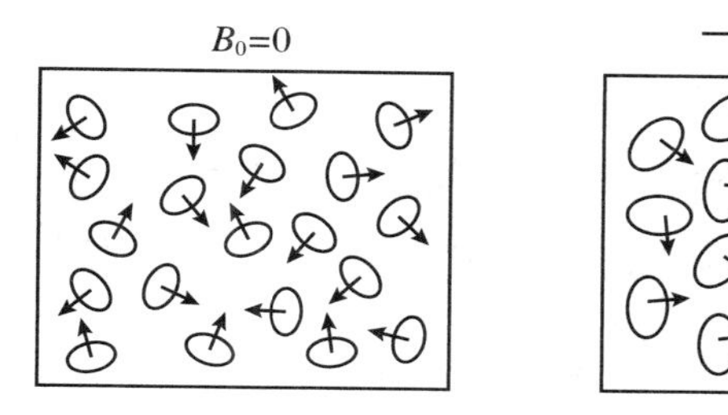

图3.36 顺磁质的磁化

因此，在无外磁场作用时，由于分子的热运动，分子磁矩取向各不相同，排列杂乱无章，则 $\sum\boldsymbol{p}_{\mathrm{m}}=\boldsymbol{0}$，即整个介质对外不显磁性.而当加有外磁场时，分子磁矩(小环形电流)将受到磁力矩的作用，使分子磁矩转向外磁场的方向，分子磁矩在转向过程中产生的磁场在方向上逐渐和外磁场方向趋同，导致 $\sum\boldsymbol{p}_{\mathrm{m}}\neq\boldsymbol{0}$，即在宏观上显出有磁性.磁化的结果是在顺磁质中形成附加磁场，使介质内部磁场增强，即

$$\boldsymbol{B}=\boldsymbol{B}_0+\boldsymbol{B}',\quad 且\quad \boldsymbol{B}>\boldsymbol{B}_0$$

这就是顺磁质的磁化过程.物质的顺磁效应来源于介质分子的固有磁矩.

(2) 抗磁质的磁化

抗磁质磁化的情形要复杂一些.抗磁质物质分子的特点是固有磁矩为零，即 $\boldsymbol{p}_{\mathrm{m}}=\boldsymbol{0}$，无外场作用时，$\sum\boldsymbol{p}_{\mathrm{m}}=\boldsymbol{0}$，对外不显磁性.当放入到外磁场后，虽然仍有 $\sum\boldsymbol{p}_{\mathrm{m}}=\boldsymbol{0}$，但抗磁质的每个分子都会由于电子的“进动”(又称“旋进”)而产生附加磁矩 $\Delta\boldsymbol{p}_{\mathrm{m}}$，且所有分子的 $\sum\Delta\boldsymbol{p}_{\mathrm{m}}\neq\boldsymbol{0}$.可以证明：$\Delta\boldsymbol{p}_{\mathrm{m}}$ 总是与外磁场反向，即电子在磁场中产生的附加磁矩总是起到削弱外磁场的作用，使得 $\boldsymbol{B}<\boldsymbol{B}_0$.即物质的抗磁效应来源于介质分子在外磁场中产生的附加磁矩.

需要注意，抗磁性是普遍存在的，是一切磁介质共同具有的特性.在顺磁质物质中同样具有抗磁效应，只不过顺磁质的抗磁效应远低于顺磁效应.

3.5.2 磁化强度与磁化电流

1. 磁化强度矢量

为了描述磁介质磁化的状态(磁化的程度与磁化的方向),可以类比电介质理论中电极化强度矢量 P 的定义,引入一个宏观的物理量——磁化强度矢量 $\boldsymbol{M}$.

在被磁化的磁介质内,任取一体积元 ΔV,一般地,在这个体积元中,设所有分子磁矩为固有磁矩的矢量和加上附加磁矩的矢量和,即 $\sum \boldsymbol{m} = \sum \boldsymbol{p}_{\mathrm{m}} + \sum \Delta \boldsymbol{p}_{\mathrm{m}}$,则我们定义磁化强度矢量为单位体积内所有分子磁矩的矢量和,用 $\boldsymbol{M}$ 表示.其数学表达式为

$$\boldsymbol{M} = \frac{\sum \boldsymbol{m}}{\Delta V} \tag{3.35}$$

$\boldsymbol{M}$ 是宏观矢量点函数.对于顺磁质,$\sum \Delta \boldsymbol{p}_{\mathrm{m}}$ 可以忽略;对于抗磁质,$\sum \Delta \boldsymbol{p}_{\mathrm{m}}$ 则不可以忽略.

在磁介质被磁化后,介质内各点的 $\boldsymbol{M}$ 可以不同,这反映了不同点的介质被磁化程度的不同.如果在介质中各点的 $\boldsymbol{M}$ 均相同,则称此磁介质被均匀磁化.在国际单位制中,$\boldsymbol{M}$ 的单位是安/米(A/m).

在顺磁质和抗磁质中,$\boldsymbol{M}$ 的方向是不同的.顺磁质被磁化后,$\boldsymbol{M}$ 的方向与该处的磁场 $\boldsymbol{B}$ 的方向一致,可见,顺磁质的磁化和有极分子的电极化有部分类似之处,两者都是起源于分子固有磁矩或固有电矩在外磁场或外电场中的取向作用.但是,两者所产生的效果又有所不同,顺磁质磁化后产生的附加磁场 $\boldsymbol{B}'$ 与外磁场同方向,而电介质电极化后在电介质内的附加电场 $\boldsymbol{E}'$ 却总是与外电场反方向.

抗磁质被磁化后,$\boldsymbol{M}$ 的方向与该处磁场 $\boldsymbol{B}$ 的方向相反,可见,抗磁质的磁化与无极分子的电极化完全类似,分子磁矩或分子电矩都是在外磁场或外电场中产生的,在介质内部的附加磁场或附加电场的方向也都与外磁场或外电场的方向相反.

注意,在真空中磁化强度矢量 $\boldsymbol{M} = \boldsymbol{0}$.

2. 磁化电流

磁化电流是因磁化而出现的宏观电流.在外磁场中,磁化的磁介质会产生附加磁场.此附加磁场起源于磁化介质内所出现的磁化电流(实质上是分子电流的宏观表现).下面考察磁化电流及其与 $\boldsymbol{M}$ 的关系.为了简化问题,我们选取一特例来讨论.

设有一无限长载流直螺线管,管内充满均匀磁介质,电流在螺线管内激发匀强磁场.在此磁场中磁介质被均匀磁化,这时磁介质中各个分子电流平面将转到与磁场相垂直的方向.如图 3.37 所示,从螺线管内磁介质的一个截面看,磁介质内部任意一点处总是有两个方向相反的分子电流通过,结果相互抵消,而只有在截面边缘处,分子电流未被抵消,形成与截面边缘重合的圆电流.对磁介质整体来说,未被抵消的分子电流是沿着柱面流动的,称为磁化面电流(又称为安培表面电流).

对顺磁性物质,安培表面电流和螺线管上导线中的电流方向相同;对抗磁性物质,则两者方向相反.图 3.37 中所示的是顺磁质的情况.

设 i_S 为圆柱形磁介质表面上的"单位长度的磁化面电流",即磁化面电流密度.若 S 为磁介质的截面积,l 为所选取的一段磁介质的长度,在 l 长度上,圆柱形表面的磁化面电流强度为 $I_S = l \cdot i_S$,因此在这段磁介质(总体积 $V = Sl$)中的总磁矩为

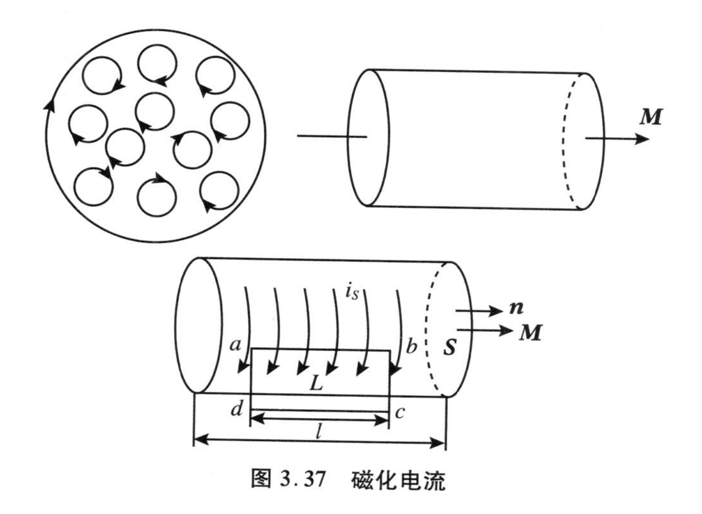

图 3.37 磁化电流

$$\sum p_{\mathrm{m}} = I_S S = i_S S l$$

定义磁化强度 $\boldsymbol{M}$ 为单位体积内磁矩的矢量和,则可得

$$M = \frac{\sum p_{\mathrm{m}}}{V} = \frac{i_S S l}{S l} = i_S \tag{3.36}$$

即磁介质表面某处单位长度的磁化面电流密度的大小等于该处磁化强度的大小.这和电介质中极化强度与极化面电荷的关系十分相似.上述结果是从均匀磁介质被均匀磁化的特例中导出的,在一般情况下,磁介质表面上某处单位长度的磁化面电流(即磁化面电流密度)等于该处磁化强度的切线分量.而且在不均匀磁介质内部,由于分子电流未能相互抵消,此时磁介质内各点都有磁化电流分布.

式(3.36)的矢量式是

$$\boldsymbol{M} = i_S \cdot \boldsymbol{n}$$

或写成

$$i_S = \boldsymbol{M} \cdot \boldsymbol{n} \tag{3.37}$$

上式反映了某点的磁化面电流密度与该点处磁化强度的关系,式中 $\boldsymbol{n}$ 的方向为磁介质的外法线方向.

下面进一步讨论通过任一曲面的磁化电流与磁化强度的关系.

我们仍用上述无限长载流直螺线管为例,计算磁化强度对闭合回路的线积分$\oint_L \boldsymbol{M} \cdot \mathrm{d}\boldsymbol{l}$.

在圆柱形磁介质的边界附近,取一长方形闭合回路 $abcd$,ab 边在磁介质内部,它平行于柱体轴线,长度为 l,而 bc、ad 两边则垂直于柱面.在磁介质内部各点处,$\boldsymbol{M}$ 都沿 ab 方向,大小相等,在柱外各点处 $\boldsymbol{M}=\boldsymbol{0}$.所以 $\boldsymbol{M}$ 沿 bc、cd、da 三边的积分为零,因而 $\boldsymbol{M}$ 对闭合回路 $abcd$ 的积分等于 $\boldsymbol{M}$ 沿 ab 边的积分,即

$$\oint_L \boldsymbol{M} \cdot \mathrm{d}\boldsymbol{l} = \int_a^b \boldsymbol{M} \cdot \mathrm{d}\boldsymbol{l} = M \cdot ab = Ml$$

将式(3.36)代入,可得

$$\oint_L \boldsymbol{M} \cdot \mathrm{d}l = i_S l = I_S \tag{3.38}$$

这里，$i_S l = I_S$ 是通过以闭合回路 $abcd$ 为边界的任意曲面的总磁化电流，所以式(3.38)表明磁化强度对闭合回路的线积分等于通过回路所包围的面积内的总磁化电流强度.它虽是从均匀磁化介质及长方形闭合回路的简单特例中导出的，但却是在任何情况都普遍适用的关系式.

3.5.3 磁介质中的磁场

前面已经介绍过反映真空中稳恒磁场性质的两个定理，即磁场的高斯定理和磁场的安培环路定理.如何将以上两个定理推广到磁介质中，是我们下面要讨论的内容.

1. 磁介质中的场方程

(1) 磁介质中磁场的高斯定理

在真空中，磁场的高斯定理为

$$\oint\!\!\oint_S \boldsymbol{B}\cdot \mathrm{d}\boldsymbol{S} = 0$$

式中，$\boldsymbol{B}$ 是传导电流激发的磁场.上式表明真空中的稳恒磁场是无源场，其场线是闭合的曲线.

在磁介质中，由于磁化产生了磁化电流，而磁化电流和传导电流产生磁场的规律是相同的，都遵循毕奥-萨伐尔定律，所以磁场的高斯定理 $\oint\!\!\oint_S \boldsymbol{B}\cdot \mathrm{d}\boldsymbol{S} = 0$ 在磁介质中依然成立，即有

$$\oint\!\!\oint_S \boldsymbol{B}\cdot \mathrm{d}\boldsymbol{S} = 0$$

注意式中的 $\boldsymbol{B}=\boldsymbol{B}_0+\boldsymbol{B}'$，是传导电流所激发的磁场与磁化电流所激发的磁场的矢量和.上式表明介质中的稳恒磁场仍是无源场，其场线是闭合的曲线.

(2) 磁介质中磁场的安培环路定理

真空中稳恒磁场的安培环路定理的表达式为

$$\oint_L \boldsymbol{B}\cdot \mathrm{d}\boldsymbol{l} = \mu_0 \sum_{i=1}^{n} I_i$$

同样，在有磁介质存在的情况下，有 $\boldsymbol{B}=\boldsymbol{B}_0+\boldsymbol{B}'$，即在磁介质中应用安培环路定理时，不仅要考虑传导电流的影响，还要考虑磁化电流的影响.计入被安培环路 L 所包围的所有电流(传导电流和磁化电流)，则真空中稳恒磁场的安培环路定理就被推广到了磁介质中，即有

$$\oint_L \boldsymbol{B}\cdot \mathrm{d}\boldsymbol{l} = \mu_0 \sum (I_i + I_{iS}) \tag{3.39}$$

上式即是有磁介质时的安培环路定理，式中 $\boldsymbol{B}=\boldsymbol{B}_0+\boldsymbol{B}'$，而 I_i 和 I_{iS} 分别为传导电流和磁化电流(此处是指被安培环路所包围的电流).

注意到式(3.39)两边都含有与磁化有关的量，而磁化电流 I_{iS} 依赖于磁化状态(即磁化强度 $\boldsymbol{M}$)，磁化状态又依赖于总的磁感应强度 $\boldsymbol{B}$，$\boldsymbol{B}$ 又依赖于磁化电流 I_{iS}(磁化电流 I_{iS} 所决定的 $\boldsymbol{B}'$)，于是形成了一种计算上的循环.

在讨论电介质中的高斯定理时，我们遇到过类似的困难，为了从方程中消去极化电荷，设法引入了一个辅助性矢量——电位移矢量 $\boldsymbol{D}$，利用极化电荷面密度与极化强度之间的关

系,得到关于 $\boldsymbol{D}$ 的高斯定理,其表达式中不再含极化电荷.这里,可以用完全类似的思路与方法解决问题.可以利用磁化电流与磁化强度之间的关系,达到从安培环路定理中消去磁化电流的目的.

由式(3.38),对上述安培环路 L 有

$$\oint_L \boldsymbol{M} \cdot \mathrm{d}\boldsymbol{l} = i_S l = \sum I_{iS}$$

上式代入式(3.39),可得

$$\oint_L \boldsymbol{B} \cdot \mathrm{d}\boldsymbol{l} = \mu_0 \sum I_i + \mu_0 \oint_L \boldsymbol{M} \cdot \mathrm{d}\boldsymbol{l}$$

移项并除以 μ_0,得

$$\oint_L \left(\frac{\boldsymbol{B}}{\mu_0} - \boldsymbol{M}\right) \cdot \mathrm{d}\boldsymbol{l} = \sum I_i$$

这里,我们引入一个辅助性的矢量——磁场强度矢量 $\boldsymbol{H}$,其定义为

$$\boldsymbol{H} = \frac{\boldsymbol{B}}{\mu_0} - \boldsymbol{M} \tag{3.40}$$

在国际单位制中,磁场强度的单位与磁化强度一样,也是安/米(A/m).于是得到

$$\oint_L \boldsymbol{H} \cdot \mathrm{d}\boldsymbol{l} = \sum I_i \tag{3.41}$$

上式即为磁介质中的安培环路定理.定理表明:磁场强度 $\boldsymbol{H}$ 沿任何闭合路径的线积分(即 $\boldsymbol{H}$ 矢量的环流)等于该闭合路径所围绕的传导电流的代数和.上式虽是从特殊情况中导出的,但可以证明,在稳恒电流的磁场中,无论对真空或磁介质存在的情况都是适用的.定理说明,在磁介质中的磁场仍然是非保守力场(即有旋场).

注意,$\boldsymbol{H}$ 只是为了解决问题的方便而引入的一个辅助性的物理量,真正描述磁场性质的物理量是磁感应强度 $\boldsymbol{B}$.若一电荷在磁场中运动,决定它受力的是 $\boldsymbol{B}$,而不是 $\boldsymbol{H}$.

2. 磁介质的磁化规律和电磁性能方程

在磁介质中,我们已经有了三个宏观的物理量:磁化强度矢量 $\boldsymbol{M}$、磁场强度矢量 $\boldsymbol{H}$ 及总的磁感应强度 $\boldsymbol{B}$.下面简要分析它们之间的关系.

实验表明,各向同性的弱磁介质中任一点的磁化强度 $\boldsymbol{M}$ 与磁场强度 $\boldsymbol{H}$ 成正比,即

$$\boldsymbol{M} = \chi_m \boldsymbol{H} \tag{3.42}$$

式(3.42)为各向同性弱磁介质的磁化规律.式中,χ_m 为介质的磁化率,它是随磁介质的性质而变的纯数,是描述磁介质磁化特性的物理量.若磁介质中各点的 χ_m 均相同,则称其为均匀磁介质.

将式(3.42)代入磁场强度的定义式(3.40),得

$$\boldsymbol{H} = \frac{\boldsymbol{B}}{\mu_0} - \boldsymbol{M} = \frac{\boldsymbol{B}}{\mu_0} - \chi_m \boldsymbol{H}$$

即

$$\boldsymbol{B} = \mu_0(1 + \chi_m)\boldsymbol{H}$$

令

$$\mu_r = 1 + \chi_m, \quad \mu = \mu_0 \mu_r$$

μ_r 为磁介质的相对磁导率,是一个纯数.在顺磁质中,$\mu_r > 1$ 且 $\mu_r \approx 1$;在抗磁质中,$\mu_r < 1$ 且 $\mu_r \approx 1$;而在铁磁质中,$\mu_r \gg 1$,且不是常数.μ 为磁介质的绝对磁导率(简称磁导率),其单位

与真空的磁导率 μ_0 相同.于是

$$B = \mu_0(1+\chi_m)H = \mu_0\mu_r H$$

即有

$$B = \mu H \tag{3.43}$$

式(3.43)称为磁介质的电磁性能方程(又称磁介质的物质方程),它反映了磁介质的宏观电磁性质.

在电流有某种对称性的情况下,将磁介质中的安培环路定理和电磁性能方程联合,可以很方便地求解磁介质中的磁场问题.

例1 在密绕螺绕环中充满均匀的非铁磁性介质,螺绕环通有传导电流 I_0,设磁介质的绝对磁导率为 μ,螺绕环的总匝数为 N,平均半径为 R,且环上每个线圈的半径远小于 R.试求螺绕环内外的磁场强度 $\boldsymbol{H}$ 和磁感应强度 $\boldsymbol{B}$.

解 由于磁场的分布具有高度对称性,可用安培环路定理计算 $\boldsymbol{H}$.

如图3.38所示,在环内取与环同心的半径为 R 的圆形回路 l_1(即安培环路),l_1 上各点的 $\boldsymbol{H}$ 数值相等、方向沿切向,根据安培环路定理,可得

$$\oint_{(l_1)} \boldsymbol{H}\cdot d\boldsymbol{l} = 2\pi RH = NI_0$$

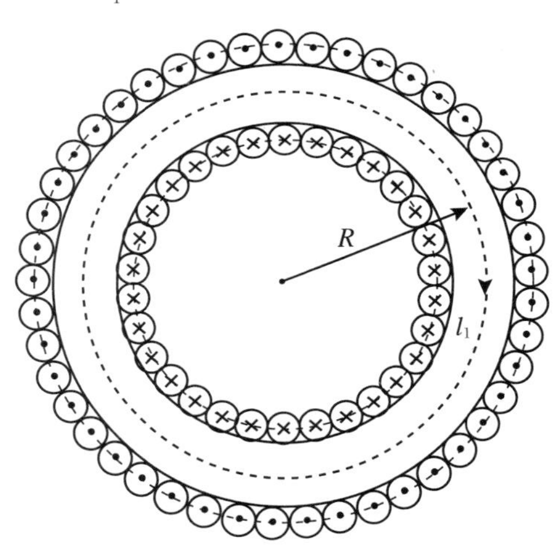

图3.38 密绕螺绕环

即

$$H = \frac{N}{2\pi R}I_0 \approx nI_0$$

式中 $n=\dfrac{N}{2\pi R}$,表示螺绕环单位长度上的匝数.

用同样的分析和计算方法,可得螺绕环外任一点的 $\boldsymbol{H}=\boldsymbol{0}$.

然后,由磁介质的电磁性能方程 $\boldsymbol{B}=\mu\boldsymbol{H}$,得环内任一点 $\boldsymbol{B}$ 的大小为

$$B = \mu H \approx \mu nI_0$$

$\boldsymbol{B}$ 的方向与 $\boldsymbol{H}$ 的方向相同.同理,可得环外任一点 $\boldsymbol{B}=\boldsymbol{0}$.

3.5.4　铁磁质

铁磁质(即强磁介质)是磁介质中磁性最强的一种物质,它具有很大的相对磁导率($\mu_r \gg 1$),数量级为$10^2 \sim 10^3$,甚至在10^5以上,且μ_r不是常数,而是磁场强度H的函数.在外磁场中放入铁磁质,铁磁质对外磁场的影响最大,其内部总的磁感应强度B比原来的外磁场要大得多,可以达数百倍甚至数千倍.由于铁磁质具有弱磁质所不具备的一些特殊性质,它的应用也最为广泛,特别是在信息的记录和存储等方面.

1. 铁磁质的磁化规律

下面我们仅简单介绍铁磁质的磁化规律.因为铁磁质的相对磁导率μ_r不是常量,而是H的函数,由$\boldsymbol{B} = \mu_0 \mu_r \boldsymbol{H}$可知,铁磁质中的磁感应强度并不随磁场强度线性变化.利用实验方法,就可证明这一点.

我们通过实验,测绘出铁磁质的$\boldsymbol{B}$与$\boldsymbol{H}$之间的关系曲线,称为磁化曲线(即B-H曲线),如图3.39所示.

分析B-H曲线可知,在H从零渐渐增大而使得铁磁质磁化的过程中,开始时,B随H的增加而很快增长;当H增大到一定程度再继续增大时,B却增长得极为缓慢,这种状态称为磁饱和现象.图3.39所示的B-H曲线就是铁磁质从未磁化到饱和磁化这一过程的起始磁化曲线.

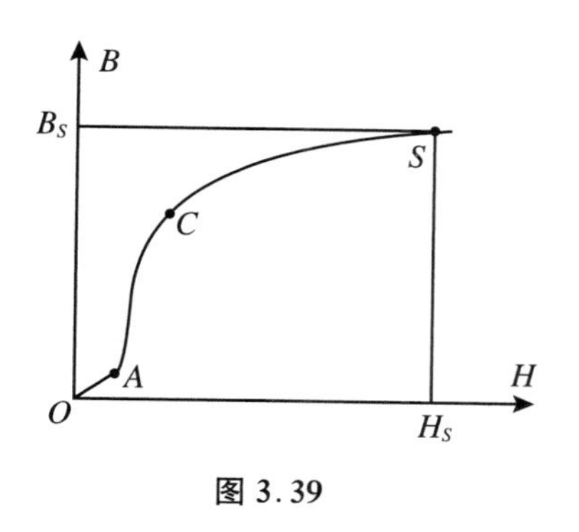

图 3.39

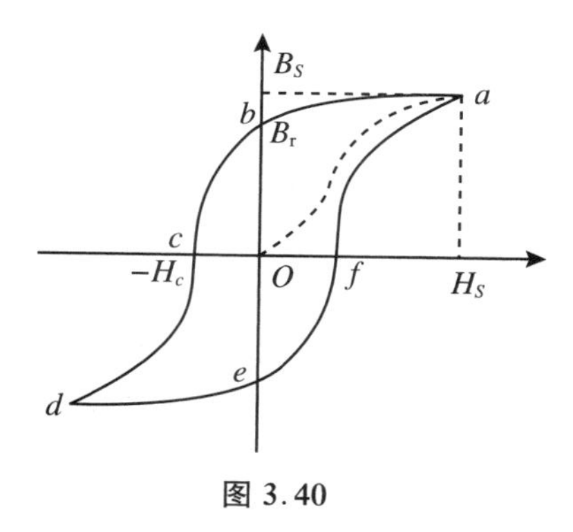

图 3.40

如图3.40所示,当铁磁质磁化到饱和状态(a点)后,再逐渐使H减小时,B也随之相应减小,但不是沿Oa,而是沿另一条曲线ab减小,当H减小为零(即没有外磁场)时,B并不等于零,而是等于Ob段对应的值B_r,B_r称为剩余磁感应强度(简称剩磁).要使剩磁降低到零值,就需施加反向的外磁场.当反向的磁场强度(即$-\boldsymbol{H}$)由零增至某一数值H_c时,$\boldsymbol{B}$减小为零(沿cb),这个H_c值称为这种铁磁质的矫顽力.

继续增加反向磁场强度$\boldsymbol{H}$,铁磁质就发生反向磁化,沿曲线cd,磁感应强度$\boldsymbol{B}$反方向增加,直到达到反向饱和(d点).此时,若再将反向磁场强度减小到零,然后又沿正方向增加,则$\boldsymbol{B}$将沿着曲线$defa$变化,并回到曲线上的正向饱和点a,这样,铁磁质在反复磁化的过程中,形成的磁化曲线是一条具有方向性的闭合曲线$abcdefa$.从这条磁化曲线可知,磁感应强度B的变化总是落后于磁场强度H的变化,这种现象称为磁滞现象,而上述反复磁化形成的闭合曲线称为磁滞回线.实验表明,反复磁化需要消耗额外的能量,并以热的形式从铁磁质中放出,即产生磁滞损耗.磁滞回线所包围的面积越大,磁滞损耗也越大.

另外,从磁滞回线中明显可以看出,在磁化过程中铁磁质的 $\boldsymbol{B}$ 具有非线性与非单值的性质.

从铁磁质的性能和使用目的来说,主要是根据矫顽力的大小分两大类,即软磁材料和硬磁材料.

软磁材料的矫顽力很小,约为 1 A/m.这种材料容易磁化,也容易退磁,它的磁滞回线面积很小,反复磁化时能量损失小,因而适于做变压器、电磁铁、电机等设备的铁芯.

硬磁材料(又称永磁材料)的矫顽力很大,约为 $10^4 \sim 10^6$ A/m.这种材料在外磁场去掉后,仍能保留较强的剩磁,且不容易退磁,其磁滞回线面积很大,因而适于做永久磁铁.

2. 铁磁质的磁化机制

前面,我们用安培的分子电流假说定性说明了弱磁介质的磁化机制.而铁磁质的磁化机制无法用一般弱磁质的磁化理论来解释.实验表明,铁磁质的磁性主要来源于电子的自旋磁矩.目前,人们一般用"磁畴理论"来定性说明铁磁质磁化的微观机制(铁磁性的起源).

磁畴理论认为,从微观结构上看,即使在没有外场时,铁磁质中电子的自旋磁矩也可以在小范围内自发地沿特定方向规则排列,形成许多小的自发磁化区,这些自发磁化区称为磁畴.由于无外磁场作用,各磁畴的排列是不规则的,各磁畴的磁化方向不同,产生的磁效应相互抵消,因而从宏观上来说整个铁磁质不呈现磁性,见图 3.41(a).

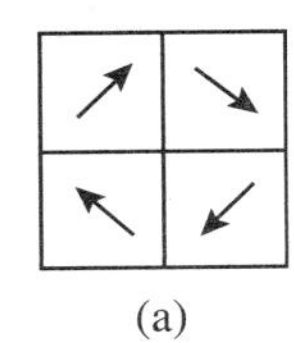
(a)
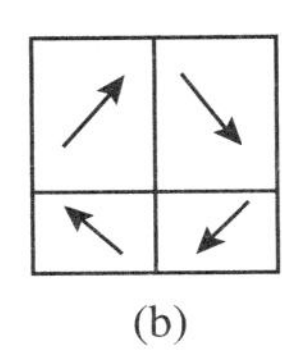
(b)
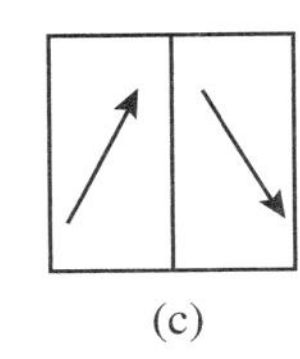
(c)
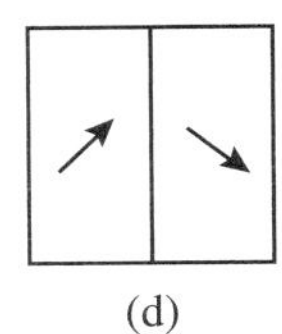
(d)
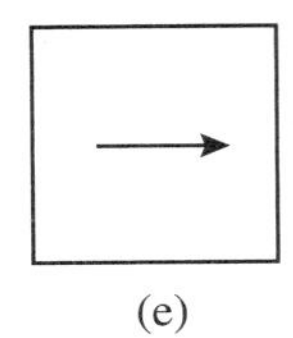
(e)

图 3.41 磁畴示意图

当有外磁场存在,且外磁场不断增大时,铁磁质内部的磁畴会发生"壁移"现象,即铁磁质中那些磁化方向与外磁场方向相同或接近的磁畴体积会不断扩大,而那些磁化方向与外磁场方向相反的磁畴体积则会不断缩小,直到磁化方向与外磁场方向相反的磁畴完全消失,只剩下与外磁场方向相同或接近的磁畴,见图 3.41(b)(c)(d).再继续增强外磁场,则会发生"取向"现象,即各磁畴的磁化方向会发生转向,直至所有磁畴的磁化方向都转到和外磁场相同,见图 3.41(e),铁磁质就达到饱和状态,从而产生一个非常大的附加磁场 $\boldsymbol{B}'$.这个过程是不可逆的,即当外磁场撤去后,磁畴并不能恢复原状,这表现在退磁时,磁化曲线不沿原路退回而造成磁滞现象.

铁磁性是与磁畴结构分不开的.铁磁质受到强烈的震动,或者是在高温下,由于分子的剧烈运动,都能使磁畴瓦解.这时,与磁畴相联系的一系列铁磁性质(如高磁导率、磁滞等)将全部消失,铁磁质就退化为顺磁质.使铁磁质失去其铁磁性的临界温度 T_c 称为居里点,即当铁磁质的温度高于 T_c 时,其转变为顺磁质.但磁畴的瓦解不是不可逆的,当温度再降到 T_c 以下时,铁磁性又将得到恢复.

3.6 综合例题

例1 匀强磁场区域中的磁感应强度 $\boldsymbol{B}$ 的方向如图3.42所示，在与 $\boldsymbol{B}$ 垂直的平面上有一长为 h 的光滑绝缘空心细管 MN，管 M 端内有一带正电的小球 P_1，N 端右边前方 $2h$ 处有一不带电的小球 P_2。开始时 P_1 相对管静止。管带着 P_1 以垂直于管长度方向的速度 $\boldsymbol{u}_1$ 朝着图中正右方向运动，小球 P_2 则以速度 $\boldsymbol{u}_2$ 运动，$\boldsymbol{u}_2$ 与 $\boldsymbol{u}_1$ 之间的夹角为135°。设管的质量远大于 P_1 的质量，P_1 在管内的运动对管的运动的影响可忽略。

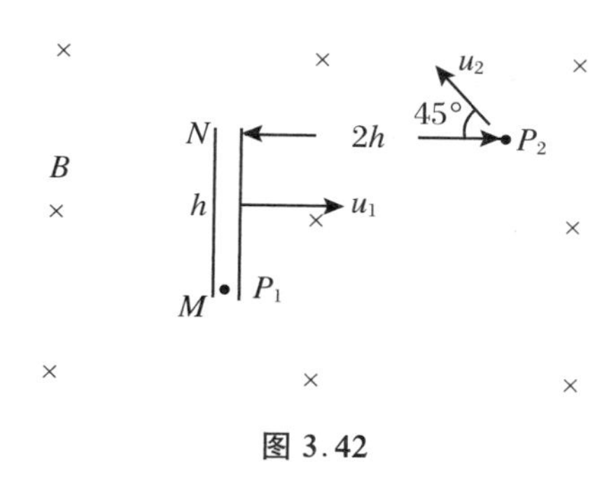

图3.42

已知 P_1 离开 N 端时相对图平面的速度大小为 $\sqrt{2}u_1$，且在离开管后最终能与 P_2 相碰，试求 P_1 的荷质比 γ 和 u_1 与 u_2 的比值 β。

解 P_1 因受洛伦兹力而获得的向上加速度为

$$a = \frac{qu_1B}{m}$$

其中 m 为 P_1 的质量，P_1 到达 N 端时具有沿管长方向的速度为

$$u = \sqrt{2ah} = \sqrt{\frac{2qu_1Bh}{m}}$$

P_1 的合速度大小便为

$$v = \sqrt{u^2 + u_1^2}$$

因

$$v = \sqrt{2}u_1$$

即有

$$u = u_1$$

$$\frac{2qu_1Bh}{m} = u_1^2$$

得 P_1 的荷质比为

$$\gamma = \frac{q}{m} = \frac{u_1}{2Bh}$$

P_1 从 M 端到 N 端经时间

$$t_1 = \sqrt{\frac{2h}{a}} = \sqrt{\frac{2hm}{qu_1 B}}$$

与 γ 表述式联立,可得

$$t_1 = \frac{2h}{u_1}$$

P_1离开管后做匀速圆周运动,半径和周期分别为

$$R = \frac{mv}{qB} = 2\sqrt{2}h$$

$$T = \frac{2\pi m}{qB} = \frac{4\pi h}{u_1}$$

在 t_1时间内,P_1随管右移的量为

$$u_1 t_1 = 2h$$

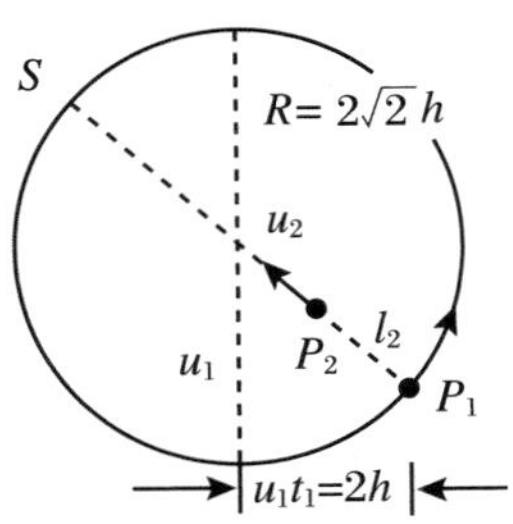

图 3.43

因此 P_1离开 N 端的位置恰为 P_2初始位置. P_2经 t_1时间已运动到图 3.43 所示位置,有

$$l_2 = u_2 t_1 = \frac{2hu_2}{u_1}$$

P_1只能与 P_2相遇在图中的 S 处,相遇时刻必为

$$t = t_1 + \left(k + \frac{1}{2}\right)T, \quad k = 0,1,2,\cdots$$

要求 P_2在这段时间内恰好走过 $2R$ 路程,因此有

$$u_2 t = 2R = 4\sqrt{2}h$$

即得

$$u_2 = \frac{4\sqrt{2}h}{t_1 + \left(k + \frac{1}{2}\right)T} = \frac{2\sqrt{2}u'}{1 + (2k + 1)\pi}, \quad k = 0,1,2,\cdots$$

因此,u_1 与 u_2 的比值为

$$\beta = \frac{u_1}{u_2} = \frac{1 + (2k + 1)\pi}{2\sqrt{2}}, \quad k = 0,1,2,\cdots$$

例 2 如图 3.44 所示,在竖直平面内有一个半径为 R 的固定光滑绝缘圆环,空间有垂直于该竖直平面水平朝外的匀强磁场 $\boldsymbol{B}$.质量为 m、电量为 $q>0$ 的质点 P 开始时静止在圆环外侧最高点 A 处.

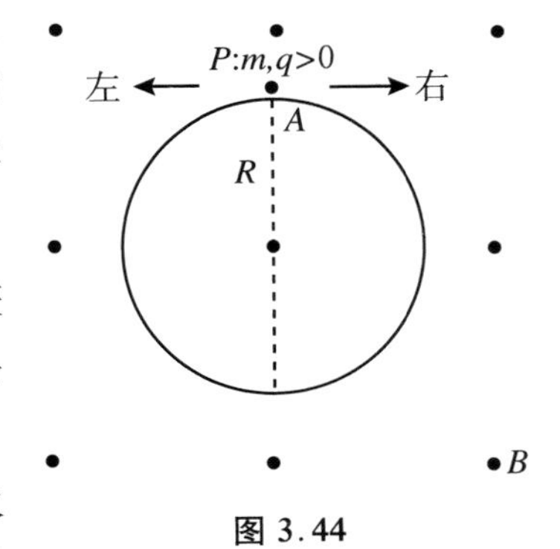

图 3.44

(1) 假设 $\boldsymbol{B}$ 的大小为 $B = \frac{\sqrt{3}}{2}\frac{m}{q}\sqrt{\frac{g}{R}}$,而 P 因受扰动获得水平朝左的微小速度(其值在计算时可忽略),试问 P 下降多大高度 h 即会离开圆环?

(2) 假设 $\boldsymbol{B}$ 的大小 B 尚未给定,而 P 因受扰动获得水平朝右的微小速度(其值在计算时可忽略),试问 B 取哪些值可使 P 贴着圆环做连续的圆周运动?

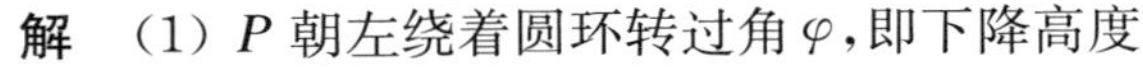

解 (1) P 朝左绕着圆环转过角 φ,即下降高度

$$h = R(1 - \cos\varphi)$$

时，速度大小为

$$v = \sqrt{2gh} = \sqrt{2gR(1-\cos\varphi)}$$

所受的圆环支持力恰为零时，满足方程

$$mg\cos\varphi - qvB = mv^2/R$$

$$mg\cos\varphi = q\sqrt{2gR(1-\cos\varphi)}B + 2mg(1-\cos\varphi)$$

$$3\cos\varphi - 2 = \frac{qB}{mg}\sqrt{2gR(1-\cos\varphi)} = \sqrt{\frac{3}{2}(1-\cos\varphi)}$$

$$18\cos^2\varphi - 21\cos\varphi + 5 = 0$$

得解

$$\cos\varphi = \frac{5}{6}, \quad h = \frac{R}{6}$$

(2) 如图3.45，直观上 P 在环的最低处 B 似乎最容易离开圆环．将 P 在 B 处的速度大小记为

$$v_{\max} = \sqrt{2g\cdot 2R} = 2\sqrt{gR}$$

P 在 B 处不会离开圆环的条件是

$$qv_{\max}B \geqslant mg + m\frac{v_{\max}^2}{R} = 5mg$$

B 的取值范围为

$$B \geqslant \frac{5mg}{qv_{\max}} = \frac{5m\sqrt{g}}{2q\sqrt{R}}$$

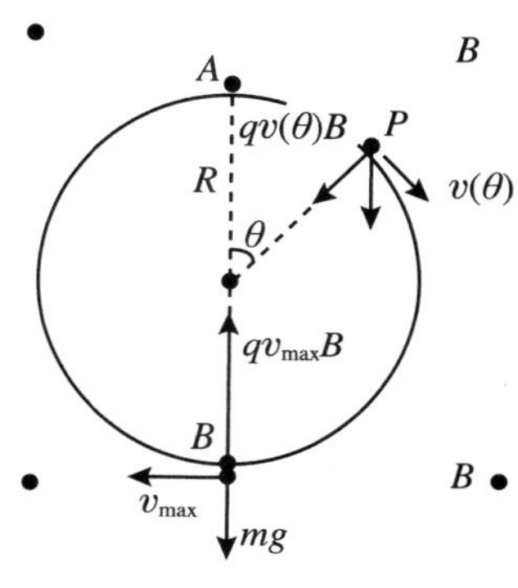

图 3.45

P 在图示 θ 角的位置不离开圆环的条件为

$$qv(\theta)B + mg\cos\theta \geqslant \frac{mv^2(\theta)}{R}$$

其中 $v(\theta)=\sqrt{2gR(1-\cos\theta)}$，故

$$B \geqslant \frac{m\sqrt{g}}{q\sqrt{R}}\frac{2-3\cos\theta}{\sqrt{2(1-\cos\theta)}}$$

为求$\dfrac{2-3\cos\theta}{\sqrt{2(1-\cos\theta)}}$的极大值，做下述推演：

$$\left[\frac{2-3\cos\theta}{\sqrt{2(1-\cos\theta)}}\right]'_\theta = \frac{3\sin\theta\sqrt{2(1-\cos\theta)} - (2-3\cos\theta)\dfrac{\frac{1}{2}(2\sin\theta)}{\sqrt{2(1-\cos\theta)}}}{2(1-\cos\theta)}$$

$$= \frac{3\sin\theta\times 2(1-\cos\theta) - (2-3\cos\theta)\cdot\sin\theta}{[2(1-\cos\theta)]^{3/2}} = \frac{\sin\theta(4-3\cos\theta)}{[2(1-\cos\theta)]^{3/2}}$$

令上式为零，得

$$\cos\theta = \frac{4}{3}(\text{不可取}) \quad 或 \quad \sin\theta = 0$$

$$\theta = 0 \quad 或 \quad \theta = \pi$$

本题中 $\theta=0$ 处的 v 是已给的微小量，不能用 $v(\theta)=\sqrt{2gR(1-\cos\theta)}$，故 $\theta=0$ 应被排除，可取的只能是

$$\theta = \pi$$

对应的若为极小值,则因

$$\left.\frac{2-3\cos\theta}{\sqrt{2(1-\cos\theta)}}\right|_{\theta=\pi}=\frac{5}{2}>\sqrt{2}=\left.\frac{2-\cos\theta}{\sqrt{2(1-\cos\theta)}}\right|_{\theta=\frac{\pi}{2}}$$

发生矛盾.故

$$\theta=\pi$$

对应

$$\frac{2-3\cos\theta}{\sqrt{2(1-\cos\theta)}}=\frac{5}{2}$$

为极大值. B 的取值范围仍为

$$B\geqslant\frac{5m\sqrt{g}}{2q\sqrt{R}}$$

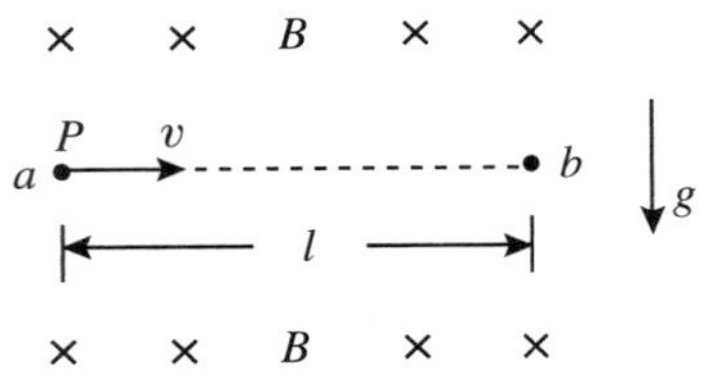

图 3.46

例 3 如图 3.46 所示,在一竖直平面内有水平匀强磁场,磁感应强度 $\boldsymbol{B}$ 的方向垂直于该竖直平面朝里.竖直平面中 a, b 两点在同一水平线上,两点相距 l.带电量 $q>0$,质量为 m 的质点 P 以初速度 v 从 a 对准 b 射出.略去空气阻力,不考虑 P 与地面接触的可能性,设定 q, m 和 B 均为不可改取的给定量.

(1) 若无论 l 取什么值,均可使 P 经直线运动通过点 b,试问 v 应取什么值?

(2) 若 v 为(1)问中可取值之外的任意值,则 l 取哪些值,可使 P 必定会经曲线运动通过点 b?

(3) 对每一个满足(2)问要求的 l 值,计算各种可能的曲线运动对应的 P 从 a 到 b 所经过的时间.

(4) 对每一个满足(2)问要求的 l 值,试问 P 能否从点 a 静止释放后也可以通过点 b?若能,再求 P 在而后的运动过程中可达到的最大运动速率 $v_{\max}$.

解 (1) 初速度 v 水平对准点 b,为使 P 经直线运动通过 b,要求 P 所受的磁场力与重力抵消,有

$$qvB=mg\quad\Rightarrow\quad v=\frac{mg}{qB}\qquad ①$$

(2) 若①式不能满足, P 在此竖直平面内做曲线运动.将初速度 v 水平分解:

$$v=v_1+v_2$$

其中 $v\geqslant0$,且 $v\neq\dfrac{mg}{qB}$.

$$v_1=\frac{mg}{qB},\quad v_2=v-v_1\qquad ②$$

若 $v_2>0$,则 v_2 方向为从 a 到 b;若 $v_2<0$,则 v_2 方向为从 b 到 a.

P 所受的力可分解为

$$\boldsymbol{F}=m\boldsymbol{g}+q\boldsymbol{v}\times\boldsymbol{B}=(m\boldsymbol{g}+q\boldsymbol{v}_1\times\boldsymbol{B})+q\boldsymbol{v}_2\times\boldsymbol{B}$$

P 的运动可分解为两个分运动.分运动 1 为由 $m\boldsymbol{g}+q\boldsymbol{v}_1\times\boldsymbol{B}=\boldsymbol{0}$ 对应的初速度为 $\boldsymbol{v}_1$ 的匀速直线运动;分运动 2 为由 $q\boldsymbol{v}_2\times\boldsymbol{B}$ 对应的初速度为 $\boldsymbol{v}_2$ 的匀速圆周运动: $v_2>0$ 对应先上后下的逆时针方向的圆周运动, $v_2<0$ 对应先下后上的逆时针方向的圆周运动.圆周运动周期

同为

$$T = \frac{2\pi m}{qB} \tag{③}$$

为使 P 通过点 b，要求经整数个圆周运动周期时，v_1 对应的直线运动位移大小恰好等于 l，即有

$$l = v_1 \cdot nT, \quad n = 1,2,\cdots \tag{④}$$

将②、③两式代入④式，即得 l 必须取下述值：

$$l = \frac{2n\pi m^2 g}{q^2 B^2}, \quad n = 1,2,\cdots \tag{⑤}$$

(3) 符合(2)问要求的每一个 l 均满足④、⑤两式，无论 v 和 v_2 取何值，P 从 a 到 b 所经时间都是

$$\Delta t = \frac{l}{v_1} = \frac{lqB}{mg}$$

即

$$\Delta t = nT = \frac{2n\pi m}{B}$$

其中 n 为一个由 l 值对应的正整数.

(4) P 可通过点 b，因为根据(2)问解答可知，$v \geqslant 0$ 中的 $v = 0$ 即对应 P 从点 a 静止释放，只要 l 取④式限定的值，P 必定能通过点 b.

$v = 0$ 的分解式为

$$0 = v = v_1 + v_2 \quad \Rightarrow \quad v_2 = - v_1 < 0$$

对应的分运动 2 为图 3.47 所示的先下后上的逆时针方向的匀速圆周运动. 经半个周期，P 在最低点的分速度 v_2 与分速度 v_1 相同，对应的分速度最大，故所求最大速率为

$$v_{\max} = 2v_1 = \frac{2mg}{qB}$$

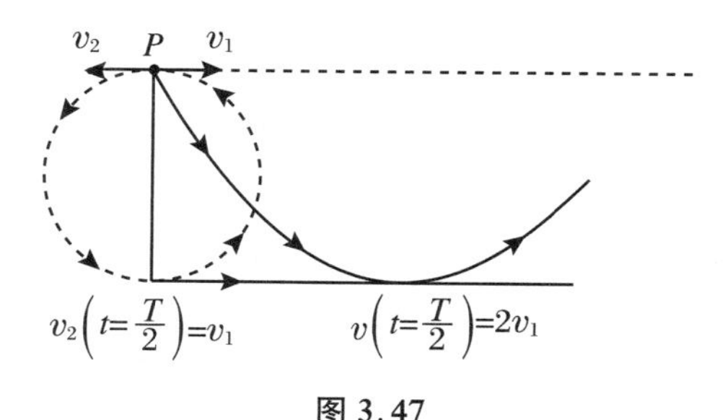

图 3.47

例 4 如图 3.48 所示，半径为 R、质量为 m 的均质细圆环上均匀地分布着相对圆环固定不动的正电荷，总电量为 Q. $t = 0$ 时，圆环在水平地面上具有沿正东方向的平动速度 v_0，且无滚动. 假设圆环与地面之间的摩擦因数为 μ，在圆环周围只有沿水平指向北方(图中垂直图平面朝里为北方)的匀强地磁场 $\boldsymbol{B}$.

(1) 为了使圆环在而后的运动过程中始终不会离开地面，试求 v_0 的取值范围.

(2) 若 v_0 在(1)问的取值范围内，假设圆环最后能达到纯滚动状态，试导出在达到纯滚动状态前圆环的平动速度 v 与时间 t 的关系.

(3) 设 $v_0=\dfrac{mg}{2QB}$，试求圆环刚达到纯滚动状态的时间 T.

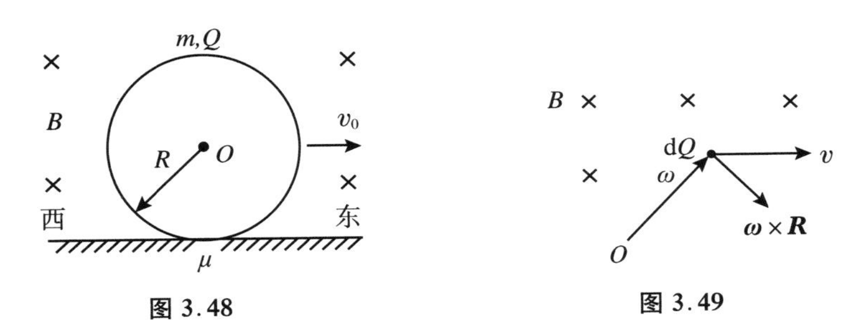

图 3.48　　　　图 3.49

解　(1) 初始时刻圆环所受洛伦兹力 $\boldsymbol{F}$ 竖直向上，其大小为

$$F = Qv_0B$$

圆环不离开地面的条件是

$$F \leqslant mg$$

故 v_0 的取值范围为

$$v_0 \leqslant \frac{mg}{QB}$$

若 $v_0=\dfrac{mg}{QB}$，则圆环所受重力与洛伦兹力抵消，地面支持力为零，从而也没有摩擦力，圆环始终做匀速平动，不会离开地面. 若 $v_0<\dfrac{mg}{QB}$，圆环对地面有压力，地面对圆环有水平朝西的摩擦力，使圆环沿顺时针方向转动，还使圆环平动减速. 设圆环在某时刻平动速度为 v，转动角速度为 ω，如图 3.49 所示，圆环上任意电荷元 $\mathrm{d}Q$ 所受洛伦兹力为

$$\mathrm{d}\boldsymbol{F} = \mathrm{d}Q[(\boldsymbol{v}+\boldsymbol{\omega}\times\boldsymbol{P})\times\boldsymbol{B}] = \mathrm{d}Q(\boldsymbol{v}\times\boldsymbol{B}) + \mathrm{d}Q(\boldsymbol{\omega}\times\boldsymbol{R})\times\boldsymbol{B}$$

上式右边第一项的积分为

$$\oint \mathrm{d}Q(\boldsymbol{v}\times\boldsymbol{B}) = Q\boldsymbol{v}\times\boldsymbol{B}$$

方向竖直向上，大小等于 QvB. 上式右边第二项 $\mathrm{d}Q(\boldsymbol{\omega}\times\boldsymbol{R})\times\boldsymbol{B}$ 是背离环心的径向力，积分为

$$\oint \mathrm{d}Q(\boldsymbol{\omega}\times\boldsymbol{R})\times\boldsymbol{B} = \boldsymbol{\omega}\times\left(\oint\boldsymbol{R}\,\mathrm{d}Q\right)\times\boldsymbol{B}$$

因电荷均匀分布，故

$$\oint\boldsymbol{R}\,\mathrm{d}Q = 0 \quad\Rightarrow\quad \oint\mathrm{d}Q(\boldsymbol{\omega}\times\boldsymbol{R})\times\boldsymbol{B} = 0$$

因此，圆环所受洛伦兹力为

$$\boldsymbol{F} = Q\boldsymbol{v}\times\boldsymbol{B}$$

方向竖直向上. 因在任意时刻 $v<v_0$，故有

$$F < mg$$

可见，只要圆环开始时不离开地面，而后便始终不会离开地面，故对圆环初始速度 v_0 的限制即是

$$v_0 \leqslant \frac{mg}{QB}$$

(2) 若 $v_0 \leqslant \frac{mg}{QB}$,则地面对圆环会产生沿水平朝西的摩擦力:

$$f = \mu N, \quad N = mg - QvB$$

式中 v 是在 $t \geqslant 0$ 的任意时刻(达到纯滚动状态之前)圆环的平动速度.因洛伦兹力无水平分量,故有

$$m\frac{\mathrm{d}v}{\mathrm{d}t} = -f = \mu(QvB - mg)$$

积分得

$$\int_0^t \mu \mathrm{d}t = \int_{v_0}^{v} \frac{m}{QvB - mg}\mathrm{d}v \quad \Rightarrow \quad \mu t = \frac{m}{QB}\ln\frac{mg - QvB}{mg - Qv_0B}$$

得

$$v = \frac{mg}{QB} - \left(\frac{mg}{QB} - v_0\right)\mathrm{e}^{\frac{QB}{m}\mu t}$$

若 $v_0 = \frac{mg}{QB}$,则 $v = v_0$,即平动速度不变.

(3) 当圆环以速度 $\boldsymbol{v}$ 平动时,其上的 $\mathrm{d}Q$ 电荷所受洛伦兹力为 $\mathrm{d}Q(\boldsymbol{v} \times \boldsymbol{B})$,圆环各处均匀分布的电荷因受洛伦兹力而相对环心 O 的力矩上下成对抵消.当圆环以角速度 ω 转动时,$\mathrm{d}Q$ 所受的洛伦兹力为径向力,相对环心 O 的力矩为零.因此,只有摩擦力有非零力矩,使圆环加速转动.设圆环顺时针转动的角加速度为 β,则有

$$fR = I\beta = mR^2\beta \quad \Rightarrow \quad \frac{\mathrm{d}\omega}{\mathrm{d}t} = \beta = \frac{f}{mR}$$

又

$$f = -m\frac{\mathrm{d}v}{\mathrm{d}t}$$

联立后,得

$$\frac{\mathrm{d}\omega}{\mathrm{d}t} = -\frac{1}{R}\frac{\mathrm{d}v}{\mathrm{d}t} \quad \Rightarrow \quad \mathrm{d}\omega = -\frac{1}{R}\mathrm{d}v \quad \Rightarrow \quad \omega R = v_0 - v$$

圆环达到纯滚动状态时,要求

$$\omega R = v$$

圆环的平动速度降为

$$v = \frac{v_0}{2}$$

利用(2)问所得的 $v = v(t)$ 公式,圆环达到纯滚动状态的时间 T 应满足

$$\frac{v_0}{2} = \frac{mg}{QB} - \left(\frac{mg}{QB} - v_0\right)\mathrm{e}^{\frac{QB}{m}\mu T}$$

由题设

$$v_0 = \frac{mg}{2QB}$$

解得

$$T = \frac{m}{QB\mu}\ln\frac{3}{2}$$

例5　如图3.50所示,在水平面上有一根光滑的刚性细长杆,它可以无摩擦地绕固定的竖直轴旋转,转动惯量为 I.在杆周围有与转轴平行的匀强磁场 $\boldsymbol{B}$,其方向如图3.50所示.

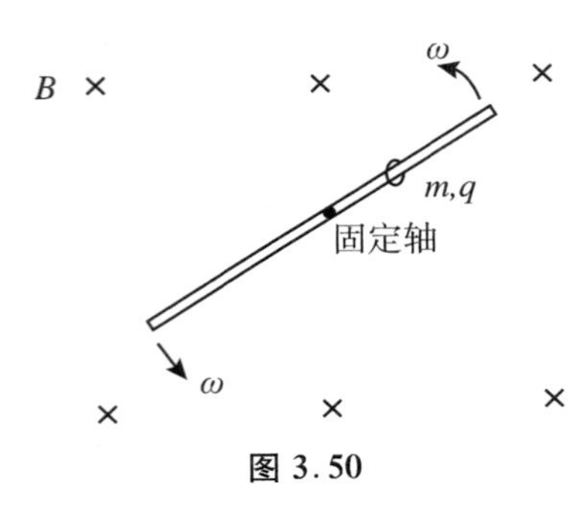

图 3.50

把质量为 m,电量为 $q(q>0)$的光滑带电小圆环套在杆上,设环与杆之间无电荷转移.

(1) 试问杆连同环的旋转角速度 ω 取何值时,环在杆上任何位置均可相对杆静止?

(2) 设杆的初始角速度 ω_0 大于(1)问中可取的 ω 值,再设开始时环静止于转轴位置,后因受微小扰动,环离开转轴位置沿杆运动.试问环是否可能在到达杆的某一位置后,其径向速度降为零,从而停留在该处相对杆保持静止?

(3) 若杆的初始角速度改取(2)问中所给初始角速度的 α 倍($\alpha>0$),试问为使环的运动轨道保持不变,应如何改变磁感应强度值 B 的大小?

解 (1) 设环与转轴相距 r_0,为使环相对杆静止,即随杆以角速度 ω 绕轴做圆周运动,则杆所受洛伦兹力应提供圆运动的向心力,即

$$q\omega r_0 B = m\omega^2 r_0$$

要求

$$\omega = \frac{qB}{m}$$

(2) 若环从开始所在的转轴位置因扰动稍有偏离,与转轴相距小量 r_0.取随杆旋转的非惯性系,为使环能继续偏离转轴,即有沿杆向外的径向运动,要求惯性离心力大于洛伦兹力,即

$$m\omega_0^2 r_0 > q\omega_0 r_0 B$$

因此要求

$$\omega_0 > \frac{qB}{m}$$

设当环运动到与转轴相距 r 处时,具有的径向速度为 v_r,杆相对原惯性系的旋转角速度变为 ω,因洛伦兹力不做功,杆环系统机械能守恒,注意到 r_0为小量,故有

$$\frac{1}{2}(I + mr^2)\omega^2 + \frac{1}{2}mv_r^2 = \frac{1}{2}I\omega_0^2 \quad ①$$

洛伦兹力相对转轴的力矩为

$$M = qv_rBr$$

把杆环系统相对转轴的角动量记为 L,则有

$$dL = Mdt = qv_rBrdt, \quad v_r = dr/dt$$

$$dL = qBrdr$$

$$\Delta L = \int_0^r qBrdr = \frac{1}{2}qBr^2$$

又因为

$$\Delta L = (I + mr^2)\omega - I\omega_0$$

故有

$$(I + mr^2)\omega - I\omega_0 = \frac{1}{2}qBr^2 \quad ②$$

设环到达与转轴相距为 R 的位置时 $v_r=0$,则①、②两式为

$$\frac{1}{2}(I+mR^2)\omega^2=\frac{1}{2}I\omega_0^2,\quad (I+mR^2)\omega-I\omega_0=\frac{1}{2}qBR^2$$

两式联立,消去 R^2 后,得

$$\frac{I\omega_0^2}{\omega}-I\omega_0=\frac{1}{2}qB\frac{I(\omega_0^2-\omega^2)}{m\omega^2}$$

$$(2m\omega_0-qB)\omega^2-2m\omega_0^2\omega+qB\omega_0^2=0$$

$$\omega=\frac{\omega_0}{2m\omega_0-qB}\left[m\omega_0\pm\sqrt{(m\omega_0-qB)^2}\right]$$

一个解为 $\omega=\omega_0$,容易算出相应的 $R=0$,显然不合题意.另一个解为

$$\omega=\frac{qB}{2m\omega_0-qB}\omega_0$$

容易算出相应的 $R>0$,符合题意.

若要求环在此位置上能继续停留,由(1)问,ω 应满足

$$\omega=\frac{qB}{m}$$

由此得

$$\frac{qB}{2m\omega_0-qB}\omega_0=\frac{qB}{m}$$

即要求

$$\omega_0=\frac{qB}{m}$$

这与前面的要求

$$\omega_0>\frac{qB}{m}$$

相矛盾.因此,环不可能到达杆的某一位置后,径向速度降为零,并继续停留在该位置上.

(3) 为使环的运动轨道相同,在极坐标系中,要求两种情况下有相同的$\frac{\mathrm{d}r}{\mathrm{d}\theta}$.因

$$v_r=\frac{\mathrm{d}r}{\mathrm{d}t},\quad \omega=\frac{\mathrm{d}\theta}{\mathrm{d}t}$$

即要求在两种情况下的$\frac{v_r}{\omega}$相同.

由上述①、②两式分别得

$$m\left(\frac{v_r}{\omega}\right)^2=I\frac{\omega_0^2}{\omega^2}-(I+mr^2),\quad \omega=\frac{I\omega_0+\frac{1}{2}qBr^2}{I+mr^2}$$

由以上两式,得

$$\frac{v_r}{\omega}=\sqrt{\frac{I+mr^2}{m}\left[\frac{I(I+mr^2)}{\left(I+\frac{qBr^2}{2\omega_0}\right)^2}-1\right]}$$

由此可见,若初始角速度从 ω_0 改为 $\alpha\omega_0$,则只要相应地将 B 改为 αB,即可确保$\frac{v_r}{\omega}$相同,从而环的运动轨道也就一致了.

例 6 在 Oxy 坐标平面的 $x=R$,$y=0$ 处,有一个质量为 m、电量为 $q(q>0)$的静止带

电小球.如图 3.51 所示,设空间有匀强磁场,$\boldsymbol{B}$ 的方向垂直 Oxy 平面朝里,大小 B 待定.今使小球在力 $\boldsymbol{F}$ 作用下运动,开始时 $\boldsymbol{F}$ 的方向沿 x 轴,而后始终与小球速度方向一致,力的大小 F 始终不变.假设无重力作用,小球的运动轨迹是以坐标原点为圆心、R 为半径的圆所对应的渐开线,试求 B.

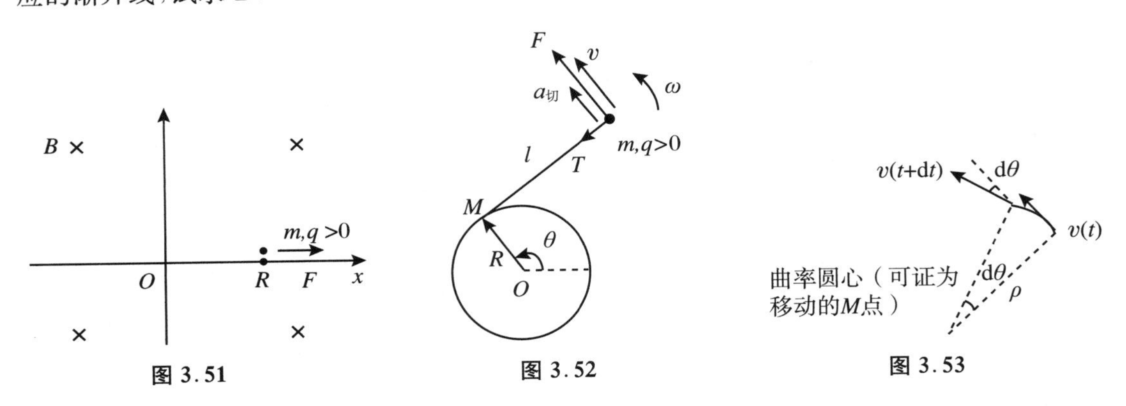

图 3.51　　图 3.52　　图 3.53

解　设小球于 $t=0$ 时刻开始受力 $\boldsymbol{F}$,并沿题文所述圆的渐开线运动.t 时刻的运动参数如图 3.51 所示,应有

$$a_{切} = \frac{F}{m},\quad v = a_{切}t = \frac{Ft}{m}$$

此时打开的"绳段"长 l 和打开的圆心角 θ 间的关系为

$$l = R\theta$$

为求 θ 角,如图 3.53 所示,在 t 到 $t+\mathrm{d}t$ 时间内,无穷小曲率圆弧对应的圆心角即为小球速度方向偏转角,等于半径为 R 的圆打开的圆心角 $\mathrm{d}\theta$.引入

$$\omega = \frac{\mathrm{d}\theta}{\mathrm{d}t} = \text{小球速度方向偏转角速度}$$

$$= R\ \text{圆心角打开的角速度} = \text{图 3.52 中小球相对}\ M\ \text{点的旋转角速度}$$

即有

$$v = \omega l = \omega R\theta = \frac{\mathrm{d}\theta}{\mathrm{d}t}R\theta$$

与 $v=\dfrac{Ft}{m}$联立,得

$$\int_0^{\theta}\theta\mathrm{d}\theta = \int_0^{t}\frac{F}{mR}t\mathrm{d}t \quad\Rightarrow\quad \theta = \sqrt{\frac{F}{mR}}t$$

故

$$l = R\theta = \sqrt{\frac{FR}{m}}t \quad \left(\text{或}\ l = \sqrt{\frac{mR}{F}}v\right)$$

可以证明(略),图 3.53 中的 ρ 即等于图 3.52 中打开的"绳段"长度 l,即得

$$qvB = T = \frac{mv^2}{l} \quad\Rightarrow\quad B = \frac{mv}{ql} = \frac{mv}{q\sqrt{\dfrac{mR}{F}}v} = \frac{m\dfrac{Ft}{m}}{q\sqrt{\dfrac{FR}{m}}t} = \frac{\sqrt{Fm}}{q\sqrt{R}}$$

例 7　在匀强磁场空间内,与磁感应强度 $\boldsymbol{B}$ 垂直的一个平面上,带电粒子(质量为 m,带电量 $q>0$)从 $t=0$ 时刻开始以初速度 v_0运动,运动过程中粒子速度为 v 时所受线性阻力 f

$=-\gamma v$,其中 γ 是个正的常量.

(1) 计算 $t>0$ 时刻粒子的速度大小 v 和已通过的路程 s;

(2) 计算粒子速度方向相对初速度方向恰好转过$\frac{\pi}{2}$时刻的速度大小 v^*、经过的路程 s^* 以及通过的位移大小 l^*.

解　(1) 粒子的切向力、切向加速度分别为

$$f=-\gamma v,\quad \frac{\mathrm{d}v}{\mathrm{d}t}=a_{切}=-\frac{\gamma v}{m}$$

得

$$\int_{v_0}^{v}\frac{\mathrm{d}v}{v}=\int_0^t-\frac{\gamma}{m}\mathrm{d}t\quad\Rightarrow\quad v=v_0\mathrm{e}^{-\frac{\gamma}{m}t}$$

再由

$$\frac{\mathrm{d}s}{\mathrm{d}t}=v=v_0\mathrm{e}^{-\frac{\gamma}{m}t}\quad\Rightarrow\quad\int_0^s\mathrm{d}s=\int_0^t v_0\mathrm{e}^{-\frac{\gamma}{m}t}\mathrm{d}t$$

得

$$s=\frac{m}{\gamma}v_0(1-\mathrm{e}^{-\frac{\gamma}{m}t})$$

(2) t 到 $t+\mathrm{d}t$ 时间间隔内,粒子做半径为

$$\rho=\frac{mv}{qB}$$

的无穷小圆弧运动,速度方向偏转角度记为 $\mathrm{d}\theta$,则有

$$\rho\mathrm{d}\theta=v\mathrm{d}t$$

得

$$\mathrm{d}\theta=\frac{v}{\rho}\mathrm{d}t=\frac{qB}{m}\mathrm{d}t$$

$\left(\text{或由瞬时转动周期 } T=\frac{2\pi m}{qB},\text{得 } \mathrm{d}\theta=\omega\mathrm{d}t=\frac{2\pi}{T}\mathrm{d}t=\frac{qB}{m}\mathrm{d}t.\right)$积分后便为

$$\theta=\frac{qB}{m}t$$

故 $\theta=\frac{\pi}{2}$时

$$t^*=\frac{\pi m}{2qB}$$

此时速度大小为

$$v^*=v_0\mathrm{e}^{-\frac{\gamma}{m}\cdot\frac{\pi m}{2qB}}=v_0\mathrm{e}^{-\frac{\pi\gamma}{2qB}}$$

经过的路程为

$$s^*=\frac{m}{\gamma}v_0(1-\mathrm{e}^{-\frac{\gamma}{m}t^*})=\frac{m}{\gamma}v_0(1-\mathrm{e}^{-\frac{\pi\gamma}{2qB}})$$

为计算通过的位移大小 l^*,如图 3.54 所示,有

$$\frac{\mathrm{d}(m\boldsymbol{v})}{\mathrm{d}t}=q\boldsymbol{v}\times\boldsymbol{B}-\gamma\boldsymbol{v}$$

$$\mathrm{d}(mv_x)=(-qv_yB-\gamma v_x)\mathrm{d}t$$

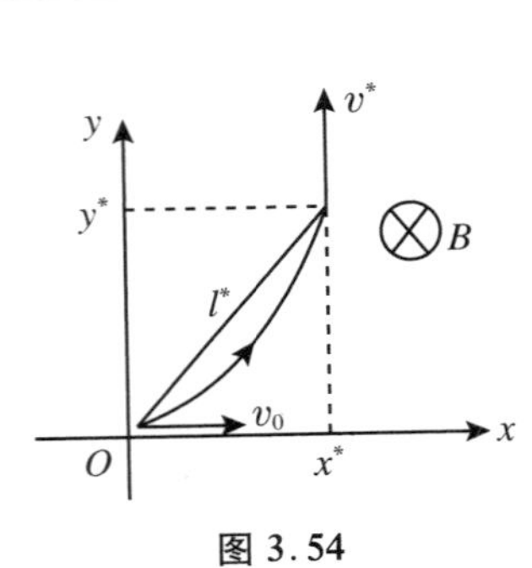

图 3.54

$$-mv_0=\int_{v_0}^{0}\mathrm{d}(mv_x)=\int_0^{t^*}-qBv_y\mathrm{d}t+\int_0^{t^*}-\gamma v_x\mathrm{d}t$$

$$=-qB\int_0^{y^*}\mathrm{d}y-\gamma\int_0^{x^*}\mathrm{d}x=-qBy^*-\gamma x^*$$

$$\mathrm{d}(mv_y)=(qv_xB-\gamma v_y)\mathrm{d}t\quad\Rightarrow\quad mv^*=qBx^*-\gamma y^*$$

即有

$$\begin{cases}qBy^*+\gamma x^*=mv_0\\ qBx^*-\gamma y^*=mv^*\end{cases}$$

解得

$$x^*=\frac{m}{q^2B^2+\gamma^2}(qBv^*+\gamma v_0)$$

$$y^*=\frac{m}{q^2B^2+\gamma^2}(qBv_0-\gamma v^*)$$

即得

$$\begin{cases}l^*=\sqrt{x^{*2}+y^{*2}}=m\sqrt{\dfrac{v^{*2}+v_0^2}{q^2B^2+\gamma^2}}\\ v^*=v_0\mathrm{e}^{-\frac{\pi\gamma}{2qB}}\end{cases}$$

例 8 带电粒子进入介质中,受到的阻力与它的速度成正比,在粒子完全停止前,所通过的路程为 $s_1=10$ cm.如果在介质中有一个与粒子速度方向垂直的磁场,当粒子取原来相同的初速度进入这一带有磁场的介质中时,它停止在与入射点的距离为 $s_2=6$ cm 的位置上.如果磁场感应强度减小为原来的$\frac{1}{2}$,那么该粒子应停在距入射点多远(s_3)的位置上?

解 无磁场时,粒子(设质量为 m,带电量为 q)做直线运动,初速度记为 v_0,则由

$$\int_{v_0}^{0}m\mathrm{d}v=\int_{t_0}^{t_e}-\gamma v\mathrm{d}t=-\gamma\int_0^{s_1}\mathrm{d}s$$

得

$$s_1=\frac{mv_0}{\gamma}\tag{①}$$

有磁场时,设 $q>0$,$\boldsymbol{B}$ 的方向如图 3.55 所示,图中点 P 为粒子运动终点,P 与入射点 O 的距离为 s.由

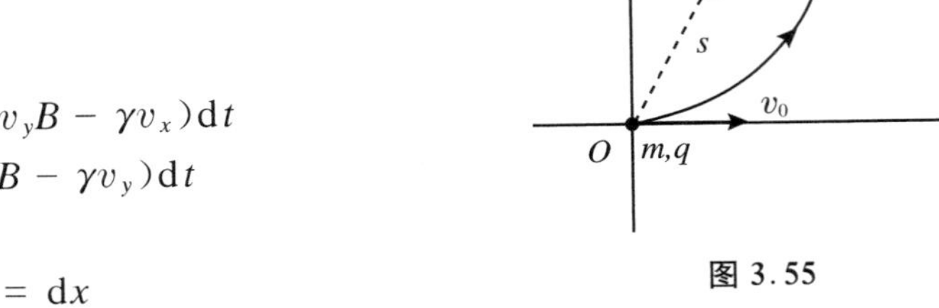

图 3.55

$$m\frac{\mathrm{d}\boldsymbol{v}}{\mathrm{d}t}=q\boldsymbol{v}\times\boldsymbol{B}-\gamma\boldsymbol{v}$$

即

$$\begin{cases}m\mathrm{d}v_x=(-qv_yB-\gamma v_x)\mathrm{d}t\\ m\mathrm{d}v_y=(qv_xB-\gamma v_y)\mathrm{d}t\end{cases}$$

又

$$\begin{cases}v_x\mathrm{d}t=\mathrm{d}x\\ v_y\mathrm{d}t=\mathrm{d}y\end{cases}$$

得

$$\int_{v_{0x}=v_0}^{v_{Px}=0}m\mathrm{d}v_x=-qB\int_0^{y_P}\mathrm{d}y-\gamma\int_0^{x_P}\mathrm{d}x\quad\Rightarrow\quad mv_0=qBy_P+\gamma x_P$$

$$\int_{v_{0y}=0}^{v_{Py}=0} m\mathrm{d}v_y = qB\int_0^{x_P}\mathrm{d}x - \gamma\int_0^{y_P}\mathrm{d}y \Rightarrow 0 = qBx_P - \gamma y_P$$

所以

$$x_P = \frac{\gamma}{q^2B^2+\gamma^2}mv_0,\quad y_P = \frac{qB}{q^2B^2+\gamma^2}mv_0$$

$$s = \sqrt{x_P^2+y_P^2} = \frac{mv_0}{\sqrt{q^2B^2+\gamma^2}}$$

第一次有磁场，取 $\boldsymbol{B}_0$；第二次有磁场，取 $\boldsymbol{B}_0/2$，得

$$s_2 = \frac{mv_0}{\sqrt{q^2B_0^2+\gamma^2}} \tag{②}$$

$$s_3 = \frac{mv_0}{\sqrt{\frac{1}{4}q^2B_0^2+\gamma^2}} \tag{③}$$

由①式可得

$$\gamma = \frac{mv_0}{s_1} \tag{④}$$

代入②式，得

$$qB_0 = \frac{\sqrt{s_1^2-s_2^2}}{s_1s_2}mv_0 = \frac{2}{15}mv_0 \tag{⑤}$$

将④、⑤两式代入③式，得

$$s_3 = \frac{mv_0}{\sqrt{\left(\frac{1}{15}\right)^2m^2v_0^2+\left(\frac{1}{10}\right)^2m^2v_0^2}} = \frac{1}{\sqrt{\frac{1}{225}+\frac{1}{100}}}\ \mathrm{cm} = 8.32\ \mathrm{cm}$$

例9　如图3.56所示，在 Oxy 坐标面的原点 O 处有一带电粒发射源，发射出的粒子相同，质量为 m，电量 $q>0$，粒子出射的速率同为 v，出射方向与 x 轴的夹角 θ 在 $0\sim\pi$ 范围内. 略去粒子间的相互作用，试设计一个磁场，使得这些粒子通过磁场力的作用，成为宽度为 D 且沿 x 轴方向行进的平行粒子束.

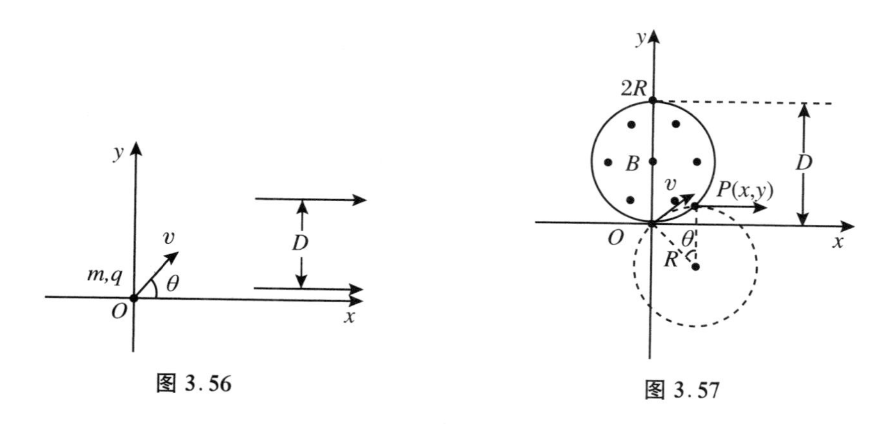

图3.56　　图3.57

解　可供设计选择的磁场并不唯一，为尽可能简单取匀强磁场.

为使带正电粒子最终朝 x 轴方向运动，$\boldsymbol{B}$ 的方向应垂直于 Oxy 平面朝外. 带电粒子从 O 点射出后，在磁场区域做匀速圆周运动，圆半径为

$$R = \frac{mv}{qB}$$

若 Oxy 平面上处处都有磁场，粒子将在各自的圆轨道上持续运动，不可能沿 x 轴射出. 如图 3.57 所示，为使粒子的运动能从圆运动转变为沿 x 轴的直线运动，应让粒子在点 P 沿圆的切线方向射出. 这意味着点 P 的左侧有磁场，点 P 的右侧没有磁场，或者说点 P 即为所设计的磁场的边界点. 点 P 的坐标 x, y 由 θ 角确定如下：

$$x = R\sin\theta, \quad y = R - R\cos\theta$$

不同的 θ 角对应不同的 $P(x, y)$，这些 P 点构成磁场边界线，上述两式即是磁场边界线的参量方程. 消去参量 θ，即可得边界线的显式方程：

$$x^2 + (y - R)^2 = R^2$$

这是一个圆心在 y 轴、半径也为 R 的圆，已在图 3.57 中示出.

为使粒子束出射宽度为 D，要求

$$R = \frac{D}{2}$$

与前面给出的 R 和 B 的关系式联立，即得

$$B = \frac{2mv}{qD}$$

需要指出的是，上面所得的边界方程其实给出的是由出射点组成的磁场右半圆边界线，这部分曲线必须严格界定，磁场既不能向外扩展，也不可朝内收缩. 磁场的左半圆边界并非由粒子出射点构成，它是为保证从 O 点射出的发射角在 $\frac{\pi}{2} < \theta < \pi$ 范围的粒子能形成圆周运动而设定的，这部分曲线可向外延伸，但不可朝内收缩，或者说磁场可向外扩展，但不可朝内收缩.

例 10 如图 3.58 所示，在 Oxy 平面上有一束稀疏的电子（其间的相互作用可略），在 $H > y > -H$ 范围内从 x 轴负半轴的远处，以相同的速率 v 沿着 x 轴方向平行地向 y 轴射来. 试设计一磁场区，使得所有电子都能在磁场力的作用下通过坐标原点 O，而后扩展到 $2H > y > -2H$ 范围内，继续沿着 x 轴方向向 x 轴正半轴的远处以相同的速率 v 平行地射出.

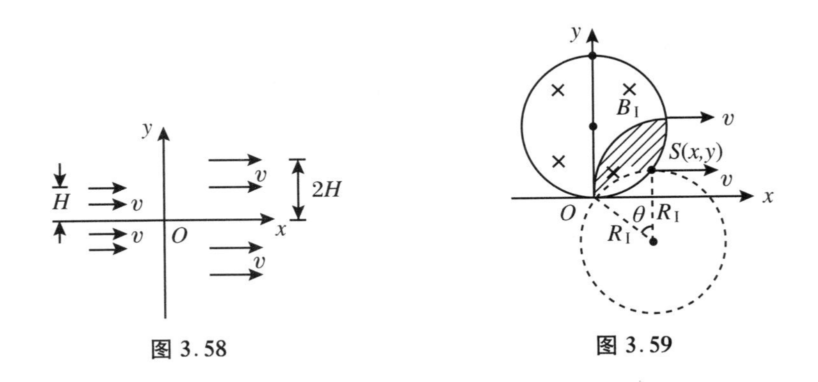

图 3.58　　图 3.59

解 磁场区的设计方案并不唯一，此处参考例 9 的解答给出下面的设计方案.

令从第Ⅱ象限射来的电子经过 O 点后，向第Ⅳ象限射去；从第Ⅲ象限射来的电子经过

O 点后,向第Ⅰ象限射去.

首先设计第Ⅰ象限的磁场区域,如图3.59所示,由于电子从第Ⅲ象限以速率 v 经 O 点后从第Ⅰ象限以速率 v 射出,所以可将原点 O 视为电子发射源,发射的电子的速率均为 v,速度方向与 x 轴的夹角 θ 满足

$$\frac{\pi}{2} > \theta \geqslant 0$$

为使电子射出后能向 x 轴方向偏转,以便离开磁场区后能平行 x 轴右行,在第Ⅰ象限磁场区内的 $\boldsymbol{B}_{\mathrm{I}}$ 的方向应与 Oxy 平面垂直,并指向 z 轴的负方向(即垂直圆平面朝里).在该磁场区内电子以半径

$$R_{\mathrm{I}} = \frac{m_{\mathrm{e}} v}{eB_{\mathrm{I}}} \quad (m_{\mathrm{e}}\text{ 为电子质量},e\text{ 为电子电量绝对值})$$

做圆周运动.由于 v 不变,如果 B_{I} 为常量即为匀强磁场,则各个电子的圆轨道的半径均相同.电子到达磁场区域边界点 $S(x,y)$ 后,将沿其圆轨道在 S 点的切线方向射出,匀速右行.由题文的要求,该切线方向应沿 x 轴的正方向,于是如图3.59所示,应有

$$x = R_{\mathrm{I}} \sin\theta, \quad y = R_{\mathrm{I}} - R_{\mathrm{I}} \cos\theta$$

消去 θ,便可得磁场区域边界方程:

$$x^2 + (y - R_{\mathrm{I}})^2 = R_{\mathrm{I}}^2$$

因此,第Ⅰ象限中磁场区域的边界是以 R_{I} 为半径的圆周或圆周的一部分.

另外,从 O 点发射的 $\theta \approx \frac{\pi}{2}$ 的电子的运动方向应偏转90°,以便沿 x 轴正方向射出,磁场 B_{I} 可以起此作用.$\theta \approx \frac{\pi}{2}$ 的电子在磁场 B_{I} 中的圆轨道方程为

$$(x - R_{\mathrm{I}})^2 + y^2 = R_{\mathrm{I}}^2$$

在图3.59中画出了上述圆轨道的四分之一.由于 $\theta \approx \frac{\pi}{2}$ 的电子是从 O 点朝第Ⅰ象限发射的最边缘的电子,因此该四分之一圆轨道同时也应是第Ⅰ象限磁场区域的边界.

于是,在第Ⅰ象限设计的磁场区域是以上两个圆包围的区域,在图3.59中用斜线标明.由于要求从磁场区域最上方射出的电子与 x 轴相距为 $2H$,故应取

$$R_{\mathrm{I}} = 2H, \quad B_{\mathrm{I}} = \frac{m_{\mathrm{e}} v}{eR_{\mathrm{I}}} = \frac{m_{\mathrm{e}} v}{2eH}$$

完全类似的分析表明,第Ⅳ象限的磁场区域与第Ⅰ象限的磁场区域关于 x 轴对称,$\boldsymbol{B}_{\mathrm{IV}}$ 也是均匀磁场,$\boldsymbol{B}_{\mathrm{IV}}$ 的方向与 $\boldsymbol{B}_{\mathrm{I}}$ 的方向相反,B_{IV} 与 B_{I} 的大小相同.

在第Ⅱ和第Ⅲ象限,磁场的作用是使从远处平行于 x 轴射出的电子会聚到 O 点,反过来即相当于电子从 O 点射出,射向第Ⅱ象和第Ⅲ象限.因此有关的讨论与计算与上面类似.需要注意的是,应以 H 代替 $2H$,还需要注意磁场的方向,结果如下:

第Ⅱ象限的磁场区域是以下两个圆

$$x^2 + (y - R_{\mathrm{II}})^2 = R_{\mathrm{II}}^2, \quad (x + R_{\mathrm{II}})^2 + y^2 = R_{\mathrm{II}}^2$$

所包围的区域,且有

$$R_{\mathrm{II}} = H, \quad B_{\mathrm{II}} = \frac{m_{\mathrm{e}} v}{eH} = 2B_{\mathrm{I}}$$

$\boldsymbol{B}_{\mathrm{II}}$ 的方向与 $\boldsymbol{B}_{\mathrm{I}}$ 相同.第Ⅲ象限的磁场区域与第Ⅱ象限的磁场区域关于 x 轴对称.$\boldsymbol{B}_{\mathrm{III}}$ 的方向与 $\boldsymbol{B}_{\mathrm{II}}$ 的方向相反,B_{III} 与 B_{II} 的大小相同.

综上,设计的分区均匀的磁场区域如图 3.60 所示.

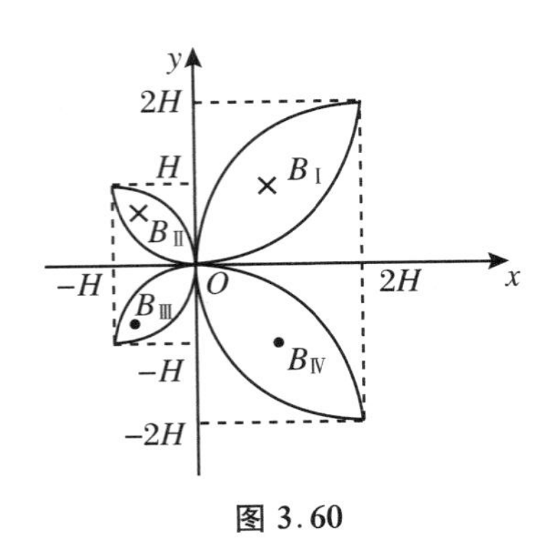

图 3.60

例 11 在某惯性系 S 中,设置如图 3.61 所示的 Oxy 坐标平面,无限长直载流导线与 y 轴重合,沿 y 轴负方向的稳定电流强度为 I.质量为 m、电量 $q>0$ 的带电粒子 P 从 x 轴上坐标为 $x_0(x_0>0)$ 位置平行于 y 轴以初速度 $v_0=\dfrac{\mu_0 Iq}{2\pi m}$ 开始运动.

(1) P 在以后的运动过程中是否会离开 Oxy 平面?为什么?

(2) 通过计算,导出 P 在以后的运动过程中与 y 轴相距最远的位置和相距最近的位置的 x 坐标(x_{max} 和 x_{min}).

(3) 通过计算,确定 P 从初始位置出发,第一次到达与 y 轴相距最远的位置时的 y 坐标 y^*;再确定 P 第一次回到与 y 轴相距最近的位置时的 y 坐标量 y^{**}.

(4) 如果 P 在 x 方向上做周期运动,计算每过一个周期 P 在 y 方向上的移动方向和移动距离;如果 P 在 y 方向上做周期运动,计算每过一个周期 P 在 x 方向上的移动方向和移动距离.(x 方向上的周期运动意即每经过相同时间,P 的 x 坐标又回到初始值,同样可理解 y 方向上的周期运动.)

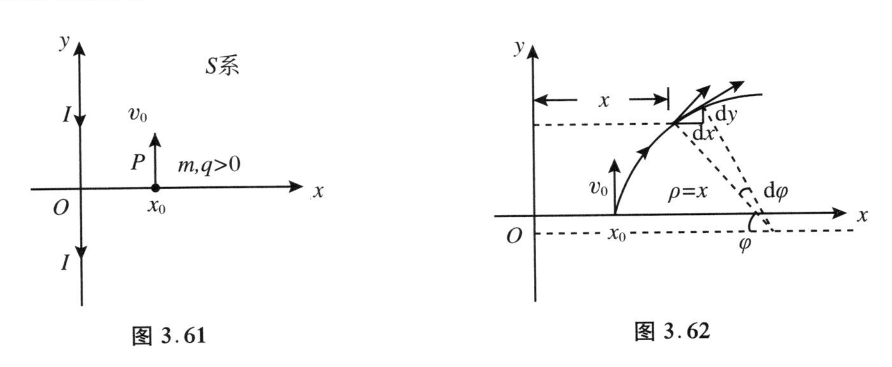

图 3.61　　图 3.62

解 (1) 不会. P 受力 $\boldsymbol{F}=q\boldsymbol{v}\times\boldsymbol{B}$,开始时 v_0 在 Oxy 平面内,$\boldsymbol{B}\perp Oxy$ 平面,$\boldsymbol{F}$ 也必在 Oxy 平面内,使 v 不会离开 Oxy 平面.这种运动情况将一直延续下去,所以 P 不会离开 Oxy 平面.

(2) P 将在 Oxy 平面上做速率为 v_0 的匀速率曲线运动,P 在(x,y)位置时,所做的无穷小圆弧运动的曲率半径为

$$\rho(x)=\left.\frac{mv_0}{qB}\right|_{v_0=\frac{\mu_0 Iq}{2\pi m},\,B=\frac{\mu_0 I}{2\pi x}}=x$$

P 从 x_0 运动到 x，速度方向累积偏转角记为 φ，如图 3.62 所示，有

$$\mathrm{d}x = (\rho\mathrm{d}\varphi)\sin\varphi = x\sin\varphi\mathrm{d}\varphi$$

$$\int_{x_0}^{x}\frac{\mathrm{d}x}{x} = \int_0^{\varphi}\sin\varphi\mathrm{d}\varphi$$

$$\ln\frac{x}{x_0} = -\cos\varphi\Big|_0^{\varphi} = 1-\cos\varphi$$

得

$$x = x_0\mathrm{e}^{1-\cos\varphi}$$

可见，无论 φ 取何值，恒有

$$x > 0 \ \Rightarrow\ \rho > 0$$

P 第一次到达与 y 轴相距极远（未必最远）的位置时，$\varphi=\pi$，得

$$x_{1远} = x_0\mathrm{e}^{1-\cos\varphi}\Big|_{\varphi=\pi} = \mathrm{e}^2x_0$$

P 第一次回到与 y 轴相距极近（未必最近）的位置时，$\varphi=2\pi$，得

$$x_{1近} = x_0\mathrm{e}^{1-\cos\varphi}\Big|_{\varphi=2\pi} = x_0$$

即又返回到 x_0 位置，v_x 降为零，P 以后在 x 方向上的运动范围即为

$$\mathrm{e}^2x_0 = x\Big|_{\varphi=(2k+1)\pi} \geqslant x \geqslant x\Big|_{\varphi=2k\pi} = x_0$$

故有

$$x_{\min} = x_0,\quad x_{\max} = \mathrm{e}^2x_0$$

（3）回到图 3.62，有

$$\mathrm{d}y = (\rho\mathrm{d}\varphi)\cos\varphi = x\cos\varphi\mathrm{d}\varphi$$

积分得

$$\int_0^y\mathrm{d}y = \int_0^{\varphi}x\cos\varphi\mathrm{d}\varphi = \int_0^{\varphi}x_0\mathrm{e}^{1-\cos\varphi}\cos\varphi\mathrm{d}\varphi$$

得

$$y = \int_0^{\varphi}x_0\mathrm{e}^{1-\cos\varphi}\cos\varphi\mathrm{d}\varphi$$

y^* 对应 $\varphi=\pi$，即有

$$y^* = \int_0^{\pi}x_0\mathrm{e}^{1-\cos\varphi}\cos\varphi\mathrm{d}\varphi = -4.83x_0$$

y^{**} 对应 $\varphi=2\pi$，即有

$$y^{**} = \int_0^{2\pi}x_0\mathrm{e}^{1-\cos\varphi}\cos\varphi\mathrm{d}\varphi = -9.65x_0$$

（4）P 从 $x=x_0$，$y=0$ 处以 $v_x=0$，$v_y=v_0$ 的速度运动，经过 T_1 时间后速度方向转过 2π，返回到 $x=x_0$，$y=y^{**}$ 处，又以 $v_x=0$，$v_y=v_0$ 的速度运动. 将坐标原点从(0,0)平移到$(0,y^{**})$处，以后沿 x 方向的运动又将重复上述 T_1 时间内的运动. 可见 P 沿 x 方向的运动是 $T=T_1$ 的周期运动. 每经过一个周期 T，P 在 y 方向上向下移动，位移为

$$|y^{**}| = 9.65x_0$$

P 在 y 方向上的运动显然不是周期运动.

注 本题(2)、(3)问也可用常规方法求解，具体过程如下：

$$B = \frac{\mu_0 I}{2\pi x},\quad \boldsymbol{F} = q\boldsymbol{v}\times\boldsymbol{B},\quad v_x^2+v_y^2 = v_0^2$$

$$F_x = qv_yB \Rightarrow \frac{\mathrm{d}v_x}{\mathrm{d}t} = a_x = \frac{\mu_0 Iq}{2\pi m}\frac{v_y}{x} = v_0\frac{v_y}{x} \tag{①}$$

$$F_y = -qv_xB \Rightarrow \frac{\mathrm{d}v_y}{\mathrm{d}t} = a_y = -\frac{\mu_0 Iq}{2\pi m}\frac{v_x}{x} = -v_0\frac{v_x}{x} \tag{②}$$

分四个阶段讨论：

第Ⅰ阶段：v_y 从 v_0 降到 0，y 从 0 升到 y_1；v_x 从 0 升到 v_0，x 从 x_0 升到 x_1.

v_y-x 关系式的求解：

由②式有

$$\mathrm{d}v_y = -\frac{v_0}{x}v_x\mathrm{d}t = -\frac{v_0}{x}\mathrm{d}x$$

$$\int_{v_0}^{v_y}\mathrm{d}v_y = -\int_{x_0}^{x}\frac{v_0}{x}\mathrm{d}x$$

$$v_y = v_0\left(1-\ln\frac{x}{x_0}\right) = v_0\ln\frac{\mathrm{e}x_0}{x} \tag{③}$$

v_x-x 关系式的求解：

由①式有

$$\frac{\mathrm{d}v_x}{\mathrm{d}x}v_x = \frac{\mathrm{d}v_x}{\mathrm{d}x}\frac{\mathrm{d}x}{\mathrm{d}t} = \frac{\mathrm{d}v_x}{\mathrm{d}t} = a_x = v_0\frac{v_y}{x}$$

将③式代入得

$$v_x\frac{\mathrm{d}v_x}{\mathrm{d}x} = \frac{v_0^2}{x}\left(1-\ln\frac{x}{x_0}\right)$$

$$\int_0^{v_x}v_x\mathrm{d}v_x = v_0^2\int_{x_0}^{x}\frac{1-\ln\frac{x}{x_0}}{x}\mathrm{d}x$$

$$\frac{1}{2}v_x^2 = v_0^2\left\{\ln\frac{x}{x_0}-\frac{1}{2}\left[\left(\ln\frac{x}{x_0}\right)^2-\left(\ln\frac{x_0}{x_0}\right)^2\right]\right\} = v_0^2\left(\ln\frac{x}{x_0}\right)\left(1-\frac{1}{2}\ln\frac{x}{x_0}\right)$$

$$v_x = v_0\sqrt{\ln\frac{x}{x_0}\ln\frac{\mathrm{e}^2x_0}{x}} \tag{④}$$

x_1 的求解：根据③式及 $v_y = v_0$，得

$$x_1 = \mathrm{e}x_0 \tag{⑤}$$

y_1 的求解：

$$\frac{\mathrm{d}y}{\mathrm{d}x} = \frac{v_y}{v_x} = \frac{\ln\frac{\mathrm{e}x_0}{x}}{\sqrt{\ln\frac{x}{x_0}\ln\frac{\mathrm{e}^2x_0}{x}}}$$

$$y_1 = \int_0^{y_1}\mathrm{d}y = \int_{x_0}^{x_1=\mathrm{e}x_0}\frac{\ln\frac{\mathrm{e}x_0}{x}\mathrm{d}x}{\sqrt{\ln\frac{x}{x_0}\ln\frac{\mathrm{e}^2x_0}{x}}}$$

引入 $u=\frac{x}{x_0}$，则 $\mathrm{d}x = x_0\mathrm{d}u$，故

$$y_1 = \left(\int_1^{\mathrm{e}}\frac{\ln\frac{e}{u}}{\sqrt{\ln u\ln\frac{\mathrm{e}^2}{u}}}\mathrm{d}u\right)x_0 = 1.27x_0 \tag{⑥}$$

第Ⅱ阶段：v_y 从0降到 $-v_0$，y 从 y_1 降到 y_2；v_x 从 v_0 降到0，x 从 x_1 升到 x_2.

v_y-x 关系式的求解：类似第Ⅰ阶段，有

$$\int_0^{v_y} \mathrm{d}v_y = -\int_{x_1}^{x} \frac{v_0}{x}\mathrm{d}x \quad \Rightarrow \quad v_y = -v_0 \ln\frac{x}{x_1} \tag{⑦}$$

v_x-x 关系式的求解：类似第Ⅰ阶段，有

$$\frac{\mathrm{d}v_x}{\mathrm{d}x}v_x = v_0\frac{v_y}{x}$$

将⑦式代入得

$$v_x\frac{\mathrm{d}v_x}{\mathrm{d}x} = -\frac{v_0^2}{x}\ln\frac{x}{x_1}$$

$$\int_{v_0}^{v_x} v_x \mathrm{d}v_x = -v_0^2\int_{x_1}^{x}\left(\frac{1}{x}\ln\frac{x}{x_1}\right)\mathrm{d}x$$

$$\frac{1}{2}(v_x^2 - v_0^2) = -v_0^2\cdot\frac{1}{2}\left(\ln\frac{x}{x_1}\right)^2$$

$$v_x = v_0\sqrt{1-\left(\ln\frac{x}{x_1}\right)^2} \tag{⑧}$$

x_2 的求解：根据⑦式，当 $v_y = -v_0$ 时，得

$$x_2 = \mathrm{e}x_1 = \mathrm{e}^2 x_0 \tag{⑨}$$

y_2 的求解：

$$\frac{\mathrm{d}y}{\mathrm{d}x} = \frac{v_y}{v_x} = -\frac{\ln\frac{x}{x_1}}{\sqrt{1-\left(\ln\frac{x}{x_1}\right)^2}}$$

$$y_2 - y_1 = \int_{y_1}^{y_2}\mathrm{d}y = \int_{x_1}^{x_2} -\frac{\ln\frac{x}{x_1}}{\sqrt{1-\left(\ln\frac{x}{x_1}\right)^2}}\mathrm{d}x$$

引入 $u = \frac{x}{x_1}$，则 $\mathrm{d}x = x_1\mathrm{d}u$，又 $x_1 = \mathrm{e}x_0$，$x_2 = \mathrm{e}^2x_0$，所以

$$\begin{aligned} y_2 &= y_1 - \left[\int_1^{\mathrm{e}}\frac{\ln u}{\sqrt{1-(\ln u)^2}}\mathrm{d}u\right](\mathrm{e}x_0) \\ &= y_1 - 2.24\mathrm{e}x_0 \\ &= 1.27x_0 - 6.09x_0 = -4.82x_0 \end{aligned} \tag{⑩}$$

第Ⅲ阶段：v_y 从 $-v_0$ 升到0，y 从 y_2 降到 y_3；v_x 从0降到 $-v_0$，x 从 x_2 降到 x_3.

此过程为第Ⅱ阶段的逆向过程，有

$$x_3 = x_1 = \mathrm{e}x_0 \tag{⑪}$$

$$y_3 = 2y_2 - y_1 = -10.91x_0 \tag{⑫}$$

第Ⅳ阶段：v_y 从0升到 v_0，y 从 y_3 升到 y_4；v_x 从 $-v_0$ 升到0，x 从 x_3 降到 x_4.

此过程为第Ⅰ阶段的逆向过程，有

$$x_4 = x_0 \tag{⑬}$$

$$y_4 = y_3 + y_1 = 2y_2 = -9.64x_0 \tag{⑭}$$

在第Ⅰ、Ⅱ、Ⅲ、Ⅳ阶段中，P 的运动轨道如图3.63所示.

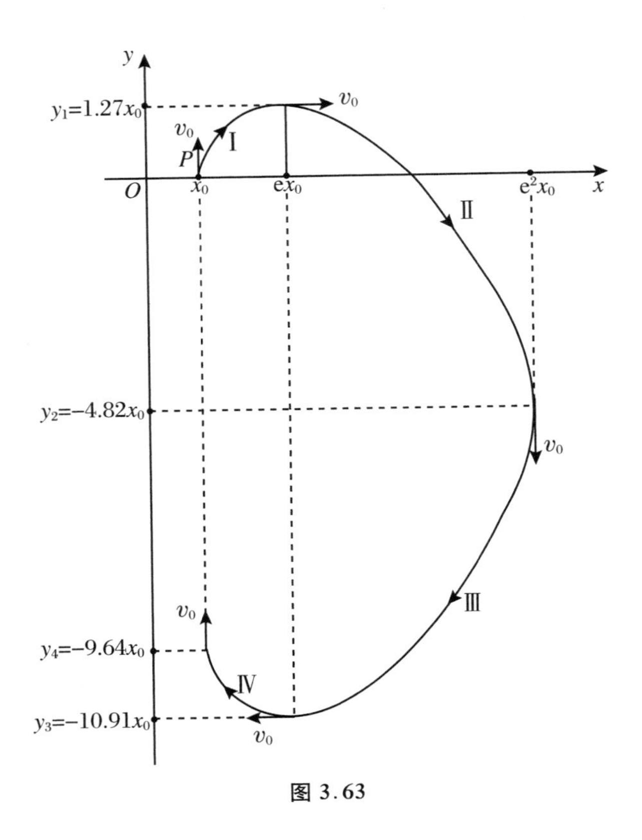

图 3.63

P 从 $x=x_0$, $y=0$ 处以 $v_x=0$, $v_y=v_0$ 的速度运动，经过第Ⅰ、Ⅱ、Ⅲ、Ⅳ阶段后运动到 $x=x_0$, $y=y_4=-9.64x_0$ 处，又以 $v_x=0$, $v_y=v_0$ 的速度运动. 将坐标原点(0,0)平移到 $(0,y_4)$处，以后的运动又将重复上述四个阶段的运动. 如此继续下去，可见：

(2)问答案为

$$x_{\min}=x_0,\quad x_{\max}=e^2x_0$$

(3)问答案为

$$y^*=y_2=-4.82x_0,\quad y^{**}=y_4=-9.64x_0$$

因定积分数值计算误差，与前面所得的

$$y^*=-4.83x_0,\quad y^{**}=-9.65x_0 \tag{15}$$

有小差异.

例 12 如图 3.64 所示，在螺绕环的平均半径 R 处有点源 P，从点 P 沿磁力线方向注入小孔径 $2\alpha_0$($\alpha_0\ll1°$)的电子束，束中的电子都是经电压 U_0 加速后从点 P 发出的. 设螺绕环中磁场 $\boldsymbol{B}$ 的大小为常量，电子束中各电子的相互作用可以忽略.

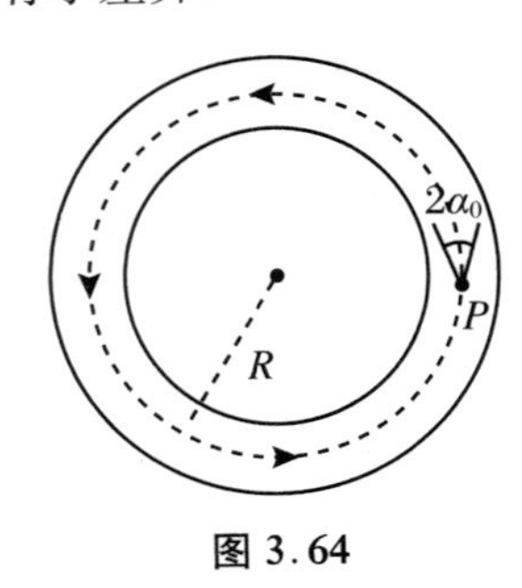

图 3.64

(1) 为了使电子束沿环形磁场运动，需要另外加一个使电子束偏转的均匀磁场 $\boldsymbol{B}_1$，对于在环内沿半径为 R 的圆形轨道运动的一个电子，试计算所需的 $\boldsymbol{B}_1$ 的大小.

(2) 当电子束沿环形磁场运动时，为了使电子束每绕一圈有四个聚焦点，即每绕过$\frac{\pi}{2}$圆周角聚焦一次，试问 $\boldsymbol{B}$ 应为多大？（此处可忽略 $\boldsymbol{B}_1$，并可忽略 $\boldsymbol{B}$ 的弯曲.）

（3）如果没有偏转磁场 $\boldsymbol{B}_1$，电子束便不可能维持在环平面附近，它将沿垂直于环平面的方向做总体的漂移运动而离开环平面. 略去电子束的孔径角，试证明相对于注入半径 R，电子的径向偏移范围有限，进而确定漂移速度方向.

数据：$\frac{e}{m}=1.76\times10^{11}\ \mathrm{C/kg}$，$U_0=3\ \mathrm{kV}$，$R=50\ \mathrm{mm}$.

解 （1）$\boldsymbol{B}_1$方向垂直于图平面朝上，其大小可根据

$$\frac{mv_0^2}{R}=ev_0B_1,\quad \frac{1}{2}mv_0^2=eU_0$$

解得，为

$$B_1=\frac{1}{R}\sqrt{\frac{2mU_0}{e}}=0.37\times10^{-2}\ \mathrm{T}$$

（2）忽略 $\boldsymbol{B}_1$，忽略 $\boldsymbol{B}$ 的弯曲，相当于电子束在匀强磁场 $\boldsymbol{B}$ 中做等距螺旋线族运动，旋转半径为

$$r_\alpha=\frac{mv_0\sin\alpha}{eB},\quad \alpha_0\geqslant\alpha\geqslant0$$

因 $2\alpha_0\leqslant1^\circ$，$r_\alpha$ 很小，电子不会越出螺绕环内的空间. 将螺距记为 b，周期记为 T，由

$$b=\frac{2\pi R}{4},\quad b=v_0\cos\alpha T,\quad T=\frac{2\pi m}{eB}$$

及

$$\frac{1}{2}mv_0^2=eU_0$$

得

$$B=\frac{4}{R}\sqrt{\frac{2mU_0}{e}}\cos\alpha\approx\frac{4}{R}\sqrt{\frac{2mU_0}{e}}=1.48\times10^{-2}\ \mathrm{T}$$

（3）取柱坐标系，如图 3.65 所示，原点 O 在环心，环所在平面为 Oxy 平面，z 轴垂直于环平面朝上.

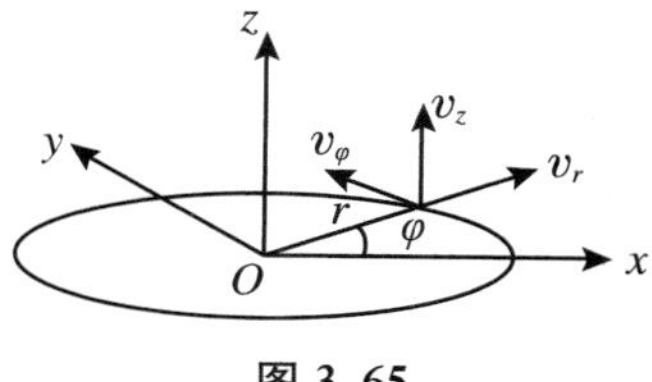

图 3.65

需要指出的是，若无 $\boldsymbol{B}_1$，即使不考虑电子束孔径角的影响（即电子沿磁场线射出），电子也不可能持续地维持在环平面内运动. 开始时，$v_\varphi=v_0$，$v_r=0$，$v_z=0$，由于无 $\boldsymbol{B}_1$ 的作用，电子切向运动将偏离环状磁力线，形成非零的 v_r. 此 v_r 在$\boldsymbol{B}$ 的作用下受洛伦兹力$\boldsymbol{F}_1=-e\boldsymbol{v}_r\times\boldsymbol{B}$，$\boldsymbol{F}_1$指向 z 轴负方向，于是电子将沿 z 轴负方向漂移，逐渐离开环平面，同时具有非零的 v_z（$v_z<0$）. 此 v_z 在$\boldsymbol{B}$ 的作用下受力$\boldsymbol{F}_2=-e\boldsymbol{v}_z\times\boldsymbol{B}$，$\boldsymbol{F}_2$径向朝里，使电子又有返回半径为 R 的轨道的趋势. 这表明 v_r 将往返改变方向，电子与原点的径向距离将时而超过 R，时而又接近 R. 下面的定量讨论表明，r 不会小于R，同时 r 超过R 也有限度.

电子运动过程中动能守恒，有

$$v_r^2+v_\varphi^2+v_z^2=v_0^2 \quad ①$$

电子所受洛伦兹力在 $\boldsymbol{B}$ 方向（即 v_φ 方向）无分量，故力矩沿 z 轴分量为零，角动量分量 L_z

守恒，即有

$$mv_\varphi r = L_z = mv_0 R$$

得

$$v_\varphi = \frac{R}{r}v_0 \qquad ②$$

由②式可见，v_φ 是 r 的函数. 如果 v_z 也能表述为 r 的函数，则由①式可得 v_r-r 关系. 再由 $r = r_{\min}$ 或 $r = r_{\max}$ 时 $v_r = 0$ 的条件，可求出 $r_{\min}$ 和 $r_{\max}$.

由牛顿第二定律，有

$$m\frac{\mathrm{d}v_z}{\mathrm{d}t} = F_z = -eBv_r = -eB\frac{\mathrm{d}r}{\mathrm{d}t}$$

初始条件为 $t = 0$ 时，$r = R$，$v_z = 0$，积分，得

$$v_z = -\frac{e}{m}B(r - R) \qquad ③$$

将②、③两式代入①式，考虑到 $r_{\min}$，$r_{\max}$ 对应 $v_r = 0$，即有

$$\left[\frac{e}{m}B(r - R)\right]^2 + \left(\frac{R}{r}v_0\right)^2 = v_0^2$$

也即

$$\begin{cases}\left(\dfrac{R}{r}\right)^2 + A^2\left(\dfrac{r}{R} - 1\right)^2 = 1\\ A = \dfrac{eBR}{mv_0}\end{cases} \qquad ④$$

④式的 r 解即为 $r_{\min}$ 或 $r_{\max}$. ④式中引入 $x = \dfrac{r}{R}$ 则

$$\frac{1}{x^2} + A^2(x - 1)^2 = 1$$

方程的严格解较烦琐. 改取图线法讨论，为此引入

$$\begin{cases}y_1 = \dfrac{1}{x^2} + A^2(x - 1)^2\\ y_2 = 1\end{cases}$$

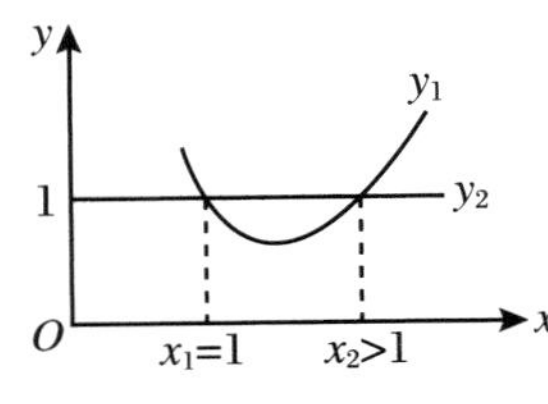

图 3.66

两曲线交点即为所求解. 图线解已示于图 3.66，得

$$x_1 = 1 \;\Rightarrow\; r_{\min} = R$$

$$x_2 > 1 \;\Rightarrow\; r_{\max} > R$$

$r_{\max} > R$，但为有限值. 代入③式，可知

$$v_z = -\frac{e}{m}B(r - R) \leqslant 0$$

即电子在 z 轴的漂移始终沿着负方向进行.

注 ④式的严格求解如下：

$$④\text{式} \;\Rightarrow\; \frac{A^2}{R^2}(r - R)^2 = 1 - \left(\frac{R}{r}\right)^2 = \frac{(r - R)(r + R)}{r^2}$$

$$\Rightarrow \begin{cases} r - R = 0 \;\Rightarrow\; r = R\\ \dfrac{r + R}{r^2} = \dfrac{A^2}{R^2}(r - R)\end{cases}$$

将第二式改述成

$$r^3-Rr^2-\frac{R^2}{A^2}r-\frac{R^3}{A^2}=0$$

令

$$r=x+\frac{R}{3}$$

则有

$$x^3-\left(\frac{R^2}{3}+\frac{R^2}{A^2}\right)x-\left(\frac{2}{27}+\frac{4}{3A^2}\right)R^3=0$$

令

$$a=-\left(\frac{R^2}{3}+\frac{R^2}{A^2}\right),\quad b=-\left(\frac{2}{27}+\frac{4}{3A^2}\right)R^3$$

得

$$x^3+ax+b=0$$

解为

$$x_0=\sqrt[3]{-\frac{b}{2}+\sqrt{\left(\frac{b}{2}\right)^2+\left(\frac{a}{3}\right)^3}}+\sqrt[3]{-\frac{b}{2}-\sqrt{\left(\frac{b}{2}\right)^2+\left(\frac{a}{3}\right)^3}}$$

其余两个复根略去,即得④式严格解为

$$r_{\min}=R,\quad r_{\max}=x_0+\frac{R}{3}$$

例13 如图3.67所示,电磁铁的两极是长方形平面,其长度 L 远大于两极的间距.在两极之间除边缘外,磁感应强度 $\boldsymbol{B}_0$为常矢量,边缘部分的磁场线有所弯曲.取 $Oxyz$ 坐标系,z 轴为两极之间的中央轴,Oyz 平面为两极之间的中分面,Oxy 平面是磁铁的左侧面,x 轴与 $\boldsymbol{B}$ 的方向一致.

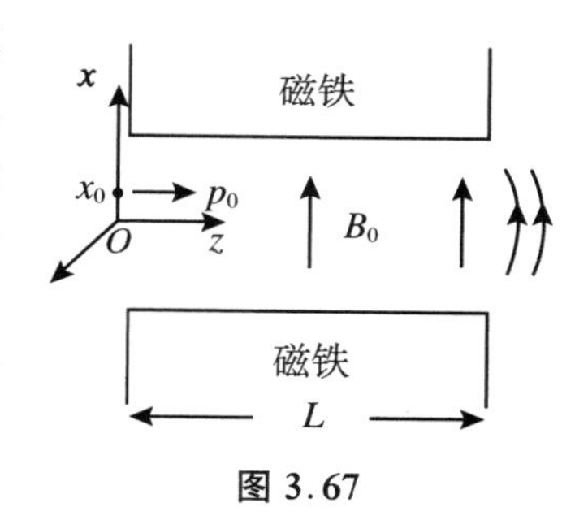

图3.67

一个电量为 $q>0$ 的带电粒子从 x 轴的 x_0处(x_0的绝对值远小于两极间距)以平行 z 轴的初始量 $\boldsymbol{p}_0$($p_0\gg qB_0L$)从磁铁两极的左侧面射入场区.

(1) 试求粒子通过场区后在 Oyz 平面上的小偏转角 θ_y,θ_y 取正表示朝 y 轴正方向偏转,θ_y 取负表示朝 y 轴负方向偏转;

(2) 试证明粒子通过场区后在 Oxz 平面上的小偏转角近似为 $\theta_x=-\dfrac{x_0\theta_y^2}{L}$,$\theta_x$ 取正表示朝 x 轴正方向偏转,θ_x 取负表示朝 x 轴负方向偏转;

(3) 在 x 轴上取一段直线 $x_0\geqslant x\geqslant -x_0$,假设有一束粒子(电量均为 q,初始动量均为 $\boldsymbol{p}_0$)从该段直线上各点射入场区,忽略粒子间的相互作用,试证明这些粒子将近似地会聚在 z 轴的某一点上.该点与磁铁右侧面的间距称为焦距 f,试导出 f 的近似表达式.

分析 题设 $p_0\gg qB_0L$,意味着讨论的是高速粒子,这种粒子在一般磁场区域中的偏转是很小的,即粒子在 Oyz 平面的速度分量的大小可近似认为不变,轨道为圆弧,小偏转角 θ_y 不难求得,偏转方向也容易确定.

粒子因有小偏转 θ_y 而具有沿 y 方向的速度分量 v_y,在场区的边缘部位,因磁场线偏转而有 B_z分量,粒子将受到沿 x 方向的洛伦兹力作用,它使粒子的运动方向朝 x 轴偏转,于是小偏转角 θ_x 可求.

根据洛伦兹力公式 $\boldsymbol{F}=q\boldsymbol{v}\times\boldsymbol{B}$,可以判断 θ_y 和 θ_x 的正负号.无论 x_0 是正值还是负值,粒子在 Oyz 平面所受的力均指向 y 轴正方向,故 θ_y 为正.θ_y 为正使粒子获得沿 y 轴正方向的速度分量 v_y,而 v_y 与磁场边缘部位的 B_z 结合可产生洛伦兹力的 x 分量 $\boldsymbol{F}_x$.若 x_0 为正,由图 3.67 可以看出,B_z 应为负,$\boldsymbol{F}_x$ 应为负,故 θ_x 为负;若 x_0 为负,则 B_z 为正,$\boldsymbol{F}_x$ 取正,故 θ_x 为正,即 θ_x 的正、负刚好与 x_0 的正、负相反,与第(2)问中给出的 θ_x 表述式相同.x_0 取正时,θ_x 为负,出场区后粒子的轨道将向下偏转;x_0 取负时,θ_x 为正,出场区后粒子的轨道将向上偏转.这就使得第(3)问中所给定的粒子可能在 z 轴上会聚(即这些粒子的轨道在某处相交),于是可解.

解 (1) 将粒子质量记为 m,初速度记为 v_0,则

$$\boldsymbol{p}_0 = m\boldsymbol{v}_0$$

因题设 $p_0 \gg qB_0L$,粒子动量在磁场中的变化很小,偏转微弱,故粒子在 Oyz 平面的运动可近似处理为速率仍是 v_0 的圆弧运动,圆半径为

$$R = \frac{mv_0}{qB_0} = \frac{p_0}{qB_0}$$

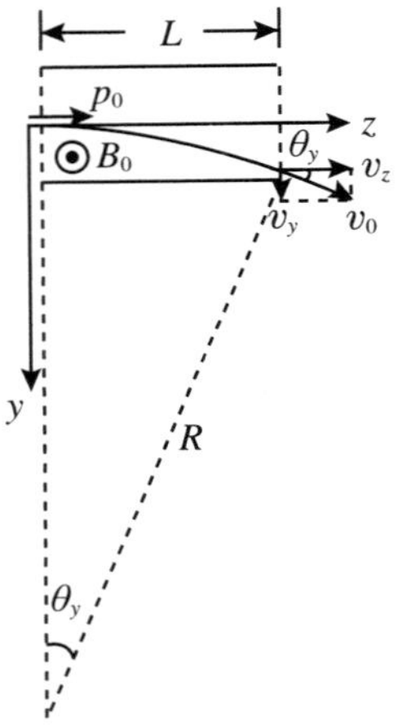

略去磁场边缘部分的效应,如图 3.68 所示,引入偏转角 θ_y,则有

$$\theta_y \approx \sin\theta_y = \frac{L}{R} = \frac{qB_0L}{p_0}$$

图 3.68

(2) 由图 3.68 可见,粒子到达磁铁右侧面时具有的 y 轴正方向的速度分量为

$$v_y = v_0\theta_y = \frac{qB_0Lv_0}{p_0} = \frac{qB_0L}{m}$$

在磁铁右侧面外因边缘效应,磁场线弯曲,$\boldsymbol{B}$ 具有非零的 z 分量 B_z,x_0 为正时,B_z 为负;x_0 为负时,B_z 为正.粒子进入该区域后,受 x 方向的洛伦兹力为

$$F_x = qv_yB_z$$

若粒子最初从 z 轴上方 $x_0>0$ 处入射,则 $\boldsymbol{F}_x$ 为负,粒子向下偏转.反之,粒子将向上偏转.将 v_y 表述式代入上式,得

$$F_x = \frac{q^2B_0LB_z}{m}, \quad a_x = \frac{F_x}{m} = \frac{q^2B_0L}{m^2}B_z$$

可见 a_x 将随 B_z 变化,在 $\mathrm{d}t$ 时间内,粒子速度的 x 分量的增量为 $\mathrm{d}v_x = a_x\mathrm{d}t$,粒子在 z 方向的位移为 $\mathrm{d}z = v_zt = v_0\mathrm{d}t$,即有

$$\mathrm{d}v_x = a_x\mathrm{d}t = a_x\frac{\mathrm{d}z}{v_0} = \frac{q^2B_0L}{m^2v_0}B_z\mathrm{d}z$$

将磁铁的右侧面的 z 坐标记为 z_0,则粒子在 x 方向的速度可近似表述为

$$v_x = \int_{z_0}^{\infty}\mathrm{d}v_x = \frac{q^2B_0L}{m^2v_0}\int_{z_0}^{\infty}B_z\mathrm{d}z$$

为计算积分,如图 3.69 所示,取一条足够长的矩形回路 L^*,其 ab 段在 z 轴上,bc 段在磁铁右侧面一条 $\boldsymbol{B}_0$ 的磁场线上,则根据磁场安培环路定理,有

$$0 = \oint_{L^*}\boldsymbol{B}\cdot\mathrm{d}\boldsymbol{l} = B_0x_0 + \int_{z_0}^{\infty}B_z\mathrm{d}z$$

即得

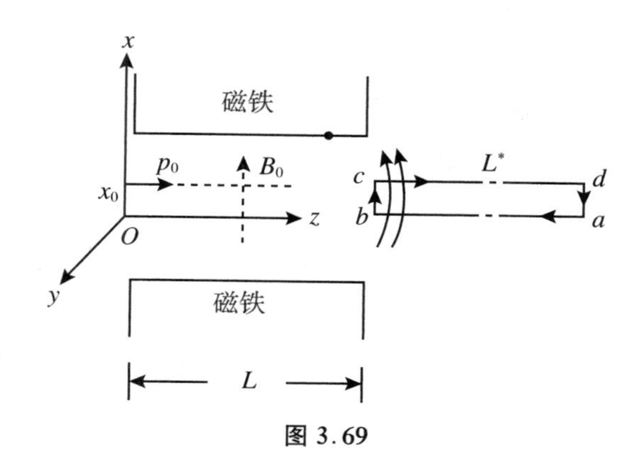

图 3.69

$$\int_{z_0}^{\infty} B_z \mathrm{d}z = -B_0 x_0$$

代入 v_x 表述式,得

$$v_x = -\frac{q^2 B_0^2 L}{m^2 v_0} x_0$$

在 Oxz 平面上,粒子沿 x 轴的小偏转角 θ_x 近似为

$$\theta_x = \frac{v_x}{v_0} = -\frac{q^2 B_0^2 L}{m^2 v_0^2} x_0 = -\left(\frac{qB_0 L}{p_0}\right)^2 \frac{x_0}{L}$$

即

$$\theta_x = -\frac{x_0 \theta_y^2}{L}$$

(3) 上述 θ_x 表述式对于 $|x| \leqslant |x_0|$ 的任意初始位置 x 均成立(只需将 θ_x 表述式中的 x_0 改为 x).对于给定的粒子束,若入射点 x 为正,则 θ_x 为负,向下偏转;若 x 为负,则 θ_x 为正,向上偏转.无论 x 取何值,粒子射出场区后,其轨道与 z 轴的交点与 z_0 点(磁铁右侧面的 z 坐标)的距离近似为

$$\Delta z = \left|\frac{x}{\tan\theta_x}\right| \approx \left|\frac{x}{\theta_x}\right|$$

将

$$\theta_x = -\frac{x\theta_y^2}{L}, \quad \theta_y = \frac{qB_0 L}{p_0}$$

代入,得

$$\Delta z = \frac{p_0^2}{q^2 B_0^2 L}$$

可见各粒子的轨道都交于该处,故 Δz 就是所求的焦距 f,为

$$f = \Delta z = \frac{p_0^2}{q^2 B_0^2 L}$$

注意,以上计算中忽略了磁场边缘区域在 z 方向的线度.另外,如果考虑到粒子在 y 方向的偏转,则会聚点会稍稍偏离 z 轴.

例 14 如图 3.70 所示,平面为某惯性系中无重力的空间平面,点 O 处固定着一个带负电的点电荷,空间有垂直于平面朝外的匀强磁场 $\boldsymbol{B}$.荷质比为 γ 的带正电粒子 P 恰好能以速

度 v_0 沿着逆时针方向绕着点 O 做半径为 R 的匀速圆周运动.

(1) 将点 O 处负电荷的电量记为 $-Q$,试求 Q;

(2) 将磁场 $\boldsymbol{B}$ 撤去,P 将绕点 O 做轨迹为椭圆的运动,试求 P 在椭圆四个顶点处的速度大小.(本小问最后答案不可出现 Q.)

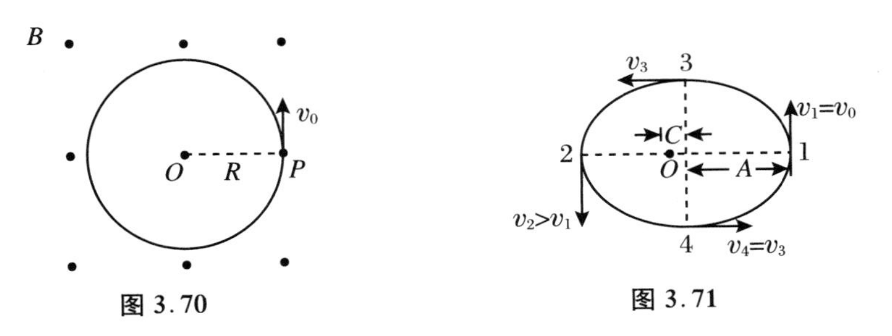

图 3.70　　图 3.71

解　(1) 将 P 的电量记为 $q(q>0)$,质量记为 m,由 $\gamma = q/m$ 和

$$\frac{Qq}{4\pi\varepsilon_0 R^2} - qv_0 B = \frac{mv_0^2}{R}$$

得

$$Q = \frac{4\pi\varepsilon_0 v_0 R}{\gamma}(v_0 + \gamma BR)$$

(2) 设椭圆轨道如图 3.71 所示,由 $v_1 = v_0$ 和

$$\begin{cases} A + C = R \\ (A - C)v_2 = (A + C)v_0 \\ \dfrac{1}{2}mv_2^2 - \dfrac{Qq}{4\pi\varepsilon_0(A - C)} = \dfrac{1}{2}mv_0^2 - \dfrac{Qq}{4\pi\varepsilon_0(A + C)} \end{cases}$$

得

$$\frac{1}{2}mv_2^2 - \frac{Qqv_2}{4\pi\varepsilon_0 Rv_0} = \frac{1}{2}mv_0^2 - \frac{Qq}{4\pi\varepsilon_0 R}$$

由(1)问可得 $\dfrac{Qq}{4\pi\varepsilon_0 R} = mv_0^2 + qv_0 BR$,代入上式,得

$$\frac{1}{2}mv_2^2 - (mv_0^2 + qv_0 BR)\frac{v_2}{v_0} = \frac{1}{2}mv_0^2 - (mv_0^2 + qv_0 BR)$$

$$mv_2^2 - 2mv_2 v_0 + mv_0^2 = 2qBR(v_2 - v_0)$$

$$(v_2 - v_0)^2 = 2\gamma BR(v_2 - v_0)$$

要求

$$v_2 > v_0 = v_1$$

与图 3.71 相符.

(若椭圆轨道如图 3.72 所示,可将上述公式推演中的 C 改取为 $-C$,仍可得

$$(v_2 - v_0)^2 = 2\gamma BR(v_2 - v_0) \quad \Rightarrow \quad v_2 > v_0 = v_1$$

与图 3.72 矛盾.可见,椭圆轨道只能取图 3.71 所示.)

按上,继而可得

$$v_2 = v_0 + 2\gamma BR$$

再由

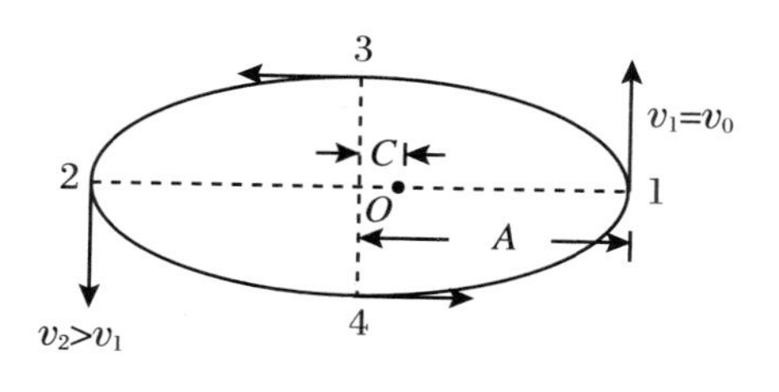

图 3.72

$$\sqrt{A^2-C^2}\,v_3=(A+C)v_0,\quad (A-C)v_2=(A+C)v_0$$

得

$$v_3=\sqrt{\frac{A+C}{A-C}}v_0=\sqrt{\frac{v_2}{v_0}}v_0=\sqrt{v_2v_0}=\sqrt{(v_0+2\gamma BR)v_0}$$

即有

$$v_1=v_0,\quad v_2=v_0+2\gamma BR,\quad v_3=v_4=\sqrt{(v_0+2\gamma BR)v_0}$$

例 15　水平绝缘地面上方有如图 3.73 所示方向的匀强电场 $\boldsymbol{E}$ 和匀强磁场 $\boldsymbol{B}$，质量为 m，电量 $q>0$ 的小物块开始时静放在水平地面上，而后自由释放.

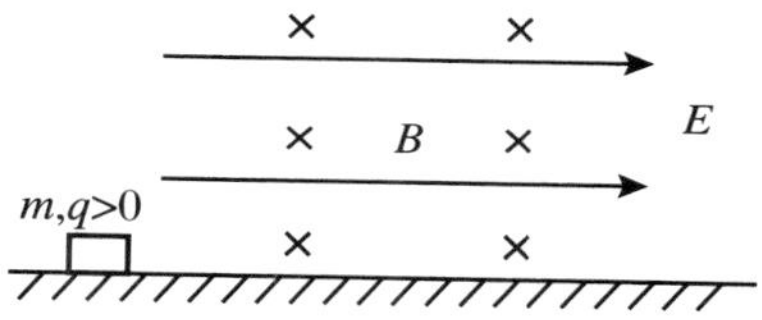

（1）设小物块与地面间无摩擦，试问小物块经过多长路程 s 后恰好完全离开地面？

图 3.73

（2）设小物块与地面间的摩擦因数为常量 μ，将小物块从自由释放开始到恰好会离开地面为止所经的时间记为 t_e，所经的路程记为 s_e.

（2.1）假设 t_e 为已给量，试求 s_e；

（2.2）假设 t_e、s_e 均为待求量，再设 $E=\dfrac{2\mu mg}{q}$，试求 s_e.（答案中不可出现 E.）

数学参考知识：微分方程 $\dfrac{\mathrm{d}y}{\mathrm{d}x}+P(x)y=Q(x)$ 的通解为

$$y(x)=\mathrm{e}^{-\int P(x)\mathrm{d}x}\left[\int Q(x)\mathrm{e}^{\int P(x)\mathrm{d}x}\mathrm{d}x+C\right]$$

解　（1）由

$$v^2=2as,\quad a=\frac{qE}{m},\quad qvB=mg$$

得

$$s=\frac{m^3g^2}{2q^3EB^2}$$

（2.1）由力平衡有

$$qv_eB=mg\ \Rightarrow\ v_e=\frac{mg}{qB}$$

由动量方程有

$$mv_e=\int_0^{t_e}F\mathrm{d}t=\int_0^{t_e}[qE-\mu(mg-qvB)]\mathrm{d}t$$

$$=(qE-\mu mg)t_e+\mu qB\int_0^{t_e}v\mathrm{d}t\quad\left(\int_0^{t_e}v\mathrm{d}t=\int_0^{t_e}\mathrm{d}s=s_e\right)$$

$$=(qE-\mu mg)t_e+\mu qBs_e$$

得

$$s_e=\frac{1}{\mu qB}\left[\frac{m^2g}{qB}-(qE-\mu mg)t_e\right]$$

(2.2) 由题设有

$$qE=2\mu mg$$

v-t 的计算：

$$m\frac{\mathrm{d}v}{\mathrm{d}t}=qE-\mu mg+\mu qvB=\mu mg+\mu qBv$$

$$\frac{\mathrm{d}v}{\mathrm{d}t}-\frac{\mu qB}{m}v=\mu g$$

$$v(t)=\mathrm{e}^{-\int-\frac{\mu qB}{m}\mathrm{d}t}\left(\int\mu g\mathrm{e}^{\int-\frac{\mu qB}{m}\mathrm{d}t}\mathrm{d}t+C\right)$$

$$=\mathrm{e}^{\frac{\mu qB}{m}t}\left[\mu g\left(-\frac{m}{\mu qB}\right)\mathrm{e}^{-\frac{\mu qB}{m}t}+C\right]=-\frac{mg}{qB}+C\mathrm{e}^{\frac{\mu qB}{m}t}$$

当 $t=0$ 时，$v=0$，得 $C=\dfrac{mg}{qB}$. 所以

$$v(t)=\frac{mg}{qB}\left(\mathrm{e}^{\frac{\mu qB}{m}t}-1\right)$$

t_e 的计算：

$$v(t_e)=\frac{mg}{qB}\quad\Rightarrow\quad t_e=\frac{m}{\mu gB}\ln 2$$

s_e 的计算：

$$s_e=\frac{1}{\mu qB}\left[\frac{m^2g}{qB}-(qE-\mu mg)t_e\right]$$

$$=-\frac{1}{\mu qB}\left(\frac{m^2g}{qB}-\mu mg\cdot\frac{m}{\mu qB}\ln 2\right)=\frac{m^2g}{\mu q^2B^2}(1-\ln 2)$$

例 16 如图 3.74 所示，一个实心圆柱形导体和一个中空圆柱形导体共轴，内圆柱体半径为 a，外圆柱体半径为 b. 外圆柱体相对内圆柱体可具有正的电势 V，故称为阳极. 在所涉及的空间范围内可以存在强磁场，磁感应强度 $\boldsymbol{B}$ 与圆柱体的中央轴平行，垂直图平面朝外. 设导体的感应电荷可忽略.

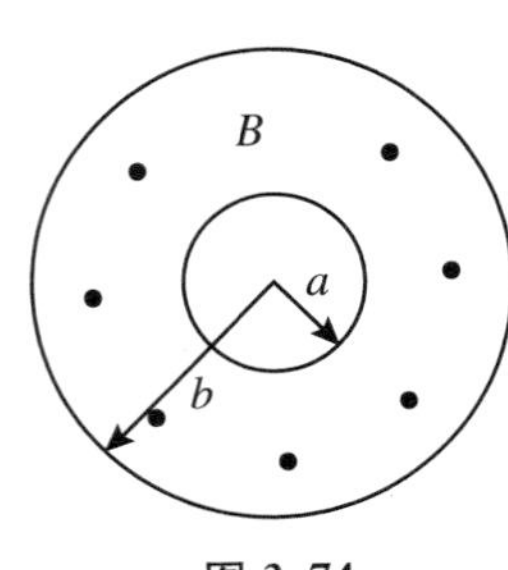

图 3.74

本题讨论电子在两圆柱体之间的真空中运动的动力学问题，设电子的静止质量为 m，电量为 $-e$，电子一律从内圆柱体表面射出.

(1) 记外圆柱体相对内圆柱体的电势为 V，设 $\boldsymbol{B}=\mathbf{0}$. 若有一个电子从内圆柱体表面逸出，初速可忽略. 试求该电子打到阳极(外圆柱体)时的速度大小 v，先给出非相对论的答案，再给出相对论的答案.

以下几问则无需考虑相对论效应.

(2) 设 $V=0$，匀强磁场 $\boldsymbol{B}\neq\mathbf{0}$. 一个电子以径向初速度 v_0 从内圆柱体表面射出，当磁感应强度超过某一临界值 B_c 时，电子将不能到达阳极，试求此 B_c 值，并在磁感应强度略大于 B_c 的情况下，定性画出电子与内圆柱体相碰前的运动轨道.

(3) 电子从内圆柱体射出后，磁场对电子的作用可使电子获得相对圆柱体中央轴的非

零角动量 L. 试导出 L 随时间 t 的变化率$\frac{dL}{dt}$的表达式，进而证明这一表达式意味着

$$L - keBr^2$$

是一个不随电子运动而变化的守恒量. 其中 k 是一个无量纲的常数，r 是从圆柱体中央轴到电子所在位置的距离. 最后，试确定 k 值.

(4) 设一个电子无初速地从内圆柱表面逸出后不能到达阳极，则它与圆柱中央轴的距离必定会达到某个相应的极大值 r_{max}. 试求电子到达该 r_{max} 距离时的速度大小 v 与 r_{max} 的关系.

(5) 取 $V \neq 0$，我们感兴趣的是如何利用磁场 $\boldsymbol{B}$ 来限制到达阳极的电子流，设 B 稍大于某个临界值 B_c 时，无初速逸出的电子便不能到达阳极，试求此 B_c 值.

(6) 加热内圆柱体，使电子具有非零的逸出初速度. 设电子初速度沿 $\boldsymbol{B}$ 方向的分量为 v_B，沿径向朝外的分量为 v_r，逆时针方向的角向分量为 v_φ，对于这种情形，试求刚好能使电子到达阳极的临界磁场 B_c.

解 (1) 因能量守恒，非相对论情况下有

$$\frac{1}{2}mv^2 = eV \quad \Rightarrow \quad v = \sqrt{\frac{2eV}{m}}$$

相对论情况下有

$$\frac{mc^2}{\sqrt{1 - \frac{v^2}{c^2}}} - mc^2 = eV \quad \Rightarrow \quad v = \sqrt{1 - \left(\frac{mc^2}{mc^2 + eV}\right)^2}\,c \quad （c \text{ 为真空中的光速}）$$

(2) $V = 0$ 时，电子径向初速度 v_0 与 $\boldsymbol{B}$ 垂直，电子在磁场力作用下做半径为 R 的圆周运动，有

$$eBv_0 = \frac{mv_0^2}{R}$$

为使电子不能到达阳极，最大可能半径 R 的圆弧运动轨道如图 3.75 所示，即有

$$\sqrt{a^2 + R^2} = b - R \quad \Rightarrow \quad R = \frac{b^2 - a^2}{2b}$$

故所求 B_c 值为

$$B_c = \frac{mv_0}{eR} = \frac{2bmv_0}{e(b^2 - a^2)}$$

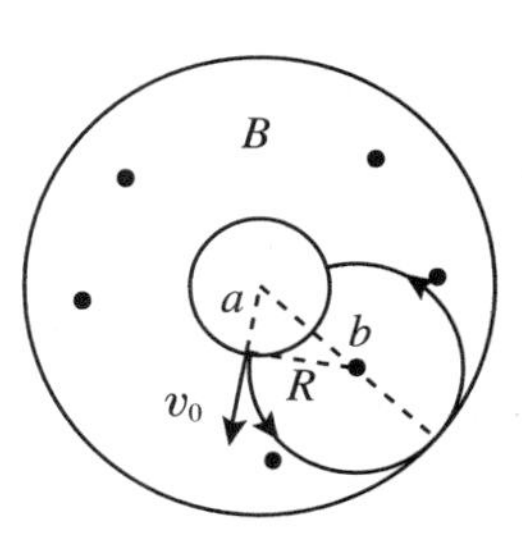

图 3.75

图 3.75 画出的即是 B 略大于 B_c 时的电子运动轨道.

(3) 电场力为径向，相应的力矩为零，电子所受洛伦兹力

$$\boldsymbol{F} = (-e)\boldsymbol{v} \times \boldsymbol{B}$$

的角向分量 F_φ 产生的力矩为

$$F_\varphi r = (eBv_r)r$$

其中

$$v_r = \frac{dr}{dt}$$

于是角动量 L 随时间 t 的变化率为

$$\frac{dL}{dt} = F_\varphi r = eBr\frac{dr}{dt}$$

上式可改写为

$$\frac{\mathrm{d}}{\mathrm{d}t}\left(L-\frac{1}{2}eBr^2\right)=0$$

即得

$$L-\frac{1}{2}eBr^2=\text{常量}\quad\Rightarrow\quad k=\frac{1}{2}$$

(4) 若电子初速为零,逸出时 $L=0$,$r=a$,当电子到达径向最远距离 $r_{\max}$时,其速度 v 必沿角向,角动量为 $L=mvr_{\max}$. 利用(3)问所得结果,有

$$0-\frac{1}{2}eBa^2=mvr_{\max}-\frac{1}{2}eBr_{\max}^2$$

解得

$$v=\frac{eB(r_{\max}^2-a^2)}{2mr_{\max}}$$

(5) 无初速逸出的电子到达阳极时的速度大小为

$$v=\sqrt{\frac{2eV}{m}}$$

若电子刚好不能到达阳极,则对应

$$r_{\max}=b$$

利用(4)问结果有

$$\sqrt{\frac{2eV}{m}}=\frac{eB(b^2-a^2)}{2mb}$$

解得临界磁场为

$$B_{\mathrm{c}}=\frac{2b}{b^2-a^2}\sqrt{\frac{2mV}{e}}$$

(6) 因电场力与洛伦兹力均无平行于 $\boldsymbol{B}$ 方向的分量,故电子运动速度在 $\boldsymbol{B}$ 方向的分量 v_B 是一个守恒量. 把电子刚好到达阳极时,其速度在与 $\boldsymbol{B}$ 垂直方向的分量记为 v,则由能量守恒式

$$\frac{1}{2}m(v_B^2+v_\varphi^2+v_r^2)+eV=\frac{1}{2}m(v_B^2+v^2)$$

可解得

$$v=\sqrt{v_r^2+v_\varphi^2+\frac{2eV}{m}}$$

因 $L-\frac{1}{2}eBr^2$ 是常量,对电子的初态和末态,有

$$mv_\varphi a-\frac{1}{2}eB_{\mathrm{c}}a^2=mvb-\frac{1}{2}eB_{\mathrm{c}}b^2$$

(根据题意,电子刚好能到达阳极,故取末态的 $r=b$,相应的磁场就是临界磁场 B_{c})可解出

$$B_{\mathrm{c}}=\frac{2m(vb-v_\varphi a)}{e(b^2-a^2)}=\frac{2mb}{e(b^2-a^2)}\left(\sqrt{v_r^2+v_\varphi^2+\frac{2eV}{m}}-v_\varphi\frac{a}{b}\right)$$

例 17 高强度粒子束的物理研究不仅对基础研究而且对医学及工业上的应用产生很大的冲击. 等离子体透镜是一个能在直线对撞机的终端造成极强聚焦的装置.

在下面的问题中,我们将阐明为什么高强度的相对论性粒子束在真空中能够自我聚焦,

而不会散开来.

(1) 考虑一长圆柱状的电子束,电子均匀分布,其数密度为 n,电子的平均速率为 v(此两值均为实验室坐标系的测量值).利用经典电磁学,推导出在电子束内距其中央轴为 r 处的电场强度.

(2) 推导出在(1)问中同一点的磁感应强度.

(3) 当电子束中的电子通过该点时,所受的向外的合力为多大?

(4) 假设在(3)问中所得的结果可用于相对论性的速度,则当电子的速度趋近于光速 $c\left(c=\dfrac{1}{\sqrt{\varepsilon_0\mu_0}}\right)$时,电子所受的力为多大?

(5) 等离子体是具有相同电荷速度的正离子和电子的游离气体,正离子和电子的粒子数密度相等.若半径为 R 的电子束进入一密度均匀、离子数密度为 n_0($n_0<n$)的等离子体中(注:n 为(1)问中的电子数密度),则当电子束进入等离子体一段较长时间后,静止的等离子体离子在电子束外,距电子束中心轴为 r' 处所受的合力为多大?假设等离子体内的离子数密度和其圆柱状对称性维持不变.

(6) 在电子束进入等离子体一段较长时间后,电子束内距离电子束的中央轴为 r 的一个电子所受的合力为多大?假设电子的速率 $v\to c$,且等离子体内的离子数密度和其圆柱状对称性维持不变.

解 (1) 在电子束内,选取一半径为 r、长度为 L、关于其中央轴对称的圆柱,如图 3.76 所示.由于电荷密度的轴对称性,在该圆柱侧表面上的电场强度大小皆相等,其方向向内垂直于中央轴. 由高斯定理$\oiint \boldsymbol{E}\cdot \mathrm{d}\boldsymbol{S}=\dfrac{q}{\varepsilon_0}$, 可得

$$E_r\cdot 2\pi rL=\frac{-ne(\pi r^2L)}{\varepsilon_0}\quad\Rightarrow\quad E_r=-\frac{ner}{2\varepsilon_0}\quad 或\quad \boldsymbol{E}=-\frac{ner}{2\varepsilon_0}\boldsymbol{e}_r$$

(2) 在图 3.77 所示的电子束内,选取一半径为 r、关于中央轴对称的圆形封闭路径.由封闭路径包围的电流在圆周上产生的磁感应强度大小皆相等,其方向为顺时针方向(面对电子束的前进方向). 由安培环路定理$\oint \boldsymbol{B}\cdot\mathrm{d}\boldsymbol{l}=\mu_0\boldsymbol{I}$, 可得

$$B_\theta\cdot 2\pi r=\mu_0(-nev)\pi r^2\quad\Rightarrow\quad B_\theta=-\frac{\mu_0 nerv}{2}\quad 或\quad \boldsymbol{B}=-\frac{\mu_0 nerv}{2}\boldsymbol{e}_\theta$$

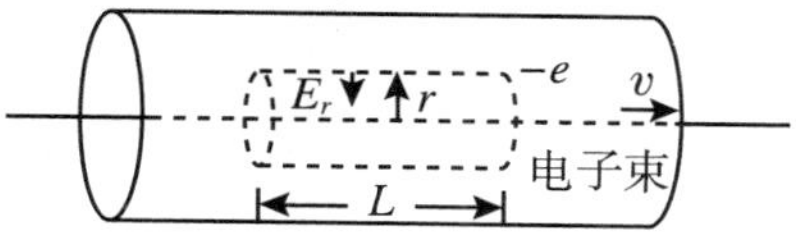

图 3.76

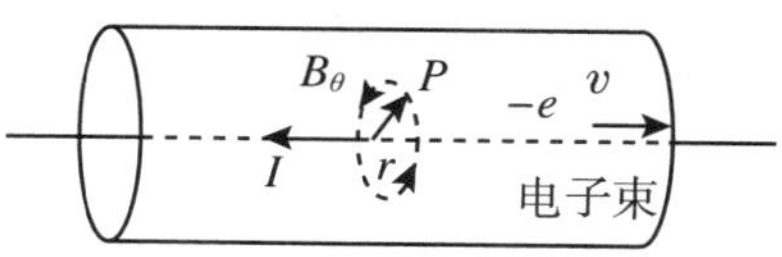

图 3.77

(3) 电子所受的电磁力为

$$\boldsymbol{F}=q\boldsymbol{E}+q\boldsymbol{v}\times\boldsymbol{B}$$

其中电子所受的电力为 $F_{\mathrm{e}}=(-e)E_r=\dfrac{ne^2r}{2\varepsilon_0}$,方向垂直于中央轴向外. 电子所受的磁力为 $F_{\mathrm{m}}=evB_\theta=-\dfrac{1}{2}\mu_0ne^2rv^2$,方向垂直于中央轴向内.故电子所受的合力为

$$\boldsymbol{F}=\boldsymbol{F}_{\mathrm{e}}+\boldsymbol{F}_{\mathrm{m}}=\left(\frac{ne^2r}{2\varepsilon_0}-\frac{\mu_0ne^2rv^2}{2}\right)\boldsymbol{e}_r=\frac{ne^2r}{2\varepsilon_0}\left(1-\frac{v^2}{c^2}\right)\boldsymbol{e}_r$$

式中 $c=\dfrac{1}{\sqrt{\varepsilon_0\mu_0}}$为光在真空中的传播速率.

(4) 当电子的速度趋于光速 c 时,电子所受合力 $F\to 0$,即电子所受的电力和磁力彼此抵消.

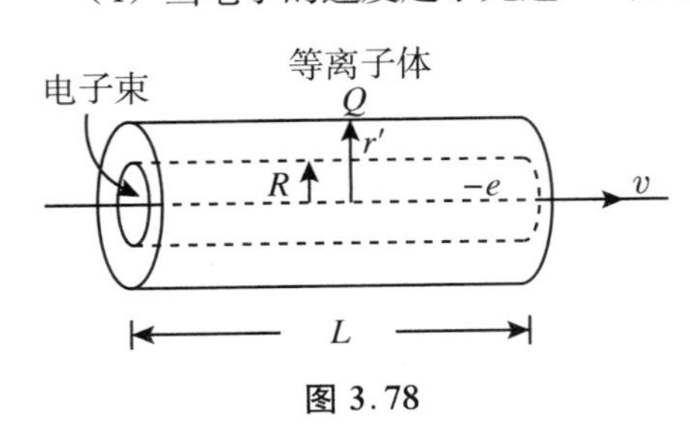

图 3.78

(5) 如图 3.78(背景为等离子体),图中的圆柱代表射入的电子束(粒子数密度为 n),其半径为 R,电子的平均速率为 v.在电子束进入等离子体经一段较长时间后,靠近电子束的等离子体内原有的电子由于质量轻而被排斥出去,仅剩下正离子(离子数密度为 $n_0(n_0<n)$)被吸引在内.设 Q 为在电子束外的静止的等离子体离子,距电子束中央轴为 r',应用高斯定理,可得该处的电场强度为

$$E_{r'}\cdot 2\pi r'L=\frac{1}{\varepsilon_0}[(-ne)(\pi R^2L)+(n_0e)(\pi r'^2L)]$$

$$E_{r'}=-\frac{neR^2}{2\varepsilon_0 r'}+\frac{n_0er'}{2\varepsilon_0}$$

由于题设等离子体离子静止,不会受到磁力的作用,所以该处正离子所受的合力为

$$F=eE_{r'}=-\frac{ne^2R^2}{2\varepsilon_0 r'}+\frac{n_0e^2r'}{2\varepsilon_0}$$

(6) 在等离子体内的电子束中,距中央轴的径向距离为 $r(r<R)$的一个电子所受的电磁力为

$$\boldsymbol{F}=\frac{ne^2r}{2\varepsilon_0}\left(1-\frac{v^2}{c^2}\right)\boldsymbol{e}_r-\frac{n_0e^2r}{2\varepsilon_0}\boldsymbol{e}_r$$

当电子的速度 $v\to c$ 时,$\boldsymbol{F}\approx\dfrac{n_0e^2r}{2\varepsilon_0}\boldsymbol{e}_r$,方向为垂直于中央轴向内.

例 18 金属中带正电的离子相对金属很难移动,自由电子却很容易移动,移动的结果可使金属体内和表面上分别出现净电荷.

一个金属长圆柱体以角速度 ω 绕它的中央轴高速旋转,稳定后,试求圆柱体内及其表面的电荷分布 $\rho(r)$和 σ,再求体内电场和磁场的分布 $\boldsymbol{E}(r)$和 $\boldsymbol{B}(r)$.

解 柱体旋转,自由电子开始做角向运动,同时又会产生径向朝外的迁移,在柱体内部出现正的体电荷密度 $\rho(r)$,表面上出现负的面电荷密度 σ.$\rho(r)$在柱体内产生径向朝外的电场 $\boldsymbol{E}(r)$(σ 对 $\boldsymbol{E}(r)$无贡献);$\rho(r)$、σ 的角向运动在柱体内产生轴向磁场 $\boldsymbol{B}(r)$.稳定后,自由电子在 $\boldsymbol{E}(r)$,$\boldsymbol{B}(r)$提供的向心力作用下绕中央轴随柱体同步旋转,不再有径向移动.

先求电荷分布.$\rho(r)$为径向分布,待定.σ 有

$$\sigma=-\int_0^R\frac{\rho(r)\cdot 2\pi r\cdot h\cdot \mathrm{d}r}{2\pi Rh}=-\frac{1}{R}\int_0^R\rho(r)\cdot r\mathrm{d}r\quad(h\text{ 为所取的一段柱体高度})\qquad ①$$

关于 $\boldsymbol{E}(r)$的构成,由高斯定理可得

$$E(r)=\frac{1}{\varepsilon_0\cdot 2\pi rh}\int_0^r\rho(r)2\pi r\cdot h\cdot \mathrm{d}r=\frac{1}{\varepsilon_0 r}\int_0^r\rho(r)r\mathrm{d}r\qquad ②$$

关于 $\boldsymbol{B}(r)$的构成,$\boldsymbol{B}(r)$的正方向取为 ω 方向.旋转中 $\rho(r)$形成的电流产生轴向磁场 $\boldsymbol{B}_\rho(r)$,如图 3.79 所示,根据安培环路定理,有

$$\oint_L\boldsymbol{B}_\rho(r)\cdot \mathrm{d}\boldsymbol{l}=B_\rho(r)\cdot h$$

$$\mu_0\sum_{S_L内} I_0 = \mu_0\int_r^R \frac{\rho(r)h\cdot \mathrm{d}r\cdot v\mathrm{d}t}{\mathrm{d}t}\bigg|_{v=\omega r} = \mu_0\omega\left[\int_r^R \rho(r)r\mathrm{d}r\right]h$$

$$B_\rho(r) = \mu_0\omega\int_r^R \rho(r)r\mathrm{d}r$$

旋转中 σ 形成的电流产生体内匀强磁场 $\boldsymbol{B}_\sigma$. 因 $\sigma<0$,在柱体表面形成的旋转电流与 $\rho(r)$ 在柱体内形成的电流反向(即与 ω 反向),产生的体内匀强轴向磁场与 $\boldsymbol{B}_\rho(r)$ 反向. 如图 3.80 所示,根据安培环路定理,有

$$\oint_L \boldsymbol{B}_\rho(r)\cdot \mathrm{d}\boldsymbol{l} = B_\rho(r)\cdot h$$

$$\mu_0\sum_{S_L内} I_0 = \frac{\mu_0\sigma h\cdot v\mathrm{d}t}{\mathrm{d}t}\bigg|_{v=\omega R} = \mu_0\omega\sigma R h$$

$$B_\sigma(r) = \mu_0\omega\sigma R = -\mu_0\omega\int_0^R \rho(r)\cdot r\mathrm{d}r \quad (负号表示方向与 \boldsymbol{\omega} 相反) \tag{④}$$

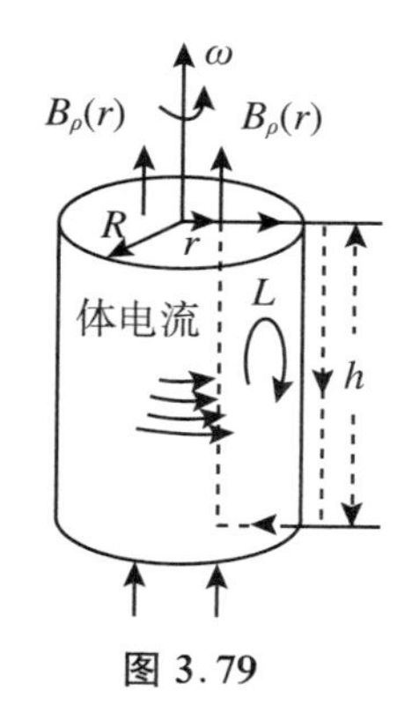

图 3.79

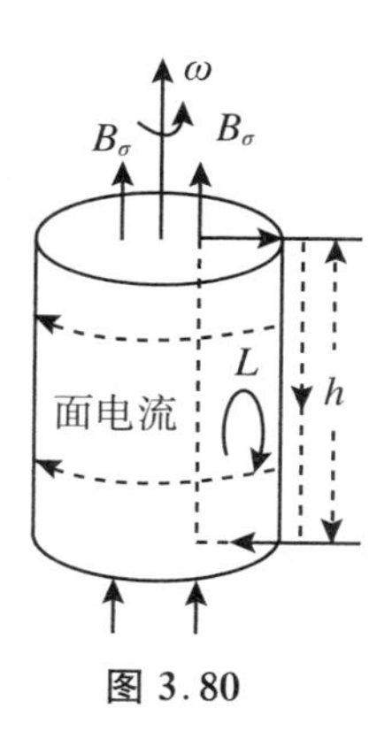

图 3.80

合成磁场 $\boldsymbol{B}(r)$ 大小为

$$B(r) = B_\rho(r) + B_\sigma(r) = \mu_0\omega\left[\int_r^R \rho(r)\cdot r\mathrm{d}r - \int_0^R \rho(r)r\mathrm{d}r\right]$$

$$= -\mu_0\omega\int_0^r \rho(r)r\mathrm{d}r \quad (负号表示方向与 \boldsymbol{\omega} 相反) \tag{⑤}$$

距中央轴 r 处自由电子做圆周运动的向心力由电磁场力合成,设 m 为电子质量,则

$$m\omega^2 r = e[E(r) + \omega r B(r)] = e\left[\frac{1}{\varepsilon_0 r}\int_0^r \rho(r)\cdot r\mathrm{d}r - \mu_0\omega^2 r\int_0^r \rho(r)r\mathrm{d}r\right]$$

$$\int_0^r \rho(r)\cdot r\mathrm{d}r = \frac{m\omega^2 r}{e\left(\frac{1}{\varepsilon_0 r} - \mu_0\omega^2 r\right)} = \frac{\varepsilon_0 m\omega^2 r^2}{e(1-\varepsilon_0\mu_0\omega^2 r^2)} \tag{⑥}$$

故 $\rho(r)$ 的表达式为

$$\rho(r)\cdot r = \left[\frac{\varepsilon_0 m\omega^2 r^2}{e(1-\varepsilon_0\mu_0\omega^2 r^2)}\right]' = \frac{\varepsilon_0 m}{e}\frac{2\omega^2 r}{(1-\varepsilon_0\mu_0\omega^2 r^2)^2}$$

$$\rho(r) = \frac{2\varepsilon_0 m\omega^2}{e(1-\varepsilon_0\mu_0\omega^2 r^2)^2} \tag{⑦}$$

根据①、⑥两式,得 σ 表述式为

$$\sigma = -\frac{1}{R}\frac{\varepsilon_0 m\omega^2 R^2}{e(1-\varepsilon_0\mu_0\omega^2 R^2)} = -\frac{\varepsilon_0 m\omega^2 R}{e(1-\varepsilon_0\mu_0\omega^2 R^2)} \tag{⑧}$$

由②、⑥两式,得 $E(r)$表述式为

$$E(r)=\frac{m\omega^2 r}{e(1-\varepsilon_0\mu_0\omega^2 r^2)} \tag{9}$$

由⑤、⑥两式,得 $B(r)$表述式为

$$B(r)=-\frac{\varepsilon_0\mu_0 m\omega^3 r^2}{e(1-\varepsilon_0\mu_0\omega^2 r^2)} \tag{10}$$

例 19 如图 3.81 所示,平面 Σ_1 与平面 Σ_2 相交于直线 MN,两平面之间的夹角 $\varphi=45°$.周围空间有图示的匀强磁场 $\boldsymbol{B}$,其方向与平面 Σ_1 平行且与直线 MN 垂直.在平面 Σ_2 上有一长方形电阻丝网络,它由 7 根长度均为 l 的不同材料电阻丝连接而成,网络的 ab 边与直线 MN 平行,各段的电阻依次为 $R_{ab}=R_{fc}=R_{ed}=R$,$R_{af}=R_{bc}=2R$,$R_{fe}=R_{cd}=4R$.令电流 I 从 a 点流入,从 d 点流出,试求电流网络 $abcdef$ 所受安培力的大小 F.

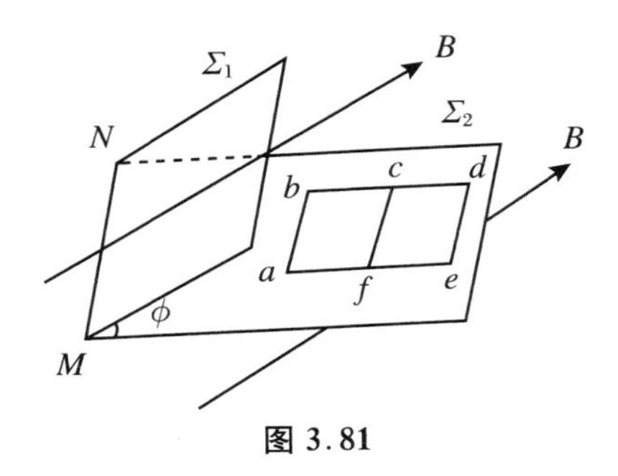

图 3.81

解 网络中的电流分布如图 3.82(a)所示,它等效为图 3.82(b)中两个网络电流的叠加.因此,图 3.82(a)中网络的电流所受的安培力就等于图 3.82(b)中两个网络的电流所受安培力之和.图 3.82(b)中的小网络,即闭合电路 $cdef$ 在匀强磁场中所受安培力为零,大网络所受安培力则等于该网络中电流 $I=I_1+I_2$的虚直线 ad 所受的安培力.因此,图3.82(a)中的网络电流所受安培力的大小为

$$F=Il_{ad}B\sin\theta$$

其中 $l_{ad}=\sqrt{5}l$,θ 为磁场线与直线 ad 之间的夹角.

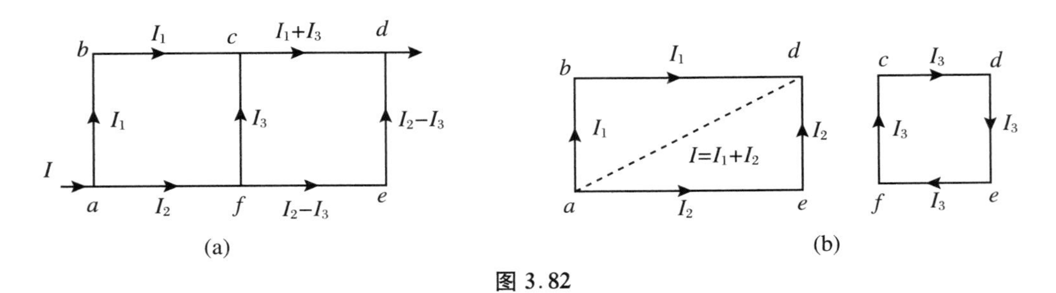

图 3.82

为了计算 θ 角,从图 3.83(a)所示的立方体框架中取出其中的三角形 agd,并将其画在图 3.83(b)中,可以看出,磁场线 ag 与电流线 ad 之间的 θ 角满足

$$\sin\theta=\frac{\sqrt{3}l}{\sqrt{5}l}=\frac{\sqrt{3}}{\sqrt{5}}$$

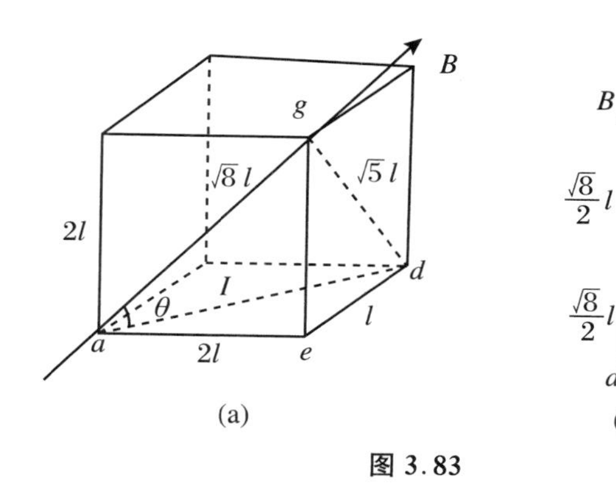

图 3.83

将 l_{ad} 与 $\sin\theta$ 的结果代入 F 的计算式，得到原电流网络所受安培力大小为

$$F = \sqrt{3}IlB$$

例 20 试证任意闭合网络电流在匀强磁场中所受安培力之和为零.

证明 单连通闭合网络电流情形的证明略.

对复连通闭合网络电流情形，设有 n 个节点，位矢分别记为 $\boldsymbol{r}_i(i=1,2,\cdots,n)$. 第 i 节点流向第 j 节点的电流记为 I_{ij}，I_{ij} 可正可负，也可为零. 如果第 i 节点到第 j 节点有多于 1 个电流，则代数叠加成 I_{ij}，I_{ij} 所受安培力便为

$$\boldsymbol{F}_{ij} = I_{ij}(\boldsymbol{r}_j - \boldsymbol{r}_i)\times\boldsymbol{B} = I_{ij}\boldsymbol{r}_j\times\boldsymbol{B} + I_{ji}\boldsymbol{r}_i\times\boldsymbol{B}$$

式中 $I_{ji}=-I_{ij}$，意即从第 j 节点流向第 i 节点的电流. 网络电流所受合安培力 $\boldsymbol{F}_{合}$ 的两倍便为

$$\begin{aligned}2\boldsymbol{F}_{合} &= \sum_{i=1}^{n}\Big(\sum_{j=1(j\neq i)}^{n}\boldsymbol{F}_{ij}\Big) = \sum_{i=1}^{n}\Big[\sum_{j=1(j\neq i)}^{n}(I_{ij}\boldsymbol{r}_j\times\boldsymbol{B}) + \sum_{j=1(j\neq i)}^{n}(I_{ji}\boldsymbol{r}_i\times\boldsymbol{B})\Big]\\ &= \sum_{j=1}^{n}\Big[\sum_{i=1(i\neq j)}^{n}(I_{ij}\boldsymbol{r}_j\times\boldsymbol{B})\Big] + \sum_{i=1}^{n}\Big[\sum_{j=1(j\neq i)}^{n}(I_{ji}\boldsymbol{r}_i\times\boldsymbol{B})\Big]\\ &= \sum_{j=1}^{n}\Big[\sum_{i=1(i\neq j)}^{n}I_{ij}(\boldsymbol{r}_j\times\boldsymbol{B})\Big] + \sum_{i=1}^{n}\Big[\sum_{j=1(j\neq i)}^{n}I_{ji}(\boldsymbol{r}_i\times\boldsymbol{B})\Big]\end{aligned}$$

根据节点电流方程，有

$$\sum_{i=1(i\neq j)}^{n}I_{ij} = 0 \quad (\text{对第 } j \text{ 节点})$$

$$\sum_{j=1(j\neq i)}^{n}I_{ji} = 0 \quad (\text{对第 } i \text{ 节点})$$

因此

$$2\boldsymbol{F}_{合} = \boldsymbol{0} \quad\Rightarrow\quad \boldsymbol{F}_{合} = \boldsymbol{0}$$

例 21 如图 3.84 所示，无限长直导线中载有电流 I_1，在它旁边的半径为 R 的圆形线圈中载有电流 I_2，长直导线与圆线圈在同一平面内，圆心到长直导线的距离为 L. 两电流方向已在图中示出，试求圆线圈对长直导线的安培力.

解 圆线圈电流在长直载流导线上的磁场分布较难求得，故长直导线所受安培力 $\boldsymbol{F}_1$ 不易求得. 长直载流导线在圆线圈上的磁场分布简单，故圆线圈所受安培力 $\boldsymbol{F}_2$ 较易求得. 下面先求出 $\boldsymbol{F}_2$，再由 $\boldsymbol{F}_1=-\boldsymbol{F}_2$ 得到 $\boldsymbol{F}_1$. 如图 3.85 所示，在圆线圈中仅取电流元 $I_2\mathrm{d}\boldsymbol{l}$，所受安培

力 $d\boldsymbol{F}_2$的方向径向朝外，为

$$dF_2 = I_2 d\boldsymbol{l} \times \boldsymbol{B} = I_2 R d\varphi \frac{\mu_0 I_1}{2\pi(L + R\cos\varphi)} \boldsymbol{e}_r$$

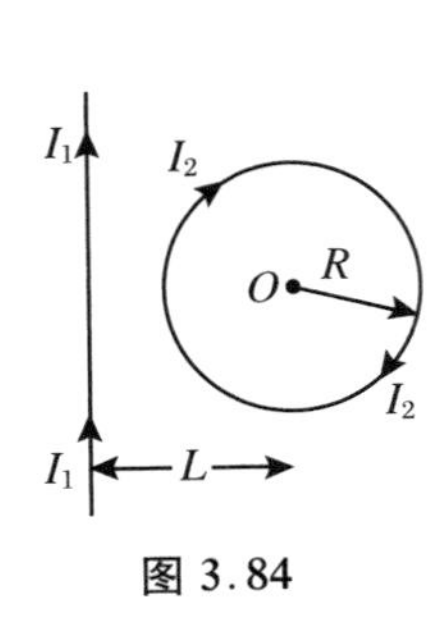

图 3.84

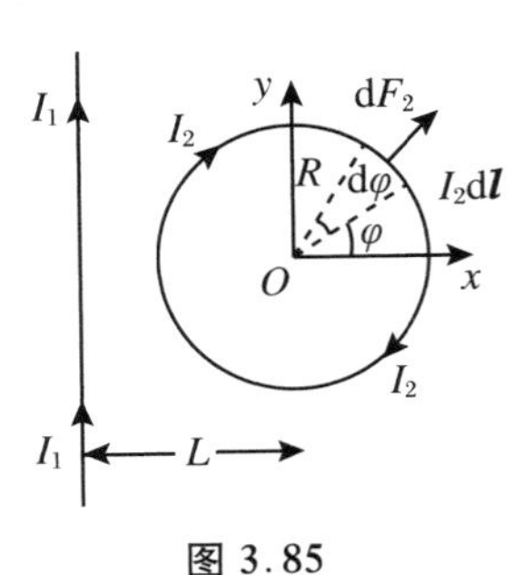

图 3.85

$d\boldsymbol{F}_2$ 的 x 分量为

$$dF_{2x} = dF_2 \cdot \cos\varphi = \frac{\mu_0 I_1 I_2 R\cos\varphi}{2\pi(L + R\cos\varphi)} d\varphi$$

因对称性，各个 $d\boldsymbol{F}_2$的 y 分量之和为零，圆线圈所受安培力为

$$F_2 = F_{2x} = \oint dF_{2x} = \frac{2\mu_0 I_1 I_2 R}{2\pi} \int_0^{\pi} \frac{\cos\varphi}{L + R\cos\varphi} d\varphi$$

式中

$$\int_0^{\pi} \frac{\cos\varphi d\varphi}{L + R\cos\varphi} = \frac{\varphi}{R}\bigg|_0^{\pi} - \frac{L}{R} \frac{2}{\sqrt{L^2 - R^2}} \arctan\left(\sqrt{\frac{L - R}{L + R}} \tan\frac{\varphi}{2}\right)\bigg|_0^{\pi} = \frac{\pi}{R}\left(1 - \frac{L}{\sqrt{L^2 - R^2}}\right)$$

代入，得

$$F_2 = F_{2x} = \mu_0 I_1 I_2 \left(1 - \frac{L}{L^2 - R^2}\right)$$

因

$$L > \sqrt{L^2 - R^2}$$

故

$$F_2 = F_{2x} < 0 \quad (F_2 < 0 \text{ 意即 } \boldsymbol{F}_2 \text{ 方向与 } x \text{ 轴反向})$$

便得

$$\boldsymbol{F}_1 = -\boldsymbol{F}_2 = \mu_0 I_1 I_2 \left(\frac{L}{\sqrt{L^2 - x^2}} - 1\right) \boldsymbol{i} \quad (\boldsymbol{i} \text{ 为 } x \text{ 轴方向的单位矢量})$$

例 22 试证明两个任意的闭合稳恒电流回路之间的相互作用力遵循牛顿第三定律.

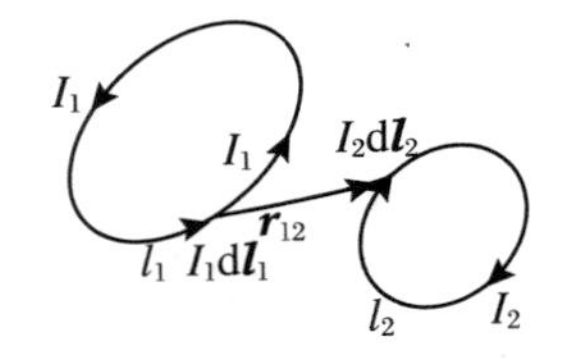

图 3.86

证明 如图 3.86 所示，两个任意闭合回路 l_1和 l_2，其中的电流分别为 I_1和 I_2. 从回路 l_1中任意电流元 $I_1 d\boldsymbol{l}_1$到回路 l_2中任意电流元 $I_2 d\boldsymbol{l}_2$的矢径为 $\boldsymbol{r}_{12}$，则回路 l_1在 $I_2 d\boldsymbol{l}_2$处产生的磁场为

$$\boldsymbol{B}_{12} = \oint_{l_1} \frac{\mu_0 I_1 d\boldsymbol{l}_1 \times \boldsymbol{r}_{12}}{4\pi r_{12}^3}$$

$I_2 d\boldsymbol{l}_2$受 $\boldsymbol{B}_{12}$的作用力为

$$d\boldsymbol{F}_{12} = I_2 d\boldsymbol{l}_2 \times \boldsymbol{B}_{12} = \frac{\mu_0 I_1 I_2}{4\pi} \oint_{l_1} \frac{d\boldsymbol{l}_2 \times (d\boldsymbol{l}_1 \times \boldsymbol{r}_{12})}{r_{12}^3}$$

回路 l_2受回路 l_1的作用力为

$$\boldsymbol{F}_{12}=\oint_{l_2}\mathrm{d}\boldsymbol{F}_{12}=\frac{\mu_0 I_1 I_2}{4\pi}\oint_{l_2}\oint_{l_1}\frac{\mathrm{d}\boldsymbol{l}_2\times(\mathrm{d}\boldsymbol{l}_1\times\boldsymbol{r}_{12})}{r_{12}^3}$$

利用矢量公式

$$\boldsymbol{A}\times(\boldsymbol{B}\times\boldsymbol{C})=(\boldsymbol{A}\cdot\boldsymbol{C})\boldsymbol{B}-(\boldsymbol{A}\cdot\boldsymbol{B})\boldsymbol{C}$$

得

$$\begin{aligned}\oint_{l_2}\oint_{l_1}\frac{\mathrm{d}\boldsymbol{l}_2\times(\mathrm{d}\boldsymbol{l}_1\times\boldsymbol{r}_{12})}{r_{12}^3}&=\oint_{l_2}\oint_{l_1}\frac{\mathrm{d}\boldsymbol{l}_2\cdot\boldsymbol{r}_{12}}{r_{12}^3}\mathrm{d}\boldsymbol{l}_1-\oint_{l_2}\oint_{l_1}\frac{\mathrm{d}\boldsymbol{l}_2\cdot\mathrm{d}\boldsymbol{l}_1}{r_{12}^3}\boldsymbol{r}_{12}\\&=\oint_{l_1}\mathrm{d}\boldsymbol{l}_1\oint_{l_2}\frac{\mathrm{d}\boldsymbol{l}_2\cdot\boldsymbol{r}_{12}}{r_{12}^3}-\oint_{l_2}\oint_{l_1}\frac{\mathrm{d}\boldsymbol{l}_2\cdot\mathrm{d}\boldsymbol{l}_1}{r_{12}^3}\boldsymbol{r}_{12}\end{aligned}$$

故

$$\boldsymbol{F}_{12}=\frac{\mu_0 I_1 I_2}{4\pi}\left(\oint_{l_1}\mathrm{d}\boldsymbol{l}_1\oint_{l_2}\frac{\mathrm{d}\boldsymbol{l}_2\cdot\boldsymbol{r}_{12}}{r_{12}^3}-\oint_{l_2}\oint_{l_1}\frac{\mathrm{d}\boldsymbol{l}_2\cdot\mathrm{d}\boldsymbol{l}_1}{r_{12}^3}\boldsymbol{r}_{12}\right)$$

因

$$\mathrm{d}\boldsymbol{l}_1\cdot\mathrm{d}\boldsymbol{l}_2=\mathrm{d}\boldsymbol{l}_2\cdot\mathrm{d}\boldsymbol{l}_1,\quad r_{12}=r_{21},\quad \boldsymbol{r}_{12}=-\boldsymbol{r}_{21}$$

故

$$\oint_{l_1}\oint_{l_2}\frac{\mathrm{d}\boldsymbol{l}_1\cdot\mathrm{d}\boldsymbol{l}_2}{r_{21}^3}\boldsymbol{r}_{21}=-\oint_{l_2}\oint_{l_1}\frac{\mathrm{d}\boldsymbol{l}_2\cdot\mathrm{d}\boldsymbol{l}_1}{r_{12}^3}\boldsymbol{r}_{12}$$

利用上式，将 $\boldsymbol{F}_{12}$ 与 $\boldsymbol{F}_{21}$ 相加，得

$$\begin{aligned}\boldsymbol{F}_{12}+\boldsymbol{F}_{21}&=\frac{\mu_0 I_1 I_2}{4\pi}\left(\oint_{l_1}\mathrm{d}\boldsymbol{l}_1\oint_{l_2}\frac{\mathrm{d}\boldsymbol{l}_2\cdot\boldsymbol{r}_{12}}{r_{12}^3}-\oint_{l_2}\oint_{l_1}\frac{\mathrm{d}\boldsymbol{l}_2\cdot\mathrm{d}\boldsymbol{l}_1}{r_{12}^3}\boldsymbol{r}_{12}\right)\\&\quad+\frac{\mu_0 I_1 I_2}{4\pi}\left(\oint_{l_2}\mathrm{d}\boldsymbol{l}_2\oint_{l_1}\frac{\mathrm{d}\boldsymbol{l}_1\cdot\boldsymbol{r}_{21}}{r_{21}^3}-\oint_{l_1}\oint_{l_2}\frac{\mathrm{d}\boldsymbol{l}_1\cdot\mathrm{d}\boldsymbol{l}_2}{r_{21}^3}\boldsymbol{r}_{21}\right)\\&=\frac{\mu_0 I_1 I_2}{4\pi}\left(\oint_{l_1}\mathrm{d}\boldsymbol{l}_1\oint_{l_2}\frac{\mathrm{d}\boldsymbol{l}_2\cdot\boldsymbol{r}_{21}}{r_{12}^3}+\oint_{l_2}\mathrm{d}\boldsymbol{l}_2\oint_{l_1}\frac{\mathrm{d}\boldsymbol{l}_1\cdot\boldsymbol{r}_{21}}{r_{21}^3}\right)\end{aligned}$$

联想到对于点电荷 Q 产生的静电场，场强沿任一环路的积分为零，即

$$\oint_l\boldsymbol{E}\cdot\mathrm{d}\boldsymbol{l}=\oint_l\frac{Q\boldsymbol{r}}{4\pi\varepsilon_0 r^3}\cdot\mathrm{d}\boldsymbol{l}=0$$

因此，对任一闭合回路 l，总有

$$\oint_l\frac{\boldsymbol{r}\cdot\mathrm{d}\boldsymbol{l}}{r^3}=0$$

$\boldsymbol{r}$ 是任一固定点到 $\mathrm{d}\boldsymbol{l}$ 的矢径. 利用上式，有

$$\oint_{l_2}\frac{\mathrm{d}\boldsymbol{l}_2\cdot\boldsymbol{r}_{12}}{r_{12}^3}=0,\quad\oint_{l_1}\frac{\mathrm{d}\boldsymbol{l}_1\cdot\boldsymbol{r}_{21}}{r_{21}^3}=0$$

代入前式，即得

$$\boldsymbol{F}_{12}+\boldsymbol{F}_{21}=\boldsymbol{0}$$

可见遵循牛顿第三定律.

思　考　题

1. 通过某一截面的电流强度 $I=0$，则截面上的电流密度是否为零？截面上的电流密度为零，则是否通过此截面的电流强度 $I=0$？

2. 电流是电荷的流动，在电流密度等于零的地方，电荷的体密度 ρ 是否可能等于零？

3. 若通过导体中各处的电流密度不相同，那么电流是否是稳恒电流？为什么？

4. 在一块玻璃中加任意大小的电场时，玻璃中能否形成电流？试简要分析.

5. 静电平衡时，导体表面场强与表面垂直.若导体中有稳恒电流，导体表面的场强是否仍然与导体表面垂直？为什么？

6. 电源中存在的电场和静电场有何不同？

7. 电源的电动势和端电压有什么区别？两者在什么情况下才相等？

8. 一个电池内的电流是否会超过其短路电流？电池的路端电压是否会超过电动势？

9. 试比较点电荷的场强公式和毕奥-萨伐尔定律.

10. 磁铁产生的磁场与电流产生的磁场本质上是否相同？产生的机理有何区别？

11. 一个弯曲的载流导线在均匀磁场中应如何放置才不受磁力的作用？

12. 用安培环路定理能否求出一段有限长载流直导线周围的磁场？

13. 为什么不将磁场作用于运动电荷的力的方向定义为磁场强度的方向？

14. 运动电荷是否在空间每一点均产生电场？是否在空间每一点均产生磁场？

15. 判断下面的几种说法是否正确，并说明理由：

(1) 若闭合曲线内没有包围传导电流，则曲线上各点的 $\boldsymbol{H}$ 必为零；

(2) 若闭合曲线上各点的 $\boldsymbol{H}$ 为零，则该曲线所包围的传导电流代数和为零；

(3) 以闭合曲线为边界的任意曲面的 $\boldsymbol{B}$ 通量相等；

(4) 以闭合曲线为边界的任意曲面的 $\boldsymbol{H}$ 通量相等；

(5) $\boldsymbol{H}$ 仅与传导电流有关；

(6) 无论在抗磁介质或顺磁介质中，$\boldsymbol{B}$ 总是与 $\boldsymbol{H}$ 同向.

16. 处于电场中的电荷是否一定受到电场的作用？处于磁场中的电流元是否一定受到磁场的作用？

习　　题

1. 有一任意形状的电容器，其中充满了相对介电常数为 ε_r，电导率为 σ 的均匀物质.求证：此电容器的电容为 C 时，两极板间的直流电阻为 $R=\dfrac{\varepsilon_0\varepsilon_r}{\sigma C}$.

2. 如图3.87,有一个电阻的形状为一个截头圆锥体.底面半径分别为 a 和 b,高为 l.(1) 试计算此物体的电阻;(2) 试证对于锥度为零($a=b$)的特殊情况,答案将简化为 $\rho\dfrac{l}{S}$.S 是底面积.

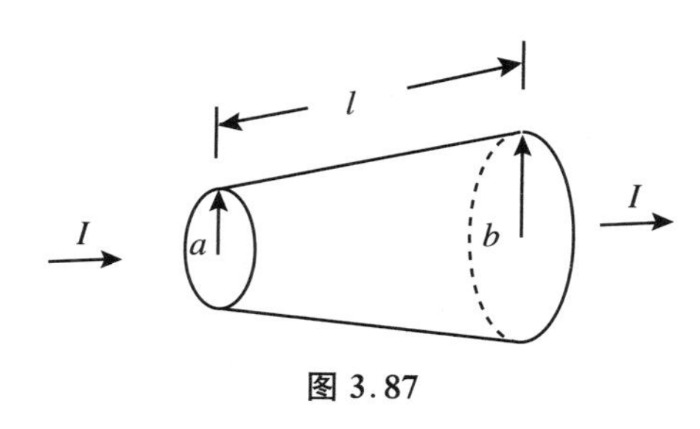

图 3.87

3. 一个很小的放射源,每秒放射出 N 个带电粒子,每个粒子所带的电荷量为 q.设放射是各向同性的,试求离这放射源为 r 处的电流密度 $\boldsymbol{j}$.

4. 两条无限长平行直导线相距为 $2d$,分别通有同方向的电流 I_1 和 I_2.设空间中任意一点 P 到 I_1 的垂直距离为 x_1,到 I_2 的垂直距离为 x_2,试求 P 点的磁感应强度.

5. 有一种康铜丝的横截面积为 0.10 mm^2,电阻率为 $\rho=49\times10^{-8}\ \Omega\cdot\text{m}$.用它绕制一个 6.0 Ω 的电阻,需要多长?

6. 如图3.88所示,有一个半径为 R 的均匀带电圆盘(电荷面密度为 $+\sigma$),以角速度 ω 绕过盘心且与盘面垂直的轴转动,试求带电圆盘中心处的磁感应强度.

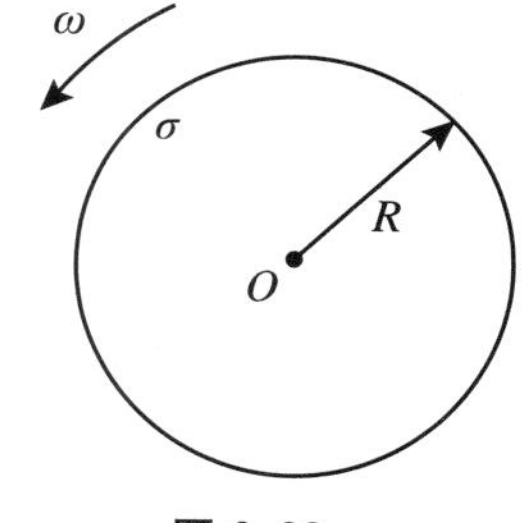

图 3.88

7. 一无穷长导线载有电流 I,在中间弯折成一半径为 R 的半圆弧,其余部分则与圆弧的轴线平行,如图3.89所示,试求圆弧中心 O 的磁感应强度 $\boldsymbol{B}$,并计算 $I=8.0$ A、$R=10.0$ cm 时 $\boldsymbol{B}$ 的值.

8. 如图3.90所示,一条无限长的直导线在一处弯成 1/4 圆弧,圆弧的半径为 R,圆心在 O,直线的延长线都通过圆心.已知导线中的电流为 I,求 O 点的磁感应强度.

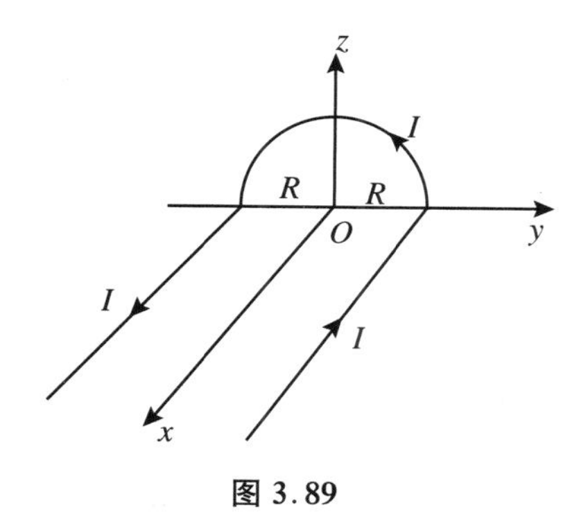

图 3.89

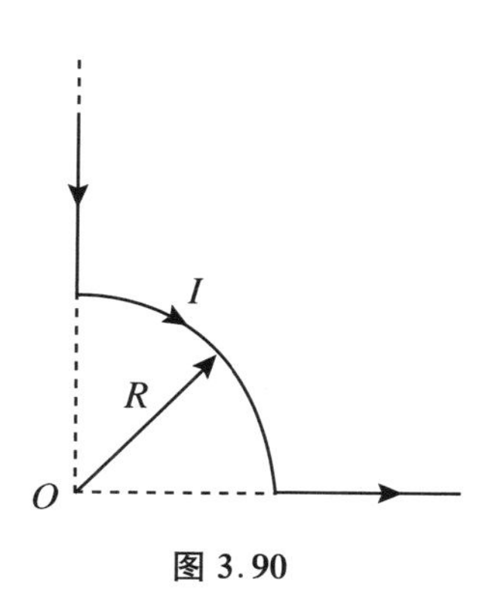

图 3.90

9. 两载流圆线圈共轴,半径分别为 R_1 和 R_2,电流分别为 I_1 和 I_2,电流方向相反,两圆心 O_1 和 O_2 的距离为 $2a$,连线的中心为 O,如图3.91所示.试求轴线上离 O 为 r 处的磁感

应强度 $\boldsymbol{B}$.

10. 如图3.92所示,设有一无限长导线,通有电流 I,其中部折成一个长为 a、宽为 b 的开口矩形.试计算矩形中心 O 点处的磁感应强度.

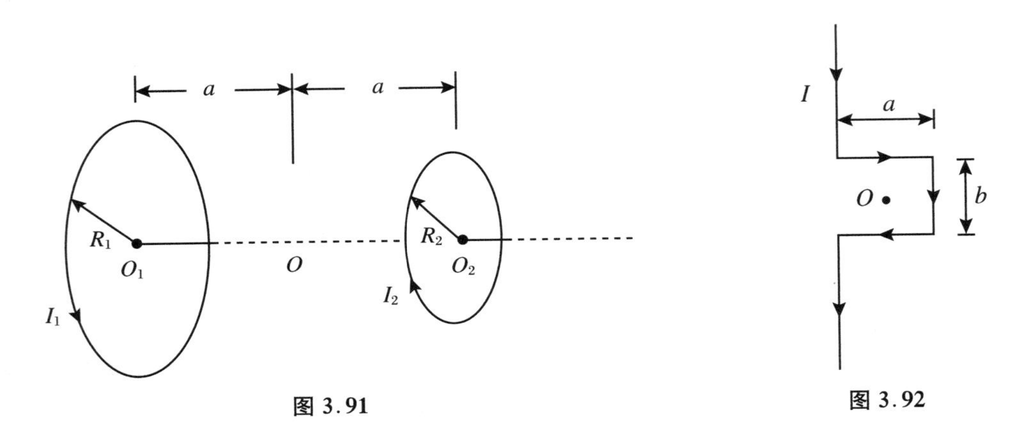

图 3.91　　图 3.92

11. 一导线回路是由两个径向线段连接的两个同心半圆构成的(见图3.93).这个回路载有电流 I.求圆心处的磁场.

12. 一载有电流 I 的导线弯成椭圆形,椭圆的方程为 $\dfrac{x^2}{a^2}+\dfrac{y^2}{b^2}=1$,如图3.94所示,试求 I 在焦点 F 处产生的磁感应强度 $\boldsymbol{B}_F$.

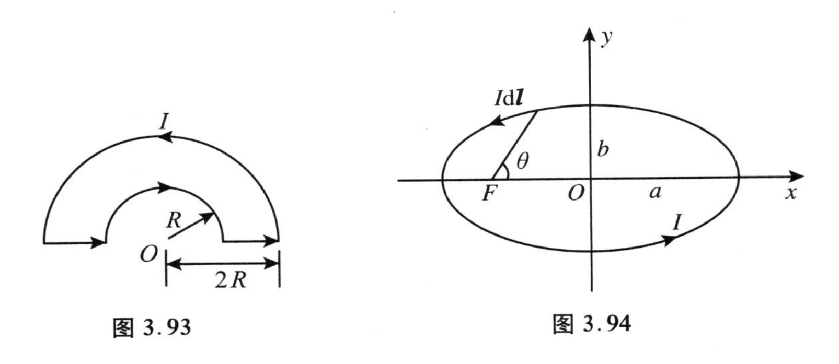

图 3.93　　图 3.94

13. 通有电流 I 的长直导线附近放一与导线处于同一平面的单匝矩形线圈,其边长分别为 a、b,平行于导线的一边与导线相距为 d,如图3.95所示,求通过矩形线圈的磁通量.

14. 一无限长载流直导线通有电流 I,被弯折成如图3.96所示的形状,试求 O 点处的磁感应强度.

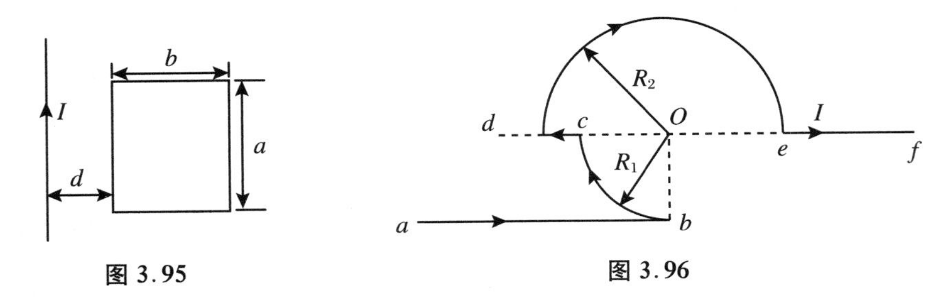

图 3.95　　图 3.96

15. 长为 l 的均匀带电细杆，带电量为 q，它以速率 v 沿 x 轴正方向平动，当细杆与 y 轴重合时，其下端距原点为 d，如图 3.97 所示. 求此时杆在原点 O 处产生的磁感应强度.

16. 如图 3.98 所示，一根很长的同轴电缆由一导体圆柱(半径为 a)和一同轴的导体圆管(内、外半径分别为 b、c)构成，沿导体柱和导体管通以反向电流，电流强度均为 I，且均匀地分布在导体的横截面上，试求下列各处的磁感应强度大小：(1) 导体圆柱内($r<a$)；(2) 两导体之间($a<r<b$)；(3) 导体圆管内($b<r<c$)；(4) 电缆外($r>c$).

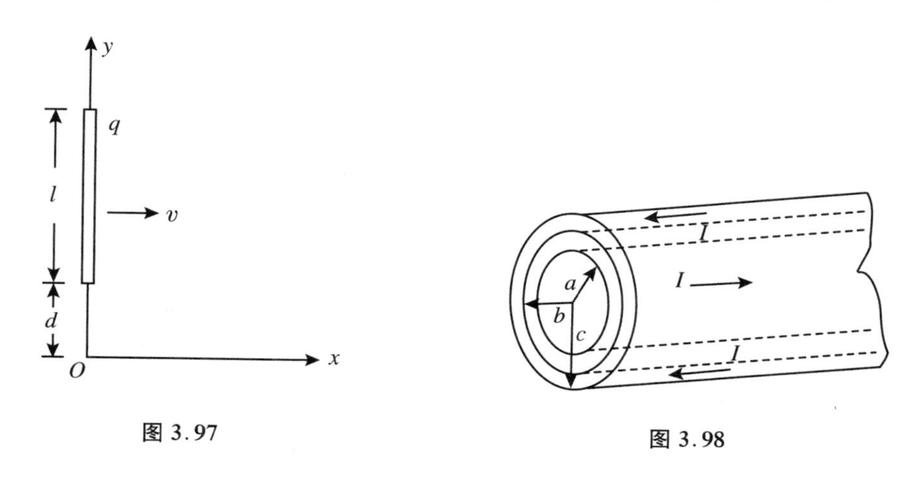

图 3.97　　　　图 3.98

17. 一个矩形截面的螺绕环，尺寸如图 3.99 所示.

(1) 求环内磁感应强度的分布；

(2) 证明通过螺绕环截面(图中阴影区域)的磁通量 $\Phi_B=\dfrac{\mu_0 NIh}{2\pi}\ln\dfrac{d_2}{d_1}$，其中 N 为螺绕环总匝数，I 为其中的电流强度.

18. 如图 3.100 所示，一对同轴无穷长直的空心导体圆筒，内、外筒半径分别为 R_1 和 R_2，筒壁厚度可以忽略. 电流 I 沿内筒流出，沿外筒流回. 试计算：(1) 两筒间的磁感应强度 $\boldsymbol{B}$；(2) 通过长为 l 的一段截面(图中阴影区)的磁通量 Φ.

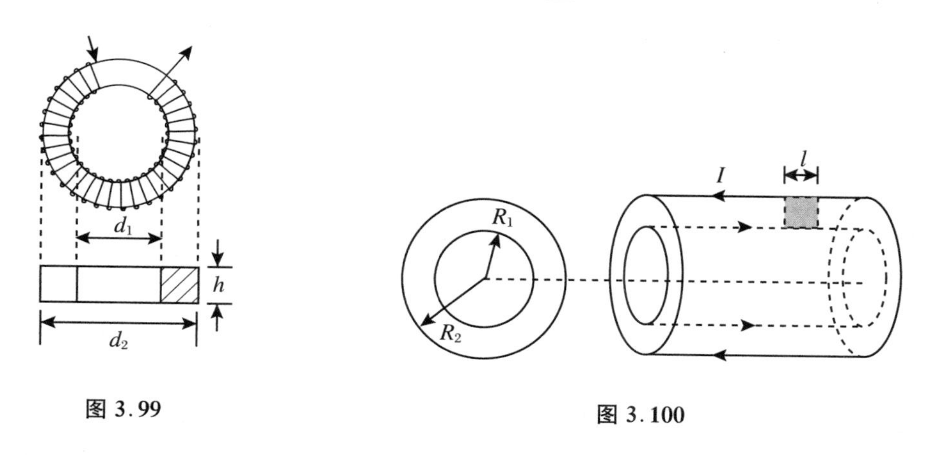

图 3.99　　　　图 3.100

19. 有一根很长的载流直圆管导体，内半径为 a，外半径为 b，电流强度为 I，电流沿轴线方向流动，并且均匀地分布在管壁的横截面上(见图 3.101). 空间某一点到管轴的垂直距

离为 r,求以下各处的磁感应强度:(1) $r<a$;(2) $a<r<b$;(3) $r>b$.

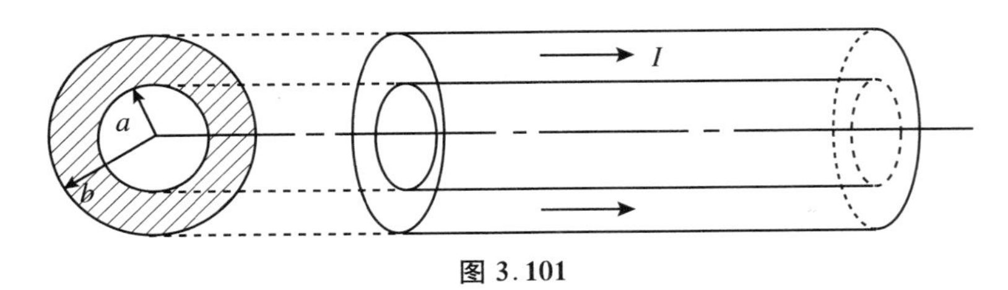

图 3.101

20. 一电子的动能为 10 eV,在垂直于匀强磁场的平面内做圆周运动.已知磁感应强度 $B=1.0$ G,电子电荷量 $-e=-1.6\times10^{-19}$ C,质量 $m=9.1\times10^{-31}$ kg.(1) 求电子的轨道半径 R;(2) 电子的回旋周期 T;(3) 顺着 B 的方向看,电子是顺时针回旋吗?

21. 氘核的质量是质子质量的两倍,其电荷量则与质子相同;α 粒子的质量是质子质量的四倍,其电荷量则是质子的两倍.试求:

(1) 静止的质子、氘核、α 粒子经相同电压加速之后,它们的动能之比是多少?

(2) 加速后,三种粒子进入同一均匀磁场,测量得到质子的轨道半径 $R_1=0.1$ m,则氘核的轨道半径 R_2 与 α 粒子的轨道半径 R_3 各为多大?

22. 一回旋加速器圆周的最大半径 $R=60$ cm,用它来加速质量为 1.67×10^{-27} kg、电荷为 1.6×10^{-19} C 的质子.要把质子从静止加速到 4.0 MeV 的能量.

(1) 求所需的磁感应强度 B;

(2) 设两 D 形电极间的距离为 1.0 cm,电压为 2.0×10^4 V,其间电场是均匀的.求加速到上述能量所需要的时间.

23. 载有电流 I_1 的长直导线旁边有一平面圆形线圈,线圈半径为 R,中心到直导线的距离为 l,线圈载有电流 I_2,线圈和直导线在同一平面内,如图 3.102 所示,求 I_1 作用在圆形线圈上的力.

24. 如图 3.103 所示,有一根长为 L 的直导线,质量为 m,用绳子平挂在均匀的外磁场 B 中,B 沿水平方向.导线中通有电流 I,I 的方向与 B 垂直.(1) 求绳所受张力为 0 时的电流 I,取 $L=50$ cm,$m=10$ g,$B=1.0$ T.(2) I 在什么条件下导线会向上运动?

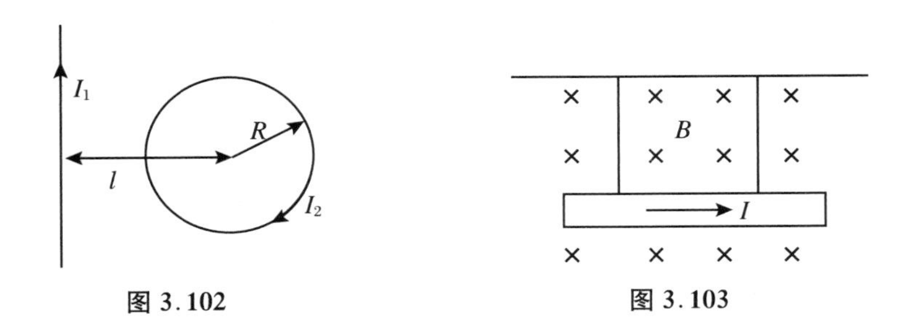

图 3.102　　　　图 3.103

25. 有三根平行载流的无限长直导线,相距都为 $d=0.1$ m,且各通有 $I_1=I_2=I_3=I=10$ A 的电流,方向垂直纸面向外,如图 3.104 所示.试求各导线单位长度上所受的作用力.

26. 一块半导体样品的体积为 $a\times b\times c$,如图 3.105 所示,沿 x 方向有电流 I,在 z 方向加有均匀磁场 $\boldsymbol{B}$.这时实验得出的数据为 $a=0.10$ cm,$b=0.35$ cm,$c=1.0$ cm,$I=1.0$ mA,$B=$

3000 G,半导体两侧的电势差为 $U_{AA'}=6.55$ mV.

(1) 问这个半导体是正电荷导电(P型)还是负电荷导电(N型)?

(2) 求载流子的浓度(即单位体积内参加导电的带电粒子数).

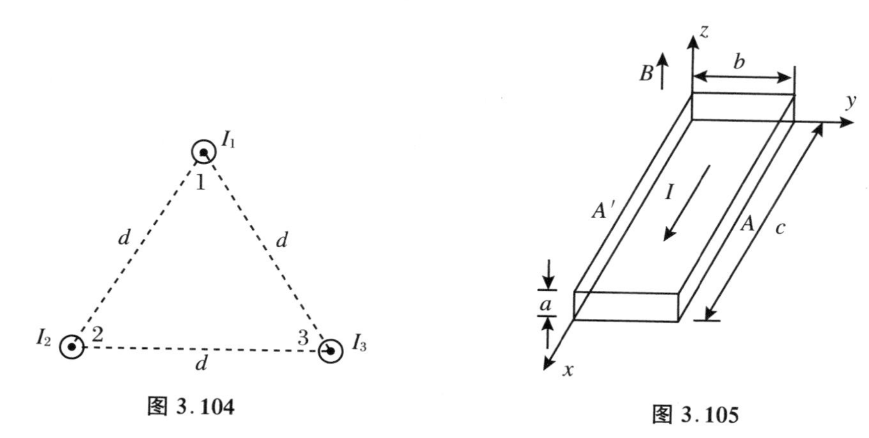

图 3.104

图 3.105

27. 在一霍尔效应实验中,宽为 1.0 cm,长为 4.0 cm,厚为 10^{-3} cm 的导体沿长度方向载有 3.0 A 的电流.当有 1.5 T 的磁场垂直地通过该薄片时,产生 1.0×10^{-5} V 的横向霍尔电压(在宽度两端).求:(1) 载流子的漂移速度;(2) 每立方厘米的载流子数目;(3) 假如载流子是电子,试就一定的电流和磁场的方向,在图上画出霍尔电压的极性.

28. 如图 3.106 所示,一环型铁芯横截面的直径为 4.0 mm,环的平均半径 $R=15$ mm,环上密绕着 200 匝线圈,当线圈导线通有 25 mA 的电流时,铁芯的相对磁导率 $\mu_r=300$.求通过铁芯横截面的磁通量.

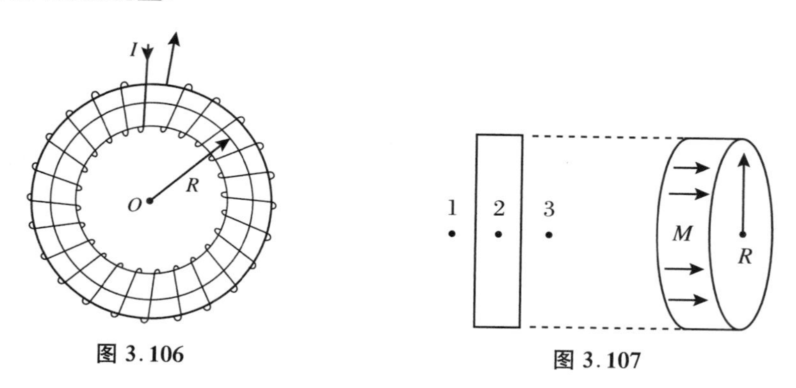

图 3.106

图 3.107

29. 铂(Pt)的相对磁导率 $\mu_{Pt}=1.000026$,银(Ag)的相对磁导率 $\mu_{Ag}=0.999974$,计算它们的磁化率,并说明它们各属于哪类磁介质.

30. 螺绕环中心周长为 0.1 m,所绕线圈为 200 匝,线圈中通有电流 0.1 A,管内充满相对磁导率 $\mu_r=4200$ 的介质,求管内的磁感应强度 $\boldsymbol{B}$ 和磁场强度 $\boldsymbol{H}$.

31. 如图 3.107 所示,有一个圆形薄磁片(磁壳)被均匀磁化,磁化强度为 $\boldsymbol{M}$.试求点 1、2、3 三处的磁感应强度 $\boldsymbol{B}$ 和磁场强度 $\boldsymbol{H}$.

习 题 解 答

1. 设电容器两电极之间电压为 U，在电容器中从正极到负极的电流强度为 I，电容器正极上的电量为 Q. 在电容器内部作闭合面 S 包围正极. 面 S 可分为 S_1 和 S_2 两部分. S_1 是电极的供电导线被 S 面切出的截面，S_2 则是 S 面的其余部分.

根据高斯定理有

$$Q=\oint\!\!\!\!\oint_S \boldsymbol{D}\cdot \mathrm{d}\boldsymbol{S}=\iint_{S_1}\boldsymbol{D}\cdot \mathrm{d}\boldsymbol{S}+\iint_{S_2}\boldsymbol{D}\cdot \mathrm{d}\boldsymbol{S}$$

S_1 面在供电的导线内，$D=0$. 在 S_2 面上，凡场强不为零处都充满了均匀介质，故 S_2 上 $\boldsymbol{D}=\varepsilon_0\varepsilon_r\boldsymbol{E}$. 根据欧姆定律的微分形式 $\boldsymbol{j}=\sigma\boldsymbol{E}$，可以写出

$$Q=\frac{\varepsilon_0\varepsilon_r}{\sigma}\iint_{S_2}\boldsymbol{j}\cdot \mathrm{d}\boldsymbol{S}$$

而

$$\iint_{S_2}\boldsymbol{j}\cdot \mathrm{d}\boldsymbol{S}=I$$

$$C=\frac{Q}{U},\quad R=\frac{U}{I}$$

所以

$$Q=\frac{\varepsilon_0\varepsilon_r}{\sigma}I$$

$$R=\frac{U}{I}=\frac{\varepsilon_0\varepsilon_r U}{\sigma Q}=\frac{\varepsilon_0\varepsilon_r}{\sigma C}$$

2. (1) 以圆锥顶点为坐标原点，沿圆锥体轴线建立 x 坐标，如图 3.108 所示. 由几何关系可知

$$a=x_0\tan\beta,\quad b=(x_0+l)\tan\beta$$

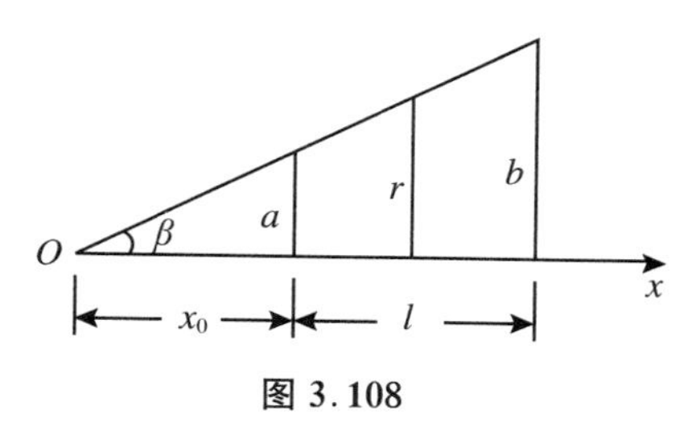

图 3.108

所以

$$x_0=\frac{la}{b-a},\quad \tan\beta=\frac{b-a}{l}$$

坐标为 x 处圆锥体的半径为

$$r = x\tan\beta = x\frac{b-a}{l}$$

此处圆锥的截面积为

$$S = \pi r^2 = \pi\left(\frac{b-a}{l}\right)^2 x^2$$

故此处沿轴长为 $\mathrm{d}x$ 的一段的电阻为

$$\mathrm{d}R = \rho\frac{\mathrm{d}x}{S} = \frac{\rho}{\pi}\left(\frac{l}{b-a}\right)^2\frac{\mathrm{d}x}{x^2}$$

所以

$$R = \frac{\rho}{\pi}\left(\frac{l}{b-a}\right)^2\int_{x_0}^{x_0+l}\frac{\mathrm{d}x}{x^2} = \frac{\rho}{\pi}\left(\frac{l}{b-a}\right)^2\left(\frac{b-a}{la} - \frac{b-a}{lb}\right) = \frac{\rho l}{\pi ab}$$

(2) 当 $a=b$ 时，$\pi ab=\pi a^2=S$，故

$$R = \rho\frac{l}{S}$$

3．以放射源为中心，r 为半径作球面，单位时间内流出这个球面的电荷量为 Nq，依定义，可得到 r 处的电流密度大小为

$$j = \frac{Nq}{4\pi r^2}$$

考虑方向，则有矢量式

$$\boldsymbol{j} = \frac{Nq}{4\pi r^3}\boldsymbol{r}$$

式中，$\boldsymbol{r}$ 是放射源到场点的位矢，且有 $|\boldsymbol{r}| = r$.

4．由安培环路定理，可得两条导线的电流 I_1 和 I_2 在 P 点产生的场的大小分别为

$$B_1 = \frac{\mu_0 I_1}{2\pi x_1},\quad B_2 = \frac{\mu_0 I_2}{2\pi x_2}$$

方向如图 3.109 所示．则有

$$B = \sqrt{B_1^2 + B_2^2 + 2B_1B_2\cos\alpha}$$

由几何关系有

$$(2d)^2 = x_1^2 + x_2^2 - 2x_1x_2\cos\alpha$$

得

$$\cos\alpha = \frac{x_1^2 + x_2^2 - 4d^2}{2x_1x_2}$$

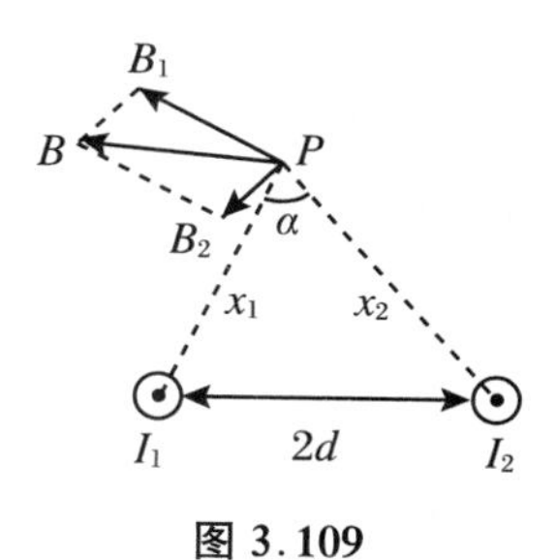

图 3.109

代入得

$$B = \sqrt{\left(\frac{\mu_0 I_1}{2\pi x_1}\right)^2 + \left(\frac{\mu_0 I_2}{2\pi x_2}\right)^2 + 2\cdot\frac{\mu_0 I_1}{2\pi x_1}\cdot\frac{\mu_0 I_2}{2\pi x_2}\cdot\frac{x_1^2 + x_2^2 - 4d^2}{2x_1x_2}}$$

$$= \frac{\mu_0}{2\pi x_1x_2}\sqrt{(I_1 + I_2)(I_1x_2^2 + I_2x_1^2) - 4I_1I_2d^2}$$

5．$L = \dfrac{SR}{\rho} = \dfrac{0.10\times10^{-6}\times6.0}{49\times10^{-8}}\ \mathrm{m} = 1.2\ \mathrm{m}$.

6．可将带电圆盘分割成许多半径不同的带状圆环，任取一半径为 r，宽度为 $\mathrm{d}r$ 的环带，它上面的运动电荷形成一环形电流，其值为

$$\mathrm{d}I = \frac{\omega}{2\pi}(\sigma \cdot 2\pi r\mathrm{d}r)$$

此电流在环心(即带电圆盘中心)处产生的磁感应强度为

$$\mathrm{d}B_O = \frac{\mu_0 \mathrm{d}I}{2r} = \frac{1}{2}\mu_0\omega\sigma\mathrm{d}r$$

积分得圆盘上所有运动电荷在圆盘中心处产生的磁感应强度为

$$B_O = \int \mathrm{d}B_O = \frac{1}{2}\mu_0\omega\sigma\int_0^R \mathrm{d}r = \frac{1}{2}\mu_0\omega\sigma R$$

7. 本题可用毕-萨定律求解.两段直线电流在 O 点产生的磁感应强度大小相等,方向相同,都沿图中的 z 轴方向.每一段产生的 B_1 的大小为

$$B_1 = \int_0^\infty \frac{\mu_0 I\mathrm{d}l}{4\pi(l^2+R^2)}\frac{R}{\sqrt{l^2+R^2}} = \frac{\mu_0 IR}{4\pi}\int_0^\infty \frac{\mathrm{d}l}{(l^2+R^2)^{3/2}}$$

$$= \frac{\mu_0 IR}{4\pi}\cdot \frac{l}{R^2\sqrt{l^2+R^2}}\Bigg|_{l=0}^{l=\infty}$$

$$= \frac{\mu_0 I}{4\pi R}$$

半圆电流在 O 点产生的磁感应强度 B_2 的方向沿 x 轴方向,其大小为

$$B_2 = \int_0^{\pi R}\frac{\mu_0 I\mathrm{d}l}{4\pi R^2} = \frac{\mu_0 I}{4\pi R^2}\cdot \pi R = \frac{\mu_0 I}{4R}$$

于是所求的磁感应强度为

$$\boldsymbol{B} = 2B_1\boldsymbol{e}_z + B_2\boldsymbol{e}_x = \frac{\mu_0 I}{4R}\boldsymbol{e}_x + \frac{\mu_0 I}{2\pi R}\boldsymbol{e}_z = \frac{\mu_0 I}{4R}\left(\boldsymbol{e}_x + \frac{2}{\pi}\boldsymbol{e}_z\right)$$

式中,$\boldsymbol{e}_x$ 和 $\boldsymbol{e}_z$ 分别为 x 和 z 方向上的单位矢量.

代入具体数据,可得 B 的值为

$$B = \frac{\sqrt{4+\pi^2}\mu_0 I}{4\pi R} = \frac{\sqrt{4+\pi^2}\times 4\pi\times 10^{-7}\times 8.0}{4\pi\times 10.0\times 10^{-2}}\ \mathrm{T} = 3.0\times 10^{-5}\ \mathrm{T}$$

同时得 B 与 x 轴的夹角为

$$\theta = \arctan\frac{2}{\pi} = 32°30'$$

8. 由叠加原理,O 点的磁场为由两个半无限长的直线电流和一个 1/4 圆环电流所产生,其中 O 点在两个半无限长的直线电流的延长线上,由毕-萨定律可以求得,两个半无限长直线电流在 O 点产生的磁感应强度为零;1/4 圆环电流在 O 点产生的磁感应强度为

$$B = \int \mathrm{d}B = \int \left|\frac{\mu_0 I\mathrm{d}\boldsymbol{l}\times\boldsymbol{R}}{4\pi R^3}\right|$$

$$= \int \frac{\mu_0 I(\mathrm{d}l)\sin 90°}{4\pi R^2}$$

$$= \int_0^{\pi/2}\frac{\mu_0 IR\mathrm{d}\theta}{4\pi R^2} = \frac{\mu_0 I}{8R}$$

方向垂直于纸面向外.

9. 由毕-萨定律可知,半径为 R 的圆电流 I 在轴线上离圆心为 r 处产生的磁感应强度 $\boldsymbol{B}$ 沿 I 的右旋方向,且其大小为

$$B = \oint \frac{\mu_0 I \mathrm{d} l \sin 90^\circ}{4\pi(r^2 + R^2)} \sin\theta = \frac{\mu_0 I 2\pi R}{4\pi(r^2 + R^2)} \frac{R}{\sqrt{R^2 + r^2}} = \frac{\mu_0 I R^2}{2(r^2 + R^2)^{3/2}}$$

以点 O 为原点，轴线为 x 轴，并以 $\boldsymbol{e}$ 为$O_1 \rightarrow O_2$ 方向上的单位矢量，设轴线上一点 P 的坐标为 x，则可得 P 点的磁感应强度为

$$\begin{aligned} \boldsymbol{B} &= \frac{\mu_0 I_1 R_1^2}{2[(x+a)^2 + R_1^2]^{3/2}} \boldsymbol{e} + \frac{\mu_0 I_2 R_2^2}{2[(x-a)^2 + R_2^2]^{3/2}} (-\boldsymbol{e}) \\ &= \frac{\mu_0}{2} \left\{ \frac{I_1 R_1^2}{[(x+a)^2 + R_1^2]^{3/2}} - \frac{I_2 R_2^2}{[(x-a)^2 + R_2^2]^{3/2}} \right\} \boldsymbol{e} \end{aligned}$$

式中 x 与 r 的关系为：当 $x>0$ 时，$x = r$；当 $x<0$ 时，$x = -r$.

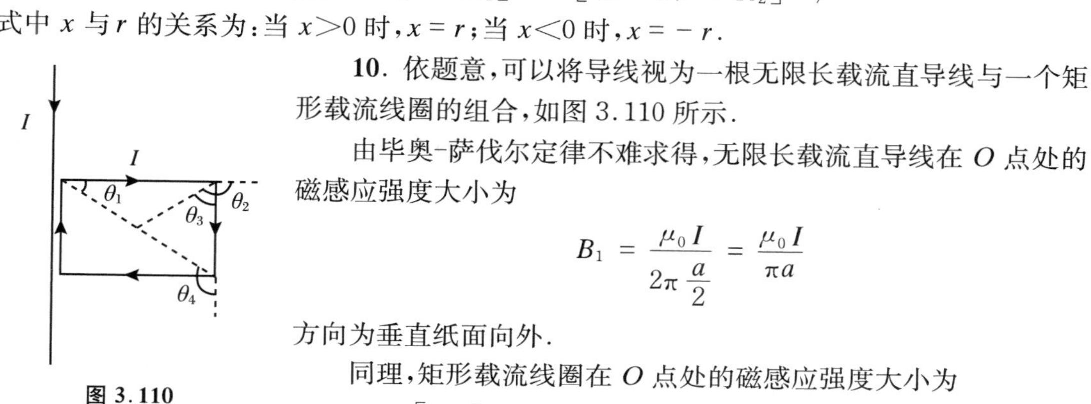

图 3.110

10. 依题意，可以将导线视为一根无限长载流直导线与一个矩形载流线圈的组合，如图 3.110 所示.

由毕奥-萨伐尔定律不难求得，无限长载流直导线在 O 点处的磁感应强度大小为

$$B_1 = \frac{\mu_0 I}{2\pi \dfrac{a}{2}} = \frac{\mu_0 I}{\pi a}$$

方向为垂直纸面向外.

同理，矩形载流线圈在 O 点处的磁感应强度大小为

$$\begin{aligned} B_2 &= \left[\frac{\mu_0 I}{4\pi \dfrac{b}{2}} (\cos\theta_1 - \cos\theta_2) + \frac{\mu_0 I}{4\pi \dfrac{a}{2}} (\cos\theta_3 - \cos\theta_4) \right] \times 2 \\ &= \frac{2\mu_0 I}{\pi a b} \sqrt{a^2 + b^2} \end{aligned}$$

方向垂直纸面向内.

则 O 点处的总的磁感应强度大小为

$$B = B_2 - B_1 = \frac{\mu_0 I}{\pi a} \left(\frac{2}{b} \sqrt{a^2 + b^2} - 1 \right)$$

方向为垂直纸面向内.

11. 一个半径为 r_0 的圆电流在其中心处的磁场大小为 $B = \dfrac{\mu_0 I}{2 r_0}$，方向沿轴，由叠加原理，半个圆电流在其中心处的磁场大小为 $B = \dfrac{1}{2}\left(\dfrac{\mu_0 I}{2 r_0}\right)$，方向不变. 则图 3.93 中电流在 O 处的场仅由两个半圆所贡献：

$$B = \frac{1}{2} \frac{\mu_0 I}{2R} - \frac{1}{2} \frac{\mu_0 I}{2(2R)} = \frac{\mu_0 I}{8R}$$

方向沿轴指向纸内.

12. 本题用平面极坐标求解较为方便. 以焦点 F 为极点，x 轴为极轴，如图 3.94 所示，将椭圆方程用平面极坐标表示为

$$r = \frac{ep}{1 - e\cos\theta} \qquad ①$$

式中的 p 和 e 与题给的参数 a 和 b 的关系如下：

$$p = \frac{b^2}{c} = \frac{b^2}{\sqrt{a^2 - b^2}}$$

$$e = \frac{c}{a} = \frac{\sqrt{a^2 - b^2}}{a} = \sqrt{1 - \frac{b^2}{a^2}}$$

代入式①得

$$r = \frac{b^2}{a - \sqrt{a^2 - b^2}\cos\theta} \quad ②$$

由毕-萨定律,有

$$\mathrm{d}\boldsymbol{B} = \frac{\mu_0 I \mathrm{d}\boldsymbol{l} \times \boldsymbol{r}}{4\pi r^3}$$

如图 3.94,焦点的磁感强度 B_F 垂直于纸面向外,于是有

$$\mathrm{d}\boldsymbol{B}_F = \frac{\mu_0 I(\mathrm{d}l)\sin\varphi}{4\pi r^2}\boldsymbol{e}_1 \quad ③$$

式中 φ 是 $\mathrm{d}\boldsymbol{l}$ 与 $\boldsymbol{r}$ 之间的夹角,$\boldsymbol{e}_1$ 是垂直于纸面向外的单位矢量.

由几何关系可知

$$(\mathrm{d}l)\sin\varphi = r\mathrm{d}\theta$$

代入式③,得

$$\mathrm{d}\boldsymbol{B}_F = \frac{\mu_0 I}{4\pi r}\mathrm{d}\theta\boldsymbol{e}_1 \quad ④$$

将式②代入式④得

$$\mathrm{d}\boldsymbol{B}_F = \frac{\mu_0 I}{4\pi b^2}(a - \sqrt{a^2 - b^2}\cos\theta)\mathrm{d}\theta\boldsymbol{e}_1$$

积分得

$$\boldsymbol{B}_F = \frac{\mu_0 I}{4\pi b^2}\int_0^{2\pi}(a - \sqrt{a^2 - b^2}\cos\theta)\mathrm{d}\theta\boldsymbol{e}_1 = \frac{\mu_0 Ia}{2b^2}\boldsymbol{e}_1$$

13. 由毕-萨定律,长直导线在离其 r 处产生的磁感应强度的大小为

$$B = \frac{\mu_0 I}{2\pi r}$$

通过矩形线圈的磁通量为

$$\Phi = \iint_S \boldsymbol{B} \cdot \mathrm{d}\boldsymbol{S} = \int_d^{d+b}\frac{\mu_0 I}{2\pi r}a\,\mathrm{d}r = \frac{\mu_0 Ia}{2\pi}\ln\frac{d+b}{d}$$

14. 此题可由毕奥-萨伐尔定律求解.如图 3.96 所示,分析可知 O 点处的磁感应强度是由五段电流产生的,其中 cd 和 ef 两直线段由于过 O 点,则它们在 O 点产生的场为

$$B_{cd} = B_{ef} = 0$$

半无限长直导线 ab 在 O 点产生的场为

$$B_{ab} = \frac{\mu_0 I}{4\pi R_1} \quad (方向垂直纸面向外)$$

四分之一圆弧导线 bc 在 O 点产生的场为

$$B_{bc} = \frac{1}{4}\frac{\mu_0 I}{2R_1} \quad (方向垂直纸面向内)$$

半圆弧导线 de 在 O 点产生的场为

$$B_{de} = \frac{1}{2}\frac{\mu_0 I}{2R_2} \quad (方向垂直纸面向内)$$

则 O 点处的磁感应强度大小为

$$B = B_{bc} + B_{de} - B_{ab} = \frac{\mu_0 I}{8R_1} + \frac{\mu_0 I}{4R_2} - \frac{\mu_0 I}{4\pi R_1} = \frac{\mu_0 I}{4}\left[\frac{1}{R_2} + \left(\frac{1}{2} - \frac{1}{\pi}\right)\frac{1}{R_1}\right]$$

其方向垂直纸面向内.

15. 如图3.97所示,建立坐标系,带电细杆上离 x 轴为 y 处长 $\mathrm{d}y$ 的小段带电 $\mathrm{d}q = \frac{q}{l}\mathrm{d}y$,该电荷在 O 点产生的磁感应强度为

$$\mathrm{d}\boldsymbol{B} = \frac{\mu_0 \mathrm{d}q}{4\pi y^3}[v\boldsymbol{e}_x \times (-y\boldsymbol{e}_y)] = -\frac{\mu_0 qv}{4\pi y^2 l}\mathrm{d}y\boldsymbol{e}_z$$

分析可知,带电细杆上的所有电荷在 O 点产生的磁感应强度方向都一致,所以对上式积分,即可得 O 处的磁感应强度为

$$\boldsymbol{B} = \int \mathrm{d}\boldsymbol{B} = -\int_d^{d+l} \frac{\mu_0 qv}{4\pi y^2 l}\mathrm{d}y\boldsymbol{e}_z = \frac{\mu_0 qv}{4\pi l}\left(\frac{1}{d+l} - \frac{1}{d}\right)\boldsymbol{e}_z$$

16. 由对称性分析及安培环路定理得

$$\oint_L \boldsymbol{B} \cdot \mathrm{d}\boldsymbol{l} = B \cdot 2\pi r = \mu_0 I'$$

I'为回路所套住的电流.各处的磁感应强度大小分别为:

(1) 导体圆柱内,$r<a$,有

$$B = \frac{\mu_0}{2\pi r} \cdot \frac{I}{\pi a^2} \cdot \pi r^2 = \frac{\mu_0 Ir}{2\pi a^2}$$

(2) 两导体之间,$a<r<b$,有

$$B = \frac{\mu_0 I}{2\pi r}$$

(3) 导体圆筒内,$b<r<c$,有

$$B = \frac{\mu_0 I}{2\pi r}\left(1 - \frac{r^2 - b^2}{c^2 - b^2}\right) = \frac{\mu_0 I}{2\pi r} \cdot \frac{c^2 - r^2}{c^2 - b^2}$$

(4) 电缆外,$r>c$,有

$$B = 0$$

17. (1) 在螺绕环内取一个圆形回路,由对称性及安培环路定理,有

$$\oint_L \boldsymbol{B} \cdot \mathrm{d}\boldsymbol{l} = B \cdot 2\pi r = \mu_0 I'$$

当$\frac{d_1}{2}<r<\frac{d_2}{2}$时,有

$$B = \frac{\mu_0 NI}{2\pi r}$$

(2) 通过阴影部分的磁通量为

$$\Phi_B = \iint_S \boldsymbol{B} \cdot \mathrm{d}\boldsymbol{S} = \int_{\frac{d_1}{2}}^{\frac{d_2}{2}} \frac{\mu_0 NI}{2\pi r} \cdot h\mathrm{d}r = \frac{\mu_0 NIh}{2\pi}\ln\frac{d_2}{d_1}$$

18. (1) 由对称性及安培环路定理,筒内的磁场分布具有柱对称性,故

$$\oint_L \boldsymbol{B} \cdot \mathrm{d}\boldsymbol{l} = B \cdot 2\pi r = \mu_0 I$$

磁感应强度的大小为

$$B = \frac{\mu_0 I}{2\pi r}$$

方向为内筒电流的右手螺旋方向.

(2) 通过截面的磁通量为

$$\Phi = \iint_S \boldsymbol{B} \cdot \mathrm{d}\boldsymbol{S} = \int_{R_1}^{R_2} \frac{\mu_0 I}{2\pi r} \cdot l\mathrm{d}r = \frac{\mu_0 Il}{2\pi} \ln \frac{R_2}{R_1}$$

19. 在导体横截面内,以圆心在导体轴线上,半径为 r 的圆周为安培环路.

当 $r<a$ 时,有

$$\oint \boldsymbol{B} \cdot \mathrm{d}\boldsymbol{l} = 0$$

所以

$$B = 0$$

当 $a<r<b$ 时,有

$$\oint \boldsymbol{B} \cdot \mathrm{d}\boldsymbol{l} = \mu_0 \frac{\pi(r^2 - a^2)}{\pi(b^2 - a^2)} I$$

而

$$\oint \boldsymbol{B} \cdot \mathrm{d}\boldsymbol{l} = 2\pi r B$$

所以

$$B = \frac{\mu_0 (r^2 - a^2) I}{2\pi(b^2 - a^2) r}$$

当 $r>b$ 时,有

$$\oint \boldsymbol{B} \cdot \mathrm{d}\boldsymbol{l} = \mu_0 I$$

所以

$$B = \frac{\mu_0 I}{2\pi r}$$

20. (1) 因为

$$E_{\mathrm{k}} = \frac{1}{2} m v^2 = \frac{eB^2 R^2}{2m} (\mathrm{eV})$$

所以

$$R = \sqrt{\frac{2mE_{\mathrm{k}}}{eB^2}} = \sqrt{\frac{2 \times 9.1 \times 10^{-31} \times 10}{1.6 \times 10^{-19} \times 10^{-8}}}\ \mathrm{m} = 11\ \mathrm{cm}$$

(2) $T = \dfrac{2\pi m}{eB} = \dfrac{2\pi \times 9.1 \times 10^{-31}}{1.6 \times 10^{-19} \times 10^{-4}}\ \mathrm{s} = 0.36\ \mu\mathrm{s}$.

(3) 顺时针方向旋转.

21. 设质子的质量为 $m_1 = m$,电荷量为 q,则由题意,氘核的质量为 $m_2 = 2m$,电荷量为 q,α 粒子的质量为 $m_3 = 4m$,电荷量为 $2q$.

(1) 静止的质子、氘核、α 粒子经相同电压加速之后,它们的动能分别为

$$E_{k_1} = qU$$

$$E_{k_2} = qU$$

$$E_{k_3} = 2qU$$

则它们的动能之比为

$$E_{k_1} : E_{k_2} : E_{k_3} = 1:1:2$$

（2）由公式

$$R = \frac{mv}{qB} = \frac{m}{qB}\sqrt{\frac{2E_k}{m}} = \frac{1}{qB}\sqrt{2mE_k}$$

已知质子的轨道半径 $R_1 = 0.1\ \mathrm{m}$,则可得

$$\frac{R_1}{R_2} = \frac{\frac{1}{qB}\sqrt{2m_1E_{k_1}}}{\frac{1}{qB}\sqrt{2m_2E_{k_2}}} = \frac{1}{\sqrt{2}}$$

$$\frac{R_1}{R_3} = \frac{\frac{1}{qB}\sqrt{2m_1E_{k_1}}}{\frac{1}{2qB}\sqrt{2m_3E_{k_3}}} = \frac{1}{\sqrt{2}}$$

所以

$$R_2 = 0.1 \times \sqrt{2}\ \mathrm{m} = 0.141\ \mathrm{m}$$

$$R_3 = 0.1 \times \sqrt{2}\ \mathrm{m} = 0.141\ \mathrm{m}$$

22. 依题意,有

$$qvB = \frac{Mv^2}{R}$$

所以

$$B = \frac{Mv}{qR}$$

又有

$$E_k = \frac{1}{2}Mv^2$$

即

$$v = \sqrt{\frac{2E_k}{M}}$$

所以

$$B = \frac{\sqrt{2ME_k}}{qR} = \frac{\sqrt{2 \times 1.67 \times 10^{-27} \times 1.6 \times 10^{-19} \times 4.0 \times 10^6}}{1.6 \times 10^{-19} \times 0.6}\ \mathrm{T} \approx 0.48\ \mathrm{T}$$

（2）质子每旋转一周增加的能量为 $2U$ eV,所以为提高到最大能量需要旋转的次数等于$\frac{E_k}{2U}$.而每旋转一周需要的时间为

$$T = \frac{2\pi M}{qB}$$

则有

$$\tau = \frac{E_k}{2U} \cdot \frac{2\pi M}{qB} = \frac{4.0 \times 10^6}{2 \times 2.0 \times 10^4} \cdot \frac{2\pi \times 1.67 \times 10^{-27}}{1.6 \times 10^{-19} \times 0.48}\ \mathrm{s} = 1.4 \times 10^{-5}\ \mathrm{s}$$

23. 如图 3.111 所示，令 $\boldsymbol{e}_1$、$\boldsymbol{e}_2$ 和 $\boldsymbol{e}_3$ 分别为向内、向上和向右的单位矢量，它们的关系为 $\boldsymbol{e}_1 \times \boldsymbol{e}_2 = \boldsymbol{e}_3$.

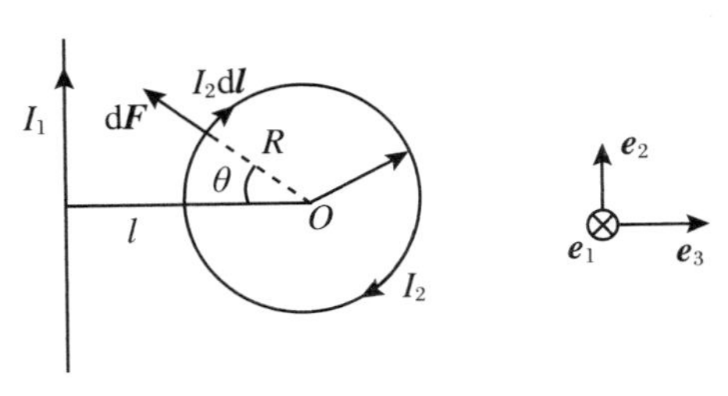

图 3.111

根据无限长直线电流产生磁感应强度的公式和电流受磁场作用的安培力公式，圆线圈上电流元 $I_2 \mathrm{d}\boldsymbol{l}$ 受 I_1 的作用力为

$$\mathrm{d}\boldsymbol{F} = I_2 \mathrm{d}\boldsymbol{l} \times \boldsymbol{B} = I_2 R \mathrm{d}\theta (\cos\theta \boldsymbol{e}_2 + \sin\theta \boldsymbol{e}_3) \times \left(\frac{\mu_0 I_1}{2\pi r}\boldsymbol{e}_1\right)$$

$$= \frac{\mu_0 I_1 I_2 R}{2\pi} \frac{\sin\theta \boldsymbol{e}_2 - \cos\theta \boldsymbol{e}_3}{r} \mathrm{d}\theta$$

$$= \frac{\mu_0 I_1 I_2 R}{2\pi} \frac{\sin\theta \boldsymbol{e}_2 - \cos\theta \boldsymbol{e}_3}{l - R\cos\theta} \mathrm{d}\theta \quad ①$$

积分便得 I_1 作用在圆线圈上的力为

$$\boldsymbol{F} = \frac{\mu_0 I_1 I_2 R}{\pi} \int_0^{\pi} \frac{\sin\theta \boldsymbol{e}_2 - \cos\theta \boldsymbol{e}_3}{l - R\cos\theta} \mathrm{d}\theta \quad ②$$

其中

$$\int_0^{\pi} \frac{\sin\theta}{l - R\cos\theta} \mathrm{d}\theta = \frac{1}{R} \ln(l - R\cos\theta) \Big|_{\theta=0}^{\theta=\pi} = 0 \quad ③$$

$$\int_0^{\pi} \frac{\cos\theta}{l - R\cos\theta} \mathrm{d}\theta = \left[-\frac{\theta}{R} + \frac{l}{R} \frac{2}{\sqrt{l^2 - R^2}} \arctan\left(\sqrt{\frac{l+R}{l-R}} \tan\frac{\theta}{2}\right)\right] \Bigg|_{\theta=0}^{\theta=\pi}$$

$$= -\frac{\pi}{R} + \frac{l}{R\sqrt{l^2 - R^2}} \pi$$

$$= \frac{\pi}{R}\left(\frac{l}{\sqrt{l^2 - R^2}} - 1\right) \quad ④$$

将③、④两式代入式②，即得

$$\boldsymbol{F} = \mu_0 I_1 I_2 \left(1 - \frac{l}{\sqrt{l^2 - R^2}}\right) \boldsymbol{e}_3 \quad ⑤$$

因 $\frac{l}{\sqrt{l^2 - R^2}} > 1$，故 $\boldsymbol{F}$ 与 $\boldsymbol{e}_3$ 方向相反，即 $\boldsymbol{F}$ 指向 I_1.

24. (1) 绳所受张力为 0 时，有

$$F = BIL - mg = 0$$

则可得

$$I = \frac{mg}{LB} = \frac{10 \times 10^{-3} \times 9.8}{50 \times 10^{-2} \times 1.0} \text{ A} \approx 0.20 \text{ A}$$

(2) 向上运动的条件是 $I > \frac{mg}{LB}$.

25. 如图 3.112 所示,各导线单位长度上所受的作用力相等,只求导线 1 单位长度上所受的力即可.

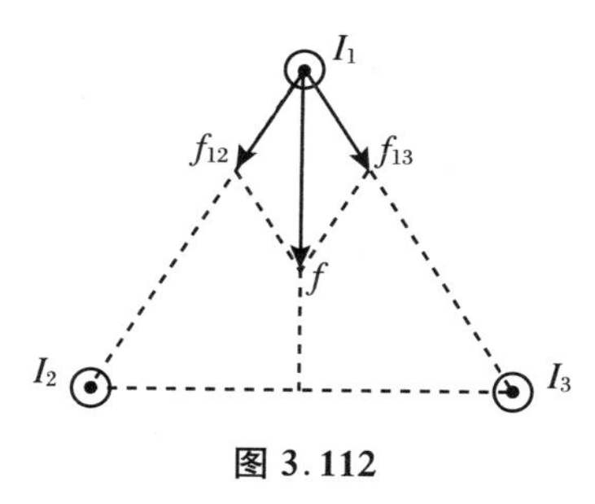

图 3.112

导线 2 和导线 3 作用在导线 1 上的力 f_{12} 与 f_{13} 大小相等,为

$$f_{12} = f_{13} = \frac{\mu_0 I^2}{2\pi d}$$

则导线 1 单位长度上所受的合力作用 f 大小为

$$f = f_{12}\cos 30^\circ + f_{13}\cos 30^\circ = \frac{\mu_0 I^2}{\pi d}\cos 30^\circ$$

代入数值,得

$$f = 3.46 \times 10^{-4} \text{ N}$$

26. (1) 分析可知,这个半导体是负电荷导电(N 型).

(2) 由霍尔电压公式,可得

$$n = \frac{IB}{Uqd} = 2.9 \times 10^{29} \text{ m}^{-3}$$

27. (1) 因为

$$I = bdnqu$$

$$V = \frac{1}{nq} \cdot \frac{IB}{d}$$

故有

$$u = \frac{V}{bB} = \frac{1.0 \times 10^{-5}}{1.0 \times 10^{-2} \times 1.5} \text{ m/s}$$
$$= 6.7 \times 10^{-4} \text{ m/s}$$

(2)

$$n = \frac{IB}{qVd} = \frac{3.0 \times 1.5}{1.6 \times 10^{-19} \times 1.0 \times 10^{-5} \times 10^{-3} \times 10^{-2}} \text{ m}^{-3}$$
$$= 2.8 \times 10^{29} \text{ cm}^{-3}$$

(3) 电压极性如图 3.113 所示.

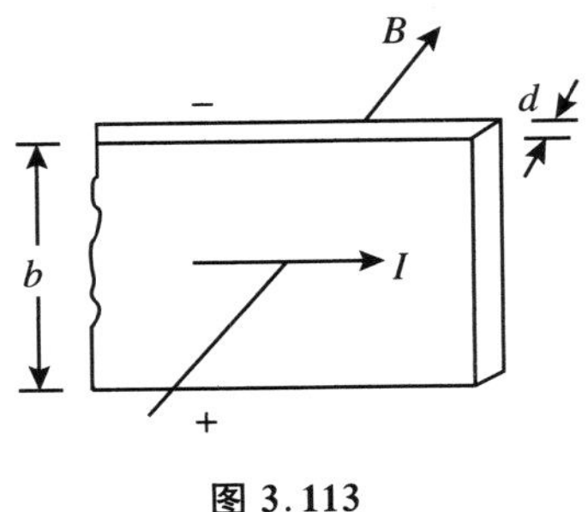

图 3.113

28．近似地认为截面内的磁场是均匀的，则

$$B = \mu_0\mu_r nI$$

所以磁通量为

$$\Phi = BS = \mu_0\mu_r nIS$$

其中

$$S = \frac{1}{4}\pi d^2,\quad n = \frac{N}{2\pi R}$$

$$\Phi = \frac{\mu_0\mu_r NId^2}{8R} = \frac{4\pi\times10^{-7}\times300\times200\times25\times10^{-3}\times(4.0\times10^{-3})^2}{8\times15\times10^{-3}}\ \mathrm{Wb}$$

$$= 2.5\times10^{-7}\ \mathrm{Wb}$$

29．由 $\mu_r = 1+\chi_m$，则磁化率 $\chi_m = \mu_r - 1$，于是可得：

铂(Pt)的磁化率为

$$\chi_{Pt} = \mu_{Pt} - 1 = 1.000026 - 1 = 2.6\times10^{-5}$$

由于 $\chi_{Pt}>0$ 且 $\chi_{Pt}\approx0$，故铂属于顺磁介质.

银(Ag)的磁化率为

$$\chi_{Ag} = \mu_{Ag} - 1 = 0.999974 - 1 = -2.6\times10^{-5}$$

由于 $\chi_{Ag}<0$ 且 $\chi_{Ag}\approx0$，故银属于抗磁介质.

30．由对称性，圆周上各点的 $\boldsymbol{H}$ 大小相等，方向沿切向.在环内任取一点(半径为 r)，对该点应用安培环路定理，有

$$\oint \boldsymbol{H}\cdot\mathrm{d}\boldsymbol{l} = I$$

得

$$H\cdot 2\pi r = NI$$

则

$$H = \frac{NI}{2\pi r} = \frac{200\times0.1}{0.1}\ \mathrm{A/m} = 200\ \mathrm{A/m}$$

$$B = \mu H = \mu_0\mu_r H = 4\pi\times10^{-7}\times4200\times200\ \mathrm{T} = 1.05\ \mathrm{T}$$

31．设磁片半径为 R，厚度为 l，薄磁片被均匀磁化，在其侧面出现圆环形磁化电流，则环形磁化电流在圆心处产生的附加磁场(与载流圆线圈在圆心处的磁场相同)为

$$B' = \frac{\mu_0 I'}{2R} = \frac{\mu_0(i'l)}{2R} = \frac{\mu_0 l}{2R}M$$

i'为磁化面电流密度.

由题意,有 $R\gg l$,则在点 1 处,有

$$B_1 = B' = \frac{\mu_0 l}{2R}M \approx 0$$

$$H_1 = \frac{B_1}{\mu_0} - M = \frac{lM}{2R} - M \approx - M$$

在点 2、点 3 处,由于法向分量在介质界面处连续,故

$$B_2 = B_3 = B_1 = \frac{\mu_0 l}{2R}M \approx 0$$

$$H_2 = H_3 = \frac{B_2}{\mu_0} = \frac{lM}{2R} \approx 0$$

第4章　电磁感应

在前面几章中，我们分别研究了静电场和稳恒磁场的基本规律与性质.静电场和稳恒磁场都不随时间变化，且彼此是相互独立的.本章将进一步讨论随时间变化的电场和磁场，研究它们之间相互制约、相互激发的关系，重点讨论电磁感应现象及产生的条件，并在此基础上介绍法拉第电磁感应定律.

4.1　法拉第电磁感应定律

电磁感应现象阐明了电与磁相互联系和转化的规律，使人们对电磁现象的本质有了更加深入的理解.其发现推动了电磁理论的发展，为科技的发展提供了理论根据，为人类获取巨大而廉价的电能开辟了道路.因此这一现象的发现是电磁学发展史上重要而辉煌的成就之一.

4.1.1　电磁感应现象

图4.1　法拉第环

自从1820年奥斯特通过实验发现电流的磁效应之后（运动电荷可以激发磁场，即“电生磁”），人们很快提出了一个共同的逆问题：既然电流可以产生磁场，那么能否利用磁效应产生电流（磁能否生电）？一大批科学家开始对这一当时的未知领域（“磁生电”）展开了探索.最终，法拉第通过十多年的努力，在1831年8月通过实验发现了人类历史上第一例电磁感应现象（实际上是我们后面要讲到的“互感”现象）.图4.1是法拉第实验所用的“法拉第环”.

法拉第的实验表明：当穿过闭合线圈的磁通量发生改变时，线圈中就会产生电流，这种现象称为电磁感应现象.而在电磁感应现象中，产生的这种电流称为感应电流.

我们可以通过以下几个演示实验，讨论电磁感应现象产生的条件.

如图4.2所示，将一条形磁铁插入线圈，在插入的过程中可以观察到电流计G的指针发生了偏转，表明线圈中有电流通过；再将磁铁从线圈内抽出，在抽出的过程中，电流计指针又反向偏转，表示此时线圈里产生了反方向电流.我们发现，若磁铁不动而使线圈相对磁铁运动，或两者同时相对运动，线圈中都会有电流产生.在上述各情形中，当相对运动停止时，电流也会随之消失.

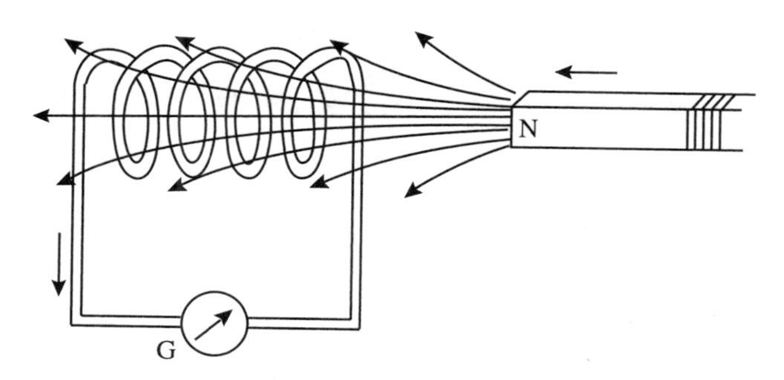

图 4.2 磁铁插入线圈

那么，究竟是由于相对运动还是由于线圈所在处的磁场的变化导致了电流产生？为此，需要看实验Ⅱ.

如图 4.3 所示，两个靠近的线圈相对静止，在右边线圈的回路接通电键 K 的瞬间，左边线圈回路中电流计 G 的指针会突然偏转并很快回到零点（产生了一个瞬时电流）；而在断开 K 的瞬间，电流计的指针会突然反向偏转并很快回到零点.此时没有任何相对运动发生，相对运动本身不应是左边线圈中产生电流的原因，只能是在通电或断电的瞬间，左边线圈处的磁场发生了变化，而使其回路中产生了电流.

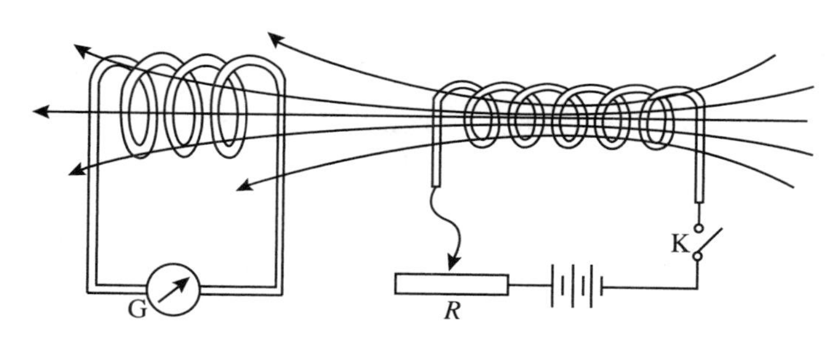

图 4.3 线圈通电和断电

要考察上述结论（磁场的变化导致电流的产生）是否全面，还需要看实验Ⅲ.

如图 4.4 所示，在稳恒磁场内有一金属线框，线框上有一可沿水平方向滑动的金属棒 AB.当金属棒 AB 水平向右滑动时，电流计指针发生偏转（表明有电流产生），滑动的速度越快，指针偏转越大.当金属棒水平向左滑动时，电流计指针则发生反向偏转.若金属棒匀速运动，则金属线框中产生的电流不变.在此实验中，磁场并没有变化，因而线框中产生电流的原因不能归结成磁场的变化.但我们注意到，金属棒相对于磁场的运动使得线框的面积发生了变化，结果也产生了电流.

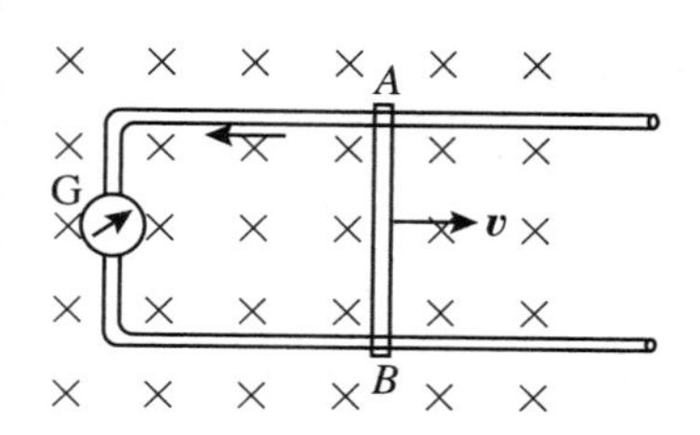

图 4.4 金属棒水平滑动

综合上述几个实验，我们归纳出两类方法可以产生感应电流：

(1) 磁场不变，而导体回路或回路的一部分相对于磁场运动；

(2) 导体回路不动，回路周围的磁场发生变化.

由 $\varphi_B = \iint_S \boldsymbol{B} \cdot \mathrm{d}\boldsymbol{S}$ 不难看出，这两类方法的共同点是：穿过闭合回路的磁通量发生了变化. 于是我们得到产生感应电流的条件是：当穿过闭合回路的磁通量发生变化时，回路中就产生感应电流.

4.1.2 法拉第电磁感应定律

从本质上说，感应电流仅是次级现象，由欧姆定律知，电路中有电流就表明电路中有电动势存在. 在电磁感应现象中，不论何种原因，只要穿过回路的磁通量发生变化，就一定会产生电动势 ε_i（即感应电动势）. 若导体回路闭合，回路中就会有感应电流，若回路不闭合，则虽然没有感应电流，但仍然存在感应电动势. 因此，可以说感应电流只是"次级现象"，而感应电动势比感应电流更能反映电磁感应现象的本质. 于是，电磁感应现象应该这样定义：当穿过导体回路所包围的面积的磁通量发生改变时，回路中就会产生感应电动势的现象. 下面研究感应电动势所遵从的物理规律.

法拉第通过大量的实验，发现并总结出了感应电动势与磁通量变化之间的关系，即导体回路中感应电动势的大小与穿过导体回路的磁通量对时间的变化率 $\frac{\mathrm{d}\Phi_{\mathrm{m}}}{\mathrm{d}t}$ 成正比，这一结论称为法拉第电磁感应定律（又称为电磁感应的通量法则）. 其数学表达式为

$$\varepsilon_i = -k\frac{\mathrm{d}\Phi_{\mathrm{m}}}{\mathrm{d}t}$$

式中 k 是比例常量. 在国际单位制中，$k=1$，于是定律的数学表达式可写为

$$\varepsilon_i = -\frac{\mathrm{d}\Phi_{\mathrm{m}}}{\mathrm{d}t} \tag{4.1}$$

即感应电动势等于穿过回路的磁通量的时间变化率的负值.

式(4.1)只对单匝线圈组成的回路成立. 若回路由 N 匝线圈串联组成，且通过每匝线圈的磁通量相同，均为 Φ_{m}，则线圈中总的电动势就等于各匝所产生的电动势之和，有

$$\varepsilon_i = -\frac{\mathrm{d}\psi}{\mathrm{d}t} = -\frac{\mathrm{d}(N\Phi_{\mathrm{m}})}{\mathrm{d}t} = -N\frac{\mathrm{d}\Phi_{\mathrm{m}}}{\mathrm{d}t} \tag{4.2}$$

式中 $\psi = N\Phi_{\mathrm{m}}$ 称为线圈的磁通匝链数（简称磁链）. 式(4.2)表明一个线圈总的感应电动势与它的磁链变化率的数值成正比. 式(4.1)和式(4.2)中的负号是回路中感应电动势方向的标志（负号实际上是楞次定律的数学体现）.

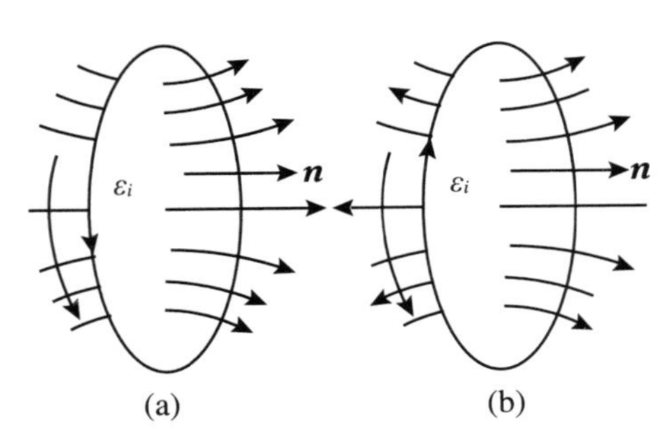

图 4.5 感应电动势的方向

由于电动势和磁通量都是标量（代数量），它们的正负都是相对于某一个指定方向而言的，因此，在应用法拉第电磁感应定律确定感应电动势的方向时，首先要指定回路的"绕行正方向"，并规定电动势方向与绕行方向一致时为正；然后根据回路的绕行正方向，按右手螺旋定则确定回路所包围面积的正法线方向 $\boldsymbol{n}$. 若 $\boldsymbol{B}$ 与 $\boldsymbol{n}$ 的夹角小于 $\frac{\pi}{2}$，则穿过回路的磁通量 $\Phi_{\mathrm{m}}>0$；若夹角大于 $\frac{\pi}{2}$，

则有 $\Phi_m<0$. 于是, ε_i 或 I_i 的正负完全由 $\frac{d\Phi_m}{dt}$ 决定:若 $\frac{d\Phi_m}{dt}<0$,则 $\varepsilon_i>0$,表示感应电动势的方向与绕行正方向相同;若 $\frac{d\Phi_m}{dt}>0$,则 $\varepsilon_i<0$,表示感应电动势的方向与绕行正方向相反,如图 4.5(a)(b)所示.

若设闭合回路的电阻为 R,则通过回路的感应电流为

$$I=-\frac{1}{R}\frac{d\Phi_m}{dt} \tag{4.3}$$

而在 $\Delta t=t_2-t_1$ 时间内,通过回路中的感应电荷量则为

$$q_i=\int_{t_1}^{t_2}I_i dt=-\frac{1}{R}\int_{\Phi_{1m}}^{\Phi_{2m}}d\Phi_m=\frac{1}{R}(\Phi_{1m}-\Phi_{2m}) \tag{4.4}$$

即感应电荷量与通过回路面积的磁通量的改变成正比,而与磁通量变化的快慢无关. 如果测得感应电量,且回路中的电阻又已知,就可以计算磁通量,常用的磁通计就是根据这个原理设计制成的.

4.1.3 楞次定律

1834 年,楞次(Lenz,1804～1865)在概括了大量实验事实的基础上,总结出一种直接判断感应电流方向的法则,即楞次定律. 楞次定律是判断感应电流方向(进而确定感应电动势方向)的实验定律,可以简单地表述为:感应电流的效果总是反抗引起感应电流的原因. 在实际应用中,为了使用方便,通常可以将楞次定律表述为以下两种形式.

(1) 楞次定律的第一种表述是:在闭合回路中,感应电流的磁通量总是力图阻碍(反抗或补偿)原磁通量的变化(增加或减少).

如图 4.6 所示,当永久磁棒的 N 极向线圈移动时,通过线圈的磁通量增加,由楞次定律可知,感应电流产生的磁场方向(图中用虚线表示)应当与永久磁棒所产生的磁场方向(图中用实线表示)相反,以反抗线圈内磁通量的增加. 根据右手螺旋定则,若从永久磁棒向线圈看去,感应电流应是沿逆时针方向. 而当永久磁棒的 N 极离开线圈时,线圈内的磁通量减少,则感应电流所产生的磁场方向与永久磁棒的磁场方向相同,以补偿线圈内磁通量的减少,这时从永久磁棒向线圈看去,感应电流的方向应是顺时针.

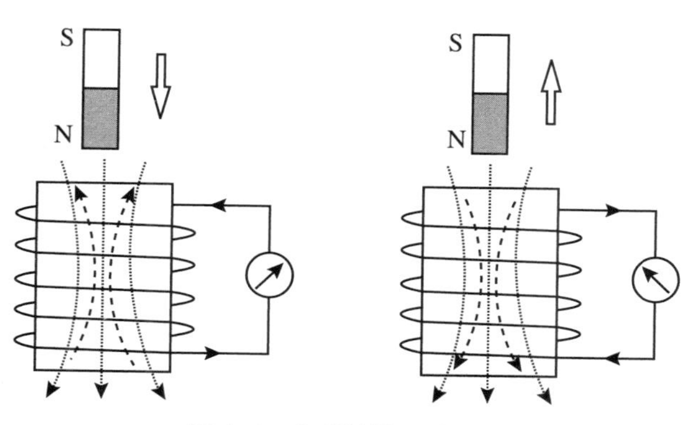

图 4.6 永磁铁的两种运动

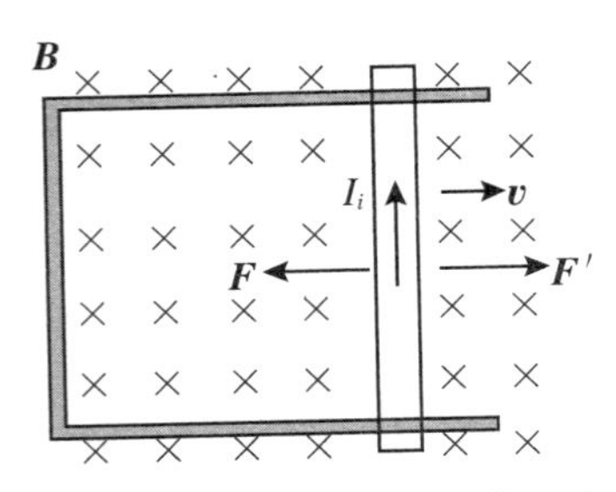

图 4.7 导体在磁场中的运动

(2) 楞次定律的第二种表述是：当导体在磁场中运动时，感应电流受到的磁场力总是阻碍导体的运动(这是从感应电流的机械效果的角度来表达定律).

如图 4.7 所示，在外力 $\boldsymbol{F}'$ 作用之下，导体棒以速度 $\boldsymbol{v}$ 水平向右运动，则由楞次定律知，感应电流 I_i 受到的磁场力 $\boldsymbol{F}=\int_L I_i \mathrm{d}\boldsymbol{l}\times\boldsymbol{B}$ 会阻碍其运动，即磁场力的方向应该水平向左. 根据右手螺旋定则不难判定，在导体棒中会产生向上的感应电流 I_i.

在上述楞次定律的两种表述中，虽然第二种表述的适用范围没有第一种表述的大，但两种表述是有其一致性的，它们的共同点是"感应电流产生的效果总是力图反抗引起此感应电流的原因".

实际上，楞次定律的本质是能量守恒和转换定律. 在上述图 4.7 的情形中，感应电流受到的磁场力反抗导体棒的运动，因此，要使导体棒持续移动，就需要外力持续做功. 导体棒的移动在回路中产生感应电流，这时在回路中也会有一定的电能消耗(如转变为热能等). 事实上，这些能量的来源就是外力所做的功.

我们设想一下，若感应电流受到的磁场力不是阻止相对运动而是促进运动，则只要我们把磁铁稍稍推动一下，感应电流的作用将使磁铁动得更快一些，于是更加增大了感应电流的强度，这个增大又会进一步加速相对运动. 如此不断地反复加强，由最初微小移动做的功，就能得到无穷大的机械能和电能，这显然是与能量守恒和转换定律相违背的. 可见，楞次定律实际上就是能量守恒与转换定律在电磁感应现象中的具体体现.

用楞次定律判断感应电流(进而判断感应电动势)的方向，与用法拉第电磁感应定律(即式(4.1))判断的方向，两者结果是完全一致的，因为前面说过，式(4.1)中的负号实际上就是楞次定律的数学表示.

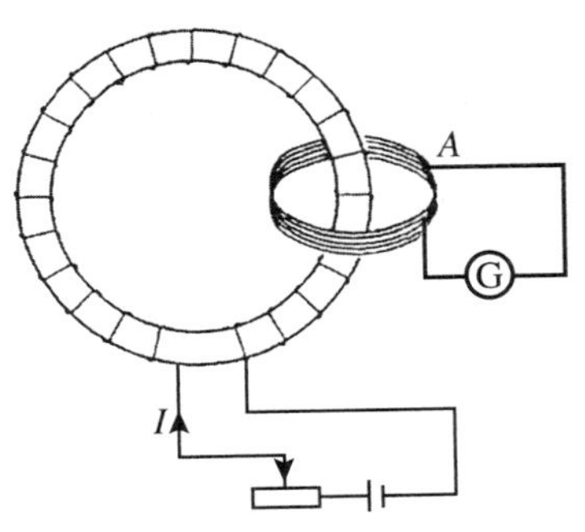

图 4.8 线圈中的感应电动势

例 1 如图 4.8 所示，由导线绕成的空心细螺绕环，单位长度上的匝数 $n=5000$ 匝/米，截面面积 $S=2\times10^{-3}\ \mathrm{m}^2$，螺绕环和电源以及电阻器串联成一闭合电路，在环上绕有一个匝数 $N=5$ 匝，电阻 $R=2\ \Omega$ 的线圈 A，调节滑线变阻器，使通过螺绕环的电流 I 每秒减少 20 A，试求：(1) 线圈 A 中的感应电动势；(2) 线圈 A 中的感应电流.

解 (1) 细螺绕环可以视为长直螺线管，其内部的磁感应强度大小为

$$B=\mu_0 nI$$

设磁场 $\boldsymbol{B}$ 沿顺时针方向，且垂直于线圈 A 的平面. 由于磁场完全集中在螺绕环内，所以穿过线圈 A 的磁通量为

$$\Phi_{\mathrm{m}}=\mu_0 nIS$$

由法拉第电磁感应定律可得，线圈 A 中的感应电动势的大小为

$$\begin{aligned}\varepsilon_i &= \left|-N\frac{\mathrm{d}\Phi_{\mathrm{m}}}{\mathrm{d}t}\right| = \mu_0 nNS\frac{\mathrm{d}I}{\mathrm{d}t}\\ &= 12.57\times10^{-7}\times5000\times5\times2\times10^{-3}\times20\ \mathrm{V}=1.26\times10^{-3}\ \mathrm{V}\end{aligned}$$

由楞次定律可以判定，ε_i 的方向从上往下看沿顺时针方向.

(2) 由欧姆定律可知，线圈 A 中的感应电流为

$$I_i = \frac{\varepsilon_i}{R} = \frac{1.26 \times 10^{-3}}{2}\ \mathrm{A} = 6.3 \times 10^{-4}\ \mathrm{A}$$

法拉第电磁感应定律(即通量法则)从实验现象上给出了回路中磁通量的变化率和感应电动势之间的联系(共同特点)，但没有涉及产生的感应电动势的分类以及其物理实质是什么的问题.

由前面的讨论可知，根据磁通量发生变化的方式不同，可以将感应电动势分为两大类：磁场不变，因导体的运动而产生的感应电动势称为动生电动势；导体不动，因磁场的变化而产生的感应电动势叫感生电动势.下面两节将分别讨论它们的起因和规律.

4.2　动生电动势

在前一章中，我们已经知道了，电动势是单位电荷运动时非静电力所做的功.因此，任何电动势的产生都必然有其对应的“非静电力”.要知道动生电动势的起源，就需要找到其“非静电力”是什么.

4.2.1　动生电动势简介

在稳恒磁场中，运动着的导体内产生的感应电动势称为动生电动势.

1. 动生电动势的起因

从物理实质上看，动生电动势的产生是由于磁场在导体中的载流子上有洛伦兹力作用.我们通过下面的典型实例来加以分析.

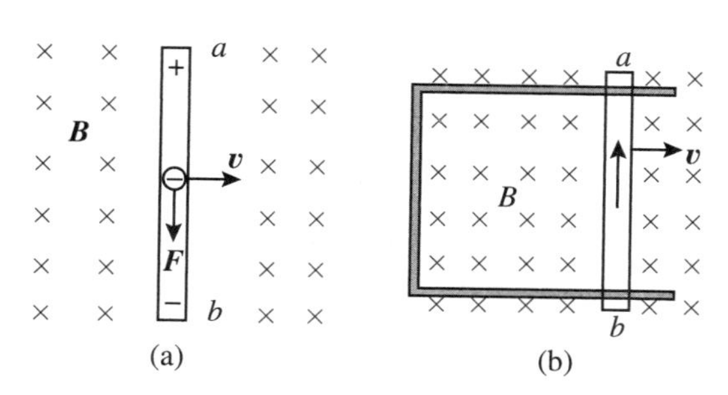

图 4.9　动生电动势的起因

如图 4.9(a)所示，设有长为 l 的导体棒 ab，在稳恒的均匀磁场中以匀速度 $\boldsymbol{v}$ 沿着垂直于磁场 $\boldsymbol{B}$ 的方向运动，此时，导体棒中的自由电子将随着棒一起以速度 $\boldsymbol{v}$ 在磁场 $\boldsymbol{B}$ 中运动，因而每个自由电子都将受到洛伦兹力 $\boldsymbol{F}$ 的作用：

$$\boldsymbol{F} = -e(\boldsymbol{v} \times \boldsymbol{B})$$

显然 $\boldsymbol{F}$ 的方向由 a 指向 b.在洛伦兹力 $\boldsymbol{F}$ 的作用下，自由电子沿棒向 b 端运动.自由电子运动的结果是棒 ab 两端出现了上正下负的电荷堆积，从而产生自 a 指向 b 的静电场，设其电

场强度为 $\boldsymbol{E}$，于是电子还将受到一个与洛伦兹力方向相反的静电力 $\boldsymbol{F}_e=-e\boldsymbol{E}$，此静电力随着电荷量的累积而增大．当静电力的大小增大到等于洛伦兹力的大小时，a、b 两端形成一定的电势差．

此时，若导体棒 ab 与一个导体框形成闭合回路，如图 4.9(b)所示，则在外电路上，自由电子在静电力作用下，将由负极的 b 端沿导体框(即外电路)运动到正极的 a 端．

由于电荷的移动，使导体棒 a、b 两端堆积的电荷减少，从而静电场的电场强度 $\boldsymbol{E}$ 变小，于是棒内原来两力平衡的状态被破坏，电子又会沿洛伦兹力方向运动，补充 a、b 两端减少的电荷，使匀速运动的导体棒两端维持一定的电势差，这时的导体棒 ab 相当于一个具有一定电动势的"电源"．显然，洛伦兹力充当了此"电源"的非静电力，它不断地在此"电源"内部将电子从高电势处搬移到低电势处，使运动导体棒内形成动生电动势，并在闭合回路中产生感应电流．

这里，我们可以定义运动导体棒内与洛伦兹力相对应的非静电场强度为

$$\boldsymbol{E}_k=-\frac{\boldsymbol{F}}{e}=\boldsymbol{v}\times\boldsymbol{B}$$

则导体棒 ab 上的动生电动势为

$$\varepsilon_i=\int_a^b\boldsymbol{E}_k\cdot\mathrm{d}\boldsymbol{l}=\int_a^b(\boldsymbol{v}\times\boldsymbol{B})\cdot\mathrm{d}\boldsymbol{l}=Bvl$$

可以证明，对于任意形状的一段导线 L，在外磁场中运动时，都有动生电动势为

$$\varepsilon_i=\int_L\boldsymbol{E}_k\cdot\mathrm{d}\boldsymbol{l}=\int_L(\boldsymbol{v}\times\boldsymbol{B})\cdot\mathrm{d}\boldsymbol{l}\tag{4.5}$$

这里的积分线元矢量 $\mathrm{d}\boldsymbol{l}$ 是在积分路径上任意选定的，当 $\mathrm{d}\boldsymbol{l}$ 同 $\boldsymbol{v}\times\boldsymbol{B}$ 成锐角时，ε_i 为正；当 $\mathrm{d}\boldsymbol{l}$ 同 $\boldsymbol{v}\times\boldsymbol{B}$ 成钝角时，ε_i 为负．

如果导线构成回路，则有

$$\varepsilon_i=\oint_L(\boldsymbol{v}\times\boldsymbol{B})\cdot\mathrm{d}\boldsymbol{l}\tag{4.6}$$

当回路中只有部分导线段运动时，则上式只对该部分导线积分，且电动势只存在于那些运动着的导线段上；若整个回路都有运动，就应对整个闭合回路积分，此时电动势存在于整个回路中．

在运动导体构成回路的情况中，可以证明，式(4.6)与法拉第电磁感应定律式(4.1)是一致的．

注意，动生电动势的方向就是非静电场强 $\boldsymbol{E}_k$ 的方向，即 $\boldsymbol{v}\times\boldsymbol{B}$ 的方向．

2．动生电动势的能量转换问题

前面已知，动生电动势是洛伦兹力驱动电子运动的结果，洛伦兹力驱动电子运动需要做功．但在第 8 章里我们说过，洛伦兹力永远不对运动电荷做功．这两者之间似乎产生了矛盾．下面简要分析一下这个问题．

首先，要明确两个概念：

(1) 总力不做功，不等于各个分力不做功(只要一些分力的正功与其他分力的负功相等即可)；

(2) 一个系统不提供能量，并不等于它不传递能量(只要它所接收进来的能量和传递出去的能量永远相等即可)．

如图 4.10 所示，取导体棒 ab 中的一小段，分析其中电子的运动与受力情况．

电子所受总的洛伦兹力 $\boldsymbol{F}=-e(\boldsymbol{u}+\boldsymbol{v})\times\boldsymbol{B}$,则电子运动的合速度为 $\boldsymbol{V}=\boldsymbol{u}+\boldsymbol{v}$,可见,$\boldsymbol{F}$ 的方向与 $\boldsymbol{V}$ 垂直,故总的洛伦兹力是不做功的.

但是,$\boldsymbol{F}=\boldsymbol{f}+\boldsymbol{f}'$,两个分力分别要对电子做正功和负功:分力 $\boldsymbol{f}=-e(\boldsymbol{v}\times\boldsymbol{B})$对电子做正功,起着电源中非静电力的作用,形成动生电动势;而分力 $\boldsymbol{f}'=-e(\boldsymbol{u}\times\boldsymbol{B})$沿着 $\boldsymbol{v}$ 的反方向,阻碍导体运动,做负功,宏观上即表现为导体棒受到的安培力.

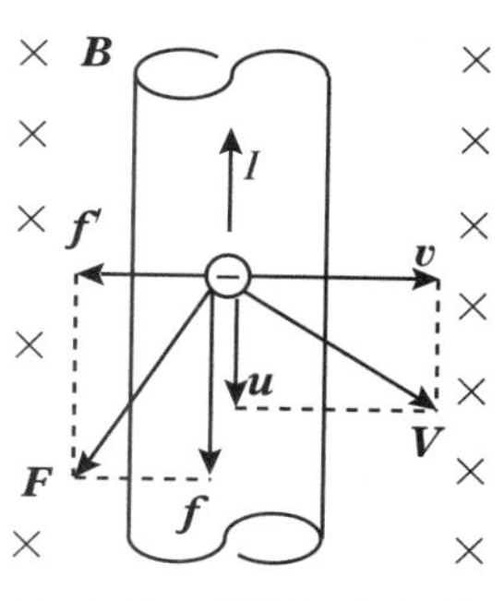

图 4.10 能量转换问题

单位时间内两分力做的功(即功率)分别为

$$\boldsymbol{f}\cdot\boldsymbol{u}=-e(\boldsymbol{v}\times\boldsymbol{B})\cdot\boldsymbol{u}$$

$$\boldsymbol{f}'\cdot\boldsymbol{v}=-e(\boldsymbol{u}\times\boldsymbol{B})\cdot\boldsymbol{v}=e(\boldsymbol{B}\times\boldsymbol{u})\cdot\boldsymbol{v}=e(\boldsymbol{v}\times\boldsymbol{B})\cdot\boldsymbol{u}=-\boldsymbol{f}\cdot\boldsymbol{u}$$

上面两式说明总的洛伦兹力不做功,但两个分力要做功,而它们所做的功的代数和为零.于是我们得到结论:洛伦兹力虽然不提供能量,但起能量传递的作用,即外力克服洛伦兹力的一个分量 $\boldsymbol{f}'$所做的功,通过另一个分量 $\boldsymbol{f}$ 转变成导体的动生电动势,可见,从能量转换上看,动生电动势的产生完全符合能量转化与守恒定律.

3. 典型实例:交流发电机的基本原理

动生电动势实际应用的一个典型实例是交流发电机.

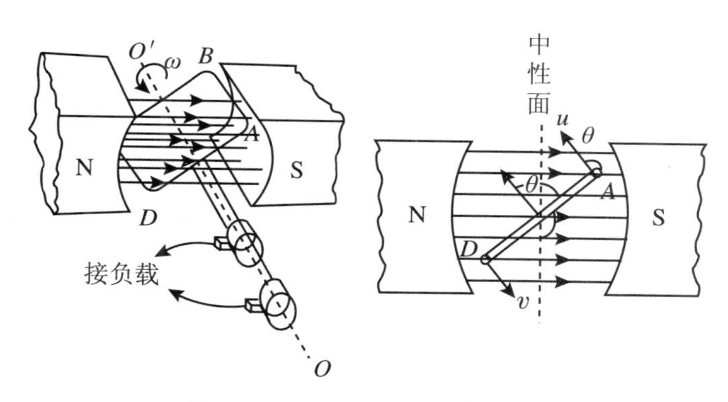

图 4.11 交流发电机的基本原理

如图 4.11 所示,设一矩形刚性线圈,匝数为 N,面积为 S.使这个线圈在均匀磁场中以角速度绕固定的轴线 OO'转动,磁感应强度 B 与OO'轴垂直.

当线圈平面的法线 $\boldsymbol{n}$ 与$\boldsymbol{B}$ 之间的夹角为θ 时,对于每匝线圈,穿过线圈平面的磁通量为

$$\Phi_{\mathrm{m}} = BS\cos\theta$$

当线圈绕 OO'轴转动时,夹角 θ 随时间改变,所以磁通量 Φ_{m} 也随时间改变.

由法拉第电磁感应定律可知,N 匝线圈中所产生的感应电动势为

$$\varepsilon_i = -N\frac{\mathrm{d}\Phi_{\mathrm{m}}}{\mathrm{d}t} = NBS\sin\theta\frac{\mathrm{d}\theta}{\mathrm{d}t}$$

式中,$\frac{\mathrm{d}\theta}{\mathrm{d}t}$是线圈转动的角速度$\omega$.若 ω 是恒量,且设 $t=0$ 时,有 $\theta_0=0$(初始条件),则有 $\theta=\omega t$,代入上式得

$$\varepsilon_i = NBS\omega\sin\omega t$$

可令 $NBS\omega=\varepsilon_0$,表示线圈平面平行于磁场方向的瞬时感应电动势(即线圈中感应电动

势的最大量值)，于是得到

$$\varepsilon_i = \varepsilon_0 \sin\omega t$$

由上式可知，在均匀磁场内，以匀角速度转动的线圈中产生的感应(动生)电动势是随时间按正弦规律做周期性变化的，周期为$\frac{2\pi}{\omega}$，这种电动势称为交变电动势. 在交变电动势的作用下，线圈中产生的电流也是交变的，称为交变电流(即简谐交流电). 以上所述即为交流发电机的工作原理(运用电磁感应定律将机械能转换成电能).

4.2.2 动生电动势的计算

计算动生电动势一般有两种方法：

(1) 直接积分法求解问题：

$$\varepsilon_i = \int_L (\boldsymbol{v} \times \boldsymbol{B}) \cdot \mathrm{d}\boldsymbol{l} \text{(式中的 } L \text{ 可以闭合，也可以不闭合)}$$

(2) 用法拉第电磁感应定律(即通量法则)求解问题：

$$\varepsilon_i = \frac{\mathrm{d}\psi}{\mathrm{d}t} = -N\frac{\mathrm{d}\Phi_\mathrm{m}}{\mathrm{d}t}$$

注意，当导体不形成闭合回路时，可作一假想的辅助线，形成合理的回路，以便应用定律计算磁通量.

例 1 设有一铜棒 ab 长为 L，在纸面内以恒定的角速度 ω 按顺时针方向绕 a 点转动，铜棒与均匀的稳恒磁场 $\boldsymbol{B}$ 垂直，求铜棒中动生电动势的大小和方向.

解 如图 4.12 所示，在铜棒上距 a 点 l 处取一线元 $\mathrm{d}\boldsymbol{l}$，其方向指向 b，则该线元相对磁场的运动线速度 $\boldsymbol{v}$ 垂直于 $\mathrm{d}\boldsymbol{l}$ 和 $\boldsymbol{B}$，其大小为 $v=\omega l$.

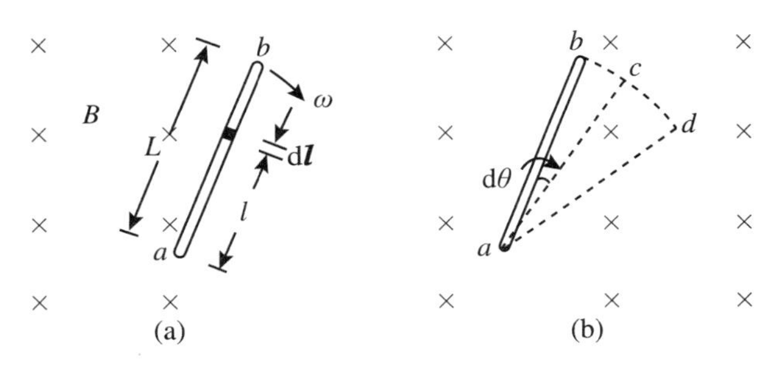

图 4.12 铜棒中的动生电动势

故在 $\mathrm{d}\boldsymbol{l}$ 上产生的动生电动势为

$$\mathrm{d}\varepsilon_i = (\boldsymbol{v} \times \boldsymbol{B}) \cdot \mathrm{d}\boldsymbol{l} = B\omega l \mathrm{d}l$$

于是铜棒中总的电动势为

$$\varepsilon_i = \int \mathrm{d}\varepsilon_i = \int_0^L B\omega l \mathrm{d}l = \frac{1}{2}B\omega L^2$$

由 $\boldsymbol{v}\times\boldsymbol{B}$ 不难得到，动生电动势的方向是由 a 指向 b，即 b 点电势高.

本题也可以作辅助线形成闭合回路，应用法拉第电磁感应定律来求解(略).

例2　如图4.13所示，有一导体细棒，由 $ab=bc=L$ 组成，两段在 b 处相接，弯曲处形成 θ 角 $\left(\theta<\frac{\pi}{2}\right)$，导体细棒在均匀磁场 $\boldsymbol{B}$ 中以速率 $\boldsymbol{v}$ 水平向右运动，试问：ac 间的电势差为多少？哪一点电势较高？

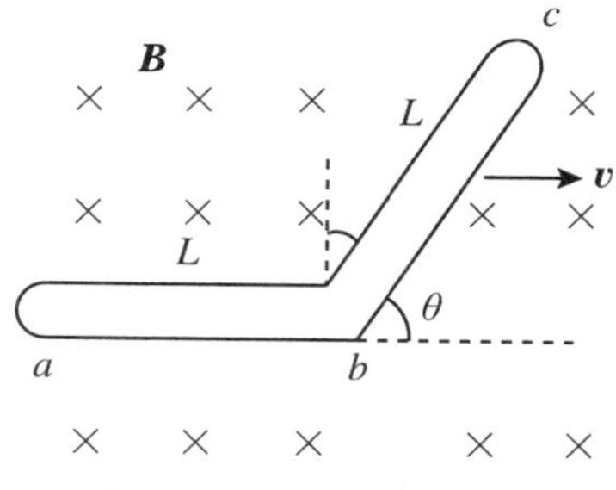

图4.13　运动的导体细棒

解　可将此导体细棒分成 ab 和 bc 两部分，用直接积分的方法，分别求各段的动生电动势.

对于 ab 段，利用动生电动势定义式，可得

$$\varepsilon_{ab}=\int_a^b(\boldsymbol{v}\times\boldsymbol{B})\cdot\mathrm{d}\boldsymbol{l}=\int_a^b v\cdot B\sin 90^\circ\cos 90^\circ\cdot\mathrm{d}l=0$$

同理，对于 bc 段，利用动生电动势定义式，可得

$$\begin{aligned}\varepsilon_{bc}&=\int_b^c(\boldsymbol{v}\times\boldsymbol{B})\cdot\mathrm{d}\boldsymbol{l}=\int_a^b v\cdot B\sin 90^\circ\cos\left(\frac{\pi}{2}-\theta\right)\cdot\mathrm{d}l\\&=vB\cos\left(\frac{\pi}{2}-\theta\right)\cdot\int_b^c\mathrm{d}l\\&=vBL\sin\theta\end{aligned}$$

可见，ab 段上的动生电动势为零，则整个导体细棒的动生电动势为

$$\varepsilon_{ac}=\varepsilon_{ab}+\varepsilon_{bc}=\int_a^c(\boldsymbol{v}\times\boldsymbol{B})\cdot\mathrm{d}\boldsymbol{l}=vBL\sin\theta$$

由 $\boldsymbol{v}\times\boldsymbol{B}$ 可知，方向为由 b 指向 c.

故 ac 间的电势差为 $U_{ac}=vBL\sin\theta$，c 点电势高.

4.3　感生电动势

4.3.1　感生电动势简介

与动生电动势相对应，导体静止而因磁场随时间变化产生的感应电动势称为感生电动势.

1. 感生电场　感生电动势

动生电动势的起因是洛伦兹力充当了“非静电力”，那么，感生电动势产生的过程中，充当“非静电力”的是否还是洛伦兹力呢？下面做简要分析.

在此情形下，磁场变化的原因可能是磁场源的运动或是载流导线中电流的变化，无论是哪一种原因，其结果都是使磁场不再保持恒定.

通过实验发现，当磁场变化时，静止导体中同样会产生感应电动势. 这时产生电动势的非静电力显然不能是洛伦兹力，因为磁场对静止电荷是没有作用的. 而且实验表明，只要有变化的磁场存在，不仅处在其中的静止电荷会受到力的作用，而且处在磁场区域之外的静止电荷也会受到力的作用. 因此，这种“非静电力”不可能是洛伦兹力.

从本质上说，这种力应该是电场力. 为了解释这种力的来源，1861年，麦克斯韦在分析

了一系列实验之后，从“场”的观点出发，突破电场只能起源于电荷的认识，大胆提出了“感生电场”的假说.麦克斯韦认为变化的磁场在其周围空间会激发一种电场，称为感生电场（又称涡旋电场）.

空间里即使没有导体存在，但只要存在着变化的磁场，就一定会存在感生电场，而且感生电场可以扩展到原磁场未达到的区域.在变化着的磁场中，导体内之所以会出现感应电动势，正是这种非静电性质的感生电场力对导体内载流子作用的结果.感生电场的存在得到了众多实验结果的证实.

这里，我们可以设感生电场的场强为 $\boldsymbol{E}_k$（即单位正电荷受到的感生电场力），则由电动势的一般定义可知，沿任意闭合回路的感生电动势为

$$\varepsilon_i = \oint_L \boldsymbol{E}_k \cdot \mathrm{d}\boldsymbol{l} \tag{4.7}$$

将上式代入式(4.1)，得

$$\oint_L \boldsymbol{E}_k \cdot \mathrm{d}\boldsymbol{l} = -\frac{\mathrm{d}\Phi_\mathrm{m}}{\mathrm{d}t}$$

式中，Φ_m 是穿过以回路 L 为边界的任意曲面 S 的磁通量，即

$$\Phi_\mathrm{m} = \int_L \boldsymbol{B} \cdot \mathrm{d}\boldsymbol{S}$$

因而

$$\oint_L \boldsymbol{E}_k \cdot \mathrm{d}\boldsymbol{l} = -\frac{\mathrm{d}}{\mathrm{d}t}\iint_S \boldsymbol{B} \cdot \mathrm{d}\boldsymbol{S}$$

因为回路是静止的，即 S 不随时间变化，微分与积分可以互换，上式可表达为

$$\oint_L \boldsymbol{E}_k \cdot \mathrm{d}\boldsymbol{l} = -\iint_S \frac{\partial \boldsymbol{B}}{\partial t} \cdot \mathrm{d}\boldsymbol{S} \tag{4.8}$$

式中，负号表示磁通量增加时，产生的感生电场（涡旋电场）$\boldsymbol{E}_k$ 与 $\frac{\partial \boldsymbol{B}}{\partial t}$ 构成左手螺旋关系.

一般地，空间中还存在静电场（库仑电场），即总的电场为 $\boldsymbol{E} = \boldsymbol{E}_{库} + \boldsymbol{E}_k$，则有

$$\oint_L \boldsymbol{E} \cdot \mathrm{d}\boldsymbol{l} = -\iint_S \frac{\partial \boldsymbol{B}}{\partial t} \cdot \mathrm{d}\boldsymbol{S} \tag{4.9}$$

上式是随时间变化的电磁场的基本方程之一.

2. 静电场(库仑场)与感生电场(涡旋电场)的异同

空间中总的电场为 $\boldsymbol{E} = \boldsymbol{E}_{库} + \boldsymbol{E}_k$，其中静电场（库仑电场）与感生电场（涡旋电场）的性质是不同的，下面做一个简单的比较.

两者的共同点是都对进入场中的电荷产生力的作用，即有

$$\boldsymbol{F}_{库} = q\boldsymbol{E}_{库}$$
$$\boldsymbol{F}_k = q\boldsymbol{E}_k$$

两者的不同点则是：

(1) 场源不同.库仑电场由电荷所激发；感生电场不是由电荷激发的，而是由变化的磁场激发的.

(2) 场的性质不同.静电场的通量不为零但环流为零，表示静电场是有源的保守力场，静电场线是非闭合的；感生电场的通量为零但环流不等于零，即感生电场是无源的非保守力场（涡旋场），感生电场线是闭合的，且感生电场的电场线总是和变化磁场的磁感应线互相

套连.

3．典型实例:电子感应加速器

电子感应加速器是利用变化磁场产生的涡旋电场加速电子以获得高能量电子束的装置,因此它也是感生电场存在的最重要的例证之一.

图4.14是电子感应加速器的示意图,其中N、S为电磁铁的两极,其间有一环形真空管道.电磁铁中通有每秒几十赫兹的强大的交变电流.在交变电流激发下两极之间出现交变磁场,其磁感应线是对称分布的,设某一瞬间的磁感应线如图所示.此交变磁场又在真空管道中产生很强的涡旋电场,在水平面上其电场线为许多同心圆,如图中虚线所示.

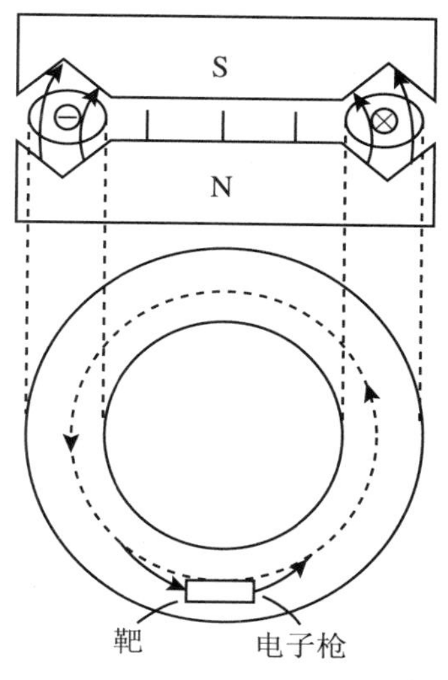

图4.14　电子感应加速器

当电子从电子枪中射入环形真空管道时,电子便受到两个力作用,即涡旋电场的作用力和电子所在处的磁场的洛伦兹力.电子感应加速器的工作原理简单地说就是:利用涡旋电场力使电子加速,且利用磁场对电子的洛伦兹力作为向心力,使电子做圆周运动.为了保证电子在加速器中不断地被加速,且受向心力而做圆周运动,必须在极短的时间内使得射入的电子完成加速并引离加速器,这个时间称为工作时间.现简要分析如下.

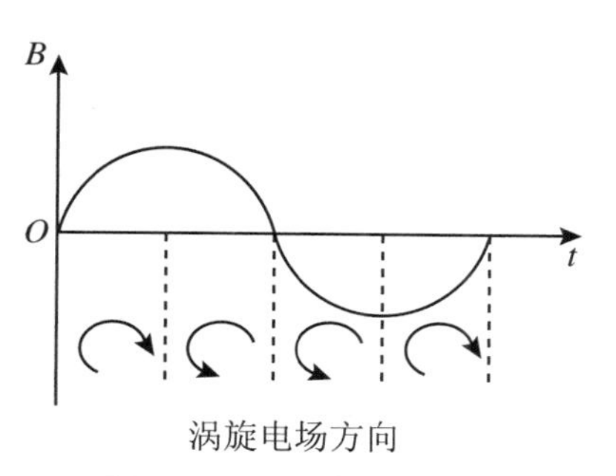

图4.15　感生电场的方向

如图4.15所示,交变磁场随时间做正弦变化,在一个周期内磁场变化的情况如图所示(B为正表示$\boldsymbol{B}$方向向上;B为负表示$\boldsymbol{B}$方向向下).

先考虑感生电场.在第一个1/4周期中,$\boldsymbol{B}$向上,且$|\boldsymbol{B}|$增加,则由左手定则知感生电场$\boldsymbol{E}_k$是沿顺时针方向的;在第四个1/4周期中,$\boldsymbol{B}$向下,且$|\boldsymbol{B}|$减少,同样$\boldsymbol{E}_k$也是沿顺时针方向的;而在第二和第三个1/4周期中,$\boldsymbol{E}_k$则是沿逆时针方向的.因此只有在第一个和第四个1/4周期中,电子才能被加速.

再考虑洛伦兹力.只有在前1/2周期中,$\boldsymbol{B}$方向向上,洛伦兹力$(-e)\boldsymbol{v}\times\boldsymbol{B}$指向圆心;在后1/2周期中,$\boldsymbol{B}$方向向下,洛伦兹力$(-e)\boldsymbol{v}\times\boldsymbol{B}$不能指向圆心.因此,只有在前1/2周期中,电子才受到向心力的作用而做圆周运动.

综合以上两点,不难发现,电子感应加速器的工作时间只有第一个1/4周期,因为在整个周期中只有第一个1/4周期能使电子做加速圆周运动.好在电子在不到1/4周期的时间内已经转了几十万圈,只要在该1/4周期之末将电子引离轨道进入靶室,就能使其能量达到足够的数值.电子感应加速器在科研、医疗以及工业上都有着广泛的应用.

4.3.2 涡电流

1. 涡电流

前面我们只讨论了导体回路中的电磁感应现象.人们发现,当有大块金属在磁场中运动或者放入到变化的磁场中时,金属内也会产生感应电流.这种电流在金属体内形成自我闭合的涡旋状,所以称为涡电流(简称涡流).

2. 涡电流的物理效应

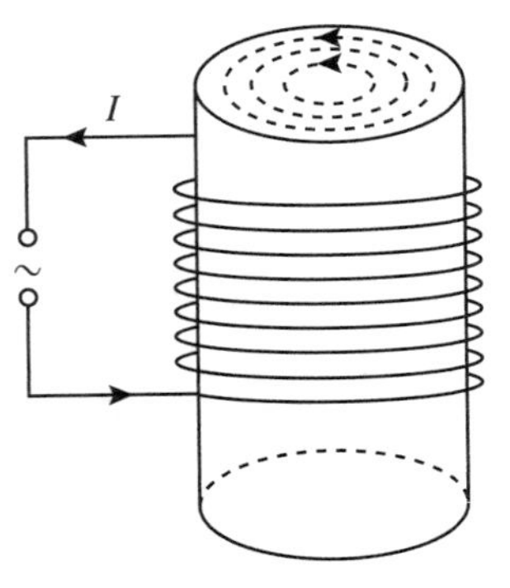

图 4.16 涡电流

如图 4.16 所示,在绕在圆柱形铁芯上的线圈中通以交变电流,就会在铁芯内沿轴线方向产生交变的磁通量,从而在铁芯横截面上激发交变的感生电场.铁芯中的自由电子就在此感生电场作用下绕铁芯轴线做涡旋运动,形成感生电流(涡电流).由于产生涡电流的感应电动势与磁通量的变化率成正比,所以涡电流强度与加在线圈上的交变电流频率成正比.又由于大块金属的电阻很小,所以不大的感应电动势就可以激发出强大的涡电流.

涡电流的物理效应主要有热效应和磁效应(机械效应).涡电流与普通电流一样有热效应,会放出大量的焦耳热.工业上用以冶炼金属的高频感应炉和家用电磁灶等就是根据这一原理制成的.涡电流的热效应也有其危害的一面,涡流不仅浪费电能,而且可使电器的铁芯发热以至烧坏.涡电流还有磁效应(机械效应).当大块金属进入或离开磁场区域时,导体内会产生涡流.涡流要受安培力的作用,且方向与金属运动方向相反,结果是阻碍导体的相对运动,此现象称为电磁阻尼.在电磁仪表中,为了在测量时使指针的摆动尽快停下来,线圈框架采用了闭合的铝框架,应用了电磁阻尼的原理.而当磁场相对于大块金属运动时,涡流受到的安培力则会驱使大块金属跟随磁场一起运动,此现象称为电磁驱动.异步感应发电机利用了电磁驱动的原理.

3. 趋肤效应

当交变电流通过导体(线)时,电流密度在导线横截面上的分布是不均匀的,并且随着电流变化频率的升高,电流将越来越集中于导线的表面附近,靠近导体表面处的电流密度越来越大于导体内部的电流密度,这种现象称为趋肤效应(又称为集肤效应).趋肤效应使导体的电阻增大,电感减小.

图 4.17 是不同频率的电流通过导线时电流密度在横截面上分布的情形.当电流的频率在 1 kHz 以下时,趋肤效应不明显,而频率达到 100 kHz 时,电流明显地集中于表面附近.

引起趋肤效应的原因是交变电流通过导体时产生的涡电流.

如图 4.18 所示,当交变电流 I 通过导体时,在它的内部和周围空间就产生环状的交变磁场 $\boldsymbol{B}$,在导体内部,此交变磁场激发涡电流 i.由楞次定律可知,感应电流的效果总是反抗引起感应电流的原因,因而涡电流 i 的方向在导体内部(即靠近导线中心附近)总是与电流 I 的变化趋势相反,即阻碍 I 的变化,而在导体表面附近,却与电流 I 的变化趋势相同.从总的效果上来说,涡电流使得交变电流不易在导体内部流动,而易于在导体表面附近流动,形成了趋肤效应.

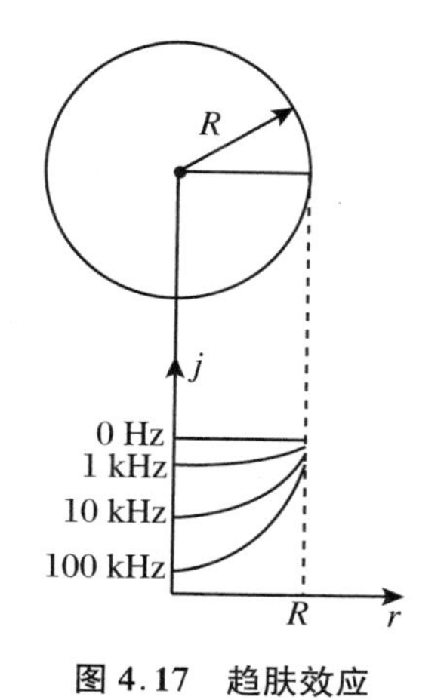

图 4.17 趋肤效应

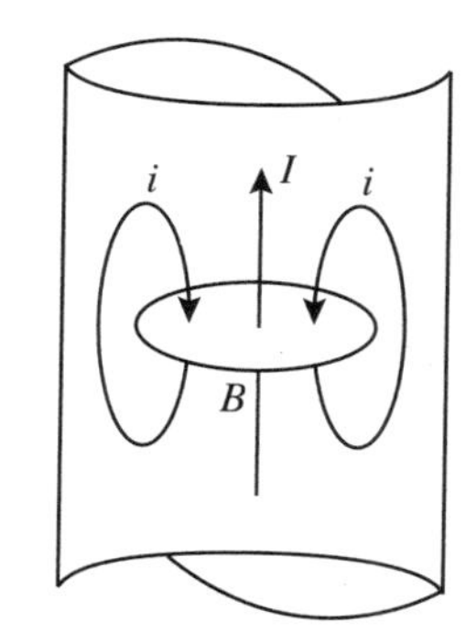

图 4.18 涡电流导致趋肤效应

趋肤效应的产生使导线通过交变电流的有效截面积减小，当频率很高的电流通过导线时，可以认为电流只在导线表面上很薄的一层中流过，这等效于导线的截面减小而电阻增大.

为了减小趋肤效应的不利影响，通常采用的方法有：采用多股相互绝缘的细导线束（称为辫线）来代替总截面积与其相等的实心导线，从而抑制涡电流；可以在导线表面镀银，这种方法实际上是降低导线表面的电阻率；由于导线的中心部分几乎没有电流通过，因此在高频电路中常采用空心导线代替实心导线，以节约材料.

此外，在工业应用方面，利用趋肤效应可以进行金属表面的热处理（即表面淬火）. 具体方法是，使高频强电流通过金属导体，或将金属导体置于交变磁场中，由于趋肤效应，导体表面温度上升，当升至淬火温度时，放入冷水中使其迅速冷却，使金属表面硬度增大. 而此时导体内部的温度还远低于淬火温度，在迅速冷却后金属内部仍保持韧性.

4.3.3 感生电动势的计算

计算感生电动势也有两种方法.

(1) 若磁场在空间中的分布具有对称性，在磁场中的导体又不构成回路时，可利用方程

$$\oint_L \boldsymbol{E}_k \cdot \mathrm{d}\boldsymbol{l} = -\iint_S \frac{\partial \boldsymbol{B}}{\partial t} \cdot \mathrm{d}\boldsymbol{S}$$

求出 E_k 的空间分布，然后再利用

$$\varepsilon_i = \int_a^b \boldsymbol{E}_k \cdot \mathrm{d}\boldsymbol{l}$$

算出导体 ab 上的感生电动势.

(2) 若导体为闭合回路（或可作辅助线形成闭合回路），可直接利用法拉第电磁感应定律

$$\varepsilon_i = -\frac{\mathrm{d}\Phi_{\mathrm{m}}}{\mathrm{d}t}$$

进行计算.

如果问题中既有动生电动势，又有感生电动势，总的感应电动势的计算公式为

$$\varepsilon_i = \int_a^b (\boldsymbol{v} \times \boldsymbol{B}) \cdot \mathrm{d}\boldsymbol{l} + \int_a^b \boldsymbol{E}_k \cdot \mathrm{d}\boldsymbol{l} \quad \text{(导体不闭合)}$$

或

$$\varepsilon_i = \oint_L (\boldsymbol{v} \times \boldsymbol{B}) \cdot \mathrm{d}\boldsymbol{l} - \iint_S \frac{\partial \boldsymbol{B}}{\partial t} \cdot \mathrm{d}\boldsymbol{S} \quad \text{(导体构成回路)}$$

例 1 在半径为 R 的无限长螺线管内部的磁场随时间变化，其变化率为$\dfrac{\mathrm{d}\boldsymbol{B}}{\mathrm{d}t}$时，求管内外的感生电场强度.

解 如图 4.19 所示，根据磁场分布的对称性可知，变化磁场激发的感生电场的电场线是一系列的同心圆，圆心在磁场的对称轴上，且同一圆周上各点的感生电场的大小相同. 以任意半径为 r 的圆周作为积分回路，计算感生电场强度 $\boldsymbol{E}_k$ 的环流，有

$$\oint_L \boldsymbol{E}_k \cdot \mathrm{d}\boldsymbol{l} = E_k \cdot 2\pi r = -\iint_S \frac{\partial \boldsymbol{B}}{\partial t} \cdot \mathrm{d}\boldsymbol{S}$$

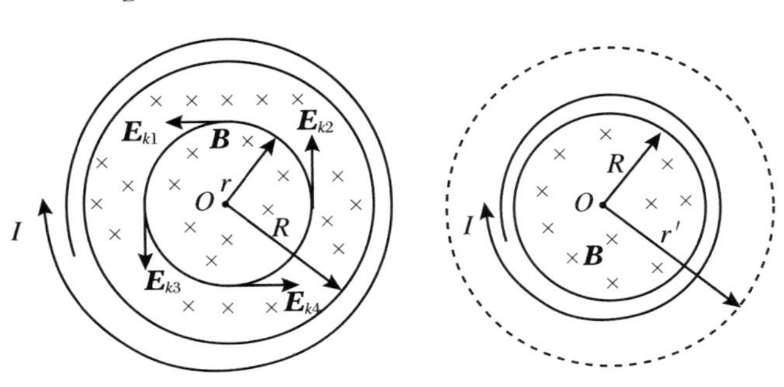

图 4.19 长直螺线管中的感生电场

设磁场为匀强磁场，且随时间减小，则有

$$2\pi r E_k = -\pi r^2 \frac{\mathrm{d}\boldsymbol{B}}{\mathrm{d}t}$$

所以

$$E_k = -\frac{r}{2}\frac{\mathrm{d}\boldsymbol{B}}{\mathrm{d}t}$$

负号表示 $\boldsymbol{E}_k$ 与$\dfrac{\mathrm{d}\boldsymbol{B}}{\mathrm{d}t}$成左手螺旋关系.

同理，以 $r' > R$ 为半径的圆周为积分回路，计算 E_k 的环流，有

$$\oint_L \boldsymbol{E}_k \cdot \mathrm{d}\boldsymbol{l} = E_k \cdot 2\pi r'$$

$$-\iint_S \frac{\partial \boldsymbol{B}}{\partial t} \cdot \mathrm{d}\boldsymbol{S} = -\pi R^2 \frac{\mathrm{d}\boldsymbol{B}}{\mathrm{d}t}$$

则有

$$2\pi r' E_k = -\pi R^2 \frac{\mathrm{d}\boldsymbol{B}}{\mathrm{d}t}$$

所以

$$E_k = -\frac{R^2}{2r'}\frac{\mathrm{d}\boldsymbol{B}}{\mathrm{d}t}$$

即在没有磁场的区域,也有感生电场.

例 2　在半径为 R 的圆柱形空间中存在着均匀磁场,$\boldsymbol{B}$ 的方向与柱的轴线平行.如图4.20(a)所示,有一长为 L 的金属棒放在磁场中,设 $\boldsymbol{B}$ 的变化率为$\frac{\mathrm{d}\boldsymbol{B}}{\mathrm{d}t}$,试求棒上感应电动势的大小.

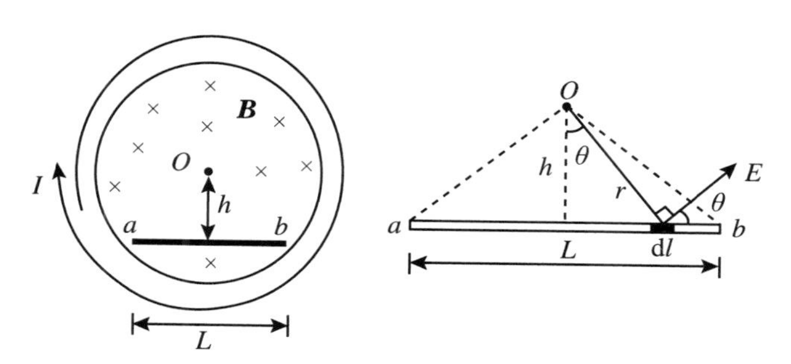

图 4.20　金属棒中的感应电动势

解　本题可用求感生电动势的两种方法求解.

(1) 用 $\varepsilon_{感} = \int_L \boldsymbol{E}_k \cdot \mathrm{d}\boldsymbol{l}$ 求解.

根据例1所得结果,在螺线管内,知 $\boldsymbol{E}_k$ 沿切线方向,并有

$$E_k = \frac{r}{2}\frac{\mathrm{d}B}{\mathrm{d}t} \quad (r < R)$$

如图4.20(b)所示,在金属棒上取 $\mathrm{d}\boldsymbol{l}$,$\mathrm{d}\boldsymbol{l}$ 上的感生电动势为

$$\mathrm{d}\varepsilon_{感} = \boldsymbol{E}_k \cdot \mathrm{d}\boldsymbol{l} = \frac{r}{2}\frac{\mathrm{d}B}{\mathrm{d}t}\cos\theta\mathrm{d}l = \frac{h}{2}\frac{\mathrm{d}B}{\mathrm{d}t}\mathrm{d}l$$

所以 ab 棒上的感应电动势为

$$\varepsilon_{ab} = \int_a^b \mathrm{d}\varepsilon_{感} = \int_0^L \frac{h}{2}\frac{\mathrm{d}B}{\mathrm{d}t}\mathrm{d}l = \frac{1}{2}hL\frac{\mathrm{d}B}{\mathrm{d}t}$$

由于$\frac{\mathrm{d}B}{\mathrm{d}t}>0$,故 $\varepsilon_{ab}>0$,说明 ε_{ab}的方向由 a 指向 b,a 为负极,b 为正极.

(2) 用法拉第电磁感应定律求解.

如图4.20(b)所示,取 $OabO$ 为闭合回路,回路的面积为

$$S = \frac{1}{2}hL$$

穿过 S 的磁通量为

$$\Phi_{\mathrm{m}} = -\frac{1}{2}hLB$$

式中负号的出现是因为 $\boldsymbol{B}$ 与 $\boldsymbol{n}$ 反向,由法拉第定律可知,$\varepsilon = -\frac{\mathrm{d}\Phi_{\mathrm{m}}}{\mathrm{d}t} = \frac{1}{2}hL\frac{\mathrm{d}B}{\mathrm{d}t}$.由于 Oa、Ob 沿半径方向,不产生感生电动势,所以

$$\varepsilon_{ab} = \frac{1}{2}hL\frac{\mathrm{d}B}{\mathrm{d}t}$$

由于 $\varepsilon_{ab}>0$,故其方向由 a 指向 b.

例 3　如图4.21所示,设均匀磁场方向垂直纸面向内,且 $B = kt$ 随时间变化(设为增

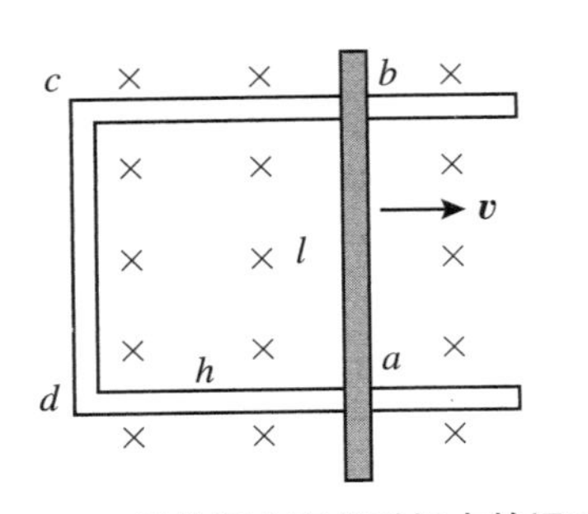

图 4.21 导体杆在变化磁场中的运动

大),当导体杆 ab 沿着导体框以匀速 v 水平向右移动时,试求 $abcd$ 回路中的感应电动势.

解 在本题中,导体杆有运动,同时磁场也在随时间而变化,因此分析知在回路中的感应电动势既有动生的部分也有感生的部分.

可取绕行方向为逆时针方向($a\to b\to c\to d\to a$),则回路所包围的面积的法线方向 n 垂直纸面向外(与磁场的方向相反),利用动生电动势以及感生电动势的定义式,可得回路中的感应电动势为

$$\varepsilon_i=\oint_L(\boldsymbol{v}\times\boldsymbol{B})\cdot d\boldsymbol{l}-\iint_S\frac{\partial\boldsymbol{B}}{\partial t}\cdot d\boldsymbol{S}$$

其中,动生电动势部分为

$$\varepsilon_{动生}=\oint_L(\boldsymbol{v}\times\boldsymbol{B})\cdot d\boldsymbol{l}=\int_a^b vB\,dl=vBl=vktl$$

由右手螺旋定则可知,其方向为 a 指向 b.

感生电动势部分为

$$\varepsilon_{感生}=-\iint_S\frac{\partial\boldsymbol{B}}{\partial t}\cdot d\boldsymbol{S}=kl(h+vt)$$

由楞次定律可知,其方向为逆时针方向.

于是,可得回路中总的感应电动势为

$$\begin{aligned}\varepsilon_i=\varepsilon_{动生}+\varepsilon_{感生}&=\oint_L(\boldsymbol{v}\times\boldsymbol{B})\cdot d\boldsymbol{l}-\iint_S\frac{\partial\boldsymbol{B}}{\partial t}\cdot d\boldsymbol{S}\\&=vktl+kl(h+vt)=kl(h+2vt)\end{aligned}$$

感应电动势的方向与绕行方向相同,为逆时针方向.

4.4 自感现象和互感现象

下面讨论两种发生在线圈中典型的电磁感应现象,即自感现象和互感现象.它们遵循前面讨论的电磁感应的一般规律,但也有其特殊的规律.

4.4.1 自感现象

在历史上,自感现象实际上是由亨利(Henry Joseph,1797~1878)在实验中(独立于法拉第)首先发现的,但他仅仅停留在了实验观察的阶段,没有进一步展开研究.

1. 自感现象

当通过一个线圈的电流发生改变时,电流所激发的磁场就随着改变,从而使通过线圈本身的磁通量也发生变化,使线圈本身产生感生电动势.这种由线圈中的电流变化而在线圈自身中引起的电磁感应现象称自感现象,所产生的电动势称为自感电动势 ε_L.

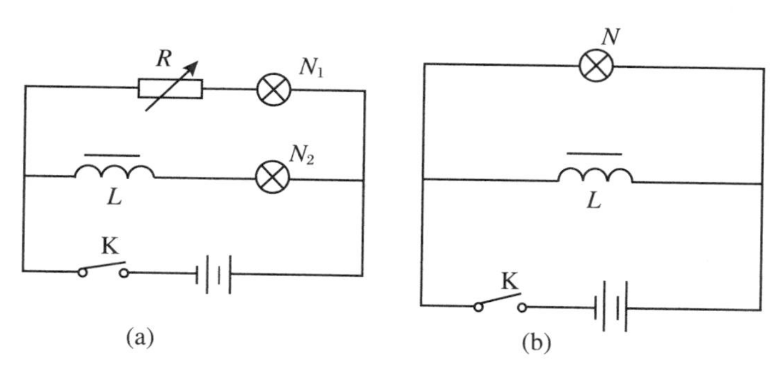

图 4.22　自感现象的演示实验

我们通过演示实验来观察自感现象.如图 4.22(a)所示,N_1、N_2 是两个相同的小灯泡,L 是有铁芯的线圈,调节电阻 R,使其阻值与线圈 L 的直流阻值相等.在接通 K 的瞬间,灯泡 N_1 立刻变亮,而 N_2 要经过一小段时间才和 N_1 一样亮,这实际上是发生在通电瞬间的自感现象.当电键 K 接通时,电路中的电流由零开始迅速增加,在 N_2 所在的支路里,由于电流的增加使线圈产生自感电动势,由楞次定律可知,自感电动势将阻碍该支路里的电流增加,结果灯泡 N_2 比 N_1 要亮得慢一些.

如图 4.22(b)所示,是断电时的自感现象.K 原是闭合的,当迅速将 K 断开时,灯泡 N 并不立即熄灭,而是突然发出强亮光一闪之后才熄灭.这是因为在切断电源的瞬间,电路中电流的减小引起线圈中磁场的减小,由楞次定律知,自感电动势将阻碍该支路里的电流减小,且线圈 L 和灯泡 N 组成了闭合电路,自感电动势产生的感应电流通过灯泡 N,结果使灯泡发出短暂的强光后熄灭.

2. 自感现象的规律

自感现象是一种电磁感应现象,当然也必须遵从法拉第电磁感应定律.

设一个线圈中通有电流 I,由毕奥-萨伐尔定律知,线圈在空间中任意一点所激发的磁感应强度与电流成正比.因此,通过线圈的磁通匝链数(设线圈有 N 匝)也正比于电流,即有

$$\Psi = LI \tag{4.11}$$

式中,比例系数 L 称为自感系数(简称自感).

自感系数 L 在数值上等于回路中通有单位电流时通过该回路所包围面积的磁通匝链数,它与线圈的大小、几何形状、匝数以及周围的磁介质有关,它反映了自感现象的强弱程度.

由于铁磁质的磁性是十分复杂的,磁导率不是常量,Ψ 与 I 也不成正比,因此 L 不是常数.对于一个充满非铁磁质的线圈来说,L 则是一常数.我们下面的讨论都假定空间没有铁磁质存在.

当线圈中的电流 I 改变时,Ψ 也随之改变,根据法拉第电磁感应定律,线圈中的自感电动势为

$$\varepsilon_L = -\frac{\mathrm{d}\Psi}{\mathrm{d}t} = -\frac{\mathrm{d}(LI)}{\mathrm{d}t} = -\left(L\frac{\mathrm{d}I}{\mathrm{d}t} + I\frac{\mathrm{d}L}{\mathrm{d}t}\right)$$

式中,右边第一项代表由电流变化产生的自感电动势,第二项代表因线圈的几何形状和磁介质的变动产生的自感电动势,它反映在自感系数随时间的改变上.如果 L 保持不变,则自感电动势为

$$\varepsilon_L = -L\frac{\mathrm{d}I}{\mathrm{d}t} \tag{4.12}$$

式中，负号是楞次定律的数学表示，表明自感电动势总是反抗回路中电流的改变.这就是说，当电流增加时，自感电动势与电流方向相反；当电流减少时，自感电动势与电流的方向相同.由此可见，要使任何回路中的电流发生改变，就必然同时引起自感应的作用，来反抗回路中电流的改变.显然，回路的自感系数愈大，自感应的作用也愈大，回路中的电流也愈不容易改变.换句话说，回路中的自感有使回路电流保持不变的性质.回路的这一性质与力学中物体的惯性有些相似，可称为“电磁惯性”，而 L 就是回路中电磁惯性的量度.在国际单位制中，自感系数的单位为亨利(H)：

$$1\ \mathrm{H} = 1\ \mathrm{Wb/A} = 1\ \mathrm{V \cdot s/A}$$

实用中常用毫亨(mH)和微亨(μH)：

$$1\ \mathrm{H} = 10^3\ \mathrm{mH} = 10^6\ \mu\mathrm{H}$$

3. 自感现象典型应用：日光灯

自感现象应用的一个典型例子就是日光灯电路中的镇流器.

如图 4.23 所示，日光灯线路主要由日光灯管、镇流器、启辉器等元件组成.日光灯的工作原理简述如下：当电源接通后，电源电压同时加在灯管和启辉器的两端，此电压不足以使灯管放电，但可使启辉器产生辉光放电.启辉器中的双金属触片因放电而受热伸直，从而接通电路，电流使灯丝得到预热.几秒钟后，启辉器内的辉光放电停止，双金属片冷却使得触片分开，电路中电流突然中断，镇流器由于自感现象产生一个约 1500 V 的高电压，此电压与电源电压叠加在灯管两端，将日光灯管内的气体击穿而产生辉光放电.此外，镇流器在启动前灯丝预热瞬间及启动后灯管工作时还起限流作用.

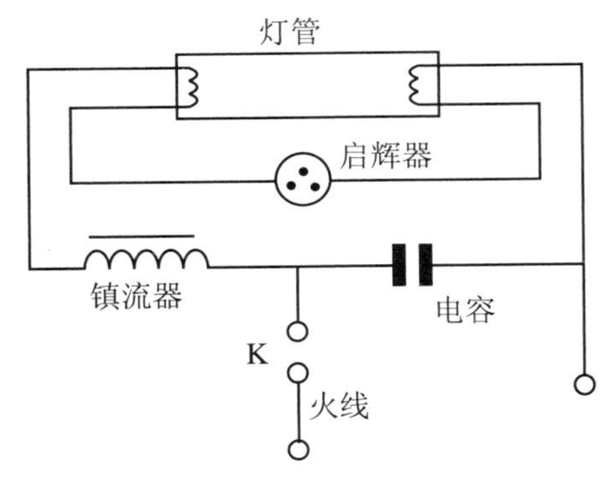

图 4.23　日光灯电路

4.4.2　互感应

1. 互感现象

若相邻两线圈回路的电流可以互相提供磁通量，则由其中一个回路中的电流发生变化(还可由两回路的几何形状、相对位置和磁介质的变动)而在另一回路中产生感生电动势的现象称为互感现象.在互感现象中出现的电动势称为互感电动势.

2. 互感现象的规律

互感现象是一种电磁感应现象,同样也必须遵从法拉第电磁感应定律.

如图4.24所示,设有两个邻近的载流回路1和2,电流强度分别为 I_1 和 I_2,电流 I_1 产生一磁场,这个磁场的部分磁感应线将通过回路2所包围的面积,其磁通匝链数设为 Ψ_{21}.

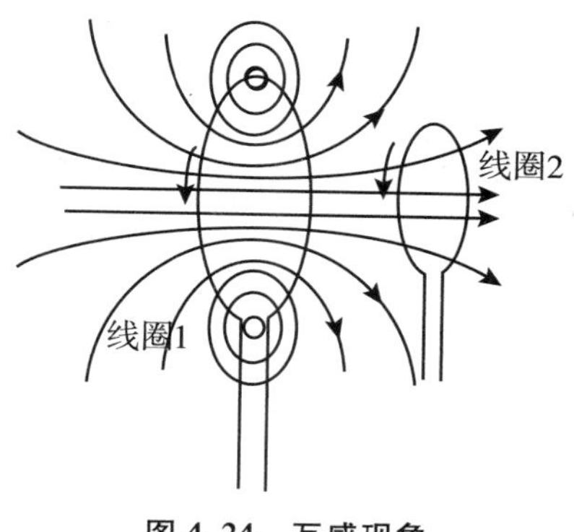

图4.24 互感现象

当 I_1 变化时,将引起 Ψ_{21} 的变化,并在回路2内产生感应电动势 ε_{21}. 同理,I_2 产生的磁场的部分磁感应线通过回路1,磁通匝链数设为 Ψ_{12}. 当 I_2 变化时,将引起 Ψ_{12} 的变化,并在回路1内产生感应电动势.

由毕奥-萨伐尔定律可知,电流 I_1 产生的磁场通过回路2中的 Ψ_{21} 与 I_1 成正比,即

$$\Psi_{21} = M_{21} I_1$$

同理

$$\Psi_{12} = M_{12} I_2$$

式中的比例系数 M_{21} 和 M_{12} 在数值上只与两个回路的形状、相对位置以及周围磁介质有关. 实验和理论均证明 $M_{21} = M_{12}$,故可统一用 M 表示,其称为两回路的互感系数(简称互感).

于是,上面的式子可以写成

$$\Psi_{21} = MI_1, \quad \Psi_{12} = MI_2 \tag{4.13}$$

由式(4.13)可知,两个回路的互感系数在数值上等于其中一个回路中通有单位电流时通过另一个回路所包围的面积的磁通匝链数. 在非铁磁质情形下,M 是一个与电流强度无关的常量.

由法拉第电磁感应定律可知,互感电动势为

$$\varepsilon_{21} = -\frac{\mathrm{d}\Psi_{21}}{\mathrm{d}t} = -\frac{\mathrm{d}(MI_1)}{\mathrm{d}t} = -\left(M\frac{\mathrm{d}I_1}{\mathrm{d}t} + I_1\frac{\mathrm{d}M}{\mathrm{d}t}\right)$$

$$\varepsilon_{12} = -\frac{\mathrm{d}\Psi_{12}}{\mathrm{d}t} = -\frac{\mathrm{d}(MI_2)}{\mathrm{d}t} = -\left(M\frac{\mathrm{d}I_2}{\mathrm{d}t} + I_2\frac{\mathrm{d}M}{\mathrm{d}t}\right)$$

以上两式右边的第一项代表对方回路电流变化而引起的互感电动势,第二项代表由 M 的变化而产生的互感电动势.

若 M 保持不变,则有

$$\varepsilon_{21} = M\frac{\mathrm{d}I_1}{\mathrm{d}t}, \quad \varepsilon_{12} = M\frac{\mathrm{d}I_2}{\mathrm{d}t} \tag{4.14}$$

互感系数的单位与自感系数相同,也为亨利(H).

3. 互感系数 M 与自感系数 L 的关系

下面通过一个特例,推导互感系数与自感系数的关系,以加深对自感现象与互感现象的理解.

如图4.25所示,设有截面积为 S,长均为 l 的两共轴密绕长直螺线管,分别通有电流 I_1 和 I_2,匝数分别为 N_1 和 N_2,管内充满磁导率为 μ 的非铁磁介质.

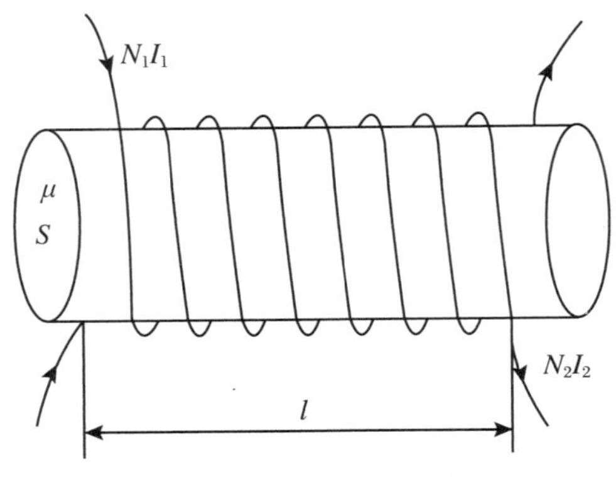

图 4.25　M 与 L 关系的推导

由毕奥-萨伐尔定律可得，管内磁感应强度分别为

$$B_1 = \mu\frac{N_1}{l}I_1$$

$$B_2 = \mu\frac{N_2}{l}I_2$$

磁通匝链数分别为

$$\Psi_1 = N_1B_1S = \mu\frac{N_1^2S}{l}I_1$$

$$\Psi_2 = N_2B_2S = \mu\frac{N_2^2S}{l}I_2$$

自感系数分别为

$$L_1 = \frac{\Psi_1}{I_1} = \mu\frac{N_1^2S}{l}$$

$$L_2 = \frac{\Psi_2}{I_2} = \mu\frac{N_2^2S}{l}$$

而由前面已知，螺线管 N_1 中通有电流 I_1 时，通过螺线管 N_2 的磁通匝链数为

$$\Psi_{21} = N_2B_1S = \mu\frac{N_1N_2S}{l}I_1$$

由互感系数的定义，可得互感系数为

$$M = \mu\frac{N_1N_2}{l}S$$

于是我们不难得到两螺线管的互感系数与自感系数之间的关系为

$$M = \sqrt{L_1L_2}$$

可以证明，在一般情况下有

$$M = k\sqrt{L_1L_2} \tag{4.15}$$

式中，k 称为耦合系数，取值在 0～1 范围内，当 $k=1$ 时，两线圈为理想耦合.

4. 互感现象的典型应用:感应圈

互感现象在工程技术上有着广泛的应用.其中典型的有变压器和感应圈.

感应圈从问世至今已有上百年的历史，是工业生产和实验室中用低压直流电获得交变高压的一种装置，它利用互感应的原理产生几万伏的高压.其主要由两个绕在铁芯上的绝缘导线线圈(原线圈和副线圈,原线圈的匝数远远小于副线圈)以及断续器(作用是使原线圈中产生断续的直流电)组成,如图 4.26 所示.

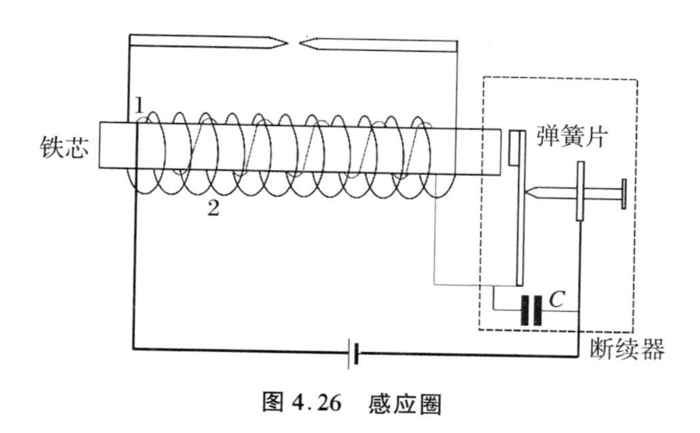

图 4.26 感应圈

感应圈的工作原理简述如下:当接通电源时,电流通过原线圈,铁芯被磁化而吸引弹簧片,使得原线圈回路断开,此时铁芯失去磁性,弹簧片因弹力又弹回来,使得原线圈回路再次接通.这样不断反复地接通又断开,由于互感应,原线圈中周期性变化的电流就会在副线圈中感应出周期性变化的电动势.由于副线圈的匝数很大,因此互感应会使得其中产生一个高频高压的电动势.为了减小火花,缩短开断时间,一般在线路中加装一个电容器 C.

例 1 设有两个互相耦合的线圈,其自感系数分别为 L_1 和 L_2,互感系数为 M,求线圈并联之后的等效自感 L.

解 当有变化的电流通过时,考虑互感与自感,两线圈中的感应电动势分别为

$$\varepsilon_1 = -L_1\frac{\mathrm{d}I_1}{\mathrm{d}t} - M\frac{\mathrm{d}I_2}{\mathrm{d}t},$$

$$\varepsilon_2 = -L_2\frac{\mathrm{d}I_2}{\mathrm{d}t} - M\frac{\mathrm{d}I_1}{\mathrm{d}t}$$

因为两线圈并联,故有

$$\varepsilon_1 = \varepsilon_2 = \varepsilon$$

$$I_1 + I_2 = I$$

则

$$\frac{\mathrm{d}I_1}{\mathrm{d}t} + \frac{\mathrm{d}I_2}{\mathrm{d}t} = \frac{\mathrm{d}I}{\mathrm{d}t}$$

上述各式联立,消去 I_2 或 I_1,分别可得

$$L_1L_2\frac{\mathrm{d}I_1}{\mathrm{d}t} - M^2\frac{\mathrm{d}I_1}{\mathrm{d}t} = -(L_2 - M)\varepsilon$$

$$L_1L_2\frac{\mathrm{d}I_2}{\mathrm{d}t} - M^2\frac{\mathrm{d}I_2}{\mathrm{d}t} = -(L_1 - M)\varepsilon$$

两式相加,得

$$-(L_1L_2 - M^2)\frac{\mathrm{d}I}{\mathrm{d}t} = (L_1 + L_2 - 2M)\varepsilon$$

有

$$\varepsilon = -\frac{L_1L_2 - M^2}{L_1 + L_2 - 2M}\frac{\mathrm{d}I}{\mathrm{d}t}$$

根据式(4.12),即 $\varepsilon_L=-L\dfrac{\mathrm{d}I}{\mathrm{d}t}$,可得并联之后的等效自感为

$$L=-\frac{\varepsilon}{\dfrac{\mathrm{d}I}{\mathrm{d}t}}=\frac{L_1L_2-M^2}{L_1+L_2-2M}$$

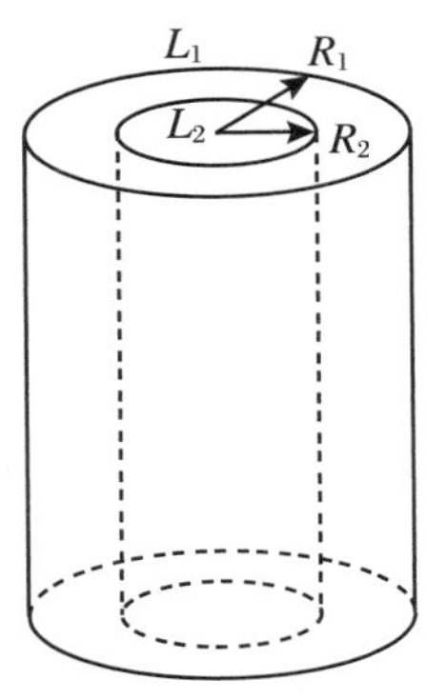

图 4.27　长直密绕螺线管的互感系数

例 2　如图 4.27,两个不含磁介质的等长同轴的长直密绕螺线管,已知外管和内管的半径分别为 R_1、R_2,自感系数分别为 L_1、L_2,试求两管的互感系数 M 与耦合系数 k.

解　设管长为 l,外管和内管的匝数分别为 N_1、N_2.设外管电流为 I_1,此时其中的磁感应强度大小为

$$B_1=\mu_0\frac{N_1}{l}I_1$$

外管中电流的磁场在外管横截面的磁通量为

$$\Phi_1=B_1\pi R_1^2=\mu_0\frac{N_1}{l}\pi R_1^2I_1$$

则外管的自感系数为

$$L_1=\frac{\psi}{I}=\frac{N_1\Phi_1}{I_1}=\mu_0\frac{N_1^2}{l}\pi R_1^2$$

外管电流的磁场在内管横截面的磁通量为

$$\Phi_{21}=B_1\pi R_2^2=\mu_0\frac{N_1}{l}\pi R_2^2I_1$$

因此,内外管之间的互感系数为

$$M=\frac{N_2\Phi_{21}}{I_1}=\mu_0\frac{N_1N_2}{l}\pi R_2^2$$

同理,可求得内管的自感系数为

$$L_2=\mu_0\frac{N_2^2}{l}\pi R_2^2$$

联立前面各式,不难得到

$$\sqrt{L_1L_2}=\mu_0\frac{N_1N_2}{l}\pi R_1R_2$$

故有

$$\frac{M}{\sqrt{L_1L_2}}=\frac{R_2}{R_1}$$

最终可得

$$M=\frac{R_2}{R_1}\sqrt{L_1L_2},\quad k=\frac{R_2}{R_1}$$

4.5 磁场的能量

在前面我们已经知道,电场是具有能量的,且得到单位体积内所储存的电场能量(能量密度)的表达式(见式(2.20)).磁场和电场一样是一种特殊的物质,同样应该具有能量.

4.5.1 磁场的能量

1. 自感磁能

由于在建立磁场时,总是伴随着电磁感应现象的发生,因此,可以从分析电磁感应现象中的能量转换入手,考察磁场中的能量问题.

在只含有电阻的直流电路中,电源供给的能量完全消耗在电阻上而转换成热能.但在一个含有电阻和电感的电路中,情况就不同了.我们考虑如图4.28所示的RL实验电路.R是一电阻,L是一自感线圈,ε是一电源.

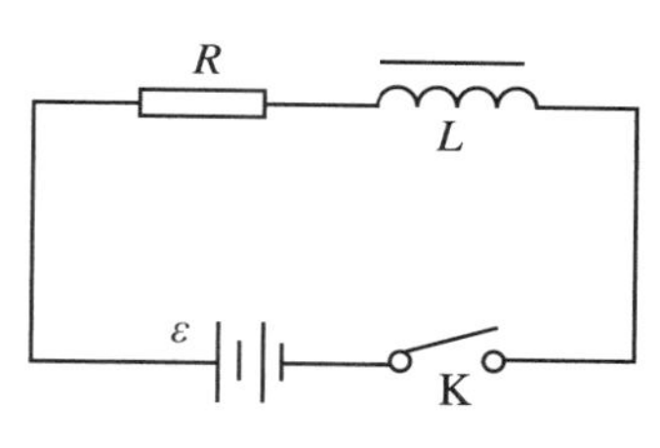

图4.28 自感磁能

当开关K闭合时,线圈中的电流由零逐渐增大,但不能立即增大到稳定值I_0,因为在电流增大的过程中,线圈中由于自感现象而产生的自感电动势会阻碍线圈中磁场的建立.电源必须提供能量来反抗自感电动势(在线圈中建立起磁场)做功.可见,在含有电阻和电感的电路中,电源提供的能量分成两个部分:一部分在电阻上转换成焦耳热消耗掉,另一部分则在线圈中转换成磁场的能量储存起来.

设在$\mathrm{d}t$内,电流从0增加到I,根据欧姆定律可得

$$\varepsilon + \varepsilon_L = IR$$

其中自感电动势为

$$\varepsilon_L = -L\frac{\mathrm{d}I}{\mathrm{d}t}$$

则有

$$\varepsilon - L\frac{\mathrm{d}I}{\mathrm{d}t} = IR$$

将上式各项乘以$I\mathrm{d}t$,再两边积分,且设$t=0$时,$I=0$;$t=t_0$时,$I=I_0$(稳定值),可得

$$\int_0^{t_0}\varepsilon I\mathrm{d}t = \int_0^{I_0}LI\mathrm{d}I + \int_0^{t_0}I^2R\mathrm{d}t$$

上式中各项的含义如下:

$\int_0^{t_0}\varepsilon I\mathrm{d}t$表示从0到$t_0$时间内电源所做的功,即电源所提供的总能量;

$\int_0^{t_0}I^2R\mathrm{d}t$表示从0到$t_0$时间内消耗在电阻上的焦耳热;

$\int_0^{I_0}LI\mathrm{d}I$表示从0到$t_0$时间内反抗自感电动势做功,在线圈中建立起的磁场所存储的能量.

可见,在自感线圈中,电流从0逐步增大到稳定值 I_0,电流周围的磁场也逐步建立起来.在此过程中,电源要消耗能量反抗自感电动势做功,并转换成自感线圈的能量在磁场中存储起来,即自感线圈中的能量为

$$W = \int_0^{I_0} LI\mathrm{d}I = \frac{1}{2}LI_0^2$$

回顾前面断电时的自感现象实验(参见图4.22),将K断开时,灯泡 N 并不立即熄灭,灯泡仍然发光,并会很亮地闪一下之后才熄灭.这实际说明在电源断开后的很短一段时间内,灯泡所发的光能和热能是由线圈中所储存的磁场能量转换而来的.

一般地,对自感系数为 L 的载流线圈而言,当其电流达到稳定值 I 时,磁场的能量为

$$W_\mathrm{m} = \frac{1}{2}LI^2 \tag{4.16}$$

将上式与充电电容器的电场能量公式 $W_\mathrm{e} = \frac{1}{2}\frac{Q^2}{C}$ 对比,可以发现两者有相似性.

2. 磁能密度

磁场能量与电场能量一样是定域在场中的,因此,磁场能量也应该可以用场量(即磁感应强度)来加以表示.为简单起见,下面我们从长直螺线管这一特例出发,推导反映磁场能量分布的"磁能密度"这一物理量.

根据前面已有的结论可知,当长直螺线管(设其长为 l,截面积为 S,匝数为 N,磁导率为 μ)中的电流为 I 时,其管内的磁感应强度大小为

$$B = \mu\frac{N}{l}I$$

则可得其自感系数为

$$L = \mu\frac{N^2 S}{l}$$

此时,磁场的能量为

$$W_\mathrm{m} = \frac{1}{2}LI^2 = \frac{1}{2}\mu\frac{N^2 S}{l}\frac{B^2}{\left(\mu\frac{N}{l}\right)^2} = \frac{1}{2}\frac{B^2}{\mu}(Sl) = \frac{1}{2}\frac{B^2}{\mu}V$$

式中 V 表示长直螺线管的体积.

于是,磁场的能量密度为

$$w_\mathrm{m} = \frac{W_\mathrm{m}}{V} = \frac{1}{2}\frac{B^2}{\mu}$$

利用物质方程

$$\boldsymbol{B} = \mu\boldsymbol{H}$$

可得

$$w_\mathrm{m} = \frac{W_\mathrm{m}}{V} = \frac{1}{2}\frac{B^2}{\mu} = \frac{1}{2}\mu\boldsymbol{H}^2 = \frac{1}{2}\boldsymbol{B}\cdot\boldsymbol{H} \tag{4.17}$$

上式虽是从特例导出来的,但可以证明对于一切磁场都成立.

对于任意的磁场,有限体积内的磁场能量为

$$W_\mathrm{m} = \iiint_V \mathrm{d}W_\mathrm{m} = \iiint_V w_\mathrm{m}\mathrm{d}V = \iiint_V \frac{1}{2}\boldsymbol{B}\cdot\boldsymbol{H}\mathrm{d}V \tag{4.18}$$

式中体积 V 是指所有磁场存在的空间.

若空间中既存在电场又存在磁场，则空间中电磁场的能量分布为

$$W=\iiint_V(w_m+w_e)\mathrm{d}V=\frac{1}{2}\iiint_V(\boldsymbol{D}\cdot\boldsymbol{E}+\boldsymbol{B}\cdot\boldsymbol{H})\mathrm{d}V \tag{4.19}$$

4.5.2 磁场能量的计算

磁场能量有两种常用的计算方法：

(1) 利用线圈中的磁场能量公式 $W_m=\frac{1}{2}LI^2$，只要计算出自感系数 L，即可求得磁场能量分布(这也是计算自感系数的一种方法，若已知磁场能量，则可由公式计算出自感系数 L)．

(2) 利用磁场能量的一般公式 $W_m=\iiint_V\mathrm{d}W_m=\iiint_V w_m\mathrm{d}V$，只要计算出能量密度 w_m，通过积分即可求得磁场能量分布．

例1 设无限长同轴电缆，其内外圆筒(厚度不计)的半径分别为 R_1 和 R_2，两筒之间充满磁导率为 μ 的均匀磁介质，电流从外筒流出，内筒流回．试求单位长度上同轴电缆所存储的磁场能量．

解 同轴电缆的磁场只存在于两圆筒之间．

如图4.29所示，应用安培环路定理，不难求得内外两筒之间距轴线为 r 处的磁感应强度的大小为

$$B=\frac{\mu I}{2\pi r}$$

而在内筒之内及外筒之外的空间区域中，磁感应强度 B 均为零．

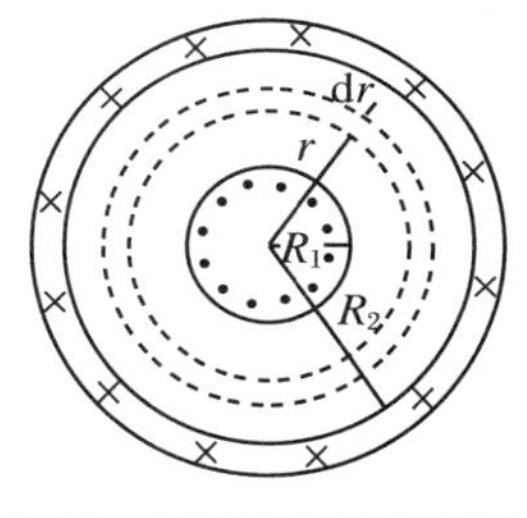

图4.29 无限长载流同轴电缆

则在两筒之间(磁场不为零的空间内)，磁场的能量密度为

$$w_m=\frac{1}{2}\frac{B^2}{\mu}=\frac{\mu I^2}{8\pi^2r^2}$$

磁场的总能量为

$$W_m=\iiint w_m\mathrm{d}V=\frac{\mu I^2}{8\pi^2}\iiint\frac{1}{r^2}\mathrm{d}V$$

体积元为 $\mathrm{d}V=2\pi rl\mathrm{d}r$，代入得

$$W_m=\frac{\mu I^2l}{4\pi}\int_{R_1}^{R_2}\frac{\mathrm{d}r}{r}=\frac{\mu I^2l}{4\pi}\ln\frac{R_2}{R_1}$$

于是得到单位长度电缆中的磁场能量为

$$W_m'=\frac{W_m}{l}=\frac{\mu I^2}{4\pi}\ln\frac{R_2}{R_1}$$

注意，本题还可以由自感磁能的公式进一步求出单位长度同轴电缆的自感系数．

4.6 综合例题

例1 如图4.30所示,电源区域中从 P 到 Q 的路径 l 给定后,线元 $\mathrm{d}\boldsymbol{l}$ 所在处的非静电力强度若记为 $\boldsymbol{K}$,则定义线元电动势为

$$\mathrm{d}\varepsilon = \boldsymbol{K} \cdot \mathrm{d}\boldsymbol{l}$$

从 P 到 Q 经路径 l 的电动势为

$$\varepsilon_l = \int_{P\,(l)}^{Q} \mathrm{d}\varepsilon = \int_{P\,(l)}^{Q} \boldsymbol{K} \cdot \mathrm{d}\boldsymbol{l}$$

电源区域中闭合回路 L 的电动势便为

$$\varepsilon_L = \oint_L \boldsymbol{K} \cdot \mathrm{d}\boldsymbol{l}$$

法拉第电磁感应定律中的回路感应电动势为

$$\varepsilon = -\frac{\mathrm{d}\Phi}{\mathrm{d}t}$$

定律既适用于动生感应电动势,也适用于感生感应电动势.已知产生动生感应电动势的原因是磁场力 $\boldsymbol{F} = q\boldsymbol{v} \times \boldsymbol{B}$,即非静电力强度是

$$\boldsymbol{K} = \boldsymbol{v} \times \boldsymbol{B}$$

为动生感应电动势导出公式

$$\varepsilon = -\frac{\mathrm{d}\Phi}{\mathrm{d}t}$$

解 t 时刻空间的闭合回路 L 所在平面示于图4.31中,用实线画出的平面闭合曲线象征性地代表.因回路的全部或部分区域在运动(此种运动须确保不会使回路断开),各线元均有可为零也可不为零的速度.将线元矢量 $\mathrm{d}\boldsymbol{l}$ 处的速度记为 v,t 时刻回路动生感应电动势为

$$\varepsilon_{动} = \oint_L \boldsymbol{K} \cdot \mathrm{d}\boldsymbol{l} = \oint_L (\boldsymbol{v} \times \boldsymbol{B}) \cdot \mathrm{d}\boldsymbol{l}$$

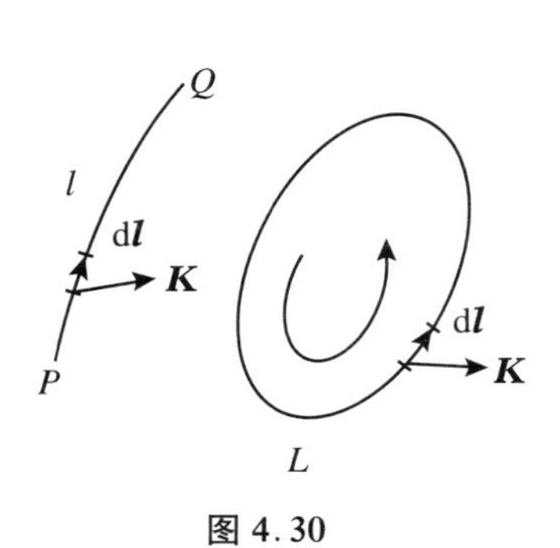

图4.30

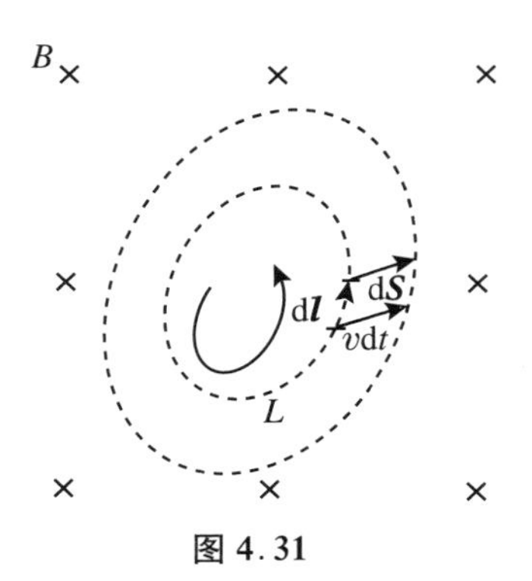

图4.31

t 时刻开始经 $\mathrm{d}t$ 时间,回路延展成图中虚线所示位形.线元 $\mathrm{d}\boldsymbol{l}$ 延展而增加的面元矢量为

$$\mathrm{d}\boldsymbol{S} = (\boldsymbol{v}\mathrm{d}t) \times \mathrm{d}\boldsymbol{l}$$

得

$$\boldsymbol{v} \times \mathrm{d}\boldsymbol{l} = \frac{\mathrm{d}\boldsymbol{S}}{\mathrm{d}t}$$

空间有任意分布的磁场 $\boldsymbol{B}(\boldsymbol{r},t)$，在图4.31中象征地用符号×表示.利用数学公式

$$(\boldsymbol{v} \times \boldsymbol{B}) \cdot \mathrm{d}\boldsymbol{l} = (\mathrm{d}\boldsymbol{l} \times \boldsymbol{v}) \cdot \boldsymbol{B} = -(\boldsymbol{v} \times \mathrm{d}\boldsymbol{l}) \cdot \boldsymbol{B}$$

得

$$\varepsilon_{动} = \oint_L (\boldsymbol{v} \times \boldsymbol{B}) \cdot \mathrm{d}\boldsymbol{l} = -\oint_L (\boldsymbol{v} \times \mathrm{d}\boldsymbol{l}) \cdot \boldsymbol{B} = -\oint_L \frac{\mathrm{d}\boldsymbol{S}}{\mathrm{d}t} \cdot \boldsymbol{B} = -\frac{1}{\mathrm{d}t}\oint_L \boldsymbol{B} \cdot \mathrm{d}\boldsymbol{S}$$

而 $\oint_L \boldsymbol{B} \cdot \mathrm{d}\boldsymbol{S}$ 等于 $\mathrm{d}t$ 时间内因回路线元运动而使回路包围面的磁通量产生的增量 $\mathrm{d}\Phi$，即有

$$\oint_L \boldsymbol{B} \cdot \mathrm{d}\boldsymbol{S} = \mathrm{d}\Phi$$

便导得

$$\varepsilon_{动} = -\frac{\mathrm{d}\Phi}{\mathrm{d}t}$$

例2 如图4.32所示，转轮1和2的边缘都是很薄的良导体，每一个转轮都有四根辐条，每根辐条的长度为 l，电阻为 r.两轮都可绕各自的金属轮轴（图中轮轴与图平面垂直）无摩擦地转动.两轮的边缘通过电刷和导线连接，两轮轴也通过电刷和导线连接.整个装置放在磁感应强度为 $\boldsymbol{B}$ 的匀强磁场中，$\boldsymbol{B}$ 的方向垂直图平面朝里.转轮2的边缘与一阻力闸接触，开始时转轮2不动，转轮1以恒定的角速度 ω_1 沿逆时针方向转动，而后转轮2会被带动，最后也达到某个稳定的角速度 ω_2.设电刷、导线和轮轴的电阻均可略去，阻力闸与转轮2边缘间的阻尼力大小为常量 F，试求：

（1）ω_2；

（2）为保持转轮1旋转角速度 ω_1 不变所需的外加功率 P.

解 （1）转轮1中每一辐条的感应电动势为

$$\varepsilon_1 = \frac{1}{2}\omega_1 l^2 B \quad ①$$

产生感应电流 $\boldsymbol{I}$，方向如图4.33所示.转轮2上的辐条因电流而受安培力 $\boldsymbol{F}_{安}$，其方向如图4.33所示.$\boldsymbol{F}_{安}$的作用使转轮2也沿逆时针方向转动，稳定时角速度为 ω_2，转轮2中每一辐条的感应电动势为

$$\varepsilon_2 = \frac{1}{2}\omega_2 l^2 B \quad ②$$

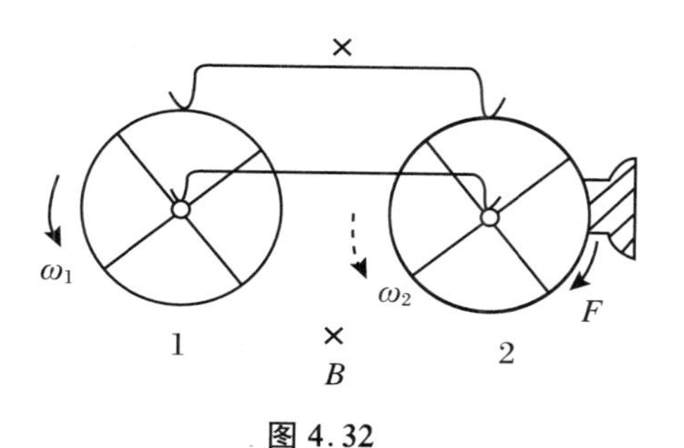

图4.32

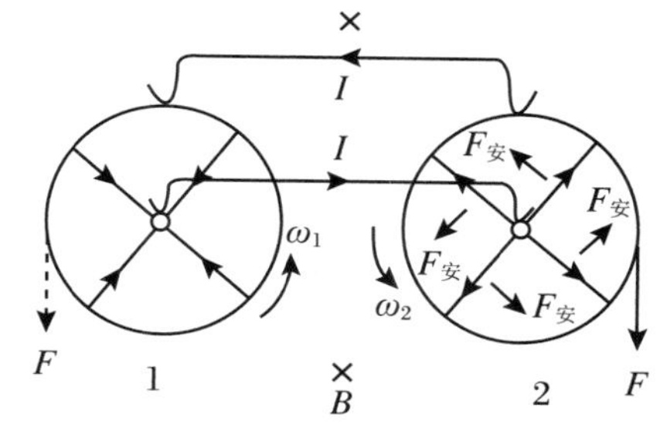

图4.33

稳定时总的电流强度为

$$I=\frac{\varepsilon_1-\varepsilon_2}{\frac{r}{4}+\frac{r}{4}} \tag{③}$$

稳定时转轮2所受阻力矩与安培力矩平衡,即有

$$4F_{安}\cdot\frac{l}{2}=Fl,\quad F_{安}=\frac{I}{4}Bl$$

$$I=\frac{2F}{lB} \tag{④}$$

联立①～④式解得

$$\omega_2=\omega_1-\frac{2Fr}{B^2l^3}$$

(2) 外加功率 P 的求解有两种方法.

方法1 P 等于电源 ε_1 提供的总功率,即

$$P=\varepsilon_1 I=\frac{1}{2}\omega_1 l^2 B\cdot\frac{2F}{lB}=Fl\omega_1$$

此功率即为克服阻力功率

$$Fv=F\omega_2 l$$

与电阻消耗功率

$$8\cdot\left(\frac{I}{4}\right)^2 r=Fl(\omega_1-\omega_2)$$

之和.

方法2 转轮1所受安培力矩阻碍转轮1转动,该力矩大小与转轮2所受安培力矩大小相同.为抵消此力矩,可在转轮1边缘上加一个切向外力(如图4.33中的虚线所示),其大小与转轮2所受切向阻力大小相同,也为 F,即得

$$P=F\omega_1 l$$

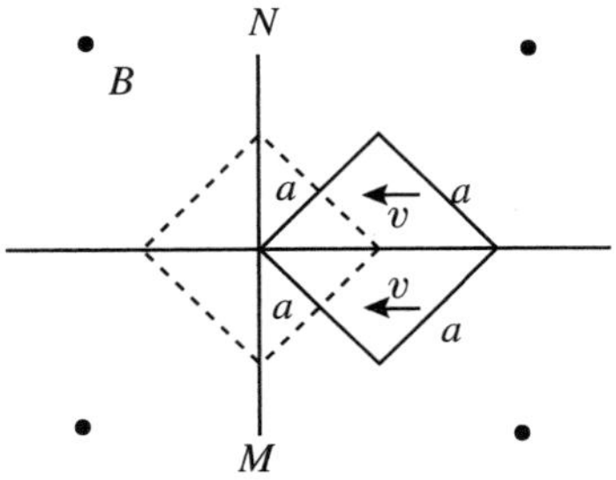

图 4.34

例3 如图4.34所示,互相垂直的两根长直导体棒连接成固定的十字架形状,边长为 a 的正方形导体棒框架从图中实线位置以速度 v 匀速左移,在此过程中始终与十字架光滑接触.空间有匀强磁场 $\boldsymbol{B}$,方向如图所示.设所有导体棒的单位长度电阻同为 $r=100\ \Omega/\mathrm{m}$,且 $a=0.1\ \mathrm{m}$,$v=0.24\ \mathrm{m/s}$,$B=1.0\times10^{-4}\ \mathrm{T}$.

将方框在图中实线所示位置的时刻定为 $t=0$,框架上、下端点恰好落在 MN 棒上的时刻记为 t_0,方框运动过程中通过 MN 棒的电流记为 I,为保持方框匀速运动而向它提供的朝左的外力记为 F.试在 $2t_0\geqslant t\geqslant 0$ 时间范围内:

(1) 确定 I-t 关系,并画出相应曲线;

(2) 再确定 F-t 关系,并画出相应曲线.

解 由于对称性,与 MN 垂直的固定棒中无电流,此棒可取走,以使问题得到简化.也由于对称性,前半过程从 $t=0$ 开始到 $t=t_0$,后半过程从 $t=t_0$ 到 $t=2t_0$,其中

$$t_0=\frac{a}{\sqrt{2}v}=0.3\ \mathrm{s}$$

后半过程可等效为前半过程的逆过程.若前半过程有

$$I_1 = I_1(t),\quad F_1 = F_1(t),\quad t_0 > t \geqslant 0$$

那么后半过程必有

$$I_2(t) = I_1(2t_0 - t),\quad F_2(t) = F_1(2t_0 - t),\quad 2t_0 \geqslant t \geqslant t_0$$

(1) 先讨论前半过程,运动框架到达图4.35所示位置时,它所截 MN 棒的部分记为$M'N'$.框架中 $M'N'$的右侧部分运动总效果产生的感应电动势相当于图中 $M'N'$段棒右移对应的感应电动势,记为 E.框架中 $M'N'$的左侧部分运动总效果产生的感应电动势也相当于 $M'N'$段棒右移对应的电动势 E.两个电动势方向一致,因此框架运动的电磁感应效果相当于两个电动势同为 E,但内阻不同的电源并联的效果.设左侧"电源"内阻为 $R_{左}$,右侧"电源"内阻为 $R_{右}$,并联后等效电源的电动势仍为 E,电阻为

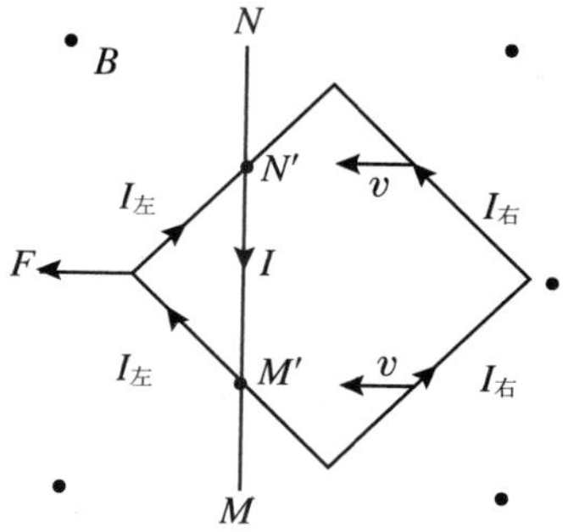

图 4.35

$$R_{内} = (R_{左}^{-1} + R_{右}^{-1})^{-1}$$

$M'N'$段棒构成外电路,设其电阻为 $R_{外}$,$M'N'$段棒中的电流

$$I = \frac{E}{R_{内} + R_{外}}$$

即为本题所求电流.

前半过程中,t 时刻的$M'N'$段长度 l 及等效的感应电动势E 分别为

$$l = 2vt,\quad E = Blv$$

相关的电阻分别为

$$R_{外} = lr,\quad R_{左} = \sqrt{2}lr,\quad R_{右} = (4a - \sqrt{2}l)r$$

$$R_{内} + R_{外} = \left[(\sqrt{2} + 1) - \frac{l}{2a}\right]lr$$

所求电流便为

$$I = \frac{E}{R_{内} + R_{外}} = \frac{Bv}{\left[(\sqrt{2} + 1) - \dfrac{l}{2a}\right]r} = \frac{Bv}{\left[(\sqrt{2} + 1) - \dfrac{vt}{a}\right]r}$$

据前所述,全过程中的 I-t 关系应为

$$I = \begin{cases} \dfrac{Bv}{\left[(\sqrt{2} + 1) - \dfrac{vt}{a}\right]r}, & t_0 \geqslant t \geqslant 0 \\ \dfrac{Bv}{\left[(\sqrt{2} + 1) - \dfrac{v(2t_0 - t)}{a}\right]r}, & 2t_0 \geqslant t > t_0 \end{cases}$$

将已知数据代入后,I 可表述为

$$I = \begin{cases} \dfrac{10^{-7}}{1 - t}, & 0.3\ \mathrm{s} \geqslant t \geqslant 0 \\ \dfrac{10^{-7}}{0.4 + t}, & 0.6\ \mathrm{s} \geqslant t > 0.3\ \mathrm{s} \end{cases}$$

式中 t 的单位为 s,I 的单位为 A. I-t 曲线如图4.36(a)所示.

(2) 所加外力 $\boldsymbol{F}$ 朝左,以平衡框架感应电流受到的朝右安培力 $\boldsymbol{F}_{安}$,有

$$F = F_{安} = I_{左} lB + I_{右} lB = IlB$$

计算可得

$$F = \begin{cases} 4.8 \times 10^{-12} \dfrac{t}{1-t}, & 0.3\ \text{s} \geqslant t \geqslant 0 \\ 4.8 \times 10^{-12} \dfrac{0.6-t}{0.4+t}, & 0.6\ \text{s} \geqslant t > 0.3\ \text{s} \end{cases}$$

式中 t 的单位为 s，F 的单位为 N. F-t 曲线如图 4.36(b)所示.

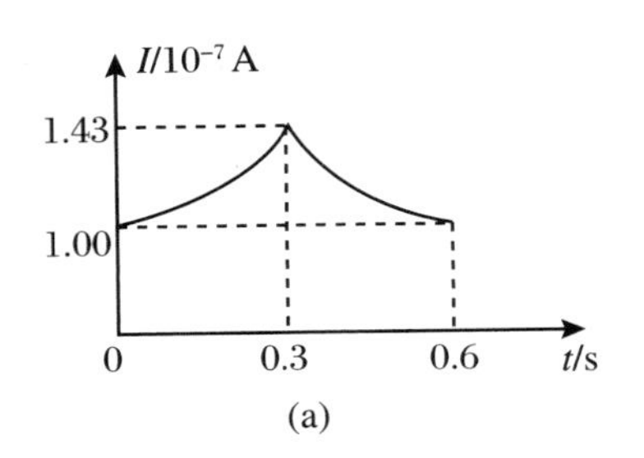

(a)

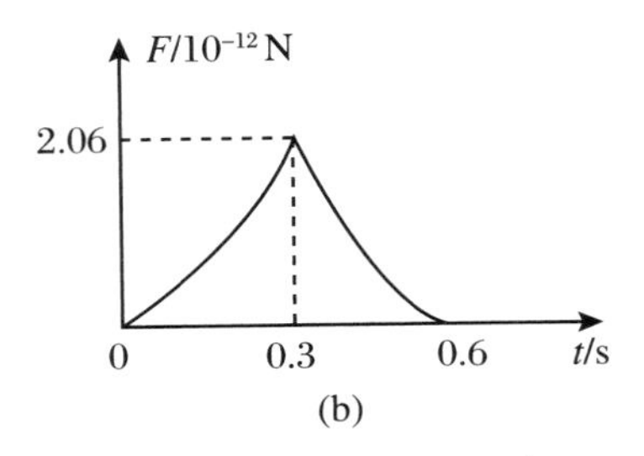

(b)

图 4.36

例 4 如图 4.37 所示，水平长桌面上有两根间距为 l、电阻可忽略的固定平行金属长导轨，其间横放着长度同为 l、质量同为 m、电阻可略的金属棒 1、2，两棒可在导轨上无摩擦地左右滑动. 开始时棒 1 静止在右侧，棒 2 静止在左侧，其间相距为 $2s$. 棒 1 中点连接一根与导轨平行放置的轻线，线的另一端跨过光滑的轻滑轮，在长桌外侧悬挂一个质量为 m 的小物块. 设空间有磁感应强度为常量 B 的竖直向上的匀强磁场，棒 1、2 与其间两段导轨形成的闭合回路，其自感系数为 L，且设回路面积变化对 L 的影响可忽略.

沿导轨设置自左向右的 x 坐标，使棒的初始位置分别为 $x_{10} = s$，$x_{20} = -s$. $t = 0$ 时刻，将系统从静止释放，在棒 1 到达长桌右侧前的时间段内，试求棒 1 位置 x_1 随时间 t 的变化关系.

解 小物块因重力而下降，带动棒 1，产生感应电动势和电流，使棒 1、2 都受到安培力作用，棒 2 也因此而运动.

如图 4.38 所示，相对桌面参考系，小物块下行和棒 1 右行的加速度值同记为 a_1，棒 2 右行的加速度值记为 a_2，对应的速度分别记为 v_1，v_2. 回路的动生感应电动势为

$$\varepsilon_{动} = Blv_1 - Blv_2$$

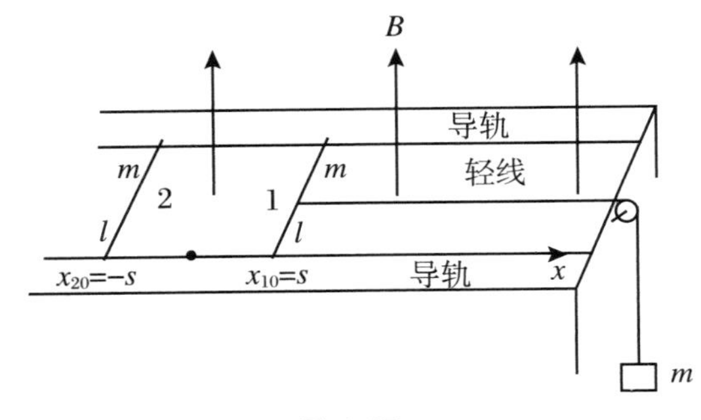

图 4.37

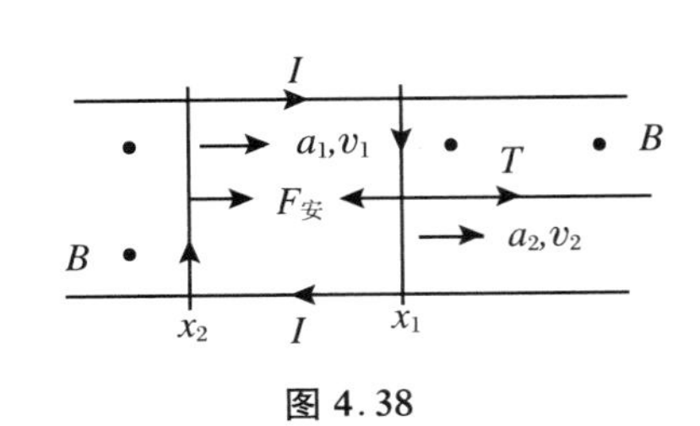

图 4.38

感应电流 I 会随 t 变化，产生的自感电动势为

$$\varepsilon_L = -L\frac{\mathrm{d}I}{\mathrm{d}t}$$

由欧姆定律

$$\varepsilon_{动} + \varepsilon_L = IR = 0$$

得

$$L\mathrm{d}I = Bl(v_1 - v_2)\mathrm{d}t = Bl(\mathrm{d}x_1 - \mathrm{d}x_2) = Bl\mathrm{d}(x_1 - x_2)$$

$$I = \frac{Bl}{L}[(x_1 - x_2) - 2s]$$

棒1、2所受安培力的方向如图4.38所示，其值为(带正、负号)

$$F_{安} = IBl = \frac{B^2l^2}{L}[(x_1 - x_2) - 2s] \quad ①$$

继而可建立牛顿方程：

$$\left.\begin{aligned} mg - T &= ma_1 \\ T - F_{安} &= ma_1 \end{aligned}\right\} \Rightarrow \quad mg - F_{安} = 2ma_1 \quad ②$$

$$F_{安} = ma_2 \quad ③$$

将棒1、2构成的系统质心记为C，有$x_{C0} = 0$. 由$2mv_C = mv_1 + mv_2$，两边对时间求导，得

$$a_C = \frac{1}{2}(a_1 + a_2) \quad ④$$

如图4.39所示，相对质心参考系，两杆速度方向相反，大小相同，记为v^*，对应的加速度方向也相反，大小也相同，记为a^*. 对于棒1、2分别有

$$a_1 = a_C + a^* \quad ⑤$$

$$a_2 = a_C - a^* \quad ⑥$$

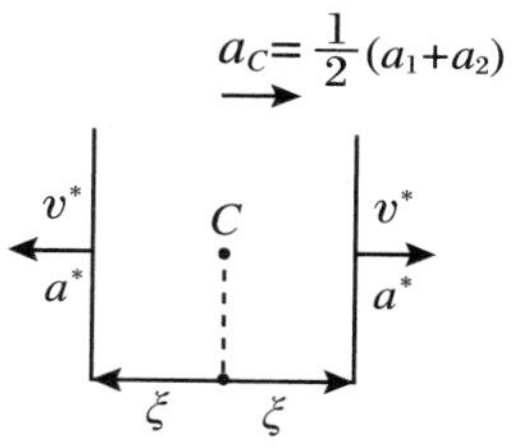

图 4.39

(由④、⑤两式或④、⑥两式均可得$a^* = \dfrac{1}{2}(a_1 - a_2)$.)将⑤、⑥两式代入②、③两式，可得

$$mg - F_{安} = 2m(a_C + a^*)$$

$$F_{安} = m(a_C - a^*)$$

可解得

$$mg - 3F_{安} = 4ma^* \quad ⑦$$

$$mg + F_{安} = 4ma_C \quad ⑧$$

下面求棒1相对质心C的运动$\xi = \xi(t)$.

如图4.39所示，棒1在质心C的右侧ξ位置，应有

$$x_1 - x_2 = 2\xi \quad ⑨$$

结合①、⑦两式，得

$$mg - \frac{6B^2l^2}{L}(\xi - s) = 4m\ddot{\xi}$$

$$\ddot{\xi} + \frac{3B^2l^2}{2mL}\xi = \frac{g}{4} + \frac{3B^2l^2}{2mL}s \quad ⑩$$

令

$$\xi = \xi^* + \xi_0, \quad \ddot{\xi}^* = \ddot{\xi}$$

⑩式改述为

$$\ddot{\xi}^* + \frac{3B^2l^2}{2mL}\xi^* + \frac{3B^2l^2}{2mL}\xi_0 = \frac{g}{4} + \frac{3B^2l^2}{2mL}s$$

解为

$$\xi^* = A\cos\left(\sqrt{\frac{3B^2l^2}{2mL}}t + \varphi\right), \quad \xi_0 = \frac{mL}{6B^2l^2}g + s$$

得

$$\xi = A\cos\left(\sqrt{\frac{3B^2l^2}{2mL}}t + \varphi\right) + \frac{mL}{6B^2l^2}g + s$$

由初始条件 $t=0$ 时，$\xi=s$，$\dot{\xi}=0$ 可得

$$A\cos\varphi = -\frac{mL}{6B^2l^2}g, \quad \sin\varphi = 0$$

得

$$A = \frac{mL}{6B^2l^2}g, \quad \varphi = \pi$$

所以

$$\xi = \frac{mL}{6B^2l^2}g\left(1 - \cos\sqrt{\frac{3B^2l^2}{2mL}}t\right) + s \tag{⑪}$$

对于质心 C 相对桌面参考系的运动 $x_C = x_C(t)$，将⑨式、⑪式代入①式，得

$$F_{安} = \frac{1}{3}mg\left(1 - \cos\sqrt{\frac{3B^2l^2}{2mL}}t\right) \tag{⑫}$$

代入⑧式，得

$$a_C = \frac{1}{3}g - \frac{1}{12}g\cos\sqrt{\frac{3B^2l^2}{2mL}}t$$

积分，得

$$\int_0^{v_C} dv_C = \int_0^t\left(\frac{1}{3}g - \frac{1}{12}g\cos\sqrt{\frac{3B^2l^2}{2mL}}t\right)dt$$

$$v_C = \frac{1}{3}gt - \frac{1}{12}g\sqrt{\frac{2mL}{3B^2l^2}}\sin\sqrt{\frac{3B^2l^2}{2mL}}t$$

$$\int_0^{x_C} dx_C = \int_0^t \frac{1}{3}gt\,dt - \int_0^t \frac{1}{12}g\sqrt{\frac{2mL}{3B^2l^2}}\sin\sqrt{\frac{3B^2l^2}{2mL}}t\,dt$$

$$x_C = \frac{1}{6}gt^2 + \frac{mL}{18B^2l^2}g\left(\cos\sqrt{\frac{3B^2l^2}{2mL}}t - 1\right) \tag{⑬}$$

对于棒 1 相对桌面参考系的运动 $x_1 = x_1(t)$，将⑪、⑬两式代入到

$$x_1 = x_C + \xi$$

即得

$$x_1 = \frac{1}{6}gt^2 - \frac{mL}{9B^2l^2}g\cos\sqrt{\frac{3B^2l^2}{2mL}}t + \frac{mL}{9B^2l^2}g + s$$

$$= \frac{1}{6}gt^2 + \frac{mL}{9B^2l^2}g\left(1 - \cos\sqrt{\frac{3B^2l^2}{2mL}}t\right) + s \tag{⑭}$$

例 5 如图 4.40 所示，铜制圆环的两个半径分别为 $r_1 = 1$ cm 和 $r_2 = 1$ mm. 圆环竖放在

水平地面上，环底部有固定的光滑栓限制，使其不能滑动.圆环周围有竖直向上的匀强磁场，$B=1.0\ \mathrm{T}$.开始时圆环偏离竖直方位一个小角度 $\theta_0=0.1\ \mathrm{rad}$，而后圆环从静止倒向地面.已知铜的电导率 $\sigma=6.26\times10^7(\Omega\cdot\mathrm{m})^{-1}$，质量密度 $\rho=8.93\times10^3\ \mathrm{kg/m^3}$.

(1) 试通过数量级的估算，判断圆环倒下时其重力势能主要是转换成圆环的动能还是转换成焦耳热能.

(2) 设圆环倒下过程中所受的磁力矩与重力矩之间大小的差异可以忽略，试求圆环倒地所需时间 T.

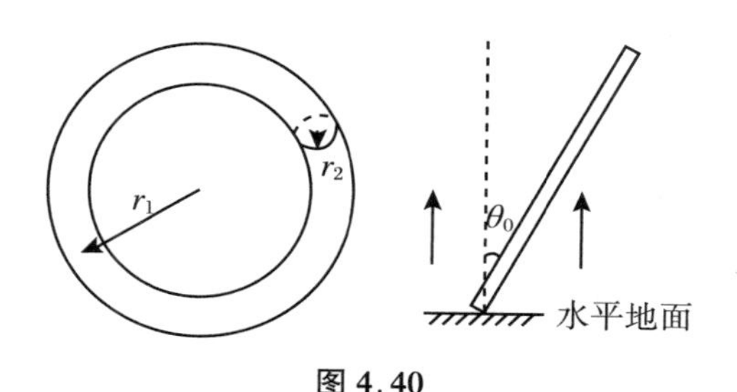

图 4.40

解 (1) T 时间内，环中动生感应电动势的平均值和感应电流的平均值分别为

$$\bar{\varepsilon}\approx\frac{B\pi r_1^2}{T},\quad \bar{I}\approx\frac{\bar{\varepsilon}}{R},\quad R\approx\frac{2\pi r_1}{\sigma\pi r_2^2}$$

T 时间内总的焦耳热为

$$W_Q\approx\bar{I}^2RT=\frac{B^2\sigma\pi^2r_1^3r_2^2}{2T}$$

倒地过程中环的转动惯量为

$$J\approx\frac{1}{2}mr_1^2+mr_1^2=\frac{3}{2}mr_1^2,\quad m\approx\rho(2\pi r_1\cdot\pi r_2^2)$$

倒地过程中转动角速度平均值为

$$\omega\approx\frac{\frac{\pi}{2}}{T}=\frac{\pi}{2T}$$

环的最终动能为

$$E_\mathrm{k}\approx\frac{1}{2}J\omega^2=\frac{3\rho\pi^4r_1^3r_2^2}{8T^2}$$

倒地过程中势能总的减少量为

$$E_\mathrm{p}\approx mgr_1=2\rho g\pi^2r_1^2r_2^2$$

与能量方程

$$E_\mathrm{p}=W_Q+E_\mathrm{k}$$

联立，得

$$2\rho g\pi^2r_1^2r_2^2=\frac{B^2\sigma\pi^2r_1^3r_2^2}{2T}+\frac{3\rho\pi^4r_1^3r_2^2}{8T^2}\quad\Rightarrow\quad 1=\frac{B^2\sigma r_1}{4\rho g}\frac{1}{T}+\frac{3\pi^2r_1}{16g}\left(\frac{1}{T}\right)^2$$

数据代入后算得

$$\frac{B^2\sigma r_1}{4\rho g}\approx1,\quad\frac{3\pi^2r_1}{16g}\approx10^{-3}$$

故

$$1 \approx \frac{1}{T} + 10^{-3} \cdot \left(\frac{1}{T}\right)^2 \approx \frac{1}{T}$$

即

$$T \approx 1\ \mathrm{s}$$

且有

$$W_Q : E_k \approx \frac{B^2 \sigma r_1}{4\rho g}\frac{1}{T} : \frac{3\pi^2 r_1}{16g}\left(\frac{1}{T}\right)^2 \approx 1 : 10^{-3}$$

即在环倒地过程中,重力势能主要转换成焦耳热.

(2) 在(1)问的解答过程中,一方面已估算得 $T\approx 1$ s,另一方面可知圆环倒地过程中重力势能转换成转动动能的百分比很小.后者意味着转动角加速度很小,或者说重力矩只是略大于磁力矩.如果把这两个力矩大小间的差异忽略,本小问便可重新估算 T 值,以验证两种估算结果是否为同一数量级.

当圆环转到与竖直方向夹角为 θ 时,环面磁通量近似为

$$\Phi(\theta) \approx B\pi r_1^2 \cdot \sin\theta$$

感应电动势和感应电流大小分别为

$$\varepsilon = \left| -\frac{\mathrm{d}\Phi}{\mathrm{d}t} \right| = B\pi r_1^2 \cos\theta \frac{\mathrm{d}\theta}{\mathrm{d}t} = B\pi r_1^2 \cos\theta \cdot \omega, \quad i = \frac{\varepsilon}{R} = B\pi r_1^2 \cos\theta \cdot \frac{\omega}{R}$$

圆环电流的磁矩大小和圆环所受磁力矩大小分别为

$$m_i = i(\pi r_1^2) = \frac{B(\pi r_1^2)^2 \cos\theta \cdot \omega}{R}, \quad M_m = m_i B\cos\theta = (B\pi r_1^2 \cos\theta)^2 \frac{\omega}{R}$$

圆环所受重力矩大小为

$$M_g = mgr_1 \sin\theta$$

根据题设,有

$$M_m = M_g \quad \Rightarrow \quad (B\pi r_1^2 \cos\theta)^2 \frac{\omega}{R} = mgr_1 \sin\theta$$

其中 R,m 已在(1)问的解答中给出.由上式可得

$$\frac{\mathrm{d}\theta}{\mathrm{d}t} = \omega = \frac{4\rho g \sin\theta}{\sigma B^2 r_1 \cos^2\theta} \tag{$*$}$$

故圆环倒地所需时间为

$$T = \int_0^T \mathrm{d}t = \int_{\theta_0}^{\frac{\pi}{2}} \frac{\sigma B^2 r_1 \cos^2\theta}{4\rho g \sin\theta} \mathrm{d}\theta = \frac{\sigma B^2 r_1}{4\rho g}\left(-\cos\theta_0 + \frac{1}{2}\ln\frac{1+\cos\theta_0}{1-\cos\theta_0}\right) = 3.6\ \mathrm{s}$$

所得结果与(1)问所得 $T\approx 1$ s 为同一数量级.

需要说明的是,($*$)式表明角速度 ω 随 θ 而增大,即转动角加速度严格而言不能为零.这是因为 $\beta=0$ 虽然是 $M_m=M_g$ 成立的前提,但另一方面等式 $M_m=M_g$ 仍内含着没有被消除的 $\omega=\omega(\theta)\Rightarrow\omega=\omega(t)\Rightarrow\beta\neq 0$ 的因素.在近似计算中,这种逻辑上的不完备性是允许的,因为所得结果并非严格的结果.

例 6 如图 4.41 所示,在水平地面上有两条足够长的平行金属导轨,导轨上放着两根可以无摩擦地滑行的平行导体棒,每根导体棒中串接着电容为 C 的相同固体介质电容器,构成矩形回路.整个回路处在均匀磁场区域中,磁场 $\boldsymbol{B}$ 的方向与回路平面垂直.已知两导体棒的长度均为 l,质量均为 m,电阻均为 R,回路中导轨部分的电阻可以忽略.设开始时左侧导体棒静止,右侧导体棒以初速 v_0 朝右平行于导轨方向运动,则在导体棒运动过程中可给两

电容器充电.

(1) 就电容器 C 的充电过程而言,试问图 4.41 所示的回路能否等效为图 4.42 所示的静态无外磁场回路.在静态回路中两导体棒与电容 C 均与图 4.41 中的相同,回路中其余部分的电阻均可忽略.若能,试求图 4.42 回路中 ε' 和 C' 的值.

(2) 试求图 4.41 的回路中两导体棒的速度随时间的变化,所有辐射一概忽略.

(3) 试问两导体棒的极限速度($t\to\infty$时的速度)是否相同,并作定性解释.

(4) 若将图 4.41 中两个电容器取走,左、右导体棒各自中间段接通,试问两导体棒的极限速度是否相同?两导体棒间的极限间距是否为无穷大?

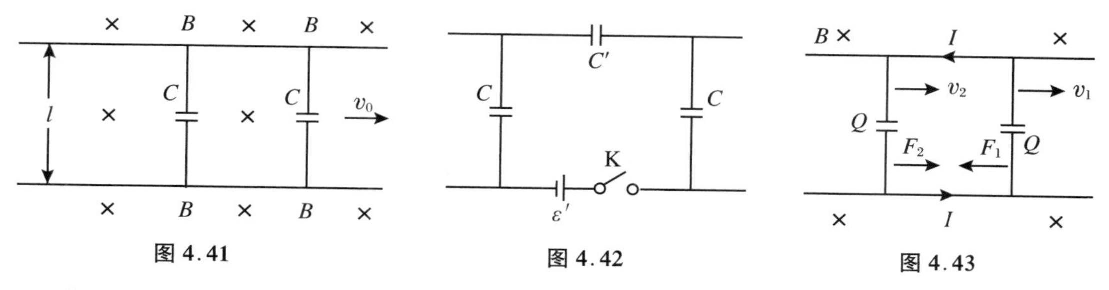

图 4.41　　图 4.42　　图 4.43

解　初始时刻记为 $t=0$,任意 $t\geqslant 0$ 时刻,图 4.41 中右棒和左棒的速度分别记为 v_1 和 v_2,回路中的电流记为 I,电容器极板的电量记为 Q,右棒和左棒所受安培力分别记为 $\boldsymbol{F}_1$ 和 $\boldsymbol{F}_2$.各量的方向均如图 4.43 所示,则回路中的电动势 ε、回路方程以及右棒和左棒的运动方程分别为

$$\varepsilon = Bl(v_1 - v_2) \tag{①}$$

$$\varepsilon = \frac{2Q}{C} + 2RI = \frac{2Q}{C} + 2R\frac{\mathrm{d}Q}{\mathrm{d}t} \tag{②}$$

$$m\frac{\mathrm{d}v_1}{\mathrm{d}t} = F_1 = -IlB = -\frac{\mathrm{d}Q}{\mathrm{d}t}lB \tag{③}$$

$$m\frac{\mathrm{d}v_2}{\mathrm{d}t} = F_2 = IlB = \frac{\mathrm{d}Q}{\mathrm{d}t}lB \tag{④}$$

对③式积分,考虑到 $t=0$ 时 $Q=0,v_1=v_0$,得

$$v_1 = -\frac{lBQ}{m} + v_0 \tag{⑤}$$

同样,由④式积分可得(或由动量守恒可得)

$$v_2 = \frac{lBQ}{m} \tag{⑥}$$

将⑤、⑥两式代入①式,再与②式联立,消去 ε,得

$$Blv_0 = 2\left(\frac{1}{C} + \frac{B^2l^2}{m}\right)Q + 2R\frac{\mathrm{d}Q}{\mathrm{d}t} \tag{⑦}$$

这就是图 4.41 中运动回路中电容器的充电方程.

(1) 在图 4.42 所示的静态充电回路中,充电方程为

$$\varepsilon' = \frac{Q}{C_{串}} + 2R\frac{\mathrm{d}Q}{\mathrm{d}t} \tag{⑧}$$

且有

$$\frac{1}{C_{串}} = \frac{1}{C} + \frac{1}{C} + \frac{1}{C'} \tag{⑨}$$

图 4.41、图 4.42 在 $t=0$ 时均有 $Q=0$,比较⑦式和⑧式可知,为使两电路对电容器 C 的充电过程具有等效性,要求

$$\frac{1}{C_{串}} = 2\left(\frac{1}{C} + \frac{B^2 l^2}{m}\right) \tag{⑩}$$

$$\varepsilon' = Blv_0 \tag{⑪}$$

由⑨、⑩两式,得

$$C' = \frac{m}{2B^2 l^2} \tag{⑫}$$

⑪式和⑫式即为本小问的解答.

(2) 求解充电方程⑧式,得

$$Q = C_{串}\,\varepsilon'(1 - e^{-t/2RC_{串}}) \tag{⑬}$$

把⑩、⑪两式代入⑬式,可得图 4.41 中电容器的电量 Q 随时间的变化为

$$Q = \frac{Blv_0}{2\left(\frac{1}{C} + \frac{B^2 l^2}{m}\right)}\left[1 - e^{-\left(\frac{1}{C}+\frac{B^2 l^2}{m}\right)\frac{t}{R}}\right] \tag{⑭}$$

将⑭式代入⑤式和⑥式,得图 4.41 中两导体棒的速度 v_1, v_2 随 t 的变化关系为

$$v_1(t) = \frac{1}{2\left(\frac{m}{C} + B^2 l^2\right)}\left[\left(\frac{2m}{C} + B^2 l^2\right) + B^2 l^2 e^{-\left(\frac{1}{C}+\frac{B^2 l^2}{m}\right)\frac{t}{R}}\right]v_0 \tag{⑮}$$

$$v_2(t) = \frac{B^2 l^2}{2\left(\frac{m}{C} + B^2 l^2\right)}\left[1 - e^{-\left(\frac{1}{C}+\frac{B^2 l^2}{m}\right)\frac{t}{R}}\right]v_0 \tag{⑯}$$

(3) 有电流后,图 4.41 中右棒减速,左棒加速,ε 越来越小,与此同时,Q 增大,电容电压增大.当与 ε 相同时,回路中不再有电流,安培力随之消失,右棒不再减速,左棒不再加速,而分别以不同的匀速度运动,仍有 $v_1 > v_2$.若是 $v_1 = v_2$,则 $\varepsilon = 0$,电容电压也为零,与过程中电容电压不可能减小相矛盾,故两导棒极限速度不会相同.由①式和②式,得

$$Bl(v_1 - v_2)\big|_{t\to\infty} = \varepsilon\big|_{t\to\infty} = \frac{2}{C}Q\big|_{t\to\infty}$$

由⑭式,得

$$Q\big|_{t\to\infty} = Q_{\max} = \frac{Blv_0}{2\left(\frac{1}{C} + \frac{B^2 l^2}{m}\right)}$$

代入上式,得

$$(v_1 - v_2)\big|_{t\to\infty} = \frac{2}{BlC}Q_{\max} = \frac{m}{m + B^2 l^2 C}v_0$$

直接由⑮、⑯两式也可得此结果.

(4) 图 4.41 的回路中除去两电容器后,两导体棒的极限速度相同,均为 $\frac{v_0}{2}$.

开始($t=0$)时,两棒间距有限,无电容器时,两棒间距增量由 $(v_1 - v_2)\mathrm{d}t$ 累积而成.由④式,有

$$m\frac{\mathrm{d}v_2}{\mathrm{d}t} = F_2 = IlB$$

由②式可知,无电容器时有

$$\varepsilon = 2RI \quad 或 \quad I = \frac{\varepsilon}{2R}$$

由上述两式,并利用①式,得

$$m\frac{dv_2}{dt} = \frac{\varepsilon}{2R}lB = \frac{Bl(v_1 - v_2)}{2R}lB \Rightarrow (v_1 - v_2)dt = \frac{2mR}{B^2l^2}dv_2$$

因 $t=0$ 时,$v_2=0$,$t\to\infty$时,$v_2=\frac{v_0}{2}$,故对上式积分可得出两棒间距增量的极限值为

$$\Delta s = \int_0^{\infty}(v_1 - v_2)dt = \int_0^{\frac{v_0}{2}}\frac{2mR}{B^2l^2}dv_2 = \frac{2mR}{B^2l^2}\frac{v_0}{2} = \frac{mR}{B^2l^2}v_0$$

因此,只要开始时两棒间距为有限值(当然应该如此),则两棒之间的极限距离也为有限值,不会趋于无穷大.

例7 用七根相同的导体棒连接成的日字形闭合框架如图4.44所示,框架中两个正方形区域内分别有匀强磁场,且有

$$\boldsymbol{B}_{左} = -\boldsymbol{B}_{右}, \quad B_{左} = B_{右} = B, \quad \frac{dB}{dt} = k \quad (k\text{ 为正的常量})$$

已知每根导体棒长为 a,电阻为 R.

(1) 试求图中点 A 到点 B 的电压 U_{AB};

(2) 能否只利用(1)问求解 U_{AB}时用到的数学知识,求解图中点 x 到点 y 的电压 U_{xy}?

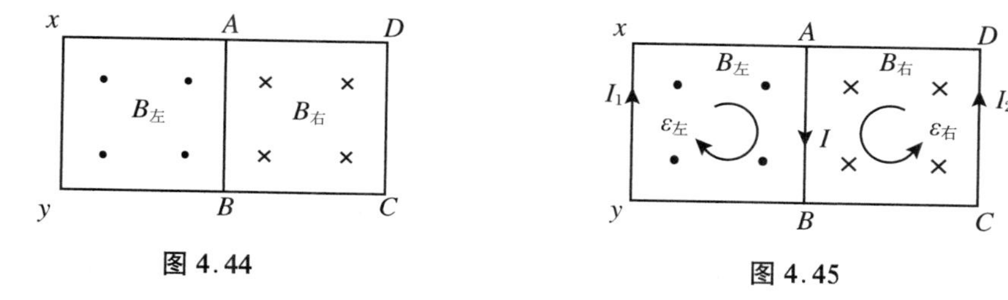

图4.44　　图4.45

解 (1) 设支路电流方向和两个正方形回路方向如图4.45所示,可列方程组:

$$\varepsilon_{左} = \varepsilon = I_1\cdot 3R + IR \quad (\varepsilon = ka^2)$$

$$\varepsilon_{右} = \varepsilon = I_2\cdot 3R + IR$$

$$I = I_1 + I_2$$

解得

$$I = \frac{2\varepsilon}{5R}, \quad I_1 = I_2 = \frac{\varepsilon}{5R}$$

设 AB 棒上沿着 A 到 B 方向的感应电动势为 ε_{AB},则有

$$U_{AB} = IR - \varepsilon_{AB}$$

ε_{AB}可分解为

$$\varepsilon_{AB} = \varepsilon_{AB}(左) + \varepsilon_{AB}(右)$$

ε_{AB}(左)由左边正方形中的匀强磁场变化激发起的感应电场沿 AB 棒的积分贡献.由对称性可知,左边正方形中的匀强磁场变化激发起的感应电场沿 By 棒积分、沿 yx 棒积分、沿 xA 棒积分均等于ε_{AB}(左),四根棒积分相加得 $\varepsilon_{左}$,即得

$$\varepsilon_{AB}(左) = \frac{1}{4}\varepsilon_{左} = \frac{1}{4}\varepsilon = \frac{1}{4}ka^2$$

ε_{AB}(右)由右边正方形中的匀强磁场变化激发起的感应电场沿 AB 棒的积分贡献.由对称性可知,右边正方形中的匀强磁场变化激发起的感应电场沿 BC 棒积分、沿 CD 棒积分、沿 DA 棒积分均等于 ε_{AB}(右),四根棒积分相加得 $\varepsilon_{右}$,即得

$$\varepsilon_{AB}(右) = \frac{1}{4}\varepsilon_{右} = \frac{1}{4}\varepsilon = \frac{1}{4}ka^2$$

由上述各式,最后可得

$$U_{AB} = \frac{2\varepsilon}{5R}\cdot R - \left(\frac{1}{4}\varepsilon + \frac{1}{4}\varepsilon\right)\bigg|_{\varepsilon = ka^2} = -\frac{1}{10}ka^2$$

(2) 所求量为

$$U_{xy} = -I_1R - \varepsilon_{xy}$$

ε_{xy}可分解为

$$\varepsilon_{xy} = \varepsilon_{xy}(左) + \varepsilon_{xy}(右)$$

从(1)问的解答中对 ε_{AB}(左)的分析可知,有

$$\varepsilon_{yx}(左) = \varepsilon_{AB}(左) \quad\Rightarrow\quad \varepsilon_{xy}(左) = -\varepsilon_{yx}(左) = -\varepsilon_{AB}(左) = -\frac{1}{4}\varepsilon$$

对于 ε_{xy}(右)的求解,如图4.46所示,正方形 $ABCD$ 区域内匀强磁场变化产生的大闭合回路 $A'B'C'D'$ 的感应电动势为

$$\varepsilon'_{大} = ka^2$$

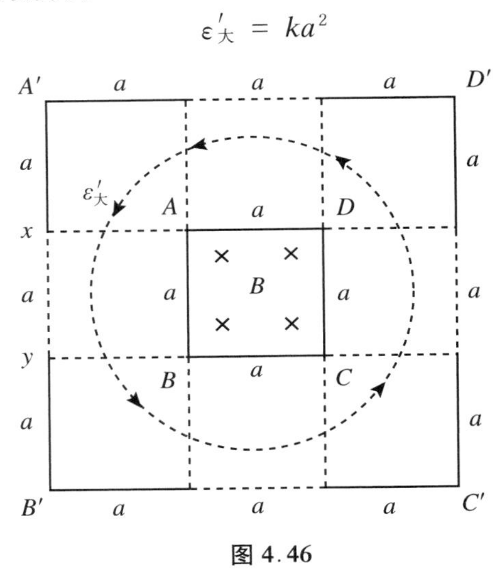

图4.46

$\varepsilon'_{大}$由 $ABCD$ 区域内磁场变化激发起的感应电场沿 $A'B'$边、$B'C'$边、$C'D'$边、$D'A'$边积分叠加而成.由对称性可得

$$\varepsilon'_{A'B'} = \frac{1}{4}\varepsilon'_{大} = \frac{1}{4}ka^2$$

但 $A'B'$边中的感应电场沿 $A'x$ 段积分、沿 xy 段积分、沿 yB'段积分的结果由对称性只能给出下述关系式:

$$\varepsilon'_{A'x} = \varepsilon'_{yB'} \neq \varepsilon'_{xy}$$

因此,即使肯定存在关联式

$$\varepsilon_{xy}(右) = \varepsilon'_{xy} = \alpha\varepsilon'_{A'B'}$$

仍然无法用简单的初等数学方法解得 α.

总之,必须首先解出 $ABCD$ 区域内磁场变化激发起的感应电场 $\boldsymbol{E}_{右}$,然后沿 x 到 y 的路线积分才能解得 ε_{xy}(右).这就使得 U_{xy} 无法用微积分之外的简单方法解得.

例8 如图4.47所示,在无限长的光滑导轨上有一辆载有磁铁的小车,磁铁N极在下,S极在上.磁铁的端面是边长为 a 的正方形(设磁场全部集中在端面,且垂直端向下,磁感应强度为 B),两条导轨之间焊有一系列短金属条,相邻两金属条之间的距离等于金属条的长度,且等于 a.每个金属条的电阻和每小段导轨的电阻均为 r,今要使磁铁沿导轨向下以速度 v 做匀速运动,则导轨的倾角 θ 应为多大(磁场可以认为是匀强磁场)?(本题需假设磁铁与导轨之间的电磁相互作用力满足牛顿第三定律,并补设磁铁质量为 m.)

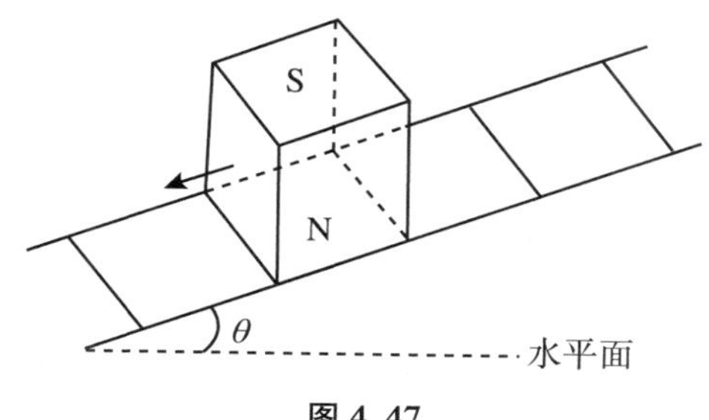

图4.47

解 在地面参考系中,磁铁运动使空间磁场分布随时间发生变化,从而激发起感应电场,在回路 $PP_{右}Q_{右}QP$ 中因磁通量减少而产生图4.48(a)所示方向的感应电动势,大小为

$$\varepsilon_{右} = \varepsilon_0 = \frac{\mathrm{d}\Phi_{右}}{\mathrm{d}t} = avB = Bav$$

在回路 $PP_{左}Q_{左}QP$ 中因磁通量增加而产生图4.48(a)所示方向的感应电动势,大小同为

$$\varepsilon_{左} = \varepsilon_0 = \frac{\mathrm{d}\Phi_{左}}{\mathrm{d}t} = Bav$$

在金属条 PQ 中形成从 Q 流向 P 的电流,对应的电流强度记为 I.

PQ 左侧与右侧对称,可将左侧"折叠"过去与右侧合并,成一新的系统,如图4.48(b)所示.$\varepsilon_{左}$ 与 $\varepsilon_{右}$ 并联成新系统第一方框中仅有的回路电动势(其余方框中磁通量为零,故无感应电动势),即为

$$\varepsilon = Bav$$

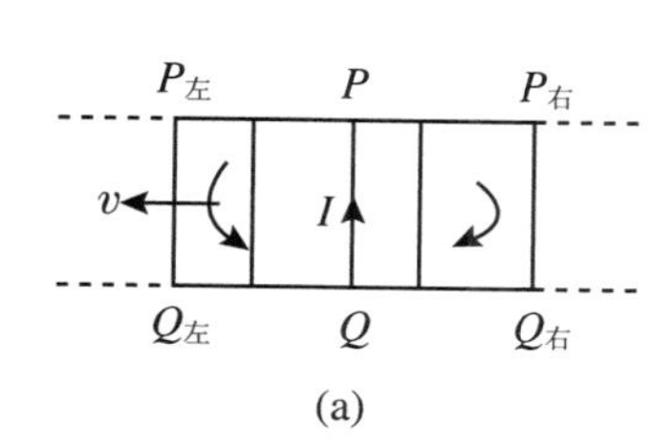

(a)

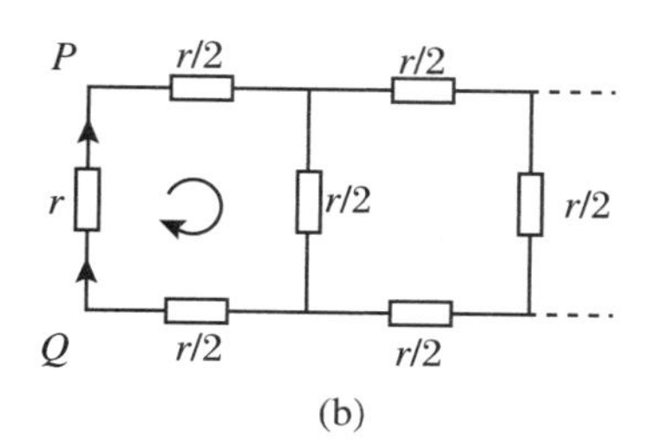

(b)

图4.48

很易导得 PQ 右侧单向无穷网络(如图4.48(b))两端的等效电阻为

$$(1+\sqrt{3})\frac{r}{2}$$

即得

$$I=\frac{\varepsilon}{r+(1+\sqrt{3})\dfrac{r}{2}}=\frac{2Bav}{(3+\sqrt{3})r}$$

金属条 PQ 因电流 I 而受沿导轨平面向下的磁场安培力,大小为

$$F_{金属条}=IBa=\frac{2B^2a^2v}{(3+\sqrt{3})r}$$

磁铁因此受沿导轨平面向上的反向作用力,大小为

$$F_{磁铁}=\frac{2B^2a^2v}{(3+\sqrt{3})r}$$

为使磁铁处于匀速状态,要求

$$mg\sin\theta=F_{磁铁}$$

即得

$$\theta=\arcsin\frac{2B^2a^2v}{(3+\sqrt{3})mgr}$$

注 本题的另一解法是改取随磁铁匀速运动的惯性系,该系中金属条 PQ 切割磁场线而产生动生电动势

$$\varepsilon=Bav$$

引起从 Q 到 P 的电流 I. 此种解法需作补充证明:惯性系间的相对速度以及带电体运动速度远小于真空中的光速时,两个惯性系中的真空电磁场量之间的差异可忽略.

例 9 如图 4.49 所示,空间中有一圆柱形区域,其轴线是空间磁场的对称轴. 设圆柱的轴线为 x 轴,且磁场指向 x 轴正方向,其 x 方向的分量 $B_x=C-k|x|$,其中 C,k 为已知的正常量,且保证在很大范围内 $B_x>0$. 现放半径为 R 的极细的超导载流线圈于原点 O 处,其中心轴与 x 轴重合,初始时有电流 I_0 且电流产生的磁场沿 x 轴负方向. 已知线圈自感系数为 L,质量为 m,如给线圈一个沿正方向的微扰,试分析线圈以后的运动.

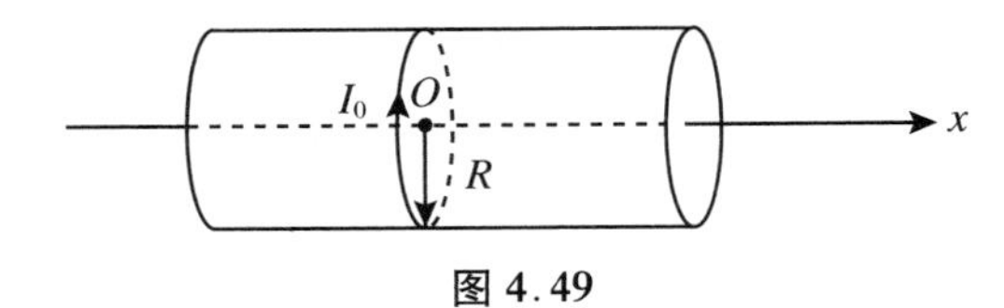

图 4.49

解 对本题的讨论和求解分三步进行.

(1) 借助动生电磁感应导出磁场的径向分量 B_r,进而验证磁场的高斯定理.

以线圈原电流方向为正方向,线圈位于 x 处时,因右向运动而产生的动生感应电动势记为 $\varepsilon_{动}$,根据法拉第定律,有

$$\varepsilon_{动}=-\frac{\mathrm{d}\Phi}{\mathrm{d}t}=-\frac{\mathrm{d}}{\mathrm{d}t}(-B_x\pi R^2)=-k\pi^2\frac{\mathrm{d}x}{\mathrm{d}t}=-k\pi R^2v\quad\left(\frac{\mathrm{d}x}{\mathrm{d}t}=v\right)$$

根据 $\boldsymbol{F}=q\boldsymbol{v}\times\boldsymbol{B}$ 提供 $\varepsilon_{动}$,有

$$\varepsilon_{动}=-\oint(\boldsymbol{v}\times\boldsymbol{B})\cdot\mathrm{d}\boldsymbol{l}=-\int_0^{2\pi R}vB_r\mathrm{d}l=-vB_r\cdot2\pi R$$

$$-k\pi R^2v=\varepsilon_{动}=-vB_r2\pi R$$

$$B_r = \frac{1}{2}kR \quad (为常量)$$

下面验证磁场的高斯定理.考虑到 B_r 的存在,磁场线取如图 4.50 所示,需注意的是在 $x>0$ 区域 $\boldsymbol{B}_r$ 径向朝外,在 $x<0$ 区域 $\boldsymbol{B}_r$ 径向朝里.

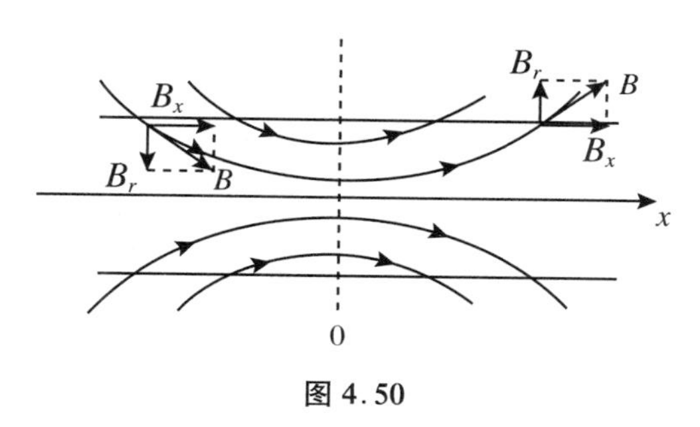

图 4.50

取 $x=0$ 到 $x=x_0>0$ 的一段圆柱高斯面,有

$$\oiint_S \boldsymbol{B}\cdot \mathrm{d}\boldsymbol{S} = -\pi R^2 B_x(0) + 2\pi R x_0 B_r + \pi R^2 B_x(x_0)$$

$$= -\pi R^2 \cdot C + 2\pi R x_0 \cdot \frac{1}{2}kR + \pi R^2 (C - kx_0) = 0$$

验证了磁场高斯定理.

(2) 超导线圈磁通量守恒性的导出.

超导线圈因外磁场磁通量 $\Phi_{外}$ 变化引起的(动生或感生)电动势为

$$\varepsilon_{外} = -\frac{\mathrm{d}\Phi_{外}}{\mathrm{d}t}$$

这将导致线圈电流 I 的变化,使得线圈中自生的电流磁场磁通量 $\Phi_{自}$ 也发生变化,激发自感电动势

$$\varepsilon_{自} = -L\frac{\mathrm{d}\Phi_{自}}{\mathrm{d}t}, \quad \Phi_{自} = LI$$

超导线圈内阻 $R=0$,应有

$$\varepsilon_{外} + \varepsilon_{自} = IR = 0$$

$$-\frac{\mathrm{d}\Phi_{外}}{\mathrm{d}t} - \frac{\mathrm{d}\Phi_{自}}{\mathrm{d}t} = 0$$

即得 $\Phi_{外} + \Phi_{自}$ 为守恒量.

(3) 以原 I_0 流向为线圈回路正方向,有

$$-\frac{\mathrm{d}\Phi_{外}}{\mathrm{d}t} - L\frac{\mathrm{d}I}{\mathrm{d}t} = 0$$

$$-k\pi R^2 v = L\frac{\mathrm{d}I}{\mathrm{d}t}$$

$$\mathrm{d}I = -\frac{k\pi R^2}{L}v\mathrm{d}t = -\frac{k\pi R^2}{L}\mathrm{d}s$$

$$\int_{I_0}^{I}\mathrm{d}I = -\frac{k\pi R^2}{L}\int_0^x \mathrm{d}s$$

$$I = I_0 - \frac{k\pi R^2}{L}x$$

因此,线圈受 $\boldsymbol{B}_x$ 的 x 方向磁场力为

$$F_x = I \cdot 2\pi R B_r = \left(I_0 - \frac{k\pi R^2}{L}x\right) \cdot 2\pi R \cdot \frac{1}{2}kR = \left(I_0 - \frac{k\pi R^2}{L}x\right)k\pi R^2$$

可见,在 $x_0 = \dfrac{I_0 L}{k\pi R^2}$ 处,$F_x = 0$(力平衡点).而在 x_0 两侧,F_x 表现为线性回复力,回复系数

$$k' = \frac{k^2\pi^2 R^4}{L}$$

线圈将在 x_0 两侧做简谐振动,振幅和角频率分别为

$$A = x_0, \quad \omega = \sqrt{\frac{k'}{m}} = \frac{k\pi R^2}{\sqrt{mL}}$$

线圈的运动方程为

$$x = A(1 - \cos\omega t)$$

例 10 在一圆环上任取一小段圆弧,如果它的两端受其余部位的作用力均是拉力,则称环内有张力,如果均是推力,则称环内有挤压力.这两种力同记为 T,$T>0$ 代表张力,$T<0$ 代表挤压力.

将半径为 R、质量为 m、电荷量为 q 的匀质均匀带电刚性细圆环静放在光滑绝缘水平桌面上,圆外无磁场,圆内有竖直向上的匀强磁场.设 $t=0$ 时 $B=0$,而后 B 随时间线性增大,比例系数为 k,由于电磁感应,圆环将绕圆心旋转,设圆环电阻足够大,环内不会形成传导电流.试问 $t>0$ 时刻圆环因旋转而在环内产生的是张力还是挤压力?计算此力的大小.

解 涡旋电场在圆环处的场强方向如图 4.51 所示,大小为

$$E = \frac{R}{2}\frac{\mathrm{d}B}{\mathrm{d}t} = \frac{k}{2}R$$

圆环因电场力获得的切向加速度大小为

$$a_{切} = \frac{qE}{m} = \frac{kq}{2m}R$$

$t>0$ 时刻圆环的运动速度大小为

$$v = a_{切}t = \frac{kq}{2m}Rt$$

取圆心角为 $\mathrm{d}\varphi$ 的小圆弧段,它所受洛伦兹力指向圆心,如图 4.52 所示,大小为

$$\mathrm{d}F_{洛} = (\mathrm{d}q)vB = \frac{qvB}{2\pi}\mathrm{d}\varphi$$

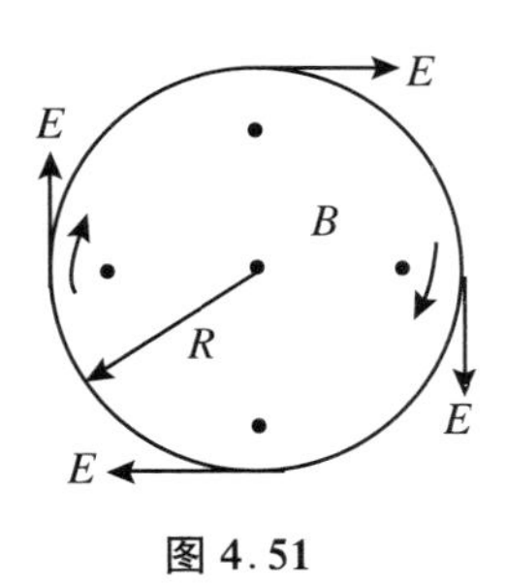

图 4.51

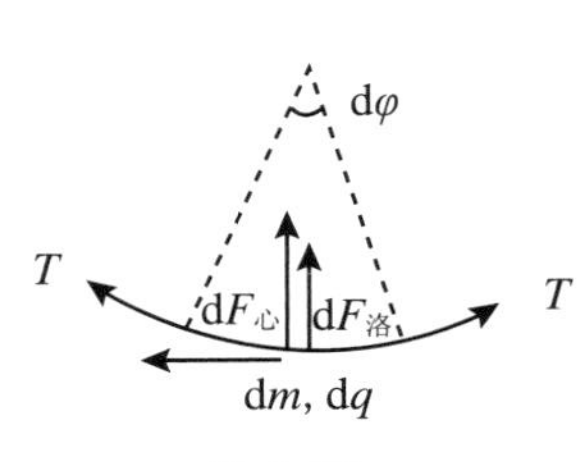

图 4.52

所需向心力的大小为

$$\mathrm{d}F_{心} = (\mathrm{d}m)\frac{v^2}{R} = \frac{mv^2}{2\pi R}\mathrm{d}\varphi$$

设 $\boldsymbol{T}$ 的方向如图 4.52 所示,则有

$$\mathrm{d}F_{心} = \mathrm{d}F_{洛} + 2T\sin\frac{\mathrm{d}\varphi}{2} = \mathrm{d}F_{洛} + T\mathrm{d}\varphi$$

解得

$$T = \frac{v}{2\pi}\left(\frac{mv}{R} - qB\right)$$

将 $v = \dfrac{kqRt}{2m}$,$B = kt$ 代入,可得

$$T = -\frac{k^2q^2R}{8\pi m}t^2,\quad |T| = \frac{k^2q^2R}{8\pi m}t^2$$

因此 $\boldsymbol{T}$ 的方向与图 4.52 所示相反,为挤压力,大小为$\dfrac{k^2q^2Rt^2}{8\pi m}$.

例 11　半径为 R 的圆柱形匀强磁场中磁感应强度 $\boldsymbol{B}$ 的方向如图 4.53 所示,且有$\dfrac{\mathrm{d}B}{\mathrm{d}t} = K>0$.在场区正截面内,质量为 m、电量为 $q(q>0)$的粒子 P 于 $t=0$ 时刻从圆外某处朝着圆心运动.P 因受感应电场的作用力而做曲线运动,在 t 时刻与圆相切而过,其间从圆心指向 P 的矢径转过 θ 角,试求 P 的初速度大小 v_0.

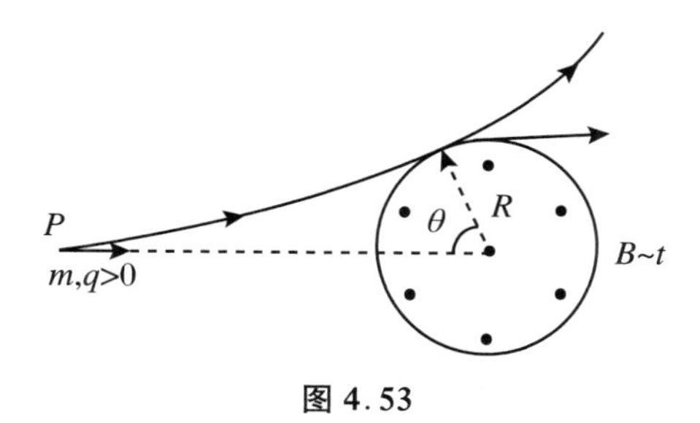

图 4.53

解　在 $r \geqslant R$ 区域,如图 4.54 所示,圆环形感应电场 $\boldsymbol{E}(r)$为顺时针方向,大小为

$$E(r) = \frac{R^2}{2r}\frac{\mathrm{d}B}{\mathrm{d}t} = \frac{KR^2}{2r}$$

P 受的力 $\boldsymbol{F}(r)$沿顺时针方向,大小为

$$F(r) = qE(r) = \frac{KqR^2}{2r}$$

$\boldsymbol{F}(r)$相对圆心的力矩为

$$\boldsymbol{M}(r) = \boldsymbol{r}\times\boldsymbol{F}(r) = r\cdot\frac{KqR^2}{2r}\boldsymbol{k}\quad(\boldsymbol{k}\text{ 为与 }\boldsymbol{B}\text{ 反向的单位矢量})$$

P 相对圆心的角动量增量为

$$\mathrm{d}\boldsymbol{L} = \boldsymbol{M}\mathrm{d}t = \frac{1}{2}KqR^2\mathrm{d}t\boldsymbol{k}$$

从 $t=0$ 到 t 时刻,角动量增量为

$$\Delta\boldsymbol{L} = \int_0^t\mathrm{d}\boldsymbol{L} = \frac{1}{2}KqR^2t\cdot\boldsymbol{k}$$

将 t 时刻 P 的轨道速度大小记为 v，则又有

$$\Delta \boldsymbol{L} = Rmv\boldsymbol{k} - \boldsymbol{0} = Rmv\boldsymbol{k}$$

即得

$$Rmv\boldsymbol{k} = \frac{1}{2}KqR^2 t\boldsymbol{k} \quad \Rightarrow \quad v = \frac{KqRt}{2m}$$

从 $t=0$ 到 t 时刻，P 的动能增量为

$$\frac{1}{2}mv^2 - \frac{1}{2}mv_0^2 = \int_0^t \boldsymbol{F}(r)\cdot \mathrm{d}\boldsymbol{l} = \int_0^t q\boldsymbol{E}(r)\cdot \mathrm{d}\boldsymbol{l}$$

$$= q\int_L \boldsymbol{E}(r)\cdot \mathrm{d}\boldsymbol{l} = q\varepsilon_L \quad (L \text{ 为 } P \text{ 的运动路径})$$

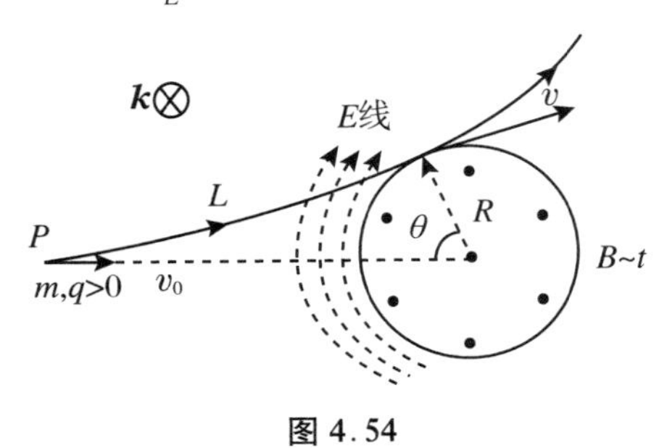

图 4.54

在图 4.54 中，由 P 的初始时刻的位置、t 时刻的位置以及圆心可以构成一个大的闭合回路，其中包含了由圆心和 θ 角所张圆弧构成的小回路，便有

$$\varepsilon_L = \varepsilon_{\text{大回路}} = \varepsilon_{\text{小回路}} = \varepsilon_{\text{圆弧}}$$

其中圆弧段感应电动势为

$$\varepsilon_{\text{圆弧}} = E(R)\cdot R\theta = \frac{K}{2}R\cdot R\theta$$

即得

$$\frac{1}{2}mv^2 - \frac{1}{2}mv_0^2 = q\varepsilon_L = q\varepsilon_{\text{圆弧}} = \frac{K}{2}qR^2\theta$$

将

$$\frac{1}{2}mv^2 = \frac{1}{2}m\left(\frac{1}{2m}KqRt\right)^2 = \frac{1}{8m}K^2q^2R^2t^2$$

代入，得

$$\frac{1}{2}mv_0^2 = \frac{1}{8m}K^2q^2R^2t^2 - \frac{1}{2}KqR^2\theta = \frac{K}{2}qR^2\left(\frac{1}{4m}Kqt^2 - \theta\right)$$

$$v_0 = \sqrt{\frac{K}{m}qR^2\left(\frac{1}{4m}Kqt^2 - \theta\right)}$$

例 12 如图 4.55 所示，在圆柱形区域内有匀强磁场，磁感应强度 $\boldsymbol{B}$ 随 t 变化，在垂直于 $\boldsymbol{B}$ 的某平面上已建立 Oxy 坐标系. 一根光滑绝缘细空心管 MN 相对 y 轴对称地固定在 x 轴上，且处在磁场区域内. MO' 与 OO' 间的夹角为 θ_0. 其中 O' 为磁场区域中央轴与 Oxy 平面的交点. 管 MN 内有一质量为 m、带电量 $q>0$ 的光滑小球，$t=0$ 时它恰好静止在 M 位置. 设 $\boldsymbol{B}$ 的正方向如图 4.55 所示，在该方向上其值(可正可负)随时间 t 的变化规律为

$$B = B_0\sin\omega t$$

其中 B_0，ω 均为正的常量．设 $\boldsymbol{B}$ 的这种变化规律恰好能使小球在 M、N 之间做以 O 为中心，MN 长度的一半为振幅的简谐振动．

（1）求出 ω 与 m，q，θ_0，B_0 之间的关系．

（2）设 MN 长为 $2R$，请确定 MN 所受小球作用力在 y 轴上的投影 N_y 与小球位置 x 之间的函数关系，并定性画出 N_y-x 曲线，但需标定曲线上的特征点．

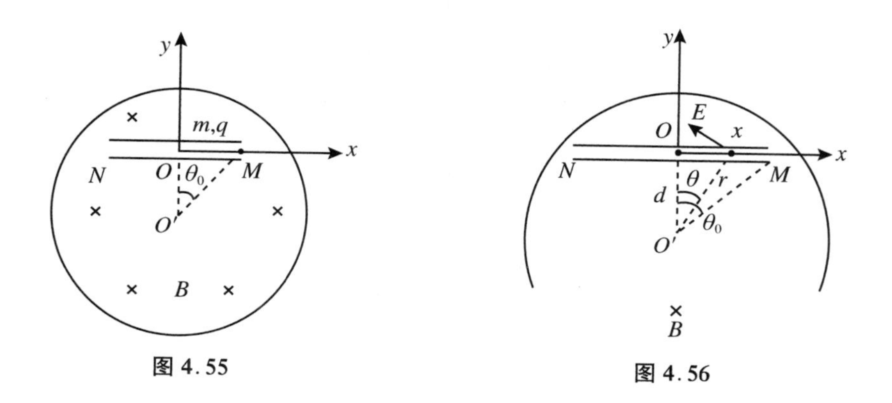

图 4.55　　图 4.56

解　带电小球运动到管道 MN 内的某点 x 时，它将受到如图 4.56 所示的切向感应电场 $\boldsymbol{E}$ 的作用．考虑到本题中 $\boldsymbol{B}$ 的正方向，应有

$$E = \frac{r}{2}\frac{\mathrm{d}B}{\mathrm{d}t}$$

式中 E 带有正、负号，r 为 x 到点 O' 的距离．

由题文所给

$$B = B_0\sin\omega t = B_0\cos\left(\omega t - \frac{\pi}{2}\right)$$

可以看出，B 随 t 的变化规律与简谐振动

$$x = A\cos(\omega t + \varphi)$$

数学同构，即得

$$\frac{\mathrm{d}B}{\mathrm{d}t} = -\omega B_0\sin\left(\omega t - \frac{\pi}{2}\right) = \omega B_0\cos\omega t$$

代入 E 的表达式，便得

$$E = \frac{1}{2}r\omega B_0\cos\omega t$$

（1）带电小球运动到 x 位置时，除受到切向电场力

$$F_{\mathrm{e}} = qE = \frac{1}{2}qr\omega B_0\cos\omega t$$

还受到洛伦兹力和管道 MN 的法向支持力，但是后两个力都沿 y 轴，只有电场力才有影响小球沿 x 方向运动的分力．故

$$F_x = F_{\mathrm{e}}\cos\theta = \frac{1}{2}q(r\cos\theta)\omega B_0\cos\omega t$$

其中方位角 θ 在图 4.56 中示出．将 O' 与 O 的间距记为 d，则有

$$r\cos\theta = d,\quad F_x = \frac{1}{2}qd\cdot\omega B_0\cos\omega t = kx$$

简谐振动振幅 R 即为 MN 长度的一半,如图 4.56 所示,有

$$R = d \cdot \tan\theta_0$$

x 随 t 的变化式可表述为

$$x = R\cos(\omega' t + \varphi'), \quad \omega' = \sqrt{\frac{k}{m}}$$

考虑到 $t=0$ 时小球静止在 $x=R$ 处,故 $\varphi'=0$,即得

$$x = R\cos\omega' t = (d \cdot \tan\theta_0)\cos\omega' t \quad \Rightarrow \quad \frac{1}{2}qd\omega B_0\cos\omega t = kx = k(d \cdot \tan\theta_0)\cos\omega' t$$

此式对任何时刻 t 均成立,必有

$$\omega' = \omega, \quad \frac{1}{2}qd \cdot \omega B_0 = kd \cdot \tan\theta_0 = m\omega'^2 d \cdot \tan\theta_0 = m\omega^2 d \cdot \tan\theta_0$$

即得

$$\omega = \frac{qB_0}{2m\tan\theta_0}$$

(2) 小球所受电场力的 y 分量为

$$F_{y(1)} = F_e\sin\theta = qE\sin\theta = q\left(\frac{1}{2}r\omega B_0\cos\omega t\right)\sin\theta$$

因 $r\sin\theta = x, x = R\cos\omega t$,故

$$F_{y(1)} = \frac{q\omega B_0}{2R}x^2$$

小球在 x 位置时的速度和所受洛伦兹力分别为

$$v_x = -\omega R\sin\omega t, \quad F_{y(2)} = qv_x B = -q\omega RB_0\sin^2\omega t$$

将

$$\sin^2\omega t = 1 - \cos^2\omega t = 1 - \left(\frac{x}{R}\right)^2$$

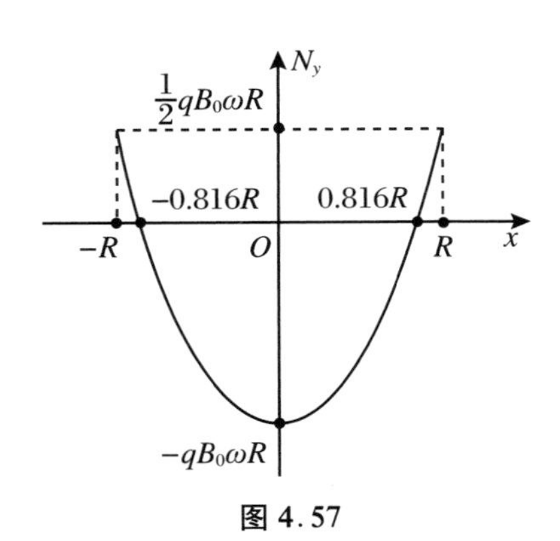

图 4.57

代入,得

$$F_{y(2)} = -\frac{q\omega B_0}{R}(R^2 - x^2)$$

小球在 y 方向上受力平衡,管道提供的支持力 N_y' 可表述成

$$N_y' = -(F_{y(1)} + F_{y(2)})$$

管道受小球作用力便为

$$N_y = -N_y' = F_{y(1)} + F_{y(2)}$$

计算可得

$$N_y = \frac{q\omega B_0}{2R}(3x^2 - 2R^2)$$

N_y-x 曲线如图 4.57 所示.

例 13 电子感应加速器的工作原理.

如图 4.58(a)所示,在图示的圆形区域内有轴对称分布的磁场,磁感应强度 $\boldsymbol{B}$ 的方向垂直图平面朝里,大小为

$$B = B(r,t) = B_0(t)f(r) \quad (r \text{ 为从圆心引出的矢径长度})$$

取

$$B_0(t) = B_{0m}\sin\omega t$$

函数曲线如图4.58(b)所示,其中 B_{0m} 和 ω 均为正的已知常量.

设电子于某个 $t_0\left(\frac{T}{4}>t_0>0, T=\frac{2\pi}{\omega}\right)$ 时刻,从 $r=R$ 处以顺时针方向切向速度 v_0 进入场区后,恰好能在感应电场力、磁场力(洛伦兹力)作用下,沿半径为 R 的圆周轨道加速运动,直到某个 $t_e\left(\frac{T}{4}>t_e>t_0\right)$ 时刻从场区引出.不考虑相对论效应.

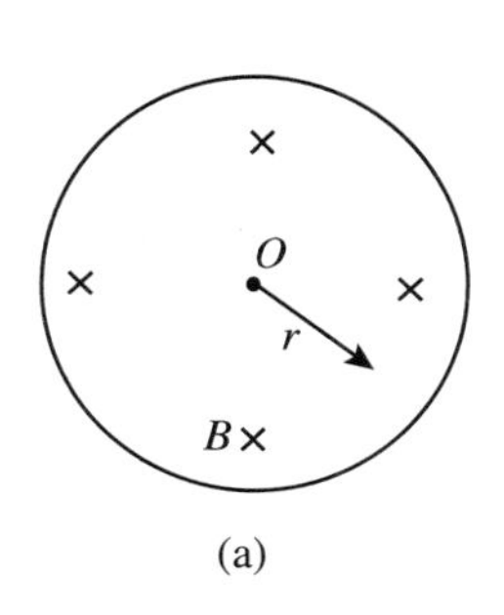

(a)

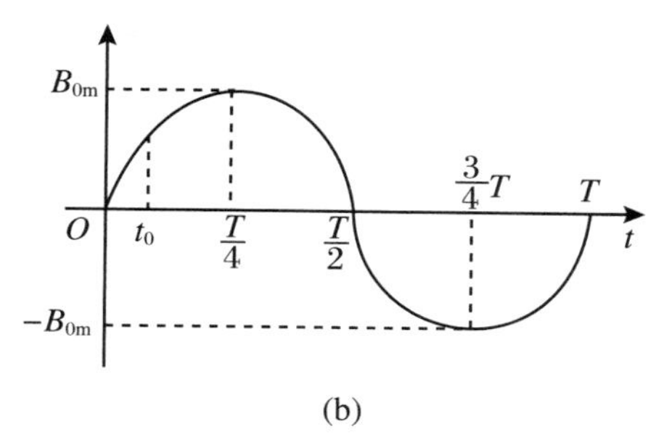

(b)

图4.58

(1) 已知 t 时刻从 $r=0$ 到 $r=R$ 的圆形区域内磁感应强度 $B(r,t)$ 的平均值为 $\overline{B}_{0-R}(t)$,试求 t 时刻距圆心为 R 处的磁感应强度 $B_R(t)$.

(2) 将电子质量记为 m,再设

$$f(r) = 1-\frac{r}{R_0}$$

其中 R_0 为已知量,试求 R,v_0 和末速度 $v\left(t_e=\frac{T}{4}\right)$.

解 (1) 如图4.59所示,t 时刻电子做圆周运动所需向心力由磁场力 F_m 提供,即有

$$\frac{mv^2(t)}{R} = ev(t)B(R,t)$$

$$mv(t) = eRB(R,t) \tag{①}$$

$t=t_0$ 时相应有

$$mv_0 = eRB(R,t_0) \tag{②}$$

运动中电子速率增大所需切向力由感应电场力 $\boldsymbol{F}_e=-e\boldsymbol{E}(R,t)$ 提供.为求 $\boldsymbol{E}(R,t)$,如图4.59所示,取逆时针方向的半径为 R 的圆回路,t 时刻该回路包围的磁通量应取负,为

$$\Phi(t) = -\int_0^R B(r,t)\cdot 2\pi r\mathrm{d}r$$

按题文引入

$$\overline{B}_{0-R}(t) = \int_0^R \frac{B(r,t)\cdot 2\pi r\mathrm{d}r}{\pi R^2} = -\frac{\Phi(t)}{\pi R^2}$$

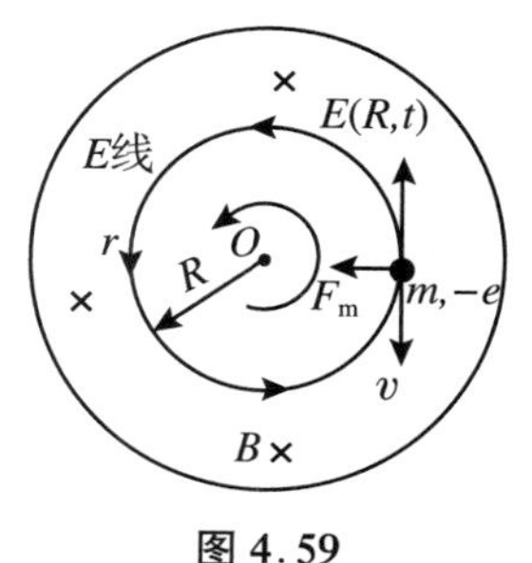

图4.59

沿回路方向的 $\boldsymbol{E}(R,t)$ 大小为

$$E(R,t) = -\frac{1}{2\pi R}\frac{\mathrm{d}\Phi}{\mathrm{d}t} = \frac{R}{2}\frac{\mathrm{d}\,\overline{B}_{0-R}(t)}{\mathrm{d}t}$$

$\boldsymbol{E}(R,t)$ 与 $\boldsymbol{v}$ 反向,$\boldsymbol{E}(R,t)$ 为电子提供的切向力 $-e\boldsymbol{E}(R,t)$ 与 $\boldsymbol{v}$ 同向,起到加速作用,

故有

$$m\frac{\mathrm{d}v}{\mathrm{d}t}=eE(R,t)=\frac{eR}{2}\frac{\mathrm{d}\,\overline{B}_{0-R}(t)}{\mathrm{d}t}\quad\Rightarrow\quad\mathrm{d}[mv(t)]=\frac{eR}{2}\mathrm{d}\,\overline{B}_{0-R}(t)$$

积分

$$\int_{v_0}^{v(t)}\mathrm{d}[mv(t)]=\frac{eR}{2}\int_{t_0}^{t}\mathrm{d}\,\overline{B}_{0-R}(t)$$

得

$$mv(t)-mv_0=\frac{eR}{2}\,\overline{B}_{0-R}(t)-\frac{eR}{2}\,\overline{B}_{0-R}(t_0)$$

将①、②两式代入，得

$$B(R,t)-B(R,t_0)=\frac{1}{2}\,\overline{B}_{0-R}(t)-\frac{1}{2}\,\overline{B}_{0-R}(t_0)$$

此式在 $t\to t_0$ 时也应成立，故必有

$$B(R,t_0)=\frac{1}{2}\,\overline{B}_{0-R}(t_0),\quad B(R,t)=\frac{1}{2}\,\overline{B}_{0-R}(t)$$

可统一表述为

$$B(R,t)=\frac{1}{2}\,\overline{B}_{0-R}(t),\quad\frac{T}{4}\geqslant t\geqslant t_0\tag{③}$$

（2）由

$$B(r,t)=B_0(t)f(r)=B_0(t)\left(1-\frac{r}{R_0}\right)$$

得

$$\overline{B}_{0-R}(t)=\int_0^R\frac{B(r,t)\cdot 2\pi r\mathrm{d}r}{\pi R^2}=\frac{1}{3}B_0(t)\cdot\left(3-\frac{2R}{R_0}\right)\tag{④}$$

由

$$B_0(t)\left(1-\frac{R}{R_0}\right)=B(R,t)=\frac{1}{2}\,\overline{B}_{0-R}(t)=\frac{1}{6}B_0(t)\cdot\left(3-\frac{2R}{R_0}\right)$$

解得

$$R=\frac{3}{4}R_0$$

再由②～④式，得

$$v_0=\frac{eR}{m}\cdot B(R,t_0)=\frac{eR}{2m}\overline{B}_{0-R}(t_0)=\frac{eR}{6m}B_0(t_0)\left(3-\frac{2R}{R_0}\right)$$

将 $B_0(t)=B_{0\mathrm{m}}\sin\omega t$ 代入，得

$$v_0=\frac{eR_0}{4m}B_{0\mathrm{m}}\sin\omega t_0$$

同样可得

$$v\left(t_{\mathrm{e}}=\frac{T}{4}\right)=\frac{eR}{m}\cdot B\left(R,\frac{T}{4}\right)=\frac{eR}{2m}\overline{B}_{0-R}\left(\frac{T}{4}\right)=\frac{eR}{6m}B_0\left(\frac{T}{4}\right)\left(3-\frac{2R}{R_0}\right)=\frac{eR_0}{4m}B_{0m}$$

例 14 设电感线圈由如图 4.60 所示的长直均匀密绕螺线管构成，单位长度线圈数记为 n，管上绕圈的长度记为 l，管的截面积记为 S. 管内为真空，当输入、输出电流强度为 I 时，管内有图 4.60 所示方向的匀强磁场 $\boldsymbol{B}$，其大小为

$$B=\mu_0 nI\quad(\mu_0\text{ 为真空磁导率})$$

管外无磁场(严格而言为磁场可忽略).此电感线圈的自感系数为

$$L = \mu_0 n^2 lS$$

(1) 利用电容器储能公式,设法导出线圈电流为 i 时线圈储能 W_L 与 L, i 的关系式.

(2) 若认定 W_L 即为线圈内的全部磁场能量,再认定匀强磁场中场能密度处处相同,试导出真空磁场能量密度 w_m 与磁感应强度 $\boldsymbol{B}$ 的关系式.

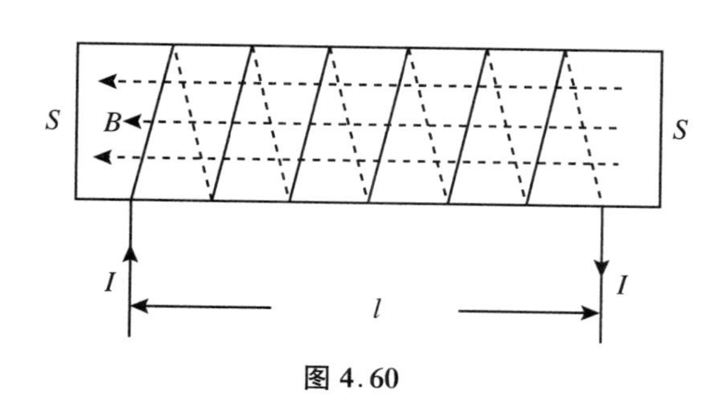

图 4.60

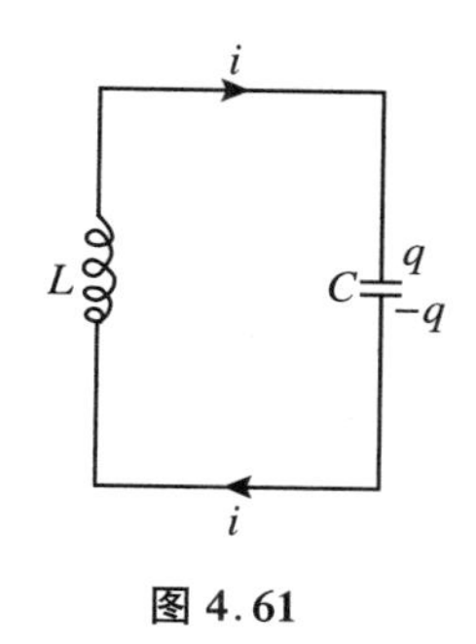

图 4.61

解 (1) 将已充好电的电容器 C 与电感为 L 的线圈用电阻为零的导线接通后,便会有回路电流.在电容器充放电往返变化过程中,某时刻电容器两极板上的电量分别为 q 和 $-q$,回路电流 i 的方向如图 4.61 所示.由回路电压方程

$$\frac{q}{C} + L\frac{\mathrm{d}i}{\mathrm{d}t} = 0$$

得关系式

$$\frac{q}{C} = -L\frac{\mathrm{d}i}{\mathrm{d}t} \qquad ①$$

在似稳模型(例如每一时刻电路各处电流的差异都被忽略等)中,电磁辐射等损耗能量的因素都已被忽略.能量守恒方程

$$\frac{q^2}{2C} + W_L = E_{总} \quad (常量)$$

两边对 t 求导,得

$$\frac{2q}{2C}\cdot\frac{\mathrm{d}q}{\mathrm{d}t} + \frac{\mathrm{d}W_L}{\mathrm{d}t} = 0 \Rightarrow \frac{q}{C}i + \frac{\mathrm{d}W_L}{\mathrm{d}t} = 0 \Rightarrow \mathrm{d}W_L = -\frac{q}{C}i\mathrm{d}t$$

将①式代入,得

$$\mathrm{d}W_L = Li\mathrm{d}i$$

$i=0$ 时,$W_L=0$,将上式积分

$$\int_0^{W_L}\mathrm{d}W_L = \int_0^i Li\mathrm{d}i$$

即得

$$W_L = \frac{1}{2}Li^2$$

(2) 根据题文所述,应有

$$W_m = W_L = \frac{1}{2}Li^2$$

将题目所给的 L, B 表述式代入,即得

$$W_m = \frac{B^2}{2\mu_0}(lS)$$

其中 lS 为磁场区域体积,继而得真空磁场能量密度为

$$w_m = \frac{B^2}{2\mu_0} \qquad ②$$

注 磁介质中的磁场能量密度为

$$w_m = \frac{B^2}{2\mu_r\mu_0} \qquad ③$$

其中 μ_r 为介质相对磁导率.

②、③两式对于用其他方式得到的磁场同样成立.

思　考　题

1. 将一磁铁插入一个由导线组成的闭合电路线圈中,一次迅速插入,另一次缓慢插入,试问:

(1) 两次插入时在线圈中产生的感生电荷量是否相同?

(2) 两次手推磁铁的力所做的功是否相同?

(3) 若将磁铁插入一不闭合的金属环中,在环中将发生什么变化?

2. 法拉第电磁感应定律中出现的负号有什么含义?

3. 一导体圆线圈在均匀磁场中运动,则在下列几种情况下哪些会产生感应电流?试说明理由.

(1) 线圈沿磁场方向平移;

(2) 线圈沿垂直磁场方向平移;

(3) 线圈以自身直径为轴转动,轴与磁场方向平行;

(4) 线圈以自身直径为轴转动,轴与磁场方向垂直.

4. 让一块很小的磁铁在一根很长的竖直铜管内下落(不计空气阻力),试定性分析磁铁进入铜管上部、中部和下部的运动情况.

5. 在两磁极间放一导体圆线圈,线圈平面与磁场方向垂直.

(1) 将其中一磁极很快移去时,线圈中是否产生感应电流?为什么?

(2) 将两磁极慢慢同时移去时,线圈中是否产生感应电流?为什么?

6. 当汽车在南极附近的水平地面上行驶时,若考虑地磁场的作用,在汽车轮子的钢轴上是否会产生感应电动势?

7. 将尺寸完全相同的铜环和木环适当放置,使通过两环的磁通量变化量相等.问这两个环中的感生电动势及感生电场强度是否相等?

8. 沿一闭合回路绕行一周,感生电场力对正电荷做的功是否为零?静电场力对正电荷做的功是否为零?

9. 有两个半径相接近的线圈,问如何放置使其互感最小?如何放置使其互感最大?

10. 自感电动势能不能大于电源的电动势?暂态电流可否大于稳定时的电流值?

11. 用电阻丝绕成的标准电阻要求没有自感，问怎样绕制才能使线圈的自感为零？

12. 两个螺线管串联相接，两管中任何时候都有相同的恒定电流，试问两螺线管之间有没有互感存在？为什么？

13. 动生电动势的起源是什么？感生电动势的起源是什么？

14. 下面两个公式中，哪个是普遍成立的公式？为什么？

$$\oint_L \boldsymbol{E}\cdot \mathrm{d}\boldsymbol{l} = -\iint_S \frac{\partial \boldsymbol{B}}{\partial t}\cdot \mathrm{d}\boldsymbol{S}$$

$$\oint_L \boldsymbol{E}\cdot \mathrm{d}\boldsymbol{l} = -\frac{\mathrm{d}}{\mathrm{d}t}\iint_S \boldsymbol{B}\cdot \mathrm{d}\boldsymbol{S}$$

15. 在电子感应加速器中，电子加速的能量是从哪里来的？并做简要解释.

习　　题

1. 一长直导线载有电流强度为 $I=10\sin(100\pi t)$ A 的交流电流，t 以秒计. 旁边有一矩形线圈 $ABCD$ 与载流长直导线共面，线圈长为 $l_1=0.20$ m，宽为 $l_2=0.10$ m，长边与长导线平行，AD 边与导线相距 $a=0.10$ m，线圈匝数为 $N=1000$，如图 4.62，试求线圈中的感应电动势.

2. 一边长为 a 及 b 的矩形导体框，其长为 b 的边与一载有电流为 I 的长直导线平行，边长为 b 的边与长导线相距为 c，$c>a$，如图 4.63 所示. 令框以此边为轴做匀角速度旋转，问框中的感应电动势是否为正弦函数？

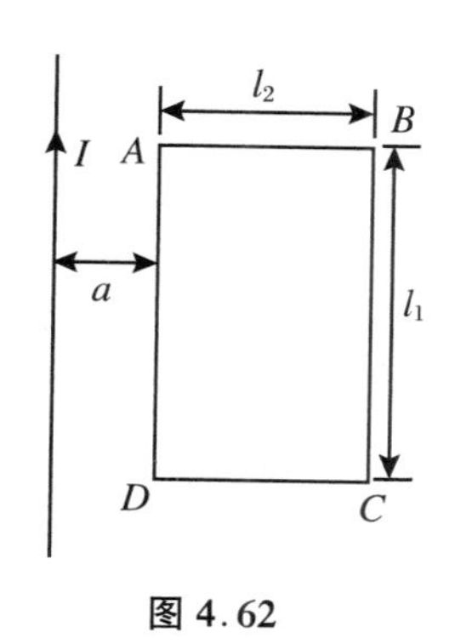

图 4.62

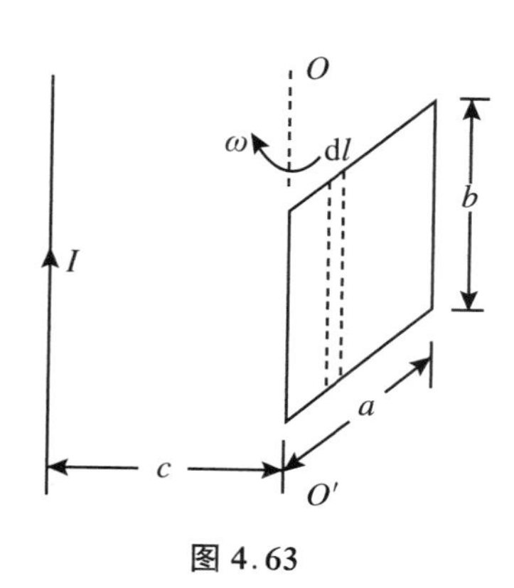

图 4.63

3. 一矩形导体回路 $ABCD$ 放在均匀外磁场中，磁场的磁感应强度 $\boldsymbol{B}$ 的大小为 $B=6.0\times10^3$ G，$\boldsymbol{B}$ 与矩形平面的法线 $\boldsymbol{n}$ 的夹角为 $\alpha=60°$；回路的 CD 段长为 $l=1.0$ m，以速度 $v=5.0$ m/s 平行于两边向外滑动，如图 4.64 所示. 试求回路中的感应电动势，并指出感应电流的方向.

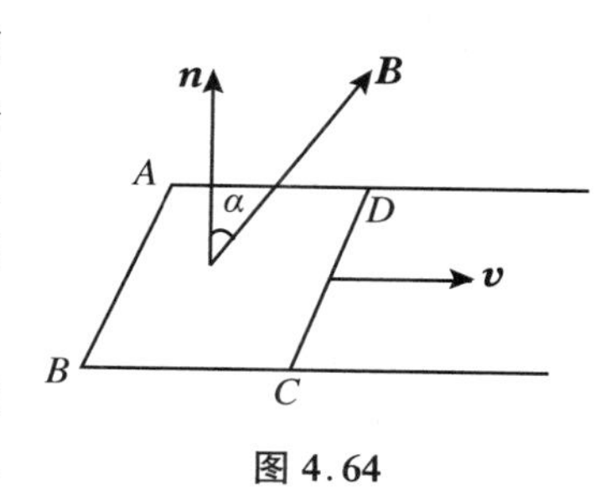

图 4.64

4. 如图 4.65 所示，有一金属杆 AB 与一长直载流导线共面，当金属杆以速度 $\boldsymbol{v}$ 运动到图中位置时，杆中的动生电

动势 ε_{AB} 等于多少?

5．如图 4.66 所示,矩形线框 $abcd$ 与长直载流导线 A_1A_2 共面,且 $ad // A_1A_2$. 当 A_1A_2 中的电流 $I = I_0\cos\omega t$ 时,导线边 ab 正以速度 $\boldsymbol{v}$ 沿导线框匀速平动,试求线框 $abcd$ 中的感应电动势 ε.

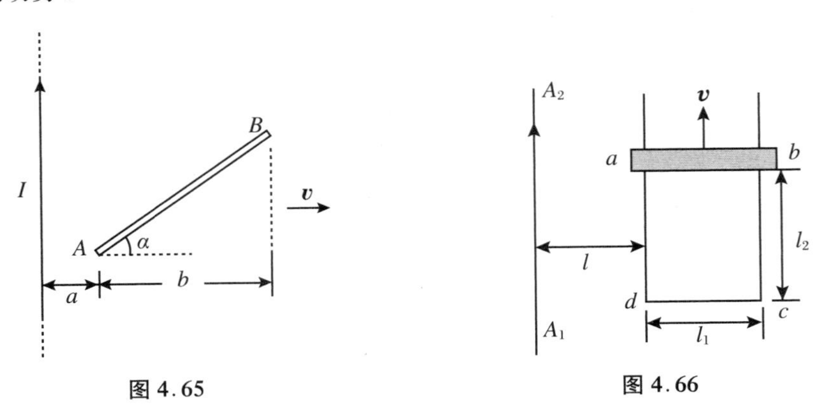

图 4.65　　图 4.66

6．如图 4.67 所示,设一无限长直导线中通有电流 $i = I_m\cos\omega t$,在距长直导线 d 处放置一个三角形线圈(线圈的两直角边长分别为 a 和 b),试求三角形线圈中的感应电动势 ε_i.

7．如图 4.68 所示,电流强度为 I 的长直导线附近有边长为 $2a$ 的正方形线圈,绕中心轴 OO' 以匀角速度 ω 旋转.求线圈中的感应电动势(OO' 轴与长直导线相距为 b,且平行于长直导线).

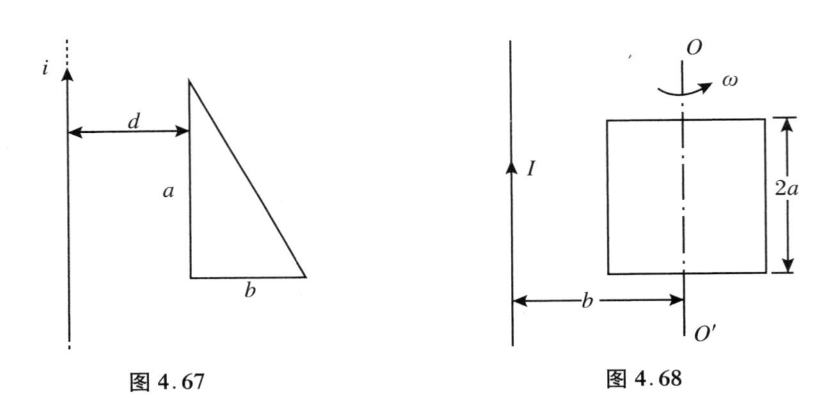

图 4.67　　图 4.68

8．如图 4.69 所示,有一导体细棒,由 $ab = bc = L$ 两段在 b 处相接,弯曲处形成 θ 角 $\left(\theta < \frac{\pi}{2}\right)$,导体细棒在均匀磁场 $\boldsymbol{B}$ 中以角速度 ω 绕 a 点顺时针旋转,试求导体细棒上的感应电动势 ε_i.

9．如图 4.70 所示,在一磁感应强度为 $\boldsymbol{B}$ 的均匀磁场中,有一弯成角的金属线 AOB,角的大小为 α,一导线 MN 以等速度 $\boldsymbol{v}$ 在此线上滑动,速度 $\boldsymbol{v}$ 的方向与 OB 平行而垂直于 MN,磁场垂直于角 AOB 的平面,所有导线单位长度的电阻都等于 r.(1) 感应电动势如何随 $ab = x$ 的长度而变? (2) 求 aOb 中的感应电流.

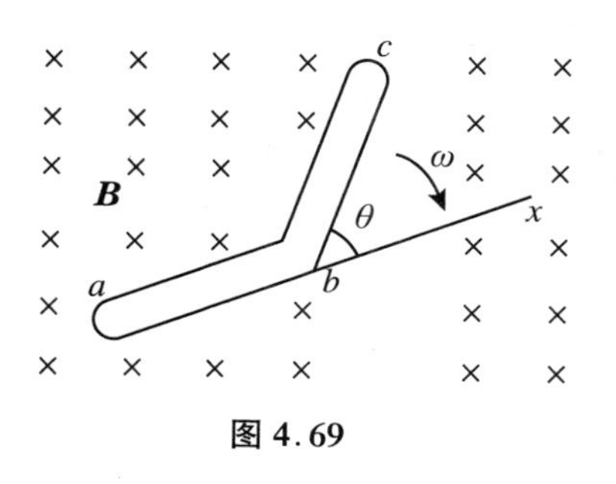

图 4.69

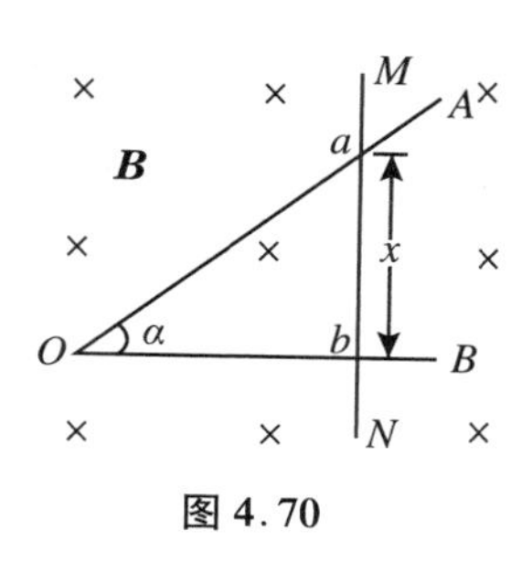

图 4.70

10. 如图 4.71 所示,令 $\boldsymbol{B}$ 以$\dfrac{\mathrm{d}\boldsymbol{B}}{\mathrm{d}t}$这个速率增加,令 R 为存在磁场的柱形空间区域的半径,试问在任意半径 r 处,电场 $\boldsymbol{E}_k$ 的量值为多大?

11. 如图 4.72 所示的圆柱形磁体,半径为 a,当其内通过随时间变化的涡旋状磁通时,磁体内任意一点 P 的感应电场强度等于多少(设 $\boldsymbol{B}$ 沿圆周切向,且其数值与半径 ρ 成正比)?

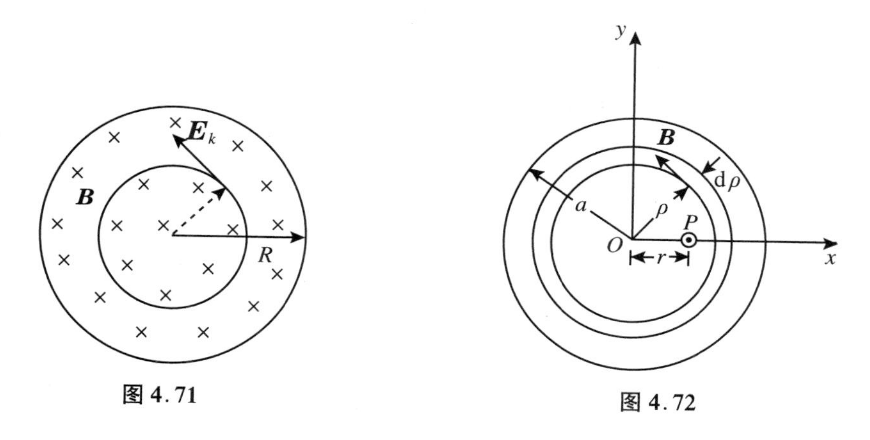

图 4.71　　图 4.72

12. 在半径为 R 的圆柱形空间中,存在着均匀磁场,$\boldsymbol{B}$ 的方向与柱的轴线平行. 如图 4.73 所示,有一长为 L 的金属棒放在磁场中,设 $\boldsymbol{B}$ 的变化率$\dfrac{\mathrm{d}B}{\mathrm{d}t}$已知. 求证:棒上的感应电动势的大小为 $\varepsilon_i=\dfrac{\mathrm{d}B}{\mathrm{d}t}\cdot\dfrac{L}{2}\sqrt{R^2-\left(\dfrac{L}{2}\right)^2}$.

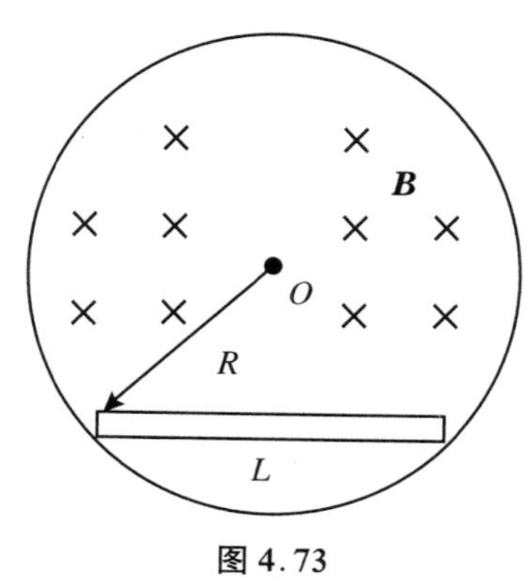

图 4.73

13. 两平行导线相距 $l=50$ cm，通过电阻 $R=0.20\ \Omega$ 连接在一起，放在磁感应强度为 $\boldsymbol{B}$ 的均匀磁场中，$\boldsymbol{B}$ 与导线平面垂直并向内，如图 4.74 所示，$B=0.50$ T. 另一条导线 ab 横跨在两平行道线上，以匀速 $\boldsymbol{v}$ 向右滑动，$\boldsymbol{v}$ 与两导线平行，$v=4.0$ m/s. 试求：(1) 导线 ab 的运动在闭合回路中所产生的感应电动势 ε；(2) 电阻 R 所消耗的功率 P；(3) 磁场 B 作用在导线 ab 上的力 F.

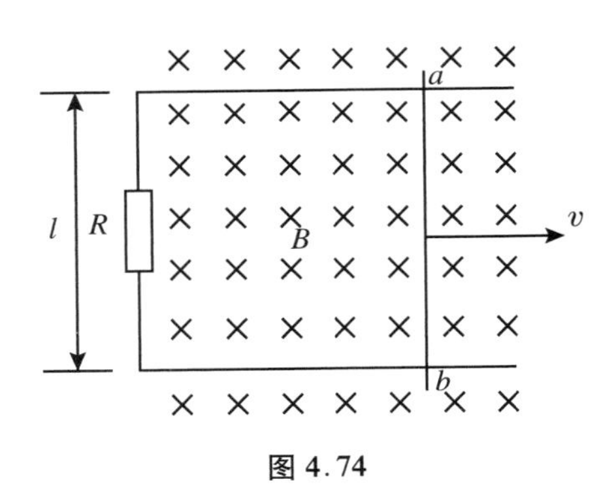

图 4.74

14. 一横截面积为 $S=20\ \mathrm{cm}^2$ 的空心螺绕环，每厘米上绕有 50 匝线圈；环外绕有 $N=5$ 匝的副线圈，副线圈与电流计 G 串联，构成一个电阻为 $r=2.0\ \Omega$ 的闭合回路，如图 4.75 所示. 若改变 R，使螺绕环中的电流 i 每秒减少 20 A，试求副线圈中的感应电动势 ε 和感应电流 I.

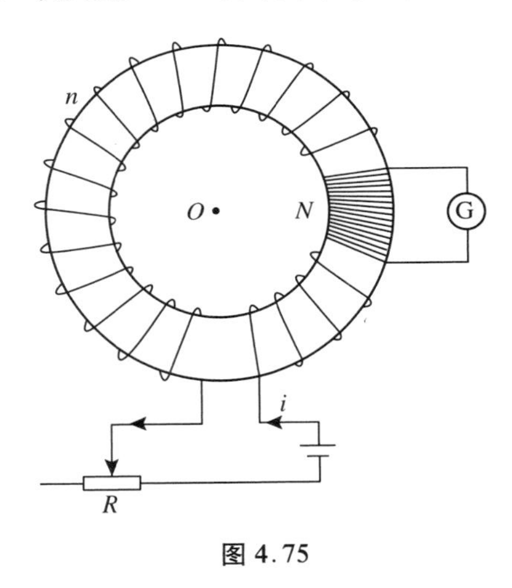

图 4.75

15. 一半圆导线 MN 的半径为 b，在长直载流导线附近，环平面与长直导线垂直，环的圆心 O 距离长直导线为 a，如图 4.76 所示. 若设长导线中有电流 I，半环以平行于长导线的速度 $\boldsymbol{v}$ 移动. 求环两端的感应电动势.

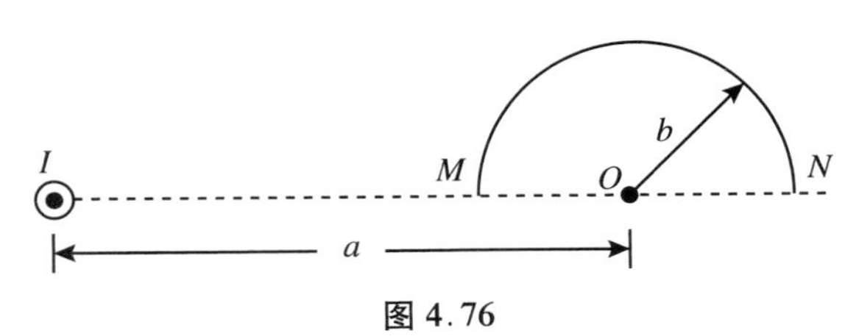

图 4.76

16. 如图 4.77 所示，螺线管的管心是两个套在一起的同轴圆柱体，其截面积分别为 S_1 和 S_2，磁导率分别为 μ_1 和 μ_2，管长为 l，匝数为 N. 求螺线管的自感系数.

17. 有一线圈，长度为 $l = 0.3$ m，横截面积为 $S = 10$ cm^2，匝数为 $N = 600$，试求：(1) 无铁芯时线圈的自感；(2) 将相对磁导率 $\mu_r = 500$ 的铁芯放入线圈时线圈的自感.

18. 一螺绕环由 N 匝表面绝缘的细导线在纸环上密绕而成，横截面是长为 $b - a$、宽为 h 的矩形，环的内、外半径分别为 a 和 b，它的一半如图 4.78 所示. 试求它的自感 L，并计算当 $N = 1000$ 匝，$a = 5.0$ cm，$b = 10$ cm，$h = 1.0$ cm 时 L 的值.

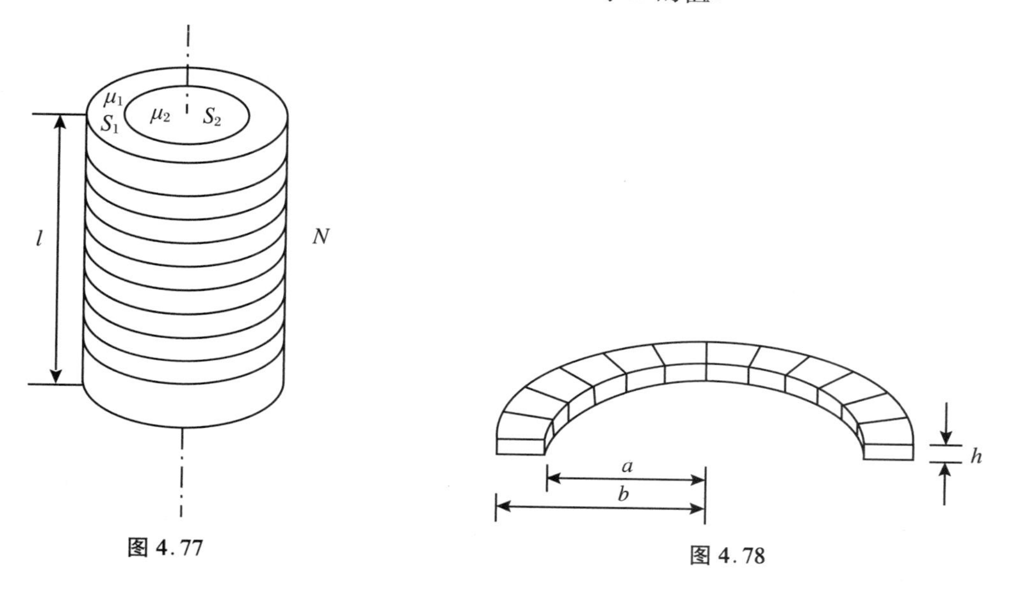

图 4.77　　　　图 4.78

19. 一个边长为 a 的 N 匝正方形线圈与一长直导线位于同一平面内，两者的相对位置及尺寸如图 4.79 所示，求互感系数 M.

20. 一密绕的矩形线圈长 20 cm，宽 10 cm，共有 100 匝. 此线圈在一构成闭合电路一部分的极长导线旁，其长边与此导线平行，而电路的其他部分与线圈相距很远，如图 4.80 所示. 求当直导线与矩形线圈近边相距 10 cm 时两电路的互感系数.

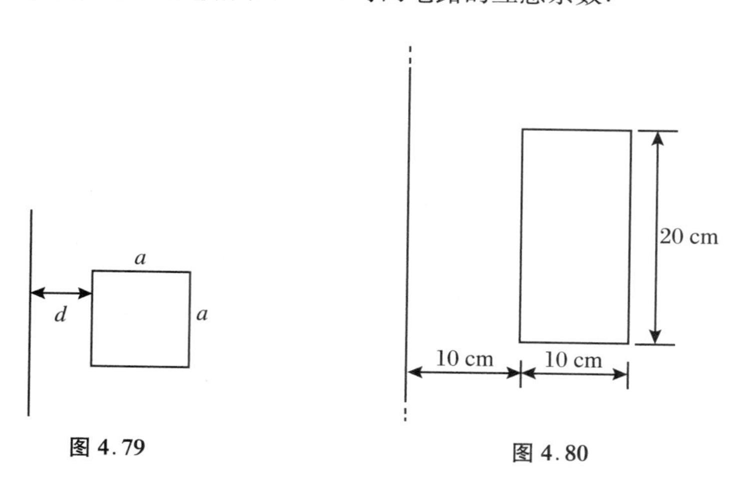

图 4.79　　　　图 4.80

21. 共轴的两个圆线圈，半径分别为 a_1 和 a_2，匝数分别为 N_1 和 N_2，圆心相距为 l，如

图 4.81 所示.设 $a_2 \ll a_1$ 和 l,试求线圈之间的互感系数 M.

22.有一长直导线,通有电流 I,设电流均匀分布在导线的横截面上,试计算导线内部单位长度中储存的磁场能量.

23.一电容量为 C 的电容器,充电达电压 U 后,经过一电阻 R 放电.试问电容量的能量 W 如何随时间而改变?

24.一电路如图 4.82 所示,R_1、R_2、L 和 ε 都已知,电源和线圈的电阻都略去不计.求:(1) K 接通后,a、b 间的电压与时间的关系;(2) 在电流达到最后稳定值的情况下,K 断开后,a、b 间的电压与时间的关系.

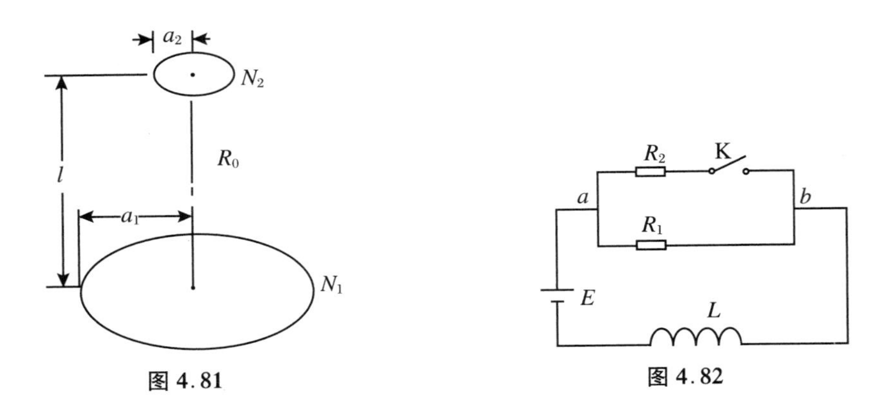

图 4.81　　　图 4.82

25.一个自感为 0.50 mH,电阻为 0.01 Ω 的线圈,连接到内阻可忽略、电动势为 12 V 的电源上.开关接通多长时间,电流达到终值的 90%?此时线圈中储存了多少能量?电源消耗了多少能量?

习 题 解 答

1.长直导线的磁场为

$$B(r) = \frac{\mu_0 I}{2\pi r}$$

通过矩形线圈的磁通量为

$$\Phi_B = N\iint_S \boldsymbol{B} \cdot \mathrm{d}\boldsymbol{S} = N\int_a^{a+l_2} \frac{\mu_0 I}{2\pi r} \cdot l_1 \mathrm{d}r$$

$$= N\frac{\mu_0 I l_1}{2\pi}\ln\frac{a + l_2}{a}$$

所以

$$\varepsilon = -\frac{\mathrm{d}\Phi_B}{\mathrm{d}t} = -\frac{N\mu_0 l_1}{2\pi}\ln\frac{a + l_2}{a}\frac{\mathrm{d}I}{\mathrm{d}t} = -8.7\times 10^{-2}\cos(100\pi t)\ \mathrm{V}$$

2.在线圈上任取一小面积元 $\mathrm{d}S = b\mathrm{d}l$,距载流导线为 r',则通量为

$$\mathrm{d}\Phi = B\mathrm{d}S\cos\alpha = Bb\cos\alpha\mathrm{d}l$$

由图 4.83 可知

$$\mathrm{d}l\cos\alpha = \mathrm{d}r'$$

所以

$$\mathrm{d}\Phi = \frac{\mu_0 I}{2\pi r'} b\mathrm{d}r'$$

$$\Phi = \frac{\mu_0 Ib}{2\pi}\int_c^r \frac{1}{r'}\mathrm{d}r' = \frac{\mu_0 Ib}{2\pi}\ln\frac{r}{c}$$

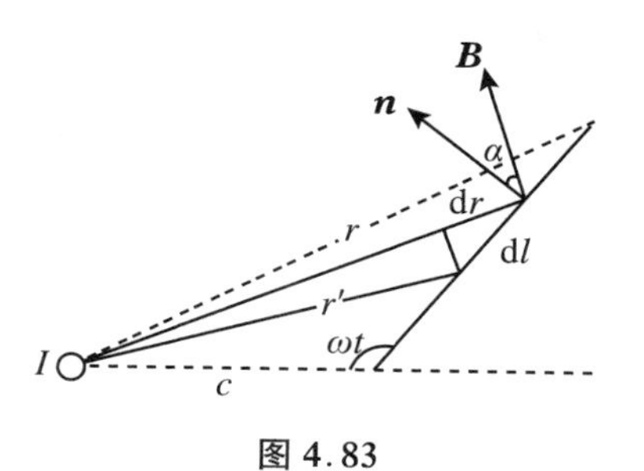

图 4.83

其中

$$r = \sqrt{a^2 + c^2 - 2ac\cos\omega t}$$

所以

$$\Phi = \frac{\mu_0 Ib}{2\pi}\ln\frac{\sqrt{a^2 + c^2 - 2ac\cos\omega t}}{c}$$

$$\varepsilon_i = -\frac{\mathrm{d}\Phi}{\mathrm{d}t} = -\frac{\mu_0 abc^2\omega I\sin\omega t}{2\pi(a^2 + c^2 - 2ac\cos\omega t)}$$

由上式可知,感应电动势不按正弦规律变化.

3. 回路中的感应电动势为

$$\varepsilon = -\frac{\mathrm{d}\Phi}{\mathrm{d}t} = -\frac{\mathrm{d}}{\mathrm{d}t}(BS\cos\alpha) = -B\frac{\mathrm{d}S}{\mathrm{d}t}\cos\alpha = -Blv\cos\alpha$$
$$= -6.0\times 10^3\times 10^{-4}\times 1.0\times 5.0\times\cos 60^\circ\ \mathrm{V}$$
$$= -1.5\ \mathrm{V}$$

感应电流的方向沿 $DCBAD$.

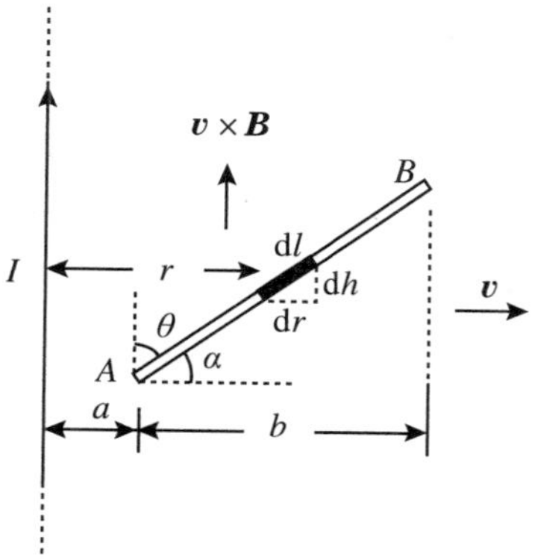

图 4.84

4. 如图 4.84 所示,取线元 $\mathrm{d}l$,由动生电动势的定义式,可得

$$\varepsilon_{AB} = \int_A^B (\boldsymbol{v}\times\boldsymbol{B})\cdot\mathrm{d}\boldsymbol{l} = \int_A^B vB\mathrm{d}l\cos\theta$$
$$= \int_A^B vB\mathrm{d}l\sin\alpha = \int_A^B vB\mathrm{d}h$$
$$= \int_a^{a+b} vB\tan\alpha\mathrm{d}r = \int_a^{a+b} v\tan\alpha\frac{\mu_0 I}{2\pi r}\mathrm{d}r$$

积分得

$$\varepsilon_{AB} = \frac{\mu_0 I}{2\pi}v\tan\alpha\ln\frac{a+b}{a}$$

5. 长直导线的磁场为

$$B(r) = \frac{\mu_0 I}{2\pi r}$$

通过矩形线圈的磁通量为

$$\Phi = \iint_S \boldsymbol{B}\cdot\mathrm{d}\boldsymbol{S} = \int_l^{l+l_1}\frac{\mu_0 I}{2\pi r}\cdot l_2\mathrm{d}r = \frac{\mu_0 Il_2}{2\pi}\ln\frac{l+l_1}{l}$$

线框中的感应电动势为

$$\varepsilon = -\frac{\mathrm{d}\Phi}{\mathrm{d}t} = -\frac{\mu_0}{2\pi}\ln\frac{l+l_1}{l}\left(l_2\frac{\mathrm{d}I}{\mathrm{d}t} + I\frac{\mathrm{d}l_2}{\mathrm{d}t}\right)$$
$$= \frac{\mu_0}{2\pi}\ln\frac{l+l_1}{l}(l_2\omega I_0\sin\omega t - I_0 v\cos\omega t)$$

6. 依题意,三角形线圈中产生的感应电动势为感生电动势,且三角形线圈是闭合的,可用通量法则 $\varepsilon_i=-\dfrac{\mathrm{d}\Phi}{\mathrm{d}t}$求解.

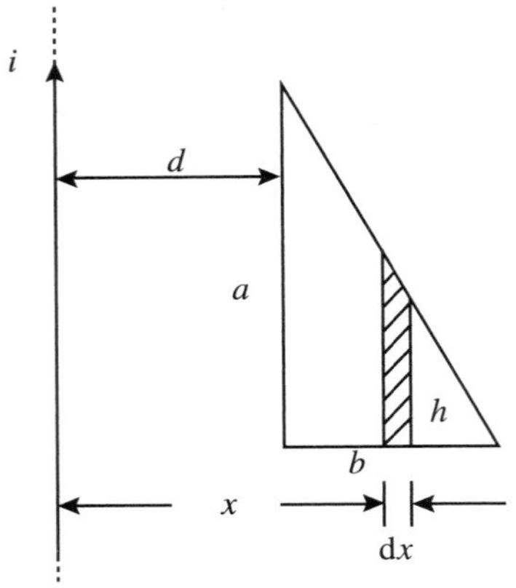

如图 4.85 所示,取面积元 $\mathrm{d}S=h\mathrm{d}x$,注意到几何关系 $\dfrac{b}{a}=\dfrac{d+b-x}{h}$,得

$$h=\frac{a}{b}(d+b-x)$$

则

$$\mathrm{d}S=h\mathrm{d}x=\frac{a}{b}(d+b-x)\mathrm{d}x$$

三角形线圈中的磁通量为

$$\begin{aligned}\Phi&=\iint_S\boldsymbol{B}\cdot\mathrm{d}\boldsymbol{S}=\iint_S\frac{\mu_0 i}{2\pi x}\cdot\mathrm{d}S\\&=\int_d^{d+b}\frac{\mu_0 i}{2\pi x}\frac{a}{b}(d+b-x)\mathrm{d}x\\&=\frac{\mu_0 i}{2\pi}\frac{a}{b}\int_d^{d+b}\frac{1}{x}(d+b-x)\mathrm{d}x\\&=\frac{\mu_0 ai}{2\pi}\left(\frac{d+b}{b}\ln\frac{d+b}{d}-1\right)\end{aligned}$$

图 4.85

故可得

$$\begin{aligned}\varepsilon_i&=-\frac{\mathrm{d}\Phi}{\mathrm{d}t}=-\frac{\mathrm{d}}{\mathrm{d}t}\left[\frac{\mu_0 ai}{2\pi}\left(\frac{d+b}{b}\ln\frac{d+b}{d}-1\right)\right]\\&=-\frac{\mu_0 a}{2\pi}\left(\frac{d+b}{b}\ln\frac{d+b}{d}-1\right)\frac{\mathrm{d}i}{\mathrm{d}t}\\&=-\frac{\mu_0 a}{2\pi}\left(\frac{d+b}{b}\ln\frac{d+b}{d}-1\right)\frac{\mathrm{d}(I_{\mathrm{m}}\cos\omega t)}{\mathrm{d}t}\\&=\frac{\mu_0 a}{2\pi}\left(\frac{d+b}{b}\ln\frac{d+b}{d}-1\right)I_{\mathrm{m}}\omega\sin\omega t\end{aligned}$$

7. 取一面积元

$$\mathrm{d}S=2a\mathrm{d}l$$

则有

$$\Phi_{\mathrm{m}}=\boldsymbol{B}\cdot\mathrm{d}\boldsymbol{S}=B\cos\alpha\mathrm{d}S=2aB\cos\alpha\mathrm{d}l$$

式中,α 为 $\boldsymbol{B}$ 与面积元 $\mathrm{d}\boldsymbol{S}$(即面元 $\mathrm{d}\boldsymbol{S}$ 的法线方向 $\boldsymbol{n}$)之间的夹角,如图 4.86 所示.

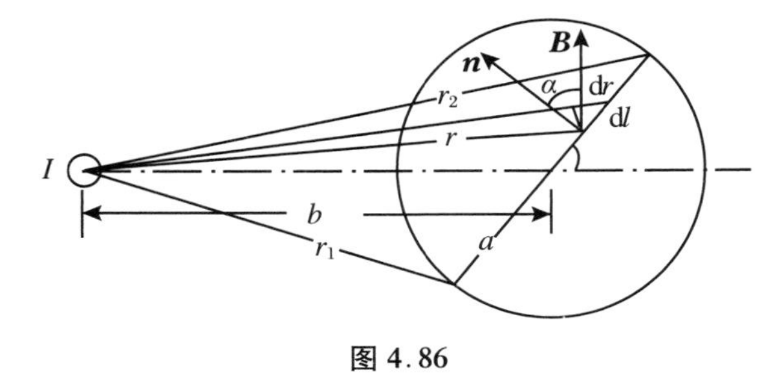

图 4.86

由图4.86可知

$$\mathrm{d}r = \cos\alpha\,\mathrm{d}l$$

所以

$$\mathrm{d}\Phi_{\mathrm{m}} = \frac{\mu_0 I}{2\pi r}2a\,\mathrm{d}r$$

$$\Phi_{\mathrm{m}} = \int_{r_1}^{r_2}\frac{\mu_0 I}{2\pi r}2a\,\mathrm{d}r = \frac{\mu_0 aI}{\pi}\ln\frac{r_2}{r_1}$$

其中 r_1 和 r_2 为在任意时刻线圈两边到长直导线的距离.从图中可看出:

$$r_1 = \sqrt{a^2 + b^2 - 2ab\cos\omega t}$$

$$r_2 = \sqrt{a^2 + b^2 + 2ab\cos\omega t}$$

故得

$$\Phi_{\mathrm{m}} = \frac{\mu_0 Ia}{2\pi}\ln\frac{a^2 + b^2 + 2ab\cos\omega t}{a^2 + b^2 - 2ab\cos\omega t}$$

则

$$\begin{aligned}\varepsilon_i &= -\frac{\mathrm{d}\Phi_{\mathrm{m}}}{\mathrm{d}t}\\ &= \frac{\mu_0 Ia}{2\pi}\left(\frac{2ab\omega\sin\omega t}{a^2 + b^2 + 2ab\cos\omega t} + \frac{2ab\omega\sin\omega t}{a^2 + b^2 - 2ab\cos\omega t}\right)\\ &= \frac{2\mu_0 Ia^2 b\omega(a^2 + b^2)}{\pi[(a^2 + b^2)^2 - 4a^2b^2\cos^2\omega t]}\sin\omega t\end{aligned}$$

8. 如图4.69所示,可设 ac 间有一直导体细棒,与 abc 构成闭合导体回路,当回路转动时,由于磁通量不变,回路中的感应电动势 $\varepsilon_i = 0$,由此可知在直导体细棒 $\overline{ac}$ 中有 $\varepsilon_{\overline{ac}} = \varepsilon_{abc}$.则有

$$\begin{aligned}\varepsilon_{abc} = \varepsilon_{\overline{ac}} &= \int_0^{2L\cos\frac{\theta}{2}}(\boldsymbol{v}\times\boldsymbol{B})\cdot\mathrm{d}\boldsymbol{l} = \int_0^{2L\cos\frac{\theta}{2}} vB\cdot\mathrm{d}l\\ &= \int_0^{2L\cos\frac{\theta}{2}}\omega lB\cdot\mathrm{d}l = \frac{1}{2}\omega B(2L)^2\cdot\cos^2\frac{\theta}{2} = 2\omega BL^2\cdot\cos^2\frac{\theta}{2}\end{aligned}$$

方向为由 a 指向 b.

9. (1) 求感应电动势 $\varepsilon_i(x)$:

$$\Phi_{\mathrm{m}} = BS = B\frac{1}{2}\overline{ab}\cdot\overline{Ob} = \frac{1}{2}Bx^2\cot\alpha$$

$$\varepsilon_i = -\frac{\mathrm{d}\Phi_{\mathrm{m}}}{\mathrm{d}t} = -B\cot\alpha\cdot x\frac{\mathrm{d}x}{\mathrm{d}t} = -Bxv\cot\alpha\cdot\tan\alpha = -Bxv$$

(2) 求感应电流:

$$I = \frac{|\varepsilon_i|}{R} = \frac{Bxv}{R}$$

而

$$R = (\overline{ab} + \overline{aO} + \overline{Ob})r = \left(x + \frac{x}{\sin\alpha} + x\cot\alpha\right)r = \left(1 + \frac{1}{\sin\alpha} + \cot\alpha\right)xr$$

则有

$$I = \frac{Bv\sin\alpha}{(\sin\alpha + 1 + \cos\alpha)r}$$

10. 当 $r<R$ 时,有

$$\oint \boldsymbol{E}_k \cdot \mathrm{d}\boldsymbol{l} = -\frac{\mathrm{d}\Phi}{\mathrm{d}t}$$

所以

$$E_k = -\frac{1}{2} r \frac{\mathrm{d}B}{\mathrm{d}t}$$

当 $r>R$ 时,有

$$\oint \boldsymbol{E}_k \cdot \mathrm{d}\boldsymbol{l} = -\frac{\mathrm{d}\Phi}{\mathrm{d}t}$$

$$2\pi r E_k = -(\pi R^2)\frac{\mathrm{d}B}{\mathrm{d}t}$$

所以

$$E_k = -\frac{1}{2}\frac{R^2}{r}\cdot\frac{\mathrm{d}B}{\mathrm{d}t}$$

11. 如图4.72,设 P 点距离圆柱轴线为 r,则感应电场是由 $r\to a$ 之间的变化磁通所激发,其方向沿圆柱轴线方向.故

$$E_k = -\frac{\mathrm{d}\Phi}{\mathrm{d}t}$$

$\frac{\mathrm{d}\Phi}{\mathrm{d}t}$为单位长度上磁通随时间的变化率,于是

$$E_k = -\frac{\mathrm{d}}{\mathrm{d}t}\int_{\rho=r}^{a} B\mathrm{d}\rho$$

由于 B 与 ρ 成正比,设半径为 a 的柱面上磁感应强度为 B_a,则圆柱内任意一点的 $B=\frac{B_a\rho}{a}$.将此式代入上式,得

$$E_k = -\frac{\mathrm{d}}{\mathrm{d}t}\int_{r}^{a}\frac{B_a\rho}{a}\mathrm{d}\rho = -\frac{a^2-r^2}{2a}\cdot\frac{\mathrm{d}B_a}{\mathrm{d}t}$$

由以上结果可看出,当 $r=0$ 时,有

$$E_k = -\frac{a}{2}\cdot\frac{\mathrm{d}B_a}{\mathrm{d}t}$$

当 $r=a$ 时,则有

$$E_k = 0$$

12. 如图4.87所示,以 r 为半径,轴上任一点 O 为圆心,作一圆形回路.通过该回路的磁通量为

$$\Phi_{\mathrm{m}} = (\pi r^2)B$$

代入

$$\oint \boldsymbol{E}_k \cdot \mathrm{d}\boldsymbol{l} = -\frac{\mathrm{d}\Phi_{\mathrm{m}}}{\mathrm{d}t}$$

得

$$2\pi r E_k = -(\pi r^2)\frac{\mathrm{d}B}{\mathrm{d}t}$$

故有

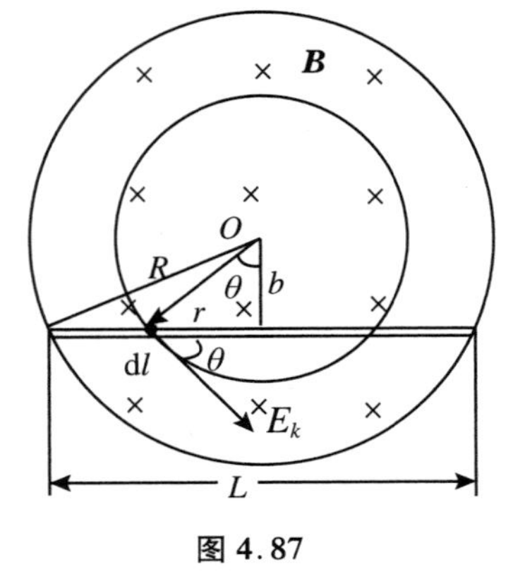

图 4.87

$$E_k = -\frac{1}{2} r \frac{\mathrm{d}B}{\mathrm{d}t}$$

式中的负号意味着 E_k 这个非静电场具有反抗磁场变化的作用.

在棒上任一点 P 处取一线元 $\mathrm{d}l$,$\mathrm{d}l$ 上的感应电动势为

$$\mathrm{d}\varepsilon_i = \boldsymbol{E}_k \cdot \mathrm{d}\boldsymbol{l} = E_k \cos\theta \mathrm{d}l$$

整个棒上的感应电动势为

$$\varepsilon_i = \int \mathrm{d}\varepsilon_i = \int_L E_k \cos\theta \mathrm{d}l = -\frac{1}{2}\frac{\mathrm{d}B}{\mathrm{d}t}\int_L r\cos\theta \mathrm{d}l$$

$$r\cos\theta = b = \sqrt{R^2 - \left(\frac{L}{2}\right)^2}$$

所以

$$|\varepsilon_i| = \frac{1}{2}\frac{\mathrm{d}B}{\mathrm{d}t}\sqrt{R^2 - \left(\frac{L}{2}\right)^2}\int_L \mathrm{d}l = \frac{L}{2}\frac{\mathrm{d}B}{\mathrm{d}t}\sqrt{R^2 - \left(\frac{L}{2}\right)^2}$$

13.(1)感应电动势为

$$\varepsilon = vBl = 4.0 \times 0.50 \times 50 \times 10^{-2}\ \mathrm{V} = 1\ \mathrm{V}$$

(2)功率为

$$P = \varepsilon I = \frac{\varepsilon^2}{R} = \frac{1.0^2}{0.20}\ \mathrm{W} = 5.0\ \mathrm{W}$$

(3)力的大小为

$$F = BlI = Bl\frac{\varepsilon}{R} = 0.50 \times 50 \times 10^{-2} \times \frac{1.0}{0.20}\ \mathrm{N} = 1.25\ \mathrm{N}$$

$\boldsymbol{F}$ 的方向与速度 $\boldsymbol{v}$ 相反.

14.通过副线圈的磁链为

$$\Psi = N\Phi = NBS = N\mu_0 niS = \mu_0 NnSi$$

所以

$$\varepsilon = -\frac{\mathrm{d}\Psi}{\mathrm{d}t} = \mu_0 NnS\left(-\frac{\mathrm{d}i}{\mathrm{d}t}\right) = 4\pi \times 10^{-7} \times 5 \times 50 \times 10^2 \times 20 \times 10^{-4} \times 20\ \mathrm{V} = 1.3 \times 10^{-3}\ \mathrm{V}$$

$$I = \frac{\varepsilon}{r} = \frac{4\pi \times 10^{-4}}{2.0}\ \mathrm{A} = 6.3 \times 10^{-4}\ \mathrm{A}$$

15.环两端的感应电动势为

$$\varepsilon_i = \int_M^N (\boldsymbol{v} \times \boldsymbol{B}) \cdot \mathrm{d}\boldsymbol{l} = \int_M^N vB\cos\alpha \mathrm{d}l$$

其中 α 是 $\boldsymbol{v} \times \boldsymbol{B}$ 与 $\mathrm{d}l$ 之间的夹角.

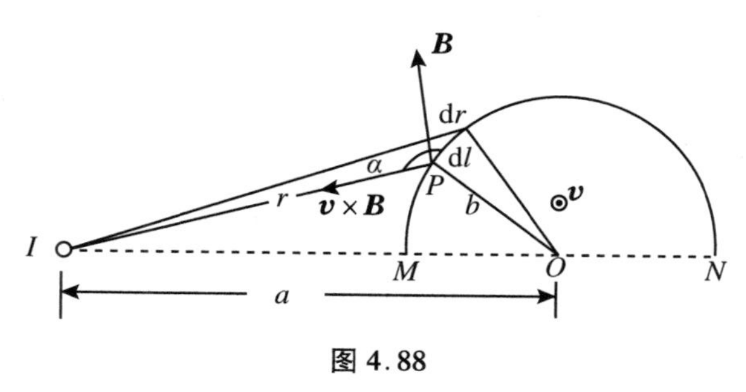

图 4.88

由图 4.88 可知

$$\cos\alpha \mathrm{d}l = -\mathrm{d}r$$

长直导线旁的磁场为

$$B = \frac{\mu_0 I}{2\pi r}$$

所以

$$\varepsilon_i = -\int_M^N \frac{\mu_0 I}{2\pi r} v \mathrm{d}r = -\frac{\mu_0 I v}{2\pi}\int_{a-b}^{a+b}\frac{\mathrm{d}r}{r} = -\frac{\mu_0 I v}{2\pi}\ln\frac{a+b}{a-b}$$

M 点的电势比 N 点高.

16. 依题意,有

$$B_1 = \mu_1 \frac{N}{l} I,\quad B_2 = \mu_2 \frac{N}{l} I$$

$$\Phi_1 = \mu_1 \frac{N}{l} I S_1,\quad \Phi_2 = \mu_2 \frac{N}{l} I S_2$$

$$\Psi = N(\Phi_1 + \Phi_2) = \frac{I}{l} N^2 (\mu_1 S_1 + \mu_2 S_2)$$

故可得

$$L = \frac{\Psi}{I} = \frac{N^2}{l}(\mu_1 S_1 + \mu_2 S_2)$$

17. (1) 无铁芯时,$\mu_r = 1$,则有

$$L = \mu_0 \left(\frac{N}{l}\right)^2 l S = \frac{\mu_0 N^2}{l} S = \frac{4\pi \times 10^{-7} \times (600)^2 \times 10 \times 10^{-4}}{0.3}\ \mathrm{H} = 1.5 \times 10^{-3}\ \mathrm{H}$$

(2) 将相对磁导率 $\mu_r = 500$ 的铁芯放入线圈,则有

$$L = \mu_r \mu_0 \left(\frac{N}{l}\right)^2 l S = \frac{\mu_r \mu_0 N^2}{l} S = \frac{500 \times 4\pi \times 10^{-7} \times (600)^2 \times 10 \times 10^{-4}}{0.3}\ \mathrm{H} = 0.75\ \mathrm{H}$$

18. 以环的中心为圆心,r 为半径,在环内作一圆形安培环路 L,由安培环路定理,可得

$$\oint_L \boldsymbol{H} \cdot \mathrm{d}\boldsymbol{l} = 2\pi r H = NI$$

所以

$$B = \mu_0 H = \frac{\mu_0 N I}{2\pi r}$$

则磁通量为

$$\Phi = \iint B \mathrm{d}S = \int_a^b \frac{\mu_0 N I}{2\pi r} h \mathrm{d}r = \frac{\mu_0 N h I}{2\pi} \ln\frac{b}{a}$$

于是得所求的自感为

$$L = \frac{\Psi}{I} = \frac{N\Phi}{I} = \frac{\mu_0 N^2 h}{2\pi} \ln\frac{b}{a}$$

代入数值,得 L 的值为

$$L = \frac{4\pi \times 10^{-7} \times 1000^2 \times 1.0 \times 10^{-2}}{2\pi} \ln\frac{10}{5}\ \mathrm{H} = 1.4 \times 10^{-3}\ \mathrm{H}$$

19. 设导线中载有电流 I,其产生的磁场为

$$B = \frac{\mu_0 I}{2\pi r}$$

通过正方形线圈的全磁通为

$$\Psi = N \cdot \iint_S \boldsymbol{B} \cdot \mathrm{d}\boldsymbol{S} = \frac{\mu_0 NIa}{2\pi} \ln \frac{d + a}{d}$$

则互感系数为

$$M = \frac{\Psi}{I} = \frac{\mu_0 Na}{2\pi} \ln \frac{d + a}{d}$$

20. 在离长直导线 r 处取一面积元 $\mathrm{d}S = l\mathrm{d}r$，如图 4.89 所示，则有

$$\mathrm{d}\Phi = B\mathrm{d}S = \frac{\mu_0 I}{2\pi r} l \mathrm{d}r$$

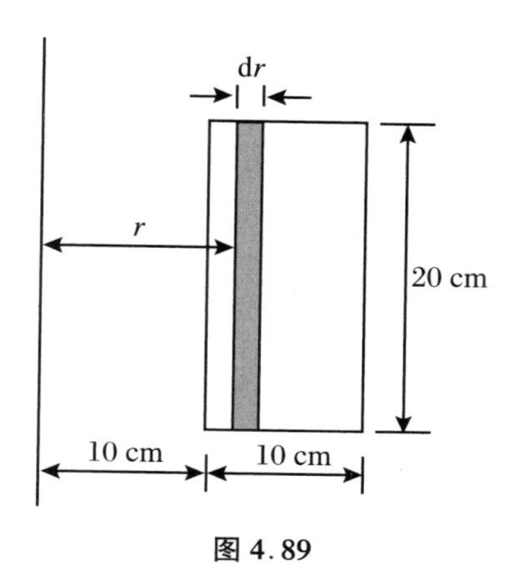

图 4.89

所以总磁通量为

$$\Phi = \frac{\mu_0 Il}{2\pi} \int_{0.1}^{0.2} \frac{\mathrm{d}r}{r} = \frac{\mu_0 Il}{2\pi} \ln \frac{0.2}{0.1}$$

$$N\Phi = MI$$

得互感系数为

$$\begin{aligned} M &= \frac{N\Phi}{I} = N \frac{\mu_0 l}{2\pi} \ln 2 \\ &= 100 \times \frac{4\pi \times 10^{-7} \times 0.2}{2\pi} \ln 2 \ \mathrm{H} \\ &= 2.77 \times 10^{-6} \ \mathrm{H} \end{aligned}$$

21. 大线圈载有电流 I_1时，在小线圈中心产生的磁感应强度 $\boldsymbol{B}$ 的方向沿轴线，$\boldsymbol{B}$ 的大小为

$$B_{21} = \frac{\mu_0 N_1 I_1 a_1^2}{2(l^2 + a_1^2)^{3/2}}$$

因 $a_2 \ll a_1$ 和 l，故在小线圈内的磁场可看作是近似均匀磁场，其磁感应强度的大小为 B_{21}. 于是通过小线圈的磁链为

$$\Psi_{21} = N_2 \Phi_{21} = N_2 B_{21} \cdot \pi a_2^2 = \frac{\pi \mu_0 N_1 N_2 a_1^2 a_2^2 I_1}{2(l^2 + a_1^2)^{3/2}}$$

两线圈之间的互感为

$$M = \frac{\Psi_{21}}{I_1} = \frac{\pi \mu_0 N_1 N_2 a_1^2 a_2^2}{2(l^2 + a_1^2)^{3/2}}$$

22. 设长直导线的横截面半径为 R，由安培环路定理，可得在导线内距离中心轴线为 r 处的磁场强度为

$$H=\frac{I'}{2\pi r}=\frac{1}{2\pi r}\frac{r^2}{R^2}I=\frac{Ir}{2\pi R^2}$$

距轴为 r 处的磁能密度为

$$w_m=\frac{1}{2}\mu_r\mu_0H^2=\frac{\mu_r\mu_0I^2r^2}{8\pi^2R^4}$$

除铁磁介质之外，一般有 $\mu_r\approx1$，因此

$$w_m=\frac{\mu_0I^2r^2}{8\pi^2R^4}$$

则整个载流长直导线（设长为 l）中贮存的磁场能量为

$$W_m=\iiint_V w_m\mathrm{d}V=\int_0^R\frac{\mu_0I^2r^2}{8\pi^2R^4}\cdot2\pi rl\mathrm{d}r$$

于是，导线内部单位长度中贮存的磁场能量为

$$W_m'=\frac{W_m}{l}=\int_0^R\frac{\mu_0I^2r^2}{8\pi^2R^4}\cdot2\pi r\mathrm{d}r=\frac{\mu_0I^2}{4\pi R^4}\int_0^R r^3\mathrm{d}r=\frac{\mu_0I^2}{16\pi}$$

23. 在放电过程中，设电容器两极板之间的电压为 $u_C=\frac{q}{C}$，电路的电流为 $i_C=\frac{\mathrm{d}q}{\mathrm{d}t}$，则有

$$u_C+i_C\mathrm{R}=0$$

$$\frac{q}{C}+R\frac{\mathrm{d}q}{\mathrm{d}t}=0$$

$$\frac{\mathrm{d}q}{q}=-\frac{\mathrm{d}t}{RC}$$

得

$$q=A\mathrm{e}^{-t/RC}$$

由初始条件 $t=0$ 时，$q=CU$，所以

$$A=CU$$

$$q=CU\mathrm{e}^{-t/RC}$$

$$W=\frac{q^2}{2C}=\frac{1}{2}CU^2\mathrm{e}^{-2t/RC}$$

24. (1) K 接通后，电路满足微分方程

$$L\frac{\mathrm{d}i}{\mathrm{d}t}+\frac{R_1R_2}{R_1+R_2}i=\varepsilon$$

$t=0$ 时，有 $i=\frac{\varepsilon}{R_1}$，可得

$$i=\frac{\varepsilon}{R_2}\left(\frac{R_1+R_2}{R_1}-\mathrm{e}^{-\frac{R_1R_2}{R_1+R_2}\cdot\frac{t}{L}}\right)=\frac{R_1+R_2}{R_1R_2}\varepsilon\left(1-\frac{R_1}{R_1+R_2}\mathrm{e}^{-\frac{R_1R_2}{R_1+R_2}\cdot\frac{t}{L}}\right)$$

$$U_{ab}=iR_{ab}=i\cdot\frac{R_1R_2}{R_1+R_2}=\varepsilon\left(1-\frac{R_1}{R_1+R_2}\mathrm{e}^{-\frac{R_1R_2}{R_1+R_2}\cdot\frac{t}{L}}\right)$$

(2) 断开 K 后，电路方程为

$$\varepsilon-L\frac{\mathrm{d}i}{\mathrm{d}t}=R_1i$$

初始条件为 $t=0$ 时，$i=\varepsilon\cdot\dfrac{R_1+R_2}{R_1R_2}$，解得

$$i=\frac{\varepsilon}{R_1}\cdot\left(1+\frac{R_1}{R_2}e^{-\frac{R_1}{L}t}\right)$$

$$U_{ab}=iR_1=\varepsilon\cdot\left(1+\frac{R_1}{R_2}e^{-\frac{R_1}{L}t}\right)$$

25.（1）设开关接通时间 t 后，电流达到终值的90%，对于电感、电阻、电源串联的电路，有

$$i=\frac{\varepsilon}{R}(1-e^{-\frac{R}{L}t})$$

则

$$i=0.9\frac{\varepsilon}{R}=\frac{\varepsilon}{R}(1-e^{-\frac{R}{L}t})$$

所以

$$e^{-\frac{R}{L}t}=0.1$$

$$e^{-\frac{0.01}{0.5\times10^{-3}}t}=0.1$$

$$t=0.115\ \text{s}$$

此时线圈中存储的能量为

$$W_B=\frac{1}{2}Li^2=\frac{1}{2}\times0.50\times10^{-3}\times\left(0.9\times\frac{12}{0.01}\right)^2\ \text{J}=2.9\times10^2\ \text{J}$$

电源消耗的能量为

$$\begin{aligned}W&=\int_0^{0.115}\varepsilon i\,dt=\frac{\varepsilon^2}{R}\int_0^{0.115}(1-e^{-\frac{R}{L}t})dt\\&=\frac{\varepsilon^2}{R}\times0.115-\frac{\varepsilon^2L}{R^2}(1-e^{-\frac{R}{L}\times0.115})\\&=\frac{12^2}{0.010}\left[0.115-\frac{0.50\times10^{-3}}{0.010}(1-e^{-\frac{0.010}{0.50\times10^{-3}}\times0.115})\right]\ \text{J}=1.07\times10^3\ \text{J}\end{aligned}$$

第5章　电磁场与电磁波

本章在前面几章讨论的基础之上，总结并分析描述宏观电磁场的普遍规律，即麦克斯韦方程组.

在对电磁感应现象的描述中，我们知道了变化的磁场会激发变化的电场（感生电场），那么，变化的电场是否能够激发变化的磁场呢？对电场与磁场问题的全面认识，就涉及麦克斯韦的工作.

前面几章对电磁场规律的讨论仅限于静止的电磁场（静电场和稳恒磁场）以及缓慢变化的电磁场（即似稳场（电磁感应现象）），而本章的讨论则推广到了随时间迅速变化的电磁场（即迅变场）的一般规律.

5.1　麦克斯韦电磁场理论的两个基本假说

5.1.1　麦克斯韦电磁场理论的产生

经典宏观电磁场理论的发展经历了一百年左右的时间.最早是在1785年，库仑通过实验发现了电场的库仑定律.到了1820年，奥斯特通过著名的实验发现了电流的磁效应，开拓了电磁研究的新纪元.同年，毕奥-萨伐尔定律和安培定律被发现.1831年，法拉第通过不懈的探索，发现了电磁感应现象，并由后人总结出了法拉第电磁感应定律，他还提出了“场”的概念.1864年，麦克斯韦集前人之大成，总结出了以他的名字命名的电磁场基本方程，次年麦克斯韦还通过对方程的推导，预言了电磁波的存在.至此宏观电磁场理论终于建立起来了，但理论当时缺乏实验的支持与证实.1887年，德国物理学家赫兹通过一系列实验证实了电磁波的存在，同时证明了电磁波与光波的同一性，于是麦克斯韦电磁场理论也得到了实验的证实.

麦克斯韦大约于1855年开始研究电磁学，在研究了法拉第关于电磁学方面的新理论和新思想后，坚信其新理论中包含着真理.于是，他产生了给法拉第的理论“提供数学方法基础”的愿望，决心将法拉第的思想以清晰准确的数学形式表示出来.在借鉴前人成就的基础上，麦克斯韦对整个电磁现象做了系统与全面的研究，接连发表了关于电磁场理论的三篇论文：

《论法拉第的力线》（1855年12月～1856年2月）

《论物理的力线》（1861年～1862年）

《电磁场的动力学理论》（1864年12月8日）

这三篇论文对前人和他自己的工作进行了高度的综合概括，将电磁场理论用简洁、对称、完美的数学形式表示出来，经后人整理和改写，成为经典电动力学主要基础的麦克斯韦方程组.1873年，麦克斯韦出版了科学名著《电磁通论》，系统、全面、完美地阐述了电磁场理论，这一理论现已成为经典物理学的重要支柱之一.

5.1.2　麦克斯韦电磁场理论的两个假说

麦克斯韦电磁场理论的核心思想可以说就是他提出的两个假说：感生电场假说和位移电流假说.

1. 感生电场(涡旋电场)假说

前面我们说过，感生电场是感生电动势的起因.麦克斯韦首先注意到了感生电动势的形成机制问题，由于在变化的磁场中，闭合回路中感生电动势的产生与构成回路的材料无关，因而他猜想可以不用任何材料作回路，将带电粒子注入这个空间区域，它就可以在其中旋转加速.于是麦克斯韦大胆假设：变化的磁场激发了一种涡旋电场(感生电场).

空间中总的电场为

$$\boldsymbol{E} = \boldsymbol{E}_{库} + \boldsymbol{E}_{感}$$

由

$$\oint_L \boldsymbol{E}_{库} \cdot \mathrm{d}\boldsymbol{l} = 0 \quad 和 \quad \oint_L \boldsymbol{E}_{感} \cdot \mathrm{d}\boldsymbol{l} = -\iint_S \frac{\partial \boldsymbol{B}}{\partial t} \cdot \mathrm{d}\boldsymbol{S}$$

可得

$$\oint_L \boldsymbol{E} \cdot \mathrm{d}\boldsymbol{l} = -\iint_S \frac{\partial \boldsymbol{B}}{\partial t} \cdot \mathrm{d}\boldsymbol{S}$$

上式是在非稳恒情况下对静电场环路定理的修正，而且它包含了静电场的环路定理，因而更具普遍性.又由

$$\oiint_S \boldsymbol{E}_{库} \cdot \mathrm{d}\boldsymbol{S} = \frac{1}{\varepsilon_0}\sum q \quad 和 \quad \oiint_S \boldsymbol{E}_{感} \cdot \mathrm{d}\boldsymbol{S} = 0$$

可将静电场的高斯定理推广到非稳恒的情形，即得

$$\oiint_S \boldsymbol{E} \cdot \mathrm{d}\boldsymbol{S} = \frac{1}{\varepsilon_0}\sum q$$

更一般地，可以写成

$$\oiint_S \boldsymbol{E} \cdot \mathrm{d}\boldsymbol{S} = \frac{1}{\varepsilon_0}\iiint_V \rho \mathrm{d}V$$

从推导结果看，高斯定理在非稳恒的情形下并不需要修正.

在电介质中，则有

$$\oiint_S \boldsymbol{D} \cdot \mathrm{d}\boldsymbol{S} = q$$

或

$$\oiint_S \boldsymbol{D} \cdot \mathrm{d}\boldsymbol{S} = \iiint_V \rho \mathrm{d}V$$

2. 位移电流假说

麦克斯韦的两个假说中最关键的是位移电流假说.在感生电场的讨论中，已知变化的磁

场能产生电场,那么一个对应的问题是,变化的电场会不会也产生磁场?如果变化的电场的确能产生磁场,此磁场的环流遵循什么规律?产生磁场的是什么电流?

"位移电流"这一思想图像的关键,是将变化的电场也看成一种等效电流(即"位移电流"),它会激发磁场.麦克斯韦正是在将稳恒磁场的安培环路定理应用于非稳恒情形时发现了矛盾,为了解决这个矛盾提出了这一著名的假说.

我们知道,稳恒电流的磁场的安培环路定理具有如下形式:

$$\oint_L \boldsymbol{H} \cdot \mathrm{d}\boldsymbol{l} = \sum I_i$$

分析稳恒电流的情形,如图 5.1(a)所示.在一个纯电阻的闭合电路中,传导电流是连续的,即在任一时刻,通过导体上某一截面的电流与通过任何其他截面的电流是相等的.此时,任取一闭合回路 L(安培环路),并以它为边界作两个任意曲面 S_1 和 S_2,则由安培环路定理得

$$\oint_L \boldsymbol{H} \cdot \mathrm{d}\boldsymbol{l} = I = \iint_S \boldsymbol{j} \cdot \mathrm{d}\boldsymbol{S}$$

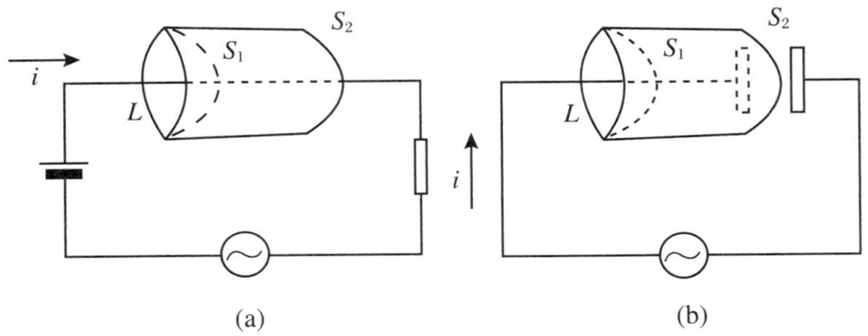

i S1 S2 L i
S2 S1 L
(a) (b)

图 5.1 稳恒和非稳恒情形

由于电流稳恒,则由稳恒电流的连续性方程式(3.5)可知,有

$$\oiint_S \boldsymbol{j} \cdot \mathrm{d}\boldsymbol{S} = \iint_{S_2} \boldsymbol{j} \cdot \mathrm{d}\boldsymbol{S} - \iint_{S_1} \boldsymbol{j} \cdot \mathrm{d}\boldsymbol{S} = 0$$

则有

$$\oint_L \boldsymbol{H} \cdot \mathrm{d}\boldsymbol{l} = I = \iint_S \boldsymbol{j} \cdot \mathrm{d}\boldsymbol{S} = \iint_{S_1} \boldsymbol{j} \cdot \mathrm{d}\boldsymbol{S} - \iint_{S_2} \boldsymbol{j} \cdot \mathrm{d}\boldsymbol{S}$$

即在稳恒条件下,电流的连续性方程(即电荷守恒定律)保证了安培环路定理的成立.

再分析非稳恒电流的情形,如图 5.1(b)所示.

在一个含有电容器的电路中,无论电容器是充电还是放电,传导电流都不能在电容器的两极板之间通过,即电流在电容器两极板间是中断的,这时传导电流不连续.

若在电容器的一个极板附近取一闭合回路 L(安培环路),并以它为边界作两个任意曲面 S_1 和 S_2. S_1 与导线相交,而 S_2 则包围了电容的一个极板,并不与导线相交.假设在电容器充电过程中的某时刻,通过导线的传导电流为 I,并在电容器极板处中断.则对 S_1 面(穿过导线)有

$$\oint_L \boldsymbol{H} \cdot \mathrm{d}\boldsymbol{l} = \iint_{S_1} \boldsymbol{j} \cdot \mathrm{d}\boldsymbol{S} = I$$

而对 S_2 面(穿过极板)有

$$\oint_L \boldsymbol{H} \cdot \mathrm{d}\boldsymbol{l} = \iint_{S_2} \boldsymbol{j} \cdot \mathrm{d}\boldsymbol{S} = 0$$

上面两个式子是互相矛盾的.

结果表明,在非稳恒电流的磁场中,沿回路 L 磁场强度的环流与以回路 L 为边界的曲面有关.选取不同的曲面,环流会有不同的值,即有

$$\iint_{S_1} \boldsymbol{j} \cdot \mathrm{d}\boldsymbol{S} \neq \iint_{S_2} \boldsymbol{j} \cdot \mathrm{d}\boldsymbol{S}$$

不难看出,这实质上是非稳恒电流的连续性方程 $\oiint_S \boldsymbol{j} \cdot \mathrm{d}\boldsymbol{S} = -\dfrac{\mathrm{d}q}{\mathrm{d}t} \neq 0$ 所导致的必然结果.

同时,也表明稳恒电流的安培环路定理 $\oint_L \boldsymbol{H} \cdot \mathrm{d}\boldsymbol{l} = I$ 与非稳恒情况下的电流连续性方程(即电荷守恒定律)相矛盾.安培环路定理在非稳恒电流的情况下是不适用的.

麦克斯韦认为,电荷守恒定律是经过许多实验检验的基础性的普遍定律,不能随意放弃与修改,而应该考虑修改安培环路定理,使之能应用到非稳恒电流的情形.

我们下面考察电容器充放电时,导线上的传导电流和极板上电荷、极板间的电位移对时间的变化率之间的关系.

如图 5.2 所示,在电容器充电或放电的过程中,传导电流在电容器的两极板之间中断,根据电荷守恒定律,这必将导致两极板上自由电荷的积累.在充、放电过程中,两极板间虽无传导电流,但在极板间却会出现电场.极板上的电荷积累是随时间变化的,两极板间的电场也在随时间变化着.

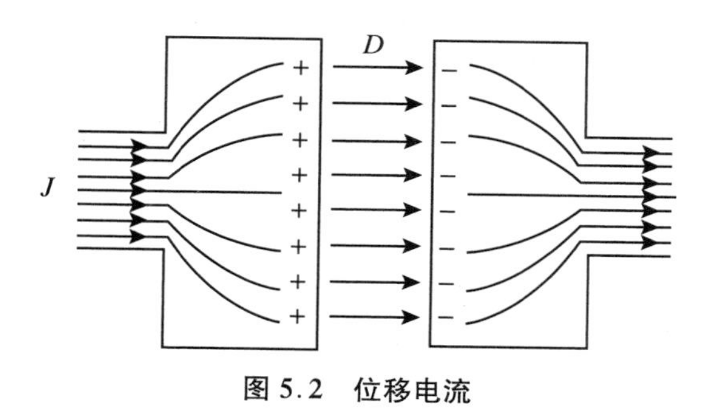

图 5.2　位移电流

一般情况下,可以认为极板间存在电介质,用电位移矢量 $\boldsymbol{D}$ 来描述介质中的电场.

前面说过,电容器每一极板上的电量 Q 随时间发生变化,则同时电场 $\boldsymbol{E}$(和 $\boldsymbol{D}$)也随时间发生变化.在静电场中,Q 与 $\boldsymbol{E}$(或 $\boldsymbol{D}$)之间的关系由高斯定理表述.麦克斯韦假设在一般(非稳恒)情形下高斯定理仍然成立,即

$$\oiint_S \boldsymbol{D} \cdot \mathrm{d}\boldsymbol{S} = q$$

q 为闭合面积 S 所包围的自由电荷,S 面在图 5.2 中没有画出.

注意到非稳恒电流的连续性方程

$$\oiint_S \boldsymbol{j} \cdot \mathrm{d}\boldsymbol{S} = -\frac{\mathrm{d}q}{\mathrm{d}t}$$

将高斯定理代入上式,可得

$$\oiint_S \boldsymbol{j} \cdot \mathrm{d}\boldsymbol{S} = -\frac{\mathrm{d}q}{\mathrm{d}t} = -\frac{\mathrm{d}}{\mathrm{d}t}\left(\oiint_S \boldsymbol{D} \cdot \mathrm{d}\boldsymbol{S}\right)$$

由于闭合面积 S 是静止的,因此积分与微分可以互换,即有

$$\frac{\mathrm{d}}{\mathrm{d}t}\left(\oiint_S \boldsymbol{D} \cdot \mathrm{d}\boldsymbol{S}\right) = \oiint_S \frac{\partial \boldsymbol{D}}{\partial t} \cdot \mathrm{d}\boldsymbol{S}$$

于是

$$\oiint_S \boldsymbol{j} \cdot \mathrm{d}\boldsymbol{S} = -\oiint_S \frac{\partial \boldsymbol{D}}{\partial t} \cdot \mathrm{d}\boldsymbol{S}$$

移项整理,可得

$$\oiint_S \left(\boldsymbol{j} + \frac{\partial \boldsymbol{D}}{\partial t}\right) \cdot \mathrm{d}\boldsymbol{S} = 0$$

由上式可知,$\boldsymbol{j} + \frac{\partial \boldsymbol{D}}{\partial t}$这个量的通量为零,即它的场线应该是闭合的(连续的).而且$\frac{\partial \boldsymbol{D}}{\partial t}$看上去似乎等效于电流密度!麦克斯韦于是提出了"位移电流"的假设,令全电流密度为

$$\boldsymbol{j}_{全} = \boldsymbol{j} + \frac{\partial \boldsymbol{D}}{\partial t} \tag{5.1}$$

并定义电场中某一点的位移电流密度等于该点的电位移矢量 $\boldsymbol{D}$ 对时间的变化率,即

$$\boldsymbol{j}_D = \frac{\partial \boldsymbol{D}}{\partial t} \tag{5.2}$$

由全电流的闭合性(连续性)可知

$$\oiint \boldsymbol{j}_{全} \cdot \mathrm{d}\boldsymbol{S} = \oiint_S \left(\boldsymbol{j} + \frac{\partial \boldsymbol{D}}{\partial t}\right) \cdot \mathrm{d}\boldsymbol{S} = 0$$

不难证明,以同一闭合回路 L 为边线的任意曲面的全电流密度的通量(即全电流强度)相等,即有

$$\iint_{S_1} \left(\boldsymbol{j} + \frac{\partial \boldsymbol{D}}{\partial t}\right) \cdot \mathrm{d}\boldsymbol{S} = \iint_{S_2} \left(\boldsymbol{j} + \frac{\partial \boldsymbol{D}}{\partial t}\right) \cdot \mathrm{d}\boldsymbol{S}$$

于是,在非稳恒情况下,安培环路定理对 $\boldsymbol{j}_{全}$ 成立:

$$\oint_L \boldsymbol{H} \cdot \mathrm{d}\boldsymbol{l} = \iint_S \left(\boldsymbol{j} + \frac{\partial \boldsymbol{D}}{\partial t}\right) \cdot \mathrm{d}\boldsymbol{S} \tag{5.3}$$

即磁场强度 $\boldsymbol{H}$ 沿任意闭合回路 L 的环流等于通过以此闭合回路为边界的任一曲面 S 的全电流.这就是非稳恒情况下的安培环路定理,又称为全电流定理.式中,S 是以闭合环路 L 为边界的任意曲面,且传导电流强度为 $I = \iint_S \boldsymbol{j} \cdot \mathrm{d}\boldsymbol{S}$,位移电流强度为 $I_{\mathrm{D}} = \iint_S \frac{\partial \boldsymbol{D}}{\partial t} \cdot \mathrm{d}\boldsymbol{S}$,式(5.3)又可写成

$$\oint_L \boldsymbol{H} \cdot \mathrm{d}\boldsymbol{l} = I + I_{\mathrm{D}} \tag{5.4}$$

式中,$I_{全} = I + I_{\mathrm{D}}$ 是全电流强度.它表明磁场永远和电流(包括传导电流和位移电流)联系在一起.由此可见,全电流在任何情况下都是连续的.

应该注意,传导电流和位移电流是两个不同的物理概念.虽然位移电流和传导电流一样,在其周围空间要产生磁场(在激发磁场上两者是等效的),但在其他方面两者并不相同.传导电流是电荷的定向移动形成的,仅存在于导体中,而位移电流则意味着"变化着的电

场”，仅仅是从产生磁场的角度引入的一种“等效电流”，在真空、介质以及导体中皆可存在；传导电流可以是稳恒的也可以是非稳恒的，而位移电流则一定是非稳恒的；传导电流通过导体时会放出焦耳热，而位移电流通过空间或电介质时并不放出焦耳热.

在通常情况下，电介质中的电流主要是位移电流，传导电流可以忽略不计；而在导体中则主要是传导电流，位移电流可以忽略不计.

将安培环路定理推广为全电流定理，虽然形式上仅仅是在等式右边加了位移电流这一项，但它的意义是很重大的.它说明磁场不仅可由传导电流激发，变化的电场也可激发磁场.

特别是在 $\boldsymbol{j}=\mathbf{0}$ 的空间（例如，在电容器的两个极板之间或者在真空中），前面的式(5.3)可简化为

$$\oint_L \boldsymbol{H}\cdot \mathrm{d}\boldsymbol{l} = \iint_S \frac{\partial \boldsymbol{D}}{\partial t}\cdot \mathrm{d}\boldsymbol{S}$$

上式说明此时磁场是由变化的电场激发的.

对比前面关于感生电场的式子，即$\oint_L \boldsymbol{E}\cdot \mathrm{d}\boldsymbol{l} = -\iint_S \frac{\partial \boldsymbol{B}}{\partial t}\cdot \mathrm{d}\boldsymbol{S}$，这说明电场是由变化的磁场激发的.

综上所述，麦克斯韦提出的感生电场假说和位移电流假说的核心思想是：变化的磁场可以激发涡旋电场，变化的电场可以激发涡旋磁场；电场和磁场不是彼此孤立的，它们相互联系、相互依存、相互激发，组成一个统一的电磁场.

至此，还剩下变化磁场的高斯定理我们还没有考察.

由于和电荷相对应的磁荷（磁单极）不存在，而磁感应线在磁场变化时仍然是闭合线，因此磁感应强度在封闭曲面上的通量仍然是零，即对任意变化的磁场，仍然有

$$\oiint_S \boldsymbol{B}\cdot \mathrm{d}\boldsymbol{S} = 0$$

式中，$\boldsymbol{B}$ 是任意变化的磁场.上式说明，任意变化的磁场都是无源场，场线都是闭合的（独立磁荷不存在）.

独立磁荷（磁单极子）至今未能找到.如果在实验中找到了磁单极子，那么上式以及整个电磁场理论都将会做出修改，人们对宇宙的认识也会更加深入.

5.2　麦克斯韦方程组

麦克斯韦在其两个著名假说的基础上，得到了普遍情形下宏观电磁场所遵循的麦克斯韦方程组.麦克斯韦方程组在电磁学中的地位，如同牛顿运动定律在力学中的地位一样.费曼（R. P. Feynman，1918～1988）说过：“从人类历史的漫长远景来看，毫无疑问，在19世纪中发生的最有意义的事件将是麦克斯韦对电磁定律的发现.”

麦克斯韦方程组指明了电磁场运动变化所遵从的基本规律，它和洛伦兹力公式以及电荷守恒定律一起构成了经典电磁现象的完整理论基础.尽管在高速运动的条件下要考虑电磁场的变换关系，在微观领域里要考虑量子化效应，但作为电磁场的普遍规律的麦克斯韦方程组，其形式仍然成立.

麦克斯韦方程组的诞生是物理学史上一次划时代的大统一.方程将电场和磁场的所有规律综合起来,形成了电磁场理论完整体系的核心.

5.2.1 麦克斯韦电磁方程组的积分形式

在研究静电场和稳恒电流的磁场时,我们曾经得出四条基本规律:

静电场的高斯定理 $\oint\!\!\oint_S \boldsymbol{D}\cdot \mathrm{d}\boldsymbol{S}=\iiint_V \rho \mathrm{d}V$

静电场的环路定理 $\oint_L \boldsymbol{E}\cdot \mathrm{d}\boldsymbol{l}=0$

稳恒磁场的高斯定理 $\oint\!\!\oint_S \boldsymbol{B}\cdot \mathrm{d}\boldsymbol{S}=0$

稳恒磁场的环路定理 $\oint_L \boldsymbol{H}\cdot \mathrm{d}\boldsymbol{l}=\sum I$

麦克斯韦认为,在一般情形下,上面的第一式和第三式仍然成立,而第二式应以

$$\oint_L \boldsymbol{E}\cdot \mathrm{d}\boldsymbol{l}=-\iint_S \frac{\partial \boldsymbol{B}}{\partial t}\cdot \mathrm{d}\boldsymbol{S}$$

代替,第四式则应以

$$\oint_L \boldsymbol{H}\cdot \mathrm{d}\boldsymbol{l}=\iint_S \left(\boldsymbol{j}+\frac{\partial \boldsymbol{D}}{\partial t}\right)\cdot \mathrm{d}\boldsymbol{S}$$

代替.

由此,得到如下的方程组:

$$\left\{\begin{aligned} &\oint\!\!\oint_S \boldsymbol{D}\cdot \mathrm{d}\boldsymbol{S}=\iiint_V \rho \mathrm{d}V \\ &\oint_L \boldsymbol{E}\cdot \mathrm{d}\boldsymbol{l}=-\iint_S \frac{\partial \boldsymbol{B}}{\partial t}\cdot \mathrm{d}\boldsymbol{S} \\ &\oint\!\!\oint_S \boldsymbol{B}\cdot \mathrm{d}\boldsymbol{S}=0 \\ &\oint_L \boldsymbol{H}\cdot \mathrm{d}\boldsymbol{l}=\iint_S \left(\boldsymbol{j}+\frac{\partial \boldsymbol{D}}{\partial t}\right)\cdot \mathrm{d}\boldsymbol{S} \end{aligned}\right. \tag{5.5}$$

方程组中的电场既包括静电场,也包括感生电场,而磁场既包括传导电流产生的磁场,也包括位移电流所产生的磁场.这一组方程就是麦克斯韦方程组的积分形式.

麦克斯韦方程组的物理意义可以表述如下:

(1) 通过任意闭合面的电位移通量等于该曲面所包围的自由电荷的代数和;

(2) 电场强度沿任意闭合曲线的线积分等于以该曲线为边界的任意曲面的磁通量对时间变化量的负值;

(3) 通过任意闭合面的磁通量恒等于零;

(4) 磁场强度沿任意闭合曲线的线积分等于穿过以该曲线为边界的曲面的全电流.

5.2.2　麦克斯韦方程组的微分形式

上面所讨论的麦克斯韦方程组的积分形式描述的是电磁场在某个有限区域(如一个闭合回路或一个闭合曲面所在区域)内相互的整体关系，而不能适用于某一给定点处的电磁场.但在电磁场的实际应用中，经常要知道空间逐点的电磁场量和电荷、电流之间的关系.在数学形式上，就是将麦克斯韦方程组的积分形式化为微分形式.

麦克斯韦方程组的微分形式如下：

$$\begin{cases} \nabla \cdot \boldsymbol{D} = \rho \\ \nabla \times \boldsymbol{E} = -\dfrac{\partial \boldsymbol{B}}{\partial t} \\ \nabla \cdot \boldsymbol{B} = 0 \\ \nabla \times \boldsymbol{H} = \boldsymbol{j} + \dfrac{\partial \boldsymbol{D}}{\partial t} \end{cases} \tag{5.6}$$

方程组中 ρ 为自由电荷体密度.

为解决电磁场的问题，还要考虑各种介质对电磁场的影响，因此，还要用到各种介质中的物质方程(反映电磁场量与介质特性量之间关系的电磁性能方程).

在各向同性磁介质中有

$$\boldsymbol{B} = \mu \boldsymbol{H}$$

在各向同性电介质中有

$$\boldsymbol{D} = \varepsilon \boldsymbol{E}$$

在导体中则有

$$\boldsymbol{j} = \gamma \boldsymbol{E}$$

麦克斯韦电磁场方程组再加上三个物质方程，构成了一个完整的描述电磁场性质的方程组.电磁场的基本问题就是在给定边界条件下求解 $\boldsymbol{E}$ 和 $\boldsymbol{H}$.根据这组方程，只要知道各场量的边界条件和具体问题中 $\boldsymbol{B}$、$\boldsymbol{H}$ 的初始条件，原则上可以解决宏观电磁场的所有问题，得到场量的时空分布规律，并在工程实际中加以应用.

5.2.3　麦克斯韦电磁场理论的意义和影响

以麦克斯韦方程组为核心的电磁理论是经典物理学最伟大的成就之一.它所揭示出的电磁相互作用的完美统一，为物理学家树立了这样一种信念：物质的各种相互作用在更高层次上应该是统一的.另外这个理论也被广泛地应用到技术领域.

麦克斯韦理论最光辉的成就是预言了电磁波的存在.麦克斯韦方程组揭示了变化的磁场可以激发变化的电场，同时变化的电场可以激发变化的磁场，从两个相对的方面反映了电场和磁场的联系，展现了自然规律美妙的对称性，深刻地揭示了电场和磁场的内在联系：变化的电场和磁场相互依存，彼此激发，互相制约，组成统一的电磁场，以波的形式在空间中传播.同时，这也揭示了电磁场可以独立于电荷、电流之外存在，从而加深了我们对电磁场物质性的认识.

麦克斯韦电磁理论另一个成就就是将光现象和电磁现象统一起来.麦克斯韦方程组的计算结果表明光波就是电磁波的一种.于是，麦克斯韦把原来彼此独立的电学、磁学和光学结合起来，成为19世纪物理学的一次大统一．人们从此将电、光、声、热、磁等现象联系起来进行综合研究，促进了物理学的迅猛发展．

从物理思想上讲，麦克斯韦方程组以及由此预言的电磁波和光是电磁波的一种，后来都用实验所证实．这也促使物理学的“公理化基础”发生了根本的转变，结束了物理学历史上以“超距作用说”为基础的机械论观点，确立了“场”的概念和近距作用观点，具有深远意义．

不仅如此，麦克斯韦电磁理论通过对牛顿力学的内在缺陷的揭示，在理论上导致了狭义相对论的出现，在技术应用上导致了以电力运用为标志的人类历史上的第二次技术革命．

麦克斯韦电磁理论是19世纪科学史上最伟大的成就之一，是继牛顿力学之后物理学的又一重大发展．一般认为，麦克斯韦电磁场理论和牛顿力学体系是经典物理学的两大支柱．

5.3 赫 兹 实 验

在自由空间中（即无电荷、无传导电流的无源区域中），麦克斯韦方程组表现为非常对称的形式：

$$\begin{cases} \oint\!\!\!\oint_S \boldsymbol{D} \cdot \mathrm{d}\boldsymbol{S} = 0 \\ \oint_L \boldsymbol{E} \cdot \mathrm{d}\boldsymbol{l} = -\iint_S \dfrac{\partial \boldsymbol{B}}{\partial t} \cdot \mathrm{d}\boldsymbol{S} \\ \oint\!\!\!\oint_S \boldsymbol{B} \cdot \mathrm{d}\boldsymbol{S} = 0 \\ \oint_L \boldsymbol{H} \cdot \mathrm{d}\boldsymbol{l} = \iint_S \dfrac{\partial \boldsymbol{D}}{\partial t} \cdot \mathrm{d}\boldsymbol{S} \end{cases} \tag{5.7}$$

由上述方程组中的第二式和第四式，可以得到这样的结论，即周期性变化的磁场必定会激发周期性变化的电场，而周期性变化的电场也会激发周期性变化的磁场，如图5.3所示．

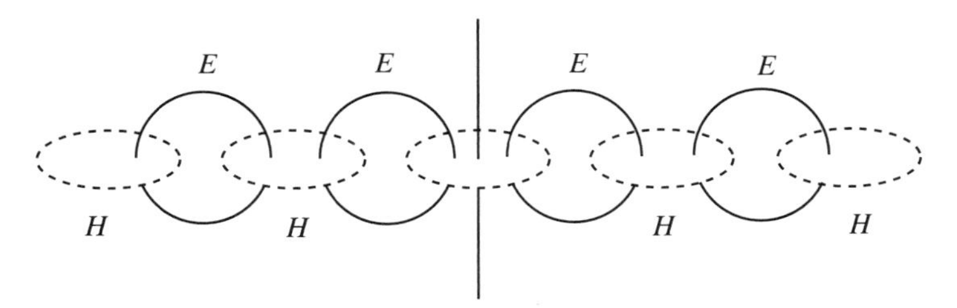

图5.3 变化的电场和变化的磁场相互激发

变化的电场和变化的磁场互相依存又互相激发，并以有限的速度在空间传播，这就是电磁波．下面我们从介绍历史上著名的赫兹实验出发，简要讨论电磁波的产生、平面电磁波的性质以及电磁波的能量等问题．

5.3.1　赫兹实验

1865年，麦克斯韦用严格的数学理论论证了电磁波的存在，但是由于缺少实验证据，大多数科学家并不接受麦克斯韦方程组，对电磁波的存在也表示怀疑. 直到1887年，德国物理学家赫兹(H. R. Hertz，1857～1894)做了著名的赫兹实验(系列实验)，证实了电磁波的存在，以及光波和电磁波的统一性.

1878年，柏林大学教授亥姆霍兹(Hermann Ludwig Ferdinand von Helmholtz，1821～1894)向学生提出了一个物理竞赛题目，要求用实验方法来验证麦克斯韦的理论. 从那时起，赫兹就致力于这个课题的研究. 1886年10月，赫兹做了一个放电实验，在放电过程中，他偶然发现，附近的一个线圈的端口也有电火花发出，赫兹敏锐地意识到，这可能是线圈中电磁振荡的共振现象. 持续的研究一直进行到1888年，通过振荡电偶极子的一系列实验，赫兹终于实现了电磁波的发射和接收，证实了电磁波的存在.

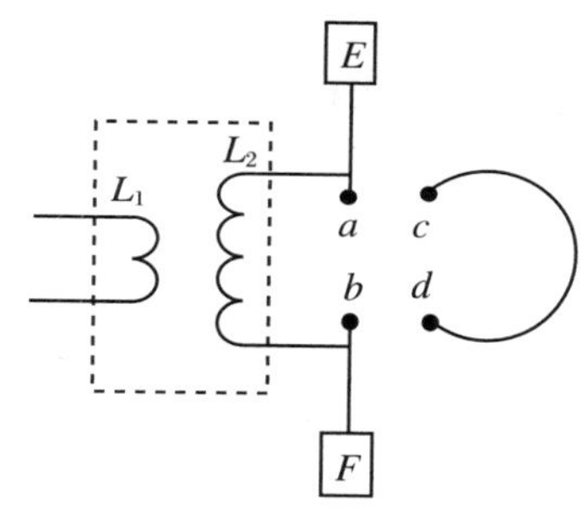

图5.4　赫兹实验

图5.4是当年赫兹实验装置的示意图，他用两片正方形锌板 E、F 各连接一根一端有黄铜球的铜棒，两铜棒与感应圈的两极分别相连，小铜球 a、b 间留有缝隙，这部分称为赫兹振子(即振荡电偶极子、偶极振子). 调节感应圈电压，使 a、b 间的电压高到足以使其间的空气被击穿，小铜球 a、b 间产生火花放电. 由于电路中的电容和自感均很小，因而振荡频率可高达10^8 Hz，从而强烈地发射出电磁波.

由于铜杆上有电阻，且在空气中产生电火花，因而其上的振荡电流是衰减的，发出的电磁波也是减幅的. 但感应圈不断地使空隙充电，振荡电偶极子就间断地发射出减幅振荡电磁波.

接收电磁波可利用电偶极子共振吸收的原理来实现. 赫兹用一根铜棒弯成环状，两端装有铜球 c、d，其缝隙间的距离可以调节，放在距离偶极振子较远处(10米左右)，这部分称为检波器(即探测电磁波的谐振器). 实验表明，当偶极振子的铜球 a、b 间出现火花放电时，调节检波器中铜球 c、d 间的距离到某个值(即调节检波器电容的大小，从而改变其固有频率以产生谐振)，铜球 c、d 的缝隙间也会产生火花. 人类历史上第一次通过实验接收到了电磁波.

赫兹还做了一系列实验，证明电磁波也有反射、折射、干涉、衍射和偏振等特性，从而证明了电磁波和光波具有共同的特性. 赫兹实验成为麦克斯韦电磁理论坚实的实验基础，验证了麦克斯韦的预言，证明了这一理论的正确性. 为了纪念赫兹的贡献，现在人们用他的名字来命名各种波动频率的单位——Hz(赫兹，简称“赫”).

5.3.2　电磁波的产生

1. 电磁振荡

为了进一步了解电磁波是如何产生的，需简要分析一下电磁振荡问题.

电磁振荡是指电路中电荷和电流的周期性变化，产生电磁振荡的电路称为振荡电路. LC 电路是最简单的理想振荡电路，原则上可以作为发射电磁波的波源.

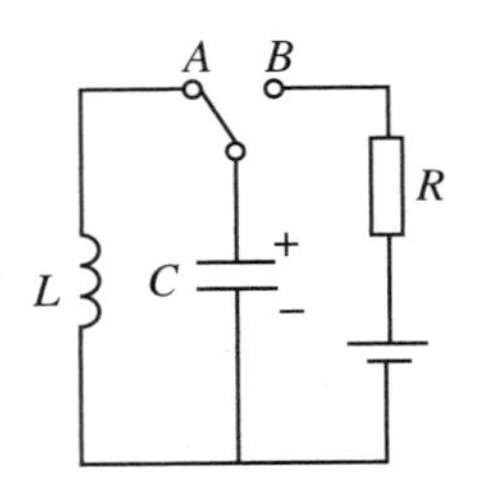

图 5.5　LC 电路的电磁振荡

如图 5.5 所示，先将开关合向 B，对电容器充电，电容器极板间逐步建立起电场，即存储起电场能量.此时再将开关合向 A，则已充电的电容器 C 通过电感线圈 L 放电，由于线圈中有电流通过，必然产生磁场，引起线圈中磁通量发生变化，并产生自感电动势.在电容器放电的过程中，电容器两极板上电荷逐渐减少，而流过线圈的电流强度逐步增大，直到电容器极板上的电荷全部消失时，流过线圈的电流达到最大值.依据能量守恒定律，此刻电容器两极板间的电场能量全部转换为线圈内储存的磁场能量.

当电容器两极板上的电荷消失，流过线圈的电流达到最大值时，电路中的电流并不停止流动，而是沿着原来的方向继续流动，但数值上由最大值逐渐减小，并对电容器进行反方向的充电.随着电容器两极板上电荷的增加，在两极板间逐步建立起一个反向的电场，此过程一直持续到电路中的电流下降到零，电容器两极板上的电荷达到最大值，这时线圈内的磁场能量又全部转换为电容器两极板之间的电场能量.

以上的充放电过程周而复始地不断重复发生，于是在电路中就存在周期性变化的电流.这种电荷和电流随时间做周期性变化的现象即是电磁振荡，LC 振荡电路的固有振荡频率为 $f=\dfrac{1}{2\pi\sqrt{LC}}$.

在前面介绍的赫兹实验中，调节检波器中铜球 c、d 间的距离，就是通过调节电容值来改变检波器电路的固有频率，使它与偶极振子的发射频率相一致，从而引起谐振(产生火花放电).

实际上，任何振荡电路都存在电阻，因而总有一部分电磁能量要以焦耳热的形式耗散掉，还有一部分电磁能量则以电磁波的形式向周围空间辐射出去.振荡电路辐射电磁波的多少与振荡电路的形式等因素有关.一般地，这样的振荡电路要能够作为波源向空间发射电磁波，需要具备两个条件：振荡频率要尽量提高；电路要尽量地开放.要提高电磁振荡频率，就必须减小电路中线圈的自感 L 和电容器的电容 C；而要开放电路，实际上就是尽量不让电磁能集中在电容器和线圈之中，而是分散到空间去.根据以上要求改造 LC 振荡电路，如图 5.6 所示，整个振荡电路最后就会几乎变为一根直导线，电流在其中来回振荡，两端出现正负交替变化的等量异号电荷.此电路即称为振荡电偶极子(或偶极振子).以偶极振子作为天线，就可以有效地在空间中激发电磁波.

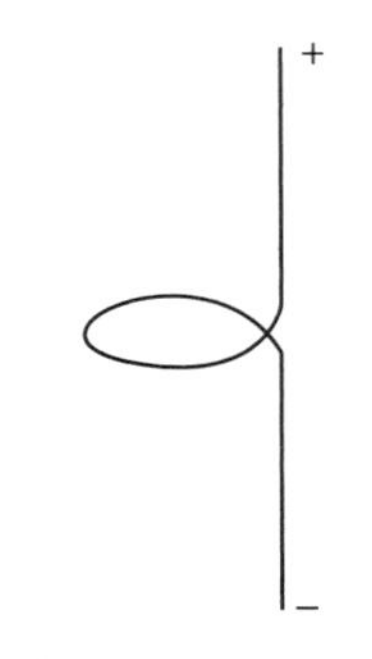

图 5.6　偶极振子示意图

2. 偶极振子发射的电磁波

在离振子中心的距离 r 小于电磁波波长 λ 的近心区，电场和磁场的分布情况比较复杂，这可以从一条电场线由出现到形成闭合圈并向外扩展的过程中看出，如图 5.7 所示.图中未画出磁感应线，磁感应线是以偶极振子为轴、疏密相间的同心圆，并与电场线互相套连.闭合的电场线和磁感线就像链条的环节一样，一个一个套连下来，在空间传播开来，形成电磁波.

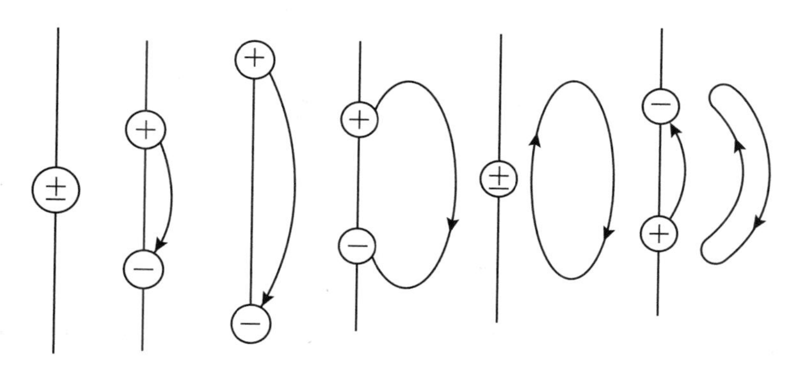

图 5.7　偶极振子发射示意图

在离偶极振子的距离远大于电磁波波长 λ 的波场区，波面趋于球面，电磁场的分布比较简单. 以偶极振子中心为球心、偶极振子的轴线为极轴作球面，如图 5.8 所示，这个球面可以作为电磁波的一个波面.

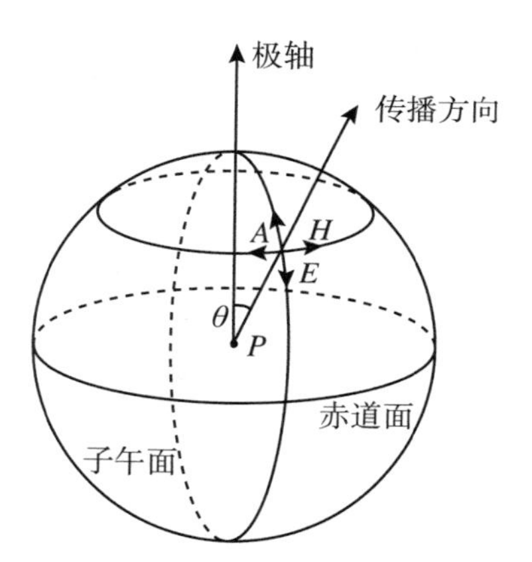

图 5.8　偶极振子的场分布

在波面上任意一点 A 处，电场强度矢量 $\boldsymbol{E}$ 处于过点 A 的子午面内，磁场强度矢量 $\boldsymbol{H}$ 处于过点 A 并平行于赤道平面的平面内，两者互相垂直，并且都垂直于点 A 的位置矢量 $\boldsymbol{r}$（波面半径方向），即垂直于电磁波的传播方向. 根据普遍的麦克斯韦电磁方程分析计算，偶极振子发射的电磁波的强度（即平均能流密度）具有以下规律：

（1）正比于频率的四次方，即频率越高，能量辐射越多；

（2）反比于离开振子中心的距离的平方；

（3）正比于 $\sin\theta$，即沿偶极振子轴线方向的辐射为零，垂直于偶极振子轴线方向的辐射最大.

5.4 平面电磁波及其性质

5.4.1 自由空间中的电磁波

这里我们首先简要介绍自由空间中电磁波的波动方程,然后考察一种简单的情形——平面电磁波的特性.

根据前面的式(5.7)(无界自由空间中麦克斯韦方程组的积分形式),可以推得方程组的齐次微分式为

$$\begin{cases} \nabla \cdot \boldsymbol{D} = 0 \\ \nabla \times \boldsymbol{E} = -\dfrac{\partial \boldsymbol{B}}{\partial t} \\ \nabla \cdot \boldsymbol{B} = 0 \\ \nabla \times \boldsymbol{H} = \dfrac{\partial \boldsymbol{D}}{\partial t} \end{cases} \tag{5.8}$$

设远离电荷和电流的空间区域为无限大的均匀介质,则其 ε 和 μ 均为常数,有

$$\boldsymbol{B} = \mu \boldsymbol{H}, \quad \boldsymbol{D} = \varepsilon \boldsymbol{E}$$

代入式(5.8)中的第四个方程中,将 $\boldsymbol{H}$ 用 $\boldsymbol{B}$ 表示,$\boldsymbol{D}$ 用 $\boldsymbol{E}$ 表示,则方程变为

$$\nabla \times \boldsymbol{B} = \mu\varepsilon \frac{\partial \boldsymbol{E}}{\partial t}$$

可见在方程组中 $\boldsymbol{E}$ 和 $\boldsymbol{B}$ 的地位是完全对称的(符号除外).

下面研究反映 $\boldsymbol{E}$ 和 $\boldsymbol{B}$ 之间联系的两个方程,即

$$\left.\begin{aligned} \nabla \times \boldsymbol{E} &= -\frac{\partial \boldsymbol{B}}{\partial t} \\ \nabla \times \boldsymbol{B} &= \mu\varepsilon \frac{\partial \boldsymbol{E}}{\partial t} \end{aligned}\right\} \tag{5.9}$$

若要消去 $\boldsymbol{B}$,可对式(5.9)第一个方程两边取旋度,得

$$\nabla \times (\nabla \times \boldsymbol{E}) = -\frac{\partial}{\partial t}(\nabla \times \boldsymbol{B})$$

再将式(5.9)第二个方程代入,得

$$\nabla \times (\nabla \times \boldsymbol{E}) = -\mu\varepsilon \frac{\partial^2 \boldsymbol{E}}{\partial t^2}$$

根据矢量运算法则计算,可得

$$\nabla^2 \boldsymbol{E} = \frac{\partial^2 \boldsymbol{E}}{\partial x^2} + \frac{\partial^2 \boldsymbol{E}}{\partial y^2} + \frac{\partial^2 \boldsymbol{E}}{\partial z^2} = \mu\varepsilon \frac{\partial^2 \boldsymbol{E}}{\partial t^2}$$

同理,消去 $\boldsymbol{E}$ 可得

$$\nabla^2 \boldsymbol{B} = \frac{\partial^2 \boldsymbol{B}}{\partial x^2} + \frac{\partial^2 \boldsymbol{B}}{\partial y^2} + \frac{\partial^2 \boldsymbol{B}}{\partial z^2} = \mu\varepsilon \frac{\partial^2 \boldsymbol{B}}{\partial t^2}$$

若令

$$v = \frac{1}{\sqrt{\mu\varepsilon}} \tag{5.10}$$

则得到

$$\left.\begin{aligned} \nabla^2 \boldsymbol{E} - \frac{1}{v^2}\frac{\partial^2 \boldsymbol{E}}{\partial t^2} &= \boldsymbol{0} \\ \nabla^2 \boldsymbol{B} - \frac{1}{v^2}\frac{\partial^2 \boldsymbol{B}}{\partial t^2} &= \boldsymbol{0} \end{aligned}\right\} \tag{5.11}$$

上式称为波动方程,它的解包括各种形式的电磁波,式中 v 为介质中的波速.

在真空中,$\mu = \mu_0 = 4\pi\times 10^{-7}$ Wb/(A・m),$\varepsilon = \varepsilon_0 = 8.854\times 10^{-12}$ C/(V・m),于是得真空中的波速为

$$\begin{aligned} v = c &= \frac{1}{\sqrt{\mu_0\varepsilon_0}} = (4\pi\times 8.854\times 10^{-19})^{-\frac{1}{2}}\ \text{m/s} \\ &= 2.9980\times 10^3\ \text{m/s} \end{aligned}$$

则真空中的波动方程为

$$\left.\begin{aligned} \nabla^2 \boldsymbol{E} - \frac{1}{c^2}\frac{\partial^2 \boldsymbol{E}}{\partial t^2} &= \boldsymbol{0} \\ \nabla^2 \boldsymbol{B} - \frac{1}{c^2}\frac{\partial^2 \boldsymbol{B}}{\partial t^2} &= \boldsymbol{0} \end{aligned}\right\} \tag{5.12}$$

实际上,波速 c 就是真空中的光速(最基本的物理常量),麦克斯韦在此基础上,提出光波是电磁波的一种,由此奠定了光的电磁理论基础.

5.4.2　平面电磁波及其性质

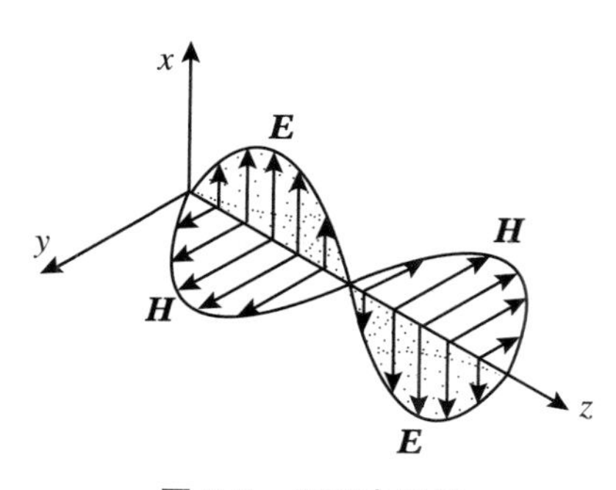

图 5.9　平面电磁波

对电磁波作一般性讨论是相当复杂的.这里我们只研究一种比较简单的情形,即平面电磁波.平面电磁波是指其波振面(相位相同的点构成的面)为平面的一维电磁波,如图 5.9 所示.

设平面电磁波沿 z 轴传播(一维问题),通过计算,式(5.11)中的波动方程可简化为

$$\left.\begin{aligned} \frac{\partial^2 \boldsymbol{E}_x}{\partial z^2} &= \mu\varepsilon\frac{\partial^2 \boldsymbol{E}_x}{\partial t^2} \\ \frac{\partial^2 \boldsymbol{B}_y}{\partial z^2} &= \mu\varepsilon\frac{\partial^2 \boldsymbol{B}_y}{\partial t^2} \end{aligned}\right\} \tag{5.13}$$

式(5.13)是一维平面电磁波的波动方程,表示沿 z 方向以速度 $v = \dfrac{1}{\sqrt{\mu\varepsilon}}$ 传播的平面电磁波.

式(5.13)的特解是

$$\left.\begin{aligned} \boldsymbol{E}_x &= \boldsymbol{E}_{0x}\cos(\omega t - \boldsymbol{k}\cdot\boldsymbol{z} + \varphi_E) \\ \boldsymbol{B}_y &= \boldsymbol{B}_{0y}\cos(\omega t - \boldsymbol{k}\cdot\boldsymbol{z} + \varphi_B) \end{aligned}\right\} \tag{5.14}$$

式中,E_{0x} 和 B_{0y} 分别为 E_x 和 B_y 的振幅;φ_E 和 φ_B 分别为电磁波电场和磁场的初相位;ω 为角频率,ω 与 v 的联系为 $\dfrac{\omega}{k} = v$;$\boldsymbol{k}$ 代表电磁波传播方向的单位矢量.

由平面电磁波的波动方程及其特解,我们可以归纳总结出自由空间中平面电磁波的基

本性质如下：

(1) 横波性.平面电磁波是横波，即有 $\boldsymbol{E}\perp\boldsymbol{v}$，$\boldsymbol{B}\perp\boldsymbol{v}$.

(2) 偏振性.电场与磁场相互垂直，即有 $\boldsymbol{E}\perp\boldsymbol{H}$.

(3) $\boldsymbol{E}$ 与 $\boldsymbol{B}$ 同相位.在任何时刻及任何位置，$\boldsymbol{E}$、$\boldsymbol{B}$ 与 $\boldsymbol{k}$ 总是构成右旋的直角坐标系，即矢量积 $\boldsymbol{E}\times\boldsymbol{B}$ 的方向总是指向 $\boldsymbol{k}$，即波的传播方向.

(4) $\boldsymbol{E}$ 与 $\boldsymbol{B}$ 的振幅关系.在各向同性的介质中有 $\boldsymbol{B}=\mu\boldsymbol{H}$，则 $\boldsymbol{E}$ 和 $\boldsymbol{H}$ 的振幅关系为

$$\sqrt{\varepsilon}E_{0x} = \sqrt{\mu}H_{0y} \tag{5.15}$$

由于 $\boldsymbol{E}$ 和 $\boldsymbol{H}$ 的相位相同，因而有

$$\sqrt{\varepsilon}E_x = \sqrt{\mu}H_y$$

或写成

$$\sqrt{\varepsilon}E = \sqrt{\mu}H$$

(5) 波的传播速率.平面电磁波的传播速度大小为

$$v = \frac{1}{\sqrt{\mu\varepsilon}}$$

在真空中的传播速度大小为

$$v = \frac{1}{\sqrt{\mu_0\varepsilon_0}} = c \quad \text{（即为光速）}$$

(6) 电场和磁场的联系.电场和磁场是电磁波不可分割的组成部分，其关系如下：

$$|\boldsymbol{B}| = \frac{|\boldsymbol{E}|}{v} \tag{5.16}$$

在考虑电磁波传播时，它们处于同等重要地位，但是在检验电磁波是否存在时，电场则比磁场重要得多，因为大多数探测仪器(包括人的眼睛)对电场比对磁场要敏感得多.

5.4.3 电磁波的能量

电磁波在空间传播，实际上就是电磁场能量的传播(电磁场是物质的一种存在形式，因而也具有能量和动量).下面我们从平面电磁波入手，简要讨论电磁波的能量及其传播的规律.

设在空间中有一平面电磁波沿 z 轴传播，在任一小体积元内的电磁场能量为

$$\mathrm{d}W = w\mathrm{d}V = (w_\mathrm{e} + w_\mathrm{m})\mathrm{d}V$$

式中，$w_\mathrm{e}=\dfrac{1}{2}\varepsilon E^2$ 为电场能量密度，$w_\mathrm{m}=\dfrac{1}{2}\mu H^2$ 为磁场能量密度，则电磁场的能量密度(即单位体积内的能量)为

$$w = \frac{1}{2}\varepsilon E^2 + \frac{1}{2}\mu H^2 \tag{5.17}$$

能量密度虽然能够反映空间中各点的能量分布情况，但却无法反映能量的“流动”情况.为了反映电磁波传播过程中能量的传播，我们引入“能流密度矢量”的概念.

我们这样定义能流密度矢量：其大小等于单位时间内通过与电磁波传播方向垂直的单位截面的能量，其方向则沿着电磁波传播的方向.能流密度矢量又称为坡印廷矢量，一般用 $\boldsymbol{S}$ 表示.

如图5.10所示，dA 表示与电磁波传播方向垂直的任意小横截面积，在单位时间内通过 dA 的电磁场能量(设电磁能量的传播速度为 v)应等于体积元 $dV = vdA$ 内的电磁能量，即电磁场的能流密度的大小为

$$S = \frac{wdV}{dA} = \frac{wdA \cdot v}{dA}$$

$$= wv = \left(\frac{1}{2}\varepsilon E^2 + \frac{1}{2}\mu H^2\right)v$$

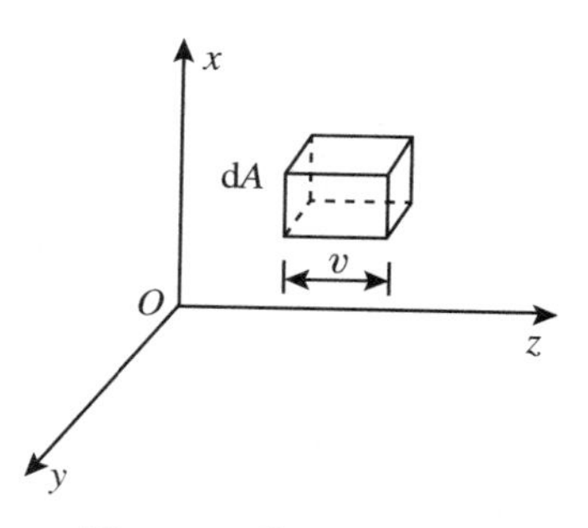

图 5.10 能流密度矢量

注意到前面我们已得到的关系式 $\sqrt{\varepsilon}E = \sqrt{\mu}H$ 和 $v = \frac{1}{\sqrt{\mu\varepsilon}}$，不难推得

$$S = EH \tag{5.18}$$

由于 $\boldsymbol{E}$ 垂直于 $\boldsymbol{H}$，并且 $\boldsymbol{E} \times \boldsymbol{H}$ 所决定的方向为电磁能量传播方向，所以上式可写成矢量式：

$$\boldsymbol{S} = \boldsymbol{E} \times \boldsymbol{H} \tag{5.19}$$

如图5.11所示，$\boldsymbol{S}$ 的方向和 $\boldsymbol{E}$ 以及 $\boldsymbol{H}$ 的方向构成右手螺旋关系，若取 $\boldsymbol{E}$ 的单位为 V/m，$\boldsymbol{H}$ 的单位为 A/m，则坡印廷矢量 $\boldsymbol{S}$ 的单位为 $\mathrm{W/m^2}$.

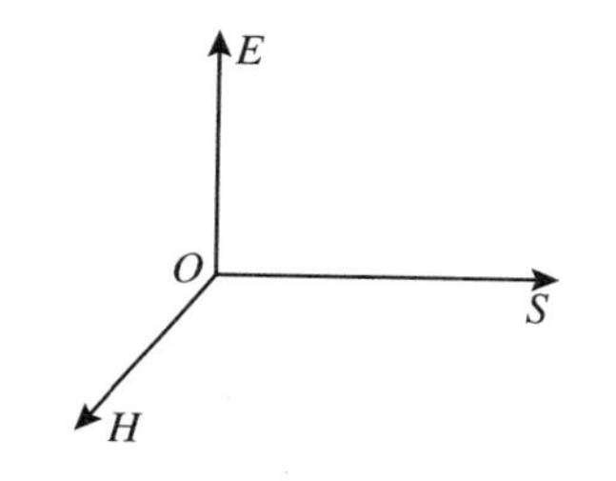

图 5.11 $\boldsymbol{S}$ 和 $\boldsymbol{E}$ 以及 $\boldsymbol{H}$ 的方向

电磁波中的 E 和 H 都是随时间迅速变化的，因而式(5.18)和式(5.19)给出的是电磁波的瞬时能流密度. 在实际应用中，更重要的是平均能流密度，即能流密度在一个周期内的平均值：

$$\bar{S} = \frac{1}{T}\int_0^T EH\mathrm{d}t$$

经计算可推得

$$\bar{S} = \frac{1}{2}E_0 H_0$$

式中 E_0 和 H_0 分别是 E_x 和 H_y 的振幅.

由式(5.15)，即 $\sqrt{\varepsilon}E_{0x} = \sqrt{\mu}H_{0y}$ 可得

$$\bar{S} \propto E_0^2 \quad 或 \quad \bar{S} \propto H_0^2$$

即电磁波中的能流密度正比于电场或磁场振幅的平方.

思 考 题

1. 简述位移电流与全电流的含义.
2. 位移电流和位移电流密度的表达式是怎样得到的？
3. 试比较位移电流和传导电流的相同点与不同点.
4. 证明 $\varepsilon_0 \dfrac{\mathrm{d}\psi_E}{\mathrm{d}t}$ 具有电流的量纲.
5. 判断下述说法是否正确：

(1) 随时间变化的磁场所产生的电场一定也随时间变化;

(2) 随时间变化的电场所产生的磁场一定也随时间变化.

6. 试分析麦克斯韦方程组的不对称性,并说明这种不对称性的物理内容.

7. 简要叙述麦克斯韦的主要贡献(感生电场假说与位移电流假说).

8. 麦克斯韦方程组的积分形式与微分形式是否等效?为什么要分别写成两种形式?

9. 电磁波是否一定是横波?电磁波的传播方向是否一定是能量传播的方向?对于导体和电介质,哪一个内部更有利于电磁波传播?

10. 电磁波中 E 和 B 是否一定同相位变化?在自由空间中传播的电磁波,其电场的能量等于磁场的能量,此结论是否对一切电磁波成立?

11. 当电磁波到达天线时,天线中是否有电流产生?

12. 变化的电场可以产生磁场,变化的磁场可以产生电场,是否只要有变化的电场和磁场,就一定有电磁波?

习　　题

1. 试证:平行板电容器中的位移电流可以写为 $I_D = C\dfrac{\mathrm{d}U}{\mathrm{d}t}$.

2. 一平行板电容器的两极板都是半径 $r=0.5$ cm 的圆导体片,充电时,其中电场强度的变化率为$\dfrac{\mathrm{d}E}{\mathrm{d}t}=1.0\times10^{12}$ V/(m・s).求:(1) 两极板间位移电流 I_D;(2) 极板边缘的磁感应强度.

3. 同轴线终端接一平行板电容器,电容器极板是半径为 a 的圆形,极板间隔为 b,如图 5.12 所示.上极板接于同轴线外导体,下极板接于内导体的延伸部分,内导体半径是 a_0.已知$u_c = U_M\sin\omega t$,求极板间任一点的 H.

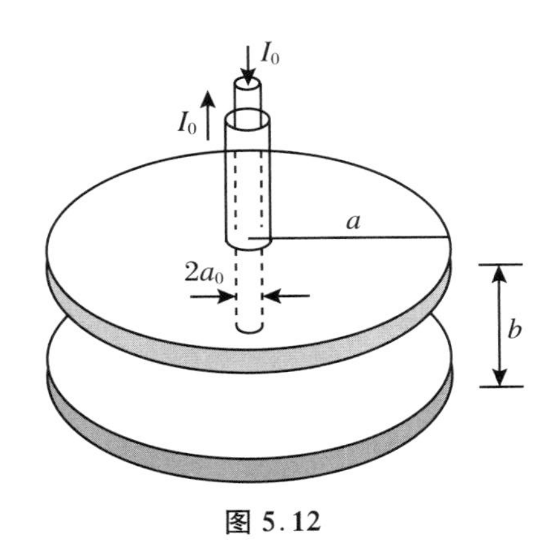

图 5.12

4. 一同轴电缆由半径为 a 的长直导线和与它共轴的导体薄圆筒构成,圆筒的半径为 b,如图 5.13 所示.导线与圆筒间充满电容率为 ε、磁导率为 μ 的均匀介质.当电缆的一端接

上负载电阻 R，另一端加上电势差时，试证明：如果 $R=\frac{1}{2\pi}\sqrt{\frac{\mu}{\varepsilon}}\ln\frac{b}{a}$，则导线与圆筒间的电场能量等于磁场能量.

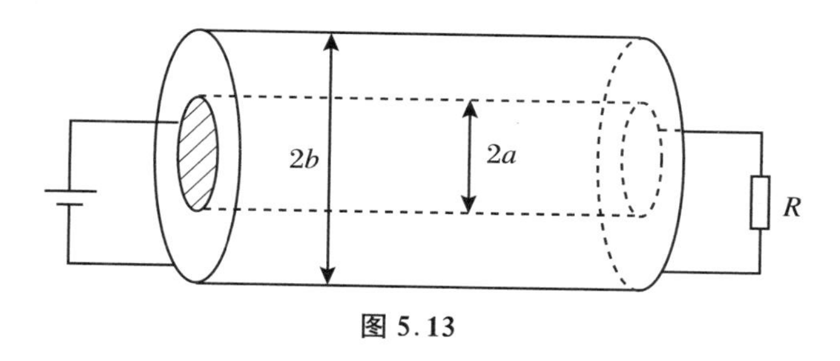

图 5.13

5. 电荷量 Q 均匀地分布在半径为 a 的球面上，当这个球面以角速度 ω 绕它的一个固定直径旋转时，试求球内的磁场能量.

6. 一球形电容器，其内导体半径为 R_1，外导体半径为 R_2，两极板之间充有相对介电常数为 ε_r 的介质. 现在电容器上加上电压，内球与外球间的电压为 $V=V_0\sin\omega t$，假设 ω 不太大，以致电容器中的电场分布与静电场情形近似相同，试求介质中的位移电流密度以及通过半径为 $r(R_1<r<R_2)$ 的球面的位移电流.

7. 一平面电磁波的波长为 3 m，在自由空间中沿 x 轴方向传播，电场 E 沿着 y 方向，振幅为 300 V/m，试求：(1) 电磁波的频率；(2) 磁场 B 的振幅；(3) 电磁波的平均能流密度.

8. 一均匀平面电磁波在真空中传播，其电场强度 $\boldsymbol{E}=100\cos(\omega t-az)\boldsymbol{i}$. 试求：(1) 磁场强度的表达式；(2) 坡印廷矢量的表达式.

9. 长直螺线管的半径为 a，每单位长度有 n 匝，通有增加的电流 i，试求：

(1) 螺线管内距离轴线为 r 处某一点的感生电场；

(2) 这一点的坡印廷矢量的大小.

10. 频率为 5×10^9 Hz 的电磁波在某介质中传播，其电场强度的最大值为 10 mV/m，设介质的相对介电常数为 2.53，相对磁导率为 1，试求：

(1) 传播速度；

(2) 波长；

(3) 磁场强度的最大值.

11. 一螺线管长为 l，横截面的半径为 $a(a\ll l)$，由 N 匝表面绝缘的细导线密绕而成，略去边缘效应.

(1) 当导线中的电流为 I 时，试求管内磁场的能量 W_m；

(2) 当 I 增大时，试说明进入管内的能量等于管内磁场的能量.

12. 真空中一平面电磁波的电场由下式给出：

$$E_x=0,\quad E_y=60\times10^{-2}\cos\left[2\pi\times10^8\left(t-\frac{x}{c}\right)\right]\ \mathrm{V/m},\quad E_z=0$$

求：(1) 波长和频率；(2) 传播方向；(3) 磁场的大小和方向.

习 题 解 答

1. 在平行板电容器中,电场均匀,若极板间隔为 b,则

$$E=\frac{U}{b},\quad D=\frac{\varepsilon_0\varepsilon_r U}{b}$$

以及

$$\iint_S \boldsymbol{D}\cdot\mathrm{d}\boldsymbol{S}=DS=\frac{\varepsilon_0\varepsilon_r S}{b}U=CU$$

其中 $C=\frac{\varepsilon_0\varepsilon_r S}{b}$是平行板电容器的容量.所以通过电容的位移电流可写为

$$I_D=\frac{\mathrm{d}}{\mathrm{d}t}\iint_S \boldsymbol{D}\cdot\mathrm{d}\boldsymbol{S}=C\frac{\mathrm{d}U}{\mathrm{d}t}$$

2. 极板间的电场可近似认为是均匀分布的,所求的 I_D 是极板间半径为 r 的范围内所通过的位移电流,而 $\boldsymbol{B}$ 则是半径 r 处的磁感应强度.

(1) 按定义,位移电流强度为

$$\begin{aligned}I_\mathrm{D}&=\frac{\mathrm{d}}{\mathrm{d}t}\iint_S \boldsymbol{D}\cdot\mathrm{d}\boldsymbol{S}=\varepsilon_0 S\frac{\mathrm{d}E}{\mathrm{d}t}=\varepsilon_0\pi r^2\frac{\mathrm{d}E}{\mathrm{d}t}\\&=8.85\times10^{-12}\times\pi\times(5.0\times10^{-2})^2\times1.0\times10^{12}\ \mathrm{A}\\&=7.0\times10^{-2}\ \mathrm{A}\end{aligned}$$

(2) 应用麦克斯韦方程

$$\oint_L \boldsymbol{H}\cdot\mathrm{d}\boldsymbol{l}=I_\mathrm{D}$$

由于对称性,有

$$\oint_L \boldsymbol{H}\cdot\mathrm{d}\boldsymbol{l}=2\pi rH$$

故

$$\begin{aligned}B&=\mu_0 H=\mu_0\frac{I_\mathrm{D}}{2\pi r}\\&=4\pi\times10^{-7}\times\frac{7.0\times10^{-2}}{2\pi\times5.0\times10^{-2}}\ \mathrm{T}=2.8\times10^{-7}\ \mathrm{T}\end{aligned}$$

由结果可知,在平行板电容器极板半径 r 不变的情况下,B 的大小取决于 I_D 的大小,也即 B 随$\frac{\mathrm{d}E}{\mathrm{d}t}$的增大而增大.

3. 设电场是均匀的,则场强 $E=u_C/b$,电位移 $D=\varepsilon_0 u_C/b$,在极间半径为 r 的区域内通过的位移电流为

$$I_\mathrm{D}=\frac{\mathrm{d}}{\mathrm{d}t}\iint_S \boldsymbol{D}\cdot\mathrm{d}\boldsymbol{S}=\pi r^2\frac{\mathrm{d}D}{\mathrm{d}t}=\frac{\varepsilon_0\pi r^2}{b}\frac{\mathrm{d}u_C}{\mathrm{d}t}$$

内导体延伸部分通过的传导电流为

$$I_0 = C\frac{\mathrm{d}u_C}{\mathrm{d}t}$$

式中 C 是电容量，$C=\dfrac{\varepsilon_0\pi a^2}{b}$.

根据安培环路定理，在极板间距中心为 r 处有

$$\oint \boldsymbol{H}\cdot\mathrm{d}\boldsymbol{l} = I_0 - I_\mathrm{D}$$

$$H = \frac{1}{2\pi r}(I_0 - I_\mathrm{D})$$

I_D 取负值是由于其方向与 I_0 相反.

因此，当 $a_0<r<a$ 时，有

$$H = \frac{1}{2\pi r}\left(\frac{\varepsilon_0\pi a^2}{b}\cdot\frac{\mathrm{d}u_C}{\mathrm{d}t} - \frac{\varepsilon_0\pi r^2}{b}\cdot\frac{\mathrm{d}u_C}{\mathrm{d}t}\right) = \frac{\varepsilon_0\omega U_M}{2b}\left(\frac{a^2}{r} - r\right)\cos\omega t$$

4. 本题具有轴对称性.设导线与圆筒间的电势差为 U，导线上单位长度的电荷量为 λ.由高斯定理得离轴线为 r 处，电场强度的大小为

$$E = \frac{\lambda}{2\pi\varepsilon r}$$

$$U = \int_a^b \boldsymbol{E}\cdot\mathrm{d}\boldsymbol{l} = \frac{\lambda}{2\pi\varepsilon}\int_a^b\frac{\mathrm{d}r}{r} = \frac{\lambda}{2\pi\varepsilon}\ln\frac{b}{a}$$

所以

$$E = \frac{1}{r}\frac{U}{\ln\dfrac{b}{a}}$$

故电场能量密度为

$$w_\mathrm{e} = \frac{1}{2}\varepsilon E^2 = \frac{\varepsilon}{2}\frac{U^2}{r^2\left(\ln\dfrac{b}{a}\right)^2}$$

设导线中的电流为 I，则由对称性和安培环路定理得离轴线为 r 处，磁场强度的大小为

$$H = \frac{I}{2\pi r} = \frac{U}{2\pi Rr}$$

故磁场能量密度为

$$w_\mathrm{m} = \frac{1}{2}\mu H^2 = \frac{\mu}{2}\frac{U^2}{(2\pi Rr)^2}$$

当 $w_\mathrm{m}=w_\mathrm{e}$时，导线与圆筒间的电场能量便等于磁场能量.于是得

$$\mu\frac{U^2}{(2\pi Rr)^2} = \varepsilon\frac{U^2}{r^2\left(\ln\dfrac{b}{a}\right)^2}$$

所以

$$R = \frac{1}{2\pi}\sqrt{\frac{\mu}{\varepsilon}}\ln\frac{b}{a}$$

5. 先求球内轴线上任一点 P 的磁感应强度 B.如图5.14所示，带有电荷量 Q 的球面以匀角速度 ω 绕它的固定直径 MN 旋转，P 为转轴上任一点，到球心的距离为 r.

考虑 θ 处宽为 $a\mathrm{d}\theta$ 的环带，它上面的电荷量为

$$dQ = \sigma \cdot 2\pi a^2 \sin\theta d\theta = \frac{1}{2} Q\sin\theta d\theta$$

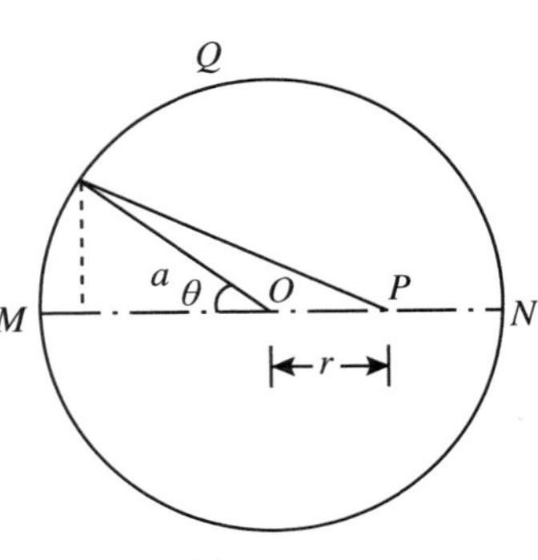

图 5.14

电荷 dQ 以角速度 ω 旋转时形成的圆电流为

$$dI = \frac{dq}{T} = \frac{\omega dQ}{2\pi} = \frac{\omega Q}{4\pi}\sin\theta d\theta$$

圆电流 I 在轴线上离圆心为 r 处产生的磁感应强度的方向沿轴线，其大小为

$$B = \frac{\mu_0 a^2 I}{2(r^2 + a^2)^{3/2}}$$

由此得 dI 在 P 点产生的磁感应强度的大小为

$$dB = \frac{\mu_0 (a\sin\theta)^2 dI}{2[(a\sin\theta)^2 + (a\cos\theta + r)^2]^{3/2}} = \frac{\mu_0 Q a^2 \omega}{8\pi} \frac{\sin^3\theta d\theta}{(r^2 + a^2 + 2ar\cos\theta)^{3/2}}$$

积分得

$$B = \frac{\mu_0 Q a^2 \omega}{8\pi} \int_0^{\pi} \frac{\sin^3\theta d\theta}{(r^2 + a^2 + 2ar\cos\theta)^{3/2}} = \frac{\mu_0 Q a^2 \omega}{8\pi} \frac{1}{4a^3 r^3} \frac{16}{3} r^3 = \frac{\mu_0 Q\omega}{6\pi a}$$

B 与 r 无关，故轴线 MN 上任一点的磁感应强度都相同，其大小都由上式表示. 由此可知球内磁场是均匀磁场. 于是球内磁场的能量为

$$W_m = \frac{4\pi a^3}{3} w_m = \frac{4\pi a^3}{3} \frac{B^2}{2\mu_0} = \frac{4\pi a^3}{3} \frac{1}{2\mu_0} \left(\frac{\mu_0 Q\omega}{6\pi a}\right)^2 = \frac{\mu_0 Q^2 \omega^2 a}{54\pi}$$

6. 球形电容器两极板间的电压随时间变化，所以极板间的电场发生变化，产生位移电流，利用高斯定理和电势差定义求出 $\boldsymbol{D}$，再利用位移电流密度定义及其与位移电流的关系直接求解.

设电容器极板上带有电荷 $q(t)$，由位移电流密度公式可知

$$\boldsymbol{j}_D = \frac{\partial \boldsymbol{D}}{\partial t}$$

由于球形电容器具有球对称性，可利用电场高斯定理求出球形极板间的电位移矢量为

$$\boldsymbol{D} = \frac{q(t)}{4\pi r^2} \boldsymbol{r}^0$$

球形电容器极板间的电势差为

$$V = \frac{q}{4\pi\varepsilon_0\varepsilon_r}\left(\frac{1}{R_1} - \frac{1}{R_2}\right) = \frac{q(t)(R_2 - R_1)}{4\pi\varepsilon_0\varepsilon_r R_1 R_2}$$

与上式联立，消去 q，可得

$$\boldsymbol{D} = \frac{\varepsilon_0\varepsilon_r R_1 R_2 V}{r^2(R_2 - R_1)} \boldsymbol{r}^0 = \frac{\varepsilon_0\varepsilon_r R_1 R_2 V_0}{r^2(R_2 - R_1)} \sin\omega t \boldsymbol{r}^0$$

所以位移电流密度为

$$\boldsymbol{j}_D = \frac{\partial \boldsymbol{D}}{\partial t} = \frac{\varepsilon_0\varepsilon_r R_1 R_2 V_0}{r^2(R_2 - R_1)} \omega\cos\omega t \boldsymbol{r}^0$$

在电容器中，半径为 $r(R_1 < r < R_2)$ 的球面的位移电流为

$$I_D = \int \boldsymbol{j}_D \cdot d\boldsymbol{S} = j_D \cdot 4\pi r^2 = \frac{4\pi\varepsilon_0\varepsilon_r R_1 R_2 \omega V_0}{R_2 - R_1} \cos\omega t$$

7. (1)

$$f = \frac{c}{\lambda} = \frac{3 \times 10^8}{3.0}\ \text{Hz} = 1 \times 10^8\ \text{Hz}$$

(2) 根据右手定则知,H 沿 z 轴方向.又由

$$\sqrt{\varepsilon_0} E_0 = \sqrt{\mu_0} H_0 = \sqrt{\mu_0} \frac{B_0}{\mu_0}$$

所以

$$B_0 = \sqrt{\varepsilon_0 \mu_0} E_0 = \frac{E_0}{c} = \frac{300}{3 \times 10^8}\ \text{T} = 1 \times 10^{-6}\ \text{T}$$

(3)

$$S = EH = E_0 H_0 \cos^2(\omega t + \varphi)$$

$$\bar{S} = \frac{1}{2} E_0 H_0 = \frac{1}{2} \sqrt{\frac{\varepsilon_0}{\mu_0}} E_0^2 = 119\ \text{W/m}^2$$

8. 将 E 的表达式与标准式 $E = E_0 \cos\omega\left(t - \frac{r}{v}\right)$ 比较,可知电磁波沿 z 轴方向传播.

(1) 因为 E 在 x 方向上,由电磁波的性质可知,H 在 y 轴正方向,与 E 同频率同相位.由于

$$\sqrt{\varepsilon_0} E_0 = \sqrt{\mu_0} H_0$$

则

$$H_0 = \sqrt{\frac{\varepsilon_0}{\mu_0}} E_0 = \frac{\sqrt{\varepsilon_0 \mu_0} E_0}{\mu_0} = \frac{100}{4\pi \times 10^{-7} \times 3 \times 10^8} = \frac{5}{6\pi}$$

$$\boldsymbol{H} = \frac{5}{6\pi} \cos(\omega t - az) \boldsymbol{j}$$

(2) 坡印廷矢量为

$$\boldsymbol{S} = \boldsymbol{E} \times \boldsymbol{H} = \frac{500}{6\pi} \cos^2(\omega t - az) \boldsymbol{k}$$

9. (1) 经分析可知,管内感生电场在垂直管轴的平面内,沿圆周切线方向,且等大.由

$$\oint_L \boldsymbol{E} \cdot \mathrm{d}\boldsymbol{l} = -\iint_S \frac{\partial \boldsymbol{B}}{\partial t} \cdot \mathrm{d}\boldsymbol{S}$$

得

$$E 2\pi r = -\pi r^2 \mu_0 n \frac{\mathrm{d}i}{\mathrm{d}t}$$

于是

$$E = -\frac{r}{2} \mu_0 n \frac{\mathrm{d}i}{\mathrm{d}t}$$

(2) 由 $\boldsymbol{S} = \boldsymbol{E} \times \boldsymbol{H}$,而 $\boldsymbol{H} = \frac{\boldsymbol{B}}{\mu_0} = ni\boldsymbol{k}$,可得

$$S = \frac{r}{2} \mu_0 n \frac{\mathrm{d}i}{\mathrm{d}t} ni = \frac{1}{2} \mu_0 n^2 ir \frac{\mathrm{d}i}{\mathrm{d}t}$$

10. (1) 传播速度为

$$v = \frac{1}{\sqrt{\varepsilon_r \varepsilon_0 \mu_r \mu_0}} = 1.89 \times 10^8\ \text{m/s}$$

(2) 波长为

$$\lambda = \frac{v}{f} = 3.77\ \text{cm}$$

(3) 由$\nabla \times \boldsymbol{E} = -\dfrac{\partial \boldsymbol{B}}{\partial t}$得

$$\boldsymbol{k} \times \boldsymbol{E} = \mu_r \mu_0 \omega \boldsymbol{H}$$

$$k = \frac{2\pi}{\lambda} = 167\ \text{m}^{-1}$$

$$H_m = \frac{k}{\mu_r \mu_0 \omega} E_m = \frac{k}{2\pi \mu_r \mu_0 f} E_m = 4.22 \times 10^{-5}\ \text{A/m}$$

11. (1) 此螺线管内的磁感应强度 $\boldsymbol{B}$ 的大小为

$$B = \mu_0 n I = \mu_0 \frac{N}{l} I$$

故所求的磁场能量为

$$W_m = w_m \pi a^2 l = \frac{1}{2} \frac{B^2}{\mu_0} \pi a^2 l = \frac{\pi \mu_0 N^2 a^2}{l} \cdot \frac{I^2}{2}$$

(2) 当电流 I 增大时,螺线管的横截面积如图 5.15 所示.

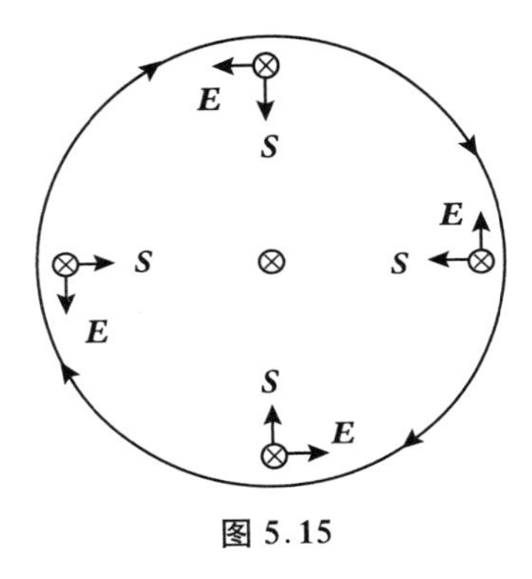

图 5.15

此时 $\boldsymbol{H}$ 向内,感应电场(涡旋电场)的 $\boldsymbol{E}$ 和 I 的方向相反,电磁场的能流密度 $\boldsymbol{S} = \boldsymbol{E} \times \boldsymbol{H}$ 向螺线管内部,这表明,当电流增大时,电磁场的能量是穿过螺线管的侧面进入螺线管内的.根据 $\boldsymbol{S} = \boldsymbol{E} \times \boldsymbol{H}$ 的物理意义,单位时间内进入螺线管内的能量为

$$\frac{\mathrm{d}w_m}{\mathrm{d}t} = S 2\pi a l = EH 2\pi a l = \frac{1}{2\pi a} \frac{\mathrm{d}\Phi}{\mathrm{d}t} n I 2\pi a l$$

$$= n I l \frac{\mathrm{d}}{\mathrm{d}t} (\pi a^2 \mu_0 n I) = \pi \mu_0 n^2 a^2 l I \frac{\mathrm{d}I}{\mathrm{d}t}$$

$$= \frac{1}{2} \frac{\pi \mu_0 N^2 a^2}{l} \frac{\mathrm{d}(I^2)}{\mathrm{d}t} = \frac{\mathrm{d}}{\mathrm{d}t} \left(\frac{1}{2} L I^2 \right)$$

积分可得

$$w_m = \frac{1}{2} L I^2$$

用螺线管的自感 L 表示 w_m,此螺线管的自感为

$$L = \mu_0 n^2 V = \frac{\pi \mu_0 N^2 a^2}{l}$$

于是有

$$w_{\mathrm{m}} = \frac{1}{2}LI^2$$

结果表明,进入螺线管内的能量等于管内的磁场能量.

12.(1)由 E_y 的表达式可得

$$\omega = 2\pi \times 10^8 \ \mathrm{rad/s}$$

因此得

$$f = \frac{\omega}{2\pi} = 10^8 \ \mathrm{Hz}, \quad \lambda = \frac{c}{f} = 3 \ \mathrm{m}$$

(2)传播方向显然是 x 轴方向.

(3)由$\nabla \times \boldsymbol{E} = -\dfrac{\partial \boldsymbol{B}}{\partial t}$得

$$\boldsymbol{B} = \frac{1}{\omega}\boldsymbol{k} \times \boldsymbol{E} = \frac{1}{\omega}\frac{2\pi}{\lambda}\boldsymbol{e}_x \times E_y\boldsymbol{e}_y = 2.0 \times 10^{-9}\cos\left[2\pi \times 10^8\left(t - \frac{x}{c}\right)\right]\boldsymbol{e}_z$$

第6章　直流电与交流电

前面几章我们主要讨论了静电场、稳恒磁场以及变化的电磁场，本章我们着重讨论求解直流电路和交流电路问题的一些普遍方法.

一般认为，电磁理论包括电磁场理论和电路理论两大部分.电磁场理论研究电场和磁场的性质、联系及变化规律，主要是用场量（描述电磁场特征的基本量，如电场强度、电流密度、磁场强度及电位移等）来描述场中各点的电磁特性与能量分布情况；而电路理论则研究电路中的电磁场，主要用易于测量的路量（描述电路特征的基本量，如电流强度、电势差及电荷量等）来描述电路中电磁场的特性与变化规律.

从理论研究的角度而言，电磁场理论和电路理论是研究电磁现象的两种不同观点和方法.前者研究在无限延伸的三维空间中各点处发生的电磁现象，场量一般是空间点函数，且是微分量；而后者则研究在一个特定的局部空间内所发生的电磁现象，路量一般是积分量.场量与路量之间存在相互联系，比如电路中某两点间的电势差就是电场强度的线积分（参见式(1.18)），电路中的电流强度则表示围绕电路导线截面的磁场强度的线积分（参见式(3.41)）.可见，电磁场理论和电路理论有着紧密的内在联系，“场”和“路”是电磁学中的两个主要内容，在学习时，既要注意两者在物理上的内在联系，又要区分它们在研究方法上的差异.

6.1　直流简单电路

在第1章里，我们定义导体内各点的电流密度 j 都不随时间变化的电流（即电路中电流强度的大小和方向都不随时间变化的电流）为稳恒电流.载有稳恒电流的电路称为稳恒电路或直流电路.直流电路可以分为简单电路和复杂电路两类，简单电路一般是指可以用欧姆定律和串并联公式求解的电路，而复杂电路则一般是指无法用欧姆定律和串并联公式求解的电路，复杂电路需要用基尔霍夫定律等来求解.本节先讨论直流简单电路.

直流电路一般都是由电源和电阻连接而成的.在电路中，任意一段无分叉的电路（由电源以及电阻串联而成的电流通路）称为支路，由若干条支路构成的闭合通路称为回路，而三条或三条以上支路的连接点（汇集点）则称为节点.

6.1.1　欧姆定律

稳恒电流的主要导电规律有欧姆定律和焦耳-楞次定律.下面先讨论欧姆定律.

1. 部分电路欧姆定律及其微分形式

大量实验证明，当电流通过一段均匀的导体，且导体温度不变时，导体中的电流强度 I 与导体两端的电势差(电压) $U = U_1 - U_2$ 成正比，即有

$$I = \frac{U_1 - U_2}{R} = \frac{U}{R} \tag{6.1}$$

上式称为欧姆定律(即部分电路欧姆定律，或一段不含源电路欧姆定律). 式中 R 是比例系数，称为导体的电阻，它反映导体对电流的阻碍程度. R 与导体的材料及几何形状有关，对于金属导体和电解液等，电阻是常量，与电压 U 和电流 I 都无关，此时的电阻称为线性电阻.

在国际单位制中，电阻的单位为欧姆(Ω). 电阻 R 的倒数称为电导 G，单位为西门子(S)，它反映导体对电流的导通能力.

$$G = \frac{1}{R} \tag{6.2}$$

实验表明，当导体的材料与温度都一定时，横截面为 S、长度为 l 的一段柱形均匀导体的电阻为

$$R = \rho \frac{l}{S} \tag{6.3}$$

式中比例系数 ρ 称为材料的电阻率，是一个仅与导体材料有关的物理量. 在国际单位制中，电阻率的单位为欧・米(Ω・m). 电阻率的倒数称为电导率 γ，即

$$\gamma = \frac{1}{\rho} \tag{6.4}$$

当温度变化时，导体的电阻率也会发生变化. 所有金属导体的电阻率都随温度升高而增大. 在 0 ℃附近，温度变化不大的范围内，导体的电阻率与温度之间近似有如下线性关系：

$$\rho_t = \rho_0(1 + \alpha t) \tag{6.5}$$

式中 ρ_0 是 0 ℃时的电阻率，α 称为电阻温度系数. 对于纯金属及大多数合金有 $\alpha > 0$，但有些导体，如碳、电解液等，在某一温度范围内 $\alpha < 0$.

式(6.1)可以称为欧姆定律的积分形式，实际上欧姆定律的微分形式应用更为广泛.

如图 6.1 所示，在导体内取一小圆柱体，其长度为 $\mathrm{d}l$，截面积为 $\mathrm{d}S$，且轴线与该处的电流平行，设圆柱体两端面间的电势差为 $\mathrm{d}U$，由欧姆定律，可得

$$\mathrm{d}I = \frac{U - (U + \mathrm{d}U)}{R} = -\frac{\mathrm{d}U}{R}$$

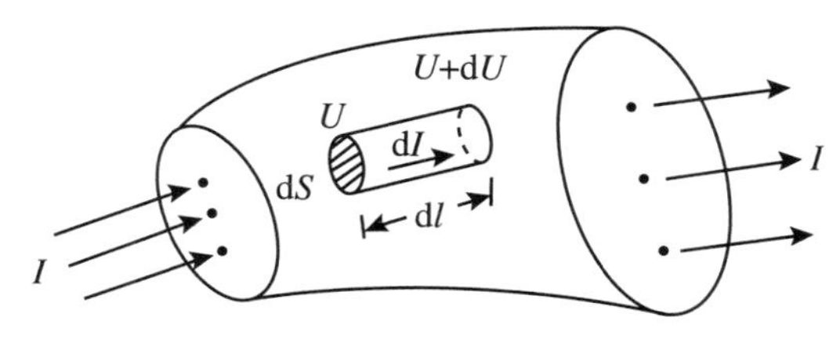

图 6.1　欧姆定律微分形式的推导

注意到有 $\mathrm{d}I = \boldsymbol{j} \cdot \mathrm{d}\boldsymbol{S}$，以及 $R = \rho \frac{\mathrm{d}l}{\mathrm{d}S} = \frac{\mathrm{d}l}{\gamma \mathrm{d}S}$，代入上式，可得

$$j \cdot \mathrm{d}S = -\gamma \frac{\mathrm{d}U}{\mathrm{d}l} \mathrm{d}S$$

再由场强与电势的微分关系

$$E=-\frac{\mathrm{d}U}{\mathrm{d}l}$$

最后可得

$$j=-\frac{1}{\rho}E=-\gamma E$$

由于导体中各点的电流密度 $\boldsymbol{j}$ 的方向与该点处场强 $\boldsymbol{E}$ 的方向相同,所以上式可写成矢量式:

$$\boldsymbol{j}=\gamma\boldsymbol{E} \tag{6.6}$$

上式即为欧姆定律的微分形式,它表述了导体中电流密度与电场强度之间的逐点对应关系,比欧姆定律的积分形式具有更深刻的意义,对非稳恒电流的情况也适用.

2. 闭合电路欧姆定律

前面我们讨论了电流通过一段不含源电路时的欧姆定律,那是一种最简单的情况,实际上我们经常会遇到包含电源在内的各种电路.

如图 6.2 所示,设有一包含单个电源的闭合电路,电流的流向为顺时针方向.现在分析图中各点电势的变化情况.设从 A 点出发,沿顺时针方向环绕电路一周,经过电阻 R 时,电势的降落为 IR,经过电源时,由于是顺着电动势的方向绕行的,电势不仅没有降落,反而增高了 ε,或者说从负极到正极的方向经过电源时,电势降落为 $-\varepsilon$,同理,经过电源内阻时,电势降落为 Ir,最后回到 A 点.

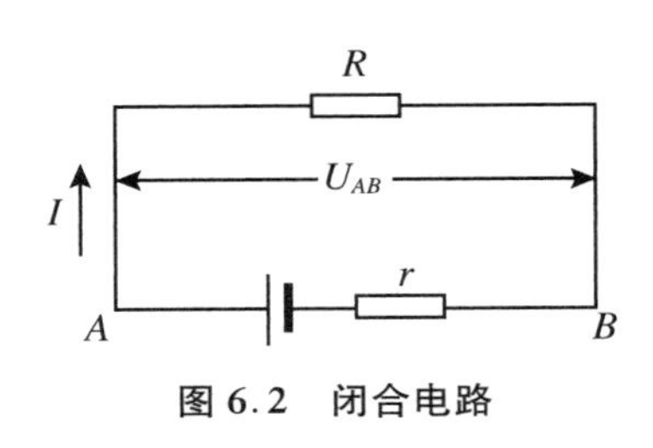

图 6.2　闭合电路

将整个闭合电路各分段上的电势降落相加,总和应为零,即

$$\sum U=IR-\varepsilon+Ir=0$$

亦即

$$I=\frac{\varepsilon}{R+r} \tag{6.7}$$

上式即闭合电路的欧姆定律(又称全电路欧姆定律).

以上全电路欧姆定律只适用于单电源的闭合电路,如果电路中含有多个电源,则需用到下面讨论的更为普遍的一段含源电路欧姆定律来求解.

3. 一段含源电路欧姆定律

在直流电路的计算中,往往需要计算整个电路中某段含有电源的电路两端之间的电势差.

如图 6.3 所示,电路中含有若干个电源和电阻,各支路电流也并不是处处相等,这样的电路称为含源电路(或称为不均匀电路).用计算电势降落的方法来处理这类问题是很简便的.

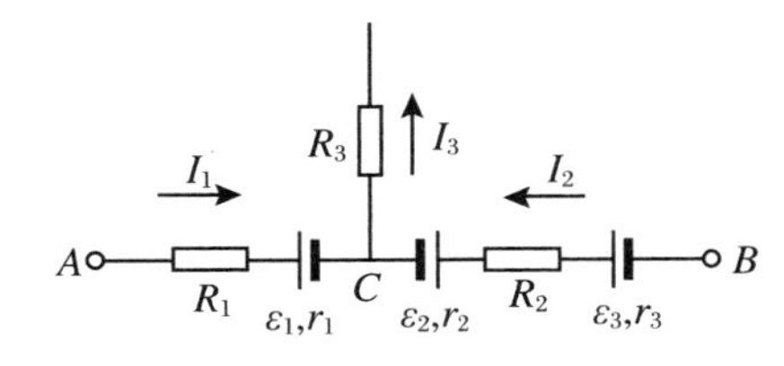

图 6.3　一段含源电路

由电势差(电压)的定义可以证明,若一段电路中有若干个元件串联,则总的电势差等于电路中各元件上电势差的代数和.其中,若有电流 I 流过任意电阻 R 两端,其两端电势差的大小为 IR.电路中任意一个实际电源则都看成是一个无内阻的理想电源(其路端电压即为电动势 ε)与一个等效电阻(阻值等于内阻 r)的串联.

在实际电路问题的研究与计算中,我们必须对各元件上电势差的正或负进行约定(即符号法则).先任意选择一个沿电路的巡行正方向(在闭合回路中则是绕行正方向)作为电势降落的标定方向,并任意假定一个电流的正方向(若真实电流方向已知则不用假定).

(1) 对于各电阻项(包括电源内阻),若电流方向与所选巡行正方向一致,则 IR 取正,反之取负;

(2) 对于各理想电源项,若电动势方向与巡行正方向一致,则 ε 取负,反之 ε 取正.

当真实电流方向未知时,根据以上约定,若最终计算出的电流结果为正值,则说明电流的实际方向与假定的电流正方向相同,若结果为负值,则说明电流的实际方向与假定的电流正方向相反.

下面我们计算图6.3中 A、B 两点间的电势差 U_{AB}.

可以先选择沿电路的巡行正方向为 $A \to B$,则有

$$U_{AB} = U_A - U_B = I_1 R_1 + \varepsilon_1 + I_1 r_1 - \varepsilon_2 - I_2 r_2 - I_2 R_2 + \varepsilon_3 - I_2 r_3$$

即

$$U_A - U_B = (\varepsilon_1 - \varepsilon_2 + \varepsilon_3) + [I_1(R_1 + r_1) - I_2(R_2 + r_2 + r_3)]$$

可以证明,对于任意的含源电路,一段含源电路欧姆定律可以写成一般形式:

$$U_A - U_B = \sum \varepsilon + \sum IR \tag{6.8}$$

应用上式求一段含源电路两端的电势差时,若所得电势差 $U_A - U_B$ 为正值,则表示 A 点的电势高于 B 点,若为负值,则表示 A 点电势低于 B 点.

由式(6.8)可以得到闭合电路欧姆定律的普遍形式.设一个闭合电路,其电流为 I,其中含有多个电源和电阻,则可从闭合电路中任意一点(比如 A 点)出发,规定一个绕行的正方向,绕行一周,电势升降的代数和一定为零,即有

$$U_A - U_A = \sum \varepsilon + \sum IR = 0$$

可得

$$I = -\frac{\sum \varepsilon}{\sum R}$$

式中,电阻项和电源项的符号仍然根据前面的符号法则确定.

例1 如图6.4所示电路,其中 $\varepsilon_1 = 24\ \text{V}$, $\varepsilon_2 = 12\ \text{V}$, $R_1 = 2\ \Omega$, $R_2 = 1\ \Omega$, $R_3 = 3\ \Omega$,试求:(1) 电路中的电流强度 I;(2) 电势差 U_{AB} 和 U_{BC}.

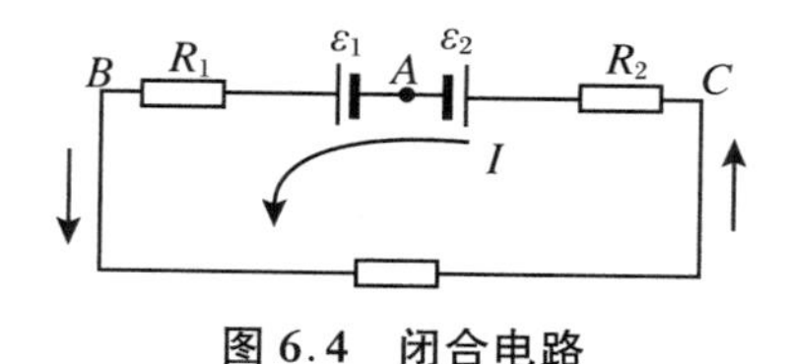

图6.4 闭合电路

解 (1) 设电路中电流 I 的正方向为逆时针,如图 6.4 所示,并选绕行方向沿 I 的正方向.

从 A 出发,沿 $ABCA$ 绕电路一周回到 A 点,由一段含源电路的欧姆定律,可得

$$U_A - U_A = -\varepsilon_1 + IR_1 + IR_3 + IR_2 + \varepsilon_2$$

则有

$$I = \frac{\varepsilon_1 - \varepsilon_2}{R_1 + R_2 + R_3} = 2\ \text{A}$$

结果 $I>0$,说明真实电流方向与所设的正方向相同.

(2) 选巡行方向与(1)相同,由一段含源电路的欧姆定律,可得

$$U_{AB} = U_A - U_B = -\varepsilon_1 + IR_1 = (-24 + 2\times 2)\ \text{V} = -20\ \text{V}$$

说明 A 点电势比 B 点电势低 20 V.

同理可得

$$U_B - U_C = IR_3 = 2\times 3\ \text{V} = 6\ \text{V}$$

说明 B 点电势比 C 点电势高 6 V.

6.1.2 焦耳定律

1. 电流的功和功率

电流通过导体时,电场力对电荷所做的功称为电流的功(简称电功).

在国际单位制中,电功的单位为焦耳(J).在实际应用中,还常用千瓦时(kW·h)这一单位(即通常所说的 1 度电),它与 J 的关系为

$$1\ \text{kW}\cdot\text{h} = 3.6\times 10^6\ \text{J}$$

可以利用导体两端的电压 U 计算电流的功.在前面,我们已知电场力对电荷所做的功为

$$A = qU$$

式中 q 为通过导体任一横截面的电荷量.

设导体中电流强度为 I,则时间 t 内通过导体任一横截面的电荷量为 $q=It$,故电功为

$$A = IUt \tag{6.9}$$

对纯电阻电路,因为 $U=IR$,上式可改写为

$$A = I^2Rt = \frac{U^2}{R}t$$

单位时间内电场力对电荷所做的功称为电功率,用 P 表示,有

$$P = \frac{A}{t} = IU$$

对纯电阻,由于 $U=IR$,则有

$$P = I^2R = \frac{U^2}{R}$$

在国际单位制中,电功率的单位为瓦特(W),通常还用千瓦(kW)作电功率的单位,即

$$1\ \text{kW} = 10^3\ \text{W}$$

2. 焦耳定律

当电流通过导体时会产生热量,这一现象称为电流的热效应.由功能关系可知,若在导

体通电过程中电能完全转化成热能，则产生的热量在数值上就等于电流的功. 设电流强度为 i，导体两端的电势差为 u 时，在时间 t 内产生的热量(即焦耳热)为

$$Q = A = I^2 Rt = \frac{U^2}{R}t \tag{6.10}$$

上式称为焦耳定律. 定律表明，电流通过一段导体时放出的热量 Q 与电流强度的平方、导体的电阻以及电流通过的时间三者的乘积成正比.

电流通过导体时放出焦耳热的现象可以从微观上定性解释. 当电流通过导体时(导体两端加有电压)，在电场力的作用下，导体内的自由电子逆着电场方向做加速运动. 当自由电子与晶体点阵中的原子实碰撞时，会将定向运动的动能传递给原子实，加剧原子实的热振动，这在宏观上就表现为导体的温度升高，向外放出热量. 由此可见，焦耳热实际上是通过电场力做功由电能转化而来的.

通过以上分析可知，$A = Q$ 的结论是在导体通电过程中电能完全转化成热能的条件下得出的，若在导体通电过程中，电能还转化为机械能(如有电动机)、化学能(如有电解槽)等其他形式的能量，则 $A = Q$ 不成立.

焦耳定律也可表示成微分形式. 下面仍以前面图6.1中的小圆柱体为例做简要推导. 由

$$\mathrm{d}I = \boldsymbol{j} \cdot \mathrm{d}\boldsymbol{S}, \quad R = \rho \frac{\mathrm{d}l}{\mathrm{d}S} = \frac{\mathrm{d}l}{\gamma \mathrm{d}S}, \quad \gamma = \frac{1}{\rho}, \quad \boldsymbol{j} = \gamma \boldsymbol{E}$$

再根据焦耳定律，电流通过体积为 $\mathrm{d}l \cdot \mathrm{d}S$ 的小柱形导体时，在 $\mathrm{d}t$ 时间内放出的热量为

$$\mathrm{d}Q = (\mathrm{d}I)^2 R \cdot \mathrm{d}t = (j\mathrm{d}S)^2 \left(\rho \frac{\mathrm{d}l}{\mathrm{d}S}\right)\mathrm{d}t = \gamma E^2 \mathrm{d}l\mathrm{d}S\mathrm{d}t \tag{6.11}$$

定义单位时间内从单位体积导体中放出的热量为热功率密度(以 p 表示)，则有

$$p = \frac{\mathrm{d}Q}{\mathrm{d}t(\mathrm{d}S\mathrm{d}l)} = \frac{\gamma E^2 \mathrm{d}S\mathrm{d}l\mathrm{d}t}{\mathrm{d}t(\mathrm{d}S\mathrm{d}l)}$$

即可得到

$$p = \gamma E^2$$

式(6.11)即焦耳定律的微分形式，它描述了导体中各点的发热情况，说明宏观导体之所以发热(有能量转换成热能)，实质上正是因为导体内存在电场，热能正是由电能转换的.

焦耳定律的微分形式虽然是从稳恒情况下推出的，但实验证明，它在非稳恒情况下也成立.

例2　设一电热炉有两组炉丝，接入其中一组炉丝时，经过时间 t_1 水被烧开；接入另一组炉丝时，经过时间 t_2 水被烧开. 如果把两组炉丝串联或并联同时接入电路，问分别经过多长时间水被烧开？

解　根据焦耳定律和电阻的串、并联关系，可直接求解.

设将一定量的水烧开所需要的热量为 Q. 当接入第一组炉丝时，有

$$Q = \frac{U^2}{R_1}t_1$$

式中 U 为电路电压，R_1 为第一组炉丝的电阻. 当接入第二组炉丝时，有

$$Q = \frac{U^2}{R_2}t_2$$

式中 R_2 为第二组炉丝的电阻. 当两炉丝串接时，总电阻为 $R = R_1 + R_2$，则有

$$Q = \frac{U^2}{R_2 + R_1}t_3$$

式中 t_3 为两电炉丝串连接入时水被烧开的时间. 当两电炉丝并连接入时,总电阻等于 $\frac{R_1R_2}{R_1+R_2}$,则有

$$Q=\frac{U^2(R_1+R_2)}{R_2R_1}t_4$$

式中 t_4 为两组炉丝并连接入时水被烧开的时间. 由前两式可解得

$$R_1=\frac{U^2t_1}{Q},\quad R_2=\frac{U^2t_2}{Q}$$

代入后两式,可解得

$$t_3=t_1+t_2,\quad t_4=\frac{t_1t_2}{t_1+t_2}$$

6.2 基尔霍夫定律

在直流电路中,复杂的电路原则上可以应用前面的一段含源电路欧姆定律来处理每一段电路,但其计算过于复杂. 同时,还有一些电路无法分解为电阻的串联和并联及其组合. 对于上述这些难以或无法用欧姆定律求解的复杂电路,若用基尔霍夫定律计算求解,问题就变得简单而方便,且有规律可循.

基尔霍夫定律(又称基尔霍夫方程组)是求解复杂电路(包括直流电路和交流电路)问题最基本的、最重要的方法. 在讨论基尔霍夫定律之前,我们先回顾与介绍几个常用的概念.

支路:任意一段无分叉的电路;

回路:由若干条支路构成的闭合通路;

节点(即分支点):三条或三条以上支路的连接点(汇集点);

网孔:没有其他支路跨接在里面的闭合回路. 网孔是组成电路的基本回路.

6.2.1 基尔霍夫第一定律

基尔霍夫第一定律又称为节点电流定律,可以表述为:在电路中任一节点处,各支路电流强度的代数和必定为零. 其表达式为

$$\sum I=0 \tag{6.12}$$

电流强度的符号约定:一般规定流出节点的电流为正值,流进节点的电流为负值.

对电路中每个节点都可以列出一个方程,这些方程统称为基尔霍夫节点电流方程组. 可以证明,在有 n 个节点的电路中,可以列出 $n-1$ 个独立的方程.

在列方程组时,先任意假定每个支路的电流的大小和正方向,再根据电流强度的符号约定列出各个节点的方程. 若最终解出某支路的电流为正,则表示该支路电流的实际方向与所设正方向一致,若解出某支路的电流为负,则表示该支路电流的实际方向与所设正方向相反.

基尔霍夫第一定律是电流的稳恒条件在节点处的具体体现,即其实质是电荷守恒定律在稳恒电路中的体现.

6.2.2 基尔霍夫第二定律

基尔霍夫第二定律又称为回路电压定律,可以表述为:沿任一闭合回路的电势降落的代数和等于零.其表达式为

$$\sum \varepsilon + \sum IR = 0 \tag{6.13}$$

闭合回路中各元件上电势差的符号约定与前面一段含源电路欧姆定律的符号约定基本相同.先对各回路任意选择一个绕行正方向.若支路上电流的正方向与绕行方向相同,则该支路上的电阻项 IR 取正,反之取负.对于回路中各理想电源项,当电动势方向与绕行正方向一致时,ε 取负,反之 ε 取正.

并非所有的回路写出的方程都是独立的.可以证明,对于有 n 个节点、p 条支路的复杂电路,独立回路的个数为 $p-n+1$ 个.确定独立回路数目一般用"网孔法":将整个电路化为平面电路,即所有的节点和支路都在一平面上而不存在支路相互跨越的情形.这时,我们可以将电路看成一张网格,其中网孔的数目就是独立回路数."网孔法"只适用于平面网络.若电路中存在支路相互跨越的情形,即电路构成了非平面网络,则一般采用更为普遍的方法——"树图法"(此处从略).

原则上讲,基尔霍夫定律可以解决所有线性直流电路的计算问题.

用基尔霍夫定律解题的步骤可以归纳如下:

(1) 任意设定各支路电流的大小和方向;

(2) 若电路中有 n 个节点,则任取其中 $n-1$ 个节点,列出 $n-1$ 个独立的节点电流方程;

(3) 若电路中有 p 条支路和 n 个节点,则任意选取 $p-n+1$ 个独立回路,列出 $p-n+1$ 个独立的回路电压方程,方程中 $\sum \varepsilon$、$\sum IR$ 的符号遵循前面的约定;

(4) 对所列出的 $(n-1)+(p-n+1)=p$ 个方程联立求解;

(5) 根据所解出的电流值的正负判断各电流的实际方向.

例1 复杂电路如图6.5所示,已知 $\varepsilon_1=2.15$ V,$\varepsilon_2=1.9$ V,$r_1=0.1\ \Omega$,$r_2=0.2\ \Omega$,$R=2\ \Omega$.试求:

(1) 各支路电流;

(2) A、B 两点间电压;

(3) 两电源的输出功率和电阻 R 上消耗的功率.

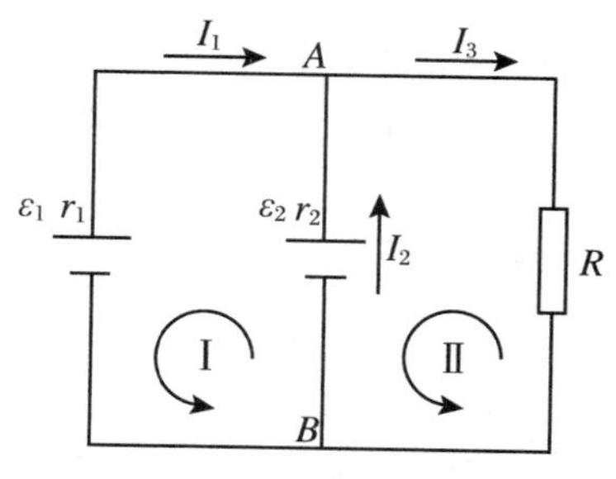

图6.5　复杂电路

解 (1) 设各支路电流分别为 I_1,I_2,I_3,并假定电流的正方向如图6.5所示.

对节点 A,有

$$-I_1 - I_2 + I_3 = 0$$

选择独立的回路(如图6.5所示,取网孔Ⅰ、Ⅱ两个独立回路),并假设回路电流的绕行方向为逆时针.

对网孔Ⅰ有

$$(+\varepsilon_1 - \varepsilon_2) + (-I_1 r_1 + I_2 r_2) = 0$$

对网孔Ⅱ有

$$(+\varepsilon_2) + (-I_2 r_2 + I_3 R) = 0$$

代入数值并联立方程组,有

$$\begin{cases} I_1 + I_2 - I_3 = 0 \\ 0.1I_1 - 0.2I_2 = 0.25 \\ 0.2I_2 + 2I_3 = 1.9 \end{cases}$$

解方程后可得

$$I_1 = 1.5\ \text{A},\quad I_2 = -0.5\ \text{A},\quad I_3 = 1\ \text{A}$$

(2) A、B 两点间电压为

$$U_{AB} = I_3 R = 2\ \text{V}$$

(3) 电源 ε_1 的输入功率为

$$P_1 = I_1 U_{AB} = 1.5 \times 2\ \text{W} = 3\ \text{W}$$

电源 ε_2 的输入功率为

$$P_2 = I_2 U_{AB} = -0.5 \times 2\ \text{W} = -1\ \text{W} \quad (\text{充电状态})$$

电阻 R 上消耗的功率

$$P_3 = I_3^2 R = I_3 U_{AB} = 1^2 \times 2\ \text{W} = 2\ \text{W}$$

6.3 交流电路概述

前面我们简要介绍了直流电路(稳恒电路)及其基本规律,从本节开始,进一步讨论交流电路,且主要研究简谐交流电路.简谐交流电在科学实验、工农业生产以及日常生活中都有着广泛的应用.

6.3.1 简谐交流电

在一个电路里,如果电源的电动势随时间做周期性变化,从而电路中的电压和电流也都随时间做周期性变化,这种电路称为交流电路,这种电流称为交变电流(简称"交流电").交流电路比直流电路复杂得多,因为变化的电流要产生变化的磁场,而变化的磁场在电路中又会引起感应电动势.

需要指出,若电路中的电流仅仅是大小在变化而方向不变,则这种电流一般称为"脉动直流",如图 6.6(a)所示即是一种脉动直流电.上节中我们讨论的"直流电"特指大小及方向都不变化的电流,即稳恒电流,如图 6.6(b)所示.

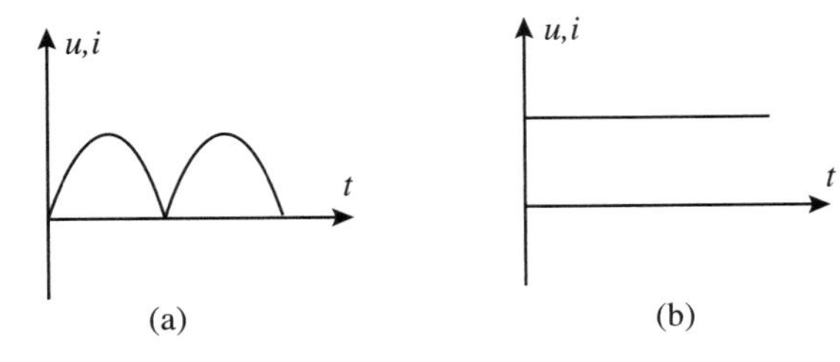

图 6.6 脉动直流电和稳恒电流

交流电的类型很多，图6.7给出了几种不同变化规律的交流电，图(a)为简谐波形的交流电，图(b)为矩形波形的交流电，图(c)为任意无规则波形的交流电.

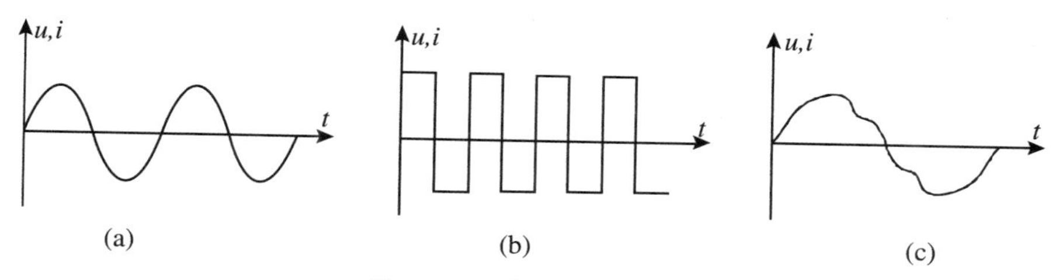

图6.7　几种交流电的波形

1. 简谐交流电

在交流电中，最简单、最基本也最重要的一种是随时间做简谐变化的交流电，称为简谐交流电，其波形如图6.7(a)所示. 简谐交流电是处理一切交流电问题的基础，其重要性主要表现在：简谐交流电的运算规律最为简单；任何非简谐交流电都可分解为一系列不同频率的简谐交流成分；不同频率的简谐成分在线性电路中彼此独立，互不干扰，可以单独分析与处理.

简谐交流电的任何变量(电动势、电压、电流等)的瞬时值都可以写成时间 t 的正弦函数或余弦函数的形式，即有

$$
\begin{aligned}
e(t) &= \varepsilon_{\mathrm{m}}\cos(\omega t + \varphi_e)\\
u(t) &= U_{\mathrm{m}}\cos(\omega t + \varphi_u)\\
i(t) &= I_{\mathrm{m}}\cos(\omega t + \varphi_i)
\end{aligned}
\tag{6.14}
$$

从上式中可以看出，描述任何一个电路的变量都需要三个特征量，即频率、峰值(振幅)和相位(又称为位相).

2. 描述简谐交流电的特征量

描述简谐交流电的三个特征量(三个重要参数)是频率、峰值(振幅)和相位. 只要知道这三个量，所要描述的简谐交流电就完全被确定了.

(1) 频率和周期

在交流电的瞬时值表达式(6.14)中，ω 是简谐交流电的圆频率(或角频率)，其含义是在 2π 秒内交流电做周期性变化的次数. 圆频率 ω 与频率 f 之间的关系是

$$\omega = 2\pi f \tag{6.15}$$

f 的含义是单位时间内交流电做周期性变化的次数. 频率 f 与周期 T 之间的关系是

$$f = \frac{1}{T} = \frac{\omega}{2\pi} \tag{6.16}$$

在国际单位制中，频率 f 的单位是赫兹(Hz)，周期 T 的单位是秒(s).

(2) 峰值和有效值

在交流电的瞬时值表达式(6.14)中，U_{m}、ε_{m} 和 I_{m} 分别为电压、电动势和电流在变化过程中出现的最大值，称为交流电压、交流电动势和交流电流的峰值(即振幅)，它们反映了交流电瞬时值变化的幅度.

在实际中，量度交流电的强弱时，既不用瞬时值也不用峰值，而是用有效值来表示. 交流电的有效值是根据交流电的热效应来定义的.

设某一交流电流通过某个电阻，在一个周期内电阻上产生的焦耳热与某一稳恒电流通过同一电阻时在同样时间内产生的焦耳热相等，则此稳恒电流的大小就称为该交流电流的有效值.有效值与频率以及相位都无关.可以证明，交流电流、电压及电动势的有效值和峰值之间的关系为

$$I = \frac{\sqrt{2}}{2}I_m,\quad U = \frac{\sqrt{2}}{2}u_m,\quad \varepsilon = \frac{\sqrt{2}}{2}\varepsilon_m \tag{6.17}$$

在实际测量中，各种交流电表的读数几乎都是有效值.平时我们所说的市电电压为 220 V，指的就是电压的有效值.

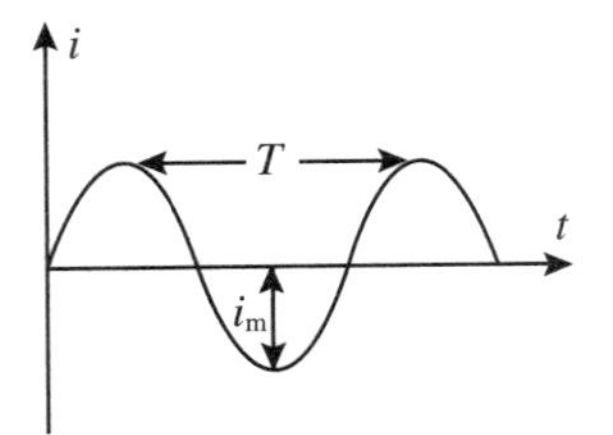

图 6.8　简谐交流电流的周期与峰值

图 6.8 表示了简谐交流电流的周期与峰值.

(3) 相位、初相位、相位差

除了频率和峰值之外，还需要相位来描述交流电的特性.在交流电的瞬时值表达式(6.14)中，$\omega t+\varphi_e$、$\omega t+\varphi_u$、$\omega t+\varphi_i$ 称为相位，相位有类似“相貌”的含义，是时间 t 的函数，它决定着交流电某一瞬时达到的状态.相位既能决定瞬时值的大小与正负，又能决定瞬时值变化的趋势，是交流电路中一个非常重要的物理量，交流电路的许多重要特性都与交流电的相位有关.

相位中的 φ_e、φ_u、φ_i 则表示 $t=0$ 时的相位，称为初相位.初相位决定了交流电初始时刻的状态.

两个简谐量的相位之差称为相位差.如果两个简谐量之间存在相位差，则表明它们变化的步调不一致.当两个简谐量的频率相同时，相位差等于初相差.

6.3.2　交流电路中的基本元件及其作用

下面主要分析电阻 R、电容 C、电感 L 三种基本元件在简谐交流电路中的作用.

在直流电路中，除电源外只有电阻一种元件，反映一个电阻元件两端的电压 U 和其中电流 I 的大小关系是二者之比 U/I，即该元件的阻值.

而在交流电路中，有电阻、电容和电感三种元件，这三种元件的性能又有明显的差别.不仅元件的种类增多了，而且电流和电压之间的关系也变复杂了.在交流电路中，某一元件上的电压 $u(t)$ 和通过这一元件的电流 $i(t)$ 的关系需要从两个方面来考察：

(1) 量值关系，即电压和电流的峰值之比(或有效值之比)，称为该元件的阻抗，用 Z 表示.

$$Z = \frac{U_m}{I_m} = \frac{U}{I} \tag{6.18}$$

(2) 相位关系，即电压和电流的相位之差，用 φ 表示.

$$\varphi = \varphi_u - \varphi_i \tag{6.19}$$

在交流电路中，需要由 Z 和 φ 两者共同反映元件本身的特性和作用.

1. 电阻元件

如图 6.9(a)所示，电阻 R 接到交流电源上，设加在电阻两端的电压为

$$u(t) = U_m\cos(\omega t + \varphi_u)$$

由欧姆定律(仍适用于交流电路中的电阻元件)可知,通过电阻的电流为

$$i(t)=\frac{u(t)}{R}=\frac{U_m}{R}\cos(\omega t+\varphi_u)=I_m\cos(\omega t+\varphi_u)$$

式中 $I_m=\frac{U_m}{R}$ 为电流的峰值,于是可得

$$\begin{cases}Z_R=R\\ \varphi=0\end{cases}\tag{6.20}$$

上式表明,纯电阻元件的交流阻抗就是它自身的电阻,其电压与电流的相位相同,如图6.9(b)所示.

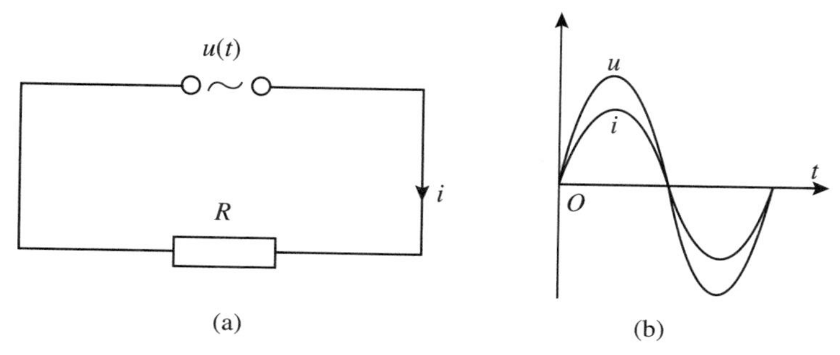

图6.9　纯电阻

2. 电容元件

如图6.10(a)所示,电容 C 接到交流电源上,设加在电容两端的瞬时电压为

$$u(t)=U_m\cos(\omega t+\varphi_u)$$

由电流定义式 $i=\frac{\mathrm{d}q}{\mathrm{d}t}$,并注意到电容极板上的瞬时电荷量为

$$q(t)=Cu(t)=CU_m\cos(\omega t+\varphi_u)$$

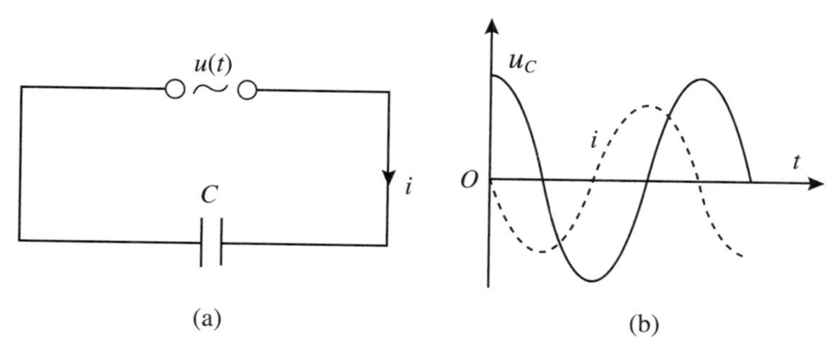

图6.10　纯电容

则电路中的电流为

$$i(t)=\frac{\mathrm{d}q}{\mathrm{d}t}=-\omega CU_m\sin(\omega t+\varphi_u)=\omega CU_m\cos\left(\omega t+\varphi_u+\frac{\pi}{2}\right)$$

因为 C、ω、U_m 都是常量,可令 $I_m=C\omega U_m$,则得

$$i(t)=I_m\cos\left(\omega t+\varphi_u+\frac{\pi}{2}\right)$$

由阻抗的定义得到电容元件的阻抗(即容抗)为

$$Z_C = \frac{U_m}{I_m} = \frac{1}{\omega C}$$

而相位差为

$$\varphi = \varphi_u - \varphi_i = (\omega t + \varphi_u) - \left(\omega t + \varphi_u + \frac{\pi}{2}\right) = -\frac{\pi}{2}$$

即有

$$\begin{cases} Z_C = \dfrac{1}{\omega C} \\ \varphi = -\dfrac{\pi}{2} \end{cases} \tag{6.21}$$

上式表明,纯电容的阻抗(容抗)等于$\frac{1}{\omega C}$(取决于电容量且与交流电频率成反比),电容上电压的相位落后于电流的相位$\frac{\pi}{2}$,如图 6.10(b)所示.

3. 电感元件

如图 6.11(a)所示,电感 L 接到交流电源上,设加在电感两端的瞬时电压为

$$u(t) = U_m\cos(\omega t + \varphi_u)$$

则电感线圈中将会产生自感电动势为

$$e_L = -L\frac{di}{dt}$$

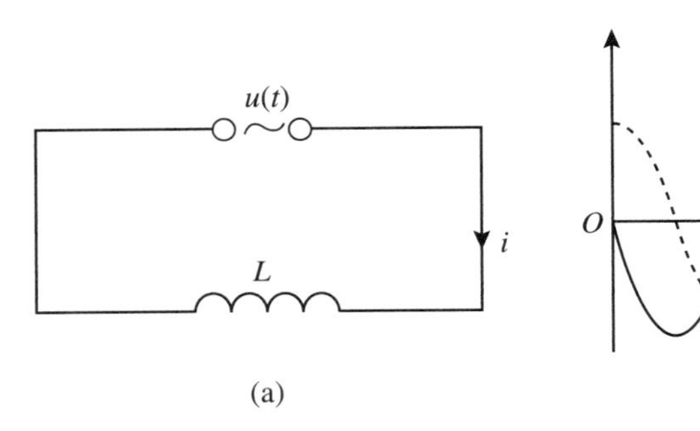

图 6.11 纯电感

纯电感的内阻可以忽略不计,由一段含源电路欧姆定律可得,电感元件上的电压 $u(t)$ 与自感电动势 e_L 的关系为

$$u(t) = -e_L$$

则有

$$u(t) = L\frac{di}{dt} = U_m\cos(\omega t + \varphi_u)$$

上式积分,可得

$$i(t) = \frac{U_m}{\omega L}\sin(\omega t + \varphi_u) = \frac{U_m}{\omega L}\cos\left(\omega t + \varphi_u - \frac{\pi}{2}\right)$$

式中电流的峰值 $I_m = \frac{U_m}{\omega L}$,于是有

$$i(t) = I_{\mathrm{m}}\cos\left(\omega t + \varphi_u - \frac{\pi}{2}\right)$$

由阻抗的定义得到电感元件的阻抗(即感抗)为

$$Z_L = \frac{U_{\mathrm{m}}}{I_{\mathrm{m}}} = \omega L$$

而相位差为

$$\varphi = \varphi_u - \varphi_i = (\omega t + \varphi_u) - \left(\omega t + \varphi_u - \frac{\pi}{2}\right) = \frac{\pi}{2}$$

即有

$$\begin{cases} Z_L = \omega L \\ \varphi = \dfrac{\pi}{2} \end{cases} \tag{6.22}$$

上式表明,纯电感的阻抗(感抗)等于 ωL(取决于电感量且与交流电频率成正比),电感上电压的相位超前于电流的相位$\frac{\pi}{2}$,如图6.11(b)所示.

以上讨论的元件都是指单纯的理想元件(即纯电阻、纯电容、纯电感).实际元件一般都不是单纯的元件,比如线绕的电阻就存在一定的自感,只是在频率不高时,其自感很小,于是可以视为纯电阻.一个实际元件通常可以视为理想元件的适当组合.

6.4　简谐交流电路的分析方法

简谐交流电的分析方法很多,任何一种分析方法(或解法)的目的都是要将交流电的瞬时值表示出来,即将交流电的峰值(或有效值)、频率(或周期)及初相位这三个特征参量表示出来.

下面介绍两种常用的分析和计算交流电路的基本方法:矢量图解法和复数解法.

6.4.1　矢量图解法

交流电路的矢量图解法的优点是形象,能直观地给出各量的大小和相位之间的关系;缺点是用它来解复杂电路时难度较大.矢量图解法从本质上说是复数解法的形象化表述,可以认为是图形化的复数解法.

矢量图解法是将一个简谐量用一个所谓“旋转矢量”来表示,并用矢量的合成计算代替简谐量的加减运算,从而简化问题的一种交流电路解法.这种方法常用于解决交流电路中串联电路和并联电路的问题.

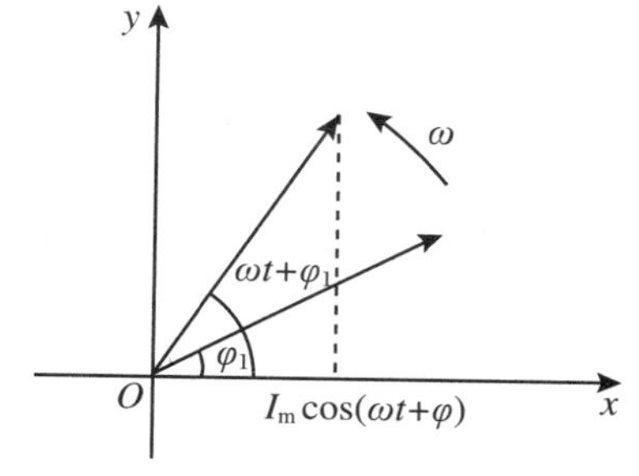

图6.12　矢量图解法

如图6.12所示,设任意简谐交流电流为

$$i(t) = I_{\mathrm{m}}\cos(\omega t + \varphi_i)$$

它可以用一旋转的矢量在 x 轴上的投影来表示.

规定矢量按逆时针方向匀速旋转，矢量的大小等于交流电流的峰值（或有效值），矢量旋转的角速度等于交流电的圆频率，在 $t=0$ 的初始时刻，该矢量与 x 轴的夹角等于初相位，而在任意时刻 t，矢量与轴的夹角 $\omega t+\varphi_i$ 则等于该时刻的瞬时相位.

满足以上条件的矢量可以在直角坐标中将简谐交流电的三个特征量形象地表示出来，为解决两个同频率简谐交流电的叠加问题提供了直观而简便的方法.

设有两个简谐交流电

$$i_1(t)=I_{1m}\cos(\omega t+\varphi_1)$$
$$i_2(t)=I_{2m}\cos(\omega t+\varphi_2)$$

它们的频率相同，但峰值和初相位不同.这两个交流电的瞬时值之和为

$$i(t)=i_1(t)+i_2(t)=I_{1m}\cos(\omega t+\varphi_1)+I_{2m}\cos(\omega t+\varphi_2)$$

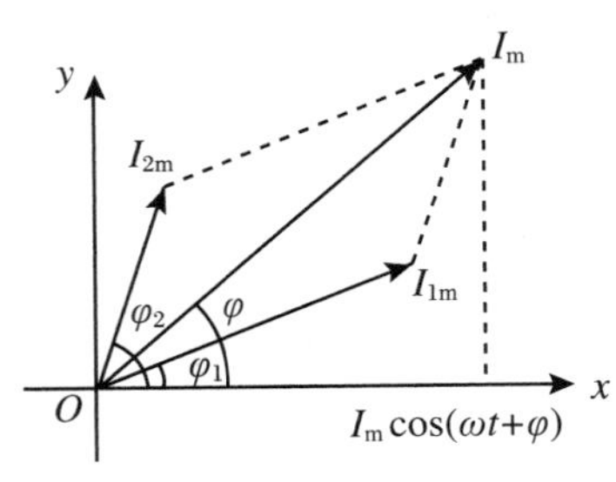

图 6.13 矢量的合成

显然，用代数方法求解是相当复杂的，但若用矢量图解法，则求和就变成了矢量合成，问题大大简化.图 6.13 是初始时刻的矢量图，合成矢量的大小即代表合电流 $i(t)$ 的峰值 I_m，在 $t=0$ 时刻，合矢量与 x 轴的夹角 φ 即合电流的初相位.

下面通过两个例子简要介绍交流串联电路和并联电路的一般矢量图解法.

例 1 用矢量图解法求解：

(1) RC 串联电路中的总电压有效值、相位差和总阻抗；

(2) RL 串联电路中的总电压有效值、相位差和总阻抗.

解 (1) 将电阻 R 和电容 C 串连接入交流电路，如图 6.14(a)所示，设电路中的瞬时电压为

$$u(t)=U_m\cos(\omega t+\varphi_u)=\sqrt{2}U\cos(\omega t+\varphi_u)$$

它应该等于电阻上的电压瞬时值与电容上的电压瞬时值之和，即

$$u(t)=u_R(t)+u_C(t)$$

在频率不很高时，串联电路中通过各元件的电流瞬时值 $i(t)$ 是相同的，设其有效值为 I.于是，可在直角坐标中首先画出一个代表串联电流 $i(t)$ 的矢量 $\boldsymbol{I}$（作为一个所谓"参考矢量"），矢量的大小为串联电流的有效值.

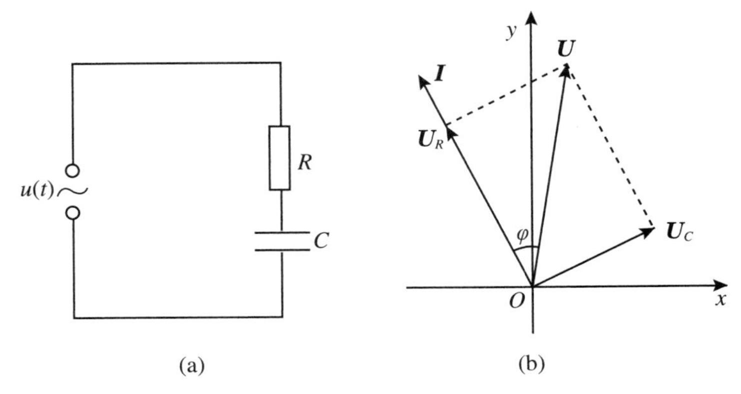

图 6.14 RC 串联电路

用 U_R、U_C代表R、C 元件上分电压的有效值，因为已知电阻上的电压与流过电阻的电流的相位相同，则可以沿着参考矢量(即电路中串联电流的矢量 $\boldsymbol{I}$)方向画出矢量 $\boldsymbol{U}_R$；又因为已知电容上电压的相位比流过电容的电流相位落后$\frac{\pi}{2}$，则可以沿着垂直于参考矢量的方向画出矢量 $\boldsymbol{U}_C$，如图 6.14(b)所示.

根据矢量的合成法则，可得到代表电路总电压有效值 U 的合矢量，其大小为

$$U = \sqrt{U_R^2 + U_C^2}$$

它与矢量 $\boldsymbol{I}$ 的夹角即为总电压$u(t)$与电流 $i(t)$之间的相位差：

$$\varphi = -\arctan\frac{U_C}{U_R}$$

又因为

$$U_R = IZ_R = IR,\quad U_C = IZ_C = \frac{I}{\omega C}$$

所以有

$$\frac{U_C}{U_R} = \frac{Z_C}{Z_R} = \frac{1}{\omega CR}$$

故得到

$$\begin{cases} U = I\sqrt{R^2 + \left(\dfrac{1}{\omega C}\right)^2} \\ \varphi = -\arctan\dfrac{1}{\omega CR} \\ Z = \dfrac{U}{I} = \sqrt{R^2 + \left(\dfrac{1}{\omega C}\right)^2} \end{cases} \tag{6.23}$$

式中 Z 为等效总阻抗.

(2) 对于 RL 串联电路，同理可得

$$\begin{cases} U = I\sqrt{R^2 + (\omega L)^2} \\ \varphi = \arctan\dfrac{\omega L}{R} \\ Z = \sqrt{R^2 + (\omega L)^2} \end{cases} \tag{6.24}$$

以上讨论表明，在串联电路中，总电压的瞬时值等于分电压的瞬时值之和，但总电压的有效值一般不等于分电压的有效值之和，这一特点源于各简谐量之间存在相位差. 同时，在串联电路中，分电压有效值的分配与各元件阻抗的大小成正比.

例 2　用矢量图解法求解：

(1) RC 并联电路中的总电流、相位差和总阻抗；

(2) RL 并联电路中的总电流、相位差和总阻抗.

解　(1) 将电阻 R 和电感C 并连接入交流电路，如图 6.15(a)所示，设电路中的瞬时电压为

$$u(t) = U_{\mathrm{m}}\cos(\omega t + \varphi_u) = \sqrt{2}U\cos(\omega t + \varphi_u)$$

在并联电路中，各元件上的瞬时电压是相同的，但电路中的瞬时总电流应该等于电阻上的电流瞬时值与电容上的电流瞬时值之和，即有

$$i(t) = i_R(t) + i_C(t)$$

设总电压的有效值为 U,则可在直角坐标中首先画出一个代表并联电压 $u(t)$的矢量 $\boldsymbol{U}$(作为一个“参考矢量”),此参考矢量的大小为并联电压的有效值.

不妨用 I_R、I_C代表R、C 元件上分电流的有效值,因为已知电阻上的电压与流过电阻的电流的相位相同,则可以沿着参考矢量方向画出矢量 $\boldsymbol{I}_R$;又因为已知流过电容的电流比流过电容两端的电压的相位超前$\frac{\pi}{2}$,则可以沿着垂直于参考矢量的方向画出矢量 $\boldsymbol{I}_C$,如图6.15(b)所示.

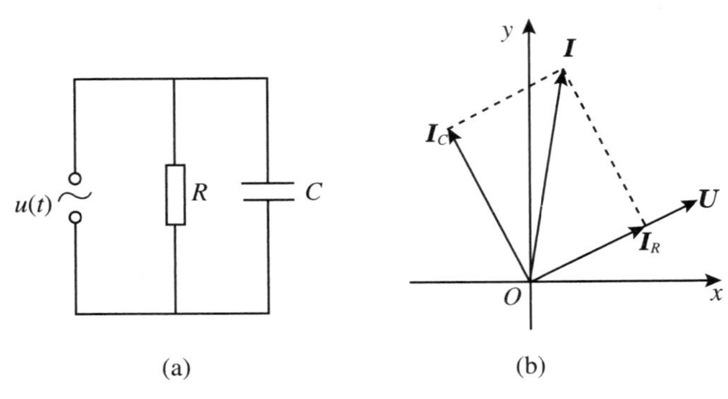

图 6.15　*RC* 并联电路

根据矢量的合成法则,可得到代表电路总电流有效值 I 的合矢量,其大小为

$$I = \sqrt{I_R^2 + I_C^2}$$

它与矢量 $\boldsymbol{U}$ 的夹角即为总电压$u(t)$与总电流 $i(t)$之间的相位差:

$$\varphi = -\arctan\frac{I_C}{I_R}$$

又因为

$$I_R = \frac{U}{R},\quad I_C = \omega CU$$

所以有

$$\frac{I_C}{I_R} = \frac{Z_R}{Z_C} = \omega CR$$

故得到

$$\begin{cases} I = U\sqrt{\left(\dfrac{1}{R}\right)^2 + (\omega C)^2} \\ \varphi = -\arctan(\omega CR) \\ Z = \dfrac{U}{I} = \dfrac{1}{\sqrt{\left(\dfrac{1}{R}\right)^2 + (\omega C)^2}} \end{cases} \tag{6.25}$$

(2) 对于 RL 并联电路,同理可得

$$\begin{cases} I = U\sqrt{\dfrac{1}{R^2} + \dfrac{1}{(\omega L)^2}} \\ \varphi = \arctan\dfrac{R}{\omega L} \\ Z = \dfrac{1}{\sqrt{\dfrac{1}{R^2} + \dfrac{1}{(\omega L)^2}}} \end{cases} \tag{6.26}$$

以上讨论表明，在并联电路中，总电流的瞬时值等于分电流的瞬时值之和，但总电流的有效值一般不等于分电流的有效值之和，这同样源于各简谐量之间一般存在相位差.同时，在并联电路中，分电流有效值的分配与各元件阻抗的大小成反比.

6.4.2　复数解法

用矢量图解法解交流电问题虽然直观（各简谐量大小和相位关系在图上一目了然），但除了简单的串并联电路之外，一般其运算是比较复杂的.对于复杂的电路，用复数解法来处理则显得实用与方便.复数解法的一个优点是，其得到的公式往往与直流电路中的公式有相似的形式.

复数解法是解决交流电路问题的一种常用方法，它运用复数理论来讨论简谐交流电问题.其核心是找到交流电各谐振量与复数的对应关系，然后进行相应的复数运算.

一般地，交流简谐量都可以用相应的复数来表示，简谐量的峰值（或振幅）对应于复数的模，简谐量的相位则对应于复数的辐角.

设有简谐交流电压和电流，其瞬时值分别为

$$u(t) = U_{\mathrm{m}}\cos(\omega t + \varphi_u)$$

$$i(t) = I_{\mathrm{m}}\cos(\omega t + \varphi_i)$$

则它们对应的复数表示分别是

$$\tilde{U} = U_{\mathrm{m}}\mathrm{e}^{\mathrm{j}(\omega t + \varphi_u)} = U_{\mathrm{m}}\cos(\omega t + \varphi_u) + \mathrm{j}U_{\mathrm{m}}\sin(\omega t + \varphi_u) \tag{6.27}$$

$$\tilde{I} = I_{\mathrm{m}}\mathrm{e}^{\mathrm{j}(\omega t + \varphi_i)} = I_{\mathrm{m}}\cos(\omega t + \varphi_i) + \mathrm{j}I_{\mathrm{m}}\sin(\omega t + \varphi_i) \tag{6.28}$$

式中，$\tilde{U}$ 称为复电压，而 $\tilde{I}$ 称为复电流.由式(6.27)和式(6.28)可知，复电压的实部即为交流电压的瞬时值，复电流的实部即为交流电流的瞬时值.

我们定义某一段电路或某个元件上的复电压 $\tilde{U}$ 和复电流 $\tilde{I}$ 之比为该段电路或该元件的复阻抗 $\tilde{Z}$，即有

$$\tilde{Z} = \frac{\tilde{U}}{\tilde{I}} = \frac{U_{\mathrm{m}}\mathrm{e}^{\mathrm{j}(\omega t + \varphi_u)}}{I_{\mathrm{m}}\mathrm{e}^{\mathrm{j}(\omega t + \varphi_i)}} = \frac{U_{\mathrm{m}}}{I_{\mathrm{m}}}\mathrm{e}^{\mathrm{j}(\varphi_u - \varphi_i)} = Z\mathrm{e}^{\mathrm{j}\varphi} \tag{6.29}$$

$\tilde{Z}$ 也是一个复数，它的模等于这段电路（或某元件）的阻抗 $Z = \dfrac{U_{\mathrm{m}}}{I_{\mathrm{m}}}$，它的辐角 $\varphi = \varphi_u - \varphi_i$ 就是电压和电流之间的相位差.可见，复阻抗 $\tilde{Z}$ 完全概括了这段电路（或某元件）两个方面的基本性质——阻抗和相位差.知道复阻抗，这段电路（或某元件）的性质就能完全确定.

由式(6.29)可写

$$\tilde{I} = \frac{\tilde{U}}{\tilde{Z}} \quad 或 \quad \tilde{U} = \tilde{I}\tilde{Z} \tag{6.30}$$

上式与直流电路中的欧姆定律具有完全相同的形式，其中 $\tilde{Z}$ 与欧姆定律中的电阻 R 地位

相当.

对于电阻 R、电容 C、电感 L 这些纯元件,不难推导得出它们的复阻抗分别为

$$\begin{cases}\widetilde{Z}_R = R \\ \widetilde{Z}_C = \dfrac{1}{\omega C}\mathrm{e}^{-\mathrm{j}\frac{\pi}{2}} = -\dfrac{\mathrm{j}}{\omega C} \\ \widetilde{Z}_L = \omega L\mathrm{e}^{\mathrm{j}\frac{\pi}{2}} = \mathrm{j}\omega L\end{cases} \tag{6.31}$$

可见,电阻提供了复阻抗的实部,而电容和电感则提供了复阻抗的虚部(即电抗,电容提供的称容抗,电感提供的称感抗).

下面我们进一步简要讨论交流串、并联电路的复阻抗 $\widetilde{Z}$.

(1) 交流串联电路

如图 6.16 所示,串联电路上总电压的瞬时值等于各段分电压瞬时值之和:

$$u(t) = u_1(t) + u_2(t)$$

用相应的复电压来代替,则有

$$\widetilde{U} = \widetilde{U}_1 + \widetilde{U}_2$$

图 6.16　串联电路复阻抗

设各段的复阻抗为 $\widetilde{Z}_1$、$\widetilde{Z}_2$,整个电路的复阻抗为 $\widetilde{Z}$,则

$$\widetilde{U}_1 = \widetilde{I}\widetilde{Z}_1,\quad \widetilde{U}_2 = \widetilde{I}\widetilde{Z}_2,\quad \widetilde{U} = \widetilde{I}\widetilde{Z}$$

即得

$$\widetilde{Z} = \widetilde{Z}_1 + \widetilde{Z}_2$$

一般地,电路中有多个元件串联,则串联电路的复阻抗为

$$\widetilde{Z} = \widetilde{Z}_1 + \widetilde{Z}_2 + \cdots = \sum_i \widetilde{Z}_i \tag{6.32}$$

(2) 交流并联电路

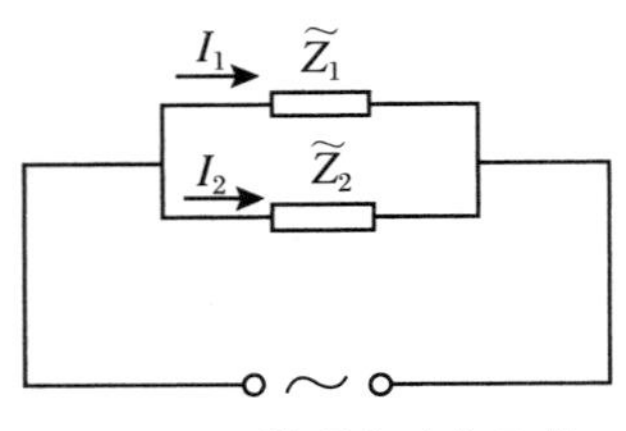

图 6.17　并联电路复阻抗

如图 6.17 所示,并联电路中总电流的瞬时值等于各分支电流瞬时值之和:

$$i(t) = i_1(t) + i_2(t)$$

用相应的复电流代替它们,则有

$$\widetilde{I} = \widetilde{I}_1 + \widetilde{I}_2$$

设各分支的复阻抗为 $\widetilde{Z}_1$、$\widetilde{Z}_2$,整个电路的等效阻抗为 $\widetilde{Z}$,则

$$\widetilde{I}_1 = \frac{\widetilde{U}}{\widetilde{Z}_1},\quad \widetilde{I}_2 = \frac{\widetilde{U}}{\widetilde{Z}_2},\quad \widetilde{I} = \frac{\widetilde{U}}{\widetilde{Z}}$$

即得

$$\frac{1}{\widetilde{Z}} = \frac{1}{\widetilde{Z}_1} + \frac{1}{\widetilde{Z}_2}$$

一般地,电路中有多个元件并联,则并联电路的复阻抗为

$$\frac{1}{\widetilde{Z}} = \frac{1}{\widetilde{Z}_1} + \frac{1}{\widetilde{Z}_2} + \cdots = \sum_i \frac{1}{\widetilde{Z}_i} \tag{6.33}$$

可见,交流电路复阻抗的串、并联公式和直流电路电阻的串、并联公式在形式上完全一致.但要注意的是,复阻抗并不相应于简谐量,而只是反映了简谐量 $u(t)$和 $i(t)$之间的关系.具体而言,复阻抗中有物理意义的是它的模和辐角,它们分别代表了电路的阻抗和相位差.用复数解法求解交流电路问题的关键就是求解复阻抗.

例 3　用复数解法求解 RC 并联电路.

解　由复阻抗的并联公式

$$\frac{1}{\tilde{Z}} = \frac{1}{\tilde{Z}_1} + \frac{1}{\tilde{Z}_2} = \frac{1}{R} + \mathrm{j}\omega C$$

则可得

$$\tilde{Z} = \frac{1}{\frac{1}{R} + \mathrm{j}\omega C} = \frac{\frac{1}{R} - \mathrm{j}\omega C}{\left(\frac{1}{R}\right)^2 + (\omega C)^2} = \frac{R(1 - \mathrm{j}\omega CR)}{1 + (\omega CR)^2}$$

故并联电路的等效阻抗为

$$Z = |\tilde{Z}| = \frac{1}{\sqrt{\left(\frac{1}{R}\right)^2 + (\omega C)^2}}$$

相位差则为

$$\varphi = -\arctan(\omega CR)$$

以上结果与用矢量图解法得到的结果相同.

6.5　交流电的功率

下面简要分析交流电路中的能量及其转换问题.

6.5.1　功率和功率因数

交流电瞬间消耗的功率称为瞬时功率，和直流电路中的功率类似，交流瞬时功率等于瞬时电压 $u(t)$和电流 $i(t)$的乘积：

$$p(t) = u(t)i(t) \tag{6.34}$$

在交流电路中，由于电压和电流都随时间变化，所以瞬时功率也随时间变化.一般而言，$u(t)$和 $i(t)$之间有相位差 φ，φ 的大小由元件组合的性质决定.

设电路中的瞬时电流和电压分别为

$$i(t) = I_{\mathrm{m}}\cos(\omega t + \varphi_i)$$
$$u(t) = U_{\mathrm{m}}\cos(\omega t + \varphi_u)$$

则有

$$p(t) = U_{\mathrm{m}}I_{\mathrm{m}}\cos(\omega t + \varphi_i)\cdot\cos(\omega t + \varphi_u)$$

通过三角函数计算，可推得

$$p(t) = \frac{1}{2}U_{\mathrm{m}}I_{\mathrm{m}}\cos(2\omega t + \varphi_u + \varphi_i) + \frac{1}{2}U_{\mathrm{m}}I_{\mathrm{m}}\cos(\varphi_u - \varphi_i)$$

其中，$\varphi = \varphi_u - \varphi_i$ 是电压与电流之间的相位差.

由上式可知，瞬时功率 $p(t)$包含两部分：一部分是与时间无关的常数项$\frac{1}{2}U_{\mathrm{m}}I_{\mathrm{m}}\cos(\varphi_u - \varphi_i)$；

另一部分则是以两倍的频率做周期性变化的项$\frac{1}{2}U_{\mathrm{m}}I_{\mathrm{m}}\cos(2\omega t+\varphi_u+\varphi_i)$.

在实际中有意义的不是瞬时功率,而是瞬时功率在一个周期内的时间平均值$\bar{P}$,即平均功率(又称为有功功率,简称功率).

平均功率的定义式为

$$\bar{P}=\frac{1}{T}\int_0^T p(t)\mathrm{d}t \tag{6.35}$$

将瞬时功率$p(t)$代入,可得

$$\begin{aligned}\bar{P}&=\frac{1}{T}\int_0^T\frac{1}{2}U_{\mathrm{m}}I_{\mathrm{m}}[\cos(2\omega t+\varphi_u+\varphi_i)+\cos\varphi]\mathrm{d}t\\&=\frac{1}{2}U_{\mathrm{m}}I_{\mathrm{m}}\cos\varphi=UI\cos\varphi\end{aligned} \tag{6.36}$$

式(6.36)中,$\cos\varphi$称为功率因素,表示平均功率(即有功功率)在UI中所占的比例.

当电路中电压的有效值U和电流的有效值I确定之后,平均功率仍不确定,而是还与$\cos\varphi$有关.功率因数的大小既取决于电路本身的参数,又取决于电源的频率.在一般情况下,电路中电压与电流之间的相位差$\varphi=\varphi_u-\varphi_i$介于$-\frac{\pi}{2}$与$\frac{\pi}{2}$之间,从而有$0\leqslant\cos\varphi\leqslant1$.

有功功率的单位一般用"瓦"或"千瓦".

下面简要讨论纯电阻、纯电容与纯电感情形下的功率及功率因素.

1. 纯电阻情形下的功率及功率因素

在纯电阻电路中,电流和电压相位相同,则有$\varphi=0$,$\cos\varphi=1$,故

$$\bar{P}=\frac{1}{2}U_{\mathrm{m}}I_{\mathrm{m}}=\frac{1}{2}I_{\mathrm{m}}^2R \tag{6.37}$$

图6.18是电路中各个瞬时值$u(t)$、$i(t)$、$p(t)$随时间变化的曲线.

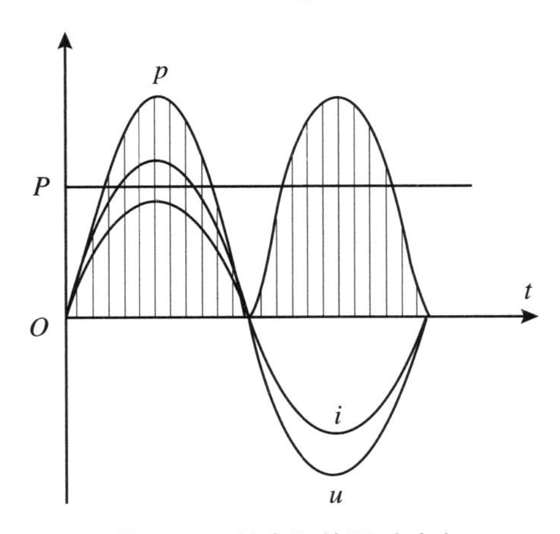

图6.18　纯电阻的瞬时功率

由于$u(t)$、$i(t)$相位一致,从而任何时刻输入到元件中的瞬时功率$p(t)$都是正的,能量全部转化为焦耳热,电路提供给电路的平均功率(有功功率)最大.用交流电路的有效值表示,则写为

$$\bar{P}=UI=I^2R$$

2．纯电容情形下的功率及功率因素

在纯电容电路中，电流的相位超前电压$\frac{\pi}{2}$，则有 $\varphi=-\frac{\pi}{2}$，$\cos\varphi=0$，从而其平均功率（有功功率）为

$$\bar{P}=UI\cos\varphi=0$$

图6.19是电路中各个瞬时值 $u(t)$、$i(t)$、$p(t)$随时间变化的曲线．可见，瞬时功率并不总为零，而是每隔$\frac{1}{4}$周期改变一次，但瞬时功率在整个周期内的平均值为零，即平均功率为零．

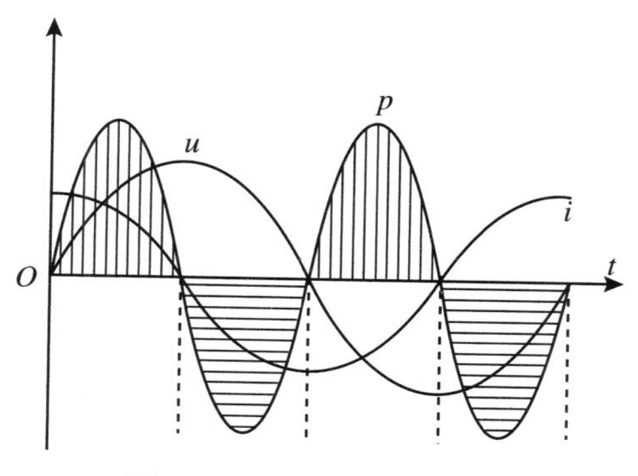

图6.19　纯电容的瞬时功率

在瞬时值 $p(t)>0$ 的时刻，电源提供能量给电容，以两极板间电场能量的形式储存起来．在 $p(t)<0$ 的时刻，电场能量从电容释放出来．

3．纯电感情形下的功率及功率因素

在纯电感电路中，电流的相位落后电压$\frac{\pi}{2}$，则有 $\varphi=\frac{\pi}{2}$，$\cos\varphi=0$，从而其平均功率（有功功率）为

$$\bar{P}=UI\cos\varphi=0$$

图6.20是电路中各个瞬时值 $u(t)$、$i(t)$、$p(t)$随时间变化的曲线．可见，和电容电路一样，瞬时功率并不总为零，而是每隔$\frac{1}{4}$周期改变一次，但瞬时功率在整个周期内的平均值为零，即平均功率为零．在瞬时值 $p(t)>0$ 的时刻，有能量输入电感元件，以磁场能量的形式储存起来．在 $p(t)<0$ 的时刻，磁场能量从电感元件中释放出来．

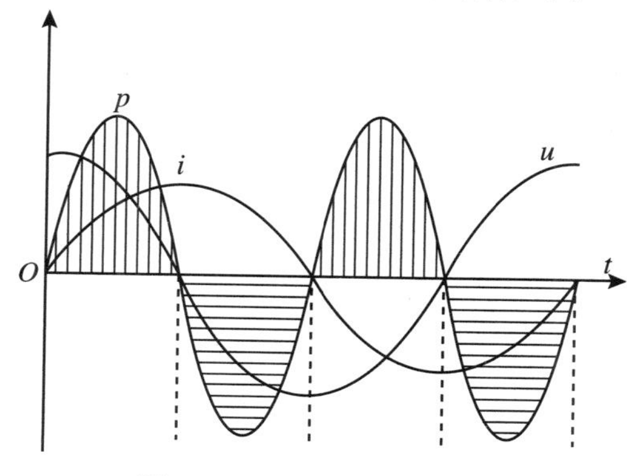

图6.20　纯电感的瞬时功率

综上所述，纯电阻元件要消耗能量，且全部转化为焦耳热. 而纯电容元件和纯电感元件不消耗能量，在一个周期内，电容或电感对能量有“两次吸收，两次释放”，且吸收与释放的能量数值相等，于是平均功率为零，说明在纯电容或纯电感元件中能量的转换过程完全是可逆的. 纯电容和纯电感元件也被称为“无功元件”.

6.5.2 视在功率和无功功率

对一个交流电路而言，我们定义电路中电压有效值和电流有效值的乘积为该电路的视在功率(又称表观功率)，即

$$S = UI \tag{6.38}$$

视在功率并不等于电路或用电器所消耗的功率，电路或用电器所消耗的功率是指平均功率(有功功率)，即

$$\overline{P} = UI\cos\varphi = S\cos\varphi$$

同样，对发电设备而言，其输出的电压有效值和电流有效值的乘积称为设备的视在功率，也用式(6.38)表示，它实际上指的是发电设备工作时对负载可能输出的最大平均功率. 这里要注意，输出的视在功率并不等于输出的平均功率. 由于 $\overline{P} = UI\cos\varphi = S\cos\varphi$，一般有 $\overline{P} < S$，只有当负载的功率因素 $\cos\varphi = 1$ 时，才有 $\overline{P} = S$.

为了与有功功率相区别，视在功率的单位一般写成“伏安”或“千伏安”，而不写成“瓦”或“千瓦”.

在交流电路中，为了计算方便，还引入无功功率的概念，其定义为

$$P_{无} = UI\sin\varphi \tag{6.39}$$

当负载是电阻元件时，有 $\varphi = 0$，则 $P_{无} = UI\sin\varphi = 0$；当负载是电容元件时，有 $\varphi = -\dfrac{\pi}{2}$，则 $P_{无} = UI\sin\varphi = -UI$(即发出无功功率)；而当负载是电感元件时，有 $\varphi = \dfrac{\pi}{2}$，则 $P_{无} = UI\sin\varphi = UI$(即吸收无功功率).

无功功率 $P_{无}$ 的单位一般写成“乏(Var)”或“千乏”，而不用“瓦”或“千瓦”，以区别于有功功率.

显然，视在功率 S、有功功率 $\overline{P}$ 以及无功功率 $P_{无}$ 之间的关系是

$$S^2 = \overline{P}^2 + P_{无}^2 \tag{6.40}$$

例 1 在 RL 串联电路中，已知电路两端的电压为 U，电阻为 R，电感的感抗为 Z_L，试问：

(1) 若 R 可变而 Z_L 为常量，电路的有功功率为最大的条件是什么？

(2) 若 R 为常量而 Z_L 可变，电路的有功功率为最大的条件又是什么？

解 已知有功功率为

$$\overline{P} = UI\cos\varphi$$

依题意有

$$\overline{P} = UI\cos\varphi = \frac{U^2}{Z}\cos\varphi = \frac{U}{R^2 + Z_L^2}R$$

(1) 由于 R 可变而 Z_L 为常量，则由

$$\frac{\partial \bar{P}}{\partial R}=U^2\frac{R^2+Z_L^2-2R\cdot R}{(R^2+Z_L^2)^2}=U^2\frac{Z_L^2-R^2}{(R^2+Z_L^2)^2}=0$$

可解得

$$R=Z_L$$

将 $R=Z_L$ 代入$\frac{\partial^2\bar{P}}{\partial R^2}$中，可得$\frac{\partial^2\bar{P}}{\partial R^2}<0$.故在满足 $R=Z_L$ 这一条件时，电路的有功功率最大.

(2) 与第(1)问相反，由于 R 为常量而 Z_L 可变，同理，有

$$\frac{\partial \bar{P}}{\partial Z_L}=U^2\frac{-2RZ_L}{(R^2+Z_L^2)^2}=0$$

可解得

$$Z_L=0$$

将 $Z_L=0$ 代入$\frac{\partial^2\bar{P}}{\partial Z_L}$中，可得$\frac{\partial^2\bar{P}}{\partial Z_L}<0$.故在满足 $Z_L=0$ 这一条件时，电路的有功功率最大.

6.6 谐振电路

当电容和电感两类元件同时出现在一个电路中时，会发生一种类似机械振动中的共振现象，这种电路中的共振现象称为谐振.谐振电路主要有串联谐振和并联谐振两种，它们在实际中都有着重要的应用.

6.6.1 串联谐振

如图6.21(a)所示是一个 RLC 串联电路.

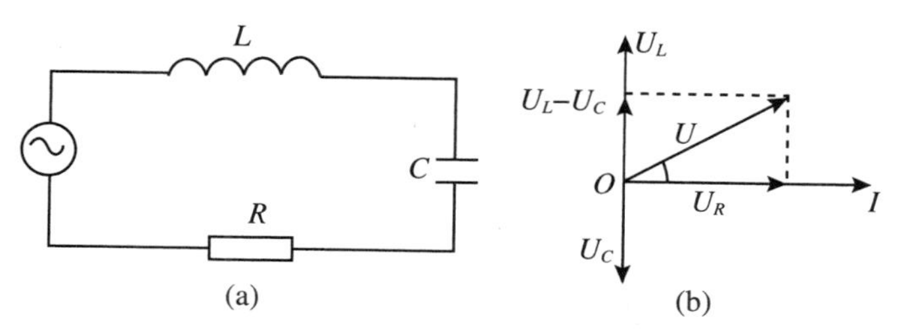

图6.21　RLC 串联电路

因为通过各元件的电流 $i(t)$是共同的，运用矢量图解法，取电流为参考矢量，则如图6.21(b)所示，矢量 $\boldsymbol{U}_L$ 与 $\boldsymbol{U}_C$ 方向恰好相反，因为电路中的 $u_L(t)$和 $u_C(t)$ 的相位差为 π，所以任何时刻它们的符号都相反.

于是可得

$$U=\sqrt{U_R^2+(U_L-U_C)^2}=I\sqrt{R^2+\left(\omega L-\frac{1}{\omega C}\right)^2}$$

由此可得串联电路的总阻抗为

$$Z = \frac{U}{I} = \sqrt{R^2 + \left(\omega L - \frac{1}{\omega C}\right)^2}$$

相位差为

$$\varphi = \arctan \frac{U_L - U_C}{R} = \arctan \frac{\omega L - \frac{1}{\omega C}}{R}$$

注意到上述式子中都出现了 $\omega L - \frac{1}{\omega C}$ 这个因子.可见,当交流电频率较低时,有 $\omega L < \frac{1}{\omega C}$,即电路中容抗大于感抗,可知 $\varphi < 0$,此时电路中的电容作用大于电感作用,整个电路呈容性;而当交流电频率较高时,有 $\omega L > \frac{1}{\omega C}$,即电路中感抗大于容抗,可知 $\varphi > 0$,此时电路中的电感作用大于电容作用,整个电路呈感性.

很明显,当 $\omega L - \frac{1}{\omega C} = 0$ 时,Z 值将会最小.这意味着当外加电源的圆频率 ω 等于某个特定值 ω_0(电路本身的固有圆频率)时,即满足 $\omega_0 L = \frac{1}{\omega_0 C}$ 或 $\omega_0 = \frac{1}{\sqrt{LC}}$ 时,阻抗达到极小值,而此时电路中的电流则达到极大值,即

$$I_{\max} = \frac{U}{R}$$

这种现象称为串联谐振.

发生谐振时的频率 f_0 称为谐振频率,其大小为

$$f_0 = \frac{1}{2\pi\sqrt{LC}} \tag{6.41}$$

在发生串联谐振时,有 $\varphi = 0$,$Z = R$,此时电容和电感的作用完全抵消,电路显示纯电阻性.电阻上的电压为

$$U_R = \frac{U}{R} \cdot R = U$$

电感和电容上的电压则相等,为

$$U_L = \frac{U}{R} \cdot \omega_0 L = \frac{U}{R} \cdot \frac{1}{\omega_0 C} = U_C$$

我们将谐振时电感上的电压 U_L(或电容上的电压 U_C)与总电压 U 的比值称为谐振电路的品质因数(或称为电路的 Q 值),即

$$Q = \frac{U_L}{U} = \frac{U_C}{U} = \frac{\omega_0 L}{R} = \frac{1}{R\omega_0 C} \tag{6.42}$$

Q 值是一个标志谐振电路性能好坏的物理量.当总电压一定时,Q 值越高,则 U_L 和 U_C 就越大,电路存储能量的效率就越高,同时也表明电路的频率选择性越好.在电路达到谐振时,电感两端和电容两端的电压会突然增大,甚至可以比外电路的总电压大数百倍,因此 RLC 串联谐振又称电压谐振.

在无线电技术中,串联谐振电路可用于选择信号.当有许多不同频率的信号电压同时加在 RLC 电路两端时,频率等于谐振频率 ω_0 的那种信号在电容两端产生特别高的电压,而其他频率的信号在电容两端产生的电压很小,这样就把各种信号中频率为 ω_0 的特定信号挑选出来.若谐振频率可调,则可以根据要求将某种特定频率的信号选择出来.

需要说明的是，处理串联谐振电路的问题也可以运用复数解法来分析与求解.

6.6.2　并联谐振

图 6.22 是一个 RLC 并联电路. 并联谐振电路比串联谐振电路复杂些，最好运用复数解法来分析与求解. 可解出并联谐振的频率为

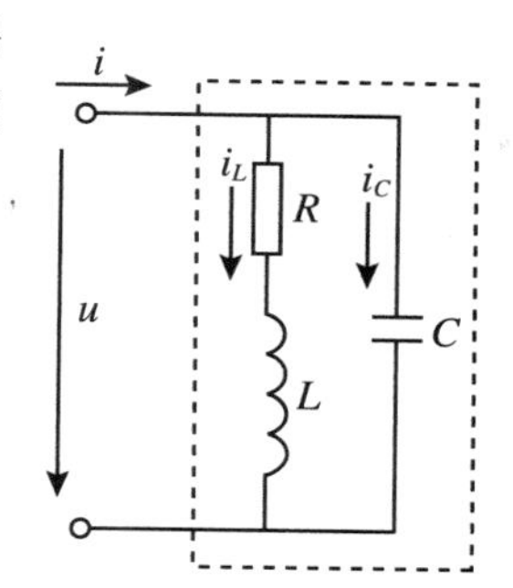

图 6.22　RLC 并联电路

$$f_0 = \frac{1}{2\pi}\sqrt{\frac{1}{LC} - \left(\frac{R}{L}\right)^2} \tag{6.43}$$

当 R 可以忽略时，可得

$$f_0 = \frac{1}{2\pi}\sqrt{\frac{1}{LC}} = \frac{1}{2\pi\sqrt{LC}}$$

上式表明，并联谐振电路的频率与串联谐振电路的频率近似相同. 在发生并联谐振时，同样有 $\varphi = 0$，整个电路显示纯电阻性. 并联谐振时，电路总电流 I 和等效阻抗 Z 的频率特性与串联谐振时正好相反. 在并联谐振频率下，电流 I 有极小值，阻抗 Z 则有极大值. 电路两分电路内的电流 I_L 和 I_C 几乎相等，相位差约等于 π，所以在 LR 和 C 组成的闭合回路中，有个很大的电流在其中往复循环，但外电路中的总电流 I 却很小.

这时电路的品质因素（Q 值）为

$$Q = \frac{I_L}{I} = \frac{I_C}{I} = \frac{\omega_0 L}{R} = \frac{1}{R\omega_0 C}$$

当电路的总电流一定时，电路 Q 值越高，则 I_L 和 I_C 就越大，同时电路的频率选择性也越好. 在并联谐振时，电感和电容两支路中的电流是总电流的 Q 倍，而电路的 Q 值一般很大，导致电感和电容两支路中的电流也很大，因此，RLC 并联谐振又称电流谐振.

串联谐振和并联谐振在电子技术中应用都非常广泛. 比如电子线路中的谐振网络，无论是串联谐振还是并联谐振，都希望采用 Q 值高的电感元件，使电路在谐振点附近工作，以获得良好的频率选择性，从而可以选择信号和消除干扰.

谐振有时也会带来危害，需要加以避免. 在电力系统中，由于谐振，将会产生高出额定电压（或额定电流）数倍的过电压（或过电流），对设备的安全造成很大危害. 此时，可增大电阻以降低 Q 值，或选择适当 L、C 参数，使电路不在谐振点附近工作，以避免设备运行中出现过电压或过电流.

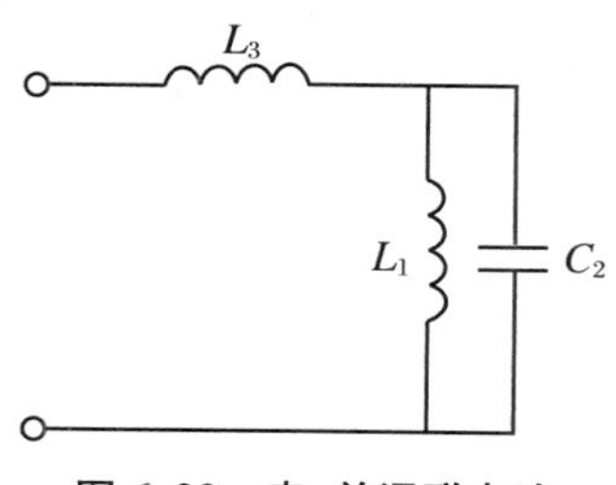

图 6.23　串、并混联电路

例 1　用复数解法分析如图 6.23 所示的简单串、并混联电路的谐振条件与角频率.

解　混联电路由纯电感和纯电容构成，由复数解法中复阻抗的串并联公式，可求得整个电路的复阻抗为

$$\begin{aligned}\tilde{Z} &= \mathrm{j}\omega L_3 + \frac{\mathrm{j}\omega L_1\left(-\mathrm{j}\dfrac{1}{\omega C_2}\right)}{\mathrm{j}\omega L_1 - \mathrm{j}\dfrac{1}{\omega C_2}} \\ &= \mathrm{j}\,\frac{\omega^3 L_1 L_3 C_2 - \omega(L_1 + L_3)}{\omega^2 L_1 C_2 - 1}\end{aligned}$$

我们知道,发生并联谐振时,阻抗会有极大值(极端时可视为无穷大).而发生串联谐振时,阻抗会有极小值(极端时可视为等于零).因此,若在电路中 L_1 与 C_2 的并联部分发生并联谐振,其阻抗可以看成无穷大,则整个电路的阻抗也可以看成无穷大.

由总复阻抗的表达式可知,当其分母等于零,即 $\omega^2 L_1 C_2 - 1 = 0$ 时,有

$$\omega = \omega_1 = \frac{1}{\sqrt{L_1 C_2}}$$

当满足上式所表示的条件时,电路的阻抗为无穷大,这时电路中 L_1 与 C_2 构成的并联电路发生并联谐振,其谐振的角频率为 ω_1.

进一步分析,若整个电路的交流电角频率满足条件 $\omega > \omega_1$,L_1 与 C_2 构成的并联电路部分将会呈现电容性(可以看成一个等效的电容),它与电感 L_3 构成一个 LC 串联电路.

由电路总复阻抗的表达式可知,当分子等于零,即

$$\omega^3 L_1 L_3 C_2 - \omega(L_1 + L_3) = 0$$

时,有

$$\omega = \omega_2 = \sqrt{\frac{L_1 + L_3}{L_1 L_3 C_2}}$$

当满足上式所表示的条件时,电路的总阻抗为零,电路将发生串联谐振,其谐振的角频率为 ω_2.

其他形式的串、并联电路混联问题都可以用类似方法进行近似的分析与求解.

6.7 变压器原理简介

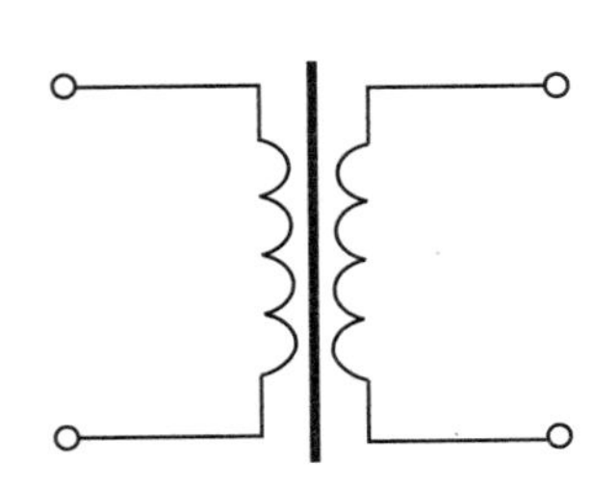

图 6.24 变压器的电路符号

变压器是通过互感线圈耦合来传递电功率的设备.它可以变换电压、电流、阻抗等.在电路图中,变压器常用如图 6.24 所示的符号表示,其中原、副线圈间的粗黑线表示铁芯.

变压器广泛地应用于电力工程和无线电技术中.在实际应用中,人们常需要将交流电的电压升高或降低.比如在远距离输送电的过程中,为了减小传输线上焦耳热的损失(即能量损耗),需要升压变压器将电压升高再输送出去,其电压可达十几万伏;而在用户方面,日常照明电压是 220 V,这就需要用降压变压器将电压降低.另外,在一般实验室中,会需要能在一定范围内变化的电压,这也需要变压器.

6.7.1 理想变压器

变压器的工作原理就是电磁感应.最简单的变压器是由一个铁芯和套在铁芯上的两个匝数不等的线圈组成的.与电源相接的线圈称为原线圈,与负载相连接的线圈称为副线圈,如图 6.25 所示.

实际变压器的情况是很复杂的,需要考虑线圈中的漏磁通、磁滞现象以及铁芯中的涡电

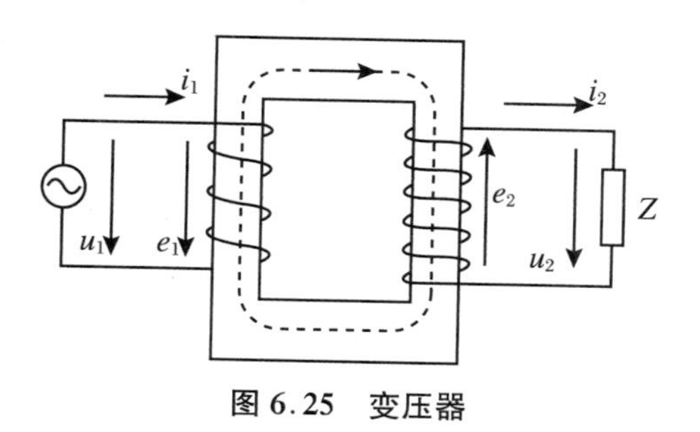

图6.25　变压器

流等.为了考察变压器的主要原理(特征与性能),我们常忽略一些次要因素而将变压器视为"理想"的变压器,以便得到变压器的简单而主要的结论.

理想变压器成立的条件是:

(1) 忽略漏磁通,即假设磁场全部集中在铁芯中;

(2) 忽略线圈的电阻,即忽略电流通过线圈中产生的焦耳热(称为铜损);

(3) 忽略铁芯中的损耗,即忽略由于磁滞以及涡流等所产生的能量损失(称为铁损);

(4) 空载电流可以忽略不计.

满足以上条件的变压器可以视为理想变压器.

无线电电路中的小型变压器以及大型电力变压器在满载(即副边输出额定功率)运行时,都接近理想变压器的情形,故理想变压器的结论一般都是适用的.

6.7.2　理想变压器的变比关系

如图6.25所示,设变压器原、副线圈匝数分别为N_1、N_2.当变压器原线圈接在交流电源上,铁芯中就会产生交变磁通Φ_m,对于理想变压器,这个磁通对原、副线圈是相同的.

1. 电压变比关系

由法拉第电磁感应定律可得,原、副线圈中的感应电动势分别为

$$e_1 = -N_1 \frac{d\Phi_m}{dt}$$

$$e_2 = -N_2 \frac{d\Phi_m}{dt}$$

其复有效值为

$$\tilde{e}_1 = -j\omega N_1 \Phi_m$$

$$\tilde{e}_2 = -j\omega N_2 \Phi_m$$

由图6.25可知,u_1、e_1正方向相同,u_2、e_2正方向相反,故有

$$u_1 = e_1 = -N_1 \frac{d\Phi_m}{dt}$$

$$u_2 = -e_2 = N_2 \frac{d\Phi_m}{dt}$$

其复有效值为

$$\tilde{U}_1 = \tilde{e}_1 = -j\omega N_1 \Phi_m$$

$$\tilde{U}_2 = -\tilde{e}_2 = j\omega N_2 \Phi_m$$

以上两式相比,可得

$$\frac{\widetilde{U}_1}{\widetilde{U}_2} = -\frac{N_1}{N_2} \tag{6.44}$$

式(6.44)称为理想变压器的电压变比关系.式中负号说明电压瞬时值 u_1、u_2 的相位差为 π.

电压有效值关系为

$$\frac{U_1}{U_2} = -\frac{N_1}{N_2} \tag{6.45}$$

2. 电流变比关系

根据相关原理进行推导,我们还可以得到理想变压器(其空载电流可以忽略不计)的电流变比关系,为

$$\frac{\widetilde{I}_1}{\widetilde{I}_2} = -\frac{N_2}{N_1} \tag{6.46}$$

上式是理想变压器的原、副边电流的变比关系.式中负号说明电流瞬时值 i_1 与 i_2 的相位差为 π.

电流有效值关系为

$$\frac{I_1}{I_2} = -\frac{N_2}{N_1} \tag{6.47}$$

3. 阻抗变比关系

由复阻抗定义,变压器副线圈(即输出电路负载)的复阻抗为

$$\widetilde{Z} = \frac{\widetilde{U}_2}{\widetilde{I}_2}$$

原线圈(即输入电路)的复阻抗为

$$\widetilde{Z}' = \frac{\widetilde{U}_1}{\widetilde{I}_1}$$

则可导出

$$\widetilde{Z}' = \frac{-\dfrac{N_1}{N_2}\widetilde{U}_2}{-\dfrac{N_2}{N_1}\widetilde{I}_2} = \left(\frac{N_1}{N_2}\right)^2 \widetilde{Z}$$

阻抗变比关系为

$$\frac{\widetilde{Z}'}{\widetilde{Z}} = \left(\frac{N_1}{N_2}\right)^2 \tag{6.48}$$

一般地,称 $\widetilde{Z}$ 为负载阻抗,而称 $\widetilde{Z}'$ 为反射阻抗,其含义是将负载阻抗 $\widetilde{Z}$ 反射到变压器原线圈(即输入电路)中去时,要乘一个折合因子 $\left(\frac{N_1}{N_2}\right)^2$. 可见,变压器除了可以变换电压和电流,还有变换阻抗的作用.

6.7.3 理想变压器输出功率和输入功率的关系

最后,我们简要讨论变压器输出功率和输入功率的关系.

由理想变压器的电压和电流变比公式知,$\widetilde{U}_1$ 与 $\widetilde{U}_2$,$\widetilde{I}_1$ 与 $\widetilde{I}_2$ 之间的相位都差 π,从而 $\widetilde{I}_1$ 与 $\widetilde{U}_1$ 的相位是相同的.若负载为纯电阻性的,则变压器的输出电压 $\widetilde{U}_2$ 与输出电流 $\widetilde{I}_2$ 的相

位也是相同的.

因此变压器的输出功率为

$$P_2 = U_2 I_2$$

而输入功率为

$$P_1 = U_1 I_1$$

由前面的电压与电流的变比公式,可得

$$P_1 = U_1 I_1 = \left(\frac{N_1}{N_2} U_2\right)\left(\frac{N_2}{N_1} I_2\right) = U_2 I_2 = P_2$$

注意,这里的 P_1 和 P_2 指的都是有功功率,即有

$$P_1 = P_2 \tag{6.49}$$

上式表明,变压器的原线圈从电源吸收的功率,通过磁场的耦合全部传递到副线圈回路,供输出回路中的负载消耗,即理想变压器不消耗能量,输入的能量全部输送到负载上.

6.8 综合例题

例 1 在电阻率为 ρ 的无限大均匀导电介质中,有两个相隔很远的半径同为 a 的金属球.当两球间的距离比它们的半径大得多时,求两球间介质的电阻.

解 设从金属球 1 流出电流 I,朝金属球 2 流入.由于球 1、2 相隔很远,可近似处理为 I 从孤立金属球均匀朝外流出至介质中的"无穷远",介质中电流线的分布与均匀带电球面外的电场线分布一致.电流密度 $\boldsymbol{j}$ 与介质中场强 $\boldsymbol{E}$ 间的关联式为

$$\boldsymbol{E} = \rho \boldsymbol{j}$$

故对任一包围球 1 的高斯面 S 均有

$$\oiint_S \boldsymbol{E} \cdot \mathrm{d}\boldsymbol{S} = \rho \oiint_S \boldsymbol{j} \cdot \mathrm{d}\boldsymbol{S} = \rho I$$

设想该金属球带电量为 $Q = \varepsilon_0 \rho I$,置于真空中,外界影响可忽略,则 Q 均匀分布在球面上.球外静电场分布通过下述公式导得:

$$\oiint \boldsymbol{E}_0 \cdot \mathrm{d}\boldsymbol{S} = \frac{Q}{\varepsilon_0} = \rho I$$

故前面的介质电流电场 $\boldsymbol{E}$ 的结构与 $\boldsymbol{E}_0$ 的结构相同,可得球 1 的电势为

$$U_+ = \frac{Q}{4\pi\varepsilon_0 a} = \frac{\rho I}{4\pi a}$$

同理可得球 2 的电势为

$$U_- = -\frac{\rho I}{4\pi a}$$

即得

$$\Delta U = U_+ - U_- = \frac{\rho I}{2\pi a}$$

所求电阻便为

$$R = \frac{\Delta U}{I} = \frac{\rho}{2\pi a}$$

例 2　三个相同的半径为 R 的金属小球用导线相连，两两彼此球心相距 $l(l \gg R)$. 三个球处于充满电阻率为 ρ 的导电介质的空间内，试求三球与无穷远之间的电阻.

解　用导线相连的三个金属小球处理为电流源，设总电流 I 从中流出，忽略由导线侧面流出的电流，每个小球流出的电流为 $\frac{I}{3}$. 球间距 $l \gg R$，各球流出的电流可近似处理为球对称分布. 流向无穷远的电流密度 $\boldsymbol{j}$ 对应的电场 $\boldsymbol{E}$ 因

$$\boldsymbol{E} = \rho \boldsymbol{j}$$

也近似取球对称分布. 对第 $i(i=1,2,3)$ 个金属球，取 $l-R>r>R$ 高斯球面 S，均有

$$\oiint_S \boldsymbol{E} \cdot \mathrm{d}\boldsymbol{S} = \rho \oiint_S \boldsymbol{j} \cdot \mathrm{d}\boldsymbol{S} = \rho \cdot \frac{I}{3}$$

设想该金属球带电量为

$$\frac{Q}{3} = \varepsilon_0 \rho \cdot \frac{I}{3}$$

置于真空中，外界影响可忽略，则 $\frac{Q}{3}$ 电荷均匀分布在球面上，球外静电场的分布可通过下述公式导得：

$$\oiint_S \boldsymbol{E}_0 \cdot \mathrm{d}\boldsymbol{S} = \frac{Q}{3\varepsilon_0} = \frac{1}{3}\rho I$$

故前面的介质电流电场 $\boldsymbol{E}$ 的结构与 $\boldsymbol{E}_0$ 的结构相同，可得球 i 的电势为

$$U_i = \frac{\frac{Q}{3}}{4\pi\varepsilon_0 R} = \frac{\rho I}{12\pi R}$$

据此可得"电流源"的电势为

$$U_{源} = U_i = \frac{\rho I}{12\pi R}$$

即得

$$\Delta U = U_{源} - U_{\infty} = \frac{\rho I}{12\pi R}$$

所求电阻便为

$$R_{电阻} = \frac{\Delta U}{I} = \frac{\rho}{12\pi R}$$

例 3　直流电路如图 6.26 所示，考虑到直流电路方程(基尔霍夫方程组)是关于电流分布未知量的线性代数方程组，请尝试用线性分解方法计算该电路中流过电流表 G 的电流 I_G.

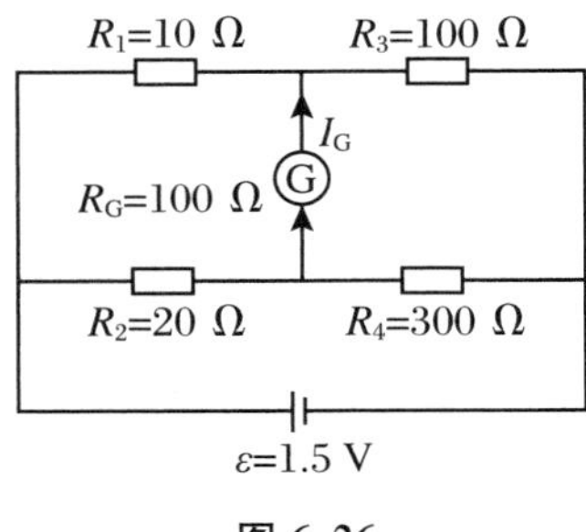

图 6.26

解　如图6.27所示,其中图(a)的电路中没有图6.26中的直流电源 ε,但添加了电动势大小为 ε′的电源;图(b)的电路中仍有图6.26中的直流电源,另外还添加了电动势大小仍为 ε′、但与图(a)反向的电源.图6.27(a)、(b)两图中电流分布的叠加即为图6.26中的电流分布,即必定有

$$I_G = I'_G + I^*_G$$

若能找到一个 ε′值,使

$$I^*_G = 0$$

则有

$$I_G = I'_G$$

首先确定 ε′值.在图6.27(b)中,在 $I^*_G = 0$ 的前提下,选定两条支路的电流 I_1,I_2的流向,可列下述方程:

$$I_1(R_1 + R_3) = \varepsilon = I_2(R_2 + R_4)$$
$$I_2R_2 + \varepsilon' = I_1R_1$$

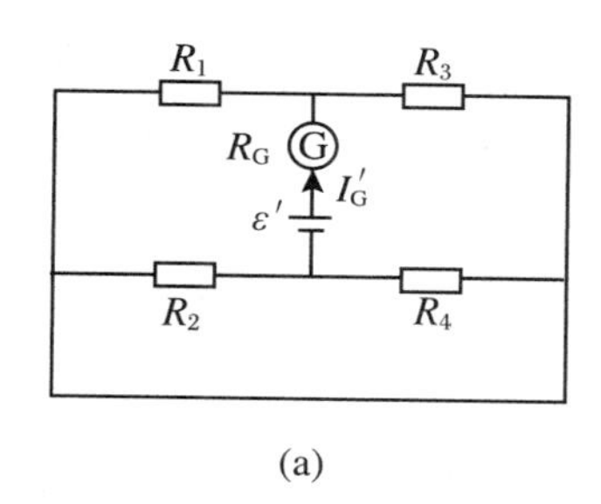

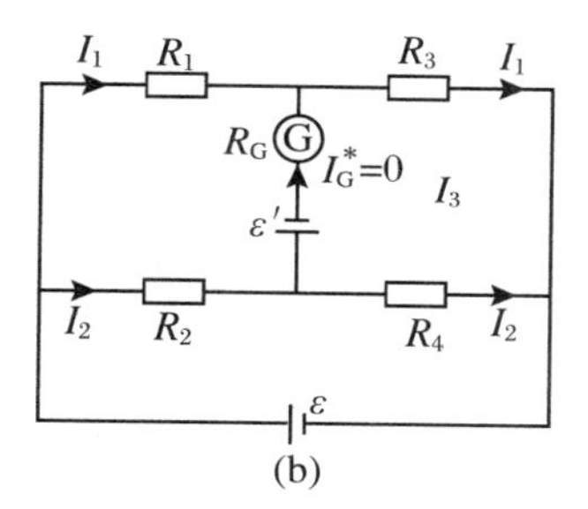

图6.27

解得

$$\varepsilon' = I_1R_1 - I_2R_2 = \varepsilon\left(\frac{R_1}{R_1 + R_3} - \frac{R_2}{R_2 + R_4}\right)$$
$$= 1.5 \times \left(\frac{10}{110} - \frac{20}{320}\right)\ \text{V} = 0.043\ \text{V}$$

再确定 I'_G 值.图6.27(a)的电路可等效为图6.28所示电路,不难解得

$$I'_G = \frac{\varepsilon'}{\dfrac{R_1R_3}{R_1 + R_3} + \dfrac{R_2R_4}{R_2 + R_4} + R_G} = 3.4 \times 10^{-4}\ \text{A}$$

所以 I_G 值为

$$I_G = I'_G = 3.4 \times 10^{-4}\ \text{A}$$

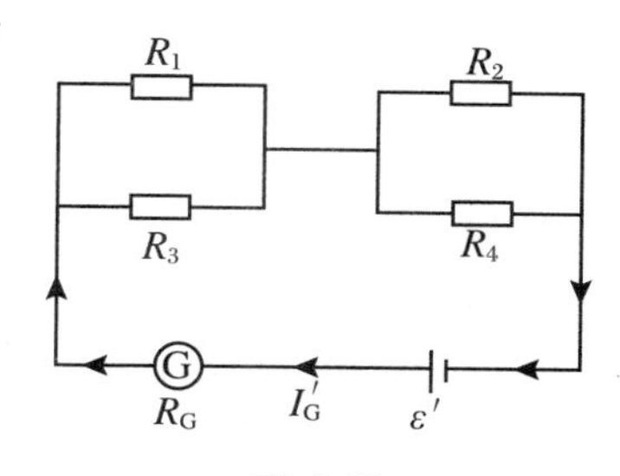

图6.28

例4　如图6.29所示,12根电阻均为 R 的电阻棒连接成正六面体框架,在2根电阻棒中连有电动势分别为 ε_1 与 ε_2 的电源,另外5根电阻棒中连有5个相同的电容器 C.设电源正、负极之间的距离以及电容器的宽度均可忽略,且有 $\varepsilon_1 = 2I_0R$,$\varepsilon_2 = I_0R$,其中 I_0 为已知参量,试求:

(1) 图中棱 AB 中的电流 I_{AB};

(2) 图中棱 $A'B'$上的电容器正极上的电量 $Q_{A'B'}$.

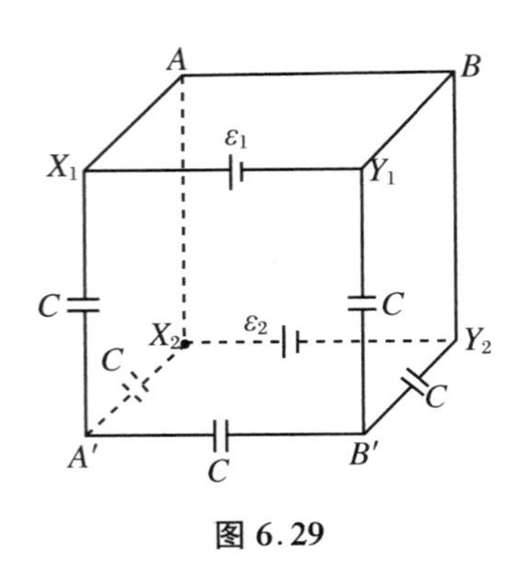

图 6.29

解 (1) 为计算 I_{AB},可将图 6.29 中含电容的部分拆去,得到只含电阻和电源的电路,如图 6.30(a)所示.根据基尔霍夫方程组的可线性分解性,当电路中有多个电源时,通过电路中任一支路的电流等于各个电源单独存在时在该支路产生的电流之和.在图 6.30(a)中,很容易算得 ε_1 单独供电(即取走 ε_2,因其无内阻,可短接)时流过 AB 的电流为

$$I_{AB}(1)=\frac{\varepsilon_1}{5R}$$

同理,ε_2 单独供电时流过 AB 的电流为

$$I_{AB}(2)=\frac{\varepsilon_2}{5R}$$

合成得

$$I_{AB}=I_{AB}(1)+I_{AB}(2)=\frac{\varepsilon_1+\varepsilon_2}{5R}=\frac{3}{5}I_0$$

(2) 将图 6.30(a)中的 R 替换为$\frac{1}{C}$,I 替换为 Q,得出的电路如图 6.30(b)所示.图 6.30(b)与图 6.30(a)中两条电路彼此可以类比,而且相应的 X_1Y_1 电压,X_2Y_2 电压对应地可从图 6.30(a)传到图 6.30(b),因此有

$$I_{AB}=\frac{\varepsilon_1+\varepsilon_2}{5R}\quad\Rightarrow\quad Q_{A'B'}=\frac{\varepsilon_1+\varepsilon_2}{5\cdot\frac{1}{C}}=\frac{3I_0R}{5\cdot\frac{1}{C}}$$

即得

$$Q_{A'B'}=\frac{3}{5}I_0RC$$

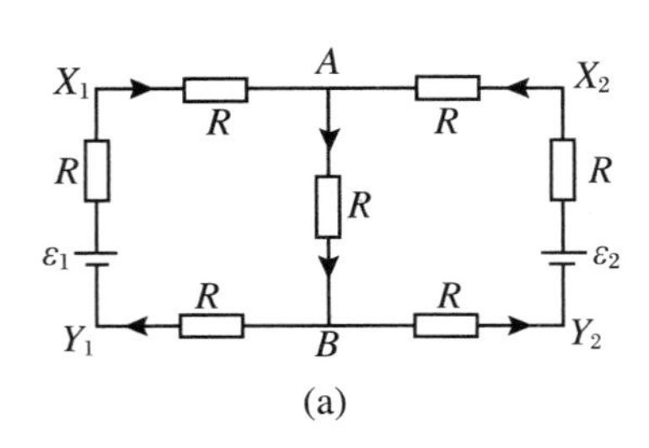

(a)

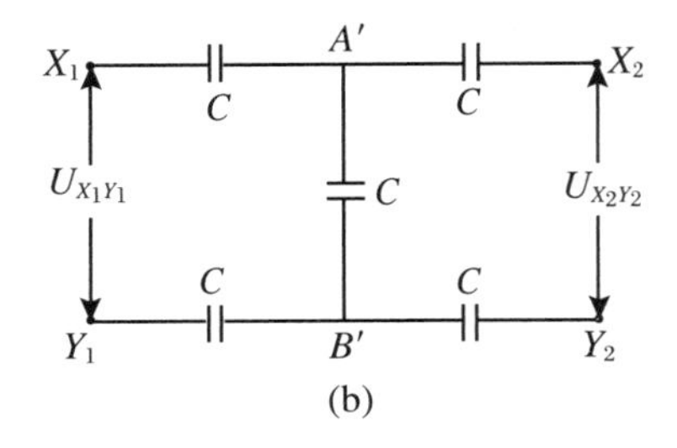

(b)

图 6.30

例 5 电阻丝网络如图 6.31 所示,其中每一小段直电阻丝的电阻均为 R,试求网络中 A,B 两点间的等效电阻 R_{AB} 和 A,C 两点间的等效电阻 R_{AC}.

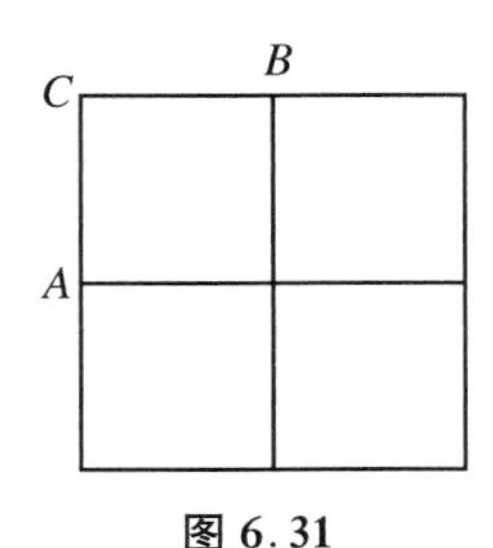

图 6.31

解　R_{AB}的计算如下：

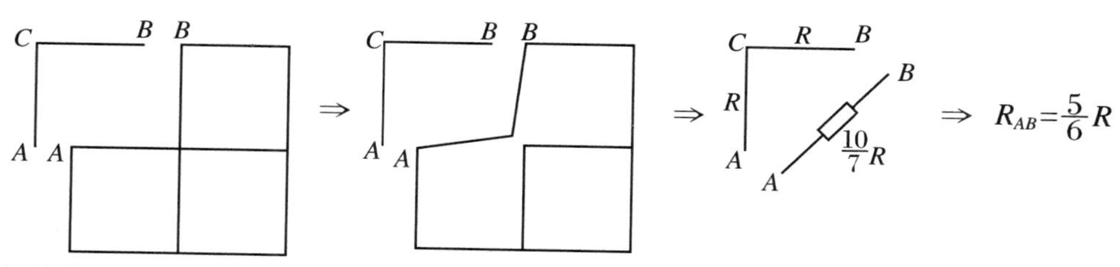

R_{AC}的计算如下：

$$\Rightarrow R_{AC}=\left(\frac{7}{17R}+\frac{1}{R}\right)^{-1}=\frac{17}{24}R$$

例 6　(1) 图 6.32(a)所示的电阻丝网络中每小段电阻同为 r，试求 R_{AB}.

(2) 若在图 6.32(a)所示的电阻丝网络中再引入 3 段斜向电阻丝，每段电阻丝的电阻也为 r，如图 6.32(b)所示，再求 R_{AB}.

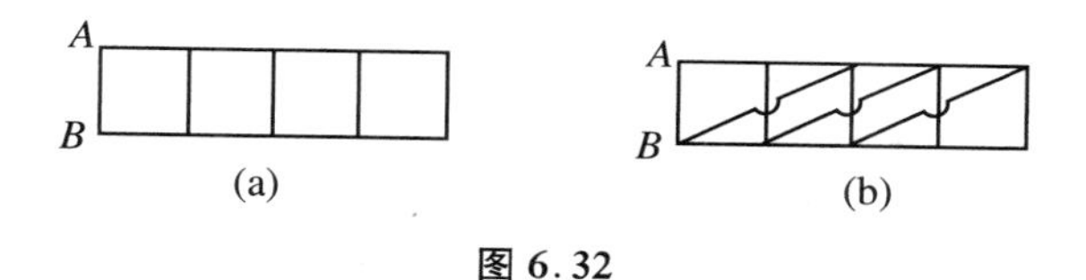

图 6.32

解　(1) $R_{AB}=\frac{153}{209}r$.

(2)

$$\Rightarrow R_{AB}=\frac{2}{3}r$$

例 7　无限二等分电阻丝网络如图 6.33 所示，单位长度电阻记为 r，试求 A，B 间的等效电阻.

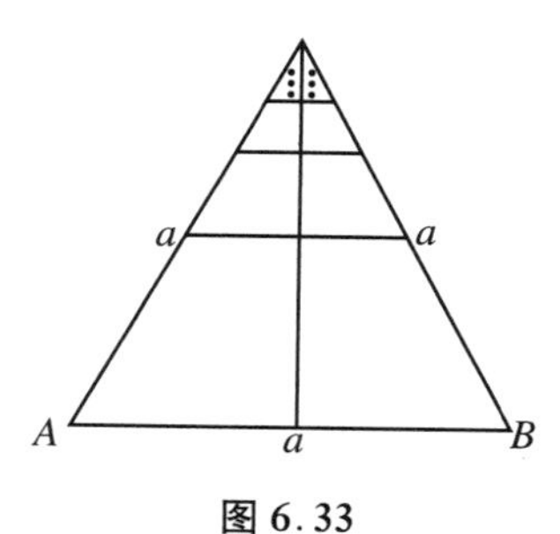

图 6.33

解 因对称，中间电阻丝可拆去，然后作下述等效变换：

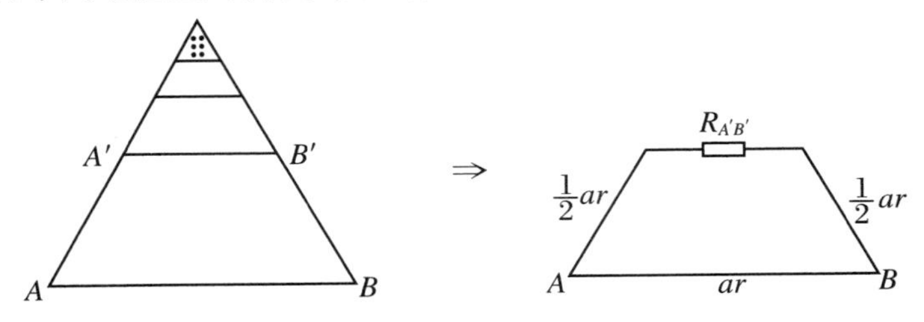

所以

$$R_{AB} = \frac{R(R + R_{A'B'})}{R + (R + R_{A'B'})}, \quad R = ar$$

又

$$R_{AB} = 2R_{A'B'} \quad \Rightarrow \quad 2R_{A'B'}^2 + 3RR_{A'B'} - R^2 = 0$$

所以

$$R_{A'B'} = \frac{\sqrt{17} - 3}{4}R$$

$$R_{AB} = \frac{\sqrt{17} - 3}{2}ar$$

例 8 如图 6.34 所示，用不同的电阻丝连接成 5 个相继中分内接的正三角形网络，最内层小三角形每边电阻均为 $2R$，其余每一直线段电阻同为 R，试求 A，B 间等效电阻 R_{AB}.

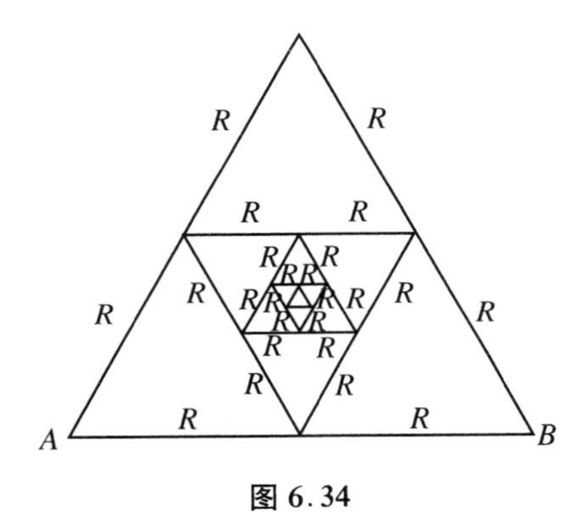

图 6.34

解 因对称性，AB 中垂线上的 4 个节点可以断开，如图 6.35(a)所示. 从内到外，连接的递推关系如图 6.35(b)所示，其中 $i = 1,2,3,4$，$i + 1 = 2,3,4,5$. $A(5)$，$B(5)$即为 A，B.

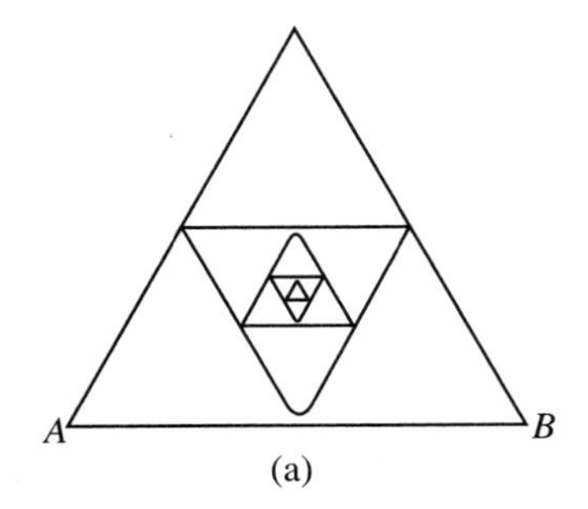

(a)

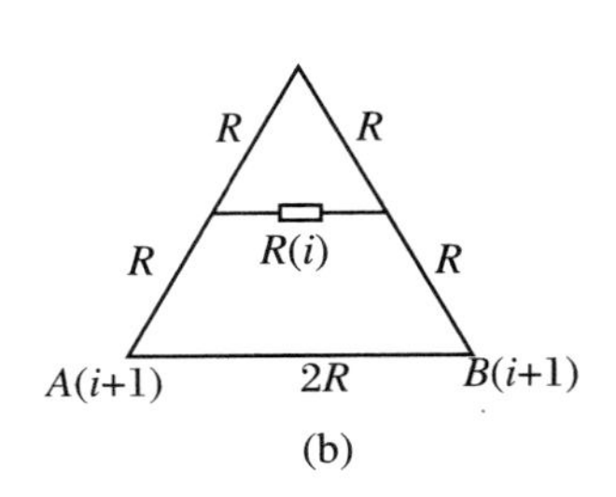

(b)

图 6.35

设图6.35(b)中内接三角形顶点 $A(i)$，$B(i)$间的电阻为 $R(i)$，外三角形顶点 $A(i+1)$，$B(i+1)$间电阻为 $R(i+1)$，不难导得递推关系：

$$R(i+1)=\frac{4R[R+R(i)]}{4R+3R(i)}$$

由

$$R(1)=\frac{4}{3}R$$

相继可求得

$$R(2)=\frac{7}{6}R,\quad R(3)=\frac{52}{45}R,\quad R(4)=\frac{97}{84}R,\quad R(5)=\frac{724}{627}R$$

所求便为

$$R_{AB}=R(5)=\frac{724}{627}R$$

例9 如图6.36所示，一个无限内接正方形的金属丝网络是由一种粗细一致、材料相同的金属丝构成的，其中每一个内接正方形的顶点都在外侧正方形四边中点上. 已知与最外侧正方形边长相同的同种金属丝的电阻为 R_0，试求网络中：

(1) A，C 两端间的等效电阻 R_{AC}；

(2) E，G 两端间的等效电阻 R_{BG}.

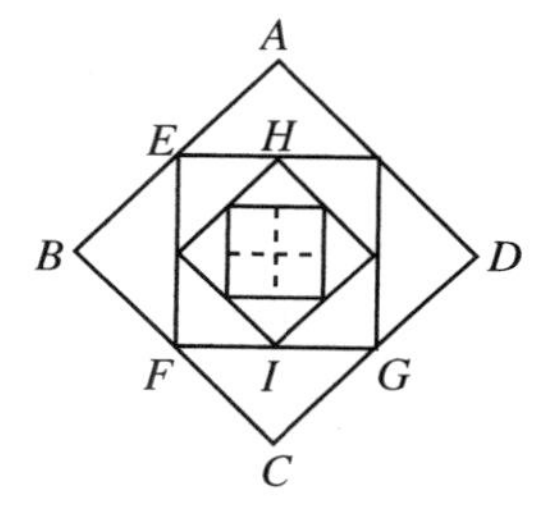

图6.36

解 (1) 先考察 B，D 连线上的节点. 由于这些节点都处于从 A 到 C 途经的中点上，在 A，C 两端接上电源时，这些节点必然处在一等势线上. 因此可将这些节点“拆开”，将原网络等效成图6.37(a)所示的网络.

接着可将网络沿 A，C 连线对折叠合，使原来左、右对称的金属丝、节点相互结合，从而又等效成图6.37(b)所示网络.

注意到图6.37(b)中 A，C 间的网络与 H，I 间网络在形式上的同构，而且后者恰好是前者在线度上缩小 $\frac{1}{2}$ 的结构，因此有

$$R_{HI}=\frac{1}{2}R_{AC}$$

将与 AE 等长的双金属丝电阻记为 R_1，对应地与 EH 等长的双金属丝电阻记为 R_2，不难算得

$$R_1=\frac{1}{4}R_0(=\sqrt{2}R_2),\quad R_2=\frac{\sqrt{2}}{8}R_0$$

再将图6.37(b)中的网络“量化”成图6.37(c)所示的网络，其中方框内上、下两端间的电阻为

$$R'=2\frac{R_1R_2}{R_1+R_2}=2(2-\sqrt{2})R_2$$

于是有

$$R_{AC}=2R_1+\frac{R'\left(2R_2+\frac{R_{AC}}{2}\right)}{R'+2R_2+\frac{R_{AC}}{2}}$$

解之,得

$$R_{AC}=2(\sqrt{6}+\sqrt{2}-2)R_2=\frac{1}{2}(\sqrt{3}+1-\sqrt{2})R_0=0.659R_0$$

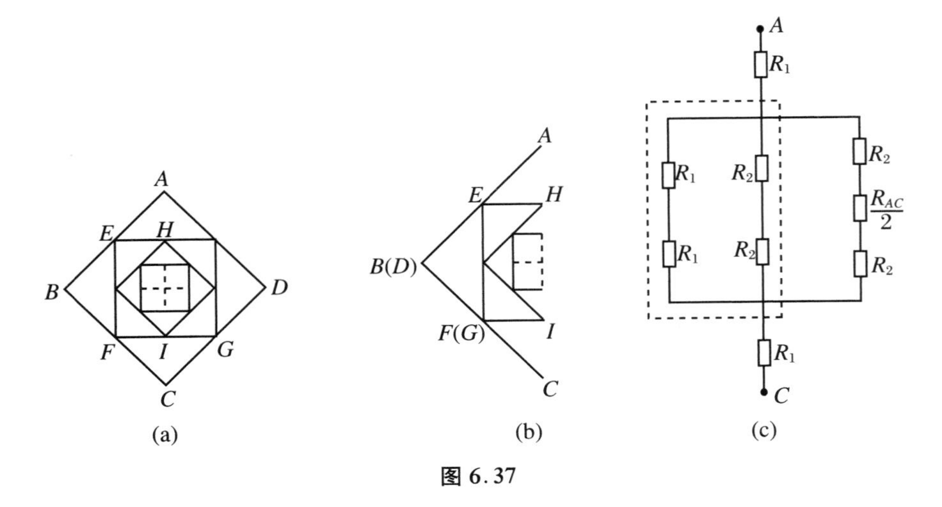

图 6.37

(2) 能否采用(1)问的解答中所取的递归方法来求解 R_{BC}呢? 由于此时不存在结构相似的内层网络,故不好采用这一方法.这里提供的解法是利用(1)问的结果进行简化.

根据对称法,将原网络中 AD 边的中点、BC 边的中点处的节点"拆开",等效成图 6.38(a)所示的网络.此网络中通过 E,G 两端与外正方形连接的内无限小网络与原网络结构相同,只是线度缩短为原线度的$\frac{1}{\sqrt{2}}$,小网络中 E,G 之间的等效电阻便为原网络中 A,C 间的等效电阻的$\frac{1}{\sqrt{2}}$.据此,可将图 6.38(a)中的网络"量化"成图 6.38(b)的网络,有

$$R_{BC}=\left(\frac{1}{R_0}+\frac{\sqrt{2}}{R_{AC}}\right)^{-1}$$

将(1)问所得的 R_{AC}值代入后,可得

$$R_{BC}=\frac{\sqrt{3}-\sqrt{2}+1}{\sqrt{3}+\sqrt{2}+1}R_0=0.318R_0$$

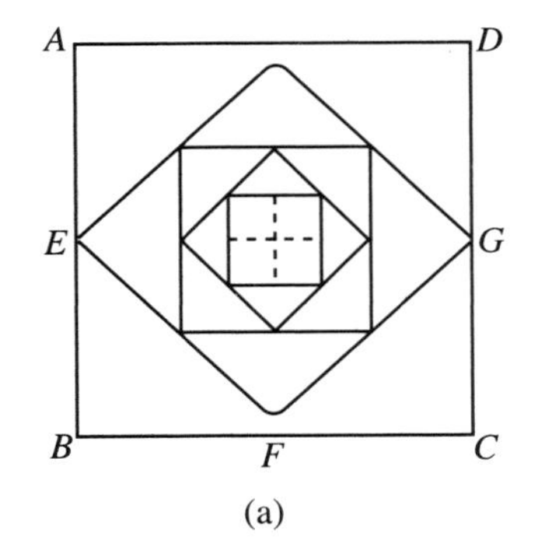

(a)

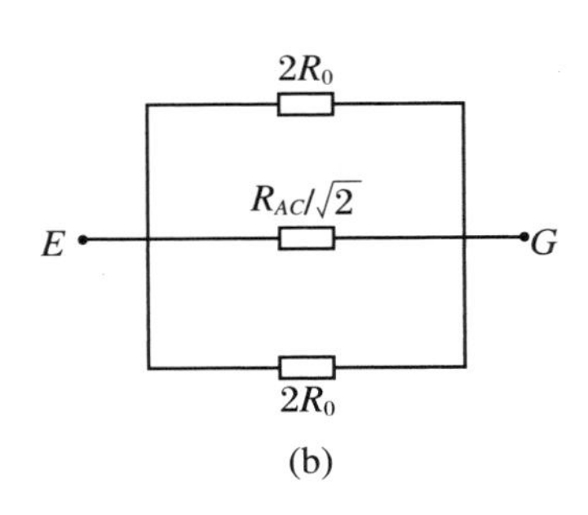

(b)

图 6.38

例 10　三端电阻、电容网络的 Y－△变换.

(1) 三端电阻网络.

图 6.39(a)中左侧的三端电阻网络元称为△型电阻网络元，右侧的三端电阻网络元称为 Y 型电阻网络元.如果当 Y 网络元中的 a,b,c 端电势分别与△网络元中的 A,B,C 端电势相同时，从 a,b,c 端流入的电流分别与从A,B,C 端流入的电流相同，那么在任一个大网络中此 Y 网络元与△网络元可以互相等效置换.

可以置换的前提是对△网络元中的每一组电阻 R_{AB},R_{BC},R_{CA}，必可为 Y 网络元找到一组对应的电阻 R_a,R_b,R_c，使得可置换的条件能够满足，或者反过来，对每一组 R_a,R_b,R_c，必可找到一组对应的 R_{AB},R_{BC},R_{CA}，使得可置换的条件能够满足.

如图 6.39(b)所示，因 Y 网络元中 a,b,c 三点的电势分别与△网络元中 A,B,C 三点的电势相同，两者间有如下电压关系：

$$U_{ab}=U_{AB},\quad U_{bc}=U_{BC},\quad U_{ca}=U_{CA}$$

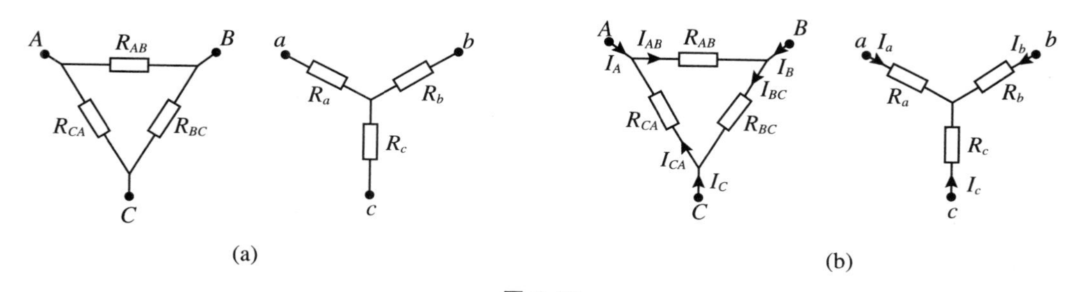

图 6.39

现在来考虑，为使 Y 网络元中的电流与△网络元中的电流有如下对应关系：

$$I_a=I_A,\quad I_b=I_B,\quad I_c=I_C$$

电阻 R_a,R_b,R_c 与电阻R_{AB},R_{BC},R_{CA}之间必须存在什么样的关系.

先分析 $I_a=I_A$ 的成立条件.

在 Y 网络元中有

$$I_aR_a-I_bR_b=U_{ab},\quad I_cR_c-I_aR_a=U_{ca},\quad I_a+I_b+I_c=0$$

由此可解得

$$I_a=\frac{R_c}{R_aR_b+R_bR_c+R_cR_a}U_{ab}-\frac{R_b}{R_aR_b+R_bR_c+R_cR_a}U_{ca}$$

在△网络元中则有

$$I_{AB}=\frac{U_{AB}}{R_{AB}},\quad I_{CA}=\frac{U_{CA}}{R_{CA}},\quad I_A=I_{AB}-I_{CA}$$

即得

$$I_A=\frac{U_{AB}}{R_{AB}}-\frac{U_{CA}}{R_{CA}}$$

由 $I_a=I_A$，得

$$\frac{R_c}{R_aR_b+R_bR_c+R_cR_a}U_{ab}-\frac{R_b}{R_aR_b+R_bR_c+R_cR_a}U_{ca}=\frac{U_{AB}}{R_{AB}}-\frac{U_{CA}}{R_{CA}}$$

因 $U_{ab}=U_{AB},U_{ca}=U_{CA}$，便要求上式中对应的系数相等，即

$$R_{AB}=\frac{R_aR_b+R_bR_c+R_cR_a}{R_c} \quad ①$$

$$R_{CA}=\frac{R_aR_b+R_bR_c+R_cR_a}{R_b} \quad ②$$

分析 $I_b=I_B$，$I_c=I_C$ 的成立条件，同样可得到与①、②两式相似的四个关系式，其中两式与上述两式完全相同，另外两式同为

$$R_{BC}=\frac{R_aR_b+R_bR_c+R_cR_a}{R_a} \quad ③$$

①～③式即为满足可置换条件的第一组变换式.

②、③两式相除，可得

$$R_b=\frac{R_{BC}}{R_{CA}}R_a$$

①、③两式相除，可得

$$R_c=\frac{R_{BC}}{R_{AB}}R_a$$

将上述两式代入到①式的下述变形式：

$$R_a+R_b+\frac{R_b}{R_c}R_a=R_{AB}$$

即可得

$$R_a=\frac{R_{AB}R_{CA}}{R_{AB}+R_{BC}+R_{CA}} \quad ④$$

将此式代入到上面的 R_b-R_a 和 R_c-R_a 关系式，即得

$$R_b=\frac{R_{AB}R_{BC}}{R_{AB}+R_{BC}+R_{CA}} \quad ⑤$$

$$R_c=\frac{R_{BC}R_{CA}}{R_{AB}+R_{BC}+R_{CA}} \quad ⑥$$

事实上由于网络的对称性，可以通过对称地置换④式中各电阻的下标字符直接导出⑤、⑥两式，网络的对称性在①～③式中也明显地表现出来.④～⑥式即为满足可置换条件的第二组变换式.

(2) 三端电容网络.

由

$$R=\frac{U}{I},\quad C=\frac{Q}{U}\ \xrightarrow{\text{引入}}\ C^*=\frac{1}{C}=\frac{U}{Q}$$

因 Q 与 I 相当(例如串联相同、并联相加等)，U 与 U 同量，可见 C^* 与 R 在数学关系上同构.引入新的参量 C^* 后，直流电源、电容网络基本问题(即各电容器电量的分布问题)的求解完全类同于直流电源、电阻网络基本问题(即各电阻器电流分布问题)的求解.

图 6.40 中左侧的三端电容网络元称为△型电容网络元，右侧的三端电容网络元称为 Y 型电容网络元.其间也有等效变换，仿照电阻网络中 Y-△变换，必定可得

$$\begin{cases} C_{AB}^*=\dfrac{C_a^*C_b^*+C_b^*C_c^*+C_c^*C_a^*}{C_c^*} \\ C_{BC}^*=\dfrac{C_a^*C_b^*+C_b^*C_c^*+C_c^*C_a^*}{C_a^*} \\ C_{CA}^*=\dfrac{C_a^*C_b^*+C_b^*C_c^*+C_c^*C_a^*}{C_b^*} \end{cases}$$

$$\begin{cases} C_a^* = \dfrac{C_{AB}^* C_{CA}^*}{C_{AB}^* + C_{BC}^* + C_{CA}^*} \\ C_b^* = \dfrac{C_{AB}^* C_{BC}^*}{C_{AB}^* + C_{BC}^* + C_{CA}^*} \\ C_c^* = \dfrac{C_{BC}^* C_{CA}^*}{C_{AB}^* + C_{BC}^* + C_{CA}^*} \end{cases}$$

再替换成电容量 $C = C^{*-1}$,便有

$$\begin{cases} C_{AB} = \dfrac{C_a C_b}{C_a + C_b + C_c} & ⑦ \\ C_{BC} = \dfrac{C_b C_c}{C_a + C_b + C_c} & ⑧ \\ C_{CA} = \dfrac{C_c C_a}{C_a + C_b + C_c} & ⑨ \end{cases}$$

$$\begin{cases} C_a = \dfrac{C_{AB}C_{BC} + C_{BC}C_{CA} + C_{CA}C_{AB}}{C_{BC}} & ⑩ \\ C_b = \dfrac{C_{AB}C_{BC} + C_{BC}C_{CA} + C_{CA}C_{AB}}{C_{CA}} & ⑪ \\ C_c = \dfrac{C_{AB}C_{BC} + C_{BC}C_{CA} + C_{CA}C_{AB}}{C_{AB}} & ⑫ \end{cases}$$

数学上,⑦～⑨式相当于④～⑥式,⑩～⑫式相当于①～③式.可见,电容的 Y－△变换正好与电阻的 Y－△变换成颠倒关系.

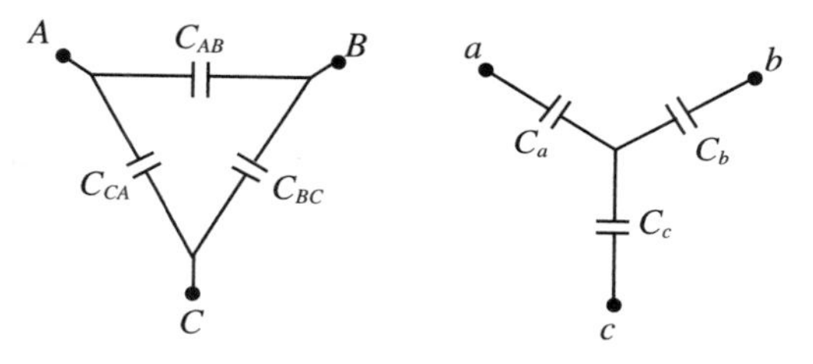

图 6.40

下面求解:

(1) 由电阻丝构成的等边三角形电阻网络如图 6.41 所示,已知每一小段电阻丝的电阻为 r_0,试求 B,C 间的等效电阻 R_{BC}.

(2) 由小电容器构成的等边三角形电容网络如图 6.42 所示,已知每一个小电容器的电容为 C_0,试求 B,C 间的等效电容 C_{BC}.

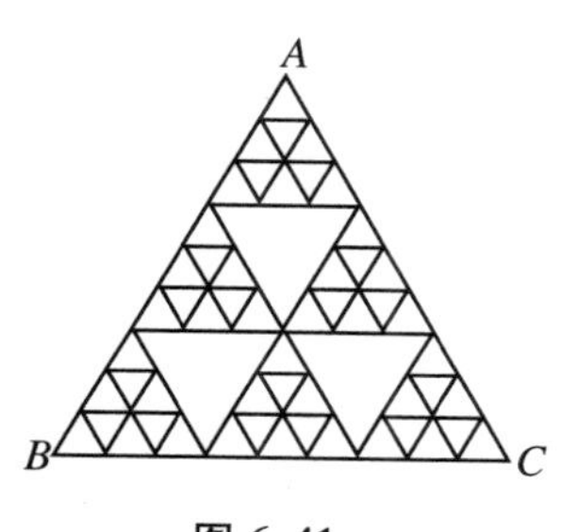

图 6.41

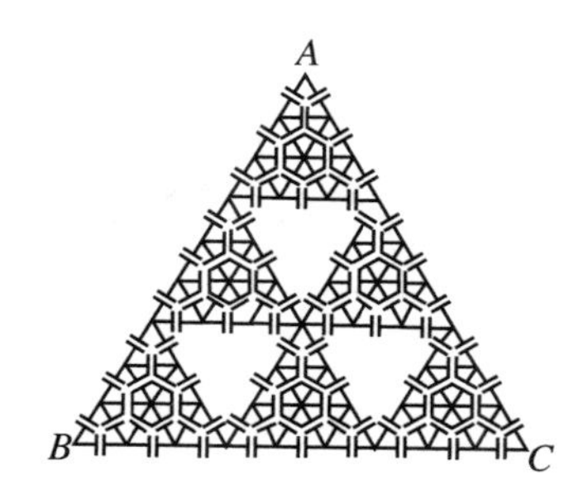

图 6.42

解 (1) 取基本单元 PQR，作如下推演：

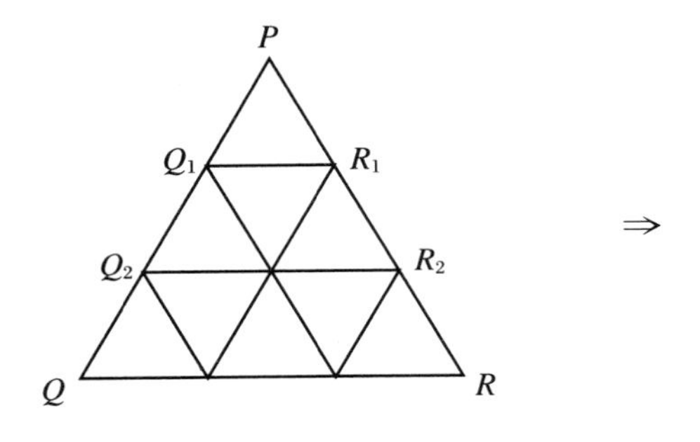

每小段r_0

⇒

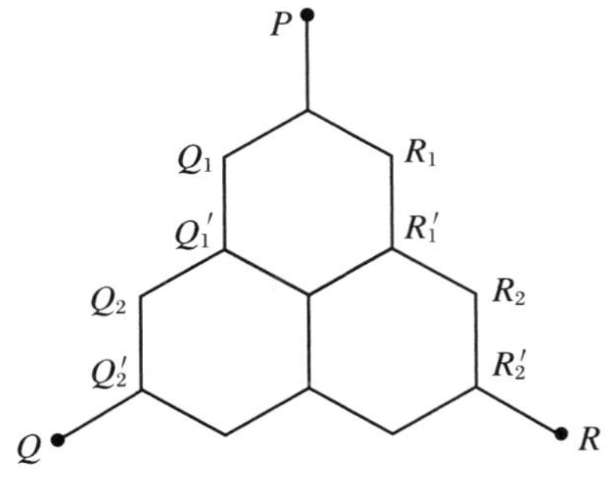

由④式，每小段$r = \frac{1}{3}r_0$

⇒

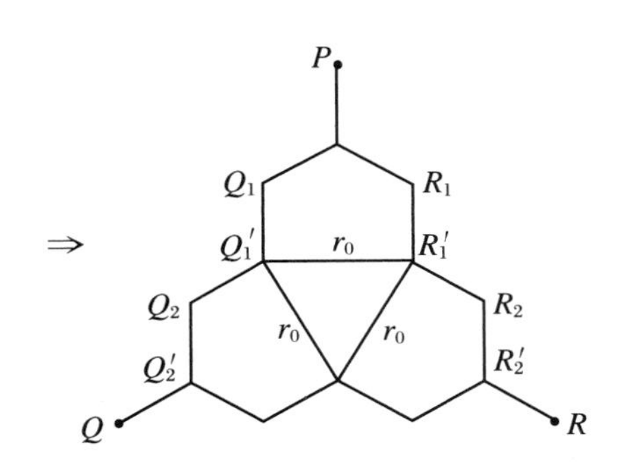

除去中间三段 r_0 外，其余每小段 $r = \frac{1}{3}r_0$

⇒

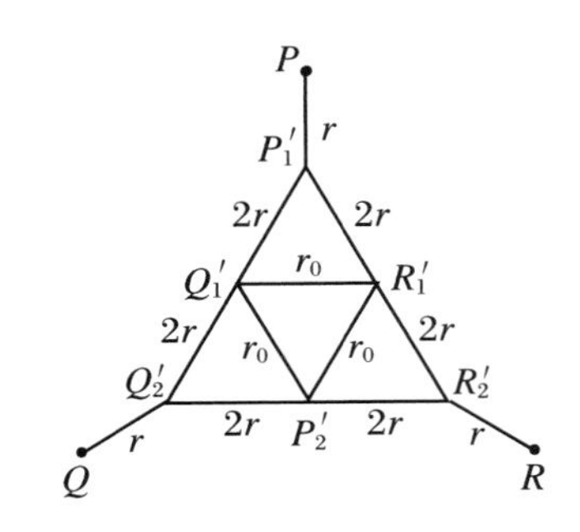

各小段电阻在图中标出，$r = \frac{1}{3}r_0$（或 $r_0 = 3r$）

⇒

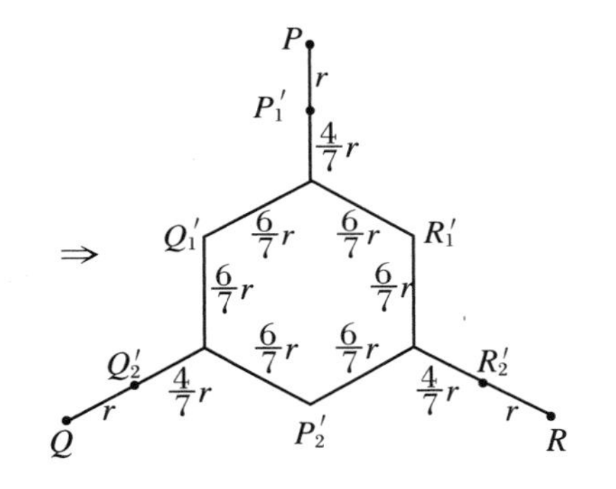

作三个△到 Y 变换，利用 $r_0 = 3r$，由④～⑥式得图示各段电阻

⇒

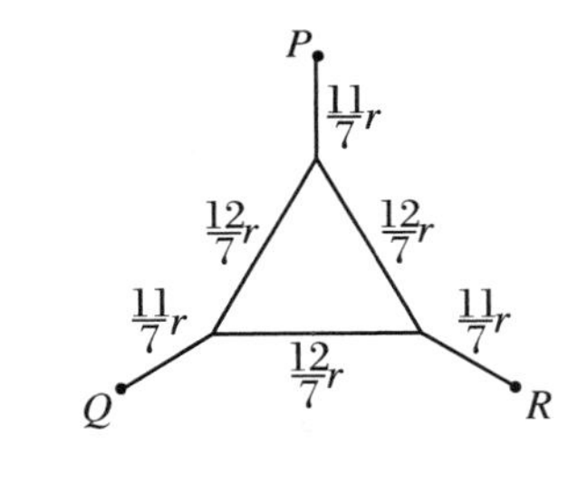

注意：$r = \frac{1}{3}r_0$

⇒

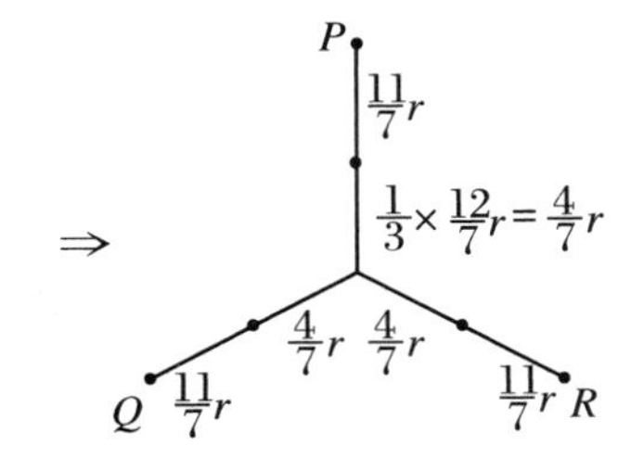
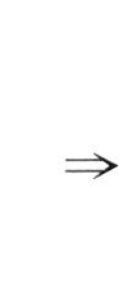

⇒

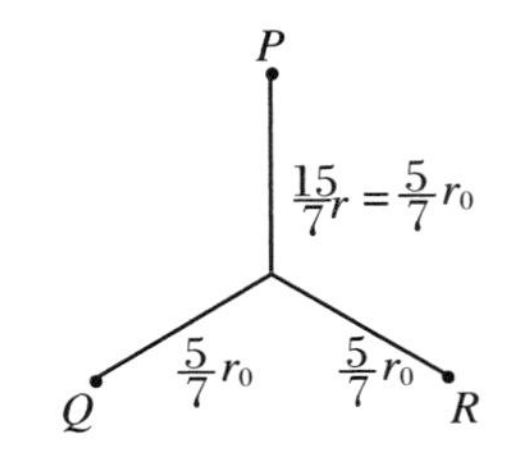

最终有结论：

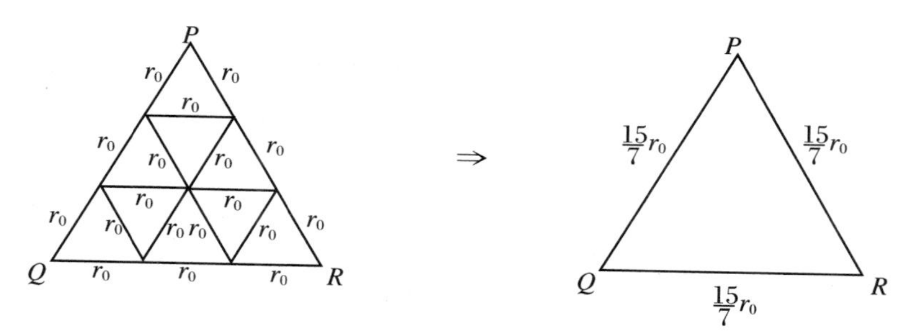

因此，图6.41中的三端(A,B,C为三个外接端)电阻网络ABC可等效为新的简化的三端(仍以A,B,C为三个外接端)电阻网络ABC：

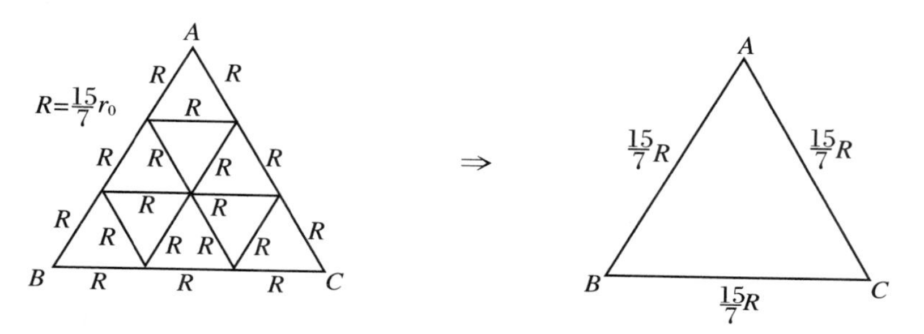

得

$$R_{BC}=\frac{2}{3}\times\frac{15}{7}R=\frac{2}{3}\left(\frac{15}{7}\right)^2 r_0$$

(2) 引入$C_0^*=C_0^{-1}$，将C_0^*类比为图6.41中的r_0，仿照求解R_{BC}的过程，同样可解得

$$C_{BC}^*=\frac{2}{3}\left(\frac{15}{7}\right)^2 C_0^*$$

将$C_{BC}^*=C_{BC}^{-1}$，$C_0^*=C_0^{-1}$代入，即得

$$C_{BC}=\frac{3}{2}\left(\frac{7}{15}\right)^2 C_0$$

注　在Y-△变换中，三端网络的A,B,C或a,b,c三端可以都是外接端，也可以B，C和b,c是外接端，而A或a并非外接端，即为二端网络.

例如本题中，图6.39(a)左侧△型网络ABC中的A并非输出端，而是R_{CA}与R_{AB}连线中的一个点，对应的Y型网络abc中的a也并非外接端.以B,C为外接端的二端电阻网络的等效电阻记为R_{BC}^*(注意$R_{BC}^*\neq R_{BC}$)，应有

$$R_{BC}^*=[(R_{AB}+R_{CA})^{-1}+R_{BC}^{-1}]^{-1}=\left[\frac{R_{AB}+R_{BC}+R_{CA}}{(R_{AB}+R_{CA})R_{BC}}\right]^{-1}$$

$$=\frac{R_{AB}R_{BC}}{R_{AB}+R_{BC}+R_{CA}}+\frac{R_{BC}R_{CA}}{R_{AB}+R_{BC}+R_{CA}}$$

以b,c为外接端的二端电阻网络的二端等效电阻记为R_{bc}^*，此时R_a不起作用，有

$$R_{bc}^*=R_b+R_c$$

根据Y-△变换中的⑤、⑥两式，得

$$R_{bc}^*=\frac{R_{AB}R_{BC}}{R_{AB}+R_{BC}+R_{CA}}+\frac{R_{BC}R_{CA}}{R_{AB}+R_{BC}+R_{CA}}$$

可见，仍有

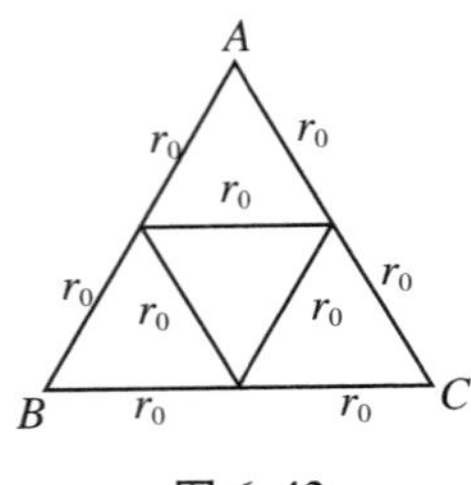

图 6.43

$$R^*_{BC} = R^*_{bc}$$

图 6.41、图 6.42 所给网络中 A,B,C 三端可以都是外接端，便成三端网络 ABC；也可以 B,C 是外接端，而 A 并非外接端，即为二端网络. 就这两个问题而言，要求计算的是 R_{BC} 或 C_{BC}，显然应理解为二端网络. 这样的题可以用 Y－△变换来处理，其依据如下所述.

再举一简化实例，如图 6.43 所示，求 R_{BC}.

方法 1（不用 Y－△变换） 利用对称性简化：

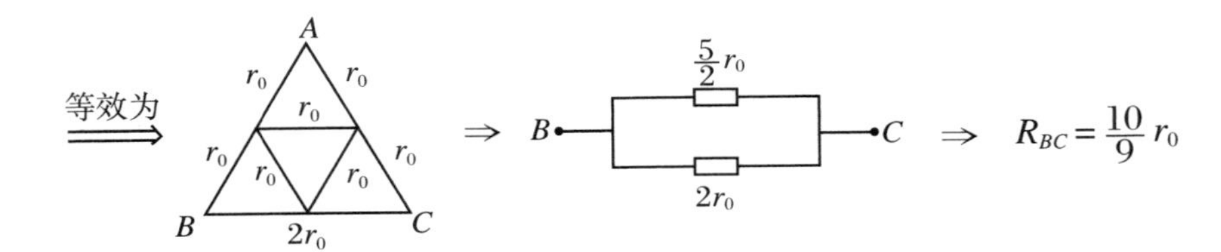

方法 2 用 Y－△变换：

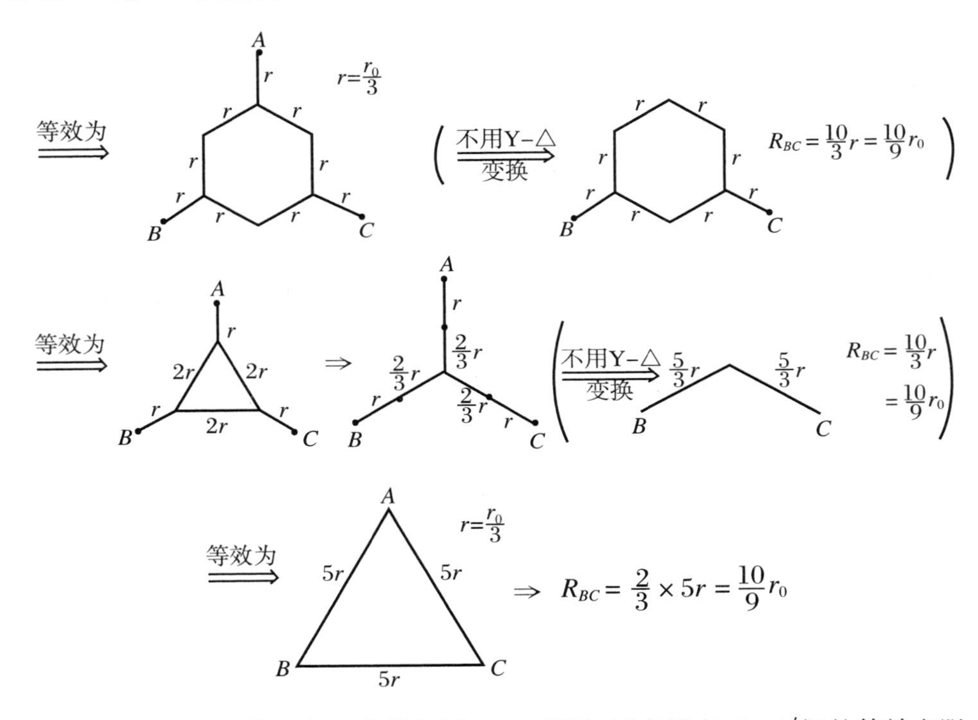

例 11 二端电阻网络及电阻参量如图 6.44 所示，试求端点 A,A' 间的等效电阻 $R_{AA'}$.

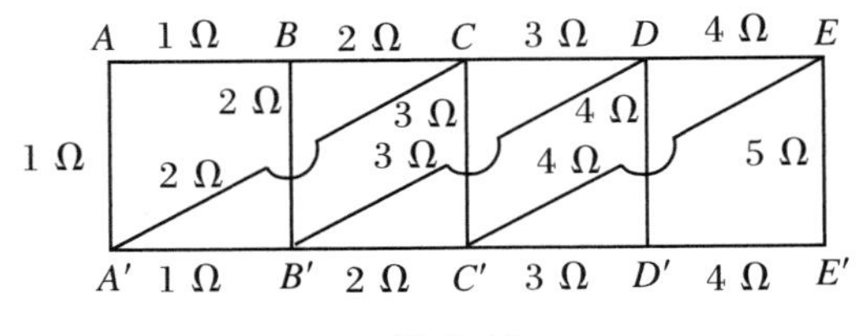

图 6.44

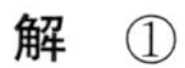

解　①

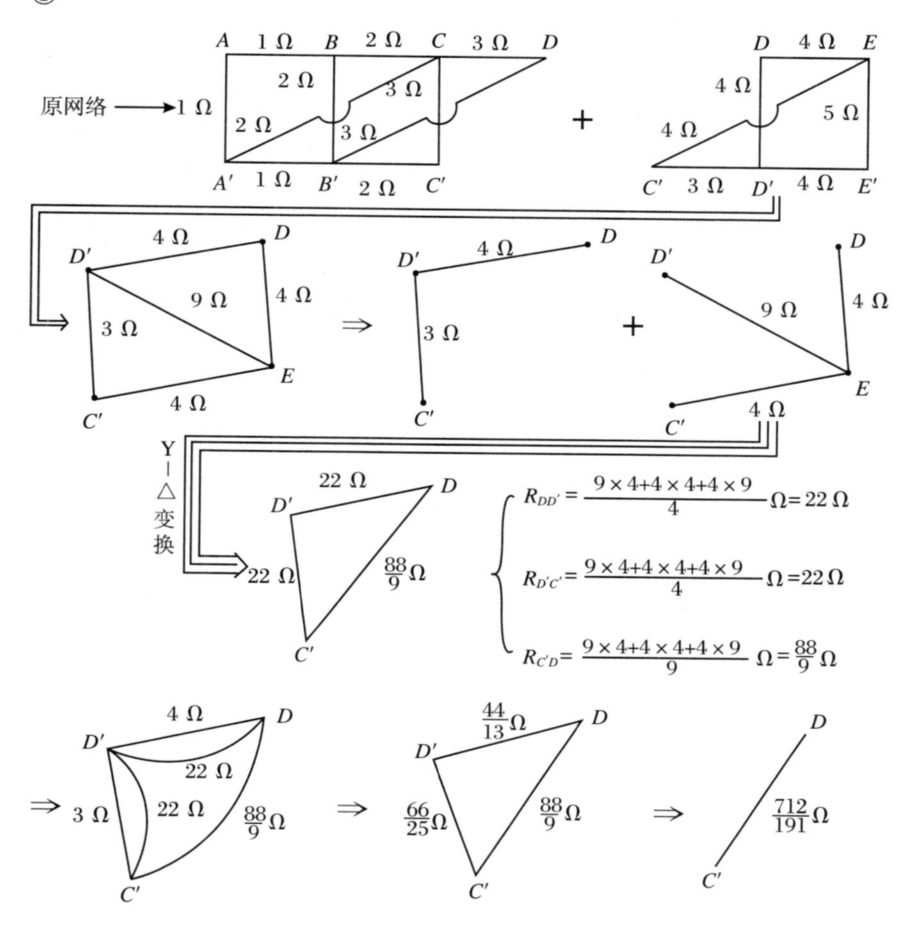

原网络
A 1 Ω B 2 Ω C 3 Ω D
D 4 Ω E
A′ 1 Ω B′ 2 Ω C′
C′ 3 Ω D′ 4 Ω E′
Y-△变换
$R_{DD'}=\frac{9\times4+4\times4+4\times9}{4}\ \Omega=22\ \Omega$
$R_{D'C'}=\frac{9\times4+4\times4+4\times9}{4}\ \Omega=22\ \Omega$
$R_{C'D}=\frac{9\times4+4\times4+4\times9}{9}\ \Omega=\frac{88}{9}\ \Omega$
$\frac{44}{13}\ \Omega$
$\frac{66}{25}\ \Omega$
$\frac{712}{191}\ \Omega$

②

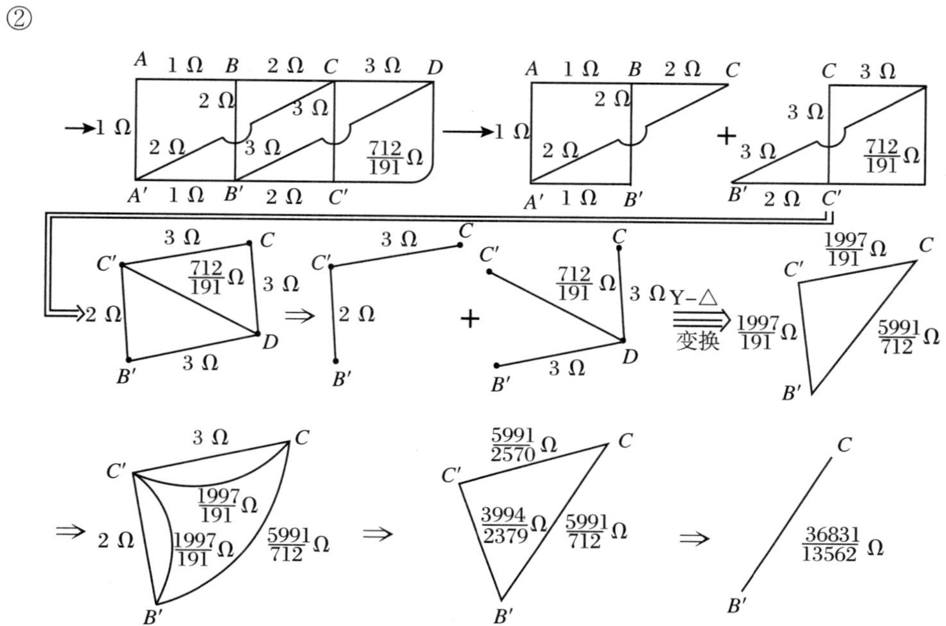

A 1 Ω B 2 Ω C 3 Ω D
A′ 1 Ω B′ 2 Ω C′
$\frac{712}{191}\ \Omega$
Y-△变换
$\frac{1997}{191}\ \Omega$
$\frac{5991}{712}\ \Omega$
$\frac{5991}{2570}\ \Omega$
$\frac{3994}{2379}\ \Omega$
$\frac{36831}{13562}\ \Omega$

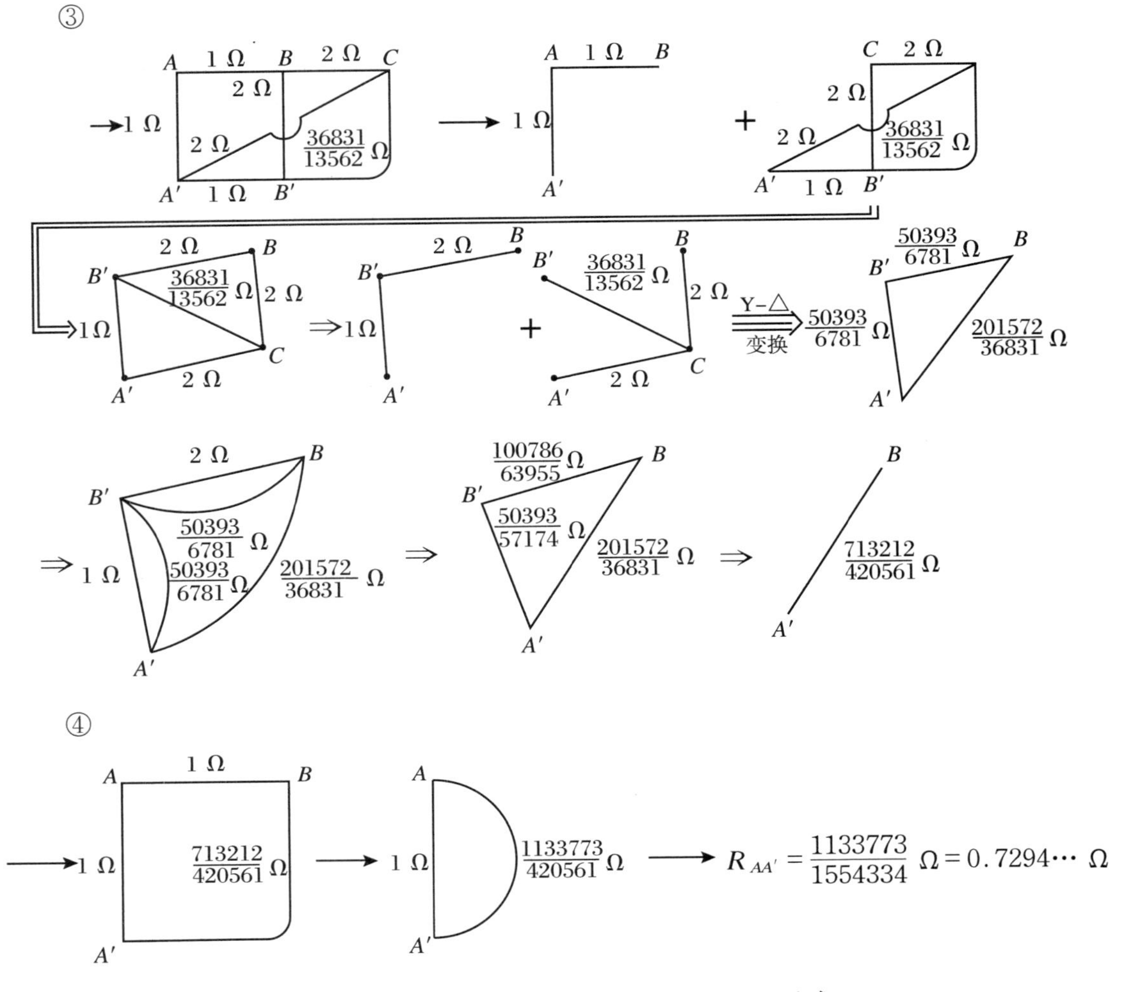

例 12 由电阻 r 和 R 组成的双向无穷网络如图 6.45 所示，试求：

(1) 两个相邻上方节点之间的等效电阻；

(2) 两个相隔非常远的上方节点之间的等效电阻；

(3) 两个其间相隔 n 个电阻 r 的上方节点之间的等效电阻.

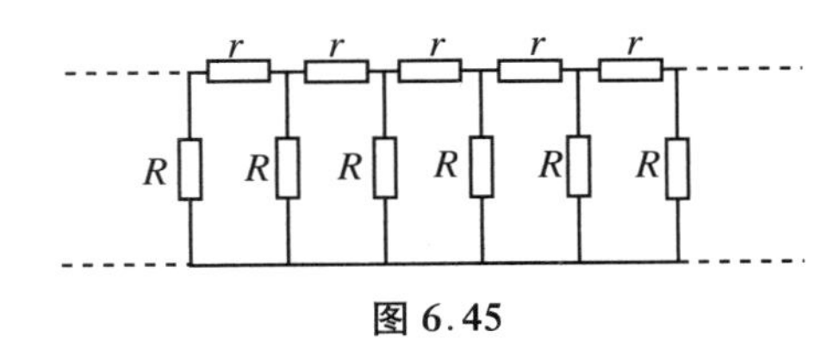

图 6.45

解 (1) 如图 6.46 所示，有

$$RR_0+R_0^2=rR+rR_0+RR_0$$

$$RR_0+R_0^2=rR+rR_0+RR_0$$

$$R_0^2=r(R+R_0) \quad ①$$

因此

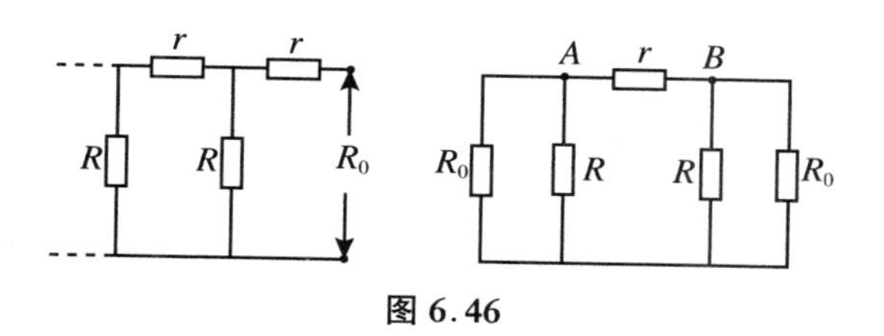

图 6.46

$$R_{AB}^{-1}=r^{-1}+\left(2\cdot\frac{RR_0}{R+R_0}\right)^{-1}=r^{-1}+\left(2\cdot\frac{RR_0}{\frac{R_0^2}{r}}\right)^{-1}$$

$$=r^{-1}+\left(2\cdot\frac{rR}{R_0}\right)^{-1}=\frac{1}{r}+\frac{R_0}{2rR}=\frac{2R+R_0}{2rR}$$

$$R_{AB}=\frac{2rR}{2R+R_0} \qquad ②$$

由①式解得

$$R_0=\frac{1}{2}(r+\sqrt{r^2+4rR}) \qquad ③$$

代入②式，得

$$R_{AB}=\frac{2rR}{2R+\frac{1}{2}(r+\sqrt{r^2+4rR})}$$

（2）如图 6.47 所示，通过两次等效变换后，可得

$$R_{AB}=2\cdot\frac{R\cdot\frac{R_0}{2}}{R+\frac{R_0}{2}}=\frac{2RR_0}{2R+R_0} \qquad ⑤$$

将③式代入后，即可算得 R_{AB}（此处略）.

（3）令电流 I_0 从 A 端输入，从 O 端输出，如图 6.48 所示.

如图 6.49 所示，有

$$I_RR=i_1R_0,\quad 2i_1+I_R=I_0$$

得

$$i_1=\frac{R}{2R+R_0}I_0 \qquad ⑥$$

如图 6.50 所示，有

$$i_RR=i_{K+1}R_0,\quad i_{K+1}+i_R=i_K\quad (K\geqslant 1)$$

得

$$i_{K+1}=\frac{R}{R+R_0}i_K\quad\left(R+R_0=\frac{R_0^2}{r}\right)$$

$$=\frac{rR}{R_0^2}i_K\quad\left(\frac{r(R+R_0)}{R_0^2}=1\ \Rightarrow\ \frac{rR}{R_0^2}=1-\frac{r}{R_0}\right)$$

$$=\alpha i_K \qquad ⑦$$

其中 $\alpha=1-\frac{r}{R_0}$.

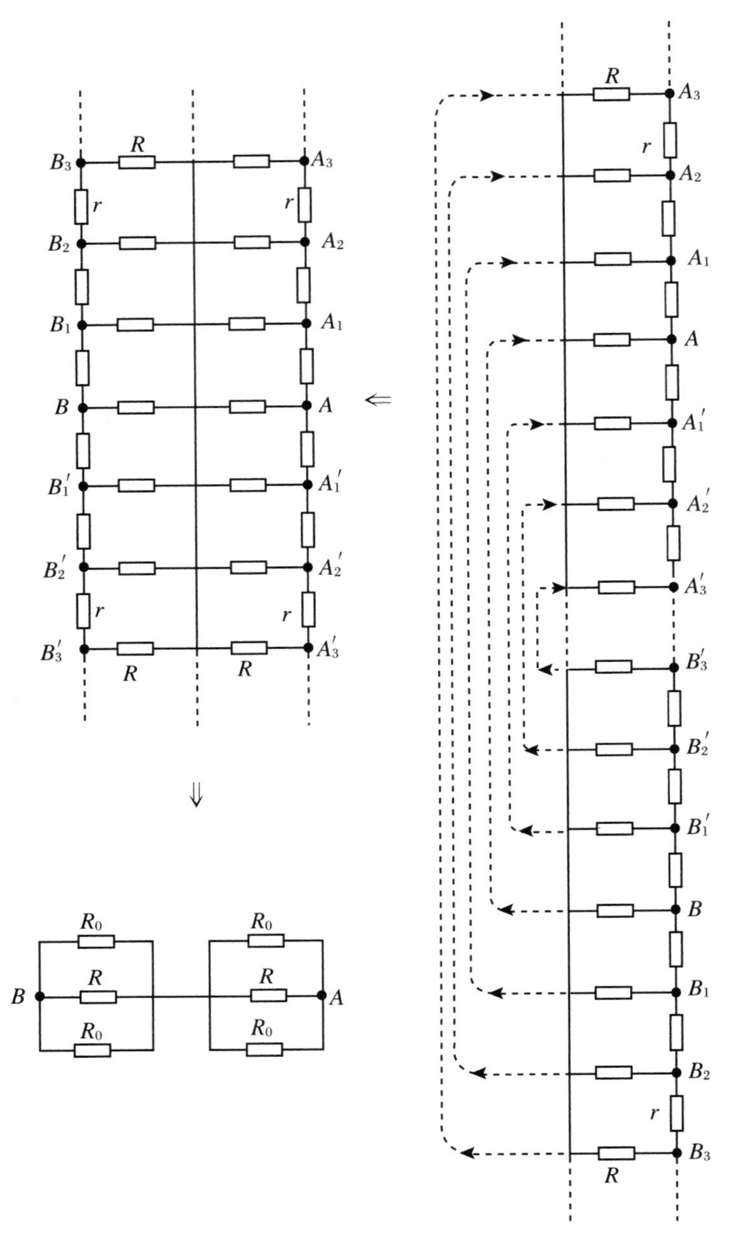

图 6.47

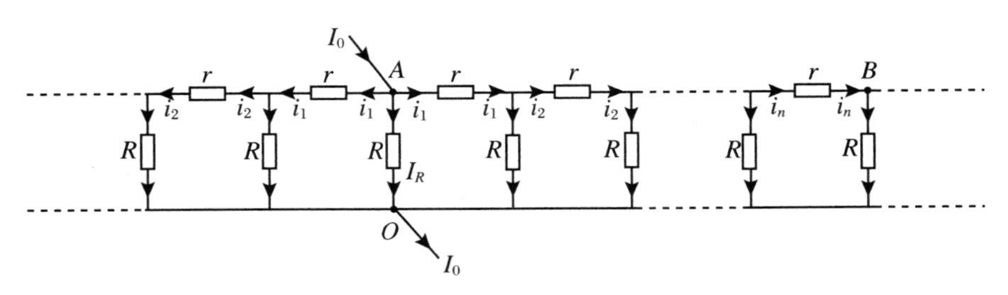

图 6.48

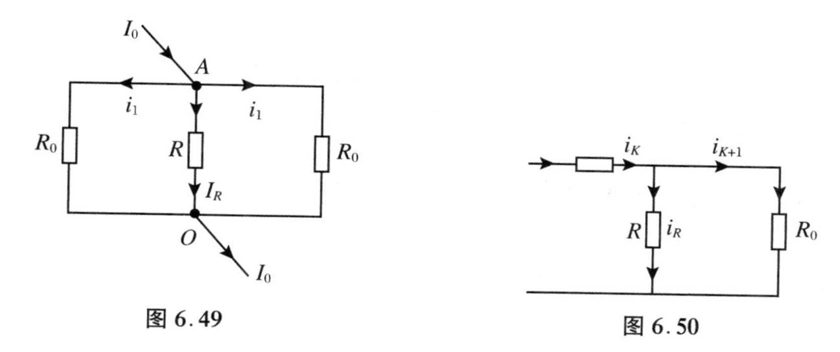

图 6.49　　　　　　图 6.50

令电流 I_0从 O 端输入，从 B 端输出，如图 6.51 所示.这相当于图 6.48 中的 A 端用 B 端取代，并改设电流 I_0反向地从 O 端流入，从(原 A 端)现 B 端流出，故有

$$i_1' = i_n, \quad i_2' = i_{n-1}, \quad \cdots, \quad i_n' = i_1$$

最后，令电流 I_0从 A 端流入，从 B 端流出，根据线性叠加原理，图 6.52 中的电流分布为

$$I_1 = i_1 + i_1', \quad I_2 = i_2 + i_2', \quad \cdots, \quad I_n = i_n + i_n'$$

得

$$\begin{aligned} U_{AB} &= I_1 r + I_2 r + \cdots + I_n r = [(i_1 + i_1') + (i_2 + i_2') + \cdots + (i_n + i_n')]r \\ &= [(i_1 + i_n) + (i_2 + i_{n-1}) + \cdots + (i_n + i_1)]r \end{aligned}$$

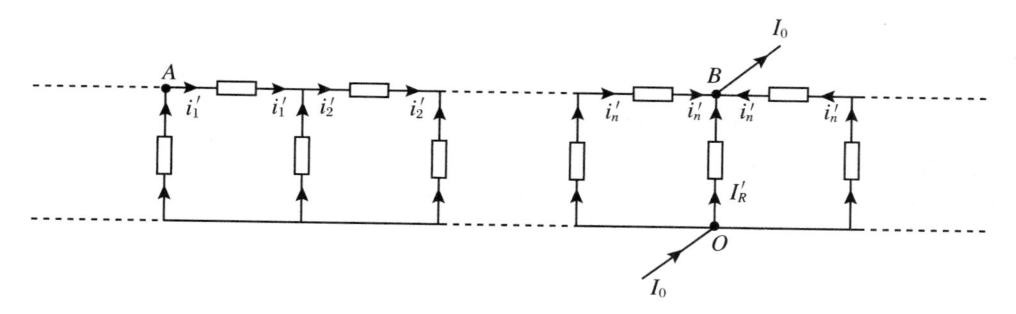

图 6.51

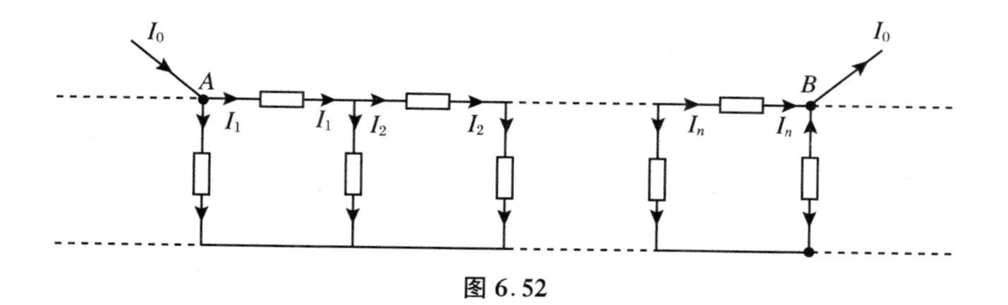

图 6.52

即

$$\begin{aligned} U_{AB} &= 2(i_1 + i_2 + \cdots + i_n)r = 2(1 + \alpha + \cdots + \alpha^{n-1})i_1 r \\ &= 2\frac{1-\alpha^n}{1-\alpha}i_1 r \quad \left(\alpha = 1 - \frac{r}{R_0}, i_1 = \frac{R}{2R + R_0}I_0\right) \end{aligned}$$

$$= 2\frac{1-\left(1-\frac{r}{R_0}\right)^n}{1-\left(1-\frac{r}{R_0}\right)}\frac{R}{2R+R_0}I_0 r$$

$$= \frac{2RR_0}{2R+R_0}\left[1-\left(1-\frac{r}{R_0}\right)^n\right]I_0$$

得

$$\begin{cases} R_{AB} = \dfrac{U_{AB}}{I_0} = \dfrac{2RR_0}{2R+R_0}\left[1-\left(1-\dfrac{r}{R_0}\right)^n\right] \\ R_0 = \dfrac{1}{2}(r+\sqrt{r^2+4rR}) > r \end{cases} \quad ⑧$$

注 $n=1$ 时,由⑧式得

$$R_{AB} = \frac{2rR}{2R+R_0}$$

即为(1)问的解.

$n\to\infty$时,因

$$\left(1-\frac{r}{R_0}\right)^n = \left(\frac{R_0-r}{R_0}\right)^n \to 0$$

得

$$R_{AB} = \frac{2RR_0}{2R+R_0}$$

即为(2)问的解.

例 13 图 6.53 所示的电阻丝网络含有 $N\geqslant 3$ 个正方形,网络中每一小段电阻为 R,试求 A,B 间的等效电阻 R_{AB}.

解 本题采用电流分布法求解.设从 A 端流入电流 I,从 B 端流出电流 I,若求得电流在网络中的分布,算出 A,B 两端间的电压 U_{AB},则有

$$R_{AB} = \frac{U_{AB}}{I}$$

设网络中的电流分布如图 6.54 所示,则对于每一个正方形,其上、下两电流和均为 I,故有

$$U_{AD}+U_{CB} = \underbrace{IR+IR+\cdots+IR}_{N\text{项}} = NIR$$

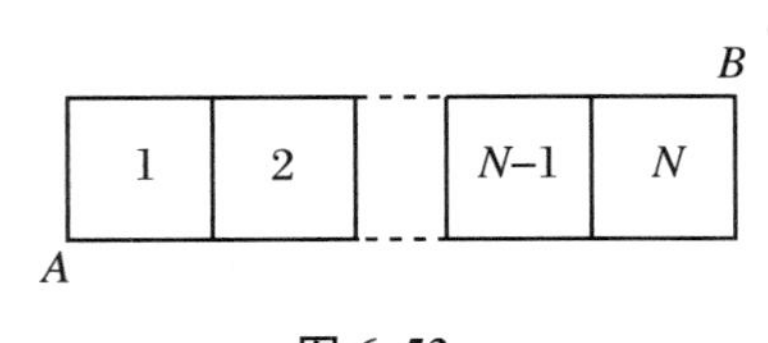

图 6.53

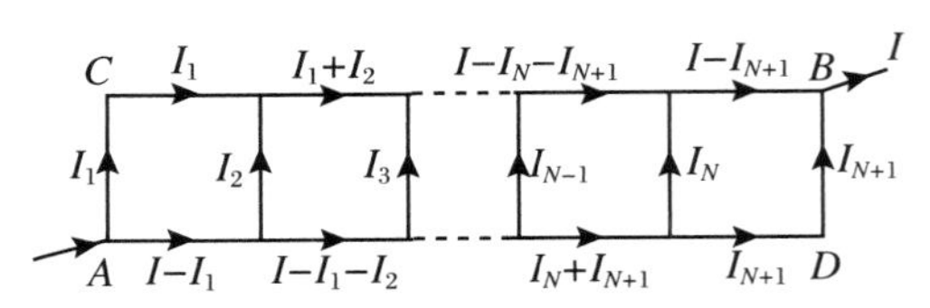

图 6.54

由对称性可知

$$U_{AD} = U_{CB}$$

因此有

$$U_{CB} = \frac{1}{2}NIR$$

于是有

$$U_{AB} = I_1R + U_{CB} = \left(I_1 + \frac{1}{2}NI\right)R$$

求得 I_1 后即可算出 U_{AB}.

取网络中第 $K-1$ 个和第 K 个正方形,其中的电流分布如图 6.55 所示,建立电压方程

$$I_{K-1}R + I'_{K-1}R = I''_{K-1}R + I_KR$$

$$I_KR + I'_KR = I''_KR + I_{K+1}R$$

和节点电流方程

$$I'_{K-1} + I_K = I'_K$$

$$I''_{K-1} = I_K + I''_K$$

联立后,可导得

$$I_{K+1} - 4I_K + I_{K-1} = 0, \quad K = 2,3,\cdots,N$$

这是关于 I_K 的二阶递推式,引入常数 α_1 和 α_2,使得 I_K 间有如下递推关系:

$$I_{K+1} - \alpha_1 I_K = \alpha_2(I_K - \alpha_1 I_{K-1}) \quad ①$$

$$I_{K+1} - \alpha_2 I_K = \alpha_1(I_K - \alpha_2 I_{K-1}) \quad ②$$

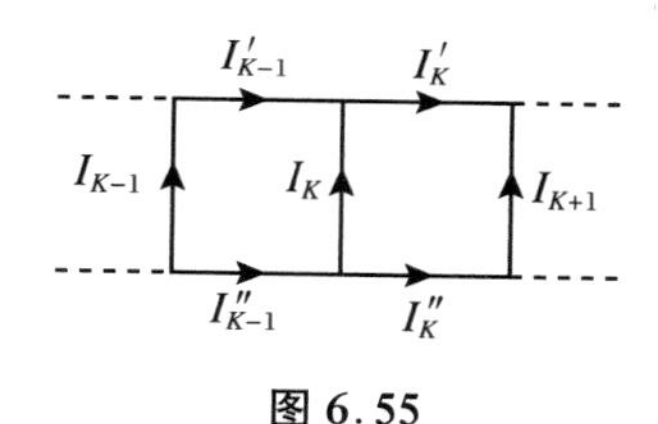

图 6.55

即有

$$I_{K+1} - (\alpha_1 + \alpha_2)I_K + \alpha_1\alpha_2 I_{K-1} = 0$$

与 I_K 的原递推式比较,即有

$$\alpha_1 + \alpha_2 = 4, \quad \alpha_1\alpha_2 = 1$$

故 α_1, α_2 为方程

$$\alpha^2 - 4\alpha + 1 = 0$$

的两个根,即有

$$\alpha_1 = 2 + \sqrt{3}, \quad \alpha_2 = 2 - \sqrt{3}$$

由①、②两式可得

$$I_{N+1} - \alpha_1 I_N = \alpha_2^{N-1}(I_2 - \alpha_1 I_1)$$

$$I_{N+1} - \alpha_2 I_N = \alpha_1^{N-1}(I_2 - \alpha_2 I_1)$$

因对称性,有

$$I_{N+1} = I_1, \quad I_N = I_2$$

代入上述两式,可得

$$I_1 - \alpha_1 I_2 = \alpha_2^{N-1}(I_2 - \alpha_1 I_1)$$

$$I_1 - \alpha_2 I_2 = \alpha_1^{N-1}(I_2 - \alpha_2 I_1)$$

两式相减,可得

$$(\alpha_1 - \alpha_2)I_2 = (\alpha_1^{N-1} - \alpha_2^{N-1})I_2 - (\alpha_1^{N-1}\alpha_2 - \alpha_2^{N-1}\alpha_1)I_1$$

$$= (\alpha_1^{N-1} - \alpha_2^{N-1}) I_2 - (\alpha_1^{N-2} - \alpha_2^{N-2}) I_1$$
$$= (\alpha_1^{N-1} - \alpha_1^{1-N}) I_2 - (\alpha_1^{N-2} - \alpha_1^{2-N}) I_1$$

因 $\alpha_1 - \alpha_2 = 2\sqrt{3}$,可解得

$$I_2 = \frac{\alpha_1^{N-2} - \alpha_1^{2-N}}{(\alpha_1^{N-1} - \alpha_1^{1-N}) - 2\sqrt{3}} I_1$$

对第1个正方形,可列电压方程

$$I_1 R + I_1 R = (I - I_1) R + I_2 R$$

即

$$3I_1 = I + I_2$$

与前面的 I_2-I_1 关系式联立后,可求得

$$I_1 = \frac{I}{3 - \dfrac{\alpha_1^{N-2} - \alpha_1^{2-N}}{(\alpha_1^{N-1} - \alpha_1^{1-N}) - 2\sqrt{3}}}$$

于是有

$$U_{AB} = \left(\frac{1}{2} NI + I_1\right) R = \left[\frac{N}{2} + \frac{1}{3 - \dfrac{\alpha_1^{N-2} - \alpha_1^{2-N}}{(\alpha_1^{N-1} - \alpha_1^{1-N}) - 2\sqrt{3}}}\right] IR$$

A,B 间的等效电阻便为

$$R_{AB} = \frac{U_{AB}}{I} = \left[\frac{N}{2} + \frac{1}{3 - \dfrac{\alpha_1^{N-2} - \alpha_1^{2-N}}{(\alpha_1^{N-1} - \alpha_1^{1-N}) - 2\sqrt{3}}}\right] R$$

其中 $\alpha_1 = 2 + \sqrt{3}$.

例 14 应用二端电阻网络等效电阻的普遍解法——电流分布法中的输入、输出电流线性分解,试求以电阻同为 R 的棱构成的正多面体相邻两个顶点之间的等效电阻.

解 将正多面体的顶点数记为 N,讨论的相邻两个顶点分别记为 $n = 1$ 和 $n = 2$,其他顶点分别记为 $n = 3, 4, \cdots, N$.

在电流分布法中,要列出类基尔霍夫方程组,包括回路电压方程组和节点电流方程组.

$$\text{原始方程组}\begin{cases} \text{回路电压方程组:} \sum \pm R_j I_j = 0 \\ \text{节点电流方程组:} \begin{cases} \sum \pm I_i = I_{\text{输入}} & \text{顶点 } 1 \\ \sum \pm I_i = -I_{\text{输出}} & \text{顶点 } 2 \\ \sum \pm I_i = 0 & \text{顶点 } 3, \cdots \end{cases} \end{cases}$$

$$I_{\text{输入}} = I_{\text{输出}} \xlongequal{\text{令}} \frac{N}{N-1} I_0$$

$$\text{线性分解方程组(1)}\begin{cases} \text{回路电压方程组:} \sum \pm R_j I_i(1) = 0 \\ \text{节点电流方程组:} \begin{cases} \sum \pm I_i(1) = I_{\text{输入}1}(1) = I_0 & \text{顶点 } 1 \\ \sum \pm I_i(1) = -I_{\text{输入}n}(1) = \dfrac{-I_0}{N-1} & \text{顶点 } 2, 3, \cdots, N \end{cases} \end{cases}$$

$$I_{\text{输入}}(1) = I_{\text{输入}1}(1) = I_0 = \sum_{n=2,\cdots,N} I_{\text{输出}n}(1) = I_{\text{输出}}(1)$$

$$\text{线性分解方程组(2)}\begin{cases}\text{回路电压方程组：}\sum \pm R_j I_i(2) = 0 \\ \text{节点电流方程组：}\begin{cases}\sum \pm I_i(2) = I_{\text{输入}n}(2) = \dfrac{I_0}{N-1} & \text{顶点 } 1,3,\cdots,N \\ \sum \pm I_i(2) = -I_{\text{输入}2}(2) = I_0 & \text{顶点 } 2\end{cases}\end{cases}$$

$$I_{\text{输入}}(2) = \sum_{n=1,3,\cdots,N} I_{\text{输入}n}(2) = I_0 = I_{\text{输出}2}(2) = I_{\text{输出}}(2)$$

叠加关系：

$$\text{顶点 } 1：I_{\text{输入}1}(1) + I_{\text{输入}1}(2) = I_0 + \frac{I_0}{N-1} = \frac{N}{N-1}I_0 = I_{\text{输入}}$$

$$\text{顶点 } 2：I_{\text{输出}2}(1) + I_{\text{输出}2}(2) = \frac{I_0}{N-1} + I_0 = \frac{N}{N-1}I_0 = I_{\text{输出}}$$

$$\text{顶点 } n(n = 3,\cdots,N)：I_{\text{输出}n}(1) - I_{\text{输入}n}(2) = \frac{I_0}{N-1} - \frac{I_0}{N-1} = 0$$

由此导致结果

$$I_i(1) + I_i(2) = I_i$$

示例 1　正六面体有 8 个顶点，$I_{\text{输入}} = \dfrac{8}{7}I_0$，$I_{\text{输出}} = \dfrac{8}{7}I_0$，如图 6.56 所示. 很易通过串联公式算得

$$R_{AB} = \frac{7}{12}R$$

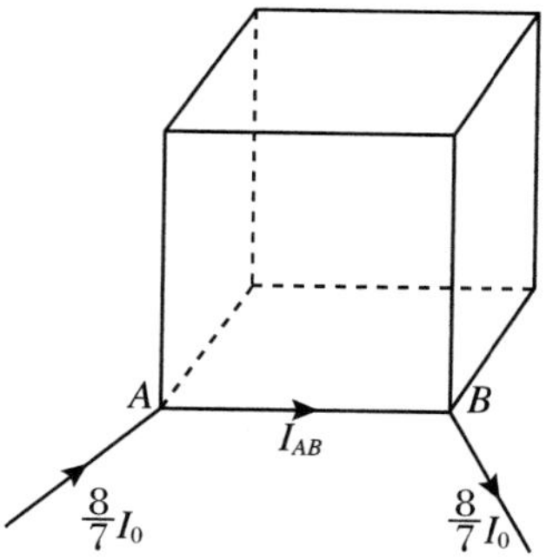

图 6.56

用电流分布法求解，先设原始条件为 A 点输入电流$\dfrac{8}{7}I_0$，B 点输出电流$\dfrac{8}{7}I_0$. 则电流分布如图 6.57 所示.

所以

$$I_{AB}(1) = \frac{I_0}{3},\quad I_{AB}(2) = \frac{I_0}{3}$$

合成，得

$$I_{AB} = I_{AB}(1) + I_{AB}(2) = \frac{2}{3}I_0$$

$$U_{AB} = I_{AB}R = \frac{2}{3}I_0 R$$

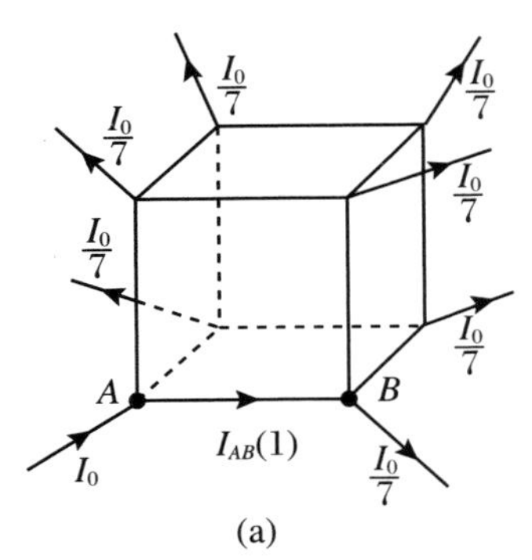

(a)
输出电流分布关于A点对称
电阻分布关于A点对称

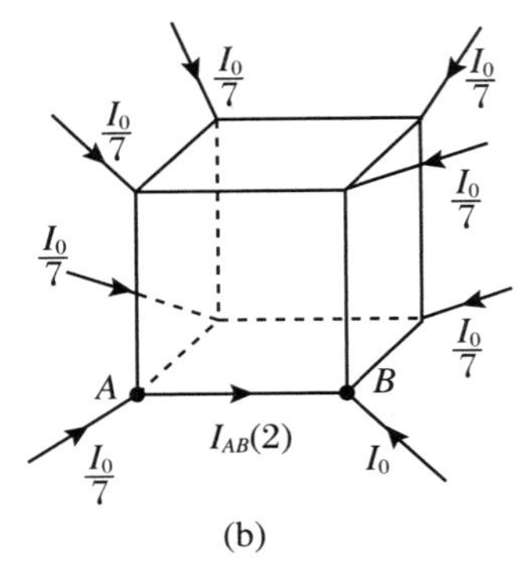

(b)
输入电流分布关于B点对称
电阻分布关于B点对称

图 6.57

$$R_{AB}=\frac{U_{AB}}{\frac{8}{7}I_0}=\frac{7}{12}R$$

示例 2　其他一些正多面体.设每条棱的电阻为 R,如图 6.58 所示.

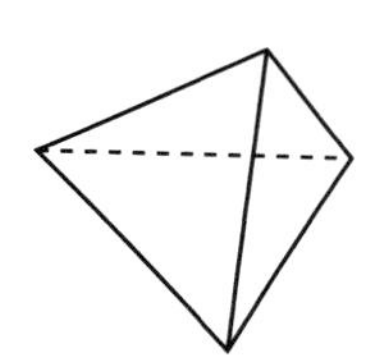

正四面体:顶点数 $N=4$
每一顶点与三条棱相接
相邻两顶点 A,B 间等效电阻为
$R_{AB}=\frac{1}{2}R$

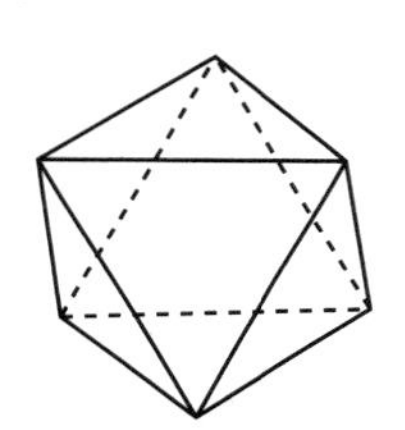

正八面体:顶点数 $N=6$
每一顶点与四条棱相接
相邻两个顶点 A,B 间等效电阻为
$R_{AB}=\frac{5}{12}R$

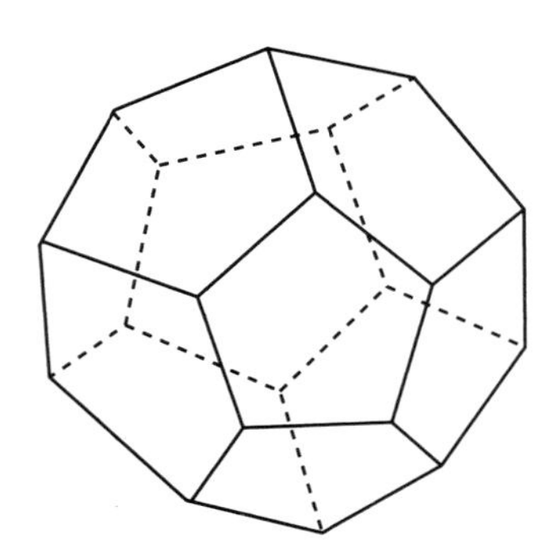

正十二面体:顶点数 $N=20$
每一顶点与三条棱相接
相邻两顶点 A,B 间等效电阻为
$R_{AB}=\frac{19}{30}R$

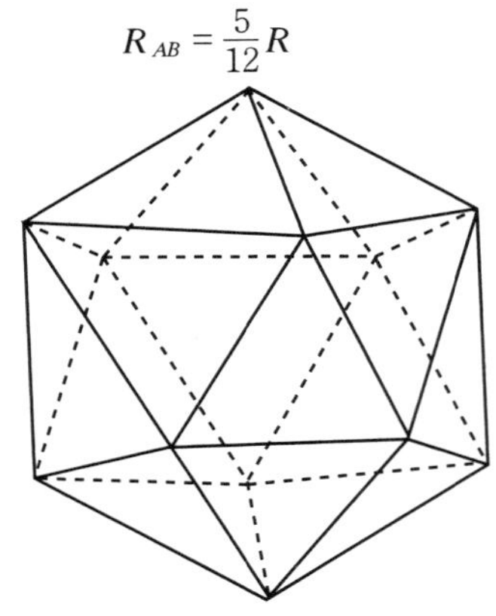

正二十面体:顶点数 $N=12$
每一顶点与五条棱相接
相邻两顶点 A,B 间等效电阻为
$R_{AB}=\frac{11}{30}R$

图 6.58

例 15　K 维空间正方体顶点间的等效电阻.

3 维空间正方体的顶点数 $N_3=8$,棱数 $L_3=12$.为了一致,将 2 维空间的正方形规范地称为 2 维空间正方"体",其顶点数 $N_2=4$,棱数 $L_2=4$;1 维空间的一条线段可称作 1 维空间正方"体",其顶点数 $N_1=2$,棱数 $L_1=1$.

(1) 试用递推方法,求出 $K(K\geqslant 1)$ 维空间正方体的顶点 N_K 和棱数 L_K.

(2) 设想 K 维空间正方体的每一条棱均由电阻同为 R 的电阻丝构成,试求:

(2.1) 对角线顶点之间(即相距最远的两个顶点之间)的等效电阻 R_{0K}.

(2.2) 任意两个顶点之间的等效电阻(自行命名).

解　(1) $K\geqslant 2$ 维空间正方体由 $K-1$ 维空间正方体沿着新增的第 K 个垂直方向延展而成.据此,可建立递推关系:

$$N_K = 2N_{K-1},\quad N_1 = 2$$
$$L_K = 2L_{K-1} + N_{K-1},\quad L_1 = 1$$

即得

$$N_K = 2^K$$
$$L_K = 2(2L_{K-2} + 2^{K-2}) + 2^{K-1} = 2^{K-1}L_1 + (K-1)2^{K-1} = K\cdot 2^{K-1}$$

(2) 以正方体对角线中的一个顶点为原点,以正方体棱长为坐标轴的单位长度,建立 K 维空间正交坐标系$\{x_1,x_2,\cdots,x_K\}$,则总可使正方体的每一个顶点的坐标量 x_i 或为 0,或为 1.与强对称相对应,将 $\sum\limits_{i=1}^{K}x_i = j(j\leqslant K)$ 的顶点称为第 j 等位点,个数为 C_K^j,建立从 $j=0$(对角线的起始顶点)到 $j=K$(对角线的终止顶点)的走向路线:

等位点端号 j	0	1	2	$\cdots$	$j-1$	j	$\cdots$	K
j 位顶点数 C_K^j	C_K^0	C_K^1	C_K^2	$\cdots$	C_K^{j-1}	C_K^j	$\cdots$	C_K^K

正方体每一个顶点都通过 K 条相互垂直的棱与相邻的 K 个顶点连接.取第 $j-1$ 位中坐标为

$$\{\underbrace{1,1,1,\cdots,1}_{(j-1)个},\underbrace{0,0,\cdots,0}_{K-(j-1)个}\},\quad j\geqslant 1$$

的标志性顶点,它有 $j-1$ 条棱,与 $j-1$ 个坐标分别为

$$\{0,1,1,\cdots,1,0,0,\cdots,0\},\quad \{1,0,1,\cdots,1,0,0,\cdots,0\},\quad \cdots,\quad \{1,1,1,\cdots,0,0,0,\cdots,0\}$$

的第 $j-2$ 位顶点相连,余下有 $K-(j-1)$条棱与 $K-(j-1)$个坐标分别为

$$\{1,1,1,\cdots,1,0,\cdots,0\},\quad \cdots,\quad \{1,1,1,\cdots,1,0,0,\cdots,1\}$$

的第 j 位顶点相连.即有第 $j-1$ 位中每一个顶点通过 $\delta_{j-1}=K-(j-1)$条棱与第 j 位中 δ_{j-1}个顶点相连,因此第 $j-1$ 位所有顶点通向第 j 位所有顶点的总棱数为

$$\alpha_j = \delta_{j-1}\mathrm{C}_K^{j-1} = (K+1-j)\mathrm{C}_K^{j-1} = K\cdot\mathrm{C}_{K-1}^{j-1}$$

最后一个等式的依据是

$$(K+1-j)\mathrm{C}_K^{j-1} = (K+1-j)\frac{K!}{[K-(j-1)]!(j-1)!}$$
$$= K\frac{(K-1)!}{[(K-1)-(j-1)]!(j-1)!} = K\mathrm{C}_{K-1}^{j-1}$$

(2.1) 设电流 I 从对角线起始顶点,即从 $j=0$ 位点流入,从对角线终止顶点,即从 $j=K$ 位点流出,在正方体诸棱中形成电流分布.I 从 $j=0$ 位点通过 α_1 条棱流向 $j=1$ 位点,因对称,每条棱上的电流为

$$i_1 = \frac{I}{\alpha_1}$$

而后总的电流 I 又从 $j=1$ 位点通过 α_2 条棱流向 $j=2$ 位点,每条棱上的电流为

$$i_2 = \frac{I}{\alpha_2}$$

一般而言,总的电流 I 从 $j-1$ 位点通过 α_j 条棱流向 j 位点,每条棱上的电流为

$$i_j = \frac{I}{\alpha_j}, \quad j = 1,2,\cdots,K$$

因此对角线顶点之间电压和等效电阻分别为

$$U_{0K} = \sum_{j=1}^{K} i_j R = \left(\sum_{j=1}^{K} \alpha_j^{-1}\right) IR, \quad R_{0K} = \frac{U_{0K}}{I} = \left(\sum_{j=1}^{K} \alpha_j^{-1}\right) R$$

即得

$$R_{0K} = \frac{1}{K}\left[\sum_{j=1}^{K} (\mathrm{C}_{K-1}^{j-1})^{-1}\right] R = \frac{1}{K}\left(\frac{1}{\mathrm{C}_{K-1}^{0}} + \frac{1}{\mathrm{C}_{K-1}^{1}} + \cdots + \frac{1}{\mathrm{C}_{K-1}^{K-1}}\right) R$$

(2.2) 任意两个顶点之间的等效电阻均可规范为 $j=0$ 位点 A 与第 $j_0(j_0>1)$ 位点中某一个顶点 B 之间的等效电阻,故记为 R_{0j_0}.

第 1 次令电流 I 从 A 点流入,等分为 $\frac{I}{2^K-1}$ 后,分别从其余 2^K-1 个顶点流出.从 $j-1$ 位点朝着 j 位点流去的总电流为

$$I_j(1) = I - \sum_{i=1}^{j-1} \mathrm{C}_K^i \frac{I}{2^K - 1}, \quad j = 1,2,\cdots,j$$

因对称,其间每条棱上的电流为

$$i_j(1) = \frac{I_j(1)}{\alpha_j}, \quad j = 1,2,\cdots,j$$

第 2 次令电流 I 从顶点 B 流出,各有 $\frac{I}{2^K-1}$ 电流分别从其余 2^K-1 个顶点流入.这可等效为电流 $-I$ 从 B 点流入,各有 $\frac{-I}{2^K-1}$ 电流分别从其余 2^K-1 个顶点流出.以 B 为原点,设置新的 $\{x_1', x_2', \cdots, x_k'\}$,$B$ 成为 $j'=0$ 位点,A 成为 $j_0'=j_0$ 位点中的一个顶点.从 $j'-1$ 位点朝着 j' 位点流去的总电流为

$$I_{j'}(2) = (-I) - \sum_{i'=1}^{j'-1} \mathrm{C}_K^{i'} \cdot \frac{(-I)}{2^K - 1}, \quad j' = 1,2,\cdots,j_0'$$

其间每条棱上的电流为

$$i_{j'}(2) = \frac{I_{j'}(2)}{\alpha_{j'}}, \quad j' = 1,2,\cdots,j_0'$$

第 1、2 次电流叠加,得到从 A 点流入和从 B 点流出的合电流为

$$I_{合} = I - \frac{-I}{2^K - 1} = \left(1 + \frac{1}{2^K - 1}\right) I$$

A,B 间的合电压为

$$U_{AB合} = \sum_{j=1}^{j_0} i_j(1) \cdot R - \sum_{j'=1}^{j_0'} i_{j'}(2) R$$

第二项前面的"-"号是因为第 2 次电流方向是从 B 到 A 的缘故.因 $j_0'=j_0$,得

$$U_{AB合} = \sum_{j=1}^{j_0}\left[\left(1-\frac{\sum_{i=1}^{j-1}C_K^i}{2^K-1}\right)\frac{1}{K}(C_{K-1}^{j-1})^{-1}\right]IR + \sum_{j'=1}^{j_0}\left[\left(1-\frac{\sum_{i'=1}^{j'-1}C_K^{i'}}{2^K-1}\right)\frac{1}{K}(C_{K-1}^{j'-1})^{-1}\right]IR$$

$$= \frac{2}{K}\left[\sum_{j=1}^{j_0}\left(1-\frac{\sum_{i=1}^{j-1}C_K^i}{2^K-1}\right)(C_{K-1}^{j-1})^{-1}\right]IR$$

得

$$R_{0j_0} = R_{AB} = \frac{U_{AB合}}{I_合} = \frac{\frac{2}{K}\left[\sum_{j=1}^{j_0}\left(1-\frac{\sum_{i=1}^{j-1}C_K^i}{2^K-1}\right)(C_{K-1}^{j-1})^{-1}\right]R}{1+\frac{1}{2^K-1}}$$

$$= \frac{2^K-1}{K\cdot 2^{K-1}}\sum_{j=1}^{j_0}\left[\left(1-\frac{\sum_{i=1}^{j-1}C_K^i}{2^K-1}\right)(C_{K-1}^{j-1})^{-1}\right]R$$

例 16　如图 6.59(a)所示的电路原来断路，电容器上无电荷. $t=0$ 时合上电键 K，设 ε-t 的关系如图 6.59(b)所示，且 $T=RC$，试求 $t=NT(N=1,2,3,\cdots)$ 时电容上正极板的电量 Q_N，并给出 $N\to\infty$ 的 Q_N 极限.

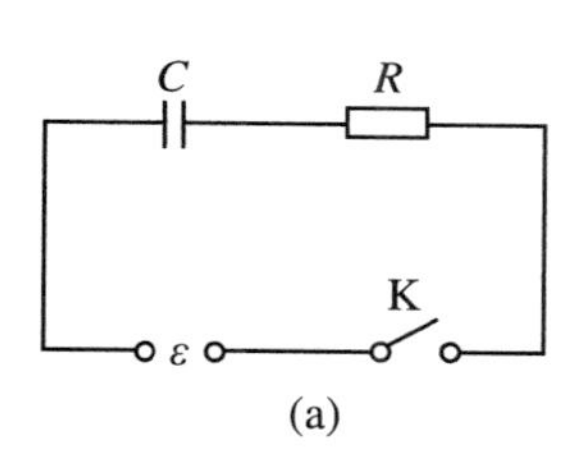

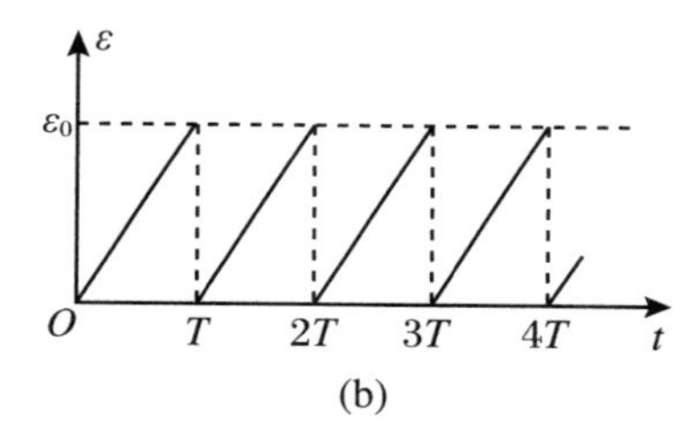

图 6.59

解　$t>0$ 时刻，充电电流记为 i，电容正极板上的电量记为 Q，则有

$$iR+\frac{Q}{C}=\varepsilon,\quad i=\frac{dQ}{dt}$$

利用题设 $T=RC$，可得

$$\frac{dQ}{dt}+\frac{Q}{T}=\frac{C\varepsilon}{T}$$

在第一周期中，

$$\varepsilon=\frac{\varepsilon_0 t}{T}\quad\Rightarrow\quad\frac{dQ}{dt}+\frac{Q}{T}=\frac{C\varepsilon_0}{T^2}t$$

解得

$$Q=e^{-\int\frac{dt}{T}}\left(\int\frac{C\varepsilon_0}{T^2}te^{\int\frac{dt}{T}}dt+A\right)=e^{-\frac{t}{T}}\left(\frac{C\varepsilon_0}{T^2}\int te^{\frac{t}{T}}dt+A\right)$$

$$=e^{-\frac{t}{T}}\left\{\frac{C\varepsilon_0}{T^2}\left[T^2e^{\frac{t}{T}}\left(\frac{t}{T}-1\right)\right]+A\right\}=C\varepsilon_0\left(\frac{t}{T}-1\right)+Ae^{-\frac{t}{T}}$$

将初始条件 $t=0$ 时，$Q=0$ 代入后，得

$$A = C\varepsilon_0$$

所以

$$Q = C\varepsilon_0\left(\frac{t}{T} - 1\right) + C\varepsilon_0 e^{-\frac{t}{T}}$$

在 $t = T$ 时，即在第一周期末，电容器 C 上的电量为

$$Q = \frac{C\varepsilon_0}{e}$$

在第二周期中改取时间为

$$t' = t - T$$

则回路方程的形式仍为

$$\frac{dQ}{dt'} + \frac{Q}{T} = \frac{C\varepsilon_0}{T^2}t'$$

通解仍为

$$Q = C\varepsilon_0\left(\frac{t'}{T} - 1\right) + A' e^{-\frac{t'}{T}}$$

初始条件为 $t' = 0$ 时，$Q = Q_1 = \dfrac{C\varepsilon_0}{e}$，代入后，得

$$A' = C\varepsilon_0(e^{-1} + 1), \quad Q = C\varepsilon_0\left(\frac{t'}{T} - 1\right) + C\varepsilon_0(e^{-1} + 1)e^{-\frac{t'}{T}}$$

当 $t' = T$，即当 $t = 2T$ 时，亦即在第二周期末，电容器 C 上的电量为

$$Q_2 = \frac{C\varepsilon_0(e^{-1} + 1)}{e}$$

……

在第 N 周期中，通过重复上述求解过程，不难得知，当 $t = NT$ 时，电容器 C 上的电量为

$$\begin{aligned} Q_N &= C\varepsilon_0(\cdots\{[(e^{-1} + 1)e^{-1} + 1]e^{-1} + 1\}e^{-1}\cdots) \\ &= C\varepsilon_0(e^{-1} + e^{-2} + \cdots + e^{-N}) = C\varepsilon_0 e^{-1}\frac{1 - e^{-N}}{1 - e^{-1}} \end{aligned}$$

即

$$Q_N = \frac{1 - e^{-N}}{e - 1}C\varepsilon_0 \quad \Rightarrow \quad \lim_{N\to\infty} Q_N = \frac{C\varepsilon_0}{e - 1}$$

例 17 两个理想电容器 C_1 和 C_2 串联起来接在直流电源上，电压分配为 $U_1 : U_2 = C_2 : C_1$. 真实电容器都有一定的漏阻，漏阻相当于并联在理想电容器 C_1, C_2 上的电阻 R_1, R_2，如图 6.60 所示. 当漏阻趋于无穷时，真实电容器趋于理想电容器. 将两个真实电容器接在直流电源上，根据稳恒条件，电压分配为 $U_1 : U_2 = R_1 : R_2$. 设 $C_1 : C_2 = R_1 : R_2 = 1 : 2$，并设想 R_1 和 R_2 按此比例趋于无穷. 试问此时电压分配 $U_1 : U_2$ 如何？一种看法认为，这时两个电容器都是理想的，故应为 $U_1 : U_2 = C_2 : C_1 = 2 : 1$. 另一种看法认为，电压的分配只与 R_1 和 R_2 的比值有关，而此比值不变，故当 $R_1 \to \infty$ 及 $R_2 \to \infty$ 时，电压分配仍应为 $U_1 : U_2 = R_1 : R_2 = 1 : 2$. 试问哪一种看法正确？

解 如图 6.61 所示，设电源电动势为常量 ε，内阻

$$r \ll R_1, R_2$$

因 r 很小，在稳态电路问题中常可忽略，故题文中未提及此量，但在暂态过程中 r 虽小，其作用不可忽略. 在充电的暂态过程中，各支路瞬态电流如图 6.61 所示，有

$$i_1 = \frac{\mathrm{d}q_1}{\mathrm{d}t},\quad i_2 = \frac{\mathrm{d}q_2}{\mathrm{d}t};\quad i_1' = \frac{u_1}{R_1} = \frac{q_1}{C_1 R_1},\quad i_2' = \frac{u_2}{R_2} = \frac{q_2}{C_2 R_2}$$

$$i = \frac{1}{r}(\varepsilon - u_1 - u_2) = \frac{1}{r}\left(\varepsilon - \frac{q_1}{C_1} - \frac{q_2}{C_2}\right);\quad i = i_1 + i_1' = i_2 + i_2'$$

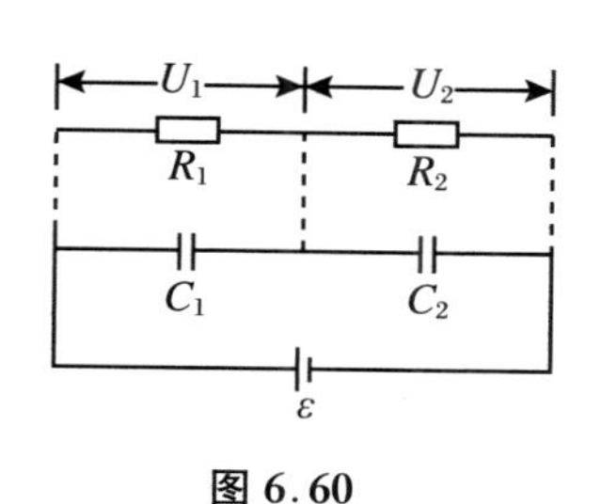

图 6.60

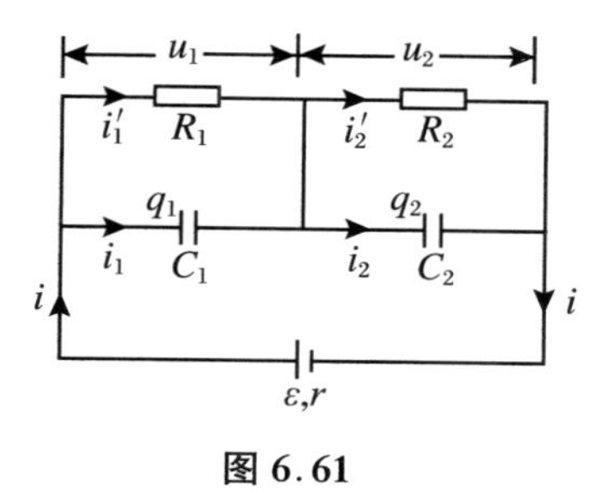

图 6.61

得

$$\frac{\mathrm{d}q_1}{\mathrm{d}t} = \frac{\varepsilon}{r} - \frac{q_1}{R_1 C_1} - \frac{q_1}{rC_1} - \frac{q_2}{rC_2}$$

$$\frac{\mathrm{d}q_2}{\mathrm{d}t} = \frac{\varepsilon}{r} - \frac{q_2}{R_2 C_2} - \frac{q_2}{rC_2} - \frac{q_1}{rC_1}$$

联立两式，消去 q_1，得

$$rC_1 \frac{\mathrm{d}^2 q_2}{\mathrm{d}t^2} + \left(1 + \frac{r}{R_1} + \frac{C_1}{C_2} + \frac{C_1 r}{C_2 R_2}\right)\frac{\mathrm{d}q_2}{\mathrm{d}t} + \left(\frac{1}{R_2 C_2} + \frac{1}{R_1 C_2} + \frac{r}{R_1 R_2 C_2}\right) q_2 = \frac{\varepsilon}{R_1}$$

这是一个关于 q_2 的二阶常系数线性非齐次微分方程，其特解为

$$q_2 = \frac{R_2 C_2 \varepsilon}{R_1 + R_2 + r}$$

齐次特征方程为

$$rC_1 x^2 + \left(1 + \frac{r}{R_1} + \frac{C_1}{C_2} + \frac{C_1 r}{C_2 R_2}\right)x + \frac{R_1 + R_2 + r}{R_1 R_2 C_2} = 0$$

其根为

$$x_{1,2} = \frac{1}{2A_1}\left(-A_2 \pm \sqrt{A_2^2 - 4A_1 A_3}\right)$$

$$A_1 = rC_1,\quad A_2 = 1 + \frac{r}{R_1} + \frac{C_1}{C_2} + \frac{C_1 r}{C_2 R_2},\quad A_3 = \frac{R_1 + R_2 + r}{R_1 R_2 C_2}$$

因 r 是小量，A_1 也是小量，有近似展开

$$\sqrt{A_2^2 - 4A_1 A_3} = A_2\left(1 - \frac{2A_1 A_3}{A_2^2}\right)$$

得

$$x_1 = \frac{1}{2A_1}\left[-A_2 - A_2\left(1 - \frac{2A_1 A_3}{A_2^2}\right)\right] \approx -\frac{A_2}{A_1} \approx -\frac{C_1 + C_2}{rC_1 C_2}$$

$$x_2 = \frac{1}{2A_1}\left[-A_2 + A_2\left(1 - \frac{2A_1 A_3}{A_2^2}\right)\right] \approx -\frac{A_3}{A_2} \approx \frac{R_1 + R_2}{R_1 R_2 (C_1 + C_2)}$$

于是，得到 q_2 的通解为

$$q_2 = P_1 \mathrm{e}^{-t/\tau_1} + P_2 \mathrm{e}^{-t/\tau_2} + \frac{R_2 C_2}{R_1 + R_2 + r}\varepsilon$$

$$\tau_1 = -\frac{1}{x_1} = \frac{C_1 C_2 r}{C_1 + C_2}, \quad \tau_2 = -\frac{1}{x_2} = \frac{R_1 R_2 (C_1 + C_2)}{R_1 + R_2}, \quad P_1, P_2 \text{ 待定}$$

因 $t=0$ 时 $q_1=0, q_2=0$,故 $i_1'=0, i_2'=0, i=\frac{\varepsilon}{r}$.由此,写出初始条件为 $t=0$ 时,

$$q_2 = 0, \quad \frac{\mathrm{d}q_2}{\mathrm{d}t} = i_2 = i - i_2' = i = \frac{\varepsilon}{r}$$

利用此初始条件,可解得 P_1, P_2 为

$$P_1 = -\frac{C_1 C_2 \varepsilon}{C_1 + C_2}, \quad P_2 = \left(\frac{C_1 C_2}{C_1 + C_2} - \frac{R_2 C_2}{R_1 + R_2 + r}\right)\varepsilon$$

q_2 的通解便为

$$\begin{aligned} q_2 &= -\frac{C_1 C_2}{C_1 + C_2}\varepsilon \mathrm{e}^{-t/\tau_1} + \left(\frac{C_1 C_2}{C_1 + C_2} - \frac{R_2 C_2}{R_1 + R_2 + r}\right)\varepsilon \mathrm{e}^{-t/\tau_2} + \frac{R_2 C_2}{R_1 + R_2 + r}\varepsilon \\ &\approx -\frac{C_1 C_2}{C_1 + C_2}\varepsilon \mathrm{e}^{-t/\tau_1} + \left(\frac{C_1 C_2}{C_1 + C_2} - \frac{R_2 C_2}{R_1 + R_2}\right)\varepsilon \mathrm{e}^{-t/\tau_2} + \frac{R_2 C_2}{R_1 + R_2}\varepsilon \end{aligned}$$

同样可解出

$$q_1 \approx -\frac{C_1 C_2}{C_1 + C_2}\varepsilon \mathrm{e}^{-t/\tau_1} + \left(\frac{C_1 C_2}{C_1 + C_2} - \frac{R_1 C_1}{R_1 + R_2}\right)\varepsilon \mathrm{e}^{-t/\tau_2} + \frac{R_1 C_1}{R_1 + R_2}\varepsilon$$

可见,在充电的暂态过程中,q_1 及 q_2 随时间 t 的变化包含两个指数衰减项.由于

$$\tau_1 \ll \tau_2$$

第一项迅速衰减,第二项的衰减相对缓慢,可分阶段进行讨论.

在第一阶段中,第一项迅速衰减到近似为零,第二项则可认为近似处于 $t=0$ 的初值,故第一阶段终态的电量为

$$q_1 = \left(\frac{C_1 C_2}{C_1 + C_2} - \frac{R_1 C_1}{R_1 + R_2}\right)\varepsilon + \frac{R_1 C_1}{R_1 + R_2}\varepsilon = \frac{C_1 C_2}{C_1 + C_2}\varepsilon$$

$$q_2 = \left(\frac{C_1 C_2}{C_1 + C_2} - \frac{R_2 C_2}{R_1 + R_2}\right)\varepsilon + \frac{R_2 C_2}{R_1 + R_2}\varepsilon = \frac{C_1 C_2}{C_1 + C_2}\varepsilon$$

第一阶段的终态,电容 C_1, C_2 上的电压分别为

$$u_1 = \frac{q_1}{C_1} = \frac{C_2}{C_1 + C_2}\varepsilon, \quad u_2 = \frac{q_2}{C_2} = \frac{C_1}{C_1 + C_2}\varepsilon$$

比值为

$$u_1 : u_2 = C_2 : C_1$$

在第二阶段中,第二项的衰减效果开始显现出来,q_1 和 q_2 可近似为

$$q_1 = \frac{C_1 C_2}{C_1 + C_2}\varepsilon \mathrm{e}^{-t/\tau_2} + \frac{R_1 C_1}{R_1 + R_2}\varepsilon(1 - \mathrm{e}^{-t/\tau_2})$$

$$q_2 = \frac{C_1 C_2}{C_1 + C_2}\varepsilon \mathrm{e}^{-t/\tau_2} + \frac{R_2 C_2}{R_1 + R_2}\varepsilon(1 - \mathrm{e}^{-t/\tau_2})$$

经过足够长时间,达到稳定后,有

$$q_1 = \frac{R_1 C_1}{R_1 + R_2}\varepsilon, \quad q_2 = \frac{R_2 C_2}{R_1 + R_2}\varepsilon$$

此时,电容 C_1 和 C_2 上的电压分别为

$$U_1 = u_1 = \frac{q_1}{C_1} = \frac{R_1}{R_1 + R_2}\varepsilon, \quad U_2 = u_2 = \frac{q_2}{C_2} = \frac{R_2}{R_1 + R_2}\varepsilon$$

其比值为

$$U_1 : U_2 = R_1 : R_2$$

这表明，串联的漏阻电容器在充电过程的终态(即稳定态)，其电压分布即为由漏阻构成的电阻器的串联电压分配.

综上所述，本题的完整回答应为：对于漏阻 R_1 和 R_2 按 1∶2 趋于无穷的理想电容器串联，在充电过程中，理论上的终态电压比应为 $U_1 : U_2 = R_1 : R_2 = 1 : 2$. 但因时间常数 τ_2 趋于无穷，相应的暂态过程(即上述第二阶段)不可进行，此终态不可接近. 因此，在有限时间内测得的串联电容器的电压之比应为 $U_1 : U_2 = C_2 : C_1 = 2 : 1$(即为上述第二阶段初态的电压比).

思　考　题

1. 用塑料梳子梳头，可能产生上万伏的电压，为什么这么高的电压并不危险，而普通发电机输出的电压远低于这个电压，反而很危险？

2. 电流通过铁丝，铁丝微热，如果把铁丝的一部分浸入冷水，其余部分会更热，为什么？

3. 在真空中，电子运动的轨迹并不总逆着电场线，为什么在导体内电流永远与电场线重合？

4. 由电池组提供的电动势方向是否取决于通过电池组的电流方向？

5. 判断下述说法是否正确：

(1) 含源支路中电流必须从高电势到低电势；

(2) 不含源支路中电流必须从高电势到低电势；

(3) 支路电流为零时，支路两端电压一定为零；

(4) 支路两端电压为零时，支路电流一定为零.

6. 电流从铜球顶点上一点流入，从相对的一点流出，铜球各部分产生焦耳热的情况是否相同？

7. 纯电阻、纯电感、纯电容元件分别接入交流电源后，当它们的瞬时功率为最大值时，电压与电流的数值是否同时达到最大值？是最大值的多少倍？

8. 判断下述说法是否正确：

(1) 支路电流为零时，该支路吸收的电功率一定为零；

(2) 支路两端电压为零时，该支路吸收的电功率一定为零；

(3) 当电源中非静电力做正功时，一定对外输出功率；

(4) 当电源中非静电力做负功时，一定吸收功率.

9. 在 RLC 串联谐振情况下，若电源电压不变，减小 R 的数值，U_R、U_L、U_C 应如何变化？

10. 电阻性电路的电抗是否一定为零？电容性电路的电抗是否一定为负？电感性电路的电抗是否一定为正？

11. 发电机是怎样将机械能转化为电能的？若发电机转动部分的摩擦可以忽略，当发电机转子线圈两端断开时，发电机转子在旋转过程中是否要消耗机械能？

12. RLC 串联电路在谐振时的平均功率与非谐振时的平均功率是否相等？

13. 判断下面的说法是否正确：达到谐振的条件是无功分量为零，即没有无功电流.

14. 在实际情形中常有这样的现象发生：一变压器的副线圈短路（其中电流很大），结果却将原线圈烧坏.这一现象应如何解释？

习　题

1. 一圆柱形电容器，内圆半径为 r_1，外圆半径为 r_2，圆筒长度为 l，两圆筒间充满介电常数为 ε 的电介质，其电导率为 σ，求该电容器的漏电电阻.

2. 一圆柱形钨丝原来的长度为 L，截面积为 S，现将钨丝均匀拉长，最后的长度为 $L_2=10L_1$，并算得拉长后的电阻为 75 Ω，求未拉长时的电阻阻值.

3. 有一长度为 L，内外半径分别为 R_1、R_2 的导体管，电阻率为 ρ，求下列两种情况下管子的电阻：(1) 电流沿长度方向流过；(2) 电流沿径向方向流过.

4. 当电流为 1 A，端电压为 2 V 时，试求下列各情形中电流的功率以及 1 s 内所产生的热量：

(1) 电流通过导线；

(2) 电流通过充电的蓄电池，这时蓄电池的电动势为 1.3 V；

(3) 电流通过放电的蓄电池，这时蓄电池的电动势为 2.6 V.

5. 一电路如图 6.62 所示，其中 b 点接地，$R_1=10.0\ \Omega$，$R_2=2.5\ \Omega$，$R_3=3.0\ \Omega$，$R_4=1.0\ \Omega$，$\varepsilon_1=6.0\ \text{V}$，$r_1=0.40\ \Omega$，$\varepsilon_2=8.0\ \text{V}$，$r_2=0.60\ \Omega$.求：

(1) 通过每个电阻的电流；

(2) 每个电池的端电压；

(3) a、d 两点间电势差；

(4) b、c 两点间电势差；

(5) a、b、c、d 各点处的电势.

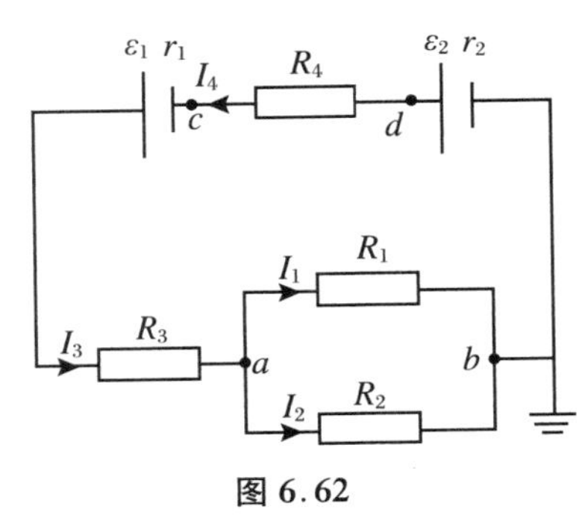

图 6.62

6. 五个已知电阻 R_1、R_2、R_3、R_4、R_5，连接如图 6.63 所示，试求 a、b 间的电阻 R_{ab}.

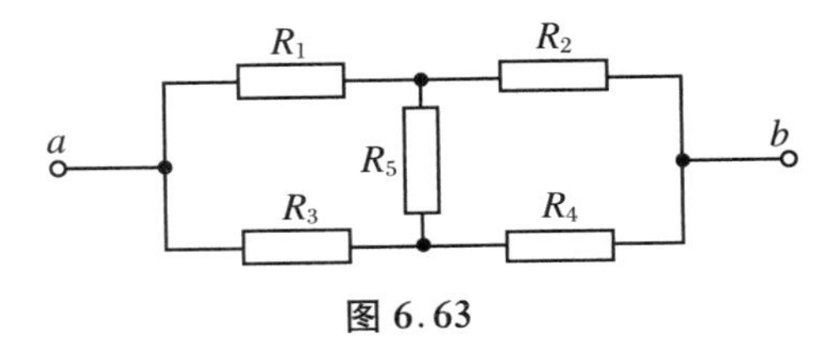

图 6.63

7. 在如图 6.64 所示的电路中，已知 $\varepsilon_1=12\ \text{V}$，$\varepsilon_2=9\ \text{V}$，$\varepsilon_3=8\ \text{V}$，$R_{i1}=R_{i2}=R_{i3}=1\ \Omega$，$R_1=R_2=R_3=R_4=2\ \Omega$，$R_5=3\ \Omega$，求：

（1）A、B 两点间的电势差；

（2）C、D 两点间的电势差；

（3）如 C、D 两点短路，这时通过 R_5 的电流.

8. 一电路如图 6.65 所示，其中 $\varepsilon_1=1.5\ \text{V}$，$\varepsilon_2=1.0\ \text{V}$，$R_1=50\ \Omega$，$R_2=80\ \Omega$，$R_3=10\ \Omega$，电源的内阻可略去不计，试求通过 R 的电流 I.

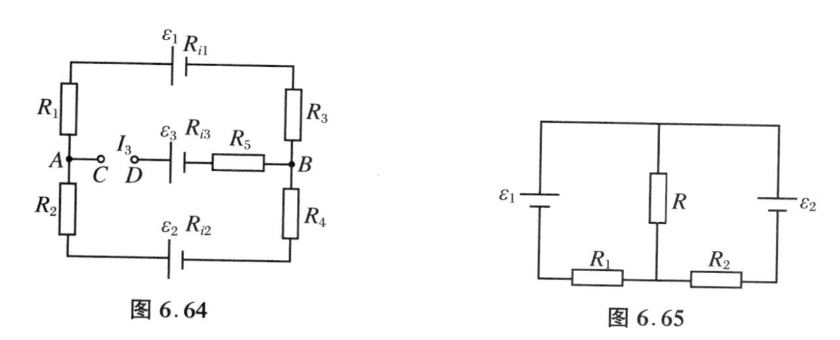

图 6.64　　图 6.65

9. 在如图 6.66 所示的电路中，已知 $\varepsilon_1=8.0\ \text{V}$，$\varepsilon_2=2.0\ \text{V}$，$R_1=20\ \Omega$，$R_2=40\ \Omega$，$R_3=60\ \Omega$，求开关 K 合上前后（电路已达稳态）$A$ 点电位 U_A 变化（升高或是降低）了多少.

10. 如图 6.67 所示的电路中，$U_a-U_b=3\ \text{V}$，$\varepsilon_1=9\ \text{V}$，$\varepsilon_2=3\ \text{V}$，$r_1=r_2=1\ \Omega$，$R_1=1\ \Omega$，$R_2=2\ \Omega$，求 R_3 的值.

11. 如图 6.68 所示，电源提供 500 Hz、3 mA 的电流，未接电容 C 时，电阻 $R=500\ \Omega$ 两端的交流电压是多少？当并联一个 30 μF 的电容后，电阻 R 两端的交流电压降为多少？

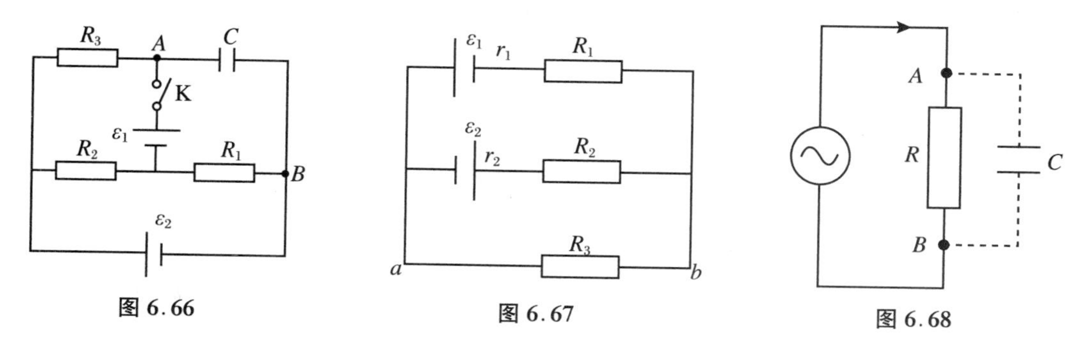

图 6.66　　图 6.67　　图 6.68

12. 将 $L=10\ \text{mH}$ 的电感线圈接到 $u=100\sin\omega t$ 的电源上，求在频率为 50 Hz 和 50 kHz时，电感线圈的感抗及电流各为多少？

13. 有一个电压 110 V，功率为 75 W 的白灯泡，用在电压 220 V 的线路上. 为了使灯泡两端电压能够等于它的额定电压 110 V，可以用一个电阻器与灯泡串联，或用一个电感线圈（线圈的电阻比灯泡的电阻小得多，可以忽略不计）与灯泡串联. 设电源频率为 50 Hz，求所需的电阻值和电感值，并说明哪一种方法好.

14. 一台电动机的功率为 1.1 kW，接在 220 V 的工频电源上，工作电流为 10 A.

（1）求电动机的功率因数；

（2）如果在电动机的两端并联一只 $C=79.5\ \mu\text{F}$ 的电容器，求整个电路的功率因数.

15. 如图 6.69 所示的电路是作为振荡器谐振器使用的石英晶体的等效电路，其中 $L = 14\ \mathrm{H}$，$C = 0.063\ \mathrm{pF}$，$R = 120\ \Omega$，$C_0 = 2\ \mathrm{pF}$. 试求该谐振电路的串联谐振频率，相对串联谐振频率而言的 Q 值和并联谐振频率.

16. 串联谐振电路如图 6.70 所示，已知信号源电压 $\varepsilon = 1\ \mathrm{V}$，频率 $f = 1\ \mathrm{MHz}$，调节电容 C 使回路达到谐振，这时回路电流 $I_0 = 100\ \mathrm{mA}$，电容器两端电压 $U_C = 100\ \mathrm{V}$，求：

(1) 电路元件参数 R、L、C；

(2) 回路的品质因数 Q.

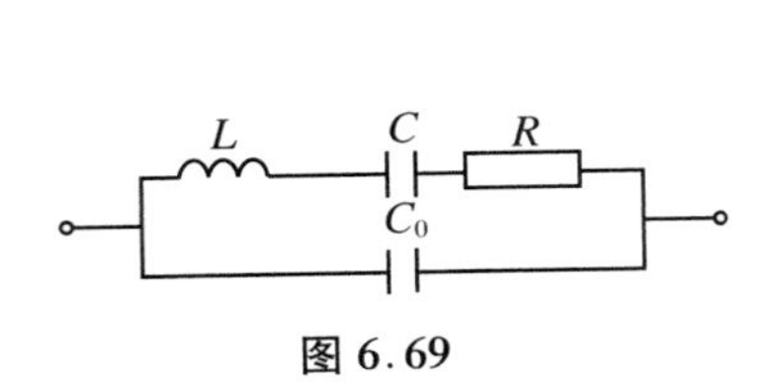

图 6.69

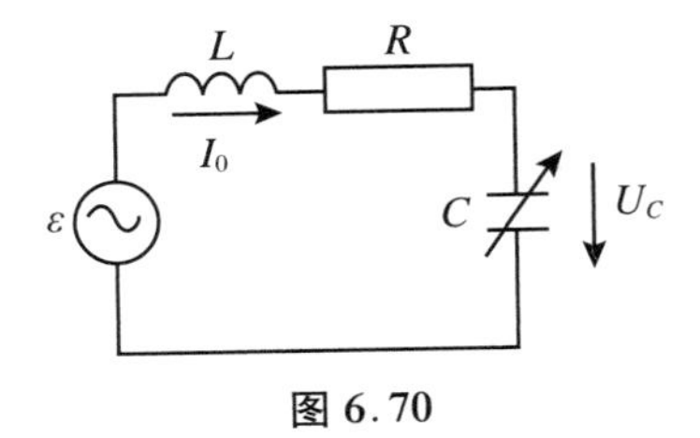

图 6.70

17. 有一电容 C 为 $40\ \mu\mathrm{F}$，与阻值 $R = 60\ \Omega$ 的电阻串联后，接在电压为 220 V、频率为 50 Hz 无内阻的交流电源上，试求：

(1) 阻抗 Z；

(2) 功率因数 $\cos\varphi$；

(3) 有功功率；

(4) 无功功率.

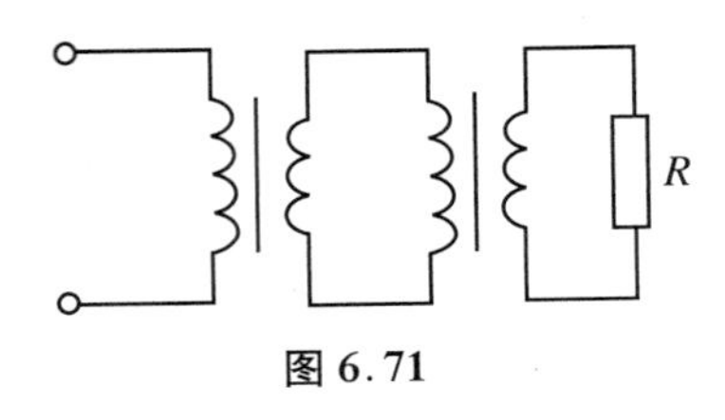

图 6.71

18. 如图 6.71 所示的电路图，经两个变比均为 10 : 1 的理想变压器逐级变压.

(1) 当输入电压为 220 V 时，输出电压是多少？

(2) 输出端如接 10 Ω 的电阻，输入端的阻抗为多少？

(3) 输入电压为 220 V 时输入端的电流为多少？

19. 将一输入 220 V、输出 6.3 V 的变压器，改成输入 220 V、输出 30 V 的变压器，现拆出次级线圈，数出匝数是 38 匝，问应改绕成多少匝？

习 题 解 答

1. 漏电电流是由内筒沿径向均匀地呈辐射状流向外筒. 设漏电电流为 I，在离轴心为 r 的圆柱面上，其电流密度为

$$J = \frac{I}{2\pi r l}$$

因而电场强度为

$$E = \frac{J}{\sigma} = \frac{I}{2\pi r l \sigma}$$

沿截面半径取电场的线积分，可求出内外圆筒间的电压为

$$U=\int_{r_1}^{r_2}\boldsymbol{E}\cdot\mathrm{d}\boldsymbol{r}=\int_{r_1}^{r_2}E\mathrm{d}r=\int_{r_1}^{r_2}\frac{I}{2\pi rl\sigma}\mathrm{d}r=\frac{I}{2\pi l\sigma}\ln\frac{r_2}{r_1}$$

漏电阻为

$$R=\frac{U}{I}=\frac{1}{2\pi l\sigma}\ln\frac{r_2}{r_1}$$

2. 拉长后钨丝的截面积为

$$S'=\frac{L_1S}{L_2}=\frac{S}{10}$$

未拉长时的电阻 R 与拉长后的电阻 R' 的比为

$$\frac{R}{R'}=\frac{\rho\dfrac{L_1}{S}}{\rho\dfrac{L_2}{S'}}=\frac{L_1S'}{L_2S}=\frac{1}{10}\cdot\frac{1}{10}=\frac{1}{100}$$

于是可得

$$R=\frac{1}{100}R'=\frac{1}{100}\times 75\ \Omega=0.75\ \Omega$$

3. (1) 考虑导体管上长为 $\mathrm{d}l$ 的一段电阻 $\mathrm{d}R$，因为管子的截面积 $S=\pi(R_2^2-R_1^2)$，所以有

$$\mathrm{d}R=\rho\frac{\mathrm{d}l}{\pi(R_2^2-R_1^2)}$$

则导体沿长度方向的总电阻为

$$R=\int_0^L\rho\frac{\mathrm{d}l}{\pi(R_2^2-R_1^2)}=\frac{\rho L}{\pi(R_2^2-R_1^2)}$$

(2) 在 $R_1\leqslant r\leqslant R_2$ 间，离管轴 r 处，取一厚度为 $\mathrm{d}r$ 的薄圆筒，其径向电阻为

$$\mathrm{d}R=\rho\frac{\mathrm{d}r}{2\pi rl}$$

沿径向的总电阻为

$$R=\int_{R_1}^{R_2}\rho\frac{\mathrm{d}r}{2\pi rL}=\frac{\rho}{2\pi L}\ln\frac{R_2}{R_1}$$

4. (1) 功率为

$$P_1=UI=2\ \mathrm{V}\times 1\ \mathrm{A}=2\ \mathrm{W}$$

热量为

$$Q=P_1\Delta t=2\ \mathrm{W}\times 1\ \mathrm{s}=2\ \mathrm{J}$$

(2) 功率为

$$P_2=UI=2\ \mathrm{W}$$

充电时，$U-\varepsilon_2=IR_{i2}$，电流在 1 s 内产生的热量为

$$Q_2=I^2R_{i2}\Delta t=I(U-\varepsilon_2)\Delta t=1\times(2-1.3)\times 1\ \mathrm{J}=0.70\ \mathrm{J}$$

(3) 功率为

$$P_3=UI=2\ \mathrm{W}$$

放电时，$\varepsilon_3-U=IR_{i3}$，电流在 1 s 内产生的热量为

$$Q_3=I^2R_{i3}\Delta t=I(\varepsilon_3-U)\Delta t=1\times(2.6-2)\times 1\ \mathrm{J}=0.60\ \mathrm{J}$$

5. (1) 通过各电阻的电流分别为

$$I_3=I_4=-\frac{\sum\varepsilon}{\sum R}=2\ \mathrm{A}$$

$$I_1 = I_3 \times \frac{R_2}{R_1 + R_2} = 0.4\ \text{A}$$

$$I_2 = I_3 - I_1 = 1.6\ \text{A}$$

(2) 每个电池的端电压分别为

$$U_1 = \varepsilon_1 - I_4 r_1 = 5.2\ \text{V}$$

$$U_2 = \varepsilon_2 - I_4 r_2 = 6.8\ \text{V}$$

(3) a、d 两点间的电势差为

$$U_d - U_a = I_3 R_3 + I_3 r_1 + I_4 R_4 - \varepsilon_1 = 2.8\ \text{V}$$

(4) b、c 两点间的电势差为

$$U_c - U_b = - I_4 r_2 - I_4 R_4 + \varepsilon_2 = 4.8\ \text{V}$$

(5) 点 a、b、c、d 各处的电势分别为

$$U_a = U_a - U_b = I_3 \frac{R_1 R_2}{R_1 + R_2} = 4.0\ \text{V}$$

$$U_b = 0$$

$$U_c = 4.8\ \text{V}$$

$$U_d = U_d - U_b = - I_4 r_2 + \varepsilon_2 = 6.8\ \text{V}$$

6. 本题可以使用电路的基本规律(基尔霍夫电路定律)求解.

设在 a、b 间接上电压为 U 的电源(内阻可以略去不计),电路中各处的电流如图 6.72 所示.

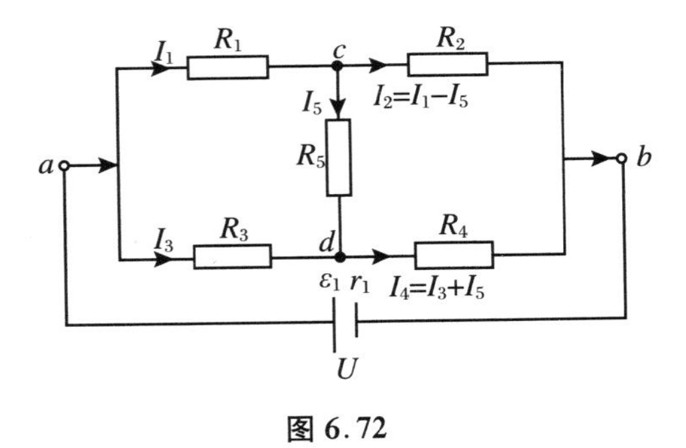

图 6.72

为了减少变量,在图中标注了 c、d 两点,应用基尔霍夫第一定律,有

$$I_2 = I_1 - I_5$$

$$I_4 = I_3 + I_5$$

这样便只有 I_1、I_3、I_5 三个变量,下面取三个独立回路,用基尔霍夫第二定律求解.回路方程如下:

回路 $acda$:

$$I_1 R_1 + I_5 R_5 - I_3 R_3 = 0$$

回路 $cbdc$:

$$(I_1 - I_5) R_2 - (I_3 + I_5) R_4 - I_5 R_5 = 0$$

回路 $acba$:

$$I_1 R_1 + (I_1 - I_5) R_2 - U = 0$$

回路方程联立,可解得

$$I_1 = \frac{U}{\Delta}[(R_2 + R_4)R_3 + (R_3 + R_4)R_5]$$

$$I_3 = \frac{U}{\Delta}[(R_2 + R_4)R_1 + (R_1 + R_2)R_5]$$

$$I_5 = \frac{U}{\Delta}(R_2R_3 - R_1R_4)$$

式中

$$\Delta = R_1R_2(R_3 + R_4) + R_3R_4(R_1 + R_2) + (R_1 + R_2)(R_3 + R_4)R_5$$

流过 a、b 两点间的电流为

$$I = I_1 + I_3 = \frac{U}{\Delta}[(R_1 + R_3)(R_2 + R_4) + (R_1 + R_2 + R_3 + R_4)R_5]$$

于是 a、b 间的电阻为

$$R_{ab} = \frac{U}{I} = \frac{R_1R_2(R_3 + R_4) + R_3R_4(R_1 + R_2) + (R_1 + R_2)(R_3 + R_4)R_5}{(R_1 + R_3)(R_2 + R_4) + (R_1 + R_2 + R_3 + R_4)R_5}$$

注意,本题有两种特殊情况:

(1) 若 c、d 间短路,则 $R_5 = 0$,这时上式化为

$$R_{ab} = \frac{R_1R_3}{R_1 + R_3} + \frac{R_2R_4}{R_2 + R_4}$$

即 R_1 和 R_3 并联,R_2 和 R_4 并联,再将两者串联.

(2) 若 c、d 间开路,则 $R_5 = \infty$,这时 R_{ab}化为

$$R_{ab} = \frac{(R_1 + R_2)(R_3 + R_4)}{R_1 + R_2 + R_3 + R_4}$$

7.(1) 应用闭合电路欧姆定律,得回路中电流为

$$I = \frac{\varepsilon_1 - \varepsilon_2}{R_1 + R_2 + R_3 + R_4 + R_{i1} + R_{i2}} = \frac{12 - 9}{2 + 2 + 2 + 2 + 1 + 1}\ \text{A} = 0.3\ \text{A}$$

考虑到包含 ε_2 的这一段含源电路,可得

$$\begin{aligned} U_A - U_B &= \varepsilon_2 + I(R_2 + R_{i1} + R_4) \\ &= [9 + 0.3 \times (2 + 1 + 2)]\ \text{V} = 10.5\ \text{V} \end{aligned}$$

(2) $U_C = U_A$,$U_D - U_B = \varepsilon_3$,所以

$$U_C - U_D = (U_A - U_B) - \varepsilon_3 = (10.5 - 8)\ \text{V} = 2.5\ \text{V}$$

(3) C、D 两点短路,则设各支路电流方向如图 6.73 所示.

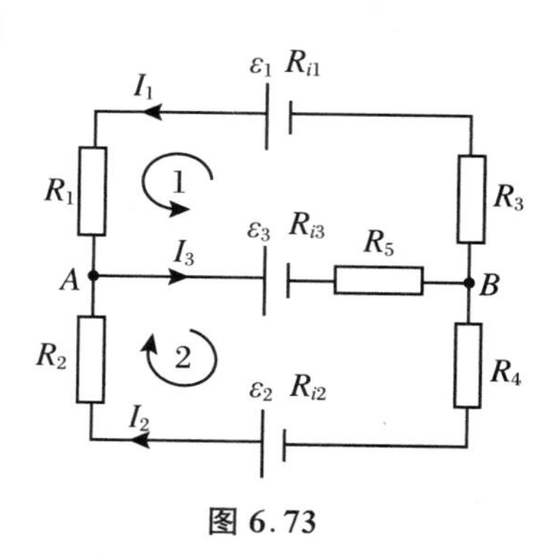

图 6.73

由基尔霍夫第一定律,有

$$I_1 + I_2 - I_3 = 0 \qquad ①$$

再规定各回路绕行方向如图 6.73 所示,应用基尔霍夫第二定律:

对回路 1 有

$$I_1(R_1 + R_3 + R_{i1}) + I_3(R_{i3} + R_5) - \varepsilon_1 + \varepsilon_3 = 0$$

代入诸电阻及电动势的值,可得

$$5I_1 + 4I_3 = 4 \qquad ②$$

对回路 2 则有

$$I_3(R_{i3}+R_5)+I_2(R_2+R_4+R_{i2})-\varepsilon_2+\varepsilon_3=0$$

即

$$4I_3+5I_2=1 \qquad ③$$

联立式①～③,即得通过 R_5 的电流为

$$I_3=0.38\ \mathrm{A}$$

8. 设电流 I_1 自 ε_1 的正极流出,电流 I_2 自 ε_2 的正极流出,则由基尔霍夫定律,对节点,有

$$I_1+I_2=I$$

对回路 $\varepsilon_1RR_1\varepsilon_1$ 有

$$IR+I_1R_1-\varepsilon_1=0$$

对回路 $\varepsilon_2RR_2\varepsilon_2$ 有

$$IR+I_2R_2-\varepsilon_2=0$$

以上三式联立求解,可得

$$I=\frac{R_2\varepsilon_1+R_1\varepsilon_2}{R_1R_2+R(R_1+R_2)}=\frac{80\times1.5+50\times1.0}{50\times80+10\times(50+80)}\ \mathrm{A}=3.2\times10^{-2}\ \mathrm{A}$$

9. 当开关 K 断开时,有

$$U_A-U_B=U_A=-\varepsilon_1=-8.0\ \mathrm{V}$$

开关 K 接通后,达到稳态时,各支路电流及回路绕行方向如图 6.74 所示.

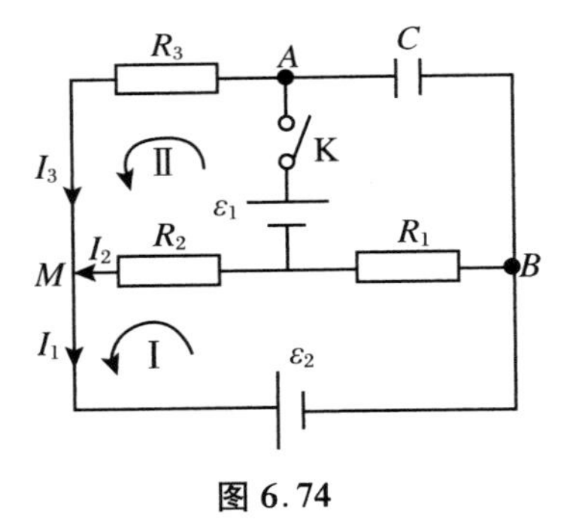

图 6.74

列基尔霍夫方程:

$$M\ 点:I_2+I_3=I_1$$

$$Ⅰ:I_1R_1+I_2R_2+\varepsilon_2=0$$

$$Ⅱ:I_3R_3-I_2R_2-\varepsilon_1=0$$

代入数值解方程,可得

$$I_2=-0.033\ \mathrm{A},\quad I_3=0.11\ \mathrm{A},\quad I_1=0.067\ \mathrm{A}$$

$$U_A'=\varepsilon_2-I_1R_1=(2-0.067\times20)\ \mathrm{V}=0.67\ \mathrm{V}$$

$$\Delta U_A=U_A'-U_A=(0.67+8)\ \mathrm{V}=8.67\ \mathrm{V}$$

10. 依题意,可列基尔霍夫方程如下:

$$I_1=I_2+I_3$$

$$-\varepsilon_1+I_1(R_1+r_1)-\varepsilon_2+I_2(r_2+R_2)=0$$

$$+\varepsilon_2-I_2(r_2+R_2)+I_3R_3=0$$

代入数值得

$$-9+2I_1-3+3I_2=0 \qquad ①$$

$$+3-3I_2+3=0 \qquad ②$$

由式②得 $3I_2=6$,所以 $I_2=2$ A,代入式①得 $-9+2I_1-3+6=0$,所以有 $I_1=3$ A.

又因为 $I_3=I_1-I_2$,所以 $I_3=1$ A.

由此可得

$$R_3=\frac{U_{ab}}{I_3}=\frac{3}{1}\ \Omega=3\ \Omega$$

11. 没有电容时,电源提供的电流全部通过电阻 R,所以 AB 两端的交流电压为

$$U_R=IR=3\times10^{-3}\times500\ \text{V}=1.5\ \text{V}$$

加上电容以后,它的容抗为

$$Z_C=\frac{1}{2\pi fC}=\frac{1}{2\pi\times500\times30\times10^{-6}}\ \Omega\approx10\ \Omega$$

由基尔霍夫第一定律得

$$\tilde{I}=\tilde{I}_R+\tilde{I}_C \qquad ①$$

由欧姆定律得

$$U'=I_RR \qquad ②$$

$$U'=I_CZ_C \qquad ③$$

联立求解式①～③,可得 I_R 和 I_C.

为了简便可暂不进行直接运算,而是先找 I_R 和 I_C 的关系.由②③两式可得

$$\frac{I_C}{I_R}=\frac{R}{Z_C}=\frac{500}{10}=50$$

可见,绝大部分电流从电容支路旁路,通过电阻的还不到$\frac{1}{50}$,作为近似估算,可以认为

$$I_C\approx I=3\ \text{mA}$$

从而 AB 两端的交流电压降为

$$U'=I_CZ_C=30\ \text{mV}$$

12. 当 $f_1=50$ Hz 时,其感抗为

$$X_{L1}=2\pi f_1L=2\pi\times50\times10\times10^{-3}\ \Omega=3.14\ \Omega$$

通过线圈的电流有效值为

$$I_1=\frac{U}{X_{L1}}=\frac{100}{\sqrt{2}\times3.14}\ \text{A}=22.5\ \text{A}$$

当 $f_2=50$ kHz 时,其感抗为

$$X_{L2}=2\pi f_2L=2\pi\times50\times10^3\times10\times10^{-3}\ \Omega=3140\ \Omega$$

通过线圈的电流有效值为

$$I_2=\frac{U}{X_{L2}}=\frac{100}{\sqrt{2}\times3140}=22.5\ \text{mA}$$

可见,当频率增大 1000 倍时,感抗也增大 1000 倍,而电流的有效值缩小为千分之一.

13. 75 W、110 V 的白炽灯的额定电阻为

$$R=\frac{U^2}{P}=\frac{110^2}{75}\ \Omega=161.3\ \Omega$$

若将此灯泡用于 220 V 电源上,则需串一个电阻为 $R' = R = 161.3\ \Omega$ 的电阻器.

若串电感线圈 L,根据电压三角形,电感两端的电压为

$$U_L = \sqrt{220^2 - 110^2}\ \text{V} = 191\ \text{V}$$

因灯泡的额定电流为

$$I = \frac{P}{U} = \frac{75}{110}\ \text{A} = 0.68\ \text{A}$$

所需的感抗为

$$X_L = \omega L = \frac{U_L}{I} = \frac{191}{0.68}\ \Omega = 281\ \Omega$$

电感器的电感值为

$$L = \frac{X_L}{\omega} = \frac{281}{2\pi \times 50}\ \text{H} = 0.89\ \text{H}$$

由于电阻器为耗能元件,而电感器是储能元件,不消耗电能,所以串电感线圈比串电阻器好.

14.(1)根据电动机的有功功率 $P = 1100$ W,先求得视在功率 S 为

$$S = UI = 220 \times 10\ \text{V} \cdot \text{A} = 2200\ \text{V} \cdot \text{A}$$

则电动机的功率因数为

$$\cos\varphi = \frac{P}{S} = \frac{1100}{2200} = 0.5$$

$$\varphi = 60^\circ$$

(2)若在电动机两端并联一只电容器,其等效电路如图 6.75 所示.

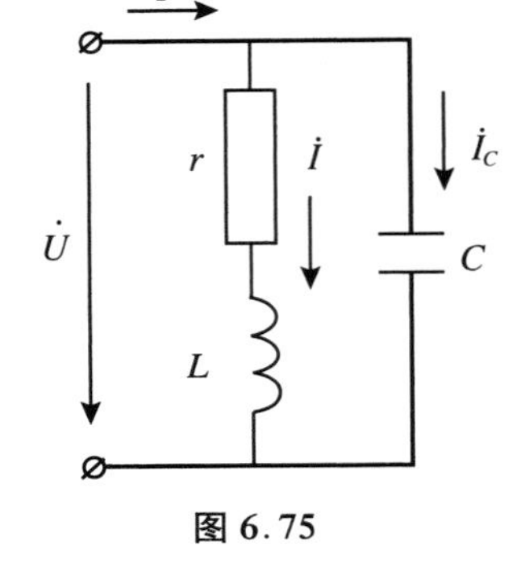

图 6.75

电路的总电流为

$$\dot{I}' = \dot{I} + \dot{I}_C$$

式中 $\dot{I}$ 为电动机的工作电流.

若取电源电压为参考量,即

$$\dot{U} = 220\text{e}^{\text{j}0^\circ}\ \text{V}$$

则由相位差 $\varphi = 60^\circ$可知

$$\dot{I} = 10\text{e}^{-\text{j}60^\circ}\ \text{A}$$

并联电容的容抗 X_C 为

$$X_C = \frac{1}{\omega C} = \frac{10^6}{314 \times 79.5}\ \Omega = 40\ \Omega$$

$\dot{I}_C$为电容支路电流,根据欧姆定律得

$$\dot{I}_C = \frac{\dot{U}}{-\text{j}X_C} = \frac{220}{-\text{j}40}\ \text{A} = \text{j}5.5\ \text{A}$$

故

$$\dot{I}' = \dot{I} + \dot{I}_C = 10\text{e}^{-\text{j}60^\circ} + \text{j}5.5 = 5 - \text{j}3.16 = 5.915\text{e}^{-\text{j}32.3^\circ}$$

由于此时电路电压 $\dot{U}$ 与总电流 $\dot{I}'$的相位差 $\varphi' = \varphi_u - \varphi_i = 0^\circ - (-32.3^\circ) = 32.3^\circ$,所以功率因数为

$$\cos\varphi' = \cos 32.3° = 0.845$$

15. 串联谐振只能发生在 R、L、C 串联支路，故串联谐振频率是

$$f_0 = \frac{1}{2\pi\sqrt{LC}} = \frac{1}{2\pi\sqrt{14 \times 0.063 \times 10^{-12}}}\ \text{Hz} = 169.5\ \text{kHz}$$

则有

$$Q = \frac{\omega_0 L}{R} = \frac{2\pi \times 169.5 \times 10^3 \times 14}{120} = 1.24 \times 10^5$$

由于 Q 极高，计算并联谐振时，可以近似略去电阻 R，故并联谐振频率是

$$f_\infty = \frac{1}{2\pi}\sqrt{\frac{C_0 + C}{LC_0 C}} = \frac{1}{2\pi}\sqrt{\frac{2 \times 10^{-12} + 0.063 \times 10^{-12}}{14 \times 2 \times 10^{-12} \times 0.063 \times 10^{-12}}}\ \text{Hz} = 172\ \text{kHz}$$

16. (1) 串联谐振电路的电阻为

$$R = \frac{\varepsilon}{I_0} = \frac{1}{100 \times 10^{-3}}\ \Omega = 10\ \Omega$$

当电路谐振时，电感上的电压 U_{L0} 等于电容上的电压 U_{C0}，即有

$$U_{L0} = U_{C0} = I_0 X_L = I_0 X_C$$

则

$$X_L = X_C = \frac{U_{C0}}{I_0} = \frac{100}{100 \times 10^{-3}}\ \Omega = 1000\ \Omega$$

由此得电容 C 为

$$C = \frac{1}{2\pi f_0 X_C} = \frac{1}{2 \times 3.14 \times 1 \times 10^6 \times 10^3}\ \text{F} = 1.59 \times 10^{-10}\ \text{F} = 159\ \text{pF}$$

电感 L 为

$$L = \frac{X_L}{2\pi f_0} = \frac{10^3}{2 \times 3.14 \times 1 \times 10^6}\ \text{H} = 0.159 \times 10^{-3}\ \text{H} = 0.159\ \text{mH}$$

(2) 根据已求出的电路参数，计算电路的品质因数 Q 为

$$Q = \frac{\sqrt{\frac{L}{C}}}{R} = \frac{\sqrt{\frac{159 \times 10^{-6}}{159 \times 10^{-12}}}}{10} = 100$$

17. (1) 阻抗为

$$Z = \sqrt{R^2 + X_C^2} = \sqrt{R^2 + \left(\frac{1}{2\pi fC}\right)^2} = \sqrt{60^2 + \left(\frac{1}{2 \times 3.14 \times 50 \times 40 \times 10^{-6}}\right)^2}\ \Omega = 100\ \Omega$$

(2) 功率因数为

$$\cos\varphi = \frac{R}{Z} = \frac{60}{100} = 0.6$$

(3) 有功功率为

$$P = IU\cos\varphi = \frac{U^2}{Z}\cos\varphi = \frac{220^2}{100} \times 0.6\ \text{W} = 290\ \text{W}$$

(4) 无功功率为

$$Q = IU\sin\varphi = \frac{U^2}{Z}\sin\varphi = \frac{220^2}{100} \times \sqrt{1 - 0.6^2}\ \text{Var} = 387\ \text{Var}$$

18. (1) 按题意，对两个理想变压器有

$$\frac{N_1}{N_2} = \frac{U_1}{U_2}, \quad \frac{N_3}{N_4} = \frac{U_3}{U_4}, \quad U_2 = U_3$$

故输出电压为

$$U_4 = \frac{U_3 N_4}{N_3} = U_1 \cdot \frac{N_4}{N_3} \cdot \frac{N_2}{N_1} = 220 \times \frac{1}{10} \times \frac{1}{10}\ \mathrm{V} = 2.2\ \mathrm{V}$$

(2) 由

$$R_1 = \left(\frac{N_1}{N_2}\right)^2 R_2 \quad 和 \quad R_2 = \left(\frac{N_3}{N_4}\right)^2 R$$

故输入端电阻为

$$R_1 = \left(\frac{N_1}{N_2}\right)^2 \left(\frac{N_3}{N_4}\right)^2 R = 10^2 \times 10^2 \times 10\ \Omega = 100\ \mathrm{k\Omega}$$

(3) 输入端电流为

$$I_1 = \frac{U_1}{R_1} = \frac{220}{100 \times 10^3}\ \mathrm{A} = 2.2\ \mathrm{mA}$$

19. 设 N_2 和 N_3 分别为输出 $U_2 = 6.3$ V 和 $U_3 = 30$ V 时次级线圈的匝数. 由

$$\frac{N_1}{N_2} = \frac{U_1}{U_2}$$

可知

$$N_1 = N_2 \cdot \frac{U_1}{U_2}$$

由

$$\frac{N_1}{N_3} = \frac{U_1}{U_3}$$

可知

$$N_3 = \frac{N_1 U_3}{U_1} = N_2 \cdot \frac{U_1}{U_2} \cdot \frac{U_3}{U_1} = N_2 \frac{U_3}{U_2} = \frac{38 \times 30}{6.3}\ 匝 = 181\ 匝$$

参考文献

[1] 陈义成.电磁学及其计算机辅助教学[M].北京:科学出版社,2002.
[2] 赵凯华.电磁学[M].北京:高等教育出版社,2017.
[3] 程稼夫.电磁学[M].合肥:中国科学技术大学出版社,2016.